# Einführung in die Betriebswirtschaftslehre

Frank Piller (Hrsg.)

# Einführung in die Betriebswirtschaftslehre

## Ein Reader zur Vorlesung an der RWTH Aachen

2., aktualisierte Auflage

Mit Beiträgen aus:

Hutzschenreuter
Allgemeine Betriebswirtschaftslehre

Picot / Reichwald / Wigand
Die grenzenlose Unternehmung

Schreyögg / Koch
Grundlagen des Managements

Reichwald / Piller
Interaktive Wertschöpfung

Lachnit / Müller
Unternehmenscontrolling

Thommen / Achleitner
Allgemeine Betriebswirtschaftslehre

 Springer Gabler

*Herausgeber*
Frank Piller
RWTH Aachen, Deutschland

**Prof. Dr. Dr. Ann-Kristin Achleitner** ist Inhaberin des KfW-Stiftungslehrstuhls für Entrepreneurial Finance und Wissenschaftliche Co-Direktorin des Center for Entrepreneurial and Financial Studies (CEFS) an der TU München sowie Honorarprofessorin an der European Business School (ebs) und Privatdozentin/Gastprofessorin an der Universität St. Gallen.

**Prof. Dr. Thomas Hutzschenreuter** ist Inhaber des Lehrstuhls für Betriebswirtschaftslehre, insbesondere Unternehmensentwicklung und Corporate Governance an der WHU – Otto Beisheim School of Management, Vallendar.

**Prof. Dr. Jochen Koch** leitet den Lehrstuhl für Betriebswirtschaftslehre, insbesondere Unternehmensführung und Organisation, an der Europa-Universität Viadrina in Frankfurt (Oder).

**Prof. Dr. em. Laurenz Lachnit** war bis 2008 Inhaber des Lehrstuhls für Betriebswirtschaftslehre mit Schwerpunkt Rechnungswesen (Controlling und Wirtschaftsprüfungswesen) an der Universität Oldenburg.

**Prof. Dr. Stefan Müller** ist Inhaber des Lehrstuhls für Allgemeine Betriebswirtschaftslehre an der Helmut-Schmidt-Universität, Universität der Bundeswehr Hamburg, und Mitglied im Arbeitskreis IFRS des Internationalen Controller Vereins.

**Prof. Dr. Dres. h.c. Arnold Picot** ist Vorstand des Instituts für Information, Organisation und Management der Ludwig-Maximilians-Universität München und Vorstandsvorsitzender des MÜNCHNER KREIS.

**Prof. Dr. Frank Piller** ist Inhaber des Lehrstuhls für Betriebswirtschaftslehre, insbesondere Technologie- und Innovationsmanagement, an der RWTH Aachen und Faculty-Mitglied der MIT Smart Customization Group, Massachusetts Institute of Technology, Cambridge, USA.

**Prof. Dr. Prof. h.c. Dr. h.c. Ralf Reichwald** war Inhaber des Lehrstuhls für Allgemeine und Industrielle Betriebswirtschaftslehre der Technischen Universität München und ist Akademischer Direktor des Center for Leading Innovation & Cooperation (CLIC) an der HHL – Leipzig Graduate School of Management.

**Prof. Dr. Georg Schreyögg** ist Inhaber des Lehrstuhls für Organisation und Führung am Institut für Management der Freien Universität Berlin.

**Prof. Dr. Jean-Paul Thommen** ist Inhaber des Lehrstuhls Organizational Behavior an der European Business School (ebs), Titularprofessor an der Universität Zürich sowie Dozent an der Universität St. Gallen.

**Prof. Dr. Rolf T. Wigand** ist Inhaber des Maulden-Entergy Chair und Distinguished Professor of Information Science and Management am Department of Information Science der University of Arkansas at Little Rock, AR, USA.

ISBN 978-3-8349-4528-0
Die Deutsche Nationalbibliothek verzeichnet diese Publikation in der Deutschen Nationalbibliografie; detaillierte bibliografische Daten sind im Internet über http://dnb.d-nb.de abrufbar.

Springer Gabler
© Springer Fachmedien Wiesbaden 2012

*Lektorat:* Barbara Roscher, Birgit Borstelmann

Gedruckt auf säurefreiem und chlorfrei gebleichtem Papier

Springer Gabler ist eine Marke von Springer DE. Springer DE ist Teil der Fachverlagsgruppe Springer Science+Business Media.
www.springer-gabler.de

# Vorwort

Liebe Studierende,

Herzlich Willkommen an der RWTH Aachen zu Ihrer Einführungsveranstaltung zur Betriebswirtschaftslehre. Heute eine Lehrveranstaltung zur Einführung in die Betriebswirtschaftslehre zu halten, ist ein reizvolles und zugleich auch gewagtes Vorhaben. Kaum ein Fach ist an deutschen Universitäten einem solchen Wandel und gleichsam einer so rapide wachsenden Nachfrage von unterschiedlichen Studierendengruppen und Studiengängen ausgesetzt wie eine solche Veranstaltung. Dieses Buch führt in die Grundlagen ein und ist im Rahmen der Veranstaltung „Einführung in die Betriebswirtschaftslehre" der RWTH Aachen entstanden, zugeschnitten auf Bachelor-Studierende im ersten Semester.

Es ist jedoch kein gewöhnliches Lehrbuch, keine Monographie eines Hochschulprofessors, der sich aus seiner subjektiven Sicht oder zum Ende seiner Amtszeit noch einmal zusammenfassend seinem Fach widmet. Vielmehr handelt es sich um einen Zusammenschnitt von Beiträgen aus anderen ausgezeichneten Lehrbüchern, die auf diese Weise einen fundierten und facettenreicheren Überblick geben sollen. Ein wesentliches Merkmal eines Universitätsstudiums ist es, zu lernen, Material und Ansichten aus verschiedenen Perspektiven zu systematisieren und zu einer eigenen Sicht zu integrieren. Deshalb fordern wir Sie auch mit diesem Buch auf, nicht einfach ein durchgehendes Skript für eine Klausur auswendig zu lernen, sondern sich den Stoff begleitend zu Vorlesung, Übung und Tutorium selbst zu erarbeiten.

Wir verlangen so unseren Lesern, angehenden Betriebswirten, Wirtschaftsingenieuren, Informatikern mit BWL im Nebenfach etc., viel Fleiß und Wille zum Blättern und Lesen ab. Da die Mehrzahl unserer Leser im Laufe ihres Studiums noch Veranstaltungen zu funktionalen Bereichen der Betriebwirtschaft belegen wird, haben wir uns im Wesentlichen für eine allgemeine, funktions- und branchenübergreifende Darstellung wirtschaftlicher Zusammenhänge (Unternehmen, Märkte, Organisation, etc.) entschieden. Die einzelnen Kapitel wurden dabei aus folgenden Werken von Springer Gabler entnommen, deren Autoren wir an dieser Stelle herzlich für die Überlassung ihrer Inhalte danken:

Thomas Hutzschenreuter: Allgemeine Betriebswirtschaftslehre, 4. Aufl. 2011.

Arnold Picot, Ralf Reichwald und Rolf T. Wigand: Die Grenzenlose Unternehmung - Information, Organisation und Management, 5. Aufl. 2003.

Ralf Reichwald und Frank T. Piller: Interaktive Wertschöpfung - Open Innovation, Individualisierung und neue Formen der Arbeitsteilung, 2. Aufl. 2009.

Georg Schreyögg und Jochen Koch: Grundlagen des Managements, 2. Aufl. 2010.

Jean-Paul Thommen und Ann-Kristin Achleitner, Allgemeine Betriebswirtschaftslehre, 7. Aufl. 2012.

Laurenz Lachnit und Stefan Müller: Unternehmenscontrolling, 2. Aufl. 2013.

Jedem dieser Werke sind Kapitel ganz oder auszugsweise entnommen und in neuer Reihenfolge im vorliegenden Lehrbuch zusammengefasst. Dabei haben wir unser Buch zwar neu durchnummeriert und ein Gesamtinhaltsverzeichnis vorangestellt, die Kapitelangaben aus den Originalwerken sind allerdings aus drucktechnischen Gründen erhalten geblieben – lassen Sie sich davon bitte nicht verwirren! Wir wünschen Ihnen bei der Lektüre und dem Einstieg in Ihr Studium viel Erfolg und freuen uns über jede Art von Feedback und Anregung zu diesem Buch. Springer Gabler danken wir wieder für die Flexibilität und den Mut zum Experiment – denn ein solches individualisiertes deutschsprachiges Lehrbuch gibt es bislang nur an der RWTH.

Aachen, im August 2012

Frank T. Piller, Michael Engel
und das Team des Lehrstuhls für Technologie- und Innovationsmanagement

# Inhaltsverzeichnis

# Teil 1
# Unternehmen und Märkte

# Unternehmen und Märkte

# Kapitel 1.1

Thomas Hutzschenreuter

Allgemeine Betriebswirtschaftslehre

Grundlagen mit zahlreichen Praxisbeispielen

4. Auflage 2011

Entnommen aus Kapitel 1:

Unternehmen und Märkte

# 1 Unternehmen und Märkte

## Überblick

Die Betriebswirtschaftslehre ist eine vergleichsweise junge Disziplin, die ihren Ursprung Ende des 19. Jahrhunderts respektive Anfang des 20. Jahrhunderts hat (siehe Info-Box 1-1). Sie stellt dabei als Bestandteil der Wirtschaftswissenschaften Unternehmen in den Mittelpunkt der Betrachtung. Unternehmen sind zentrale **Akteure eines Wirtschaftssystems** und besitzen eine bedeutende Rolle bei der Befriedigung von Bedürfnissen anderer Akteure durch die Verwertung von Produkten und Dienstleistungen. Die Herstellung dieser Produkte und Dienstleistungen erfordert den Einsatz von Ressourcen, die nur in einem begrenzten Maße vorhanden sind. Unternehmen unterliegen daher dem Zwang, ihre Aktivitäten nach bestimmten **Wirtschaftlichkeitsprinzipien** auszurichten, die einen effizienten Einsatz der Ressourcen ermöglichen.

---

*Geschichte der Betriebswirtschaftslehre*

*Info-Box 1-1*

Der Ursprung der Betriebswirtschaftslehre reicht bis in das Jahr 8000 vor Christus zurück. Im Mittelpunkt standen dabei vor allem die Erfassung von Geschäftsvorfällen und Vermögensgegenständen. Im Laufe der Zeit hat sich das Beschäftigungsfeld stetig erweitert und umfasst heute alle Fragen der Unternehmensführung. Die Unterstützung zur Lösung praktischer Probleme steht dabei im Vordergrund. Beispielsweise entwickelte Luca Pacioli im Jahr 1494 in seinem Werk „Summa Arithmetica" eine erste vollständige Darstellung der doppelten Buchführung und stellte damit den Kaufleuten ein Instrument für eine bessere Entscheidungsfindung im Rahmen ihrer unternehmerischen Aktivitäten zur Verfügung.

Das Jahr 1898 wird im Allgemeinen als die Geburtsstunde der Betriebswirtschaftslehre im deutschsprachigen Raum als eigenständige akademische Disziplin bezeichnet, in dem die ersten Handelshochschulen in Leipzig, St. Gallen, Aachen und Wien gegründet wurden. In den Hochschulen wurde ein Studium der Privatwirtschaftslehre respektive Handelswissenschaft angeboten, das im Laufe der Zeit zur Allgemeinen Betriebswirtschaftslehre fortentwickelt wurde. Damit vollzog sich zugleich eine klare Abgrenzung zur bislang dominierenden Volkswirtschaftslehre beziehungsweise Nationalökonomie. In den Anfängen stand insbesondere die Vermittlung kaufmännischer Techniken, beispielsweise Buchhaltung und Bilanzierung, und rechtlicher Grundlagen im Mittelpunkt.

Als Vorreiter der Etablierung der Betriebswirtschaftslehre können unter anderem Heinrich Niklisch (1886-1946), Eugen Schmalenbach (1873-1955), Wilhelm Rieger (1878-1971) und Fritz Schmidt (1882-1950) genannt werden. Weitere bedeutende

Vertreter sind unter anderem Erich Gutenberg (1897-1984), Edmund Heinen (1919-1996), Erich Kosiol (1899-1990), Konrad Mellerowicz (1891-1994) und Hans Ulrich (1919-1997).

Einen hervorragenden Einblick in die Geschichte der Betriebswirtschaftslehre liefert Brockhoff (2010).

---

Unternehmen agieren als Anbieter ihrer Produkte und Dienstleistungen auf Märkten, die sich durch das Aufeinandertreffen von **Angebot** und **Nachfrage** auszeichnen. Die Nachfrage bilden dabei beispielsweise andere Unternehmen, Privathaushalte oder der Staat. Unternehmen stehen im Regelfall im Wettbewerb zu anderen Unternehmen, die ebenfalls Produkte und Dienstleistungen verwerten. Sie müssen daher versuchen, Maßnahmen zu entwickeln und einzusetzen, die ihnen Vorteile gegenüber der Konkurrenz verschaffen.

Märkte können durch unterschiedliche **Wettbewerbsformen** geprägt sein. Je nach Wettbewerbsform, die durch die Anzahl der Anbieter und die Anzahl der Nachfrager bestimmt wird, ergeben sich unterschiedliche Verhaltensweisen von Kunden und Wettbewerbern.

In dem vorliegenden Kapitel sollen die folgenden Kernfragen beantwortet werden:

**Kernfragen**

- Was ist ein Unternehmen?

- Welche Arten von Unternehmen lassen sich unterscheiden?

- Was ist Wirtschaften und nach welchen Prinzipien erfolgt es?

- Wodurch zeichnet sich der Wettbewerb aus und wie erzielt ein Unternehmen Wettbewerbsvorteile?

- Welche Formen des Wettbewerbs existieren?

# 1.1 Einführendes Fallbeispiel: Deutsche Telekom

*Ausgangs-situation*

Im Zuge der 1990 durchgeführten Postreform I wird die Deutsche Bundespost in drei selbständige Unternehmen aufgegliedert: Postdienst, Postbank und Deutsche Bundespost Telekom. Dabei bleiben die Unternehmen zunächst vollständig im Besitz der Bundesrepublik Deutschland. Im Jahre 1995 wird durch die Postreform II aus dem öffentlich-rechtlichen Unternehmen Deutsche Bundespost Telekom die Deutsche Telekom AG. Mit der Umwandlung in eine Kapitalgesellschaft unterliegt das Unternehmen von nun an den Publizitätsvorschriften des Handelsrechts. Das Unternehmen bleibt jedoch zunächst vollständig im Eigentum des Bundes. Im darauf folgenden Jahr, 1996, erfolgt die Einführung der Deutschen Telekom AG an der Börse. Im Zuge der Liberalisierung des Telekommunikationsmarktes fällt im Jahr 1998 das hoheitlich garantierte Festnetz-Monopol weg. Endverbraucher können nun Telefongespräche über andere Anbieter, beispielsweise per call-by-call (Nutzung verschiedener Anbieter ohne vorherige Anmeldung) oder pre-selection (feste vertragliche Bindung an einen Anbieter), führen. Die Deutsche Telekom sieht sich durch den Wegfall ihres Angebotsmonopols einem zunehmenden Wettbewerb und einem Verlust von Marktanteilen ausgesetzt. In den Wettbewerb treten neben nationalen Unternehmen, wie zum Beispiel mobilcom oder debitel, auch Unternehmen aus dem Ausland ein, beispielsweise France Telecom (F), BT Group (UK) oder Vodafone Group (UK).

*Transformation*

Vor dem Hintergrund der veränderten Umfeldbedingungen richtet sich die Deutsche Telekom neu aus und führt eine Vielzahl geographischer und produktbezogener Expansionsschritte durch. Beispielsweise erwirbt das Unternehmen im Jahr 1999 den britischen Mobilfunkanbieter One 2 One und den französischen Festnetzanbieter Siris. Zwei Jahre später, in 2001, erfolgt die Übernahme des US-basierten Mobilfunkunternehmens VoiceStream. Im Jahr 2005 schließt die österreichische Tochtergesellschaft T-Mobile Austria einen Vertrag mit der Western Wireless Corporation zur vollständigen Übernahme der tele.ring Telekom Service GmbH. Durch die Akquisition verfügt T-Mobile Austria über mehr als drei Millionen Kunden in Österreich. Im Jahr 2007 erwirbt die Deutsche Telekom die Mobilfunkanbieter Orange Netherlands und SunCome Wireless Holdings, Inc. In 2009 schließt das Unternehmen einen Vertrag mit der Freenet AG zur Übernahme von 100% der Anteile an dem Web-hosting-Anbieter Strato AG und der Strato Rechenzentrum AG. Die Deutsche Telekom wird dadurch zu einem führenden Anbieter von Webhosting-Produkten im deutschen Markt. Im März 2010 erwirbt das Unternehmen die ausstehenden Anteile an dem Internet-Zahlungsanbieter Firstgate (bekannt durch die Marke ClickandBuy) und wird somit einer der weltweit führenden Anbieter für Online-Payment-Lösungen.

*Internationalisierung und Diversifikation*

Die Unternehmensaktivitäten der Deutschen Telekom sind in fünf operative Segmente eingeteilt: Deutschland, Europa, USA, Systemgeschäft und Konzernzentrale & Shared Services. Dabei steht das Unternehmen in den jeweiligen Segmenten in einem intensiven Wettbewerb. Beispielsweise konkurriert die Deutsche Telekom im Segment Deutschland mit Unternehmen wie E-Plus, O2 und United Internet. Vor dem Hintergrund eines zunehmenden

*Wettbewerb*

Wettbewerbs und eines veränderten Nutzungsverhaltens der Kunden auf dem deutschen Markt legt die Deutsche Telekom AG die Bereiche Festnetz (T-Home) und Mobilfunk (T-Mobile) für Privatkunden zusammen und führt diese seit 2010 als zweite Geschäftseinheit neben dem Bereich Informations- und Kommunikationstechnik für Geschäftskunden (T-Systems). Darüber hinaus steht das Unternehmen beispielsweise im operativen Segment USA im Wettbewerb für Mobilfunkdienstleistungen. Dabei konkurriert T-Mobile USA mit zahlreichen nationalen Anbietern, wie beispielsweise AT&T, Sprint Nextel und Verizon. In 2011 verkündet die Deutsche Telekom die Veräußerung von T-Mobile USA für einen Betrag in Höhe von US $ 39 Milliarden an AT&T (Deutsche Telekom AG, http://www.telekom.com, Pressemitteilung, 20.03.2011).

*Steuerung*

Die Liberalisierung des Telekommunikationsmarktes und die damit verbundene Privatisierung der Deutschen Telekom führen zu einer unternehmenspolitischen Umorientierung des Unternehmens nach marktwirtschaftlichen Prinzipien. Primäres Ziel ist das profitable Wachstum in den Geschäftseinheiten. Die Steuerung des Unternehmens erfolgt dabei mit Hilfe eines Kennzahlensystems. Wesentliche Kennzahlen zur operativen Steuerung sind unter anderem der Umsatz, der Free Cash Flow und die Kapitalrendite (siehe Kapitel 10.5). Zur Messung der Kapitalrendite wird das operative Ergebnis nach Abschreibungen und Steuern ins Verhältnis zum dafür notwendigen durchschnittlich im Jahresverlauf gebundenen Vermögen gesetzt. Folgende Formulierung unterstreicht die kapitalmarktorientierte Führung des Unternehmens: „Ziel der Deutschen Telekom ist es, die aus dem Kapitalmarkt abgeleiteten Renditevorgaben der Fremd- und Eigenkapitalgeber zu verdienen bzw. zu übertreffen und damit Wert zu schaffen. Maßstab für den Verzinsungsanspruch ist der Kapitalkostensatz. Diesen ermittelt die Deutsche Telekom als gewichteten Durchschnittskostensatz aus Eigen- und Fremdkapitalkosten (Weighted Average Cost of Capital; WACC)." (Deutsche Telekom AG, Geschäftsbericht 2009, S. 17) (siehe Kapitel 10.5.2).

*Zusammen-fassung*

Zusammenfassend lässt sich festhalten, dass die Deutsche Telekom durch den Wandel von einem Staatsunternehmen zu einem privatwirtschaftlichen Unternehmen und dem damit einhergehenden Wettbewerbsdruck mit einer Vielzahl betriebswirtschaftlicher Fragestellungen konfrontiert ist und die Beantwortung dieser Fragen der strategischen Ausrichtung des Unternehmens sowie der Steigerung der Effizienz dienen. Die Möglichkeit der Kunden, das Angebot anderer Unternehmen zu nutzen, zwingt die Deutsche Telekom dazu, geeignete marketingpolitische Maßnahmen durchzuführen, um potentielle Kunden für das eigene Leistungsprogramm zu gewinnen und bestehende Kunden langfristig an das Unternehmen zu binden. Gleichzeitig ist die Deutsche Telekom im Rahmen der Beschaffung auf zuverlässige Lieferanten angewiesen, von denen sie die zur Leistungserstellung benötigten Güter und Dienstleistungen bezieht. Zusätzlich stellt sich unter anderem noch die Frage, welche Leistungen das Unternehmen selbst herstellen und welche Leistungen es extern beziehen soll. Fällt die Entscheidung zu Gunsten der Eigenfertigung aus, stellt sich die Frage, wie der Leistungserstellungsprozess gestaltet werden soll und wie die Produktionsfaktoren kostenoptimal eingesetzt werden können. Zu den Produktionsfaktoren gehören unter anderem die Mitarbeiter. Es stellt sich in diesem Zusammenhang die Frage, wie der Personalbedarf gedeckt wird, die Mitarbeiter entlohnt und welche Maßnahmen ergriffen werden, um sie zu motivieren, beispielsweise durch die Wahl bestimmter Anreize. Neben diesen Fragen, die jeweils einzelne Funktionen betreffen, muss das Unternehmen klären, auf welchen Märkten es zukünftig tätig sein will und wie es sich hierfür organisieren sollte.

*Abbildung 1-1*: *Unternehmensentwicklung am Beispiel der Deutschen Telekom AG*

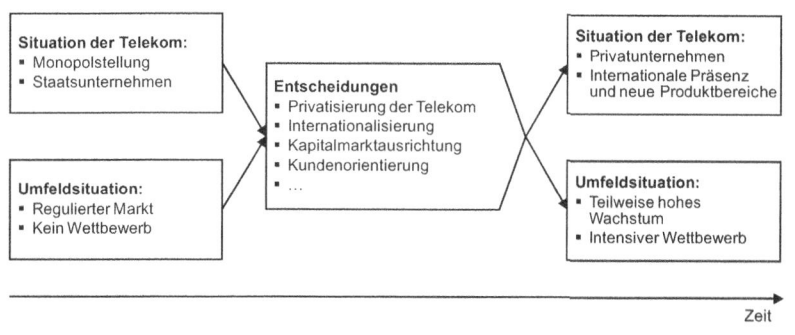

# 1.2 Unternehmen

## 1.2.1 Was ist ein Unternehmen?

**Unternehmen als Gegenstand der Betriebswirtschaftslehre**

Ein Unternehmen ist ein **sozio-ökonomisches System**, das als planvoll organisierte Wirtschaftseinheit Güter und Dienstleistungen erstellt und gegenüber Dritten verwertet. Ein System zeichnet sich durch eine geordnete Gesamtheit von Elementen aus, zwischen denen Beziehungen bestehen und die in Beziehung zum Umfeld stehen. Der Begriff „sozio" beschreibt die

*Definition*
*Unternehmen*

Tatsache, dass in einem Unternehmen Menschen miteinander interagieren (siehe Info-Box 1-2).

Die Bezeichnung „ökonomisch" drückt das Wirtschaftlichkeitsprinzip aus, nach dem alle Aktivitäten im Unternehmen auszurichten sind. Ein Unternehmen ist demnach ein System, in dem die Zusammenarbeit von Menschen vor dem Hintergrund des Wirtschaftlichkeitsprinzips erfolgt (siehe Kapitel 1.2.2).

---

*Info-Box 1-2* | *Menschen in Unternehmen*

---

In einem Unternehmen sind Menschen tätig, die in unterschiedlichen „Rollen" agieren. Die Mitarbeiter verrichten im Rahmen des betrieblichen Leistungserstellungsprozesses in den verschiedenen Bereichen – beispielsweise Beschaffung, Produktion oder Vertrieb – die für die Verwertung der Güter und Dienstleistungen gegenüber den Kunden notwendigen Tätigkeiten.

Im weiteren Sinne gehören die Führungskräfte eines Unternehmens auch zu den Mitarbeitern, übernehmen jedoch primär Führungsaufgaben. Diese Führungsaufgaben beziehen sich insbesondere auf die Festlegung der Unternehmenspolitik und die Koordinierung der betrieblichen Teilbereiche. Eine weitere Gruppe im Unternehmen stellen die Eigentümer dar, die Anteile am Unternehmen besitzen und am Unternehmensergebnis partizipieren.

Eine besondere Form stellen Unternehmer dar, die Eigentümer des Unternehmens sind und gleichzeitig als Führungskraft unmittelbar im Unternehmen arbeiten, beispielsweise Bill Gates von Microsoft, Amancio Ortega Gaona von Inditex (Zara) oder Günther Fielmann, Gründer und Vorstandsvorsitzender von Fielmann.

---

*Unternehmens-*
*zweck*

Die Zusammenarbeit der Menschen erfolgt nach bestimmten Regeln, die die **planvolle Organisation** eines Unternehmens auszeichnen. Das Unternehmen verfolgt bestimmte Ziele (siehe Kapitel 2.3). Dazu benötigt es einen Plan, das heißt eine Vorstellung der Wirklichkeit, nach der sich das Unternehmen ausrichtet. Die planvolle Organisation drückt sich unter anderem durch die Etablierung von Entscheidungs- und Weisungsrechten (siehe Kapitel 12.2) aus und dient dazu, die Unternehmensaufgabe, im Rahmen des betrieblichen Leistungserstellungsprozesses **Güter und Dienstleistungen herzustellen**, wirksam auszuführen. Dabei transformiert es Input in Output. Das Unternehmen lässt sich in verschiedene Funktionsbereiche gliedern, die jeweils einen bestimmten Teil der Wertschöpfung – das heißt die Transformationsleistung des Unternehmens – darstellen. Die Funktionsbereiche lassen sich in Kernfunktionen und unterstützende Funktionen aufteilen (siehe Abbildung 1-2).

Die Kernfunktionen sind unmittelbar am Leistungserstellungsprozess beteiligt. Dazu zählen primär die Beschaffung, die Produktion und das Marketing. Daneben umfassen die unterstützenden Funktionen das strategische Management, die Gestaltung der Unternehmensorganisation, das Finanz- und Rechnungswesen und das Personalmanagement. Die vom Unternehmen hergestellten Güter und Dienstleistungen werden **gegenüber Dritten – den Kunden – verwertet**. Ein Unternehmen existiert dabei nicht zum Selbstzweck, sondern dient der Erreichung von Zielen der an ihm beteiligten Individuen (siehe Kapitel 2.3.3).

---

*Abbildung 1-2*: Wertschöpfungskette

---

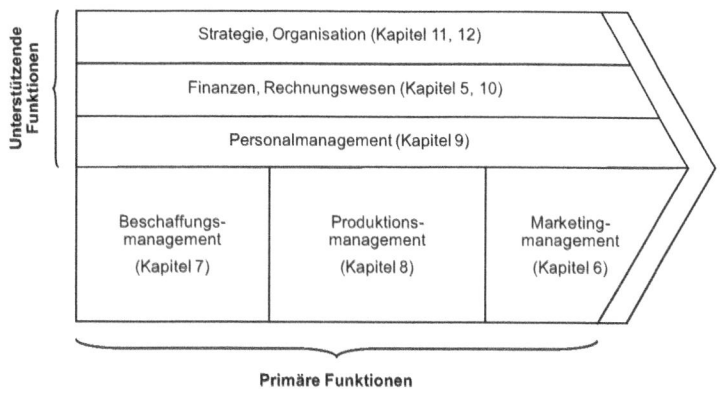

---

Dominierendes Motiv bei Gründung von Unternehmen ist dabei die Gewinnerzielungsabsicht der Eigentümer. Um derartige Ziele zu erreichen, bedarf es in aller Regel der Erstellung und Verwertung von Produkten und Leistungen, mit denen wiederum Dritte ihre Bedürfnisse befriedigen. Wenn die Kunden keinen Wert in den Gütern und Dienstleistungen, die ein Unternehmen erstellt, sehen, dann kann das Unternehmen keine Gewinne erzielen und langfristig nicht am Markt bestehen.

**Warum existiert ein Unternehmen?**

Im vorangegangenen Abschnitt wurde dargelegt, dass sich der Existenzgrund von Unternehmen aus Sicht der Eigentümer primär aus der Erzielung von Gewinnen ergibt. Eine **notwendige Bedingung** dafür, dass ein Unternehmen diese Aufgabe überhaupt wahrnehmen kann, ist der Gründungsakt, bei dem das Unternehmen als rechtsfähige Entität konstituiert wird. In einem weiteren Sinne bekundet der Gründungsakt den Willen, bestimmte

*Existenzgründe*

Bedürfnisse durch das neu gegründete Unternehmen besser zu befriedigen als durch die bestehenden Unternehmen (siehe Kapitel 2.2). **Hinreichende Bedingung** für die Existenz von Unternehmen ist, dass sie Vorteile für unterschiedliche Individuen bieten, deren Handeln zusammen genommen darüber bestimmt, ob das Unternehmen weiter besteht. Beispiele für erfolgreiche Unternehmensgründungen sind SAP, Microsoft oder Jamba.

## 1.2.2    Arten von Unternehmen

*Typologie*

Unternehmen lassen sich entlang unterschiedlicher Kriterien typologisieren. Das Kriterium der **Art der Eigentümer** beschreibt, ob sich das Unternehmen in privatem oder öffentlichem Eigentum befindet. Bei öffentlichen Unternehmen ist der Eigentümer der Staat beziehungsweise eine seiner Struktureinheiten wie ein Bundesland oder eine Kommune. Beispielsweise stellen die Deutsche Telekom AG und die Deutsche Post AG ehemalige Staatsunternehmen dar, die sich im Zuge der Privatisierung jedoch nicht länger mehrheitlich im Staatseigentum befinden. Bei Privatunternehmen wie zum Beispiel die BASF SE, die Fraport AG oder die Escada SE sind grundsätzlich Privatpersonen Eigentümer des Unternehmens.

Ist dieses Unternehmen selbst eine private juristische Person, so ist auch der Eigentümerstatus der Unternehmen, die hier betrachtet werden, privatwirtschaftlicher Natur. Eine besondere Form stellen Unternehmen dar, deren Eigentümer eine Stiftung ist (siehe Info-Box 1-3).

---

*Info-Box 1-3*     |     *Stiftungen als Eigentümer von Unternehmen*

---

Eine besondere Eigentümerstruktur stellen Unternehmen dar, deren Eigentümer eine Stiftung ist. Beispielsweise ist die Carl-Zeiss-Stiftung als juristische Person Eigentümerin der Carl Zeiss AG und der Schott AG. Dabei besitzt sie sämtliche Aktien der beiden Gesellschaften und finanziert sich über die ausgeschütteten Dividenden. Weitere bekannte Stiftungen mit industriellen Beteiligungen sind die Robert-Bosch-Stiftung, die Bertelsmann-Stiftung oder die Lidl-Stiftung. Die Errichtung von Stiftungen als Eigentümer von Unternehmen kann unterschiedliche Gründe haben. Beispielsweise soll die Unabhängigkeit und Kontinuität von Unternehmen gewahrt werden oder die Aufteilung der Anteile im Zuge einer Erbfolge vermieden werden. Aus Sicht des Unternehmens ist der Stiftungszweck von großer Bedeutung für die eigenen Aktivitäten respektive die Gestaltung der Unternehmenspolitik. So kann beispielsweise die Unternehmenstätigkeit in bestimmten Märkten oder Geschäftsbereichen durch den Stiftungszweck ausgeschlossen werden.

---

Im Hinblick auf die **Größe des Unternehmens** lassen sich kleine, mittlere und große Unternehmen unterscheiden. Die Unterscheidung kann dabei nach unterschiedlichen Kriterien, beispielsweise Umsatzhöhe oder Anzahl der Mitarbeiter, erfolgen (siehe Info-Box 1-4).

Ein weiteres Kriterium zur Unterscheidung von Unternehmen ist das **geographische Ausmaß** der Unternehmenstätigkeit. Ist das Unternehmen grenzüberschreitend tätig, beispielsweise durch den teilweisen Export seiner hergestellten Güter oder durch das Betreiben eines Fertigungswerks in einem anderen Land, so kann man es auch als internationales Unternehmen bezeichnen. Ein Beispiel stellt das Unternehmen Henkel dar, das seine Produkte, zum Beispiel Persil, Pritt oder Schwarzkopf, in verschiedenen Regionen der ganzen Welt – Nordamerika, Europa und Asien – absetzt. Den Gegensatz hierzu bildet das nationale Unternehmen, dessen Tätigkeiten regional beschränkt sind. Es handelt sich hierbei hauptsächlich um Kleinunternehmen wie zum Beispiel Handwerksbetriebe.

*Internationale Unternehmen*

Hinsichtlich der **Rechtsstellung** von Unternehmen lassen sich Unternehmen mit eigener Rechtspersönlichkeit und ohne eigene Rechtspersönlichkeit unterscheiden. Unternehmen mit eigener Rechtspersönlichkeit – das heißt juristische Personen – sind beispielsweise alle Kapitalgesellschaften wie die Aktiengesellschaft (AG) oder die Gesellschaft mit beschränkter Haftung (GmbH). Die Unternehmen ohne eigene Rechtspersönlichkeit – Personengesellschaften wie zum Beispiel die Offene Handelsgesellschaft (OHG) oder die Gesellschaft bürgerlichen Rechts (GbR) – unterscheiden sich von den juristischen Personen im Hinblick auf die Haftungsbeschränkung. Beispielsweise erheben Gläubiger einer GmbH im Zuge von Geschäftstransaktionen Ansprüche. Diese Ansprüche der Gläubiger beschränken sich hierbei jedoch auf das Vermögen der Gesellschaft. Das Privatvermögen der Gesellschafter bleibt hiervon unberührt. Im Gegensatz dazu können zum Beispiel Gläubiger einer Offenen Handelsgesellschaft in das Privatvermögen der Gesellschafter vollstrecken (siehe Kapitel 2.2.3).

*Gesellschafts-unternehmen*

---

*Deutsche Unternehmen nach Größenklassen*

*Info-Box 1-4*

---

Im Hinblick auf die Klassifizierung von Unternehmen bestehen unterschiedliche Ansätze. Beispielsweise definiert die EU-Kommission Unternehmensklassen wie folgt: „Die Größenklasse der Kleinstunternehmen sowie der kleinen und mittleren Unternehmen (KMU) setzt sich aus Unternehmen zusammen, die weniger als 250 Personen beschäftigen, und die entweder einen Jahresumsatz von höchstens 50 Mio. EUR erzielen oder deren Jahresbilanzsumme sich auf höchstens 43 Mio. EUR beläuft." (Empfehlung der Kommission 2003/361/EG, Artikel 2 Absatz 1). Das Institut für Mittelstandsforschung (Bonn) hingegen grenzt KMU von großen Unternehmen dahingehend ab, das KMU maximal 499 Beschäftigte und einen jährlichen Umsatz bis € 50 Millionen aufweisen. Die nachfolgende Tabelle stellt die Anzahl an Unternehmen in

Deutschland nach Wirtschaftsabschnitten und Umsatzgrößenklassen - unterteilt in Mikrounternehmen, Kleinunternehmen, mittelgroße Unternehmen und Großunternehmen – dar. Die Umsätze sind in Euro ausgedrückt und beziehen sich auf das Jahr 2008. Demzufolge bilden die Unternehmen mit einem Umsatz < € 50 Mio. mit 99,7% den größten Teil der erfassten Unternehmen, während Unternehmen mit einem Umsatz von > € 50 Mio. lediglich 0,3% ausmachen. Des Weiteren lässt sich eine ungleichmäßige Verteilung der Unternehmen über die verschiedenen Wirtschaftsabschnitte feststellen. Ein zentrales Merkmal der deutschen Wirtschaft ist demnach die hohe Anzahl an kleinen und mittleren Unternehmen, die den Großteil in den einzelnen Wirtschaftzweigen bilden.

| Wirtschaftsabschnitt[1] | Gesamt[2] | Mikro < 2 Mio. | Klein 2 Mio. - 10 Mio. | Mittelgroß 10 Mio. - 50 Mio. | Groß > 50 Mio. |
|---|---|---|---|---|---|
| Bergbau und Gewinnung von Steinen und Erden | 2.531 | 1.844 | 543 | 110 | 34 |
| Verarbeitendes Gewerbe | 269.174 | 223.984 | 29.278 | 11.492 | 4.420 |
| Energieversorgung | 23.450 | 21.269 | 1.065 | 613 | 503 |
| Wasserversorgung, Abwasser- und Abfallentsorgung und Beseitigung von Umweltverschmutzungen | 13.596 | 10.905 | 1.994 | 565 | 132 |
| Baugewerbe | 386.539 | 370.181 | 14.184 | 1.949 | 225 |
| Handel, Instandhaltung und Reparatur von Kfz | 727.536 | 658.684 | 51.812 | 13.240 | 3.800 |
| Verkehr und Lagerei | 128.810 | 117.271 | 9.210 | 1.878 | 451 |
| Gastgewerbe | 265.849 | 262.642 | 2.841 | 313 | 53 |
| Information und Kommunikation | 135.063 | 128.238 | 5.107 | 1.323 | 395 |
| Erbringung von Finanz- und Versicherungsdienstleistungen | 69.859 | 67.260 | 1.911 | 511 | 177 |
| Grundstücks- und Wohnungswesen | 306.176 | 299.450 | 5.400 | 1.134 | 192 |
| Erbringung von freiberuflichen, wissenschaftlichen und technischen Dienstleistungen | 483.807 | 471.294 | 10.169 | 1.903 | 441 |
| Erbringung von sonstigen wirtschaftlichen Dienstleistungen | 168.817 | 160.911 | 6.398 | 1.228 | 280 |
| Erziehung und Unterricht | 71.979 | 71.346 | 509 | 111 | 13 |
| Gesundheits- und Sozialwesen | 233.164 | 231.154 | 1.318 | 526 | 166 |
| Kunst, Unterhaltung und Erholung | 104.664 | 103.474 | 963 | 185 | 42 |
| Erbringung von sonstigen öffentlichen und persönlichen Dienstleistungen | 245.481 | 243.564 | 1.550 | 304 | 63 |
| | 3.636.495 | 3.443.471 | 144.252 | 37.385 | 11.387 |

[1] Klassifikation der Wirtschaftszweige, Ausgabe 2008 (WZ 2008)
[2] Aktive Unternehmen mit steuerbarem Umsatz und/oder mit sozialversicherungspflichtig Beschäftigten 2008

Quelle: Statistisches Bundesamt, Stand: Juni 2010; eigene Berechnung

Die Bedeutung der kleinen und mittleren Unternehmen für die deutsche Wirtschaft wird in dem Beitrag „Ausgewählte Ergebnisse für kleine und mittlere Unternehmen in Deutschland 2007" aus der Ausgabe 1/2010 Wirtschaft und Statistik des Statistischen Bundesamtes deutlich. Demnach repräsentieren die kleinen und mittleren Unternehmen in Deutschland 42,8% der Bruttoinvestitionen, 33,6% der Umsätze, und 45,2% der Bruttowertschöpfung und beschäftigen 58,3% aller Mitarbeiter.

*Art der Führung*

Sind die **Eigentümer** des Unternehmens an dessen Führung beteiligt, so spricht man von eigentümergeführten Unternehmen, beispielsweise die Dr. August Oetker KG oder die Haribo GmbH & Co KG. Andernfalls handelt es sich um fremdgeführte Unternehmen, bei denen die Führung durch die Eigentümer an einen oder mehrere Fremdmanager übertragen wird, beispielsweise die Deutsche Bank AG oder die E.ON AG. Die spezifische Führungsstruktur – eigentümergeführt versus fremdgeführt – führt demzufolge

*Fallbeispiel*

zur Einheit oder Trennung von Führung und Eigentum respektive Kontrolle des Unternehmens. Die Übertragung der Unternehmensführung an Fremdmanager lässt sich unter anderem mit fehlenden Fähigkeiten oder fehlenden Interessen der Eigentümer erklären. Ein typisches Beispiel für fremdgeführte Unternehmen sind **Publikumsgesellschaften** – beispielsweise börsennotierte Aktiengesellschaften –, bei denen die Aktionäre dem Vorstand die Führung des Unternehmens indirekt über den Aufsichtsrat übertragen. Im Gegensatz dazu sind **Familienunternehmen** ein typisches Beispiel für eigentümergeführte Unternehmen, bei denen Mitglieder der Eigentümerfamilie die Führung des Unternehmens innehaben.

# 1.3    Wirtschaften

## 1.3.1    Wirtschaftliches Handeln

Folgendes Grundproblem stellt die Ursache für wirtschaftliches Handeln dar: die meisten Güter beziehungsweise das, was zu ihrer Erstellung benötigt wird, sind nur in begrenztem Umfang vorhanden. Für viele Güter gilt, dass sie von einer Person nicht konsumiert respektive genutzt werden können, wenn sie bereits von einer anderen Person konsumiert oder genutzt werden. Es handelt sich hierbei um so genannte private Güter (siehe Info-Box 1-5). Somit verfügt jedes Individuum und jede Organisation über einen begrenzten Vorrat an Gütern respektive Ressourcen. Wenn dieser Bestand an Ressourcen vermehrt werden soll, ist es erforderlich, die verfügbaren Güter bestmöglich einzusetzen. Die **Knappheit** der bestehenden Ressourcen und die Notwendigkeit, diese bestmöglich einzusetzen, führen zur Suche und zum **Vergleich** von Alternativen. Wirtschaften beschreibt demnach den Vergleich von Alternativen bei Ausstattung mit begrenzt vorhandenen Ressourcen und Auswahl derjenigen Alternative, die den bestmöglichen Einsatz der gegebenen Ressourcen versprechen. Beispielsweise verfügt ein Bauer nur über einen begrenzten Vorrat an Dünger, den er zur Bestellung seines Ackers benötigt, auf dem er Mais, Weizen oder Gerste anbauen kann. Er wird nun vor dem Hintergrund einer **Ertragsmaximierung** bestrebt sein, diejenige Getreidesorte auszuwählen, deren Ertrag er durch den Einsatz des nur begrenzt vorhandenen Düngers maximieren kann.

*Wirtschaftliche Akteure*

Der Beschreibung wirtschaftender Akteure liegen folgende Grundannahmen zu Grunde. Sie zeichnen sich durch **individuelle Präferenzen und Ziele** aus, an denen sie ihre Handlungen ausrichten. Beispielsweise unterscheiden sich die Ziele von Staatsunternehmen zu Privatunternehmen dahingehend, dass Privatunternehmen das Ziel verfolgen, Profit zu erwirtschaften, während

*Wirtschaften heißt vergleichen*

Staatsunternehmen primär das Ziel verfolgen, kostendeckend zu handeln. Zudem verfügen wirtschaftliche Akteure nur über **beschränkte Information**, das heißt, sie haben keine vollständige Kenntnis über ihr Umfeld und können deshalb zukünftige Entwicklungen nicht sicher vorhersehen. Wirtschaftliches Handeln respektive Wirtschaften findet entlang eines im Folgenden darzustellenden Prozesses statt, wobei die Akteure dieses Prozesses über beschränkte Informationen und beschränktes Wissen verfügen.

*Info-Box 1-5* | *Private Güter und öffentliche Güter*

In der Volkswirtschaftslehre werden die Güter nach zwei Prinzipien unterschieden: das Prinzip der Ausschließbarkeit und das Prinzip der Rivalität im Konsum. Grundannahme des **Ausschlussprinzips** ist, dass Eigentumsrechte existieren, die den Eigentümern von Gütern das Recht geben, andere Akteure von der Nutzung auszuschließen. Bei dem **Rivalitätsprinzip** steht die Frage an, ob die Nutzung eines Gutes durch einen Akteur anderen Akteuren die Möglichkeit zur Nutzung nimmt. Unter Anwendung dieser Prinzipien lassen sich insgesamt vier Güterklassen ableiten, von denen hier zwei Klassen – die privaten Güter und die öffentlichen Güter – erläutert werden sollen. Bei **privaten Gütern** kommen sowohl das Ausschlussprinzip als auch das Rivalitätsprinzip positiv zur Anwendung. Beispielsweise erwirbt eine Privatperson eine Hose und gleichzeitig das Eigentumsrecht zur Nutzung derselben. Das Eigentumsrecht erlaubt es der Person nun, andere Akteure von der Nutzung auszuschließen. Allein der Käufer ist dazu berechtigt, die Hose zu „nutzen". Gleichzeitig wird anderen Personen die Möglichkeit genommen, die Hose auch zu nutzen. Es kann daher um die „Nutzung" der Hose konkurriert werden. **Öffentliche Güter** hingegen unterliegen weder dem Ausschlussprinzip noch dem Rivalitätsprinzip. Beispielsweise stellt die Landesverteidigung beziehungsweise der Frieden ein öffentliches Gut dar. Zum einen können Akteure nicht daran gehindert werden, den Frieden zu „nutzen". Das heißt, dass das Auschlussprinzip hier nicht gilt. Zum anderen wird niemand durch andere an der Nutzung des Friedens gehindert. Hier kommt wiederum das Rivalitätsprinzip nicht zur Geltung. Mit der Nicht-Ausschließbarkeit bei Gütern ist jedoch die Gefahr von **Trittbrettfahrern (free rider)** gegeben. Trittbrettfahrer sind Akteure, die durch andere Akteure bezahlte Güter nutzen, für die Nutzung jedoch selbst nicht bezahlen. Beispielsweise veranstaltet eine Stadt ein Fest zum 500jährigen Jubiläum und lädt dazu überregional bekannte Musikbands ein. Das Fest findet im örtlichen Park statt. Der Eintritt für das Fest beträgt € 5 pro Besucher. Jedoch beschränkt sich die Zuhörerschaft nicht auf die bezahlenden Besucher. Die Anwohner, deren Häuser direkt neben dem Park liegen, kommen auch in den Genuss der Musikvorträge, ohne dafür bezahlt zu haben.

*Prozess des Wirtschaftens*

Grundsätzlich erfolgt dieser **Prozess des Wirtschaftens** nach folgendem Schema: Zunächst einmal gilt es, ausgehend von internen und externen Anstößen sowie den Zielen, das wirtschaftliche Problem eindeutig zu identifizieren. Daran schließt sich die Suche nach Alternativen an, die der Lösung des Problems dienen. Die Alternativen werden dann nach vorgegebenen Kriterien bewertet und miteinander verglichen. Es wird diejenige Alternative gewählt, die für den wirtschaftenden Akteur wirtschaftlich am günstigsten ist (siehe Abbildung 1-3).

---

*Abbildung 1-3: Prozess des Wirtschaftens*

---

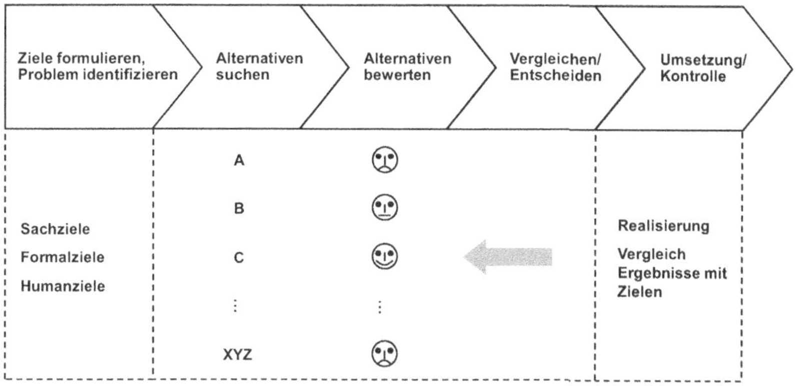

Die Alternative, für die sich entschieden wurde, muss dann umgesetzt werden. Die daraus resultierenden Folgen müssen im letzten Schritt mit den zu Beginn formulierten Zielen verglichen werden (Kontrolle), woran sich ein erneuter Prozess des Wirtschaftens anschließen kann. Beispielsweise steht ein Unternehmen vor der Aufgabe, einen geeigneten Lieferanten für die im Rahmen des betrieblichen Leistungserstellungsprozesses benötigten Rohstoffe zu finden. Unter der Berücksichtigung vorgegebener Ziele, beispielsweise die Einhaltung einer Mindestqualität und/oder die Erreichung eines möglichst niedrigen Preises, wird das Unternehmen daher geeignete Lieferanten suchen, die die Lieferung sicherstellen können (Alternativensuche).

Wenn das Unternehmen nun eine bestimmte Anzahl an Lieferanten gefunden hat, wird es die Lieferanten hinsichtlich der vordefinierten Ziele bewerten, vergleichen und den geeignetsten auswählen. Nach einer gewissen Zeit, in der das Unternehmen von dem betreffenden Lieferanten beliefert wurde (Umsetzung), kann kontrolliert werden, ob die gesetzten Ziele erreicht werden konnten.

Der Prozess des Wirtschaftens wird grundsätzlich von jedem Akteur durchlaufen, der vor einem konkreten wirtschaftlichen Problem steht. Ein kennzeichnendes Merkmal des Prozesses ist die Notwendigkeit des Akteurs, sich für eine bestimmte Alternative zu entscheiden (siehe Info-Box 1-6).

Dabei kann es sich wie im aufgeführten Beispiel um ein Unternehmen handeln, das vor dem Problem der Beschaffung benötigter Rohstoffe steht. Es kann sich aber auch um einen privaten Haushalt handeln, der zum Beispiel ein neues Auto kaufen möchte und den entsprechenden Prozess durchläuft.

---

| *Info-Box 1-6* | *Entscheidungstheorie* |
|---|---|

---

Entscheidungen werden in allen menschlichen Lebensbereichen getroffen. Beispielsweise stehen Schulabsolventen vor der Entscheidung, an welcher Universität sie studieren. Manager in Unternehmen müssen sich bei mehreren Investitionsalternativen für ein Investitionsprojekt entscheiden oder es muss vom Küchenchef in einem Restaurant entschieden werden, wie das Tagesmenü für die nächste Woche gestaltet werden soll. Das dabei zugrunde liegende Entscheidungsverhalten ist Gegenstand der Entscheidungstheorie, die sich neben dem Entscheidungsverhalten von Individuen auch mit dem Verhalten von Gruppen befasst. Im Mittelpunkt der Betrachtung stehen insbesondere die Formulierung und Lösung von Entscheidungsproblemen. Grundelemente bei Entscheidungsproblemen sind die Ziele des Entscheiders und die ihm zur Verfügung stehenden Alternativen. Eine notwendige Voraussetzung für Entscheidungsprobleme ist demnach die Existenz von Wahlmöglichkeiten, das heißt der Entscheider hat die Möglichkeit, aus mindestens zwei Alternativen zu wählen. Dabei kann eine Alternative auch beinhalten, dass etwas nicht geschieht. Zum Beispiel kann der Leiter einer Marketingabteilung vor der Entscheidung stehen, für die Vermarktung eines Produktes Anzeigen zu schalten (1. Alternative) oder die Durchführung dieser Maßnahme zu unterlassen (2. Alternative).

Im Rahmen der Entscheidungstheorie lassen sich zwei Richtungen ausmachen, die sich in ihrer Zielsetzung und ihren Annahmen über das menschliche Verhalten unterscheiden: die deskriptive Entscheidungstheorie und die präskriptive Entscheidungstheorie. Die deskriptive Entscheidungstheorie zielt auf die Beschreibung und Erklärung realen menschlichen Entscheidungsverhaltens unter Annahme von eingeschränkter Rationalität ab, das heißt der Entscheider kann sich auch emotional/irrational verhalten. Eine der bekanntesten Theorien im Rahmen der deskriptiven Entscheidungstheorie ist die Prospect-Theorie von Kahnemann und Tversky (1979). Darüber hinaus existieren noch weitere Theorien wie beispielsweise die Disappointment-Theorie oder die Regret-Theorie.

Im Gegensatz zu der deskriptiven Entscheidungstheorie liegt das Ziel bei der präskriptiven Entscheidungstheorie in der Vorgabe von Regeln zur Lösung von Entscheidungsproblemen, wobei von einem rational handelnden Akteur ausgegangen wird. Die Betrachtung von individuellen Entscheidungsproblemen kann grundsätzlich entlang von zwei Dimensionen – Anzahl der Ziele und Informationsstand – vorgenommen werden. Der Entscheider kann genau ein Ziel haben, das der Entscheidung über mehrere Alternativen zugrunde liegt. Beispielsweise steht ein Universitätsabsolvent vor der Wahl zwischen fünf potentiellen Arbeitgebern, wobei seine Zielgröße das Jahresgehalt sein könnte. Der Universitätsabsolvent kann jedoch zusätzlich die Arbeitszeiten bei den jeweiligen Arbeitgebern in die Betrachtung mit einbeziehen, so dass er nun zwei Ziele bei der Entscheidungsfindung berücksichtigen muss.

Die Ziele können dabei in unterschiedlicher Beziehung zueinander stehen (siehe Kapitel 2.3.2). Der Informationsstand eines Individuums gibt Auskunft darüber, ob der

Entscheider über vollkommene oder unvollkommene Informationen verfügt. Bei un-
vollkommenen Informationen ist zu unterscheiden, ob die Entscheidung unter Risiko
oder unter Unsicherheit zu treffen ist. Entscheidung unter Unsicherheit bedeutet, dass
der Entscheider die verschiedenen möglichen Umweltzustände kennt. Zum Beispiel
sind einem Entscheider drei mögliche Umweltzustände bekannt: ein neuer Wettbewerber tritt in den Markt ein, zwei bestehende Wettbewerber schließen sich zusammen oder die Wettbewerbssituation bleibt unverändert. Er kann diesen Zuständen
jedoch keine Eintrittswahrscheinlichkeiten zuordnen. Bei einer Entscheidung unter
Risiko wird angenommen, dass dem Entscheider die Eintrittswahrscheinlichkeiten der
jeweiligen Umweltzustände bekannt sind. Je nach Situation kann der Entscheider auf
unterschiedliche Entscheidungsregeln beziehungsweise –prinzipien zurückgreifen.

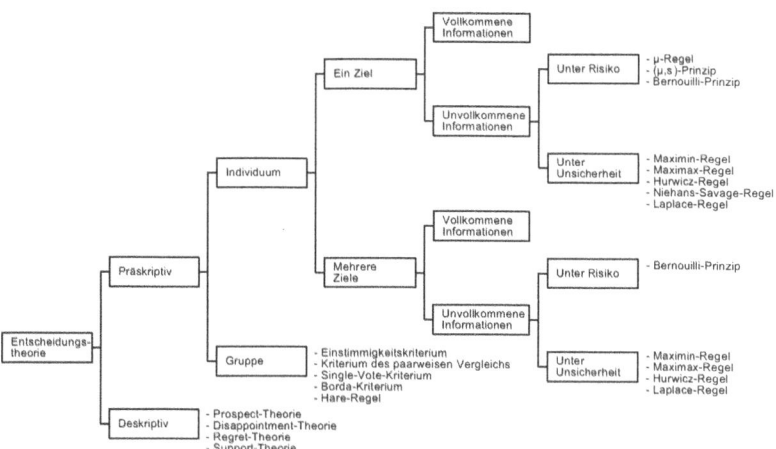

Beispielsweise kann er unter der Annahme einer Zielgröße bei einer Entscheidung
unter Risiko auf die µ-Regel, das (µ,σ)-Prinzip oder das Bernoulli-Prinzip zurückgreifen. Bei einer Entscheidung unter Unsicherheit hingegen stehen unter anderem die
Maximin-Regel, die Maximax-Regel oder die Laplace-Regel als Entscheidungshilfe
zur Verfügung. Bei mehreren Zielgrößen kann er bei einer Entscheidung unter Risiko
das Bernouilli-Prinzip nutzen und bei einer Entscheidung bei Unsicherheit beispielsweise das Hurwicz-Prinzip anwenden.

Bei der Untersuchung von Gruppenentscheidungen steht neben den bereits dargelegten individuellen Entscheidungsparametern insbesondere der Abstimmungsprozess
einer Gruppe im Fokus. In der Realität werden Entscheidungen häufig in Gruppen
getroffen. Zum Beispiel stehen die Mitglieder des Aufsichtsrats einer großen Aktiengesellschaft vor der Entscheidung, einen neuen Vorstand zu bestellen. Der Entscheidungsprozess einer Gruppe zeichnet sich dadurch aus, dass sich die Gruppenmitglie-
der zunächst in der Phase des gegenseitigen Informationsaustausches jeweils eine
individuelle Präferenzordnung zu den betrachteten Alternativen bilden und anschließend im Rahmen einer Abstimmungsphase eine Entscheidung treffen (Laux, 2007).
Zur Abstimmung und der damit verbundenen Entscheidung können unterschiedliche
Kriterien beziehungsweise Regeln wie beispielsweise das Einstimmigkeitskriterium,
das Single-Vote-Kriterium oder die Hare-Regel angewendet werden.

## 1.3.2 Wirtschaftlichkeitsprinzipien

*Output und Input*

Der Vergleich von Alternativen ist davon abhängig, welche Annahmen hinsichtlich Input und Output getroffen werden. Als Input wird die zur Verfügung stehende Menge an Einsatzfaktoren, beispielsweise Material, finanzielle Mitte oder Mitarbeiter, bezeichnet. Der Output weist demgegenüber das Ergebnis, zum Beispiel die Fertigungsmenge oder den erwirtschafteten Gewinn, aus. Grundsätzlich kann einerseits angenommen werden, dass der Input gegeben und der Output veränderbar ist. Andererseits kann die Annahme getroffen werden, dass der Output fix ist und der Input verändert werden kann. Entsprechend der Annahmen wendet der wirtschaftende Akteur unterschiedliche Wirtschaftlichkeitsprinzipien an (siehe Abbildung 1-4).

*Abbildung 1-4: Wirtschaftlichkeitsprinzipien*

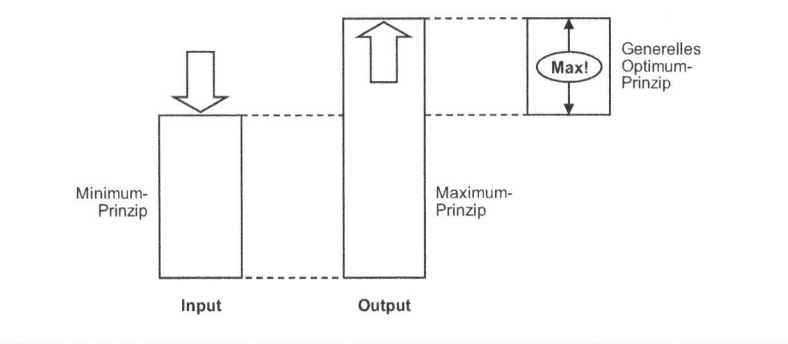

*Fixer Input*

Bei gegebenem Input gilt es, den Output zu maximieren. Entsprechend handelt es sich hier um das **Maximum-Prinzip**. Beispielsweise erhält ein Fondsmanager einen bestimmten Geldbetrag (Input), den er durch Investition in verschiedene Aktien in einem vorgegebenen Zeitraum maximieren soll

*Fixer Output*

(Output). Ist hingegen der Output gegeben, so ist der dafür eingesetzte Input zu minimieren. Hier gilt die Anwendung des **Minimum-Prinzips**. Beispielsweise erhält der Leiter eines Automobilfertigungswerkes eine bestimmte zu produzierende Menge an Automobilen als Vorgabe (Output), die zu minimalen Kosten (Input) hergestellt werden soll.

*Optimierung*

Die Verknüpfung dieser beiden Wirtschaftlichkeitsprinzipien führt zu dem **generellen Optimum-Prinzip**, das die Maximierung der Differenz zwischen Input und Output betrachtet. Dabei wird die Annahme, dass eine der beiden Variablen – Input oder Output – fix ist, aufgehoben. Dadurch kann es auch zu Lösungen kommen, die jenseits der unter Anwendung von Maximum-

oder Minimum-Prinzip erzielten Lösungen kommen. In diesem Fall gilt beispielsweise für ein Unternehmen, die einzusetzenden Mittel (Input) und den sich ergebenden Ertrag (Output) derart abzustimmen, dass die Differenz optimiert wird. Das Optimalitätskriterium ist dabei je nach Wirtschaftsakteur individuell zu definieren.

Input beziehungsweise Output kann unterschiedlich gemessen werden. Beispielsweise kann zwischen einer wertmäßigen Betrachtung und einer mengenmäßigen Betrachtung unterschieden werden. Während bei der mengenmäßigen Betrachtung der Input zum Beispiel in Anzahl der Mitarbeiter bewertet wird, drückt sich die wertmäßige Betrachtung in den Personalkosten, gemessen in Geldeinheiten, aus. Die Einschränkung der mengenmäßigen Betrachtung, bei der Inputgrößen und Outputgrößen – beispielsweise der Zusammenhang zwischen dem Einsatz von drei zusätzlichen Mitarbeitern in der Produktion und der Auswirkung auf die Fertigungsmenge – nicht unmittelbar miteinander verglichen werden können, kann durch die wertmäßige Betrachtung überwunden werden, in dem eine einheitliche Wertgröße – zum Beispiel ausgedrückt in Geldeinheiten – genutzt wird.

*Messung von In- und Output*

# 1.4 Wettbewerb

## 1.4.1 Akteure im Wettbewerb und Wettbewerbsvorteile

Aus Sicht eines Unternehmens stehen auf dem Markt insbesondere drei Akteure im Mittelpunkt. Zum einen sind es die Kunden, also die Abnehmer der angebotenen Güter und Dienstleistungen, Unternehmen mit einem ähnlichen oder gleichen Leistungsprogramm und das betrachtete Unternehmen selbst. Die Kunden zeichnen sich durch bestimmte Präferenzen und ein begrenztes Budget aus, das sie für den Erwerb von Gütern und Dienstleistungen auf dem Markt einsetzen. Im Gegenzug dazu bieten Unternehmen auf dem Markt ihre Leistungen – Güter und Dienstleistungen – an. Fragen die Kunden nun eine bestimmte Leistung nach und kann diese Nachfrage von mehreren Unternehmen befriedigt werden, so stehen diese Unternehmen miteinander im **Wettbewerb**. Der Wettbewerb resultiert demzufolge zum einen aus der Tatsache, dass die Bedürfnisbefriedigung der Kunden nach einem bestimmten Gut oder einer bestimmten Dienstleistungen durch das Angebot mehrerer Unternehmen abgedeckt werden kann. Zum anderen begründet der Wettbewerb die Möglichkeit der Kunden, über Vergleiche zwischen den anbietenden Unternehmen das für sie optimale Angebot in Anspruch zu nehmen. Die Kunden vergleichen dabei für ein bestimmtes Gut

*Präferenzen*

*Wettbewerb*

*Wahl der Kunden*

beziehungsweise eine bestimmte Dienstleistung das **Wert/Preis-Verhältnis**. Der Wert spiegelt dabei den in Geld bewerteten Nutzen einer Leistung für einen Kunden wider, den er bekommt. Der Wert ist dabei abhängig von den individuellen Präferenzen der einzelnen Kunden und hängt damit von ihrer subjektiven Wahrnehmung ab. Der Preis stellt wiederum denjenigen Geldbetrag dar, den der Kunde für den Erwerb eines Gutes respektive die Inanspruchnahme einer Dienstleistung bezahlen muss. Der Vergleich der Kunden zwischen den Unternehmen bezieht sich somit auf die Wert-Preis-Verhältnisse, die die Unternehmen anbieten. Aus Sicht der Unternehmen liegt die Schwierigkeit einer Gestaltung der angebotenen Wert-Preis-Verhältnisse ihrer Güter und Dienstleistungen insbesondere darin, dass die **Bewertung der Kunden subjektiv** ist und nicht nur nach neutralen im Sinne von objektiv nachvollziehbaren Kriterien erfolgt.

**Wettbewerbsvorteile**

*Wettbewerbsvorteile*

Ein Unternehmen, das im Wettbewerb mit anderen Unternehmen um die Befriedigung von Kundenbedürfnissen steht, muss Wettbewerbsvorteile aufbauen und erhalten, um seine Überlebensfähigkeit auf dem Markt zu sichern. Die zu erzielenden Vorteile im Wettbewerb hängen dabei primär von den Bewertungen der Kunden ab. Demnach gelten folgende Bedingungen für Wettbewerbsvorteile (siehe Abbildung 1-5).

- Das Unternehmen schafft durch sein Leistungsprogramm für seinen Kunden einen Wert und erzielt gleichzeitig Preise, die die Kosten übersteigen.

- Das Wert/Preis-Verhältnis des Unternehmens ist den Wert/Preis-Verhältnissen der Wettbewerber überlegen.

- Das Gebiet, auf dem das Unternehmen den überlegenen Wert anbietet, wird zum einen durch die Kunden wahrgenommen und ist ihnen wichtig und kann zum anderen gegen die Wettbewerber verteidigt werden.

Die Überlebensfähigkeit des Unternehmens hängt insbesondere von der Fähigkeit ab, nachhaltige Wettbewerbsvorteile zu schaffen (siehe Kapitel 11.4.1).

*Fallbeispiel*

Beispielsweise bietet das Unternehmen Dell über seine Homepage Kunden die Möglichkeit, Rechner nach den eigenen Vorstellungen zu konfigurieren und zu bestellen. Die Rechner werden erst im Anschluss an die Bestellung zusammengebaut und versendet, wodurch Dell Kostenvorteile realisieren kann. Der Wert für den Kunden besteht hierbei insbesondere darin, sein Bedürfnis nach einem qualitativ hochwertigen Rechner zu befriedigen, diesen Rechner individuell zu konfigurieren, bequem per Internet zu bestellen und in relativ kurzer Zeit zu erhalten. Das von Dell geschaffene Wert/Preis-

Verhältnis kann aufgrund der genannten Aspekte höher sein, als die angebotenen Wert/Preis-Verhältnisse der Wettbewerber.

---

**Abbildung 1-5**: *Akteure im Wettbewerb*

---

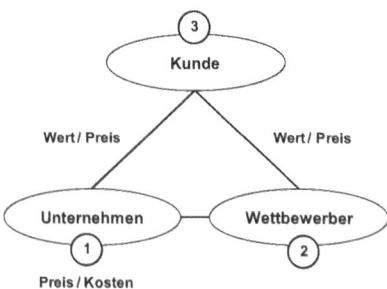

## 1.4.2 Wettbewerbsformen

In der Realität können sich unterschiedliche Wettbewerbsformen bilden, die im Folgenden erläutert werden. Es ist dabei zu beachten, dass es sich bei den Wettbewerbsformen nicht um statische Gefüge handelt, sondern dass sie sich im Zuge der Aktivitäten der Wirtschaftsakteure entwickeln und verändern können. Für die Unternehmensaktivitäten ist die Form des Wettbewerbs von zentraler Bedeutung, da sie unter anderem unmittelbaren Einfluss auf die Preisbildung, die Qualität und andere Aspekte des Wettbewerberverhaltens besitzt und folglich den Unternehmenserfolg maßgeblich mitbestimmt. Die Beschreibung der unterschiedlichen Wettbewerbsformen erfolgt entlang von zwei Dimensionen (siehe Abbildung 1-6). Die erste Dimension umfasst die **Anzahl der Wettbewerber**, die zweite Dimension beinhaltet die **Anzahl der Kunden**.

*Monopol*

Existiert auf einem Markt genau ein Unternehmen, das eine bestimmte Leistung – die nicht substituiert werden kann – für viele Kunden erbringt, so spricht man von einem **Monopol**. Grundsätzlich bezeichnet man ein Unternehmen, das über eine Monopolstellung verfügt, als einen Preissetzer. Die Kunden müssen dabei den Preis zahlen, den das Unternehmen verlangt. Der Beliebigkeit der Preissetzung ist jedoch dahingehend eine Grenze gesetzt, als ein steigender Preis die nachgefragte Menge verringert. Beispiele für Monopolunternehmen stellen Staatsunternehmen dar, deren Marktmacht durch den Staat legitimiert ist. Sie besitzen dabei das alleinige Recht zur Erbringung einer bestimmten Leistung, beispielsweise der Wasserversorgung oder der Briefzustellung. Bei dem **beschränkten Monopol** ist die Anzahl der Kunden eines Monopolunternehmens begrenzt, weil das Leistungsangebot nur eine bestimmte Kundengruppe trifft. Hier kann als Beispiel ein Hersteller für medizinische Spezialinstrumente angeführt werden, der eine bestimmte Anzahl an Krankhäusern beliefert und als einziges Unternehmen über das zur Fertigung dieser Instrumente benötigte Wissen verfügt. Zeichnet sich der Markt für eine bestimmte Leistung dadurch aus, dass die Leistung von genau einem Unternehmen angeboten wird und diese Leistung von genau einem Kunden nachgefragt wird, so spricht man von einem **bilateralen Monopol**. Beispielsweise gibt es genau ein Unternehmen, das hochspezielle Geräte für die Ausstattung von Raumsonden herstellt und diese nur von der Raumfahrtbehörde eines Landes erworben werden.

*Oligopol*

*Fallbeispiel*

Ist ein Markt dadurch charakterisiert, dass in Bezug auf eine Leistung wenige Anbieter auf viele Nachfrager treffen, so ist ein **Oligopol** gegeben. Ein Beispiel stellt der Strommarkt in Deutschland dar. Dieser wird hauptsächlich durch die vier Konzerne E.ON, RWE, EnBW und Vattenfall bedient. Ein weiteres Beispiel stellt der Benzin-Markt dar, bei dem viele Nachfrager – Unternehmen wie Privathaushalte – einer kleinen Anzahl von Anbietern gegenübersteht.

Das wesentliche Merkmal des Oligopols besteht darin, dass die Aktivitäten eines Anbieters sich unmittelbar auf die Gewinne der anderen Anbieter auswirken. Es besteht somit eine wechselseitige Abhängigkeit zwischen den Anbietern. Diese Interdependenzen können dazu führen, dass sich Anbieter zu einem Kartell zusammenschließen, in dem sie Preise und/oder Produktionsmengen miteinander abstimmen. Dieser Möglichkeit der Kartellbildung wird jedoch durch Kartellgesetze vorgebeugt. Das in Deutschland geltende Gesetz gegen Wettbewerbsbeschränkungen (GWB) besagt: „Vereinbarungen zwischen Unternehmen, Beschlüsse von Unternehmensvereinigungen und aufeinander abgestimmte Verhaltensweisen, die eine Verhinderung, Einschränkung oder Verfälschung des Wettbewerbs bezwecken oder bewirken, sind verboten." (§ 1 GWB).

*Gesetz gegen Wettbewerbsbeschränkungen*

Beschränkt sich die Zahl der Kunden jedoch auf eine kleine Gruppe, die Leistungen von wenigen Unternehmen in Anspruch nimmt, so spricht man von einem **bilateralen Oligopol**. Ein Beispiel hierfür ist der Markt für Flugzeuge, bei dem eine kleine Anzahl an Flugzeugherstellern einer kleinen Anzahl an Fluggesellschaften gegenübersteht. Existiert in einem Markt mit wenigen Anbietern einer Leistung genau ein Kunde, so ist ein **beschränktes Monopson** gegeben. Als Beispiel ist die Fertigung bestimmter militärischer Produkte, die nur durch den Staat nachgefragt werden.

*Abbildung 1-6*: *Wettbewerbsformen im Überblick*

| Wettbewerber / Kunden | 1 | wenige | viele |
|---|---|---|---|
| 1 | Bilaterales Monopol | Beschränktes Monopson | Monopson |
| Wenige | Beschränktes Monopol | Bilaterales Oligopol | Oligopson |
| viele | Monopol | Oligopol | Polypol |

Ein Markt, auf dem viele Anbieter einer Leistung einer Vielzahl von Nachfragern der Leistung gegenüberstehen, wird als **Polypol** bezeichnet. Beim Polypol ist die Marktmacht auf viele Anbieter beziehungsweise Nachfrager verteilt. Man spricht daher auch von einem atomistischen Wettbewerb. Im Gegensatz zum Monopol ist der Preis ein Datum, so dass die Anbieter nur als Mengenanpasser agieren. Beispielsweise stellt die Börse ein Polypol dar, auf dem viele Nachfrager nach Aktien auf viele Anbieter treffen. Ist die Anzahl der Nachfrager jedoch nur auf wenige Akteure beschränkt, so spricht man von einem **Oligopson**. Durch die Vielzahl der Anbieter verfügen die Nachfrager tendenziell über mehr Macht als im Polypol. Beispielsweise üben großen Handelskonzerne gegenüber ihren Lieferanten für Lebensmittel Druck aus, um möglichst niedrige Einkaufspreise zu erzielen. Wenn für eine Leistung nun viele Anbieter um genau einen Nachfrager konkurrieren, ist ein **Monopson** gegeben. Durch seine große Marktmacht ist der Nachfrager in der Lage, eine bestimmte Leistung zu vergleichsweise niedrigeren Preisen zu erwerben als es im Falle eines Polypols der Fall wäre. Ein Beispiel ist die Ausschreibung von Aufträgen der Bundeswehr an eine Vielzahl an Unternehmen der Privatwirtschaft für ein bestimmtes Produkt oder eine Dienstleistung. Zusammenfassend lässt sich festhalten, dass die unterschiedlichen Wettbewerbsformen mit unterschiedlichen Bedingungen für die Marktteilnehmer, sowohl auf der Angebotsseite als auch auf der Nachfrageseite, verbunden sind. Je nach Wettbewerbsform verfügen die Anbieter respektive Nachfrager über eine unterschiedlich stark ausgeprägte Marktmacht.

*Polypol*

## 1.5     Ausblick

Das Wesen von Unternehmen steht in der Betriebswirtschaftslehre im Mittelpunkt vielfältiger Erklärungsansätze, die sich durch unterschiedliche Annahmen und Schwerpunktsetzungen auszeichnen. Beispielsweise wird ein Unternehmen in der **neoklassischen Unternehmenstheorie** lediglich als Produktionsfunktion aufgefasst, die Kosten und Mengen der zu fertigenden Produkte festschreibt. In der **neoinstitutionalistischen Unternehmenstheorie** werden Unternehmen dagegen als eine Organisationsform angesehen, die bei der Gestaltung bestimmter wirtschaftlicher Prozesse Kostenvorteile gegenüber der Organisationsform Markt bietet. Die neoinstitutionalistische Theorie umfasst dabei die **Property-Rights-Theory**, die **Transaktionskostentheorie** und die **Principal-Agent-Theory**. Während in den vorangegangenen Erklärungsansätzen Unternehmen primär als Mittel eines ökonomischen Zwecks diskutiert werden, betrachten **verhaltenswissenschaftliche Theorien** Unternehmen als soziale Systeme, an denen Menschen in unterschiedlichen Rollen beteiligt sind.

Zur Charakterisierung von Unternehmen stellt die Art der Eigentümer ein Kriterium dar, demzufolge sich Unternehmen in privatem Eigentum oder in öffentlichem Eigentum befinden können. Eine besondere Form von Privatunternehmen repräsentieren **Familienunternehmen**. Dabei handelt es sich um Unternehmen, deren Entwicklungen maßgeblich durch die Mitglieder einer Familie geprägt werden. Die Einflussnahme kann dabei über die direkte Beteiligung an der Unternehmensführung und/oder die aus der Eigentümerposition abgeleitete Kontrollfunktion erfolgen (Klein, 2010). Bekannte Familienunternehmen stellen beispielsweise die Bertelsmann AG, die Franz Haniel & Cie GmbH oder die Otto GmbH & Co. KG dar.

Während Unternehmen primär auf die Erreichung ökonomischer Ziele ausgerichtet sind, zeichnen sich **Non-Profit-Organizations (NPO)** durch einen gemeinnützigen Charakter aus. Sie dienen beispielsweise der Förderung von Aktivitäten in den Bereichen der Wissenschaft, Bildung, Kunst oder des Sports. Im Mittelpunkt steht somit die Erhaltung oder Erhöhung des gesellschaftlichen Wohls. Vor diesem Hintergrund erfährt **Social Entrepreneurship** eine zunehmende Bedeutung. Im Vordergrund der Unternehmertätigkeit steht dabei beispielsweise der Umweltschutz oder die Bekämpfung von Armut.

Für Unternehmen ist die Form des Wettbewerbs von zentraler Bedeutung, da sie den Unternehmenserfolg maßgeblich bestimmt. In Abhängigkeit der Anzahl der Anbieter und Nachfrager auf einem Markt für ein bestimmtes Produkt lassen sich verschiedene Wettbewerbsformen unterscheiden. Die daraus resultierenden Interaktionen zwischen den Marktteilnehmern stehen im Mittelpunkt der **Industrieökonomik**. Gegenstand industrieökonomischer Untersuchungen sind beispielsweise die Auswirkungen von Markteintritts- und -austrittsbarrieren, Preis- und Produktgestaltung oder Absprachen zwischen Marktteilnehmern in Form von Kartellen. Einen prominenten Erklärungsansatz innerhalb der Industrieökonomik bildet die **Spieltheorie**. Sie wird zur Untersuchung von strategischen Entscheidungssituationen und den damit verbundenen Verhaltensweisen herangezogen.

## Schlagwörter

Unternehmen, Wirtschaften, Stiftung, Rechtspersönlichkeit, private Güter, öffentliche Güter, Entscheidung, Prozess des Wirtschaftens, Wirtschaftlichkeitsprinzipien, Input, Output, Präferenzen, Wert/Preis-Verhältnis, Wettbewerb, Wettbewerbsvorteile, Monopol, Oligopol, Polypol

## Kontrollfragen

1. Wie wird das Unternehmen in der Betriebswirtschaftslehre definiert?

2. Wie verläuft der Prozess des Wirtschaftens?

3. Welches grundsätzliche Problem stellt die Ursache für wirtschaftliches Handeln dar?

4. Aus dem Vergleich von Input und Output können Prinzipien abgeleitet werden, die als Wirtschaftlichkeitsprinzipien bezeichnet werden. Erklären Sie das Minimum- und das Maximumprinzip an Hand eines von Ihnen selbst gewählten Beispiels.

5. Unternehmen, die ihre Leistungen auf dem Markt Dritten gegenüber anbieten und gleichzeitig im Wettbewerb zu anderen Unternehmen stehen, müssen Wettbewerbsvorteile aufbauen und erhalten. Welche Bedingungen sind für Wettbewerbsvorteile maßgeblich?

*Lösungshinweise zu den Kontrollfragen finden Sie unter www.gabler.de*

## Weiterführende Anwendungsfragen

1. Welche Konsequenzen hatte die Ende der 1990er Jahre vollzogene Liberalisierung des deutschen Telekommunikationsmarktes für die Deutsche Telekom AG? Diskutieren Sie weitere Beispiele aus anderen europäischen Staaten.

2. In Deutschland existiert eine Vielzahl an Unternehmen, in denen die Eigentümer in Führungspositionen tätig sind. Welche möglichen Implikationen beinhaltet eine solche Führungsstruktur?

3. Der Vorstand eines Unternehmens, das sich vollständig im Eigentum einer Stiftung befindet, erarbeitet ein neues strategisches Konzept. Worauf muss der Vorstand im Rahmen der speziellen Eigentümerstruktur dabei achten?

4. Wirtschaftliches Handeln zeichnet sich unter anderem dadurch aus, dass der wirtschaftlich handelnde Akteur Entscheidungen treffen muss, das heißt vor einem Entscheidungsproblem steht. Welche grundlegenden Merkmale weist ein Entscheidungsproblem auf?

5. Ein Markt kann hinsichtlich der Wettbewerbsform variieren. Welche Gründe kann es für eine Veränderung der Wettbewerbsform geben?

# Literatur zu Kapitel 1

**Zitierte Literaturempfehlungen**

**Brockhoff, K.:** Betriebswirtschaftslehre in Wissenschaft und Geschichte. Eine Skizze, 2. Aufl., Wiesbaden 2010.

**Haunschild, L., Wolter, H.-J.:** Volkswirtschaftliche Bedeutung von Familienunternehmen, IFM-Materialien Nr. 199, Institut für Mittelstandsforschung, Bonn 2010.

**Kahneman, D., Tversky, A.:** Prospect theory: an analysis of decision under risk, in: Econometrica, 47. Jg., 1979, S. 263-291.

**Klein, S.:** Familienunternehmen, 3. Aufl., Lohmar 2010.

**Laux, H.:** Entscheidungstheorie, 7. Aufl., Berlin 2007.

**Weiterführende Literaturempfehlungen**

**Albach, H.:** Eine allgemeine Theorie der Unternehmung, in: Zeitschrift für Betriebswirtschaft, 69. Jg., 1999, S. 411-427.

**Coase, R. H.:** The nature of the firm, in: Economica, 4. Jg., 1937, S. 386-405.

**Eisenführ, F., Weber, M.:** Rationales Entscheiden, 5. Aufl., Berlin 2010.

**Gutenberg, E.:** Die Unternehmung als Gegenstand betriebswirtschaftlicher Theorie, Berlin 1929.

**Mankiw, N. G., Taylor, M. P.:** Grundzüge der Volkswirtschaftslehre, 4. Aufl., Stuttgart 2008.

**Varian, H. R.:** Grundzüge der Mikroökonomik, 8. Aufl., München/Wien 2011.

# Unternehmertum und Unternehmens-führung

# Kapitel 1.2

Thomas Hutzschenreuter
Allgemeine Betriebswirtschaftslehre
Grundlagen mit zahlreichen Praxisbeispielen
4. Auflage 2011

Entnommen aus Kapitel 2:
Unternehmertum und Unternehmensführung

# 2 Unternehmertum und Unternehmensführung

**Überblick**

Unternehmen werden gegründet, um Produkte und Dienstleistungen herzustellen und auf dem Markt gegenüber Kunden zu verwerten. Der Schwerpunkt liegt dabei auf der **Durchsetzung von Innovationen**, die den Kunden ein besseres Wert/Preis-Verhältnis bieten als die bestehenden Leistungen. Man spricht auch von der „schöpferischen Zerstörung", bei der Innovationen auf den Markt gebracht werden und die etablierten Angebote zur Befriedigung der Kundenbedürfnisse ablösen. Die Schaffung einer neuen Wirtschaftseinheit – das heißt eines neuen Unternehmens – führt zu einer Veränderung der bestehenden Marktbedingungen. Gleichzeitig ist die Schaffung und Etablierung eines Unternehmens mit **Risiken** verbunden, aus denen sich verschiedene Fragen ergeben. Hat das neue Unternehmen die Kundenbedürfnisse verstanden und bietet es die entsprechenden Leistungen zur Befriedigung dieser Bedürfnisse an? Sind die angebotenen Leistungen im Vergleich zu den Wettbewerbern besser und kann das Unternehmen diese vor dem Hintergrund einer profitablen Kostenstruktur erbringen?

Eine erfolgreiche Unternehmensgründung setzt eine sorgfältige Planung voraus. Die Erstellung eines **Businessplans** dient dabei einer strukturierten und systematischen Auseinandersetzung mit den Chancen und Risiken, die mit einer Gründung verbunden sind. Damit hängt auch die Frage nach einer geeigneten **Rechtsform** zusammen, bei der unter anderem Haftungsaspekte, Finanzierungsmöglichkeiten und die Beteiligung am Unternehmensergebnis berücksichtigt werden.

Die Erreichung des Unternehmensziels, den langfristigen Erfolg auf dem Markt sicherzustellen, obliegt primär der **Unternehmensführung**. Sie ist insbesondere für die Gestaltung der Strategien, Strukturen, Systeme und Prozesse des Unternehmens verantwortlich.

**Kernfragen**

- Wie entstehen Unternehmen?

- Wodurch sind die unterschiedlichen Rechtsformen charakterisiert?

- Welche Funktion hat ein Businessplan und aus welchen inhaltlichen Bestandteilen setzt sich dieser zusammen?

▧ Welche Ziele verfolgt ein Unternehmen?

▧ Welche Aufgaben erfüllt die Unternehmensführung?

## 2.1 Einführendes Fallbeispiel: Amazon.com

*Ausgangs-situation*

Im Jahr 1994 gründet Jeffrey P. Bezos, ehemaliger Mitarbeiter der US-amerikanischen Investmentgesellschaft D.E. Shaw & Co, in Hinblick des sich abzeichnenden hohen Internetwachstums das Online-Handelsunternehmen Amazon.com. Im darauf folgenden Jahr wird die Homepage online gestellt, auf der zunächst nur Bücher angeboten werden. Durch den Eintritt in den

*Phase 1*

US-amerikanischen Büchermarkt stört das Unternehmen das dort bestehende Marktgleichgewicht, indem es in einen Wettbewerb mit den etablierten, traditionellen Buchhändlern, wie beispielsweise Barnes&Noble oder Borders, tritt. Diese Störung des Marktgleichgewichts vollzieht sich weitergehend in jedem neuen Land, in das Amazon.com expandiert, da es dort mit den etablierten Anbietern um die Kunden konkurriert. Dabei beschränkt sich der Wettbewerb nicht auf den Büchermarkt, sondern erstreckt sich über sämtliche Produktkategorien, die Amazon.com – wie im Folgenden gezeigt wird – nach und nach in sein Leistungsprogramm aufnimmt.

*Phase 2*

Im Jahr 1997 geht das Unternehmen an die Börse. Jeffrey Bezos betont in seinem ersten Brief an die Aktionäre, dass der langfristig geschaffene Wert für die Aktionäre (shareholder value) einen wesentlichen Erfolgsmaßstab darstellt. Unter anderem wird dabei angekündigt, dass der Fokus auf dem Unternehmenswachstum liegt. Das angekündigte Wachstum drückt sich in den folgenden Jahren einerseits durch die Erweiterung des Leistungsprogramms, unter anderem um CDs, DVDs, Videos, Spielzeuge, elektronische Geräte, Werkzeug und Software aus. Die Erweiterung erfolgt dabei vor allem durch die Akquisition anderer Online-Unternehmen, wie zum Beispiel Drugstore.com, Homegrocer.com, Pets.com oder Exchange.com. Daneben geht das Unternehmen Allianzen mit verschiedenen Unternehmen, beispielsweise Toys"R"us.com oder der Virgin Entertainment Group, ein. Amazon.com stellt diesen Unternehmen dabei seine Online-Plattform zur Verfügung, auf der sie ihre Leistungen anbieten können. Andererseits wird neben der Ausweitung der Produktbasis Wachstum durch eine Ausweitung der Regionenbasis in Form einer Expansion in andere Länder erzielt. So eröffnet Amazon.com zwischen 1998 und 2004 weitere Online-Shops in Deutschland, Großbritannien, Frankreich, Japan, Kanada und China.

Amazon.com verbessert mit Innovationen, wie beispielsweise der 1-Click-Funktion, bei der der Einkauf einer Ware mit einem Mausklick durchgeführt werden kann, oder der Search-Inside-Funktion, bei der die Kunden in ausgewählten Büchern Abschnitte online einsehen können, permanent das angebotene Wert/Preis-Verhältnis für die Kunden. Diese Maßnahmen zielen insbesondere darauf ab, auf die Kundenbedürfnisse nach einem möglichst einfachen und komfortablen Einkauf der gewünschten Waren einzugehen und in einem weiteren Sinne den Anspruch, das kundenorientierteste Unternehmen der Welt („earth's most customer-centric company") zu sein, umzusetzen.

Der Unternehmer Jeffrey Bezos hat es geschafft, das Start-up-Unternehmen Amazon.com zum größten Online-Handelsunternehmen der Welt mit einem Umsatz in Höhe von US $ 24,51 Milliarden Umsatz im Jahr 2009 zu führen (Amazon.com Inc., Geschäftsbericht 2009). In Abbildung 2-1 ist die Entwicklung von Amazon.com dargestellt.

*Zusammen-*
*fassung*

***Abbildung 2-1***: *Unternehmensentwicklung am Beispiel Amazon.com Inc.*

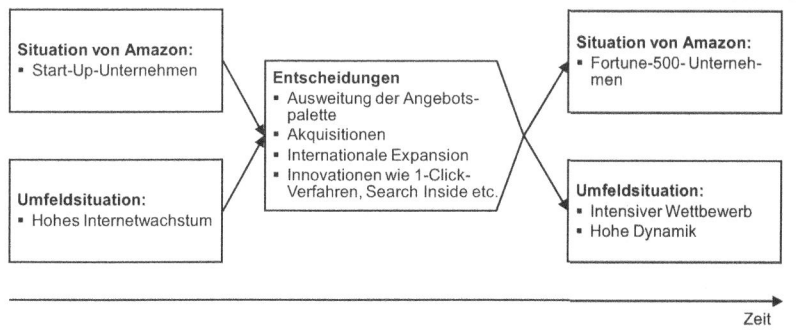

## 2.2 Unternehmertum und Unternehmensgründung

### 2.2.1 Unternehmensgründungen und Marktgleichgewicht

Aus einer entwicklungsorientierten Sicht beginnt die Existenz eines Unternehmens mit seiner Gründung. Dabei lässt sich der Akt der Gründung in zwei Arten einteilen: die Unternehmensgründung als rechtlicher Akt und die Unternehmensgründung als ökonomischer Akt.

**Unternehmensgründung als rechtlicher Akt**

Der rechtliche Akt beinhaltet die Etablierung des Unternehmens als rechtlich selbständige Einheit. Beispielsweise geschieht dies in Deutschland durch Gründung und gegebenenfalls durch die Eintragung in das Handelsregister. Nach dem Handelsrecht § 2 HGB gilt folgendes: „Ein gewerbliches Unternehmen [...] gilt als Handelsgewerbe im Sinne dieses Gesetzbuchs, wenn die Firma des Unternehmens in das Handelsregister eingetragen ist." Die Firma eines Kaufmanns ist dabei laut § 17 Absatz 1 HGB „[...] der Name, unter dem er seine Geschäfte betreibt und die Unterschrift abgibt."

**Unternehmensgründung als ökonomischer Akt**

Der ökonomische Akt beschreibt die Etablierung eines neuen Anbieters von Produkten und Dienstleistungen, die er den Kunden gegenüber verwertet. Unter Annahme einer bestehenden Marktsituation in $t_0$, in der etablierte Anbieter ihre Leistungen Kunden anbieten, führt der Eintritt eines neuen Anbieters zum Zeitpunkt $t_1$ dazu, dass die etablierten Anbieter nun mit dem neuen Anbieter um die bestehenden Kunden konkurrieren (siehe Abbildung 2-2).

---

*Abbildung 2-2: Eintritt eines neuen Anbieters*

---

---

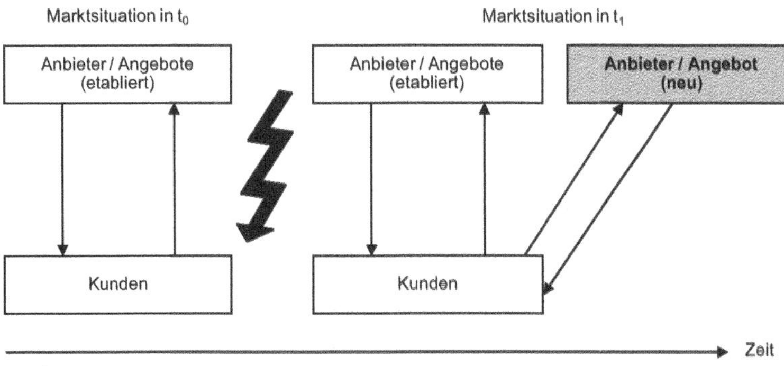

*Fallbeispiel*  Ein Beispiel stellt das im Jahr 2001 gegründete Unternehmen Backwerk dar. Es handelt sich dabei um eine Kette von Selbstbedienungsbäckereien. Die Idee besteht darin, dass Kunden nicht mehr von einem Personal hinter der Theke bedient werden, sondern sich ihre Produkte selbst zusammenstellen. Die Backprodukte sind dabei laut Unternehmensangaben 30 bis 45% billiger als der Durchschnitt des Backhandwerks. Ende 2009, das heißt acht Jahre nach Gründung, werden in 281 Standorten in Deutschland, Österreich, den Niederlanden, Slowenien und Rumänien Kunden von Backwerk bedient

(Backwerk GmbH, http://franchise.back-werk.de, Unternehmenspräsentation, Stand: Februar 2011). Das Unternehmen hat somit durch seinen Eintritt die Beziehungen zwischen den bestehenden Anbietern – traditionelle Bäckereien – und den Kunden nachhaltig verändert und einen Teil der Nachfrage auf sich gelenkt.

Neben den Produktmärkten, auf denen die Produkte und Dienstleistungen gegenüber den Kunden verwertet werden, sind zudem die Kapitalmärkte und die Faktormärkte zu betrachten (siehe Abbildung 2-3). Die Unternehmensgründung, durch die ein neuer Anbieter als wirtschaftliche Einheit unter den bestehenden Marktbedingungen in $t_0$ geschaffen wird, führt zu einer Störung des Gleichgewichts auf den einzelnen Märkten in $t_1$. Das Unternehmen bezieht benötigte finanzielle Mittel über die Kapitalmärkte, beschafft die für den betrieblichen Leistungserstellungsprozess notwendigen Einsatzstoffe über die Faktormärkte und setzt seine Leistungen auf den Produktmärkten ab. Die Störung des Marktgleichgewichts beschreibt damit die Veränderung der Marktbedingungen auf den jeweiligen Märkten durch die Gründung eines Unternehmens respektive den Eintritt dieses Unternehmens in das bestehende Wirtschaftssystem. Ein Beispiel ist das Unternehmen Yellostrom, das ein Jahr nach Beginn der Liberalisierung der Strommärkte in Deutschland im Jahr 1998 zum ersten Mal um Kunden für seine Dienstleistungen wirbt. Dabei tritt es mit dem Slogan „Strom ist gelb" auf und versucht, sich durch die Emotionalisierung von seinen Konkurrenten zu differenzieren.

*Prozess der Etablierung*

*Fallbeispiel*

---

**Abbildung 2-3**: *Störung des Marktgleichgewichts*

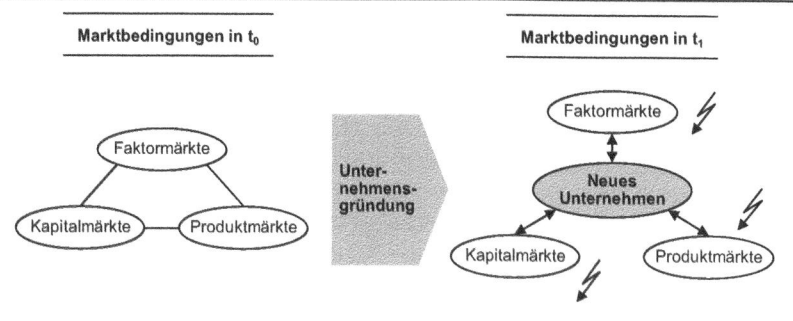

---

Im Jahr 2010 bedient Yello Strom rund 1,3 Millionen Kunden mit seinen Dienstleistungen (Yello Strom GmbH, Pressemitteilung, 05.11.2010). Durch den Eintritt hat Yello Strom das bislang bestehende Gleichgewicht auf dem

Strommarkt, in dem Staatsunternehmen die Kunden mit Strom versorgt haben, gestört und ein neues Gleichgewicht geschaffen.

**Unternehmer als treibende Kraft hinter Unternehmensgründungen**

*Unternehmer*

Im Mittelpunkt des Unternehmertums stehen **Unternehmer**. Sie sind treibende Kraft hinter der Mehrheit von Unternehmensgründungen und spielen somit eine entsprechend bedeutende Rolle in Wirtschaftssystemen (siehe Info-Box 2-1).

---

*Info-Box 2-1*

*Joseph Schumpeter und die schöpferische Zerstörung des Unternehmertums*

---

Joseph Alois Schumpeter, österreichischer Nationalökonom, sieht die schöpferische Zerstörung als Kernelement jeder wirtschaftlichen Entwicklung an. Die schöpferische Zerstörung gründet dabei auf Innovationen, die von Unternehmern angetrieben werden, um sich auf dem Markt zu etablieren. Dabei spricht Schumpeter von fünf Möglichkeiten von Innovationen, die unterschiedlicher Natur sind (Schumpeter, 1997):

- Herstellung eines neuen Gutes,
- Einsatz einer neuen Produktionsmethode,
- Erschließung neuer Absatzmärkte,
- Erschließung neuer Bezugsquellen und
- Durchführung einer Neuorganisation, beispielsweise durch die Schaffung einer Monopolstellung oder das Aufbrechen einer bestehenden Monopolstellung.

Die Funktion eines Unternehmers besteht nun darin, eine solche Innovation im Markt durchzusetzen. Dies hat zur Folge, dass alte Strukturen aufgebrochen werden und bestehende Gleichgewichte auf den Märkten durch den Unternehmer verändert werden. In diesem Zusammenhang liegt der Schwerpunkt dabei weniger auf der Erfindung, sondern vielmehr auf der Durchsetzung des Neuen.

---

*Unternehmertum*

Diese besondere Rolle – **Unternehmertum** genannt – dokumentiert sich im Erkennen von Marktchancen und darin, aktiv Marktchancen durch innovative Produkte und Dienstleistungen auszunutzen. Unternehmer schaffen damit etwas Neues, während etwas Bestehendes zerstört wird. Durch ihr Handeln werden Marktgleichgewichte gestört und neue geschaffen (siehe Abbildung 2-3). Unternehmer – oder Eigentumsmanager – unterscheiden sich vom angestellten (Fremd-)Manager dahingehend, dass sie ein persönliches Risiko und Kapitalrisiko eingehen. Sie sind mit ihrem Kapitaleinsatz unmittelbar an den Unternehmensergebnissen – Gewinnen wie Verlusten – beteiligt. Unternehmer erkennen **Marktchancen**, ergreifen die Initiative und gründen ein Unternehmen, um diese Marktchancen zu nutzen.

*Bedeutung für die Volkswirtschaft*

In Info-Box 2-2 sind Beispiele von Unternehmern aufgeführt, die die Kundenbedürfnisse erkannt haben und die von ihnen gegründeten Unternehmen diese Bedürfnisse befriedigen. Bei der Durchsetzung von Innovationen haben Unternehmer und neu gegründete Unternehmen eine besondere Bedeutung (siehe Kapitel 11.5).

---

*Bedeutende Unternehmer*

In der Realität finden sich zahlreiche Unternehmer, die sich durch ihre besonderen unternehmerischen Leistungen auszeichnen. Bedeutende Unternehmer in Deutschland sind Werner von Siemens – Gründer von Siemens –, Heinz Nixdorf – Gründer von Nixdorf Computer –, Karl Benz – Gründer der Benz & Co. Rheinische Gasmotorenfabrik Mannheim, aus der später durch die Fusion mit der Daimler Motorengesellschaft die Daimler-Benz AG hervorgeht –, Carl Miele – Gründer des Haushaltsgeräte-Herstellers Miele –, August Oetker – Gründer der Oetker-Gruppe – und Ferdinand Porsche – Gründer des Automobilherstellers Porsche. Diese Unternehmer zeichnen sich insbesondere durch die Entdeckung und konsequente Nutzung von Marktopportunitäten aus. Weitere Beispiele für bedeutende Unternehmer in den USA sind beispielsweise Bill Gates – Gründer des Softwareunternehmens Microsoft –, Henry Ford – Gründer von Ford –, John D. Rockefeller – Gründer von Standard Oil – oder Andrew Carnegie – Gründer der Carnegie Steel Company.

---

In einem gesamtwirtschaftlichen Kontext ergibt sich die Bedeutung von Unternehmensgründungen aus ihrer Auswirkung auf das Wirtschaftswachstum und insbesondere auf den Arbeitsmarkt. Zum einen können Unternehmensgründungen zur Schaffung von Arbeitsplätzen führen. Es werden neue Mitarbeiter eingestellt, die im Rahmen des unternehmerischen Leistungserstellungsprozesses eingesetzt werden. Andererseits können Unternehmensgründungen gleichzeitig zur Freisetzung von Arbeitskräften führen, indem sie beispielsweise Innovationen einführen (siehe Kapitel 11.5), die bestehende Produkte oder Prozesse – angeboten durch andere Unternehmen – ablösen. Diese Unternehmen wären im Extremfall dazu gezwungen, Mitarbeiter zu entlassen.

---

*Corporate Entrepreneurship*

Im Gegenteil zu dem Begriff des Unternehmertums im engeren Sinne, bei dem es um die Gründung und Führung eines neuen Unternehmens geht, bezeichnet der Begriff des Corporate Entrepreneurship das unternehmerische Denken und Handeln von Mitarbeitern in einem bestehenden Unternehmen. Die Notwendigkeit ergibt sich aufgrund der sich schnell wandelnden Märkte und des internationales Wettbewerbs. Dabei kommt es immer stärker darauf an, sich durch Innovationen einen Vorteil gegenüber den Wettbewerbern zu verschaffen. Den Mitarbeitern werden in diesem Zusammenhang mehr Handlungsspielräume und Verantwortung gewährt, um den Anforderungen – beispielsweise Kreativität - eines wirksamen Innovationsmanagements besser zu entsprechen. Eine mögliche, sichtbare Konsequenz, die sich aus Corporate Entrepreneurship ergeben kann, ist die Ausgründung von Unternehmen aus bestehenden Unternehmen, die zur Entwicklung und Durchsetzung von Innovationen etabliert werden. Dabei bleiben die neu gegründeten Unternehmen mit dem bestehenden Unternehmen verbunden und werden von Corporate Venture Capital (CVC) Gesellschaften – Tochtergesellschaften von Großunternehmen, die Investments für das Mutterunternehmen tätigen – mit finanziellen Mitteln ausgestattet. Beispielsweise handelt es sich bei dem Unternehmen Agilience – Anbieter von Lösungen zum Informations- und Wissensmanagement – um eine Ausgründung der Siemens AG, die von Siemens Venture Capital finanziert wird.

---

Zudem sind Unternehmensgründungen eine Ursache für den wirtschaftlichen Strukturwandel. Durch die Störung von Marktgleichgewichten wirken sie in bestimmten Fällen einer Konzentration von Marktmacht entgegen und tragen grundsätzlich zur Aufrechterhaltung des Wettbewerbs bei. Diese Störungen können dabei unter anderem von Ausgründungen aus bestehenden Unternehmen ausgehen (siehe Info-Box 2-3).

Die Ergreifung von Marktchancen – und die damit zusammenhängende Unternehmensgründung – durch Unternehmer ist gleichzeitig mit Risiken verbunden, die sich auf unterschiedliche Bereiche beziehen (siehe Abbildung 2-4)

*Risiken*

### Risiken der Unternehmensgründung

Unternehmen verwerten die hergestellten Güter und Dienstleistungen den Kunden gegenüber und müssen daher deren Bedürfnisse kennen. Schätzen Unternehmen die Kundenbedürfnisse nicht richtig ein, erleiden sie Verluste und müssen im schlimmsten Fall die Geschäftstätigkeit einstellen. Unternehmen unterliegen demnach einem **Marktrisiko**.

Eng damit verbunden ist das **Technologierisiko**. Im Mittelpunkt steht dabei die Entwicklung und Gestaltung der Produkte. Dabei ist entscheidend, ob die richtigen Produktspezifikationen erarbeitet werden, um den Kundenbedürfnissen gerecht zu werden.

Unternehmen stellen in der Regel nicht die einzigen Anbieter auf einem Markt dar, sondern stehen im Wettbewerb mit anderen Unternehmen. Um erfolgreich auf dem Markt tätig zu sein, müssen Unternehmen daher ein besseres Kundenverständnis erreichen als die Wettbewerber. Zudem muss dem besseren Kundenverständnis eine entsprechend bessere Problemlösung folgen. Unternehmen sind somit Träger eines **Wettbewerbsrisikos**.

Als viertes Risiko ist das **Managementrisiko** zu nennen. Das Management trifft unter anderem Entscheidungen über das Leistungsprogramm und die damit verbundenen Geschäftsprozesse. Im Hinblick auf die Kundenbedürfnisse muss das Geschäftssystem – als Summe der Geschäftsprozesse – derart gestaltet sein, dass es der Befriedigung der Bedürfnisse dient. Dabei ist von zentraler Bedeutung, dass die Kostenstruktur profitabel ist und im Vergleich zu den Wettbewerbern niedrigere Kosten und Prozesszeiten erreicht werden.

Zusammenfassend lässt sich festhalten, dass die Gründung eines Unternehmens eine sorgfältige Planung unter Berücksichtigung der zuvor genannten Aspekte voraussetzt. Eine grundlegende Möglichkeit zur strukturierten und systematischen Ausarbeitung stellt dabei der Business-Plan dar, auf den im Folgenden detailliert eingegangen wird.

**Abbildung 2-4**: *Risiken von Unternehmensgründungen*

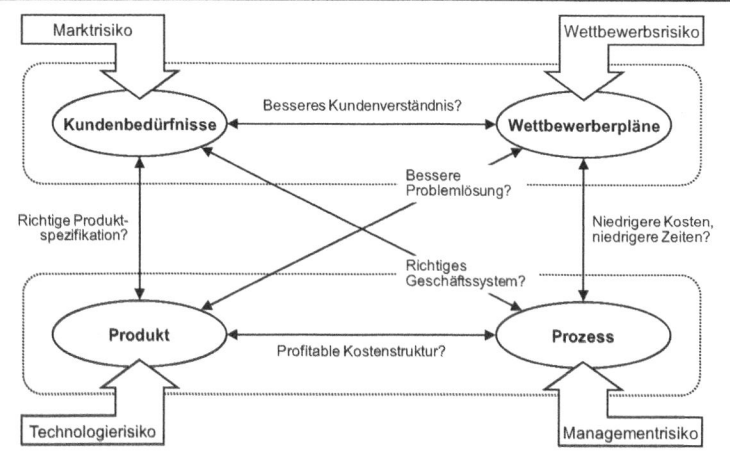

## 2.2.2    Businessplan

Der Businessplan beschreibt das Geschäftskonzept des neu zu gründenden Unternehmens. Im Vordergrund steht die Erläuterung, welchen Wert das Unternehmen für die potentiellen Kunden schafft, das heißt welche konkreten Kundenprobleme es löst. In diesem Zusammenhang wird gleichzeitig die Frage beantwortet, ob und wie das Unternehmen mit dem Konzept ökonomischen Erfolg erzielen kann. Der Businessplan schildert detailliert das unternehmerische Gesamtkonzept und erfasst das wirtschaftliche Umfeld, die gesetzten Ziele und die aufzuwendenden Ressourcen.

*Businessplan*

### Zweck eines Businessplans

Der Businessplan dient dem Gründer zum einen als Planungs-, Steuerungs- und Kontrollinstrument für die Gründungsaktivitäten und zum anderen der Akquisition von Kapital, da die Umsetzung einer Geschäftsidee substanziel-

*Planungs-
grundlage*

le finanzielle Mittel für Investitionen unter anderem in Maschinen, Mitarbeiter und Büros erfordert. Die meisten Gründer verfügen nicht über ausreichende finanzielle Mittel, so dass das benötigte Kapital extern aufgebracht werden muss. Der Zweck eines Businessplans liegt demnach insbesondere darin, das Geschäftskonzept eines neu zu gründenden Unternehmens strukturiert zu erfassen und potentiellen Investoren vorzustellen. Dabei wird den potentiellen Investoren ein Ausblick auf die Chancen und Risiken der Unternehmung gegeben.

*Kapital-*
*beschaffung*

Als erste Gruppe kommen Investoren beziehungsweise **Kapitalgeber aus dem privaten Umfeld** der Gründer, das heißt Familie und Freunde in Frage, die von der Geschäftsidee überzeugt sind und sich bereit erklären, sich an dem Unternehmen zu beteiligen. Darüber hinaus können sich die Gründer an professionelle Investoren beziehungsweise Kapitalgeber, so genannte **Kapitalbeteiligungsgesellschaften** beziehungsweise Venture-Capital-Gesellschaften wenden. Gerade im Bereich professioneller Investoren und Kapitalgeber wird der Businessplan als unerlässliche Voraussetzung für ein späteres Engagement angesehen. Aus ökonomischen Überlegungen werden sich Investoren beziehungsweise Kapitalgeber nur dann engagieren, wenn sie davon überzeugt sind, dass sie ihre Investition mit einer ausreichenden Verzinsung nach Ablauf einer bestimmten Zeit zurückerhalten. Unabhängig davon, ob das Geld aus dem privaten Umfeld stammt oder von professionellen Kapitalbeteiligungsgesellschaften, wird in diesem Zusammenhang die Finanzierungsform als Eigenkapitalaufnahme bezeichnet (siehe Kapitel 5.5, 10.4.1). Für die Bereitstellung finanzieller Mittel vergeben die Gründer also Beteiligungen am neuen Unternehmen. Demgegenüber kann auch Fremdkapital in Form von Krediten aufgenommen werden. Mögliche Fremdkapitalquellen sind **Kreditinstitute** wie Banken oder öffentliche Institutionen (zum Beispiel die Kreditanstalt für Wiederaufbau). Im Gegensatz zum Eigenkapitalgeber erhält der Fremdkapitalgeber keine Beteiligung am Unternehmen, trägt also kein unternehmerisches Risiko, sondern ein Finanzierungsrisiko. Dafür werden sowohl die Verzinsung als auch der Rückzahlungszeitpunkt festgelegt. Auch für Fremdkapitalgeber dient der Businessplan als wichtiges Instrument, um zu entscheiden, ob dem neu zu gründenden Unternehmen Kapital zur Verfügung gestellt wird oder nicht.

**Aufbau eines Businessplans**

Die Erstellung eines Businessplans beginnt mit einer **Gliederung**. Obwohl diese im Detail variieren kann, sind der Inhalt und die Struktur weitestgehend standardisiert. Die Standardisierung erlaubt die Vergleichbarkeit verschiedener Businesspläne und stellt ein systematisches und analytisches Vorgehen bei der Erstellung sicher. Eine mögliche Gliederung eines Businessplans ist dabei:

▨ Kurzzusammenfassung oder Executive Summary

▨ Produktidee

▨ Unternehmerteam

▨ Markt und Wettbewerb

▨ Strategie und Marketing

▨ Geschäftssystem, Personal und Organisation, Rechtsform

▨ Realisierungsplan

▨ Risiken

▨ Ergebnis- und Finanzplanung, Finanzierung

*Struktur eines Businessplans*

Ausgehend von der Grobgliederung wird der Businessplan in einem iterativen Prozess weiter verfeinert und an die jeweilige Geschäftsidee angepasst. Unter Nutzung von Recherchen, Marktstudien, Expertengesprächen und persönlichen Erfahrungen werden die einzelnen Gliederungspunkte inhaltlich gefüllt.

**Inhalte eines Businessplans**

Ein Businessplan beginnt mit einer Kurzzusammenfassung des Unternehmenskonzepts, der so genannten **Executive Summary**. Diese Zusammenfassung dient dazu, dem Leser in geraffter Form einen schnellen Überblick zu den wichtigsten Punkten der geplanten Gründung zu verschaffen. Auf maximal zwei bis drei Seiten muss das Interesse des Lesers geweckt werden und müssen klare Aussagen zu beispielsweise den langfristigen Zielen, dem Gründungsteam und dem Produkt getätigt werden.

*Executive Summary*

Gegenstand jedes neu gegründeten Unternehmens ist die Bereitstellung eines Produktes für ein im Markt vorhandenes Problem. Die Darstellung der **Produktidee** sollte in einfachen Worten erläutert werden. Die Erörterung technischer Details sollte dabei nicht im Vordergrund stehen. Vielmehr sollte das innovative Element der Idee herausgearbeitet werden und aufgezeigt werden, inwiefern Kunden einen unverwechselbaren Nutzen daraus ziehen können. Besonders gut kann die Innovation der eigenen Idee durch den Vergleich mit potenziellen Konkurrenzprodukten zur Geltung gebracht werden. Beispielsweise hat Jeff Bezos durch die Gründung von Amazon.com die innovative Idee, Produkte wie Bücher oder DVDs über das Internet abzusetzen, durchgesetzt.

*Produktidee*

*Fallbeispiel*

Für professionelle Investoren ist das **Unternehmerteam** ein kritisches Element der Firmengründung; Investoren investieren zu einem großen Anteil in Menschen, nicht in Ideen oder Produkte. Wichtig ist dabei die Darstellung

*Team*

des Teams als Ganzes sowie die Darstellung einzelner Teammitglieder. Dabei stehen vor allem die für das Unternehmen bedeutenden Fähigkeiten im Fokus. Beispielsweise können die Programmierkenntnisse und die damit zusammenhängende IT-spezifische Ausbildung eines Gründungsmitglieds für das Geschäftskonzept eines zu gründenden Internetunternehmens von zentraler Bedeutung sein.

*Markt und Wettbewerb*

In dem Abschnitt **Markt und Wettbewerb** wird dargestellt, auf welchem Markt das Unternehmen agiert und mit welchen Wettbewerbern es in Konkurrenz tritt. Primär ist die Frage zu beantworten, wie groß der Markt ist und welches Wachstumspotential es hat. Zudem ist zu klären, welche Wettbewerber existieren, welche Stärken und Schwächen diese aufweisen und wie das neue Unternehmen ihnen gegenübertritt. Beispielsweise ist das Unternehmen Backwerk in den Markt für Backwaren eingetreten und ist mit dem Konzept der Selbstbedienungsbäckereien in einen Wettbewerb zu den traditionellen Bäckereien getreten.

*Fallbeispiel*

*Strategie und Marketing*

Aufbauend auf der Darstellung von Markt und Wettbewerb muss im Abschnitt **Strategie und Marketing** verdeutlicht werden, welches Kundensegment angesprochen werden soll und welche Strategie dabei verfolgt wird. Im Beispiel Backwerk verfolgt das Unternehmen die Strategie, seine Güter günstiger anzubieten als die Konkurrenten. Nach eigenen Angaben ist das Angebot 30-45% günstiger als der Durchschnitt des Bäckerhandwerks (Backwerk GmbH, http://www.back-werk.de, Stand: März 2011). Das zu definierende Kundensegment kann an Hand unterschiedlicher Kriterien abgegrenzt werden (Alter, Geschlecht, Einkommen, Bildung, ...). Eine genaue Definition der Kundensegmente ist wichtig, um die marketingpolitischen Entscheidungen möglichst wirkungsvoll einzusetzen. Zu beachten ist, dass das Kundensegment zu Beginn nicht zu klein gewählt wird. Da Neugründungen erfahrungsgemäß nur langsam Marktanteile gewinnen, muss die Grundgesamtheit potenzieller Kunden groß genug sein, um dem Unternehmen auch kurzfristig das Überleben zu sichern. Im Businessplan muss daher detailliert beschrieben werden, wie die einzelnen marketingpolitischen Maßnahmen – Produkt-, Preis-, Kommunikations- und Distributionspolitik – gestaltet werden, um den angestrebten Marktanteil zu erreichen (siehe Kapitel 6.3). Darüber hinaus muss herausgearbeitet werden, welchen Wettbewerbsvorteil das eigene Unternehmen gegenüber der Konkurrenz hat, und wie dieser im Zeitablauf gehalten und weiter ausgebaut werden kann (siehe Kapitel 11.4.1).

*Fallbeispiel*

*Geschäftssystem*

Während in den Abschnitten Markt und Wettbewerb sowie Strategie und Marketing eine Außensicht des Unternehmens eingenommen wurde, beschreibt der Abschnitt **Geschäftssystem, Personal, Organisation und Rechtsform** das Unternehmen aus einer Innensicht. Es muss dargestellt werden, welche Tätigkeiten zur Umsetzung des Produktes notwendig sind und wie diese in Form eines Geschäftssystems zusammenspielen. Die Kernfrage des Geschäftssystems ist dabei, welche Aufgaben und Tätigkeiten das Unternehmen selbst ausführen soll, und welche Produkte und/oder Dienstleistungen extern bezogen werden sollen (siehe Kapitel 7.3). Beispielsweise steht ein Internetunternehmen, das eine Online-Auktionsplattform etabliert, vor der Frage, ob es die dafür notwendige Software selbst programmiert oder extern von anderen Softwareunternehmen bezieht. Das Unternehmen sollte sich dabei zunächst auf diejenigen Schritte beschränken, die es selbst besser ausführen kann als ein externes Unternehmen. Alle anderen Schritte sollten extern bezogen werden. Das Ziel jeder Unternehmensgründung, das Wachstum, zieht unweigerlich die Frage hinsichtlich der Personalplanung nach sich. Der Businessplan muss nachweisen, wie der im Zeitablauf steigende Personalbedarf gedeckt werden kann, das heißt wo und wie können qualifizierte Mitarbeiter gewonnen werden (siehe Kapitel 9.2). Beispielsweise stellt sich die Frage, an welchen Bildungsinstitutionen – zum Beispiel Universitäten, Fachhochschulen oder Berufsakademien – die Mitarbeiter rekrutiert werden sollen. Ergänzend zum Geschäftssystem und Personal müssen organisatorische Fragen beantwortet werden. Aus dem Businessplan müssen die Zuständigkeiten und Verantwortungen der Mitarbeiter klar hervorgehen.

*Fallbeispiel*

Aufbauend auf dem Abschnitt Geschäftssystem, Personal und Organisation werden Aussagen zum **Realisierungsplan** gemacht. Im Rahmen dieses Plans werden mit zeitlichem Bezug Aufgabenpakete gebildet und Meilensteine definiert. Die Aufgabenpakete bestehen aus verschiedenen Aufgaben, die bei der Unternehmensgründung wahrgenommen werden müssen und im Laufe der Unternehmensentwicklung anfallen. Bei den Meilensteinen handelt es sich um vordefinierte Ziele, die es zu erreichen gilt. Beispielsweise werden für ein zu gründendes Internetunternehmen im Bereich Software-Entwicklung die Aufgabenpakete „Entwicklung der Software" und „Test einer Demoversion" und im Bereich Marketing „Entwicklung der Marketing-Kampagne" und „Durchführung der Marketing-Kampagne" definiert. Bei erfolgreicher Ausführung der jeweiligen Aufgabe ist der entsprechende Meilenstein erreicht. Der Realisierungsplan hat wesentlichen Einfluss auf die Finanzierung und die Risiken des Geschäfts. Eine realistische Planung ist in diesem Zusammenhang besonders wichtig, um bei Investoren und Partnern an Glaubwürdigkeit zu gewinnen und unangenehme Überraschungen im Gründungsprozess zu vermeiden.

*Realisierungs-plan*

*Fallbeispiel*

Jedes Unternehmen ist mit **Risiken** verbunden. Daher muss ein vollständiger Businessplan diese Risiken berücksichtigen, realistisch einschätzen und aufzeigen, welche Gegenmaßnahmen getroffen werden können. Eine ehrliche und vollständige Risikobetrachtung schafft zudem Vertrauen bei Investoren. Fehlt die Risikobetrachtung, erweckt dies den Eindruck, dass das

*Risiken*

Unternehmerteam die Neugründung allzu optimistisch beurteilt. Beispielsweise steht ein neu zu gründendes Biotech-Unternehmen vor dem Risiko, dass das entwickelte Arzneimittel vom Bundesinstitut für Arzneimittel und Medizinprodukte (BfArM) respektive von der European Medicines Agency (EMEA) nicht zugelassen wird. Ein weiteres Beispiel ist das Marktrisiko für eine innovative Dienstleistung, das von den Kunden nicht wahr- und/oder angenommen wird.

Abschließend sollte der Geschäftsplan **Ergebnis- und Finanzplanung und Finanzierung** adressieren. Zunächst muss geklärt werden, wie viel finanzielle Mittel benötigt werden, um das Unternehmen erfolgreich aufzubauen. Beispielsweise kann die Finanzierung in mehreren Schritten verlaufen, bei der finanzielle Mittel in unterschiedlicher Höhe zur Finanzierung der unternehmerischen Aktivitäten – insbesondere Wachstumsschritte - von Investoren eingesammelt werden. Der Mittelbedarf lässt sich an Hand eines Finanzplans abschätzen, der auf den Annahmen für den Aufbau des Geschäfts beruht (siehe Kapitel 5.6). Darüber hinaus muss der Businessplan Aufschluss darüber geben, wie viel flüssige Mittel – **Cash Flow** – das Unternehmen jederzeit verfügbar haben muss, damit die laufenden Verbindlichkeiten beglichen werden können. Schließlich muss geklärt werden, wie und woher die benötigten finanziellen Mittel beschafft werden können. Generell gilt, dass bei der Finanzplanung äußerst konservativ vorgegangen werden sollte. Gerade im Bereich der Liquiditätsplanung wird häufig die Höhe der finanziellen Mittel unterschätzt, die das Unternehmen jederzeit zur Deckung laufender Auszahlungsverpflichtungen wie Umsatzsteuervorauszahlung, Lieferantenrechnung, Gehälter, Mieten, etc. benötigt. Kann das Unternehmen die laufenden Auszahlungsverpflichtungen nicht mehr decken, wird es illiquide beziehungsweise zahlungsunfähig, was zur Insolvenz des Unternehmens führt. Typischerweise werden die wichtigsten Elemente der Finanzplanung über einen Zeitraum von fünf Jahren in Plan-Gewinn- und Verlustrechnung, Planbilanzen und Cash Flow-Prognosen zusammengefasst.

## 2.2.3    Wahl der Rechtsformen

Bei der Gründung ist zu entscheiden, in welcher Rechtsform das Unternehmen tätig sein soll. Die Rechtsform umfasst dabei die Summe der gesetzlichen Regelungen, welche die Rechtsbeziehungen eines Unternehmens im Innen- und Außenverhältnis regeln. Durch die Wahl einer bestimmten

Rechtsform wird das wirtschaftliche Handeln eines Unternehmens in bestehende Rechtnormen, das heißt in eine **rechtliche Sphäre**, eingebunden, die auf die leistungswirtschaftliche und finanzwirtschaftliche Sphäre vielfältig einwirkt. Unternehmen lassen sich unterteilen in privatrechtliche Formen und öffentlich-rechtliche Formen (siehe Abbildung 2-5).

Die **privatrechtlichen Formen** umfassen diejenigen Unternehmen, die sich überwiegend in Privateigentum befinden und primär private Ziele wie beispielsweise Einkommenserwerb oder Gewinnerzielung verfolgen. Agieren einzelne Personen als Unternehmer und führen Geschäfte in ihrem Namen durch, so spricht man von Einzelunternehmungen. Beispielsweise ist dies bei einer Vielzahl kleiner Handwerksbetriebe der Fall. Handelt es sich hingegen um Vereinigungen natürlicher und/oder juristischer Personen, so sind Gesellschaftsunternehmungen gegeben.

---

*Abbildung 2-5: Rechtsformalternativen*

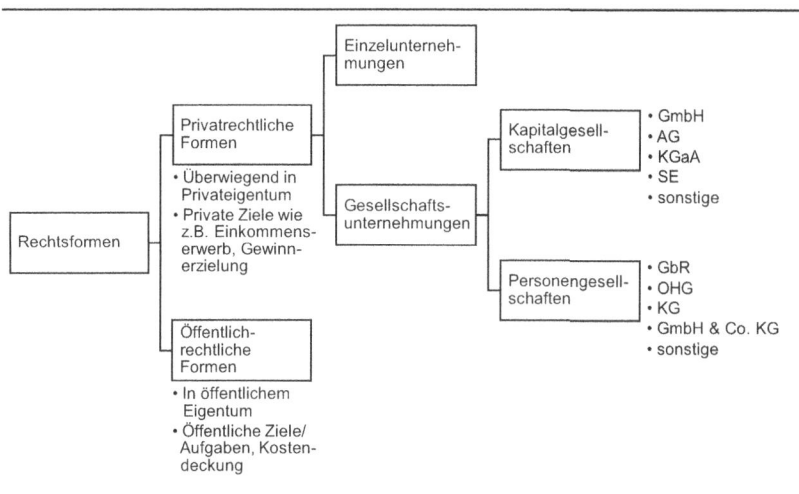

---

Unternehmen **öffentlich-rechtlicher Formen** befinden sich in öffentlichem Eigentum, beispielsweise im Eigentum des Bundes, der Länder oder der Kommunen. Zudem unterscheiden sie sich von den Unternehmen privatrechtlicher Form in ihren Zielen und Aufgaben. Öffentlich-rechtliche Unternehmen sind mit Aufgaben des öffentlichen Interesses vertraut, beispielsweise dem Ausbau und der Instandhaltung der Abwässersysteme einer Kommune oder der Wasserversorgung einer ganzen Region. Sie verfolgen keine Gewinnerzielung, sondern streben an, ihre Aktivitäten kostendeckend durchzuführen.

Im Mittelpunkt der Betrachtung stehen die privatrechtlichen Unternehmen, insbesondere die Gesellschaftsunternehmungen, die sich in Personengesellschaften und Kapitalgesellschaften gliedern lassen. Zu den **Kapitalgesellschaften** zählen unter anderem die Gesellschaft mit beschränkter Haftung (GmbH), die Aktiengesellschaft (AG) und die Kommanditgesellschaft auf Aktien (KGaA). **Personengesellschaften** stellen die Gesellschaft bürgerli-

*Gesellschafts-unternehmen*

45

chen Rechts (GbR), die Offene Handelsgesellschaft (OHG), die Kommanditgesellschaft (KG), die Mischform der GmbH & Co. KG und sonstige Rechtformen wie beispielsweise die stille Gesellschaft dar. Im Folgenden werden die wichtigsten Formen der Kapitalgesellschaften – GmbH und AG – und der Personengesellschaften – GbR, OHG und KG – dargestellt.

**Personengesellschaften**

*GbR*     Die **Gesellschaft des bürgerlichen Rechts** – auch als BGB-Gesellschaft bezeichnet – stellt einen vertraglichen Zusammenschluss mehrerer Personen dar, der der Förderung eines gemeinsamen Zwecks dient. Bei der GbR handelt es sich nicht um eine Handelsgesellschaft, so dass sie keine Firma führt. „Die Firma eines Kaufmanns ist der Name, unter dem er seine Geschäfte betreibt und die Unterschrift abgibt." (§ 17 Absatz 1 HGB). Die Gesellschafter haften grundsätzlich voll mit ihrem persönlichen Vermögen. Die Rechtsform der GbR wird häufig bei kleinen Gewerbebetrieben gewählt. Des Weiteren findet sie Anwendung bei so genannten Gelegenheitsgesellschaften, die für einen bestimmten Zeitraum zur Durchführung von Aufgaben gebildet werden. Zum Beispiel schließen sich mehrere Banken zwecks Emission von Wertpapieren zu einem Konsortium zusammen.

*OHG*     Bei der **offenen Handelsgesellschaft** haften die Gesellschafter auch – wie bei der GbR – uneingeschränkt den Gläubigern mit ihrem persönlichen Vermögen. Im Gegensatz zur GbR handelt es sich hierbei jedoch um eine Handelsgesellschaft, die unter einer eigenen Firma Geschäftsaktivitäten durchführt. Die Firma muss mindestens den Namen eines Gesellschafters enthalten und mit einem Zusatz versehen sein, der das Gesellschaftsverhältnis beschreibt. Die gesetzlichen Grundlagen für die OHG finden sich in den §§ 105 – 160 HGB. Die Gründung der OHG ist nicht gesetzlich geregelt, sondern erfolgt durch die Konstitution eines schriftlichen Gesellschaftervertrages zwischen mindestens zwei Gesellschaftern. Durch die geringe Anzahl der Gesellschafter und ihrem Privatvermögen ist die Zuführung von Haftungskapital begrenzt. Das Haftungskapital umfasst dabei die durch die Gesellschafter geleisteten Einlagen und deren für die Haftung zur Verfügung stehendes Privatvermögen. Im Hinblick auf die Zuführung von Fremdkapital zeichnet sich die OHG durch eine hohe Kreditwürdigkeit aus, da ihre Gesellschafter unbeschränkt haften. In einer OHG liegt die Leitungsbefugnis grundsätzlich bei allen Gesellschaftern. Sie ist jedoch im Rahmen des Gesellschaftsvertrages regelbar. Beispiele für offene Handelsgesellschaften sind der Verlag C.H. Beck OHG oder die E. Merck OHG.

*KG*     Die **Kommanditgesellschaft** (KG) stellt ebenfalls eine Handelsgesellschaft dar. Der Unterschied zur offenen Handelsgesellschaft besteht primär darin, dass bei der KG zwei Arten von Gesellschaftern existieren, Komplementäre und Kommanditisten. Eine Kommanditgesellschaft muss dabei mindestens einen Komplementär und einen Kommanditisten haben. **Komplementäre** haften unbeschränkt mit ihrem gesamten persönlichen Vermögen, während die Haftung der **Kommanditisten** auf ihre Kapitaleinlage beschränkt ist. Eine besondere Form der Kommanditgesellschaft ist die GmbH & Co. KG, bei der der Komplementär keine natürliche Person sondern eine juristische Person, die GmbH, ist. Die Firma muss wie bei der OHG ebenfalls mindestens den Namen eines voll haftenden Gesellschafters, das heißt eines Komplementärs, beinhalten und mit einem Zusatz versehen sein, der das Gesellschaftsverhältnis zum Ausdruck bringt. Die gesetzlichen Grundlagen für die KG sind in den §§ 161 – 177 HGB festgehalten. Die Gründung der KG erfolgt durch einen schriftlichen Gesellschaftsvertrag, in dem unter anderem Komplementär und Kommanditist kenntlich gemacht werden. Im Hinblick auf die Zuführung von Haftungskapital ist für die KG festzuhalten, dass sie durch die Haftungsbeschränkung des Kommanditkapitals begünstigt wird, andererseits jedoch durch die eingeschränkten Rechte und das vergleichsweise hohe Anlagerisiko begrenzt ist. Die Zuführung von Fremdkapital ist bei der KG insbesondere abhängig von der Kreditwürdigkeit des Komplementärs, der mit seinem Privatvermögen voll haftet. Die Leitungsbefugnis liegt in der Regel bei dem Komplementär. Beispiele für Kommanditgesellschaften bilden die Bauer Media KG, die Schaeffler KG, die Schüco International KG oder die Peek & Cloppenburg KG. Es gibt sowohl bei der offenen Handelsgesellschaft als auch bei der Kommanditgesellschaft kein vorgeschriebenes Haftungskapital, das heißt es ist nicht vorgeschrieben, in welcher Höhe die Gesellschafter dem Unternehmen Haftungskapital zuführen sollen. Des Weiteren unterliegen die Gewinne bei beiden Rechtsformen der Einkommensteuer, dessen Steuersatz von den persönlichen Gesamteinkünften der Gesellschafter abhängt.

Die beschriebenen Personengesellschaften zeichnen sich – mit Ausnahme der Kommanditisten bei der Kommanditgesellschaft – grundsätzlich dadurch aus, dass die Gesellschafter unbeschränkt mit ihrem persönlichen Vermögen haften. Bei den Kapitalgesellschaften hingegen besteht eine **Haftungsbeschränkung**. Gläubiger einer Kapitalgesellschaft können grundsätzlich nur gegen die Gesellschaft vollstrecken lassen, nicht jedoch gegen die Gesellschafter. Diese übernehmen lediglich das Kapitalrisiko. Die wichtigsten Formen der Kapitalgesellschaften stellen die Gesellschaft mit beschränkter Haftung (GmbH) und die Aktiengesellschaft (AG) dar, die im Folgenden erläutert werden. *Haftung*

**Kapitalgesellschaften**

Die **Gesellschaft mit beschränkter Haftung** ist dem Grunde nach eine Handelsgesellschaft, die sich jedoch dadurch auszeichnet, dass die Haftung der Gesellschafter auf ihre Kapitaleinlagen beschränkt ist. Die Firma einer GmbH muss entweder einen Bezug zur Unternehmenstätigkeit aufweisen *GmbH* oder wird durch die Kombination zwischen dem Namen mindestens eines Gesellschafters und dem Zusatz GmbH gebildet. Die gesetzliche Grundlage bildet das Gesetz betreffend die Gesellschaften mit beschränkter Haftung (GmbHG). Dort ist unter anderem festgehalten, dass bei der Gründung mindestens die Hälfte des € 25.000 betragenden Stammkapitals eingezahlt werden muss. Eine Sonderform bildet die Unternehmergesellschaft (haftungsbeschränkt), die eine Einstiegsvariante der GmbH darstellt (siehe Info-Box 2-4).

---

*Info-Box 2-4* | *Unternehmergesellschaft (haftungsbeschränkt)*

---

Vor dem Hintergrund eines zunehmenden internationalen Wettbewerbs wurde im Deutschen Bundestag am 26. Juni 2008 das Gesetz zur Modernisierung des GmbH-Rechts und zur Bekämpfung von Missbräuchen (MoMiG) beschlossen. Ein Schwerpunkt der Modernisierung bildet die Erleichterung und Beschleunigung von Unternehmensgründungen. Darin wurde in der Vergangenheit ein Wettbewerbsnachteil der GmbH gegenüber ausländischen Rechtsformen gesehen. Aufgrund der relativ knappen Ressourcenausstattung von Existenzgründern wird durch die Einführung des § 5a im Gesetz betreffend die Gesellschaften mit beschränkter Haftung (GmbHG) die Möglichkeit gegeben, eine haftungsbeschränkte Unternehmergesellschaft – UG (haftungsbeschränkt) – zu gründen. Es handelt sich dabei um eine Einstiegsvariante der GmbH, die ohne ein bestimmtes Mindeststammkapital gegründet werden kann. Im Rahmen ihrer Geschäftstätigkeit darf diese GmbH ihre Gewinne jedoch nicht vollständig ausschütten, sondern muss 25% des um einen möglichen Verlustvortrag geminderten Jahresüberschusses zur Ansparung des Mindeststammkapitals nutzen respektive als gesetzliche Rücklage bilden, die dann in Stammkapital umgewandelt wird. Eine weitere Gründungsvereinfachung resultiert aus der Einführung von Musterprotokollen, die Gesellschaftsvertrag, Geschäftsführerbestellung und Gesellschafterliste zusammenfasst. Zudem entfällt bei Gesellschaften, deren Unternehmensgegenstand genehmigungspflichtig ist, wie beispielsweise Handwerks- und Restaurantbetriebe, im Rahmen der Eintragung in das Handelsregister die Pflicht zur Vorlage von Genehmigungsurkunden.

---

Im Gegensatz zur OHG oder KG ist die Kreditwürdigkeit aufgrund der beschränkten Haftung niedriger, wohingegen die Zuführung von Haftungskapital durch die Haftungsbeschränkung begünstigt wird. Die Gründung einer GmbH erfordert mindestens einen Gesellschafter und erfolgt durch die notarielle Beurkundung des Gesellschaftsvertrages. Bei den Gesellschaftern kann es sich dabei um natürliche und/oder juristische Personen handeln. Sie bilden gemeinsam die Gesellschafterversammlung, die als höchstes Beschlussorgan die Unternehmenspolitik bestimmt. Unter anderem muss sie einen oder mehrere Geschäftsführer ernennen, die das Unternehmen Dritten gegenüber unbeschränkt vertritt und die Leitungsfunktion übernimmt. Dabei kann es sich um die Gesellschafter selbst oder um Dritte handeln, die nicht der Gesellschafterversammlung angehören. In einer GmbH kann zudem ein Aufsichtsrat konstituiert werden, der als überwachendes Organ die Geschäftsführung kontrolliert. Sind in einer GmbH mehr als 500 Arbeitnehmer beschäftigt, so ist die Aufstellung eines Aufsichtsrates verpflichtend. Gleichzeitig treten bei mehr als 500 Arbeitnehmern die Mitbestimmungsregelungen in Kraft (siehe Kapitel 9.3.3). In Abbildung 2-6 sind die Organe der GmbH und ihr Zusammenspiel dargestellt.

*Abbildung 2-6: Gesellschaft mit beschränkter Haftung (GmbH)*

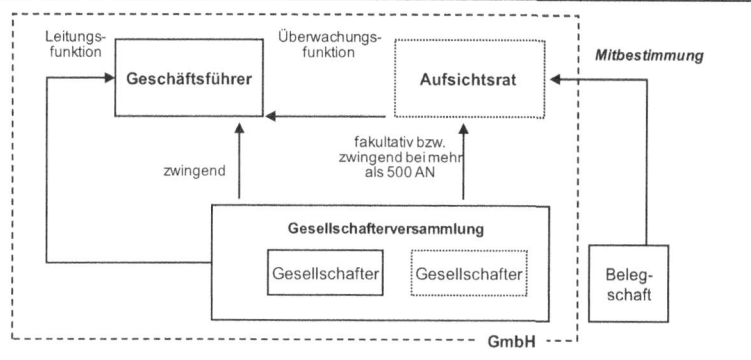

Die **Aktiengesellschaft** ist eine weitere Form der Kapitalgesellschaften. Wie bei der GmbH ist bei der Aktiengesellschaft die Haftung der Aktionäre auf die Kapitaleinlage beschränkt. Die Gründung einer AG erfolgt durch mindestens einen Aktionär. Das Grundkapital beträgt dabei mindestens € 50.000. Es muss weitergehend eine Satzung aufgestellt werden, die notariell beurkundet wird. Die Satzung beinhaltet unter anderem die Firma des Unternehmens. Diese verdeutlicht in der Regel den Unternehmensgegenstand und muss zwingend den Zusatz AG enthalten. Die für die Aktiengesellschaften geltenden gesetzlichen Regelungen sind dem Aktiengesetz (AktG) zu entnehmen. Im Hinblick auf die Finanzierung der Geschäftstätigkeiten einer Aktiengesellschaft ist festzuhalten, dass die Zuführung von Haftungskapital aufgrund der Emissionsfähigkeit und dem Kapitalanlagecharakter der Aktien sowie einem umfassenden Aktionärsschutz relativ günstig ist. Trotz der Haftungsbeschränkung ist zudem die Zuführung von Fremdkapital im Vergleich zur GmbH begünstigt durch eine höhere Kreditwürdigkeit, die sich aus dem verbesserten Gläubigerschutz ergibt. Ausgeschüttete und einbehaltene Gewinne unterliegen bei der AG – wie auch bei der GmbH – der Abgeltungssteuer. Die ausgeschütteten Gewinne werden dabei auf Anteilseignerebene mit der Kapitalertragsteuer mit einem Satz in Höhe von 25% besteuert (§ 43 f. EStG).

*AG*

---

*Abbildung 2-7*: Organe der Aktiengesellschaft (AG) am Beispiel der SAP AG

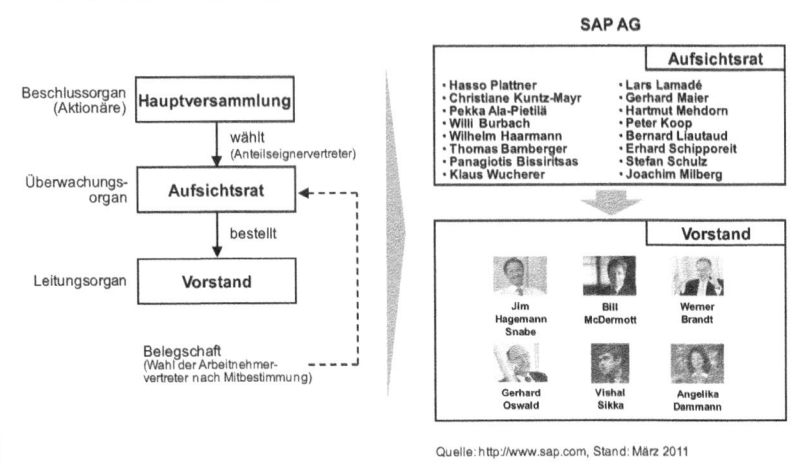

Quelle: http://www.sap.com, Stand: März 2011

---

*Organe*     Die Aktiengesellschaft zeichnet sich durch das Zusammenspiel von drei Organen aus (siehe Abbildung 2-7). Geschäftsführung und Kontrolle sind bei der Aktiengesellschaft demnach auf Vorstand und Aufsichtsrat aufgeteilt. Man spricht hierbei von einem **Trennungsmodell**. Die **Hauptversammlung**, die sich aus den Aktionären zusammensetzt, wählt als Beschlussorgan Vertreter in den **Aufsichtsrat**. Als Überwachungs- und Kontrollorgan bestellt dieser den **Vorstand**, der die Führung der Unternehmensgeschäfte wahrnimmt. Aufgrund unterschiedlicher Gesetze – Betriebsverfassungsgesetz, Mitbestimmungsgesetz und Montan-Mitbestimmungsgesetz – ist der Aufsichtsrat auch mit Vertretern der Arbeitnehmer zu besetzen (siehe Kapitel 9.3.3).

---

*Info-Box 2-5*     *Frauenquote in Vorständen und Aufsichtsräten?*

---

In deutschen Aufsichtsräten und Vorständen sind die Führungsgremien nach wie vor fast ausschließlich von Männern besetzt. Laut einer Studie des Deutschen Instituts für Wirtschaftsforschung (DIW) beläuft sich der Frauenanteil im Jahr 2010 in den Vorständen der 100 größten börsennotierten Unternehmen auf lediglich 2,2%. Beispielsweise sind gemäß der Studie im Jahr 2010 lediglich 4 von 182 Vorstandspositionen in den DAX 30-Unternehmen von Frauen besetzt: Brigitte Ederer und Barbara Kux bei der Siemens AG, Dr. Angelika Dammann bei der SAP AG (siehe Abbildung 2-7) und Regine Stachelhaus bei der E.ON AG. Im Februar 2011 wird Dr. Christine Hohmann-Dennhardt in den Vorstand der Daimler AG berufen und stellt damit die fünfte Frau unter den Vorständen der DAX 30-Unternehmen dar. In den Aufsichtsräten beträgt der Anteil 9,6%, was darauf zurückzuführen ist, dass unter den Vertretern der Arbeitnehmer in den Aufsichtsräten ein höherer Anteil weiblich ist (Holst/Schimeta, 2011).

Aufgrund des vergleichsweise geringen Frauenanteils wird in Deutschland über die Einführung eines gesetzlich geregelten Mindestanteils von Frauen in Vorstands- und Aufsichtsratsgremien börsennotierter Unternehmen debattiert. Die Befürworter einer fixen Frauenquote argumentieren, dass eine gesetzliche Regelung die einzige Möglichkeit bietet, den Frauenanteil in absehbarer Zeit maßgeblich zu erhöhen und Frauen eine Chance zu geben, in den Führungsgremien mitzuwirken. Kritiker hingegen befürchten bei einem erzwungenen, abrupten Anstieg des Frauenanteils einen Mangel an weiblichen Kandidaten mit geeigneten Fähigkeiten und Führungskompetenzen.

Im Gegensatz zu anderen europäischen Ländern steht der Ausgang dieser Debatte in Deutschland noch aus. Beispielsweise wurde in Frankreich im Januar 2011 ein Gesetz verabschiedet, dass Unternehmen vorschreibt, binnen sechs Jahren 40% ihrer Aufsichts- und Verwaltungsratssitze mit Frauen zu besetzen.

---

### Societas Europaea (SE)

*SE*

Die Societas Europaea (SE) ist eine Handelsgesellschaft in Form einer europäischen Aktiengesellschaft, bei der die Haftung entsprechend der nationalen Aktiengesellschaft auf das Gesellschaftsvermögen beschränkt ist. Im Gegensatz zur nationalen Aktiengesellschaft kann die SE jedoch nicht von natürlichen Personen, sondern nur durch juristische Personen – unter anderem AG, bestehende SE oder GmbH – gegründet werden. Man kann vier Wege zur Gründung einer SE unterschieden:

- Nationale Aktiengesellschaften aus mindestens zwei EU-Mitgliedsstaaten werden miteinander zu einer SE verschmolzen.

- Eine nationale Aktiengesellschaft mit europäischem Bezug – das heißt, sie muss mindestens zwei Jahre eine dem Recht eines anderen Mitgliedsstaates unterliegende Tochtergesellschaft haben – wird in eine SE umgewandelt.

- Es wird eine SE in Form einer Holdinggesellschaft gegründet, die nationale Aktiengesellschaften und/oder GmbHs umfasst, die in mindestens zwei verschiedenen EU-Mitgliedsstaaten ihren Sitz haben oder eine Tochtergesellschaft oder Zweigniederlassung besitzen, die seit mindestens zwei Jahren dem Recht eines anderen Mitgliedstaates unterliegt.

- Es wird eine Tochtergesellschaft von nationalen Aktiengesellschaften und/oder GmbHs gegründet, die in mindestens zwei verschiedenen EU-Mitgliedsstaaten ihren Sitz haben oder eine Tochtergesellschaft oder Zweigniederlassung besitzen, die seit mindestens zwei Jahren dem Recht eines anderen Mitgliedstaates unterliegt.

Die Rechtsgrundlage bildet zunächst die Verordnung (EG) Nr. 2157/2001 des Rates der Europäischen Union vom 8. Oktober 2001 über das Statut der Europäischen Gesellschaft (SE-VO). Die SE-VO ist in Deutschland unmittelbar anwendbares Recht und besitzt Vorrang gegenüber nationalem Recht. Die SE-VO wird dabei durch das nationale Gesetz zur Einführung der Europäischen Gesellschaft (SEEG) ergänzt, das aus dem Gesetz zur Ausführung der Verordnung (EG) Nr. 2157/2001 des Rates vom 8. Oktober 2001 über das Statut der Europäischen Gesellschaft (SEAG) und dem Gesetz über die Beteiligung der Arbeitnehmer in einer Europäischen Gesellschaft (SEBG) besteht. Bei fehlenden Vorschriften unterliegt die SE den nationalen Rechtsvorschriften in Deutschland, das heißt unter anderem dem Aktiengesetz (AktG) und dem Handelsgesetzbuch (HGB). Eine Besonderheit der SE liegt darin, dass das Mitbestimmungsgesetz von 1976 (MitbestG 1976) nicht anwendbar ist. Die Beteiligung der Arbeitnehmer ist vielmehr abhängig von einer Vereinbarung, die zwischen einem speziellen die Arbeitnehmer vertretenden Verhandlungsgremium und den Leitungen der die SE gründenden Gesellschaften geschlossen wird. Im Falle eines Scheiterns der Verhandlungen tritt in Abhängigkeit der Gründungform eine Auffangregelung in Kraft. Basiert die Gründung der SE auf einer Umwandlung einer nationalen Aktiengesellschaft, so bleibt die zuvor gültige Mitbestimmung der Aktiengesellschaft gemäß § 34 Absatz 1 Nummer 1 SEBG bestehen. Im Falle einer Verschmelzung oder der Gründung einer Holdinggesellschaft können entsprechend § 34 Absatz 1 Nummer 2 respektive Nummer 3 SEBG die höchsten Mitbestimmungsstandards einer beteiligten Gesellschaft Gültigkeit erhalten.

Aufgrund der unterschiedlichen Unternehmensverfassungssysteme innerhalb der einzelnen EU-Mitgliedsstaaten besteht im Rahmen der SE ein Wahlrecht zwischen dem monistischen System – Organe stellen hier die Hauptversammlung und der Verwaltungsrat dar – und dem dualistischen System – Organe sind in diesem Fall die Hauptversammlung, der Aufsichtsrat und der Vorstand. Entsprechende rechtliche Vorschriften greifen in Abhängigkeit des gewählten Systems beim dualistischen System die §§ 15-19 SEAG und beim monistischen System die §§ 20-49 SEAG.

*Leitung und Kontrolle*

Bei den Kapitalgesellschaften wird die Trennung von Eigentum und Leitungsbefugnis deutlich. Man spricht in diesem Zusammenhang von einer **Fremdorganschaft**, die im Gegensatz zur, bei den Personengesellschaften herrschenden, **Selbstorganschaft** steht. In Abbildung 2-8 wird dieser Sachverhalt am Beispiel der offenen Handelsgesellschaft und der Aktiengesellschaft darstellt. Demnach ist im Handelsrecht geregelt, dass alle Gesellschafter grundsätzlich zur Führung des Unternehmens berechtigt und verpflichtet sind. In einer Aktiengesellschaft hingegen üben die Aktionäre ihre Eigentumsrechte gemäß § 118 des Aktiengesetzes (AktG) in der Hauptversammlung aus. Die Leitungsbefugnis über das Unternehmen liegt dagegen beim Vorstand, der gemäß § 76 AktG unter eigener Verantwortung die Gesellschaft zu führen hat. Die Trennung zwischen Eigentum und Leitungsbefugnis führt zu einem Prinzipal-Agenten-Verhältnis. Den Agenten beziehungsweise Auftragnehmer stellt in diesem Fall der Vorstand dar, der von den Aktionären – als Auftraggeber oder Prinzipal – mit der Leitung des Unternehmens beauftragt wird.

*Abbildung 2-8: Fremdorganschaft der Aktiengesellschaft*

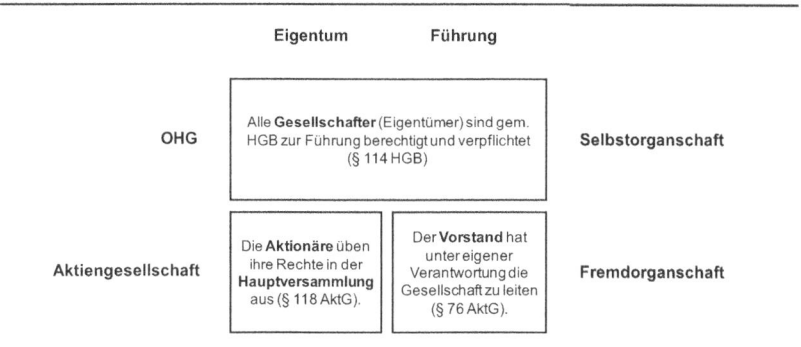

Während sich die börsennotierten Aktiengesellschaften in Deutschland durch das dargestellte Trennungsprinzip auszeichnen und eine **dualistische Struktur** aufweisen, herrscht in der angelsächsischen Form der public corporation das **Vereinigungsmodell** oder **monistisches Modell** vor (siehe Abbildung 2-9).

*Modelle der Unternehmens-verfassung*

In dem Vereinigungsmodell besteht demnach keine Trennung von Leitung und Überwachung. Maßgebliches Organ einer public corporation ist das Board of Directors, das für alle Aufgaben zuständig ist, die in Deutschland von Vorstand und Aufsichtsrat wahrgenommen werden. Die Mitglieder des Board of Directors werden dabei von den Aktionären gewählt und auch wieder entlassen. Es setzt sich aus Inside Directors und Outside Directors zusammen. Inside Directors sind Mitglieder des Top-Managements, beispielsweise der Chief Executive Officer (CEO) oder der Chief Financial Officer (CFO).

*Angelsächsisches Modell*

Outside Directors sind hingegen unternehmensfremde Personen, die hauptberuflich einer anderen Tätigkeit nachgehen. Inside Directors stellen in der Realität die wichtigsten Mitglieder des Board of Directors dar und verfügen gegenüber den Outside Directors über Informationsvorteile, wodurch sie in der Lage sind, die Politik des Board of Directors maßgeblich zu beeinflussen. Für bestimmte Aufgabenbereiche kann das Board of Directors Ausschüsse einrichten. Beispielsweise wird für die Aufsicht der internen Erstellung des Jahresabschlusses und der Bestellung der externen Abschlussprüfer das Audit Committee gebildet. Zudem kann das Board das Nominating

Committee – zuständig für die Auswahl der Mitglieder des Boards – und das Compensation Committee, das für die Festlegung der Vergütungen verantwortlich ist, einrichten.

*Abbildung 2-9*: Organe der Public Corporation

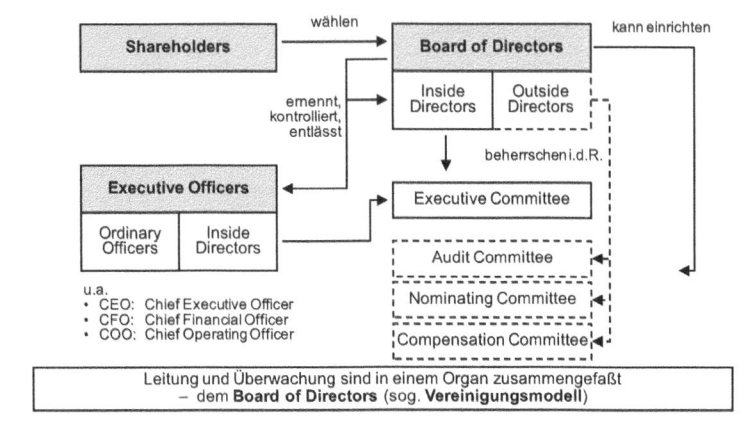

## Kriterien zur Entscheidung über die Rechtsform

*Rechtsformwahl*

Bei der Wahl der Rechtsform steht der Unternehmensgründer beziehungsweise das Gründerteam vor mehreren Alternativen. Entscheidend ist dabei die Frage, welche Rechtsformalternative die für die Unternehmenstätigkeiten wirtschaftlich sinnvollste ist, da mit jeder Rechtsform bestimmte rechtliche und finanzielle Implikationen verbunden sind. Die obigen Ausführungen zu den unterschiedlichen Rechtsformen – Personen- und Kapitalgesellschaften – verdeutlichen, dass unter anderem die Haftung, die Bestimmung der Leitungsbefugnisse oder die Finanzierungsmöglichkeiten mit Eigen- und Fremdkapital je nach Rechtsform unterschiedlich ausgestaltet sind. So stehen beispielsweise bei den Personengesellschaften die Gesellschafter mit ihrem persönlichen Vermögen in der **Haftung,** während bei Kapitalgesellschaften durch das Trennungsprinzip das persönliche Vermögen von Haftungsansprüchen unberührt bleibt.

Hinsichtlich der **Leitungsbefugnisse** liegt insbesondere bei den Kapitalgesellschaften die Möglichkeit zur Trennung von Eigentum und Führung vor. Demnach können geeignete Fremdmanager – beispielsweise durch bestimmte Fertigkeiten und Fähigkeiten, bestehenden Geschäftsbeziehungen oder besondere Branchenerfahrung – mit der Führung der Geschäfte eines Unternehmens beauftragt werden.

Zur **Finanzierung** der Unternehmenstätigkeiten stehen grundsätzlich zwei Möglichkeiten zur Verfügung: Zuführung von Eigenkapital und von Fremdkapital. Je nach Rechtsform ist die Zuführung einer Kapitalart tendenziell einfacher. So ist aufgrund der unbeschränkten Haftung bei den Personengesellschaften – mit Einschränkung der Kommanditgesellschaft im Hinblick auf den Kommanditisten – eine hohe Kreditwürdigkeit gegeben. Im Gegensatz dazu ist die Finanzierung durch Eigenkapital relativ begrenzt. Dagegen ist diese Finanzierungsform, insbesondere bei börsennotierten Aktiengesellschaften, eine zentrale Möglichkeit, um sich finanzielle Mittel für die Geschäftstätigkeit – beispielsweise durch die Platzierung einer Kapitalerhöhung an der Börse – zu erwerben. Weitere Kriterien für die Rechtsformwahl sind unter anderem Fragen der **Besteuerung** von Gewinnen, rechtsformspezifischer Kosten – beispielsweise **Prüfungs- und Offenlegungskosten** – und der Flexibilität bei Änderung von Beteiligungsverhältnissen.

## 2.3 Unternehmensziele

Unternehmen werden gegründet, um Ziele zu erreichen. In diesem Zusammenhang gilt es die Frage zu beantworten, welche Ziele das Unternehmen verfolgen soll. Mit der Formulierung bestimmter Ziele wird das Verhalten respektive die Handlungen der an einem Unternehmen teilnehmenden Mitglieder – beispielsweise Mitarbeiter oder Lieferanten – beeinflusst.

### 2.3.1 Arten von Unternehmenszielen

Grundsätzlich bilden Ziele Aussagen mit normativem Charakter und geben Auskunft über einen gewünschten Zustand in der Zukunft. Sie lassen sich anhand von vier Merkmalen beschreiben:

*Unternehmensziele*

- Zielinhalt,

- Zielausmaß,

- Zeitbezug und

- Zielträger.

Im Hinblick auf den **Zielinhalt** lassen sich Wertziele, Sachziele und Humanziele unterscheiden. Während Wertziele finanzielle Vorgaben bilden, nach denen das Handeln erfolgt – beispielsweise Rentabilitätsziel, Umsatzziel, Gewinnziel oder Kostenziel –, beschreiben Sachziele Aktivitäten, die der Erreichung der Wertziele dienen, beispielsweise die Festlegung des betrieblichen Leistungsprogramms, mit denen das Unternehmen im Markt auftritt. Humanziele umfassen hingegen insbesondere die gewünschten zukünftigen

Verhaltensweisen gegenüber Mitarbeitern und Führungskräften, aber auch außerhalb des Unternehmens gegenüber Lieferanten, Kunden oder dem Staat (siehe Info-Box 2-6).

---

*Info-Box 2-6* | *Corporate Social Responsibility*

---

Der Begriff der Corporate Social Responsibility (CSR) bringt zum Ausdruck, dass Unternehmen nicht ausschließlich unter ökonomischen Zielsetzungen zu führen sind, sondern ökologische und soziale Faktoren in die Überlegungen miteinbezogen werden müssen. So definiert beispielsweise die Europäische Kommission: „Corporate social responsibility is a concept whereby companies integrate social and environmental concerns in their business operations and their interaction with their stakeholders on a voluntary basis" (Europäische Kommission, Implementing the partnership for growth and jobs: Making Europe a pole of excellence on corporate social responsibility, Brüssel, März 2006, S. 2). Ausgangspunkt ist die gesellschaftliche Forderung gegenüber Unternehmen, ihr Handeln in einen gesamtgesellschaftlichen Kontext einzubetten und Beiträge zum Gemeinwesen zu leisten. Die hohe Relevanz von CSR drückt sich in unterschiedlichen Bereichen aus. Beispielsweise stellen die Bundesvereinigung der Deutschen Arbeitgeberverbände (BDA) und der Bundesverband der Deutschen Industrie e.V. (BDI) im Internet Unternehmen eine Plattform zur Verfügung (http://www.csrgermany.de), auf der sie Informationen über die Thematik erhalten und ihr gesellschaftliches Engagement anhand von Praxisbeispielen der Öffentlichkeit präsentieren können. Unternehmen begegnen den gesellschaftlichen Forderungen und entfalten ihr gesellschaftliches Engagement in unterschiedlichen Bereichen. So bündelt die Altana AG beispielsweise ihre Förderprojekte – Finanzierung von Stiftungslehrstühlen an Universitäten oder Stipendiaten-Programme – in dem Altana Forum für Bildung und Wissenschaft (Altana AG, Environmental Report 2009).

---

*Fallbeispiel*

Das **Zielausmaß** beschreibt die Ausprägung der Zielerreichung und bestimmt, wann ein Ziel als erreicht gilt. Es lassen sich dabei Extremalziele, Satifizierungsziele, Diskretionsziele und Intervallziele unterscheiden. Extremalziele stellen unbegrenzte Ziele dar, beispielsweise Gewinnmaximierung oder Umsatzmaximierung. Satifizierungsziele geben Vorgaben, bei deren Erreichung ein Ziel als erfüllt angesehen wird, das heißt ein befriedigendes Ausmaß eines zukünftig angestrebten Zustandes definiert wird. Im Gegensatz zu den Extremalzielen sind diese somit begrenzt. Ein Beispiel für ein Satifizierungziel ist die Vorgabe zur Erreichung einer Eigenkapitalrendite vor Steuern in Höhe von 25%, die Josef Ackermann, Vorstandsvorsitzender der Deutschen Bank, für das Unternehmen formuliert. Bei den Diskretionszielen handelt es sich um Ziele, die sich durch eine genaue Ausprägung auszeichnen, während Intervallziele Grenzen definiert, in denen das Ziel erreicht sein muss. Beispielsweise wäre die Vorgabe, dass die Produkteinführung zu einem bestimmten Datum, 1.1.2011, ein Diskretionsziel, während die Vorgabe, dass die Produkteinführung innerhalb eines Geschäftsquartals, 1. Quartal 2011, abgeschlossen wird, ein Intervallziel darstellt.

Ziele lassen sich hinsichtlich ihres **Zeitbezugs** beschreiben. Dabei können Zeitraumziele und Zeitpunktziele voneinander unterschieden werden. Ein Beispiel für ein Zeitraumziel ist die Gewinnvorgabe für eine Geschäftsperiode. Ein Zeitpunktziel ist beispielsweise die Vorgabe, ein Entwicklungsprojekt zu einem bestimmten Datum abzuschließen.

Das vierte Merkmal bei der Beschreibung von Zielen ist die Angabe der **Zielträger**. Neben den Individualzielen, die sich auf einzelne Individuen, beispielsweise einen Mitarbeiter, beziehen, lassen sich Kollektivziele unterscheiden, die eine Gruppe von Individuen, beispielsweise eine ganze Abteilung in einem Unternehmen, betreffen.

## 2.3.2 Zielbeziehungen

Unternehmen formulieren Ziele, die miteinander in Beziehung stehen können. Es lassen sich dabei drei Arten von Zielbeziehungen festhalten (siehe Abbildung 2-10):

*Überblick*

▓ Komplementäre Zielbeziehungen,

▓ konkurrierende Zielbeziehungen und

▓ indifferente Zielbeziehungen.

*Abbildung 2-10*: *Zielbeziehungen*

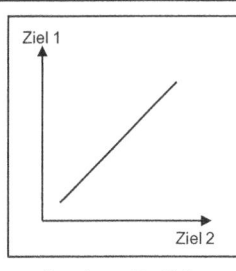

Komplementäre Ziele

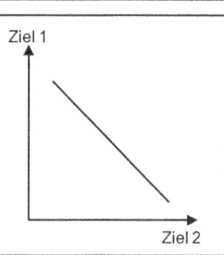

Konkurrierende Ziele

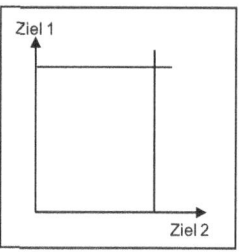

Indifferente Ziele

**Komplementäre Zielbeziehungen** zeichnen sich dadurch aus, dass die Erreichung eines Zieles gleichzeitig mit der Erreichung eines anderen Zieles einhergeht. Beispielsweise steht das Ziel einer Kostensenkung – unter Annahme, dass alle anderen Faktoren gleich bleiben – in einem positiven Zusammenhang mit dem Ziel der Erhöhung des Gewinns.

Bei **konkurrierenden Zielbeziehungen** hingegen behindert die Erreichung eines Ziels die Erreichung eines anderen Ziels. Man spricht in diesem Zusammenhang auch von einem trade-off. Ein Beispiel für eine konkurrierende Zielbeziehung ist die Verlagerung von Geschäftsaktivitäten eines Unternehmens ins Ausland. In diesem Falle können die Ziele der inländischen Mitarbeiter, die den Erhalt der Arbeitsplätze im Inland anstreben, mit den Zielen der ausländischen Mitarbeiter, ihren Standort auszubauen, konkurrieren.

Ein konkretes Beispiel stellt das Unternehmen EADS hinsichtlich der Produktion des Flugzeugs A 380, dessen Bauteile an unterschiedlichen Standorten in Europa gefertigt werden, dar. Zwischen den Standorten können konkurrierende Zielbeziehungen bestehen, da jeder Standort bestrebt ist, die eigenen Aktivitäten zu sichern, obwohl die Konzentration auf einen Standort möglicherweise wirtschaftlicher wäre. Ein weiteres Beispiel für eine konkurrierende Zielbeziehung kann das Ziel einer Erhöhung der Löhne bei gleichzeitig angestrebter Erhöhung der Gewinne darstellen (siehe Info-Box 2-7).

---

*Info-Box 2-7*  | *Lohnerhöhung versus Gewinne*

---

Ein „klassischer" Zielkonflikt lässt sich anhand der Diskussion um Forderungen nach Lohnerhöhungen und die Erwirtschaftung von Gewinnen verdeutlichen. In Deutschland gilt die Tarifautonomie, bei der Arbeitgeber – in Form der Arbeitgeberverbände – und Arbeitnehmer – in Form der Gewerkschaften – unter anderem die Löhne und Gehälter ohne regelndes Eingreifen des Staates aushandeln. Die Gewerkschaften verlangen insbesondere in wirtschaftlich erfolgreichen Jahren relativ hohe Lohnzuwächse und begründen diese mit den erwirtschafteten Gewinnen. Beispielsweise wird für die Tarifrunden der Metall- und Elektroindustrie im Jahr 2007 von der IG Metall eine Lohnerhöhung in Höhe von 6,5% gefordert und darauf hingewiesen, dass diese Lohnforderung aufgrund der guten wirtschaftlichen Situation sozial gerechtfertigt und gesamtwirtschaftlich notwendig sei. In wirtschaftlich schwierigen Zeiten wiederum versuchen Gewerkschaften, Einfluss auf personalwirtschaftliche Entscheidungen zu nehmen, um unter anderem Arbeitsplätze zu sichern. Zum Beispiel hat IG-Metall-Chef Berthold Huber im Oktober 2009 angesichts der Wirtschaftskrise eine zurückhaltende Lohnpolitik für die anstehende Tarifrunde angekündigt. Die Ziele der Gewerkschaften können jedoch mit dem Ziel einer langfristigen Sicherung des Unternehmenserfolges konkurrieren, da die zusätzlichen Lohnkosten bei einer Durchsetzung der Forderung zu einer höheren Kostenbelastung der Unternehmen führen und damit die Wettbewerbsfähigkeit einschränken.

---

Die dritte Art sind **indifferente Zielbeziehungen**. Dabei steht die Erreichung eines Zieles in keinem Zusammenhang mit der Erreichung eines anderen Ziels. Beispielsweise beeinflusst das Ziel einer Verbesserung der Kantinenspeise nicht das Ziel, die Fertigungskosten zu senken.

## 2.3.3 Unternehmensbeteiligte und Ziele für das Unternehmen

Unternehmen interagieren mit verschiedenen Interessengruppen. Die Interaktion des Unternehmens mit den Interessengruppen wird dabei im Rahmen der Corporate Governance geregelt (siehe Info-Box 2-8).

Jede Gruppe verfolgt zum Teil unterschiedliche Interessen, die in der Formulierung unterschiedlicher Ziele münden. In Abbildung 2-11 sind die Beteiligten am Unternehmen dargestellt. Es lassen sich grundsätzlich vier Gruppen identifizieren: Bezugsquellen, Kapitalgeber, Abnehmer und die Öffentlichkeit.

---

*Corporate Governance/Unternehmensverfassung*          *Info-Box 2-8*

---

Corporate Governance ist die Gesamtheit von grundsätzlichen Regelungen, die das Unternehmen nach innen und außen konstituieren. Die Regelungen werden dabei in der Unternehmensverfassung festgehalten. Sie bestimmt den Ordnungsrahmen, in dem die Führung und Überwachung des Unternehmens erfolgt. Die Umsetzung der Regelungen erfolgt über die Organe, beispielsweise Hauptversammlung, Aufsichtsrat und Vorstand einer Aktiengesellschaft, die Leitungs-, Informations- und Weisungsbeziehungen zwischen den Organen sowie den Codizes, beispielsweise Unternehmensrichtlinien.

Bei börsennotierten Aktiengesellschaften kann die Corporate Governance im Hinblick auf die Eigentümer als bewusst gestaltetes Regelungsinstrument verstanden werden, anhand dessen sie Einfluss auf Unternehmensentscheidungen nehmen. Die Corporate Governance legt dabei den Handlungsspielraum des Vorstandes fest, den der Aufsichtsrat überwacht (siehe Kapitel 2.2.3).

Die Hauptaufgabe der Corporate Governance besteht dabei einerseits darin, **Anreize** so zu setzen, dass das Top-Management im Interesse der Eigentümer handelt und andererseits **Kontrolle** so auszuüben, dass die Flexibilität der Top-Manager bei ihren Entscheidungen erhalten bleibt.

---

Die **Bezugsquellen** setzen sich einerseits aus den Führungskräften und Mitarbeitern eines Unternehmens zusammen, die dem Unternehmen ihre Arbeitskraft gegen Entgelt zur Verfügung stellen. Andererseits gehören die Lieferanten auch zu den Bezugsquellen, da sie die für den betrieblichen Leistungserstellungsprozess benötigten Materialien zur Verfügung stellen.     *Bezugsquellen*

Bei den **Kapitalgebern** stellen die Eigenkapitalgeber dem Unternehmen dauerhaft finanzielle Mittel zur Verfügung und können sich im Gegenzug an den Gewinnen beteiligen. Dabei kann es sich sowohl um natürliche Personen als auch juristische Personen, zum Beispiel Private-Equity-Gesellschaften, handeln (siehe Info-Box 2-9).     *Kapitalgeber*

*Abbildung 2-11*: *Unternehmensbeteiligte und Ziele*

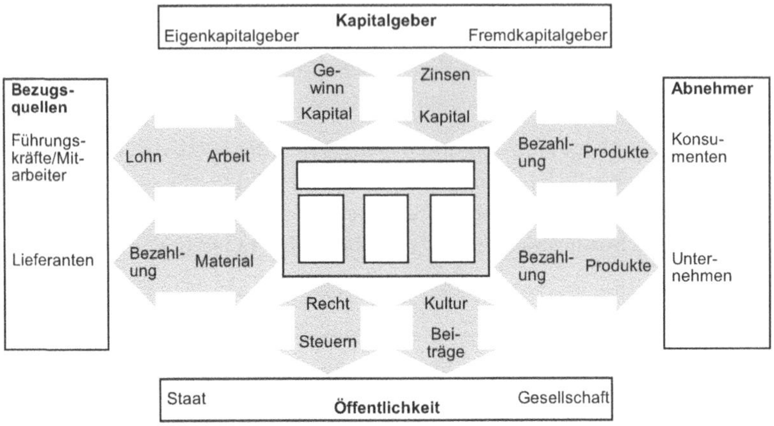

Die Fremdkapitalgeber, beispielsweise Banken, gewähren den Unternehmen über einen begrenzten Zeitraum finanzielle Mittel und erhalten dafür Zins- und Tilgungszahlung.

*Abnehmer*

Bei den **Abnehmern** kann es sich sowohl um Konsumenten als auch um andere Unternehmen handeln, die das Angebot des Unternehmens gegen Bezahlung in Anspruch nehmen.

*Info-Box 2-9*

*Privat-Equity-Gesellschaften und Hedge-Fonds*

**Private-Equity-Gesellschaften** sind Unternehmen, die sich mit Eigenkapital an anderen Unternehmen beteiligen. Sie tragen das volle unternehmerische Risiko und erwarten eine dementsprechende Rendite. Private-Equity-Gesellschaften sammeln finanzielle Mittel von unterschiedlichen institutionellen Investoren – beispielsweise Banken, Pensions-Fonds, Versicherungsgesellschaften oder vermögenden Einzelpersonen – ein und nutzen diese Mittel zum Erwerb von Unternehmensanteilen. Insbesondere auch Start-ups und Unternehmen in einer finanziellen Notlage nehmen **Private-Equity** (außerbörsliches Beteiligungskapital) von Private-Equity-Gesellschaften in Anspruch, da sie meist keinen Zugang zu **Public-Equity** (börsengehandeltes Beteiligungskapital) haben. Das Engagement einer Privat-Equity-Gesellschaft ist im Gegensatz zu strategischen Investoren, wie zum Beispiel Industriekonzernen, zeitlich begrenzt.

Neben den Private-Equity-Gesellschaften spielen **Hedge-Fonds** eine bedeutende Rolle auf den internationalen Finanzmärkten. In Deutschland dürfen Hedge-Fonds erst mit der Einführung des Investmentmodernisierungsgesetzes im Jahr 2004 vertrieben werden. Im Gegensatz zu den Private-Equity-Gesellschaften waren Hedge-Fonds ursprünglich Investmentfonds mit besonderen Anlagegegenständen und –strategien zur Absicherung von Investitionen gegen Risiken wie Kurseinbrüchen oder Wechselkursschwankungen. Hedge-Fonds genießen Flexibilität in der Wahl der Anlageform und -strategie, das heißt, sie können in verschiedene Finanzprodukte investieren. Sie bieten somit die Möglichkeit, bei entsprechend hohem Risiko, sehr hohe Renditen zu erzielen. In zunehmendem Maße nähern sich in den letzten Jahren Hedge-Fonds auch dem Geschäft der Private-Equity-Gesellschaften an. So investiert der Hedge-Fonds The Children's Investment Fund (TCI) im Jahr 2005 umfangreiches Eigenkapital in die Deutsche Börse AG, um damit erheblichen Einfluss auf die grundsätzlichen Unternehmensentscheidungen zu nehmen.

Aufbauend auf den Erkenntnissen der Finanzkrise haben die EU-Finanzminister und das Europaparlament im November 2010 die Richtlinie zur Regulierung alternativer Investmentfondsmanager (AIFM-Richtlinie) verabschiedet, um mehr Transparenz in der Branche zu schaffen. Manager alternativer Investmentfonds müssen sich künftig unter anderem nach einheitlichen Vorschriften registrieren lassen und ihre Anlagestrategie offenlegen (Kommission der Europäischen Gemeinschaft, Aktenzeichen KOM(2009) 207, Brüssel 2009).

Als vierte Interessengruppe ist die **Öffentlichkeit** zu nennen, die sich aus dem Staat und der Gesellschaft zusammensetzt. Diese Interessengruppen stellen dem Unternehmen die notwendige Grundlage für das wirtschaftliche Handeln zur Verfügung und erwarten im Gegenzug Leistungen in Form von Steuern und anderen Beiträgen. Jede Gruppe besteht aus einzelnen Individuen, die eigene Ziele verfolgen. Für das Unternehmen ist daher entscheidend, über die Schaffung entsprechender Anreize die Individuen beziehungsweise in aggregierter Form die Gruppen zu Beiträgen zu bewegen (siehe Info-Box 2-10).

*Öffentlichkeit*

*Anreiz-Beitrags-Theorie*

*Info-Box 2-10*

Die Anreiz-Beitrags-Theorie, begründet von Barnard (1938), wurde im Wesentlichen von March und Simon (1958) weiterentwickelt. Die Anreiz-Beitrags-Theorie untersucht den Zusammenhang zwischen Motivation und Anreizen. Für ein Unternehmen stellt sich demnach die Frage, welche Anreize es seinen Interessengruppen – Mitarbeitern, Lieferanten oder Kunden – anbieten muss, damit diese einen Beitrag – beispielsweise in Form von Geld, Arbeit oder Material – leisten. Es muss bestrebt sein, langfristig ein Gleichgewicht zwischen Anreizen und Beiträgen herzustellen, um seine Funktionsfähigkeit zu gewährleisten. Dieses Gleichgewicht ist immer dann gegeben, wenn eine Balance zwischen den individuellen Kosten aller Beteiligten und ihrem individuellen Nutzen herrscht.

Beispielsweise kann das Motiv eines Mitarbeiters darin bestehen, in einem Unternehmen zu arbeiten, um mehr Geld als potentiell in einem anderem Unternehmen zu verdienen. Dafür stellt er seine Arbeitskraft als Beitrag zur Verfügung. Der Mitarbeiter wird nun solange für das Unternehmen arbeiten, solange er glaubt, dass er für seinen Beitrag eine höhere Entlohnung als in anderem Unternehmen erhält.

# 2.4 Unternehmensführung

Die Unternehmensführung ist eine bedeutende Interessengruppe des Unternehmens und stellt ihr zentrales Steuerungsorgan dar. Ihr obliegt primär die Sicherstellung der Erreichung der Unternehmensziele. In diesem Zusammenhang stehen insbesondere die Aufgaben der Unternehmensführung im Mittelpunkt der Betrachtung, die sich aus der beschriebenen Funktion ableiten. Sie unterscheiden sich grundsätzlich von den eigentlichen Leistungsprozessen, beispielsweise Einkauf, Produktion und Marketing, da sie diese auf einer übergeordneten Ebene koordinieren und ausgestalten.

## 2.4.1 Aufgaben der Unternehmensführung

Führung umfasst die Initiierung von Entscheidungs- und Handlungsprozessen sowie die Willensbildung und –durchsetzung. In Abbildung 2-12 ist der Prozess der Führung dargestellt, der in vier Phasen gegliedert werden kann:

▨ Initiierungsphase,

▨ Entscheidungsphase,

▨ Umsetzungsphase und

▨ Kontrollphase.

In der **Initiierungsphase** hat die Unternehmensführung Signale zu bestimmten Problemen wahrgenommen, beispielsweise den aggressiven Eintritt eines neuen Wettbewerbers und den damit einhergehenden Abgang bestehender Kunden zum Konkurrenten oder Lücken im internen Kontrollsystem des Unternehmens zur Sicherung der Verhaltenkodizes. Basierend auf der Wahrnehmung dieser Signale initiiert die Unternehmensführung zur Lösung dieser Probleme Entscheidungsprozesse. Es werden auf die Problemlösung bezogene Ziele formuliert. In der **Entscheidungsphase** werden zunächst Handlungsalternativen gesucht. Diese werden dann auf ihre Auswirkungen hinsichtlich der vorgegebenen Ziele bewertet. Diejenigen Handlungsalternativen, die zum höchsten Zielerreichungsgrad führen, werden ausgewählt (Entscheidung) und es werden Vorbereitungen zur Umsetzung getroffen. Sind die Entscheidungen getroffen, tritt die **Umsetzungsphase** ein, in der die Umsetzung detailliert erarbeitet wird. Die Handlungsalternativen werden operationalisiert und in Programme und Maßnahmen umgesetzt. Unter bestimmten Umständen findet dabei eine Anpassung der Strukturen, Systeme und Prozesse statt. In der sich anschließenden **Kontrollphase** werden die erreichten Ergebnisse festgestellt und mit den zuvor gesetzten Zielen verglichen. Gegebenenfalls werden neue Entscheidungsprozesse initiiert.

*Abbildung 2-12:* Der Prozess der Führung

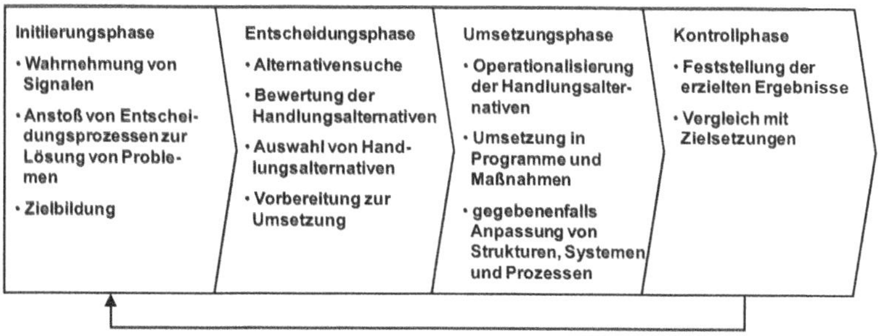

| Initiierungsphase | Entscheidungsphase | Umsetzungsphase | Kontrollphase |
|---|---|---|---|
| • Wahrnehmung von Signalen<br><br>• Anstoß von Entscheidungsprozessen zur Lösung von Problemen<br><br>• Zielbildung | • Alternativensuche<br><br>• Bewertung der Handlungsalternativen<br><br>• Auswahl von Handlungsalternativen<br><br>• Vorbereitung zur Umsetzung | • Operationalisierung der Handlungsalternativen<br><br>• Umsetzung in Programme und Maßnahmen<br><br>• gegebenenfalls Anpassung von Strukturen, Systemen und Prozessen | • Feststellung der erzielten Ergebnisse<br><br>• Vergleich mit Zielsetzungen |

Der Prozess der Führung setzt voraus, dass Zielvorstellungen gebildet wurden. Dabei beeinflussen sich Problemlösung und Zielbildung derart, dass die Suche und Beurteilung von Handlungsalternativen dazu führt, dass bestehende Ziele angepasst werden. Weitergehend ist festzuhalten, dass zwischen den Phasen Rückkoppelungen möglich sind und mehrere Problemlösungsprozesse miteinander verknüpft sein können.

### Objekte von Führungsentscheidungen

Führungskräfte treffen „echte" Führungsentscheidungen (Gutenberg, 1983). Dabei stehen insbesondere die Gestaltung der Strategien, Strukturen, Systeme und Prozesse eines Unternehmens im Mittelpunkt dieser Entscheidungen. Führungskräfte formulieren **Strategien**, die Auskunft über die langfristigen Geschäftsziele, die angestrebte Marktposition und die dafür notwendigen Ressourcen geben. Im Rahmen der Gestaltung der **Strukturen** werden Entscheidungen darüber getroffen, wie die Zusammenarbeit der Mitarbeiter in dem Unternehmen zu erfolgen hat. Im Hinblick auf die **Systeme** entscheiden Führungskräfte darüber, welche Instrumente eingesetzt werden, die die Versorgung mit Planungs- und Kontrollinformationen gewährleisten. Schließlich beziehen sich die Entscheidungen auf die **Prozesse**, die die Abläufe der Geschäftsvorgänge im Unternehmen darstellen und das Geschäftssystem beschreiben (siehe Kapitel 11.2).

*Echte Führungsentscheidungen*

Führungsentscheidungen sind demzufolge auf diejenigen Objekte gerichtet, die langfristig das Unternehmensgeschehen beeinflussen und grundsätzlich für den Fortbestand des Unternehmens verantwortlich sind.

## 2.4.2 Führungskräfte

*Führung und Arbeitsteilung*

Die Herstellung von Produkten und Dienstleistungen sowie deren erfolgreiche Absetzung auf dem Markt führen zu zahlreichen Aufgaben, die arbeitsteilig von verschiedenen Mitarbeitern eines Unternehmens bewältigt werden (siehe Kapitel 12). Gleichzeitig erzeugt die Arbeitsteilung einen Koordinationsbedarf, der sich aus der Abstimmungsnotwendigkeit der einzelnen Aktivitäten ergibt. Die Koordination beinhaltet dabei zwei Aspekte. Zum einen sind die Aktivitäten der Mitarbeiter auf ein gemeinsames Ziel – den Unternehmenserfolg – auszurichten. Zum anderen sollen die Mitarbeiter durch gezielte Verhaltensbeeinflussung dahingehend bewegt werden, dass sie ihre Aufgaben zweckmäßig wahrnehmen und sich untereinander abstimmen, um die Aufgaben möglichst effizient zu gestalten (Hungenberg/Wulf, 2011).

Die **Koordinationsaufgabe** kommt den Führungskräften zu. Dabei handelt es sich um Personen, die berechtigt sind, anderen Personen im Unternehmen Weisungen zu erteilen. Zentrale Führungskräfte sind beispielsweise der Vorstand und die Leiter von Geschäftsbereichen. Darüber hinaus gehören auch Abteilungsleiter oder Werksleiter zu Führungskräften.

*Abbildung 2-13: Eigentum und Führung*

|  | Führungsaufgaben | Keine Führungsaufgaben |
|---|---|---|
| **Eigentum** | Unternehmer-Eigentümer | Eigentümer |
| **Kein Eigentum** | Fremdmanager | Mitarbeiter |

### Eigentum und Führung

*Eigentum und Führung*

Führung eines Unternehmens kann grundsätzlich in zwei Formen in Erscheinung treten. Einerseits kann es sich bei den Führungskräften, insbesondere dem Vorstand beziehungsweise der Geschäftsführung, um die Eigentümer-Unternehmer handeln. Diese Form der Führung ist vor allem bei Personengesellschaften gegeben (siehe Kapitel 2.2.3). Andererseits kann die Führung vom Eigentum getrennt erfolgen, das heißt die Führungskräfte gehören als Fremdmanager nicht dem Kreis der Eigentümer an. Diese Form ist insbesondere bei den Kapitalgesellschaften anzutreffen.

Besitzen Personen Anteile an einem Unternehmen, erfüllen jedoch keine Führungsaufgaben, so handelt es sich um Eigentümer im wörtlichen Sinne. Handelt es sich dagegen um Nicht-Eigentümer ohne Führungsaufgaben, so stellen diese Mitarbeiter dar (siehe Abbildung 2-13).

**Bedeutung von Führungskräften**

Durch ihre zentrale Rolle als Koordinatoren und Motivatoren kommt den Führungskräften eine bedeutende Rolle innerhalb des Unternehmens zu. Sie müssen im Sinne eines Unternehmers das Unternehmen derart gestalten, dass es Marktchancen wahrnimmt und mit einem entsprechenden Leistungsprogramm darauf reagiert. Neben diesen unternehmerischen Leistungen erbringen Führungskräfte Verwaltungsleistungen.

Eine zentrale Bedeutung stellt die **Entscheidungsneigung** von Führungskräften dar. Die Entscheidungsneigung beschreibt dabei die Neigung einer Führungskraft, ihre Aufmerksamkeit auf eine Handlungsalternative zu richten und eine Entscheidung über die Durchführung dergleichen zu treffen. Führungskräfte sind im Rahmen ihrer Tätigkeit ständig mit Problemen konfrontiert, für deren Lösung sie Entscheidungen treffen müssen. Der damit verbundene Entscheidungsprozess kann dabei sowohl deliberativer als auch intuitiver Art sein (siehe Info-Box 2-11).

*Führung und Entscheidungs- neigung*

---

*Die Bedeutung von Intuition im Rahmen von Managemententscheidungen*

*Info-Box 2-11*

---

Im Allgemeinen wird von einem bewussten Entscheidungsprozess ausgegangen (siehe Abbildung 2-12 „Der Prozess der Führung"). Dieser Prozess zeichnet sich vor allem durch ein analytisches Vorgehen aus, bei dem Informationen durch deliberative, das heißt überlegte Analysen gewonnen werden. Ein weiteres Merkmal ist die Möglichkeit, die mit dem Entscheidungsprozess zusammenhängenden Informationen zu explizieren. Beispielsweise sind Konzepte wie das Scoring-Modell (siehe Abbildung 7-8 „Scoring-Modell zur Lieferantenwahl"), das Andler'sche Losgrößenmodell (siehe Kapitel 7.4) oder das Marktwachstum-/Marktanteils-Portfoliokonzept der Boston Consulting Group (siehe Info-Box 11-1) Ausdruck respektive Ergebnis eines solchen analytischen Prozesses. Durch bewusstes Nachdenken werden Informationen generiert und zu einem Konzept verarbeitet, das Managern als Entscheidungsgrundlage dienen kann.

Im Gegensatz dazu steht der intuitive Entscheidungsprozess, der durch ein unbewusstes, nicht-explizierbares und automatisiertes Vorgehen charakterisiert ist. In diesem Fall folgen Manager ihren „Bauchgefühlen" (Gigerenzer, 2007) und treffen Entscheidungen unter Anwendung von Heuristiken („Faustregeln"). Ein Beispiel dafür ist die Rekognitionsheuristik. Dabei fällt bei Vorhandensein zweier Optionen die Entscheidung für diejenige Option, die dem Entscheider bekannt ist. So kann ein Manager sich beispielsweise im Rahmen einer Standortentscheidung für einen ihm bekannten Standort entscheiden. Eine grundlegende Voraussetzung zur Anwendung von

Heuristiken und damit für intuitive Entscheidungen sind die evolvierten Fähigkeiten unseres Gehirns. Dabei handelt es sich um eine Vielzahl an unterschiedlichen Fähigkeiten wie beispielsweise das Wiedererkennungsgedächtnis, die Nachahmung oder die Sprache. Evolvierte Fähigkeiten sind dabei das Resultat unter anderem natürlicher Selektion und kultureller Vermittlung.

Das Auftreten von deliberativem oder intuitivem Entscheidungsverhalten hängt unter anderem von individuellen Faktoren des Entscheiders und dem Vertrautheitsgrad der Aufgabe und Situation ab. So bleibt einem Manager in einer ihm nicht vertrauten Situation – beispielsweise in einer Krise – keine Zeit, um ausreichend Informationen für eine überlegte Problemlösung zu akquirieren. Zusätzlich sind Führungskräfte in Krisenzeiten einem höheren Stressniveau ausgesetzt. Aktuellen Forschungsergebnissen zufolge greifen Entscheidungsträger in derartigen Situationen auf Heuristiken und Automatismen zurück, was zu schnelleren Entscheidungen führen, aber gegebenenfalls auch die Qualität der Entscheidung einschränken kann (Porcelli/Delgado, 2009).

Beispielsweise müssen Führungskräfte Entscheidungen darüber treffen, wie die zur Verfügung stehenden finanziellen Mittel auf die Investitionsvorhaben zur Entwicklung von Innovationen verteilt werden oder wie die Internationalisierung des Unternehmens in ein Zielland durchgeführt wird.

*Führung und Bewusstheit*

Die Lösung von Problemen setzt jedoch voraus, dass die Führungskräfte über eine **Bewusstheit** verfügen, um die Probleme wahrzunehmen und Entscheidungen zu treffen. Es handelt sich dabei vor allem um Entscheidungen, die eine große Bedeutung für die grundsätzliche Ausrichtung des Unternehmens besitzen können. Entsprechend groß ist die Verantwortung, die die Führungskräfte zu tragen haben.

Die zentrale Bedeutung der Führungskräfte führt zu vielfältigen und hohen Anforderungen, die sich in bestimmten Fällen negativ auf die Leistungsfähigkeit der Führungskräfte auswirken können, da die Belastung stark zunimmt (siehe Info-Box 2-12).

*Info-Box 2-12*

*Burn-Out nimmt an Bedeutung zu*

Das Burn-Out-Syndrom kennzeichnet die berufsbedingte chronische Erschöpfung eines Menschen. Es lassen sich zahlreiche Ursachen – beispielsweise permanenter Zeitdruck, Frustration oder hohe Erwartungen an die eigene Person und die Leistungsfähigkeit – ausmachen, die individuell unterschiedlich ausgeprägt sein können. Das Burn-Out-Syndrom führt zu negativen motivationalen, psychischen und gesundheitlichen Folgen. Führungskräfte in Unternehmen sind dabei besonders stark betroffen, da sie sich einem permanenten Leistungsdruck ausgesetzt sehen und mit zahlreichen unterschiedlichen Ansprüchen konfrontiert werden, denen sie gerecht werden müssen. Organisatorische Konzepte wie zum Beispiel das Lean Management begünstigen die Entwicklung der Symptome, da sie Mitarbeitern, insbesondere Führungskräften, mehr Flexibilität bezüglich des Umfangs und der Zusammensetzung der Aufgaben abverlangen. Die Vorgabe zur Effizienzsteigerung, höhere Eigenverantwortung und größere Aufgabenbereiche vergrößern gegebenenfalls den Druck und führen zu den aufgeführten Erschöpfungserscheinungen.

---

Sie stehen unter dem permanenten Druck, Entscheidungen derart zu treffen, dass das von ihnen geführte Unternehmen die aufgestellten Renditeziele erreicht. Dabei müssen sie unter anderem dafür sorgen, dass zum einen Wert für den Kunden geschaffen wird, in diesem Zusammenhang Angebote zur Lösung ihrer Probleme kreiert werden und zum anderen das Unternehmen im Wettbewerb mit den Konkurrenten besteht.

## 2.5 Ausblick

Die **Entrepreneurship-Forschung** befasst sich mit verschiedenen Aspekten von Unternehmensgründungen. Neben rechtlichen und finanziellen Fragen stehen vor allem die vielfältigen Erscheinungsformen der Unternehmensgründung im Mittelpunkt der Betrachtung. Beispielsweise lassen sich im Hinblick auf die Anzahl der Unternehmensgründer **Einzelgründungen** und **Teamgründungen** unterscheiden. Bei Teamgründungen stellt sich unter anderem die Frage, wie die bestehenden individuellen Stärken der Teammitglieder kombiniert werden können, um die Unternehmensentwicklung erfolgreich zu gestalten. Eine weitere Unterscheidung von Unternehmensgründungen lässt sich hinsichtlich der Frage treffen, ob sie in Form **originärer Gründungen** die Schaffung neuer Wirtschaftseinheiten beinhalten oder ob sie als **derivative Gründungen** auf vorhandenen Strukturen und Konzepten aufbauen, wie beispielsweise bei Franchise-Unternehmen. Im Mittelpunkt steht hierbei unter anderem die Frage, inwieweit die Vorteile unternehmerischer Freiheit bei originären Gründungen mögliche Ressourcennachteile gegenüber derivativen Gründungen überwiegen. Des Weiteren können unterschiedliche **Entwicklungsphasen**, zum Beispiel Start-Up-Phase oder Wachstumsphase, bestimmt werden.

Eine zentrale Herausforderung für Führungskräfte im Rahmen ihrer Tätigkeiten liegt im Umgang mit **Komplexität**. Beispielsweise sehen sich die Führungskräfte eines international tätigen Unternehmens mit Komplexität konfrontiert, die aus der zu steuernden Anzahl ausländischer Tochtergesellschaften, ihrer Verschiedenartigkeit, zum Beispiel in Form unterschiedlicher kultureller Kontexte, und ihren Wechselwirkungen resultiert. Die Fähigkeit von Führungskräften im Umgang mit Komplexität wird durch ihre **beschränkte Rationalität** beeinflusst. Beschränkte Rationalität bedeutet dabei, dass Individuen weder über vollkommene Informationen über den gegenwärtigen Zustand der Welt verfügen noch alle möglichen zukünftigen Zustände antizipieren können. Vielmehr sind Individuen durch **kognitive Verzerrungen** gekennzeichnet, die beispielsweise ihre Wahrnehmung beeinflussen. Vor diesem Hintergrund stellt sich die Frage, ob und wie Führungskräfte mit Komplexität wirksam umgehen können.

In Unternehmen als sozio-ökonomische Systeme werden in Abhängigkeit der durchzuführenden Arbeiten Gruppen gebildet, in denen die beteiligten Individuen unterschiedliche Rollen einnehmen können. Die Prozesse der Gruppenarbeit und ihre Auswirkungen werden als **Gruppendynamik** bezeichnet. Neben den aus der Arbeitsteilung resultierenden Vorteilen, beispielsweise durch die Kombination der individuellen Stärken, stehen auch mögliche Nachteile, die beispielsweise durch Konflikte innerhalb einer Gruppe entstehen, im Mittelpunkt der Betrachtung. Eine zentrale Rolle spielt dabei die Berücksichtigung der Diversität der beteiligten Individuen. Die Frage nach individuellen Unterschieden der im Unternehmen tätigen Personen und ihre Bedeutung für die Erreichung der Unternehmensziele werden im Rahmen des **Diversity Managements** diskutiert.

Unternehmen interagieren mit unterschiedlichen Interessengruppen, die Ansprüche an das Unternehmen stellen. Im Rahmen der Unternehmensführung stellt sich dabei die Frage, welchen Ansprüchen die Unternehmensaktivitäten primär dienen. Auf der einen Seite postuliert **der Shareholder Value-Ansatz**, dass der Fokus der Unternehmensführung vorrangig auf einer Wertsteigerung für die Gruppe der Eigentümer gerichtet sein sollte. Demgegenüber steht der **Stakeholder Value-Ansatz**, bei dem sich die Unternehmensaktivitäten an der Wertsteigerung aller Interessengruppen, beispielsweise der Mitarbeiter oder Lieferanten, orientieren sollten.

## Schlagwörter

Unternehmensgründung, Unternehmertum, Corporate Entrepreneurship, Businessplan, Rechtsform, Personengesellschaft, Kapitalgesellschaft, Unternehmensverfassung, monistisch, dualistisch, Unternehmensziele, Zielbeziehung, Corporate Social Responsibility, Unternehmensbeteiligte, Private Equity, Hedge Fonds, Anreiz-Beitrags-Theorie, Unternehmensführung, Führungsprozess, Führungskraft, Intuition

## Kontrollfragen

1. In welche Akte lässt sich eine Unternehmensgründung unterteilen?

2. Nach Josef Schumpeter gründet sich die schöpferische Zerstörung, Kernelement jeder wirtschaftlichen Entwicklung, auf Innovationen. Welche Möglichkeiten von Innovationen lassen sich nach Schumpeter unterscheiden?

3. Zur Finanzierung des Geschäftsvorhabens stehen einem Unternehmensgründer verschiedene Möglichkeiten zur Verfügung. Diskutieren Sie die verschiedenen Alternativen, insbesondere hinsichtlich der Interessen der verschiedenen Kapitalgeber.

4. Die Wahl der Rechtsform eines Unternehmens ist eine langfristig wirksame unternehmerische Entscheidung. Welche unterschiedlichen Kriterien kann der Unternehmensgründer bei der Wahlentscheidung heranziehen?

5. Welche Arten von Zielen gibt es und in welcher Beziehung können diese zueinander stehen?

*Lösungshinweise zu den Kontrollfragen finden Sie unter www.gabler.de*

## Weiterführende Anwendungsfragen

1. Bei Aktiengesellschaften legt die Corporate Governance eines Unternehmens den Handlungsspielraum des Vorstandes fest, den der Aufsichtsrat überwacht. Welche möglichen Konsequenzen zieht der Wechsel des Vorstandsvorsitzenden einer großen Aktiengesellschaft auf den Posten des Aufsichtsratvorsitzenden unmittelbar nach seiner Amtszeit nach sich?

2. Welche Implikationen hat das – im Gegensatz beispielsweise zu Industriekonzernen - zeitlich begrenzte Engagement von Private Equity Gesellschaften möglicherweise für die Unternehmen, an denen sich diese Gesellschaften beteiligen?

3. Tritt ein neues Unternehmen in einen bestehenden Markt ein, stört es das Marktgleichgewicht. Die etablierten Unternehmen müssen nun mit dem neuen Unternehmen um die bestehenden Kunden konkurrieren. Welche Gegenmaßnahmen könnten die etablierten Anbieter ergreifen, um die Störung zu verhindern?

4. Corporate Entrepreneurship bezeichnet das unternehmerische Denken und Handeln von Mitarbeitern in einem Unternehmen. Welche Maßnahmen könnten die Führungskräfte eines Unternehmens ergreifen, um dieses Denken und Handeln aktiv zu fördern?

5. Im Gegensatz zu dem in Deutschland vorherrschenden dualistischen Modell der Unternehmensverfassung existiert im angelsächsischen

Raum das Vereinigungsmodell. Welche Vor- und Nachteile ergeben sich aus dem jeweiligen System?

# Literatur zu Kapitel 2

**Zitierte Literatur**

**Barnard, C. I.:** The functions of the executive, Cambridge, Mass. 1938.

**Gigerenzer, G.:** Bauchentscheidungen, 3. Aufl., München 2007.

**Gutenberg, E.:** Die Produktion, 24. Aufl., Berlin 1983.

**Holst, E., Schimeta, J.:** 29 von 906: Weiterhin kaum Frauen in Top-Gremien großer Unternehmen, Wochenbericht Nr. 3, Deutsches Institut für Wirtschaftsforschung, Berlin 2011.

**Hungenberg, H., Wulf, T.:** Grundlagen der Unternehmensführung, 4. Aufl., Berlin 2011.

**March, J. G., Simon, H. A.:** Organizations, New York 1958.

**Porcelli, A. J., Delgado, M. R.:** Acute stress modulates risk taking in financial decision making, in: Psychological Science, 20. Jg., 2009, S. 278-283.

**Schumpeter, J.:** Theorie der wirtschaftlichen Entwicklung: eine Untersuchung über Unternehmergewinn, Kapital, Kredit, Zins und den Konjunkturzyklus, 9. Aufl., Berlin 1997.

**Weiterführende Literaturempfehlungen**

**Chmielewicz, K., Eichhorn, P. (Hrsg.):** Handwörterbuch der öffentlichen Betriebswirtschaft, Stuttgart 1989.

**Dowling, M., Drumm, H. J. (Hrsg.):** Gründungsmanagement, Berlin 2003.

**Ernst, H., Glänzer, S., Witt, P.:** Success factors of fast growing companies: selected case studies, Wiesbaden 2005.

**Heinen, E.:** Grundlagen betriebswirtschaftlicher Entscheidungen, 3. Aufl., Wiesbaden 1976.

**Kirsch, W.:** Unternehmenspolitik und strategische Unternehmensführung, 2. Aufl., München 1991.

**Klandt, H.:** Gründungsmanagement: der integrierte Unternehmensplan, 2. Aufl., München 2006.

**Kuhn, A.:** Unternehmensführung, 2. Aufl., München 1990.

**Macharzina, K., Wolf, J.:** Unternehmensführung, 7. Aufl., Wiesbaden 2010.

**Steinmann, H., Schreyögg, G.:** Management, 6. Aufl., Wiesbaden 2005.

**Ulrich, P., Fluri, E.:** Management: eine konzentrierte Einführung, 7. Aufl., Bern 1995.

**Witt, P.:** Corporate Governance-Systeme im Wettbewerb, Wiesbaden 2003.

# Marktdynamik und Wettbewerb

# Kapitel 1.3

Arnold Picot / Ralf Reichwald / Rolf T. Wigand
Die grenzenlose Unternehmung
Information, Organisation und Management
Lehrbuch zur Unternehmensführung im
Informationszeitalter
5. Auflage 2003

Entnommen aus Kapitel 2.1-2.4:
Marktdynamik und Wettbewerb

## 2.1 Warum Unternehmen und Märkte?

Die Befriedigung menschlicher Bedürfnisse ist die grundlegende Intention wirtschaftlichen Handelns. In aller Regel übersteigen die subjektiven Bedürfnisse die begrenzten Güter, die zur Befriedigung dieser Bedürfnisse vorhanden und geeignet sind. Infolge dieser *Knappheit* haben sich Mechanismen herausgebildet, die diese Knappheit zwar nicht beseitigen, aber doch mildern. Knappheit ist somit eine grundlegende Ursache für verschiedene, zumeist als selbstverständlich hingenommene Erscheinungen wirtschaftlichen Lebens wie etwa die Phänomene Tausch, Arbeitsteilung, Märkte, Unternehmen oder Wettbewerb. Die Suche nach wirksamer Knappheitsminderung bedeutet nichts anderes, als Produktionsfaktoren und Konsumgüter den einzelnen Wirtschaftssubjekten so zuzuordnen, daß möglichst viele Bedürfnisse befriedigt werden können. Wirtschaften heißt somit, rationale Entscheidungen über die Verwendung knapper Ressourcen zur Erfüllung gegebener Zwecke zu treffen.

Prinzipielle Ansatzpunkte zur Minderung des Knappheitsproblems sind (vgl. z.B. Picot 1998c):

- Produktionsumwege;
- Innovation;
- Arbeitsteilung und Spezialisierung.

Der Begriff der Produktionsumwege geht auf den österreichischen Nationalökonomen Böhm-Bawerk (vgl. Böhm-Bawerk 1909) zurück. Aufbauend auf Menger (vgl. Menger 1923 [1871]) klassifiziert er zunächst wirtschaftliche Güter nach der Maßgabe ihrer Konsumnähe: Konsumgüter sind Güter erster Ordnung. Sie werden aus Vorprodukten unter Einsatz bestimmter Produktionsmittel erstellt; Produktionsmittel sind Güter zweiter Ordnung. Diese werden wiederum aus Vorprodukten und Produktionsmitteln höherer Ordnung erstellt.

Als *Produktionsumweg* wird die Rückversetzung eines Gutes in dieser Güterordnung verstanden, also dessen produktiver Einsatz in einer höheren, d.h. konsumferneren Ordnung (z.B. Einsatz von Getreide als Saatgut statt als Nahrungsmittel). Ein Produktionsumweg entspricht somit einer *Investition*: Er erfordert zunächst einen Konsumverzicht in der Gegenwart, ermöglicht aber durch die entstehenden Erträge erhöhten Konsum in der Zukunft. Produktionsumwege führen damit zu einer Steigerung des Bedürfnisbefriedigungspotentials auf der Basis gegebener Ressourcen. Eine weitere Reduzierung der Knappheit ist möglich, wenn Konsum oder Produktion durch *Innovationen* effizienter oder effektiver gestaltet werden: Die vorhandenen Ressourcen werden dann sparsamer bzw. ertragbringender eingesetzt, so daß z.B. mit der gleichen Menge Saatgut zukünftig eine größere Ernte erzielt werden kann. Innovationen lassen sich auch als eine spezielle Form eines Produktionsumweges interpretieren: Arbeitskraft wird dabei nicht direkt zur Erzeugung von Produkten verwandt, sondern zur Schaffung neuer Ideen, die Produkte und Produktionsprozesse verbessern.

Den größten Beitrag zur Minderung der Knappheit leisten *Arbeitsteilung* und *Spezialisierung*. Ausgangspunkt sind die begrenzten zeitlichen und kognitiven Fähigkeiten von Menschen, umfangreiche Aufgaben alleine zu bewältigen. Es ist deshalb notwendig, Aufgaben in immer kleinere Teilaufgaben zu zerlegen, bis letztlich einzelne Menschen in der Lage sind, im Rahmen ihrer Kapazitäten Aufgabenbestandteile erfolgreich zu bearbeiten. Die Konzentration auf bestimmte Aufgabenbereiche ermöglicht es darüber hinaus, besondere Kenntnisse, Fähigkeiten und Verfahren zu entwickeln, mit denen diese Aufgaben in effizienterer Weise gelöst werden können. Dieses schon von Aristoteles sowie in der Neuzeit von Adam Smith (vgl. Smith 1999 [1776]) erkannte Prinzip der Bildung und Nutzung besonderer Fähigkeiten durch Spezialisierung bewirkt erhebliche

Produktivitätssteigerungen bei der Bewältigung von Teilaufgaben. Weitere Vorteile der Arbeitsteilung ergeben sich in Kombination mit den o.g. Konzepten der Produktionsumwege bzw. der Innovation: So verlangen Produktionsumwege oftmals erheblichen Kapitalaufwand (z.B. in Form von Spezialmaschinen), der erst bei einer großen Zahl von gleichartigen Aufträgen rentabel ausgelastet wird. Folglich hängt das Ausmaß der Arbeitsteilung und Spezialisierung nicht zuletzt von der Größe des Marktes ab: Je größer die Zahl der erreichbaren Kunden ist, desto spezialisierter kann das unternehmerische Leistungsangebot sein. Auch bei der Entstehung von Innovationen ist Arbeitsteilung von großer Bedeutung, da für Entdeckung und Ausschöpfung von Innovationspotentialen ein hohes Maß an Fachwissen notwendig ist. Aus diesem Grund ist gerade in Forschung, Entwicklung und Wissenschaft eine z.T. extreme Spezialisierung zu beobachten. Der Mechanismus der Arbeitsteilung zeigt sich aber letztlich auf allen Ebenen wirtschaftlichen Handelns, angefangen bei persönlicher, innerbetrieblicher oder zwischenbetrieblicher bis hin zu sektoraler, regionaler, nationaler oder internationaler Spezialisierung, wie sie in einer zunehmend globalisierten Wirtschaft zu beobachten ist. In einer solchen arbeitsteiligen Ökonomie konzentriert sich jedes Wirtschaftssubjekt bei der Erzeugung von Produkten und Dienstleistungen auf wenige Teilaufgaben. Da jedoch zur Bedürfnisbefriedigung auch andere, nicht selbst erstellte Güter benötigt werden, sind Tauschhandlungen eine logische Konsequenz der Arbeitsteilung. Der *Tausch* ist damit eine weitere fundamentale Erscheinung wirtschaftlichen Handelns. Das Pendant zum Tausch auf Märkten ist im Binnenbereich der Unternehmung die *Abstimmung* zwischen Teilaufgaben. So wie Arbeitsteilung zwischen Wirtschaftssubjekten den Tausch notwendig macht, so bedarf die Arbeitsteilung innerhalb einer Unternehmung der Abstimmung, damit die erstellten Teilaufgaben in koordinierter Weise zur Lösung einer Gesamtaufgabe, etwa zur Herstellung eines Automobils, zusammengefaßt werden können. In beiden Fällen – im Binnenbereich der Unternehmung wie auf Märkten – entsteht daraus ein Geflecht vielfältiger Leistungsbeziehungen.

Für alle genannten Formen der Reduzierung von Knappheit – Produktionsumwege, Innovation, Arbeitsteilung / Spezialisierung sowie die daraus resultierenden Tausch- und Abstimmungshandlungen – ist *Information* als zweckorientiertes Wissen (vgl. Wittmann 1959) von essentieller Bedeutung (vgl. Picot 1998c):

- Produktionsumwege sind häufig komplex und verbrauchen Zeit, so daß einerseits Fachkompetenz zu ihrer Nutzung und andererseits Prognoseinformation über den zukünftigen Bedarf notwendig sind.

- Innovationen basieren auf Vorwissen und bestehen auch zunächst aus nichts anderem als einer Idee, also Information, die dann verwirklicht wird.

- Arbeitsteilung / Spezialisierung sowie Tausch und Abstimmung schließlich erfordern Information bei der Zerlegung der Gesamtaufgabe, bei der Zuordnung der Teilaufgaben zu einzelnen Aufgabenträgern, bei der Kontrolle der Aufgabenerfüllung sowie bei der Zusammenführung der einzelnen Aufgabenteile bzw. beim Tausch von Leistungen.

Der letztgenannte Punkt verdient wegen der Bedeutung der Arbeitsteilung und Spezialisierung besondere Beachtung und wird als *Organisationsproblem* bezeichnet (vgl. u.a. Picot 1982; Milgrom / Roberts 1992). Das Organisationsproblem entsteht, weil Information selbst ein knappes Gut ist. Fehlt nun die erforderliche Information, so können im Prozeß des Wirtschaftens aufgrund falscher Organisation Mängel entstehen (vgl. Picot / Dietl / Franck 2002): Unzureichende Arbeitsteilung führt zu ständig wechselnden Arbeitsschritten, so daß die Ausbildung von Spezialkenntnissen und -fertigkeiten kaum möglich ist. Andererseits resultiert eine übertriebene Spezialisierung in Monotonie und ist somit ebenfalls unproduktiv. Mängel im Bereich des Tausches und der Abstimmung können entstehen, wenn Menschen die ihnen übertragenen Aufgaben nicht erledigen oder wenn die erstellten Komponenten nicht zusammenpassen. Diese Mängel – und somit die Probleme der Organisation – lassen sich in zwei Teilaspekte aufteilen (vgl. Milgrom / Roberts 1992 und Wolff 1995):

- *Koordinationsprobleme* entstehen, wenn Akteuren Information über ihre Aufgabe im Wirtschaftsprozeß fehlt, z.B. darüber, welche Arbeitsschritte sie zu bewerkstelligen haben. Koordinationsprobleme sind also Probleme des *Nichtwissens*.

- *Motivationsprobleme* resultieren aus Interessenkonflikten zwischen Akteuren: So weiß möglicherweise ein Auftragnehmer, welche Aufgaben er erledigen soll, führt sie aber nicht aus, weil er andere Ziele verfolgt als der Auftraggeber. Motivationsprobleme sind somit Probleme des *Nichtwollens*.

Durch Koordinations- und Motivationsprobleme bei Arbeitsteilung / Spezialisierung wie auch bei Tausch und Abstimmung gehen mögliche Produktivitätsgewinne verloren. Die Beseitung dieser Mängel im Prozeß des Wirtschaftens durch Koordination und Motivation ist Gegenstand des *Organisationsproblems*. Allerdings werden dabei selbst Ressourcen verbraucht. Folglich stellt das *Organisationsproblem* eine Optimierungsaufgabe dar, bei der diejenige Organisationsform gesucht wird, die den Produktivitätsanstieg durch Arbeitsteilung und Spezialisierung so auszunutzen vermag, daß unter Berücksichtigung des Ressourcenverbrauchs bei Tausch und Abstimmung möglichst viele Bedürfnisse befriedigt werden können (vgl. Abb. 2-1). Die entscheidende Frage ist dabei, durch welche Instrumente Koordination und Motivation möglichst gut gelingen.

Die Kosten, die durch Ressourcenverbrauch für Koordination und Motivation entstehen, werden als *Transaktionskosten* bezeichnet (vgl. z.B. Picot 1982). Transaktionskosten sind die Kosten der „Produktion" einer Organisationsleistung. Es handelt sich um Kosten der Information und Kommunikation, die zur Vorbereitung, Durchführung und Überwachung von Arbeitsteilung und Spezialisierung auf der einen sowie Tausch und Abstimmung auf der anderen Seite erforderlich sind. Die Höhe der Transaktionskosten wird vor allem von den Eigenschaften der jeweiligen Transaktion beeinflußt (vgl. Kap. 2.3.3).

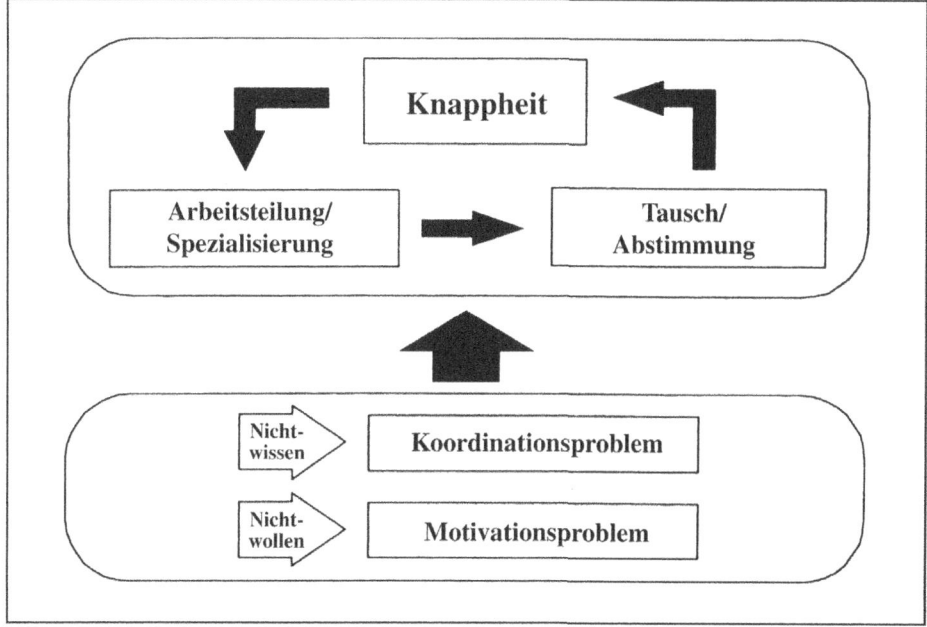

Abb. 2-1:    Das Organisationsproblem (in Anlehnung an Picot / Dietl / Franck 2002, S. 10)

Welche erhebliche Bedeutung Informationen bei der Organisation wirtschaftlicher Aktivitäten besitzen, zeigt eine empirische Untersuchung von Wallis / North (1986), die die Höhe der Transaktionskosten in der amerikanischen Wirtschaft von 1870 bis 1970 schätzten. Dazu unterschieden sie zunächst zwischen Transformationsleistungen („transformation services"), die in der Umwandlung von Inputs in Outputs bestehen, und Transaktionsleistungen („transaction services"), die zur Durchführung von Austauschvorgängen notwendig sind (vgl. Wallis / North 1986). Um die Transaktionsleistungen zu identifizieren, betrachteten sie zum einen diejenigen wirtschaftlichen Aktivitäten, die im Zuge marktlicher Transaktionen auftreten. Hierzu faßten sie verschiedene ökonomische Handlungen wie Finanzierungs-, Versicherungs- sowie Handelsaktivitäten zu Transaktionsindustrien („Transaction industries") zusammen.

Zum anderen beurteilten sie die Transaktionsleistungen innerhalb von Unternehmen aus Nicht-Transaktionsindustrien (verarbeitende Industrie, Grundstoffindustrie, Landwirtschaft etc.). Zusätzlich berücksichtigten Wallis / North die Ausgaben der öffentlichen Hand für Transaktionsleistungen. Sie kamen insgesamt zu einem sehr beeindruckenden Ergebnis, das in Abbildung 2-2 dargestellt ist:

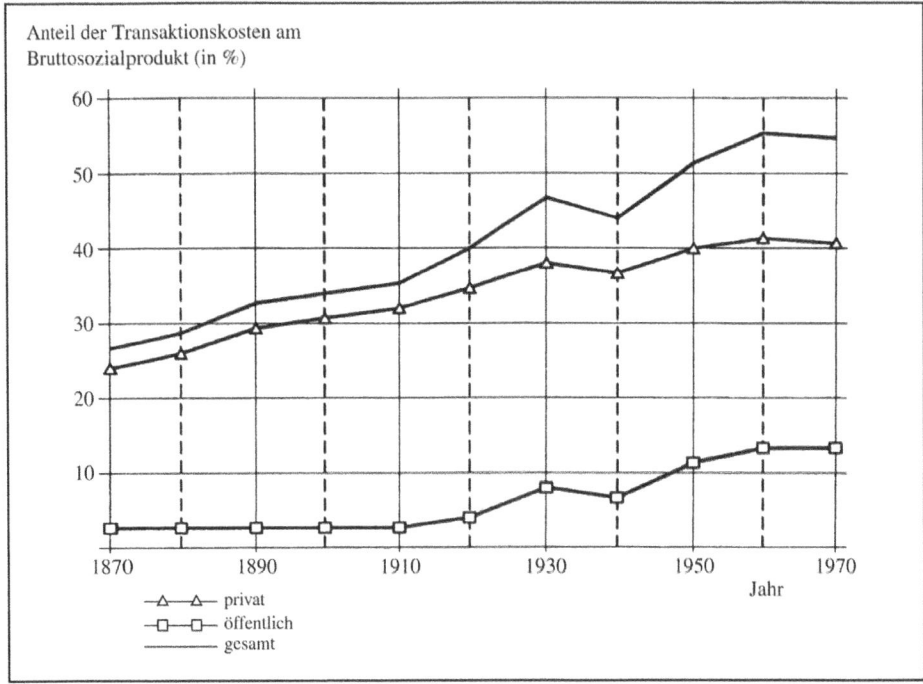

Abb. 2-2:     Anteil von Transaktionskosten am Bruttosozialprodukt der USA (in Anlehnung an Wallis / North 1986, S. 121)

Während sich im Jahre 1870 lediglich ein Viertel aller ökonomischen Aktivitäten auf die Bereitstellung von Transaktionsleistungen bezog, betrug dieser Anteil im Jahre 1970 über die Hälfte (55%) des gesamten erwirtschafteten Einkommens. Es ist zu vermuten, daß dieser Anteil seither weiter gestiegen ist. Dies bedeutet, daß der größte Teil des Volkseinkommens für Information und Kommunikation, also zur Organisation eingesetzt wird. Die Studie von Wallis / North ist nicht zuletzt deshalb interessant, weil vor ihrem Hintergrund die steigende strategische Bedeutung der aufkommenden Informations- und Kommunikationstechnologien erkennbar wird. Bemerkenswert ist, daß sich im selben Zeitraum von 1870 bis 1970 das amerikanische Bruttosozialprodukt vervielfacht hat. Daher ist die Hypothese plausibel, daß die gestiegenen Aufwendungen für die Organisation ökonomischer Aktivität zu einer noch höheren Zunahme der gesamtwirtschaftlichen Wertschöpfung beigetragen haben, da eine intensivere und produktivere Arbeitsteilung sowie Spezialisierung möglich wurde. Daraus wird deutlich, daß Transaktionskosten einen ähnlich limitierenden Faktor für das wirtschaftliche Wachstum darstellen wie die Kosten für Transformationsprozesse. „Until economic organizations developed to lower the costs of exchange we could not reap the advantage of ever greater specialization" (Wallis / North 1986, S. 121).

Organisatorische oder technologische Innovationen, die zu einer Verringerung der Kosten für Koordination und Motivation beitragen, sind deshalb auch für die gesamtwirtschaftliche Entwicklung von großer Wichtigkeit (vgl. Picot 1998c). Dieser Sachverhalt lenkt den Blick zwangsläufig auf die zentrale Bedeutung verschiedener Mechanismen der Organisation wirtschaftlicher Handlungen. Organisationsformen sind dahingehend zu beurteilen, inwieweit sie eine möglichst friktionslose Abstimmung wirtschaftlicher Aktivität erlauben. Als die beiden Endpunkte eines Kontinuums möglicher Organisationsmechanismen können Unternehmungen und Märkte identifiziert werden. *Unternehmungen* sind dabei v.a. durch langfristige und asymmetrische Beziehungen zwischen Unternehmer und Angestellten gekennzeichnet, wobei die durch den Angestellten zu erbringende Leistung nur grob spezifiziert ist. *Marktbeziehungen* sind hingegen eher kurzfristig (im Extremfall einmalig) und symmetrisch angelegt; die Leistungen der Akteure sind ex ante vertraglich zumeist präzise festgelegt. Zwischen diesen beiden Formen ergeben sich vielfältige Optionen für eine Gestaltung transaktionskostenminimaler Organisationsformen. Unternehmen und Markt sind also Organisationsmechanismen, die die in Folge von Arbeitsteilung auftretenden Koordinations- und Motivationsprobleme möglichst effizient lösen sollen.

Da aber die zur Lösung dieser Probleme benötigte Information auch mittels Informations- und Kommunikationstechnik bereitgestellt wird, hat die technologische Entwicklung auf diesem Gebiet Auswirkungen auf die Organisation von Unternehmen und Märkten. Zur Analyse dieses Wandels wird zunächst in den Kapiteln 2.2 und 2.3 die grundsätzliche Bedeutung von Information in Märkten bzw. Unternehmen betrachtet. Im Zentrum vom Kapitel 2.4 steht dann die Ökonomie der Informationsproduktion, -distribution und -nutzung. Darauf aufbauend folgt in Kapitel 2.5 die Diskussion der Veränderungen von Märkten und Unternehmen infolge verbesserter Informations- und Kommunikationstechnik.

## 2.2 Markt und Unternehmertum

Ein *Markt* ist ein ökonomischer Ort, auf dem Güterangebot und -nachfrage zusammentreffen. Er ermöglicht damit Tauschvorgänge zwischen Anbietern und Nachfragern, die aufgrund von Arbeitsteilung und Spezialisierung erforderlich werden (vgl. Kap. 2.1). Zur Analyse realen Marktgeschehens liegen zwei sehr unterschiedliche Theorieansätze vor: die neoklassische Marktgleichgewichtstheorie auf der einen und die österreichische Marktprozeßtheorie auf der anderen Seite. Während die Marktgleichgewichtstheorie durch *fundamentale Marktdaten* wie Technologien und Präferenzen determinierte *Zustände* betrachtet, stehen im Mittelpunkt der Marktprozeßtheorie die *Veränderungen* im Marktablauf, die durch ungleiche *Informationsverteilung* entstehen. Zum besseren Verständnis der Funktionsweise von Märkten wird im folgenden zunächst die Marktgleichgewichtstheorie (Kap. 2.2.1) und dann die Marktprozeßtheorie (Kap. 2.2.2) in Grundzügen dargestellt (vgl. für einen ausführlichen Vergleich z.B. von Lingen (1993).

### 2.2.1 Marktverhalten und Marktgleichgewicht

Im Mittelpunkt der vorherrschenden *Marktgleichgewichtstheorie* (vgl. z.B. Kreps 1990) steht die Interaktion von Akteuren auf Märkten. Die Koordination erfolgt dabei über den Preismechanismus: Je nach relativen Preisen wählen die Akteure – Haushalte und Unternehmungen – individuell nutzen- bzw. gewinnmaximierend ihre jeweiligen Angebots- und Nachfragemengen für alle verfügbaren Güter. Der Markt befindet sich im *Gleichgewicht*, wenn alle freiwilligen Tauschvorgänge abgeschlossen sind, also die Angebotsmenge der Nachfragemenge entspricht. Das Hauptinteresse der *neoklassischen Marktgleichgewichtstheorie* gilt solchen Gleichgewichtszuständen: ob sie existieren, durch welche Preis-Mengen-Kombination sie charakterisiert sind und welche Beschaffenheit sie bezüglich Effizienz, Eindeutigkeit, Stabilität etc. aufweisen. Die Eigenschaften von Gleichgewichten sind dabei einerseits von fundamentalen Marktdaten (verfügbare Technologien, gegebene Präferenzen der Individuen, Menge und Art der anfänglich verfügbaren Ressourcen), andererseits von der Marktform (Monopol, Mengen-Oligopol, Preis-Oligopol, vollkommene Konkurrenz etc.) abhängig. Hingegen abstrahiert die Marktgleichgewichtstheorie weitestgehend von institutionellen Rahmenbedingungen. In diesem Sinne ist beispielsweise eine neoklassische Unternehmung vollständig durch eine Produktionsfunktion beschreibbar, die ein systemindifferenter Tatbestand ist (vgl. Gutenberg 1965). Die Vertragsbeziehungen zwischen den Akteuren innerhalb der Unternehmung bleiben somit unberücksichtigt (vgl. Kap. 2.3). Die Marktgleichgewichtstheorie ist primär geeignet, um die Wirkung unterschiedlicher fundamentaler Marktdaten auf das Preissystem im Zustand des Gleichgewichts zu analysieren. Allerdings sind diese Aussagen vorwiegend für reife und transparente Märkte gültig. Der Grund hierfür liegt in den strengen Annahmen, die die neoklassische Theorie bezüglich der Verteilung und Verarbeitung von Information in Märkten macht:

- Konsumenten besitzen vollkommene Information über die Beschaffenheit und Nutzenstiftung jedes Gutes.
- Produzenten haben Zugang zu allen Produktionstechnologien.
- Alle Akteure kennen die Preise für alle Güter und haben unbeschränkte Fähigkeiten zur Informationsverarbeitung.

Durch diese Modellannahmen werden Probleme als Folge ungleiche Verteilung von marktlich relevanten Informationen zwischen den Wirtschaftssubjekten von vornherein ausgeschlossen. Da Käufer vollkommen informiert sind, ist es nicht notwendig, nach Produkten zu suchen oder die Qualität zu kontrollieren. Durch die Kenntnis aller Preise werden gleichartige Güter immer zu einheitlichen Preisen getauscht. Im Modell des allgemeinen Gleichgewichts sowie bei Mengenwettbewerb wird darüber hinaus angenommen, daß die Preisermittlung durch einen hypothetischen Auktionator erfolgt, der solange immer neue Preise ausruft, bis sich der Markt im Gleichgewicht befindet. Erst dann finden tatsächlich Transaktionen statt. Folglich sind Transaktionen zu Ungleichgewichtspreisen ausgeschlossen (vgl. Kreps 1990) Bei gegebenen Gleichgewichtspreisen werden alle individuellen Entscheidungen aufgrund ihrer erwünschten und ex ante bereits bekannten Ergebnisse gefällt. Das marktliche Geschehen ist zu jedem Zeitpunkt aufgrund vollkommener Information vollständig geordnet. „'Vollkommene Information' und 'Gleichgewichtszustand' (allgemeines Allokationsgleichgewicht) [sind somit] Kennzeichnungen des '*Informationstodes einer Wirtschaftsgesellschaft*', einer Situation also, in der alle ökonomischen Aktivitäten zu ihrem Ende gekommen sind" (Kunz 1985, S. 32 f., Hervorhebung im Original). Aufgrund ihrer Grundannahmen hat die neoklassische Marktgleichgewichtstheorie folglich vor allem normativen Charakter (vgl. Güth 1996). Sie ist darüber hinaus hilfreich beim Verständnis der das Gleichgewicht determinierenden Faktoren. Allerdings abstrahiert die Marktgleichgewichtstheorie dabei von den Problemen unvollkommener und ungleich verteilter Information und vernachlässigt somit die Bedeutung von Markt und Wettbewerb als Institutionen zur Verbreitung von Information und Wissen (vgl. von Hayek 1945). In Kapitel 2.1 wurde darauf hingewiesen, daß in der Realität mehr als die Hälfte aller wirtschaftlichen Aktivitäten auf Transaktionsleistungen, d.h. auf Informations- und Kommunikationsvorgänge, entfallen. Informationsaktivitäten können also bei wirklichkeitsnaher Betrachtung arbeitsteiliger Systeme nicht vernachlässigt werden. Sie spielen für das Verständnis jeder Ökonomie eine zentrale Rolle.

## 2.2.2 Marktprozeß und Unternehmertum

Die *Marktprozeßtheorie* unterscheidet sich von der neoklassischen Gleichgewichtstheorie dadurch, daß das Erkennen, die Ausnutzung und die Bedeutung von Informationslücken und unvollkommener Information Ausgangspunkte der Analyse von Marktprozessen darstellen. Somit sind Information und Zeit zentrale Bausteine dieser Theorie. Die Marktprozeßtheorie haben insbesondere die aus Österreich stammenden Ökonomen Carl Menger (1923 [1871]), Ludwig von Mises (1949), Friedrich A. von Hayek (1945, 1994) sowie Joseph A. Schumpeter (1993 [1934]) geprägt. Man spricht deshalb auch von der „österreichischen Schule" bzw. dem „Austrianismus". Der Austrianismus ist allerdings keine einheitliche Theorie; er ist vielmehr ein Gebäude verschiedener Ansätze, deren Gemeinsamkeit im Verständnis des Marktes als prozeßhaftem Geschehen liegt. Im weiteren wird dabei insbesondere der Darstellung von Kirzner (1978) gefolgt, die später durch den evolutorischen Ansatz Schumpeters (1993 [1934]) ergänzt wird.

### Kirzners Theorie des Marktprozesses

Ausgangspunkt der Marktprozeßtheorie ist die (ungleiche) Verteilung von Wissen in der Gesellschaft. Wirtschaftlich relevant sind dabei nicht nur technisches Fachwissen, sondern gerade auch Kenntnisse der besonderen Umstände von Ort und Zeit, in denen unterschiedliche Informationsstände über Märkte oder Technikanwendungen zum Ausdruck kommen (vgl. von Hayek 1945). Anders als die Vertreter der neoklassischen Marktgleichgewichtstheorie sieht von Hayek (1945) das ökonomische Problem nicht darin, auf Basis von gegebenen Präferenzen und Technologien Existenz und Eigenschaften eines Gleichgewichtes zu berechnen, da in der Realität niemand allein je das Wissen besitzen kann, das dafür notwendig wäre. Die eigentliche Frage ist vielmehr, auf welche Weise die Informationen über Präferenzen und Technologien ermittelt und unter den Marktteilnehmern verbreitet werden können. Genau diesen Zweck erfüllt das Preissystem. Die Marktprozeßtheorie geht dabei – wie in der neoklassischen Gleichgewichtstheorie – von Produzenten und Konsumenten aus, die auf Basis von Technologien und Präferenzen auf einem Markt interagieren (vgl. Kirzner 1978). Zur Verbesserung ihrer ursprünglichen Lage treten diese Akteure auf einen Markt, um Güter und Dienstleistungen zu kaufen oder zu verkaufen. Sie haben dabei jeweils ex ante bestimmte Erwartungen über Leistungen, die sie glauben, erbringen zu müssen, und Gegenleistungen, die sie von ihren Tauschpartnern zu erhalten hoffen. Darauf aufbauend formulieren sie ex ante Pläne, d.h. Kauf- oder Verkaufsabsichten. Diese Pläne können im Laufe einer Marktperiode mehr oder weniger gut verwirklicht werden. Dementsprechend werden die zugrundeliegenden Erwartungen über die Pläne der Marktpartner ex post erfüllt oder aber enttäuscht. Nimmt man zur Veranschaulichung vereinfachend an, daß jeder Akteur jeweils nur ein Stück des betreffenden Gutes kaufen oder verkaufen möchte, so kann zwischen folgenden typischen Fällen unterschieden werden (vgl. Abb. 2.3):

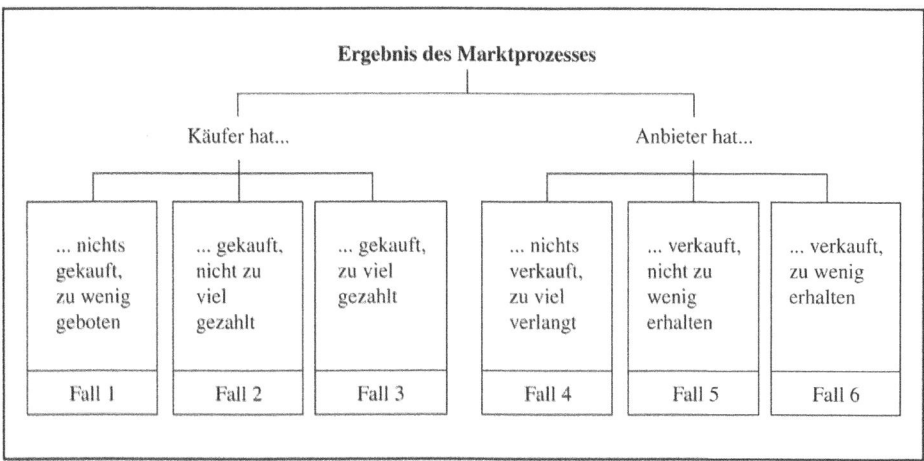

Abb. 2-3:     Mögliche Ergebnisse einer Marktperiode (in Anlehnung an Plinke 1999, S. 60 auf Basis von Kirzner 1978, S. 11)

Die Fälle 2 und 5 entsprechen offenbar einem Zustand erfüllter Erwartungen, wie er bei einem Marktgleichgewicht vorliegt: Die Käufe bzw. Verkäufe der betreffenden Akteure waren ex post optimal, da die Ex-ante-Erwartungen zutrafen. Die übrigen vier Fälle berücksichtigen jedoch zudem explizit die Möglichkeit enttäuschter Erwartungen bzw. unerfüllter Pläne, die von der Marktgleichgewichtstheorie vernachlässigt bzw. durch das Konstrukt des Auktionators von vornherein ausgeschlossen werden.

Wären Menschen nicht lernfähig, so würden sie in der nächsten Periode wiederum mit denselben Erwartungen und Plänen auf den Markt treten. Wenn sie jedoch bemerken, daß sie in der vergangenen Periode aufgrund falscher Informationen Entscheidungen trafen, die sich im nachhinein als unbefriedigend erwiesen haben, werden sie ihre Erwartungen und Pläne revidieren. Diese Änderungen erfolgen bei rationalen Akteuren *systematisch* den Gesetzen von Angebot und Nachfrage entsprechend: War z.B. das Kaufangebot zu niedrig (Fall 1), wird der nächste Angebotspreis höher ausfallen; war das Verkaufsangebot zu hoch (Fall 4), wird die Offerte in der nächsten Periode niedriger sein etc. „This series of systematic changes in the interconnected network of market decisions constitutes the market process" (Kirzner 1973, S. 10). Das zugrundeliegende Marktverständnis ist dementsprechend a priori dynamisch.

Die Schließung von Informationslücken und das Ausnutzen von Ungleichgewichtslagen innerhalb dieses Marktprozesses erfolgt spontan, d.h. ohne Eingriff einer zentralen Planungsstelle. Die Kunstfigur des Auktionators im neoklassischen Gleichgewichtsmodell (vgl. Kap. 2.2.1) wird somit ersetzt durch dezentrale Transaktionen zwischen den einzelnen Akteuren. Die Triebfeder des Marktprozesses ist dabei zum einen die Lernfähigkeit der Marktteilnehmer, verbunden mit dem Gestaltungswillen, die eigene Lage zu verbessern, wie sie im Menschenbild des „Homo agens" der Marktprozeß-theorie zum Ausdruck kommt (vgl. von Mises 1949).

Zum anderen wird der Marktprozeß durch Unternehmer voran getrieben. Kirzner (1978) illustriert dies durch ein Gedankenexperiment, in dem er vom Extremfall vollkommen lernunfähiger Käufer bzw. Verkäufer ausgeht. In diesen gedachten Markt führt er neue, findige Akteure ein, die er *Unternehmer* nennt. Diese Unternehmer sind selbst weder daran interessiert zu kaufen noch zu verkaufen. Sie *entdecken* jedoch, daß sich die Preisdifferenzen in einem Marktungleichgewicht zur *Arbitrage* – also zur Erzielung risikoloser Gewinne – nutzen lassen. Dazu kauft ein Unternehmer beispielsweise bei einem Anbieter, der einen zu niedrigen Preis verlangt (Fall 6) und verkauft diese Güter zu einem höheren Preis weiter. Allerdings sind derartige Gewinngelegenheiten stets temporärer Natur, denn die Ausnutzung des Wissensvorsprungs durch Arbitrage ist gleichsam ein Signal an andere Unternehmer, dieses Ungleichgewicht ebenfalls aus-zubeuten, indem sie dem lernunfähigen Anbieter ein etwas besseres Angebot unterbreiten. Im Marktprozeß findet somit zwangsläufig *Wettbewerb* statt: Unternehmer müssen stets darauf bedacht sein, ihren Marktpartnern attraktivere Konditionen zu bieten als ihre Konkurrenten. Dieser Prozeß des Wettbewerbs setzt sich fort, bis die Gewinn-gelegenheit vollständig erodiert ist – und gleichzeitig Angebot und Nachfrage in Über-einstimmung gebracht worden sind. Dadurch übermitteln Unternehmer den passiven Marktteilnehmern das Marktwissen über den Wert und die relative Knappheit von Gü-tern, das jene (in diesem Gedankenexperiment) von sich aus nicht erwerben konnten (vgl. Kirzner 1978). Unternehmer übernehmen damit aufgrund ihrer überlegenen Infor-mation eine *Koordinationsfunktion* (vgl. Casson 1982), die das Preissystem im Zustand des Ungleichgewichts nur unzureichend zu erfüllen vermochte. Dieses spezifische Marktwissen über Ort und Zeit von Gewinngelegenheiten wurde von den Unternehmern allerdings nicht gesucht. Vielmehr ist es die Findigkeit („alertness"), vorhandene, aber bislang unentdeckte Gewinngelegenheiten wahrzunehmen, die für Kirzner (1979) Unternehmer kennzeichnet.

In Wirklichkeit sind Marktteilnehmer natürlich nicht per se unfähig zu lernen. Vielmehr steckt (i.S.d. österreichischen Marktprozeßtheorie) in jedem Akteur ein unternehmeri-sches Element, wenn er risikolose Gewinngelegenheiten wahrnimmt und ausnutzt oder sich mit immer besseren Angeboten um die Gunst potentieller Tauschpartner bemüht. In beiden Fällen wird der Marktprozeß vorangetrieben, da sich die Akteure sukzessive der Grenze ihrer Möglichkeiten nähern, erfolgreich am Marktgeschehen teilzunehmen (vgl. Kirzner 1978). Geschwindigkeit und Verlauf des Marktprozesses hängen dabei einerseits von der Findigkeit der Marktteilnehmer ab. Auf der anderen Seite ist die Diffusion von Information von technischen Möglichkeiten abhängig, da Akteure nur in bezug auf potentiell verfügbare Information findig sein können. Aus diesem Grunde entstehen eigene Märkte für Information, in denen marktrelevantes Wissen selbst zum gehandelten Gut wird. In der Folge treten dabei Wechselwirkungen zwischen Informations- und Gütermärkten auf. Beispielsweise führt eine billigere Verfügbarkeit von Informationen auf Informationsmärkten zu einer Einebnung informationeller Unterschiede auf Gütermärkten, da die Arbitrage erleichtert wird. Informationsmärkte besitzen damit erheblichen Einfluß auf die Wettbewerbssituation auf Gütermärkten (vgl. Kap. 2.5.2).

Im Verlauf dieses beschriebenen Marktprozesses findet Koordination in zweierlei Hinsicht statt (vgl. von Hayek 1994):

- Die individuellen Pläne der einzelnen Akteure werden wechselseitig so angepaßt, bis sie kompatibel – also gleichzeitig realisierbar – sind.
- Die Bereitstellung von Gütern und Dienstleistungen wird hin zu den Akteuren verlagert, denen dafür die geringsten Kosten entstehen.

Im Laufe des Marktprozesses werden somit sukzessive Situationen des Ungleichgewichts und der Ineffizienz abgebaut. In beiden Fällen wird dabei Wissen erworben und verbreitet, das vorher nicht in konzentrierter Form vorlag. Von Hayek (1994) spricht deshalb auch vom „Wettbewerb als Entdeckungsverfahren." Indes ist nicht davon auszugehen, daß dieser Prozeß je zu einem Ende kommt. Denn einerseits ändern sich Marktdaten, wie z.B. die vorhandenen Ressourcen. Auf der anderen Seite können die Akteure selbst ein Interesse haben, bestehende Marktdaten zu verändern, indem sie Innovationen in den Markt einführen, was insbesondere Schumpeter (1993 [1934]) betont.

**Schumpeters Theorie der wirtschaftlichen Entwicklung**

Nach Schumpeter besteht die *Innovationsfunktion* des *Unternehmers* in der „Durchsetzung neuer Kombinationen" (Schumpeter 1993 [1934]), S. 111). Diese Innovationen können sich auf folgende Aspekte beziehen (vgl. Schumpeter 1993 [1934]):

- Einführung eines neuen Produktes;
- Einführung eines neuen Produktionsverfahrens;

- Erschließung eines neuen Absatzmarktes;
- Erschließung eines neuen Beschaffungsmarktes sowie
- Implementierung einer neuen Organisationsstruktur.

Mit der Einführung einer Innovation greift ein Unternehmer in den gleichmäßigen Ablauf von Produktion und marktlichem Tausch ein. Sein Ziel ist dabei, durch seinen Wissensvorsprung, der in diesen neuartigen Kombinationen zum Ausdruck kommt, Gewinn zu realisieren. Dieser Gewinn entsteht dadurch, daß der Schumpetersche Unternehmer eine Lücke zwischen dem Preis für Ressourceneinsätze und dem für die von ihm erzeugten Produkte erkennt und diese Preisdifferenz nutzt (vgl. Schumpeter 1993 [1934]). Dadurch kann er sich zumindest für eine bestimmte Zeit erfolgreich gegenüber Konkurrenten durchsetzen. Allerdings rufen diese Gewinne andere findige Akteure auf den Plan – Schumpeter (1993 [1934]) nennt sie „Wirte", in Kirzners Terminologie sind es ebenfalls Unternehmer. Diese Wirte versuchen, durch Imitation an der Gewinngelegenheit zu partizipieren. Eine Gewinnrealisierung ist deshalb nur solange möglich, wie die Konkurrenz durch Imitatoren noch nicht zur Erosion der Gewinnspanne geführt hat. Das charakteristische Merkmal von Schumpeters *Unternehmer* besteht darin, daß er als *„schöpferischer Zerstörer"* vorhandene Strukturen aufbricht. Die Einführung neuer Produkte oder Verfahren wirkt gleichgewichtsverändernd (vgl. Schumpeter 1993 [1934]): Eine Innovation kann einerseits vorhandene Güter ersetzen (z.B. die Substitution von Schreibmaschinen durch Computer); sie kann andererseits aber auch neue Produkte und Dienstleistungen überhaupt erst ermöglichen (z.B. Computersoftware). Innovationen verändern somit die fundamentalen Knappheiten von Gütern innerhalb der Wirtschaft: Manche Ressourcen werden wertvoller, andere verlieren an Bedeutung.

Damit wird deutlich, daß sich die Sichtweisen des Unternehmertums von Kirzner und Schumpeter in gewisser Weise ergänzen: Während Schumpeter den Unternehmer als Ursache von Veränderungen weg vom alten Gleichgewicht sieht („schöpferische Zerstörung"), betont Kirzner die Rolle des Unternehmers bei der Konvergenz hin zum (neuen) Gleichgewicht („arbitrage") (vgl. Casson 1987). Dadurch ergibt sich ein unaufhörlicher marktlicher Prozeß in Form einer Annäherung an einen Gleichgewichtszustand und einer Abkehr davon durch dessen schöpferische Zerstörung. Gemeinsam ist beiden Vorstellungen des Unternehmertums die besondere Bedeutung der Information: Chancen ergeben sich für Unternehmer letztlich deshalb, weil Können und Wissen in der Wirtschaft ungleich verteilt sind. Diese Ungleichverteilung ermöglicht Informationsvorsprünge und erlaubt eine unternehmerische Ausnutzung von Informationsdivergenzen – sei es durch Arbitrage (Kirznerscher Unternehmer) oder durch Innovation (Schumpeterscher Unternehmer). *Unternehmertum* besteht daher im Erkennen von wirtschaftlich relevanten Informations- bzw. Wissensvorsprüngen und im praktischen Ausnutzen solcher Divergenzen. Die unternehmerische Leistung besteht in einem kreativen Brückenschlag zwischen bislang völlig unverbundenen bzw. unvollkommen verbundenen Informationssphären mit Hilfe unternehmerischer Ideen. Für den Handel mag diese unternehmerische Tätigkeit selbstverständlich sein. Es werden Waren von Anbietern eingekauft und schließlich in zeitlicher, räumlicher sowie mengenmäßiger Hinsicht bedarfsgerecht angeboten. Dieser prinzipielle Zusammenhang gilt aber komplexer auch für Unternehmungen außerhalb des Handels. Zwischen Beschaffung und Verkauf schiebt sich die Erstellung von Gütern und Dienstleistungen als ein besonders intensiver Transformationsschritt. In beiden Fällen werden Informationsvorsprünge und Wissensunterschiede zwischen zwei Informationssphären erkannt und wirtschaftlich genutzt (vgl. Abb. 2-4).

Die genannten Beispiele machen allerdings auch deutlich, daß die Verwirklichung einer unternehmerischen Idee in der Regel komplexer ist als in Kirzners Arbitragemodell. Die Leistungstiefe des Transformationsprozesses, die Organisation der Lieferbeziehungen, das Design und die Durchsetzung von Verträgen: Von all diesen Fragen abstrahiert die Marktprozeßtheorie (wie auch die neoklassische Preistheorie). Zu einer vollständigeren Analyse des ökonomischen Geschehens sind deshalb weitere Theorieansätze notwendig, die die o.g. Organisationsprobleme explizit betrachten.

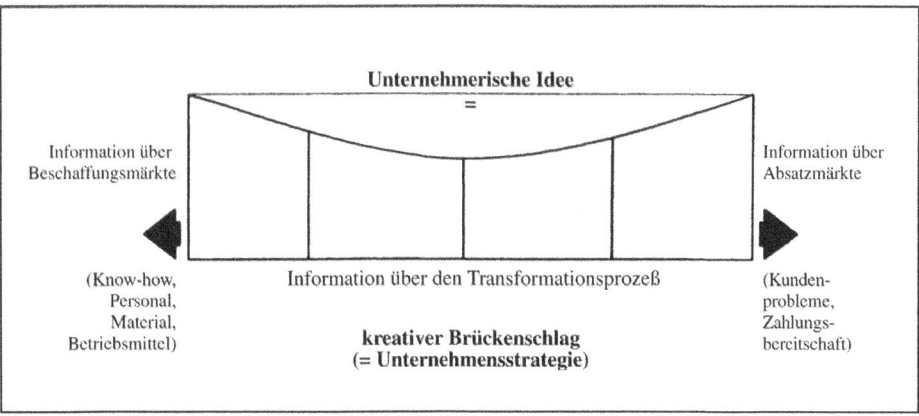

Abb. 2-4:     Unternehmerische Idee als kreativer Brückenschlag zwischen Informationssphären (in Anlehnung an Picot 1989a, S. 4)

## 2.3    Theorien der Organisation

Die Knappheit wirtschaftlicher Güter und die daraus resultierenden ökonomischen Probleme sowie die Möglichkeiten ihrer Verminderung durch arbeitsteilige Aufgabenerfüllung bilden den Kern des Organisationsproblems (vgl. Kap. 2.1). Damit sind die Bestimmung arbeitsteilig zu bewältigender Aufgaben und die Auswahl geeigneter Organisationsformen zur Koordination und Motivation zentrale Fragestellungen der Organisation in und zwischen Unternehmen ebenso wie in der Volkswirtschaft als Ganzes. Zur Lösung dieses Organisationsproblems bieten die Wirtschaftswissenschaften zahlreiche theoretische Instrumente und Modelle an. Kapitel 2.2 hat die Lösungsbeiträge von Theorien des Marktes behandelt, die sich insbesondere mit der Frage befassen, wie Handlungen dezentral koordiniert werden können. Besondere Beachtung hat in der wissenschaftlichen Literatur und in der Praxis in den letzten Jahren das Forschungs- und Lehrgebäude der Neuen Institutionenökonomik gewonnen. Die Neue Institutionenökonomik betont wie die österreichische Marktprozeßtheorie die Bedeutung der Information und Kommunikation für die Organisation wirtschaftlicher Tätigkeit. Im Mittelpunkt ihres Untersuchungsfeldes stehen dabei allerdings Institutionen, die der Rationalisierung von Informations- und Kommunikationsprozessen dienen. Im folgenden werden die für die Theorie der Organisation besonders relevanten Teile der Institutionenökonomik – die Property-Rights-Theorie (Kap. 2.3.2), die Transaktionskostentheorie (Kap. 2.3.3) und die Principal-Agent-Theorie (Kap. 2.3.4) – im Überblick dargestellt. Zur Einführung folgt in Kap. 2.3.1 zunächst ein kurzer Abriß über die allen institutionenökonomischen Teiltheorien gemeinsamen Elemente und Annahmen.

### 2.3.1  Institutionen und Verträge

Als *Institutionen* bezeichnet man „[...] sozial sanktionierbare Erwartungen, die sich auf die Handlungs- und Verhaltensweisen eines oder mehrerer Individuen beziehen" (Dietl 1993, S. 37). Sie informieren jedes Individuum sowohl über seinen eigenen Handlungsspielraum als auch über das wahrscheinliche Verhalten anderer Menschen. Institutionen fungieren somit als verhaltensstabilisierende Mechanismen. Sie erleichtern das menschliche Zusammenleben im allgemeinen wie auch die arbeitsteilige Leistungserstellung im besonderen. Solche Institutionen sind z.B. Gesetze, Normen und Verträge, aber auch Geld oder Sprache etc.

Die *Neue Institutionenökonomik* versucht einerseits, die Entwicklung von Institutionen und deren Auswirkung auf menschliches Verhalten ökonomisch zu erklären (*positive Analyse*) sowie andererseits Handlungsempfehlungen zur effizienten Gestaltung von Institutionen zu geben (*normative Analyse*). Damit geht die Neue Institutionenökonomik von zwei Grundannahmen aus: „(i) [I]nstitutions do matter, (ii) the determinants of institutions are susceptible to analysis by the tools of economic theory" (Matthews 1986, S. 903). Die Entstehung von Institutionen steht in einem engen Zusammenhang mit der Koordinations- und Motivationsaufgabe. Institutionen entstehen überall dort, wo die Beteiligten durch die Schaffung von Institutionen und ihrer Beachtung zu einem für alle höheren Nutzenniveau gelangen als bei nicht durch Institutionen organisiertem Verhalten. In Anlehnung an Ullmann-Margalit (1977) und Kunz (1985) kann zwischen sich selbst erhaltenden und überwachungsbedürftigen Normen unterschieden werden. Die Einhaltung *sich selbst erhaltender Normen* muß nicht überwacht werden, da ein Abweichen von ihnen den Akteuren selbst Nachteile zufügt (vgl. Ullmann-Margalit 1977). Beispiele für solche sich selbst erhaltende Normen sind die Sprachregeln der zwischenmenschlichen Kommunikation (Satzbau, Grammatik), das Geld oder die essentiellen Regeln des Straßenverkehrs, wie z.B. das Rechtsfahrgebot auf Straßen in kontinentaleuropäischen Ländern. Dieses letzte Beispiel zeigt die Bedeutung von Institutionen als Mechanismus zur Stabilisierung von Erwartungen: Der Straßenverkehr wird effizienter und sicherer, weil jeder Akteur *weiß*, auf welcher Straßenseite die übrigen Verkehrsteilnehmer fahren werden, auch wenn er sie vorher nicht gefragt hat (vgl. Kunz 1985, S. 18). Derartige Institutionen vermögen somit das *Koordinationsproblem* des Nicht-Wissens zu überwinden. Das Charakteristische eines solchen reinen Koordinationsproblems ist in Abbildung 2-5 dargestellt.

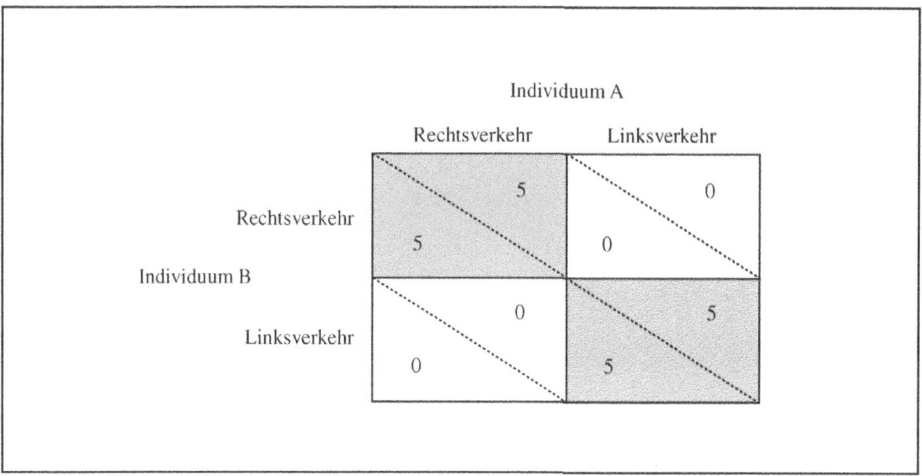

Abb. 2-5:  (Reines) Koordinationsproblem: Wahl zwischen zwei Normen (in Anlehnung an Picot / Dietl / Franck 2002, S. 16)

In diesem Beispiel haben die Akteure jeweils die Wahl zwischen zwei Verhaltensweisen: Sie können entweder auf der rechten oder auf der linken Straßenseite fahren. Wenn die Akteure unterschiedliche Fahrbahnseiten als Norm wählen, riskieren sie einen Zusammenstoß und müssen dementsprechend vorsichtig fahren (Nutzenwert jeweils 0). Einigen sich jedoch beide Fahrer auf eine Fahrtrichtung als Norm, wird der Verkehr effizienter und sicherer (Nutzenwert jeweils 5). Offenkundig gibt es zwischen den Akteuren keinen Interessenkonflikt. Um jedoch die Vorteile einer gemeinsamen Norm zu erhalten, müssen sich die Akteure darüber einigen, welche der beiden möglichen Normen sie wählen, z.B. durch eine entsprechende Absprache.

Zur Lösung des Koordinationsproblems ist somit Information und Kommunikation erforderlich. Existiert jedoch erst einmal eine Norm, erhält sie sich selbst, da die Akteure kein Interesse haben, von ihr abzuweichen. Demgegenüber können bei überwachungsbedürftigen Normen zumindest teilweise konfligierende Interessen der Beteiligten auftreten. *Überwachungsbedürftige Normen* sind dadurch gekennzeichnet, daß es für einzelne Akteure individuell rational ist, die entstandene Norm zu brechen.

Als Beispiele für überwachungsbedürftige Institutionen lassen sich z.B. die Zahlung von Steuern für die Bereitstellung von öffentlichen Gütern oder Investitionen in den Umweltschutz anführen. Überwachungsbedürftige Normen können mit Hilfe des Gefangenendilemmas modelliert werden (vgl. Ullmann-Margalit 1977). *Gefangenendilemma-Situationen* sind dadurch charakterisiert, daß die für alle Beteiligten beste Lösung systematisch verfehlt wird, weil jeder der Akteure versucht, das für ihn individuell beste Ergebnis zu erzielen. Damit wird letztlich ein Zustand erreicht, der für alle Beteiligten schlechtere Ergebnisse hervorbringt, als sie bei kooperativem Verhalten hätten erzielt werden können.

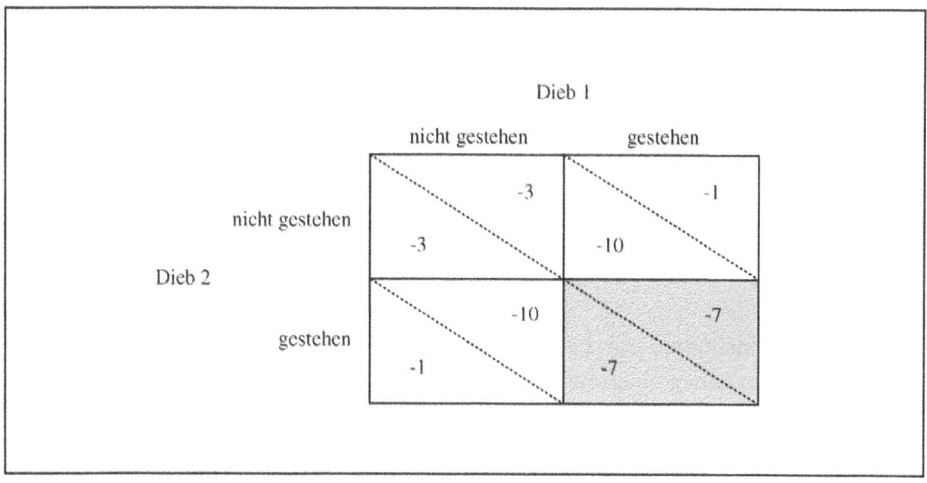

Abb. 2-6:   Motivationsproblem: Gefangenendilemma-Situation (in Anlehnung an Picot / Dietl / Franck 2002, S. 17)

Das klassische Beispiel für ein Gefangenendilemma zeigt folgende Anekdote (vgl. Luce / Raiffa 1957): Zwei Diebe werden von der Polizei verhaftet und anschließend getrennt verhört. Für jeden Dieb besteht dabei die Möglichkeit, die Aussage zu verweigern oder zu gestehen, d.h. seinen Mittäter zu verraten. Verweigern beide die Aussage, so droht ihnen maximal eine Strafe von 3 Jahren. Wenn beide gestehen, werde beide mit je 7 Jahren bestraft. Gesteht einer der Diebe, so hat er aufgrund einer Kronzeugenregelung lediglich eine Strafe von 1 Jahr zu erwarten, während sein nicht geständiger Kollege mit 10 Jahren bestraft wird (vgl. Abb. 2-6). Bei dieser Konstellation ist es *unabhängig* vom Verhalten des anderen Diebes immer besser zu gestehen: Wenn der andere beispielsweise nicht gesteht, dann drohen bei Schweigen 3 Jahre Strafe, bei einem Geständnis jedoch nur 1 Jahr. Wenn nun beide gestehen, erhält jeder eine Strafe von 7 Jahren, was für jeden schlechter ist, als wenn beide schwiegen und lediglich für 3 Jahre ins Gefängnis gehen müßten.

Offenkundig handelt es sich beim Gefangenendilemma um ein *Motivationsproblem:* Selbst wenn die Akteure wissen, daß Schweigen die für beide zusammen bessere Lösung darstellt und sich dementsprechend abgesprochen haben, haben sie aufgrund der Konstellation der Nutzenwerte immer einen Anreiz, von diesem kollektiven Optimum abzuweichen und evtl. Abmachungen zu brechen, falls diese nicht erzwingbar sind. Eine Institution muß deshalb in diesem Falle das Nicht-Wollen der Akteure überwinden. Dazu ist zum einen das Verhalten der Akteure zu kontrollieren und zum anderen ein

Normverstoß so zu bestrafen, daß er nach Strafe einen geringeren Nutzen stiftet als normkonformes Verhalten. Folglich ist bei Motivationsproblemen vor allem der Aspekt der Sanktionierbarkeit von Erwartungen von Bedeutung. Im Rahmen des Beispiels kann dies z.B. durch eine „Mafia-Organisation" erfolgen, die Geständnisse entsprechend bestraft (vgl. Holler 1983). Durch diese Drohung wird das Spielergebnis so transformiert, daß Nicht-Gestehen für jeden Gefangenen die optimale Strategie darstellt (vgl. Abb. 2-7): Kooperatives Verhalten wird dadurch *anreizkompatibel*. Eine analoge Funktion übernimmt ökonomisch gesehen die rechtsstaatliche Gerichtsbarkeit, die die Einhaltung von Gesetzes überwacht und Gesetzesübertretungen ahndet.

Eine wichtige Institution zur Lösung von Koordinations- und Motivationsproblemen sind Verträge, in denen einerseits festgelegt werden kann, wie sich die Vertragspartner zu verhalten haben (Koordinationsaspekt), und andererseits, welche Sanktionen zu erwarten sind, wenn sie nicht vertragskonform handeln (Motivationsaspekt). Unter einem *Vertrag* im ökonomischen Sinne versteht man dabei „jede bindende explizite oder implizite Vereinbarung über den Austausch von Gütern oder Leistungen zwischen Menschen, die dieser Vereinbarung zustimmen, weil sie sich davon eine Besserstellung versprechen" (Wolff 1995, S. 38). Auf MacNeil (1978) aufbauend wird häufig zwischen klassischen, neoklassischen und relationalen Vertragstypen unterschieden (vgl. auch Williamson 1990).

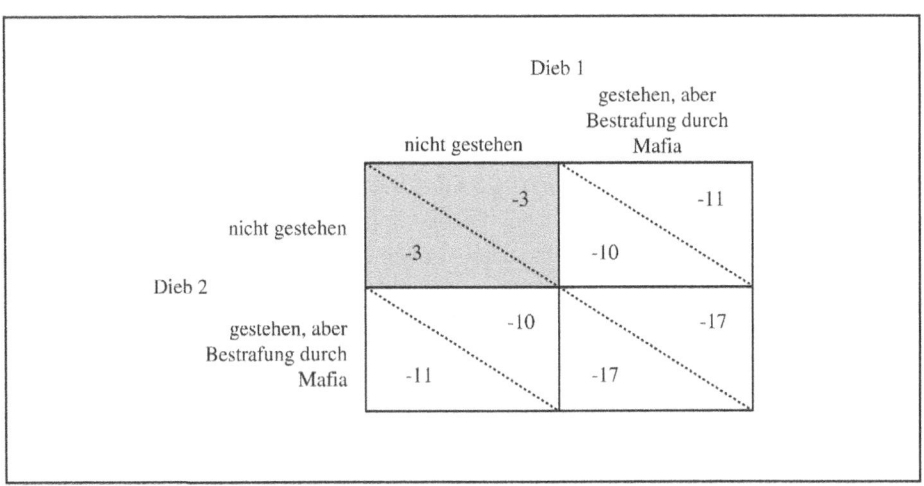

Abb. 2-7:   Lösung des Motivationsproblems durch überwachte Norm (in Anlehnung an Picot / Dietl / Franck 2002, S. 18)

*Klassische Verträge* zeichnen sich durch ihre Zeitpunktorientierung aus. Leistung und Gegenleistung fallen zeitlich zusammen oder werden vergegenwärtigt, indem für alle möglichen zukünftigen Umweltzustände ex ante vertragliche Bestimmungen formuliert werden. Je nach objektiv feststellbarem Umweltzustand treten dann die entsprechenden Vertragsteile in Kraft. Klassische Verträge sind somit *vollständig*. Die Vertragserfüllung ist objektiv feststellbar und ggf. durch Gerichte erzwingbar. Die Identität der Vertragspartner spielt keine Rolle, zwischen ihnen werden weder vorausgegangene noch nachfolgende Beziehungen angenommen. Klassische Verträge beziehen sich in der Regel auf Standardgüter und werden für den kurzfristigen Leistungsaustausch zwischen anonymen Vertragspartnern abgeschlossen, wie dies z.B. beim Kauf von Benzin an einer Autobahntankstelle der Fall ist. Demgegenüber sind *neoklassische Verträge* zeitraumbezogen. Die Vertragsbeziehung ist zwar zeitlich begrenzt, erstreckt sich aber über einen längeren Zeitabschnitt. Dabei ist es oftmals nicht mehr möglich, alle Eventualitäten zum Zeitpunkt des Vertragsabschlusses vorherzusehen. Alle Umweltzustände eindeutig zu regeln, kann zudem sehr teuer oder ineffektiv sein. Neoklassische Verträge bleiben deshalb teilweise *unvollständig*. An die Stelle konkreter Bestimmungen treten Regeln, die dem Vertrag mehr Flexibilität verleihen. Treten bei ihrer Ausführung Unstimmigkeiten zwischen den Vertragspartnern auf, so kann in diese bilaterale Leistungsbeziehung eine dritte Partei als Schlichter (Sachverständiger, Schiedsgericht) einbezogen werden. Beispiele für neoklassische Verträge sind ein mehrjähriger Beschaffungsvertrag oder ein Mietverhältnis. Auch langfristig angelegte Kooperationen zwischen Unternehmen können auf der Basis neoklassischer Verträge begründet werden (vgl. Teil 6).

*Relationale Verträge* unterscheiden sich von klassischen und neoklassischen Verträgen fundamental: Während klassische und neoklassische Verträge auf *expliziten*, zumeist fixierten Vereinbarungen beruhen, treten im relationalen Vertragsrecht *implizite*, auf gemeinsamen Werten basierende Vereinbarungen weitgehend (wenn auch nicht vollständig) an ihre Stelle. Die Identität der Vertragspartner sowie die gewachsene Qualität ihrer gegenseitigen Beziehungen spielen eine dominierende Rolle. Die sich im Zeitablauf entwickelnde Leistungsbeziehung, die gemeinsamen Werthaltungen, das gegenseitige Vertrauen und die Solidarität zwischen den Vertragspartnern gewinnen damit überragende Bedeutung für das Zustandekommen und die vereinbarungsgemäße Durchführung des relationalen Vertrags. Relationale Verträge liegen den meisten Arbeitsverhältnissen oder auch besonders intensiven zwischenbetrieblichen Kooperationsvereinbarungen zugrunde. Eine effiziente, die zukünftigen Beziehungen nicht belastende Beilegung von Unstimmigkeiten kann nur durch die Beteiligten selbst erfolgen. Die Einmischung Dritter, seien es Richter oder Schlichter, ist selten hilfreich und in der Regel auch schon deshalb unmöglich, weil der Gegenstand relationaler Verträge meist so spezifisch ist, daß er gegenüber Dritten kaum beschreibbar, geschweige denn durch diese verifizierbar ist. Schanze (1991) entwickelt mit seinem Konzept der *symbiotischen*

*Verträge* eine Vertiefung der Idee relationaler Verträge. Darunter versteht er langfristige Verträge mit spezifischer Bindung, die sich in kritischen Abhängigkeiten und asymmetrischen Beziehungen zwischen den Partnern ausdrückt. Erfolgreiche symbiotische Verträge zeichnen sich durch ausgeklügelte Anreizschemata aus, die insbesondere bei der Auswahl und der Überwachung des Vertragspartners wirksam sind (vgl. Schanze 1991). Beispiele für Symbiosen sind Franchising-Abkommen oder speziell ausgestaltete Joint Ventures (vgl. Teil 6). Unterschiedliche Vertragstypen bilden letztlich die Grundlage aller Organisationsformen. Alle wirtschaftlichen Produktions- und Tauschprozesse werden durch Verträge organisiert, sie sind die Instrumente und Mittel zur Organisation arbeitsteiliger Leistungsbeziehungen. In diesem Sinne läßt sich die *Unternehmung* als Netz auf Dauer angelegter Verträge (vgl. u.a. Alchian / Demsetz 1972; Fama 1980; Cheung 1983) zwischen wirtschaftlich abhängigen Individuen interpretieren. *Märkte* können analog als Netze kurzfristiger Verträge zwischen wirtschaftlich und rechtlich selbständigen Wirtschaftseinheiten angesehen werden, während *Kooperationen* und *strategische Allianzen* Netze mittel- bis langfristiger Verträge zwischen rechtlich selbständigen, aber wirtschaftlich partiell abhängigen Partnern darstellen.

Die Ausgestaltung von Organisationsstrukturen mittels Verträgen wird im Rahmen der Neuen Institutionenökonomik analysiert. Die Neue Institutionenökonomik stellt heute kein einheitliches Theoriegebäude dar. Vielmehr besteht sie aus mehreren, methodologisch weitgehend verwandten Ansätzen, die sich gegenseitig überlappen, ergänzen und teilweise aufeinander beziehen. Gemeinsam sind allen institutionenökonomischen Ansätzen die drei folgenden Ausgangspunkte (vgl. Picot / Dietl / Franck 2002):

- methodologischer Individualismus;
- individuelle Nutzenmaximierung;
- begrenzte Rationalität.

Der *methodologische Individualismus* ist ein verbindendes Element nahezu aller ökonomischen Theorien. Im Rahmen dieses Forschungskonzepts werden soziale Gebilde wie Unternehmungen oder auch der Staat analysiert, indem man die Ziele und Entscheidungen der einzelnen Individuen betrachtet, die innerhalb dieser Gebilde agieren (vgl. Schumpeter 1908).

Die Annahme der *individuellen Nutzenmaximierung* ist ebenfalls eine Gemeinsamkeit ökonomischer Ansätze. Dieses Axiom besagt, daß jeder Akteur sein Eigeninteresse verfolgt: Entsprechend seiner von ihm wahrgenommenen Handlungsrestriktionen und Präferenzen wird er diejenige Alternative wählen, von der er sich den höchsten Nutzen verspricht. Verwandt mit der Annahme individueller Nutzenmaximierung ist das Konzept des *Opportunismus*, verstanden als „self-interest seeking with guile" (Williamson

1975, S. 26). Die Annahme des opportunistischen Verhaltens hebt hervor, daß Akteure zum Zwecke individueller Nutzenmaximierung gegebenenfalls auch negative Konsequenzen für andere Menschen billigend in Kauf nehmen, wie das z.B. im Gefangenendilemma der Fall ist.

In Abgrenzung zur Neoklassik betont die Neue Institutionenökonomik die *begrenzte Rationalität* von Akteuren. Nach Simon (1959, S. xxiv) ist menschliches Verhalten *„intendedly* rational, but only *limitedly* so" (Hervorhebung im Original). Die Grenzen der Rationalität sind eine Folge des unvollständigen Wissens und der begrenzten Informationsverarbeitungskapazität. In diesem Sinne können Menschen immer nur in bezug auf ihren subjektiv unvollständigen Informationsstand rational sein, weswegen Simon (1959) auch von subjektiver Rationalität spricht. Wie in Kapitel 2.1 ausgeführt, ist es diese unvollständige Information, die das Organisationsproblem mit seinen Teilaspekten Koordination und Motivation überhaupt erst entstehen läßt. Zu den theoretischen Ansätzen der Neuen Institutionenökonomik zählen wie bereits erwähnt die Property-Rights-Theorie (vgl. Kap. 2.3.2), die Transaktionskostentheorie (vgl. Kap. 2.3.3) und die Principal-Agent-Theorie (vgl. Kap. 2.3.4). Diese Theorien werden im folgenden überblicksartig dargestellt. Es wird ihre Relevanz für die Bestimmung der Unternehmensgrenzen, die Erklärung der Auflösung von Unternehmensgrenzen und die Herausbildung neuer Organisationsformen für die interne Aufgabenerfüllung gezeigt.

## 2.3.2 Property-Rights-Theorie

Im Zentrum der *Property-Rights-Theorie* (vgl. u.a. Coase 1960; Alchian / Demsetz 1972; Picot / Dietl / Franck 2002) stehen Handlungs- und Verfügungsrechte (*Property Rights*) und deren Wirkung auf das Verhalten von ökonomischen Akteuren. Ausgangspunkt ist dabei die Beobachtung, daß der Wert von Gütern einerseits und die Handlungen von Menschen andererseits von den Rechten abhängen, die ihnen zugeordnet sind. So resultiert beispielsweise ein Großteil der Motivation eines Unternehmers aus dem Recht, sich den Gewinn seiner Unternehmung anzueignen. Seine Motivation und der Wert der Unternehmung werden ceteris paribus sinken, wenn dieses Gewinnaneignungsrecht z.B. durch Steuern und Abgaben eingeschränkt wird. Die Property-Rights-Theorie basiert neben den allgemeinen Annahmen der neuen Institutionenökonomik – methodologischer Individualismus, individuelle Nutzenmaximierung, begrenzte Rationalität (vgl. Kap. 2.3.1) – im wesentlichen auf den Elementen Property Rights, externe Effekte und Transaktionskosten.

Im Mittelpunkt der property-rights-theoretischen Analyse stehen die sogenannten Property Rights an Gütern. *Property Rights* sind die mit einem Gut verbundenen und Wirtschaftssubjekten aufgrund von Rechtsordnungen und Verträgen zustehenden Handlungs- und Verfügungsrechte. Diese Handlungs- und Verfügungsrechte haben sowohl einen gegenstands- als auch einen personenbezogenen Aspekt. Sie legen die Rechte von Individuen im Umgang mit einem Gut fest und grenzen damit die Rechte der Individuen untereinander an einem Gut ab. Die Zuordnung von Property Rights schafft Handlungsrechte und -pflichten für die begünstigten Individuen und Handlungsrestriktionen für diejenigen Individuen, die über keine Property Rights an dem betreffenden Gut verfügen. Damit gehen von der Verteilung der Property Rights bestimmte Anreizwirkungen auf das Verhalten von Individuen aus.

Die an einem Gut bestehenden Property Rights können in vier Einzelrechte aufgespalten werden (vgl. Furubotn / Pejovich 1974; Alchian / Demsetz 1972):

- das Recht, ein Gut zu nutzen (usus);
- das Recht, Form und Substanz des Gutes zu verändern (abusus);
- das Recht, sich entstehende Gewinne anzueignen und die Pflicht, resultierende Verluste zu tragen (usus fructus);
- das Recht, das Gut an Dritte zu veräußern (Kapitalisierungs- bzw. Liquidationsrecht).

Im Hinblick auf einen Akteur ist zu unterscheiden, ob er alle diese Teilrechte gemeinsam besitzt (vollständige Zuordnung) oder ob ihm diese Rechte nur teilweise zugeordnet sind (unvollständige Zuordnung). Andererseits kann ein und dasselbe Teilrecht einem einzigen Individuum zugeordnet oder aber auf mehrere Individuen verteilt sein. Von *verdünnten Property Rights* spricht man, wenn Handlungs- und Verfügungsrechte unvollständig zugeordnet und / oder auf mehrere Individuen verteilt sind.

Bei verdünnten Property Rights besteht die Gefahr externer Effekte. Unter *externen Effekten* werden all diejenigen (positiven oder negativen) Nebenwirkungen der Handlungen eines Individuums verstanden, die nicht über den Markt entgolten oder dem Individuum auf andere Weise als einzelwirtschaftliche Kosten angelastet werden. Da bei verdünnten Property Rights die Handlungs- und Verfügungsrechte nicht vollständig spezifiziert oder auf mehrere Akteure verteilt sind, haben die Handlungen eines Individuums Auswirkungen auf den Nutzen der übrigen Akteure. Bei geringer Verdünnung kann möglicherweise ein Ausgleich zwischen den beteiligten Parteien erfolgen. Sind die Property Rights jedoch stark verdünnt, so verhindern prohibitive Verhandlungskosten eine vertragliche Einigung. In diesem Falle verbleiben externe Effekte, die zu einem Wohlfahrtsverlust führen.

Ein typisches Beispiel hierfür sind *Kommunikationsgüter* wie Telefone, vernetzte Computersysteme etc. Kommunikationsgüter zeichnen sich dadurch aus, daß der Nutzen eines einzelnen Teilnehmers insbesondere von der Zahl der Individuen abhängt, die mittels dieser Güter über ein gemeinsames Netz erreichbar sind (vgl. Blankart / Knieps 1995). Damit verursacht jeder neue Teilnehmer positive externe Effekte für die vorhandenen Akteure eines Netzes, da deren Kommunikationsmöglichkeiten steigen. Offensichtlich ist in diesem Falle das Recht zur Nutzung (usus) verdünnt, da Kommunikationsgüter definitionsgemäß immer von mindestens zwei Personen genutzt werden: einem Sender und einem Empfänger (vgl. Teil 3). Das gleiche gilt in der Folge für den aus der Nutzung entstehenden Gewinn (usus fructus).

Wenn ein Abnehmer von Bauteilen in EDV-Infrastruktur investiert und sich an das elektronische Lagerhaltungssystem seines Zulieferers anschließt, so können nicht nur auf der Seite des Abnehmers, sondern auch beim Zulieferer Kosten eingespart werden. Der Abnehmer hat damit nicht das volle Recht zur Aneignung des Gewinns (usus fructus), der aus der EDV-Investition resultiert. Allerdings wird der Zulieferer deshalb bereit sein, sich an den Aufwendungen für die Implementierung des Systems zu beteiligen. Dadurch wird der positive externe Effekt der Entscheidung des Abnehmers auf den Gewinn des Zulieferers *internalisiert*.

Netzeffekte entstehen auch bei Telekommunikationsnetzen. So wird beispielsweise mit jedem neuen Internet-Nutzer ein E-Mail-Account wertvoller, da die Zahl der theoretisch möglichen Kommunikationsbeziehungen steigt (vgl. Kap. 2.4.2). Anders als im obigen Beispiel ist jedoch eine Internalisierung der externen Effekte durch Zahlungen zum Nutzenausgleich de facto nicht möglich, da die erforderlichen Verhandlungen durch die Vielzahl der betroffenen Teilnehmer immense Kosten verschlingen würden.

Aus diesem Beispiel wird die Bedeutung des dritten zentralen Elements der Property-Rights-Theorie deutlich: den Transaktionskosten. In einer Welt ohne Transaktionskosten wäre jede Verteilung der Property Rights gleichermaßen effizient: Wenn Information und Kommunikation kostenlos wären und beliebig viel Zeit für Verhandlungen zur Verfügung stünde, dann würden nämlich auch bei verdünnten Property Rights die betroffenen Individuen solange miteinander verhandeln, bis alle externen Effekte internalisiert wären. Dies ist die Aussage des *Coase-Theorems* (vgl. Coase 1960). In der realen Welt entstehen jedoch ganz erhebliche *Transaktionskosten* (vgl. Kap. 2.1), und zwar nicht nur bei Verhandlungen, sondern ganz allgemein bei der Herausbildung, Zuordnung, Übertragung und Durchsetzung von Property Rights (vgl. Tietzel 1981). Es handelt sich um Kosten der Information und Kommunikation einschließlich der Opportunitätskosten der Zeit, die für die Anbahnung und Abwicklung eines Leistungsaustausches aufgewandt werden müssen.

Aus property-rights-theoretischer Sicht ist daher nun jeweils diejenige Property-Rights-Verteilung effizient, die die Summe aus Transaktionskosten und den durch (positive wie negative) externe Effekte hervorgerufenen Wohlfahrtsverlusten minimiert. Tendenziell sollten Property Rights so verteilt werden, daß möglichst vollständige Rechtebündel mit der Nutzung ökonomischer Ressourcen verbunden und dem Handelnden zugeordnet sind, so daß er Anreize für selbstverantwortlichen und effizienten Ressourcenumgang erhält. Diese zunehmende Vollständigkeit der Zuordnung ist jedoch nur solange ökonomisch sinnvoll, wie die Reduzierung der Wohlfahrtsverluste aufgrund externer Effekte größer ist als die Transaktionskosten, die bei der Zuordnung, Durchsetzung etc. der Property Rights entstehen. Abbildung 2-8 illustriert diesen Trade-off.

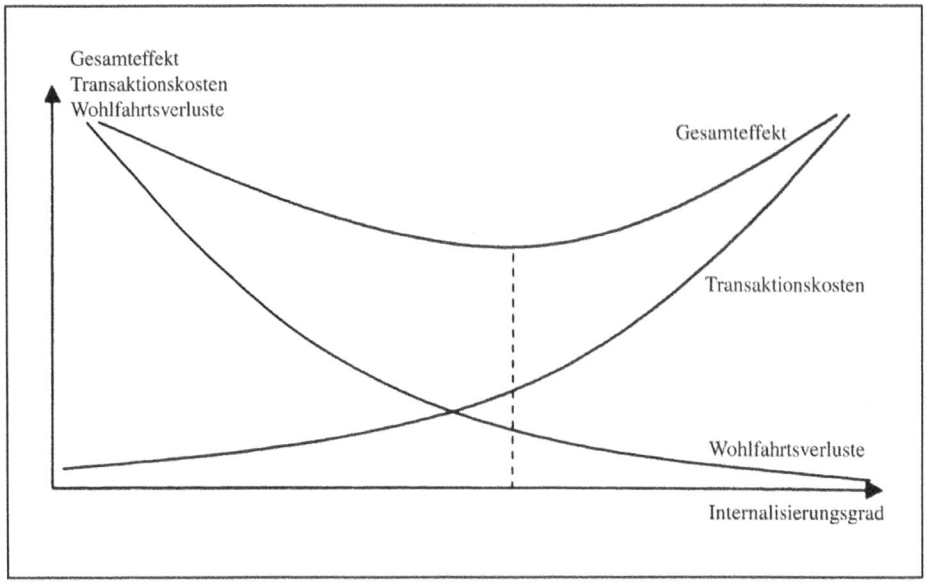

Abb. 2-8:    Trade-off zwischen Wohlfahrtsverlusten durch externe Effekte und Transaktionskosten (in Anlehnung an Picot / Dietl / Franck 2002)

Die Property-Rights-Theorie trägt zu einem differenzierten Bild der Unternehmung bei. Sie wird, entsprechend der Sichtweise des methodologischen Individualismus, als Mehrpersonen-Gebilde und dynamisches Geflecht von Vertragsbeziehungen aufgefaßt (vgl. Kaulmann 1987). Die Property-Rights-Theorie ist damit zur Analyse aller Entscheidungen geeignet, die zu einer Veränderung der Handlungs- und Verfügungsrechte innerhalb der Unternehmung führen. Damit kann die Property-Rights-Theorie auch für weitergehende Fragen der internen Organisationsgestaltung wertvolle Gestaltungsempfehlungen geben (vgl. Picot 1981).

Dazu müssen Property Rights möglicherweise detaillierter aufgeschlüsselt werden. So können z.B. die Bemühungen von Unternehmen, ihre internen Organisationsstrukturen zu dezentralisieren und zu modularisieren, indem sie unternehmensintern Aufgabenbereiche durch Kompetenz- und Funktionsbündelung sowie Verantwortungsdelegation verselbständigen, als Neuverteilung von Property Rights in Form von geänderten Kompetenzen- und Ressourcenzuordnungen interpretiert werden (vgl. Teil 5). Ziel der organisatorischen Gestaltung muß es dabei sein, innerhalb des Unternehmens Property Rights durch organisatorische Regelungen im Sinne des o.g. Kriteriums möglichst effizient zuzuordnen. Die Sicherung und Durchsetzung von Property Rights spielt für ökonomische Handlungen eine wichtige Rolle.

In dem Maße wie sich ein Akteur den Nutzen seiner Handlungsfolgen privat aneignen kann, steigt die Bereitschaft zu handeln. Dieses Phänomen ist besonders für Forschungs- und Entwicklungsaktivitäten von Bedeutung. Es gibt dazu verschiedene institutionelle Regelungen, die den Schutz von Wissen zusichern sollen, wie z.B. Urheberrechte, Geschmacksmuster oder Patente. Ohne solche Institutionen, die Verfügungsrechte an Informationen beschreiben und deren Durchsetzung erleichtern sollen, würde eine innovative Wissensproduktion stark gehemmt.

### 2.3.3 Transaktionskostentheorie

Grundlegende Untersuchungseinheit der *Transaktionskostentheorie* (vgl. u.a. Coase 1937; Williamson 1990; Picot / Dietl / Franck 2002) ist die einzelne *Transaktion*, die als Übertragung von Property Rights definiert wird. Die dabei anfallenden Kosten werden als *Transaktionskosten* bezeichnet (Picot 1991b) und umfassen Kosten der

- Anbahnung (z.B. Recherche, Reisen, Beratung);
- Vereinbarung, (z.B. Verhandlungen, Rechtsabteilung);
- Abwicklung, (z.B. Prozeßsteuerung);
- Kontrolle (z.B. Qualitäts- und Terminüberwachung) und
- Anpassung (z.B. Zusatzkosten aufgrund nachträglicher qualitativer, preislicher oder terminlicher Änderungen).

Die Höhe dieser Transaktionskosten hängt einerseits von den Eigenschaften der zu erbringenden Leistungen und andererseits von der gewählten Einbindungs- bzw. Organisationsform ab. Ziel der Transaktionskostenanalyse ist es, bei gegebenen Eigenschaften der Transaktion diejenige Organisationsform zu finden, die bei gegebenen Produktionskosten und -leistungen die Transaktionskosten minimiert. Transaktionskosten sind damit der Effizienzmaßstab zur Beurteilung und Auswahl unterschiedlicher institutioneller Arrangements. Als Organisationsformen kommen Markt, Unternehmung (Hierarchie), aber auch Zwischenformen, wie z.B. längerfristige Kooperationen, in Frage. Unternehmungen als integrierte, in sich arbeitsteilige Gebilde haben nur dann eine Existenzberechtigung, wenn sie in ihrem Binnenbereich die mit jeder arbeitsteiligen Leistungserstellung verbundenen Koordinations- und Motivationsprobleme besser – d.h. mit geringeren Transaktionskosten – lösen können, als dies bei einer Abwicklung mit externen Partnern über den Markt der Fall wäre.

Die Einflußgrößen der Transaktionskosten können mit Hilfe des *organizational failure frameworks* von Williamson (1975) systematisiert werden (vgl. Abb. 2-9).

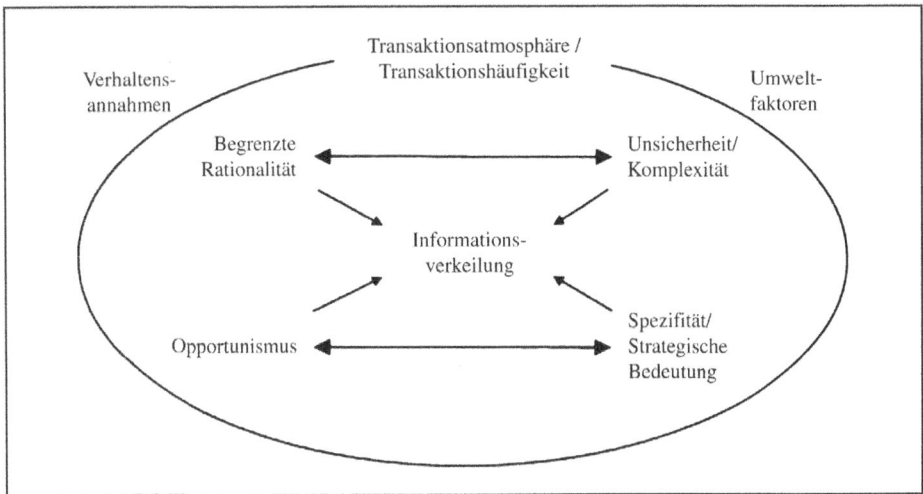

Abb. 2-9: Einflußgrößen auf die Transaktionskosten (Picot / Dietl / Franck 2002 in Anlehnung an Williamson, 1975, S. 40)

Im Rahmen des organizational failure frameworks sind die Umweltmerkmale Spezifität, strategische Bedeutung und Unsicherheit einerseits und die Verhaltensannahmen Opportunismus und begrenzte Rationalität andererseits die zentralen Einflußgrößen. Der *Spezifitätsgrad* einer Transaktion ist um so höher, je größer der Wertverlust ist, der entsteht, wenn die zur Aufgabenerfüllung erforderlichen Ressourcen nicht in der angestrebten Verwendung eingesetzt, sondern ihrer nächstbesten Verwendung zugeführt werden (vgl. Klein / Crawford / Alchian 1978). So sind z.B. bei Beendigung einer Geschäftsbeziehung unspezifische Ressourcen wie Standardsoftware etc. weiterhin ohne Einschränkung verwendbar. Spezifische Investitionen wie z.B. Spezialmaschinen verlangen hingegen eine Umrüstung oder werden vollkommen wertlos (z.B. Kundendaten).

Allgemein lassen sich folgende Arten von *Spezifität* unterscheiden (vgl. Williamson 1990):

- Standortspezifität („site specifity"): Investitionen in ortsgebundene Anlagen;
- Spezifität des Sachkapitals („physical asset specifity"): Investitionen in spezifische Maschinen und Technologien;
- Spezifität des Humankapitals („human asset specifity"): Investitionen in spezifische Mitarbeiterqualifikationen;
- zweckgebundene Sachwerte („dedicated assets"): Investitionen in an sich unspezifische Anlagen, die jedoch bei Wegfall der Transaktion Überkapazitäten darstellen würden.

Häufig ändert sich die Spezifität einer Leistungsbeziehung im Laufe einer Vertragsbeziehung. So hat z.B. ein Abnehmer ex ante die Wahl zwischen verschiedenen Lieferanten, die alle eine Just-in-Time-Abwicklung anbieten. Hat er sich jedoch erst einmal für einen bestimmten Zulieferer entschieden, so entstehen Wechselbarrieren, da die Anbindung an das Logistikkonzept spezifische Investitionen in Informationstechnologie etc. erfordert: Die Leistungsbeziehung ist ex post spezifisch geworden. Eine solche Umwandlung wird als *fundamentale Transformation* bezeichnet (vgl. Williamson 1990).

Diese Abhängigkeit durch Spezifität kann opportunistisch ausgenutzt werden, z.B. durch Erhöhung der Lieferpreise. Spezifität wird also dann problematisch, wenn die Verhaltensannahme des *Opportunismus* erfüllt ist, die Akteure also ihren eigenen Nutzen ggf. auch auf Kosten des Vertragspartners maximieren (vgl. Kap. 2.3.1). Die Transaktionskostentheorie empfiehlt deshalb generell, spezifische Transaktionen nicht über kurzfristige Marktbeziehungen abzuwickeln, sondern stärker hierarchisch einzubinden, z.B. im Rahmen eines langfristigen Vertrags.

Allerdings ist für eine solche Entscheidung auch die *strategische Bedeutung* der erstellten Leistung zu berücksichtigen, d.h. ihr Beitrag zur Wettbewerbsposition des Endproduktes. Sind Leistungserstellungen spezifisch *und* strategisch bedeutsam, dann lassen sich die zugrundeliegenden Fähigkeiten als Kernkompetenzen im Sinne von Prahalad / Hamel (1990) interpretieren, die in jedem Falle unternehmensintern organisiert werden sollten. Handlungsbedarf liegt bei Leistungen vor, die zwar spezifisch, aber nur von geringer strategischer Bedeutung sind. Die Spezifität derartiger Transaktionen sollte reduziert werden, um langfristig eine Ausgliederung zu ermöglichen. Ein Beispiel für eine solche Entwicklung ist der generelle Trend zu betriebswirtschaftlicher Standardsoftware (vgl. Teil 4). Andererseits sind jedoch weiterhin proprietäre Software-Lösungen zu bevorzugen, wenn spezifische, standardmäßig schwer abzubildende Prozesse strategisch wichtig sind, wie dies z.B. häufig im Produktionsbereich der Fall ist (vgl. Teil 5). *Unsicherheit* als Umweltfaktor drückt sich in Anzahl und Ausmaß nicht vorhersehbarer Aufgabenänderungen aus. In einer unsicheren Umwelt wird die Vertragserfüllung durch häufige Änderungen von Terminen, Preisen, Konditionen und Mengen erschwert, was Vertragsmodifikationen und damit die Inkaufnahme erhöhter Transaktionskosten erfordert. Die Unsicherheit der Umweltbedingungen wird allerdings erst in Verbindung mit der Verhaltensannahme der *begrenzten Rationalität* zum Problem, da in diesem Falle die kognitiven Fähigkeiten überfordert werden können. Als *Informationsverkeilung* bezeichnet Williamson Situationen asymmetrisch verteilter Information, bei denen die Gefahr besteht, daß ein Transaktionspartner seinen Informationsvorsprung opportunistisch ausnützt (vgl. Williamson 1975). Diese Konstellationen asymmetrischer Information stehen auch im Mittelpunkt des Principal-Agent-Ansatzes (vgl. Kap. 2.3.4).

Neben diesen vier Einflußgrößen und der Möglichkeit der Informationsverkeilung sind zwei weitere Faktoren zu berücksichtigen: Transaktionshäufigkeit und Transaktionsatmosphäre. Diese beiden Elemente des organizational failure framework haben zwar eine nachrangige, aber dennoch nicht unwesentliche Bedeutung bei der Wahl effizienter Einbindungsformen. Die *Transaktionshäufigkeit* bestimmt die Amortisationszeit und damit die ökonomische Vorteilhaftigkeit hierarchischer Unternehmensstrukturen oder langfristiger Kooperationsbeziehungen. Häufig wiederkehrende Transaktionen lassen die Schaffung von Eigenerstellungskapazitäten oder das Abschließen langfristiger Kooperationsverträge eher rentabel erscheinen als nur sporadisch auftretende Austauschbeziehungen, die nach Möglichkeit marktlich abgewickelt werden sollten.

Die *Transaktionsatmosphäre* schließlich beeinflußt ebenfalls in erheblichem Maße die Transaktionskosten unterschiedlicher Einbindungsformen. Sie umfaßt alle für die Organisation einer Leistungsbeziehung relevanten sozialen, rechtlichen und technologischen Rahmenbedingungen. Hierzu zählen Werthaltungen der Transaktionspartner ebenso wie die der Transaktion zugrundeliegenden technischen Infrastrukturen, die die Interaktion der Transaktionspartner erleichtern und damit Transaktionskosten senken können. Informations- und Kommunikationssysteme können die Möglichkeiten rationalen Verhaltens erweitern, den Spezifitätsgrad einer Transaktion verändern und die Transaktionskosten reduzieren. Sie haben damit Einfluß auf die Gestalt der optimalen Organisationsform (vgl. Kap. 2.5.1).

Die obigen Ausführungen lassen bereits erkennen, daß es zwischen den beiden Extremformen Markt und Hierarchie ein vielfältiges Spektrum an Zwischenformen gibt. Sie vereinigen sowohl Elemente marktlicher als auch hierarchischer Organisation. Dazu zählen beispielsweise langfristig angelegte Unternehmenskooperationen, strategische Allianzen, Joint Ventures, Franchisingsysteme, Lizenzvergabe an Dritte, dynamische Netzwerke sowie langfristige Abnahme- und Belieferungsverträge. In der Transaktionskostentheorie werden diese hybriden Organisationsformen seit einigen Jahren intensiver erforscht. Durch ihre Berücksichtigung wird es möglich, ein Kontinuum von Organisationsformen zwischen den Extremformen der rein marktlichen Organisation mit kurzfristigen Spotmarkt-Kontrakten und der rein hierarchischen Organisation auf Basis zeitlich unbegrenzter Arbeitsverträge aufzuspannen. Die scheinbar einfache Wahl zwischen unternehmensinterner und unternehmensexterner Erstellung entpuppt sich damit als komplexe Optimierungsaufgabe innerhalb eines breiten Kontinuums von Möglichkeiten (vgl. Abb. 2-10).

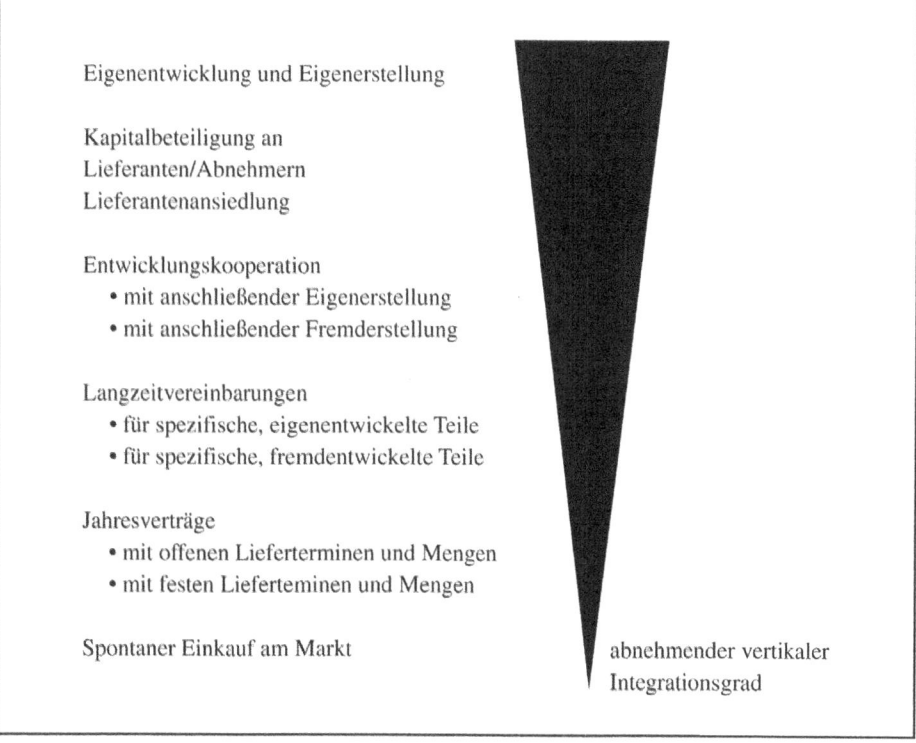

Eigenentwicklung und Eigenerstellung

Kapitalbeteiligung an
Lieferanten/Abnehmern
Lieferantenansiedlung

Entwicklungskooperation
 • mit anschließender Eigenerstellung
 • mit anschließender Fremderstellung

Langzeitvereinbarungen
 • für spezifische, eigenentwickelte Teile
 • für spezifische, fremdentwickelte Teile

Jahresverträge
 • mit offenen Lieferterminen und Mengen
 • mit festen Lieferteminen und Mengen

Spontaner Einkauf am Markt

abnehmender vertikaler
Integrationsgrad

Abb. 2-10: Beispiele für Entscheidungsalternativen der Leistungstiefenoptimierung (in Anlehnung an Picot 1991, S. 340)

Die Vorteilhaftigkeit jeder dieser Organisationsformen hängt jeweils vom Zusammenspiel der o.g. Einflußgrößen auf die Transaktionskosten ab. Exemplarisch ist in Abbildung 2-11 illustriert, wie die Transaktionskosten dreier Organisationsformen in Abhängigkeit von der Spezifität der jeweils zu erstellenden Leistung variieren (wobei alle anderen Faktoren des Organizational failure frameworks sowie Produktionskosten und -leistungen als fix angenommen werden).

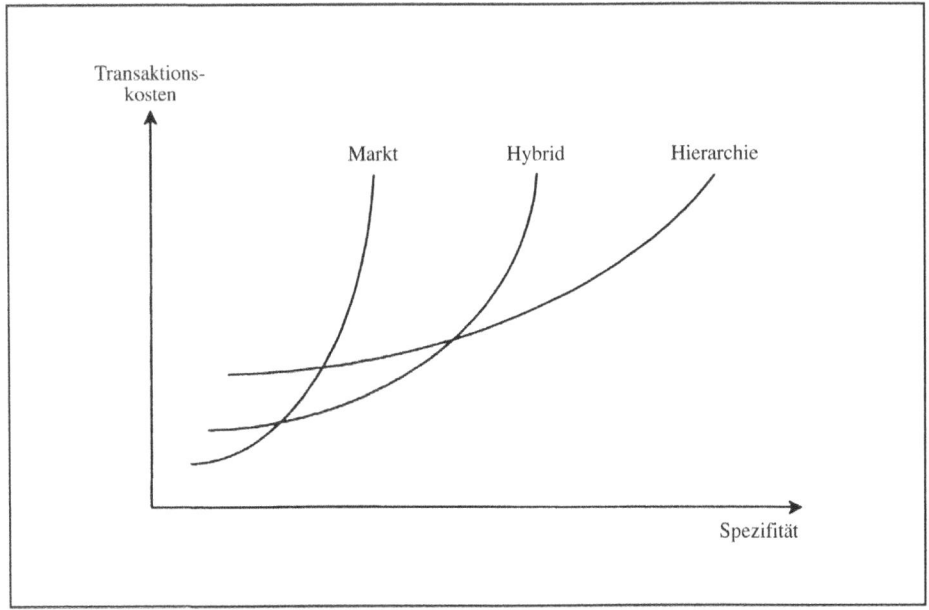

Abb. 2-11:   Integrationsformen und Spezifität (in Anlehnung an Williamson 1991, S. 284)

Hierarchien (Unternehmen) haben unabhängig vom Spezifitätsgrad die höchsten fixen Transaktionskosten. Darunter fallen v.a. die Kosten des bürokratischen Apparates (vgl. Williamson 1990). Die hierarchische Organisationform stellt jedoch eine Vielzahl von Anreiz- und Kontrollmechanismen bereit, die besonders die Durchführung spezifischer Transaktionen erleichtern. Dadurch steigen die Transaktionskosten mit zunehmendem Spezifitätsgrad relativ flach an. Umgekehrt fallen für Markttransaktionen die geringsten Fixkosten an, da jegliche längerfristigen vertragliche Bindungen fehlen. In der Folge sind aber die variablen Transaktionskosten zusätzlicher Spezifität sehr hoch, da die Gefahr einer opportunistischen Ausnutzung Vorsichtsmaßnahmen hinsichtlich Auswahl der Vertragspartner, Vereinbarung der Vertragsinhalte, Kontrolle der Leistungen etc. erforderlich machen. Diese Bedrohung ist tendenziell für hybride Organisationsformen geringer (aber größer als innerhalb von Hierarchien), da aufgrund längerfristiger Beziehungen die Interessen der Vertragspartner zumindest teilweise angeglichen sind und das Potential zur Sanktionierung opportunistischen Verhaltens zunimmt. Dafür verursachen Hybride allerdings auch höhere fixe Transaktionskosten, die jedoch bei zunehmender Spezifität schwächer steigen als im Falle einer Abwicklung über den Markt (aber stärker als bei Hierarchien). st die Spezifität von Leistungen gering, so sind die teuren Anreiz- und Kontrollmechanismen hierarchischer Einbindungsformen nicht effizient. Folglich sollten solche Transaktionen über den Markt abgewickelt werden.

Bei hohem Spezifitätsgrad ist hingegen eine *vertikale Integration* sinnvoll, da Hierarchien besser zur Bewältigung der resultierenden Informationsverkeilung geeignet sind. Für die breite Klasse von Aufgaben mittlerer Spezifität sind schließlich hybride Organisationsformen vorteilhaft. Mit Hilfe des transaktionskostentheoretischen Bezugsrahmens lassen sich die Entstehung von Unternehmen (vgl. Coase 1937)) ebenso begründen wie die zu beobachtende Erscheinung, daß Unternehmensgrenzen zunehmend verwischen und Unternehmen sich gleichsam aufzulösen beginnen (vgl. Kap. 2.5.1 sowie Teil 6). Aber auch für Fragen der internen Organisationsgestaltung (vgl. Teil 5) oder der räumlich dezentralen, betriebsübergreifenden Aufgabenabwicklung, die ohne transaktionskostensenkende Informations- und Kommunikationssysteme überhaupt nicht verwirklichbar ist (vgl. Teil 8), lassen sich aus der Transaktionskostentheorie wertvolle Gestaltungsempfehlungen ableiten.

### 2.3.4 Principal-Agent-Theorie

Die *Principal-Agent-Theorie* (vgl. u.a. Ross 1973; Jensen / Meckling 1976 sowie Picot / Dietl / Franck 2002) behandelt arbeitsteilige Auftraggeber-Auftragnehmer-Beziehungen, die durch asymmetrisch verteilte Informationen gekennzeichnet sind. In einem Principal-Agent-Verhältnis trifft der Agent (Auftragnehmer) Entscheidungen, die nicht nur sein eigenes Wohlergehen, sondern auch das Nutzenniveau des Principals (Auftraggeber) beeinflussen. Der Principal ist dabei jedoch sowohl über das Eintreten bestimmter Umweltzustände als auch über das Verhalten des Agenten nur unvollkommen informiert. Dadurch entsteht ein diskretionärer Spielraum für opportunistisches Verhalten seitens des Agenten. Zentrale Untersuchungseinheit der Principal-Agent-Theorie ist der dieser Beziehung zugrundeliegende Vertrag. Principal-Agent-Beziehungen bestehen beispielsweise zwischen Kunde und Lieferant, Eigentümer und Manager, Aufsichtsrat und Vorstand, aber auch zwischen Arzt und Patient, Student und Universitätsdozent. Wer jeweils Principal und wer Agent, d.h. wer der „schlecht" und wer der „gut" informierte Transaktionspartner ist, kann nur situationsabhängig beurteilt werden: Beispielsweise steht ein Krankenhausarzt gegenüber mehreren Personen und Institutionen in einem Agentenverhältnis (z.B. Patienten, Krankenhausleitung, Krankenkasse).

Daneben kann er jedoch auch die Stellung eines Principals einnehmen, z.B. gegenüber ihm unterstellten Assistenzärzten, seinem Steuerberater oder seinem Vermögensverwalter. Organisationen wie Unternehmen können als Geflecht von Principal-Agent-Beziehungen interpretiert werden. Die Principal-Agent-Theorie kann folglich als eine Lehre von den Innenbeziehungen einer Institution betrachtet werden. Die Principal-Agent-Theorie dient sowohl der Erklärung (positive Analyse) als auch der Gestaltung (normative Analyse) von Principal-Agent-Beziehungen aus Sicht des Principals.

Das Effizienzkriterium sind dabei die *Agency-Kosten*. Sie setzen sich nach Jensen / Meckling (1976) aus drei Komponenten zusammen:

- Überwachungs- und Kontrollkosten des Principals;
- Signalisierungs- und Garantiekosten des Agenten;
- verbleibender Wohlfahrtsverlust (Residualverlust).

Die ersten beiden Kostenarten entstehen aufgrund von Maßnahmen zur Reduktion der Unsicherheit. Der Residualverlust ist ein Zeichen dafür, daß aufgrund der Unvollkommenheit des Informationsstandes Transaktionen nicht oder nur teilweise durchgeführt werden, die an sich wohlfahrtssteigernd wären. So verzichten z.B. Eltern möglicherweise aus Unsicherheit auf die Dienste eines Babysitters, den sie jedoch in Anspruch nähmen, wenn sie ihn kennen würden. Zwischen den genannten Kostenarten bestehen z.T. Trade-off-Beziehungen: Der in Kauf zu nehmende Residualverlust läßt sich z.B. durch verstärkte Überwachungs- und Kontrollaufwendungen einschränken, während diese wiederum durch glaubwürdige Signalisierungs- und Garantieleistungen des Agenten reduziert werden können. Für die Abwicklung einer Leistungsbeziehung ist nun dasjenige institutionelle Arrangement vorzuziehen, das die Agency-Kosten minimiert.

Eine wichtige Rolle spielt die Klassifizierung der zu untersuchenden Principal-Agent-Beziehung nach der zugrundeliegenden *Informationsasymmetrie* zwischen Principal und Agenten. Hinsichtlich ihrer Ursachen lassen sich drei Problemtypen unterscheiden (vgl. Spremann 1990 sowie Picot / Dietl / Franck 2002):

- „Hidden characteristics";
- „Hidden action";
- „Hidden intention".

## Hidden characteristics

Das Problem der *hidden characteristics* tritt vor Vertragsabschluß auf, wenn der Principal Eigenschaften des Agenten oder der von diesem angebotenen Leistungen nicht kennt. Die aus hidden characteristics resultierende Gefahr besteht in der möglichen Auswahl schlechter Vertragspartner aufgrund eines kontraproduktiven Anreizschemas (*Adverse selection*). Das klassische Beispiel für dieses Phänomen ist ein Gebrauchtwagenmarkt (vgl. Akerlof 1970). Da der potentielle Käufer (Principal) eines Gebrauchtwagens, dessen Wert ex ante nicht kennt, wird er von einer marktdurchschnittlichen Qualität ausgehen. Angenommen, die Qualität der Wagen sei im Gesamtmarkt zwischen €10.000,- und €30.000,- gleichverteilt, dann liegt die marktdurchschnittliche Qualität bei €20.000,-. Dies wäre folglich der maximale Preis, den der Interessent zu zahlen bereit ist. Kennt der Verkäufer (Agent) jedoch annahmegemäß die wahre Qualität seines Wagens, wird er folglich bei einem Angebot von €20.000,- nur zum Verkauf bereit sein, wenn der wahre Wert seines Wagens *darunter* liegt (bei einem Wert von genau €20.000,- ist er zwischen Verkaufen und Nicht-Verkaufen indifferent). Dies führt in der Folge zu einer systematischen Negativauslese von Vertragspartnern: Bei jedem beliebigen Preis werden stets nur diejenigen Agenten zur Transaktion bereit sein, deren Leistung genauso gut oder schlechter ist als das (mangels genauer Information auf den Durchschnitt bezogene) Angebot des Principals. Da der Interessent seinerseits keiner für ihn unvorteilhaften Transaktion zustimmen wird, bricht der Markt in der Folge zusammen. Derartige Probleme können sich z.B. auch bei der Einstellung neuer Mitarbeiter oder im Verhältnis von Kreditgeber zu Kreditnehmer ergeben. Zur Lösung empfiehlt die Principal-Agent-Theorie zwei Wege: Einerseits Signalling und Screening sowie Self-selection-Verträge sind Mechanismen zur Reduzierung der Informationsasymmetrie zwischen Principal und Agent. Instrumente zur Interessenangleichung verhindern andererseits die Ausnutzung einer vorhandenen Informationsasymmetrie.

*Signalling* bedeutet, daß der Agent dem Principal seine Charaktereigenschaften bzw. die Eigenschaften seiner Leistung signalisiert, um die Vereinbarung einer Principal-Agent-Beziehung zu erreichen. Eine solche Signalfunktion können beispielsweise Arbeits- und Ausbildungszeugnisse oder Gütesiegel des potentiellen Agenten übernehmen. Demgegenüber geht beim *Screening* die Initiative vom Principal aus, der sich zusätzliche Informationen über die Eigenschaften des Agenten bzw. seiner Leistung verschaffen möchte. Beispiele für solche Screening-Aktivitäten sind die Veranstaltung von Einstellungstests oder Anfragen eines Kreditgebers bei Kreditauskunfteien. Bei *Self-selection*-Situationen offeriert der Principal dem Agenten ein Menü von Verträgen, die so gestaltet sind, daß der Agent durch die Wahl des Vertrages seine verborgenen Eigenschaften offenbart. So sind bei Versicherungsverträgen Selbstbeteiligungen in unterschiedlicher Höhe üblich. Ein hoher Selbstbehalt ist für den Agenten nur dann sinnvoll, wenn der

Versicherungsfall unwahrscheinlich ist. Mit der Wahl einer hohen Selbstbeteiligung offenbart der Agent somit sein geringes Schadensrisiko. Ein hoher Selbstbehalt läßt sich auch als Instrument zur *Interessenangleichung* interpretieren, wenn der Agent sein Schadensrisiko beeinflussen kann: Da der Agent sich am Schaden beteiligen muß, ist es in seinem wie im Sinne der Versicherung, daß keine Schäden eintreten.

**Hidden action**

Im Gegensatz zum Problem der hidden characteristics wird hidden action erst nach Abschluß des Vertrages, d.h. nach erfolgter Auswahl eines Vertragspartners relevant. *Hidden action* bedeutet, daß dem Principal nur die Ergebnisse der Handlungen des Agenten bekannt sind, während ihm die Handlungen selber verborgen bleiben. Dies kann der Fall sein, wenn er das Verhalten des Agenten nicht beobachten kann oder wenn ihm das Wissen fehlt, um das Verhalten zu beurteilen. So kann z.B. ein Aufsichtsrat (Principal) nicht beurteilen, ob die gewählte Strategie des Vorstandes (Agent) im Interesse der Eigentümer war, wenn er die Alternativen nicht kennt, die dem Vorstand zur Verfügung gestanden haben. In der Folge kann der Principal nicht unterscheiden, ob für ein schlechtes Ergebnis der Agent oder ein ungünstiger Umwelteinfluß verantwortlich ist. Die aus Hidden action resultierende Gefahr des *moral hazard* besteht darin, daß der Agent seine Handlungsspielräume opportunistisch ausnutzt und den Interessen des Principal zuwider handelt, indem er z.B. seine Aufgaben mit wenig Sorgfalt erfüllt oder in seinen Arbeitsanstrengungen nachläßt.

Zur Eingrenzung von Moral hazard empfiehlt die Principal-Agent-Theorie einerseits *Monitoring* zur Reduzierung der Informationsasymmetrie (z.B. Berichtssysteme und Kontrollinstanzen). Dadurch kann der Principal das Verhalten des Agenten genauer einschätzen und unmittelbar sanktionieren. Eine andere Alternative ist die Implementierung von Anreizsystemen, insbesondere durch *Erfolgsbeteiligung*, um eine Interessenangleichung von Principal und Agent zu erzielen. Dabei erhält der Agent z.B. einen Vertrag, bei dem sein Gehalt z.T. mit dem Handlungsergebnis variiert. Eine ergebnisabhängige Entlohnung kann jedoch unter dem Gesichtspunkt der Risikoteilung problematisch sein. Wenn der Principal risikoneutral, der Agent aber risikoavers ist, dann ist es unter Wohlfahrtsaspekten effizient, wenn der Principal das gesamte durch Umwelteinflüsse entstehende Risiko übernimmt und dem Agenten einen Fixlohnvertrag anbietet. Allerdings hat der Agent in diesem Falle, wie oben erläutert, kein Interesse, sich in seinen Handlungen besonders anzustrengen, da sein Lohn in jedem Falle derselbe ist. Ein Fixlohnvertrag ist somit zwar *effizient*, aber nicht *anreizkompatibel*. Folglich wird der Principal zu Motivationszwecken einen Teil des Risikos beim Agenten belassen müssen. Allerdings entsteht aufgrund der ineffizienten Risikoteilung ein Residualverlust.

## Hidden intention

Bei *hidden intention*, hat der Principal irreversible Vorleistungen erbracht (sog. *„sunk costs"*). Durch diese spezifischen Investitionen in die Transaktionsbeziehung gerät er nach Vertragsabschluß in eine Abhängigkeit vom Agenten, weil er nun auf dessen Leistungen angewiesen ist. Diese Gefahr der opportunistischen Ausnutzung bestehender Abhängigkeiten wird als *hold up* bezeichnet. Hier zeigt sich der logische Zusammenhang der Principal-Agent-Theorie zum Transaktionskostenansatz: In beiden Fällen ist die Spezifität von Investitionen das risikoauslösende Moment.

Zur Beherrschung der Hold-up-Problematik wird die Interessenangleichung durch Begründung von Eigentum an einmaligen und entziehbaren Ressourcen empfohlen. Dies kann z.B. durch vertikale Integration, den Abschluß langfristiger Liefer- und Leistungsverträge oder die Schaffung gegenseitiger Abhängigkeiten, etwa durch Stellung von Sicherheiten (Pfand oder „Geisel"), erfolgen (vgl. z.B. Spremann 1990).

| Unterscheidungskriterien / Informationsasymmetrie | Hidden characteristics | | Hidden action | | Hidden intention |
|---|---|---|---|---|---|
| Informationsproblem des Principal | Qualitätseigenschaften der Leistung des Vertragspartners unbekannt | | Anstrengung des Vertragspartners nicht beobachtbar bzw. nicht beurteilbar | | Absichten des Vertragspartners unbekannt |
| Problemursache oder wesentliche Einflußgröße | Verbergbarkeit von Eigenschaften | | Überwachungsmöglichkeiten und -kosten | | Ressourcenabhängigkeit |
| Verhaltensspielraum des Agenten | Vor Vertragsabschluß | | Nach Vertragsabschluß | | Nach Vertragsabschluß |
| Problem | Adverse selection | | Moral hazard | | Hold up |
| Art der Problembewältigung | Beseitigung der Informationsasymmetrie durch: Signalling/Screening \| Self-Selection | Interessenangleichung | Interessenangleichung | Reduzierung der Informationsasymmetrie (Monitoring) | Interessenangleichung |

Abb. 2-12: Principal-Agent-Theorie im Überblick (in Anlehnung an Picot / Dietl / Franck 2002)

Die drei Fälle von Informationsasymmetrie sind in Abbildung 2-12 noch einmal im Überblick dargestellt. Eine eindeutige, feste Zuordnung von institutionellen Einbindungsformen zu bestimmten Informationsasymmetrien ist allerdings kaum möglich (vgl. Spremann 1990). Da zudem in der Wirtschaftspraxis die oben genannten Informationsasymmetrien oftmals gemeinsam auftreten, wird in vielen Fällen nur eine Kombination der verschiedenen institutionellen Organisationsformen eine effiziente Lösung der aus asymmetrischer Information resultierenden Probleme ermöglichen. Wichtige betriebswirtschaftliche Anwendungsgebiete der Principal-Agent-Theorie liegen im Bereich der Gestaltung von Anreiz- und Informationssystemen. Insbesondere durch räumlich dezentralisierte Aufgabenerfüllung (Telecooperation) nehmen Informationsasymmetrien, vor allem das Hidden-action-Problem, zwischen Principal und Agent drastisch zu (vgl. Teil 8). Ähnliches gilt in bezug auf die Hidden-characteristics-Problematik auf elektronischen Märkten (vgl. Teil 7). Die Principal-Agent-Theorie kann dazu beitragen, diese neuen Organisationsformen effizienter zu gestalten.

## 2.4 Informations- und Netzökonomie

Die vorangegangenen Kapitel haben ausgehend vom Organisationsproblem gezeigt, welche enorme Bedeutung Information innerhalb des wirtschaftlichen Geschehens hat. Es wurde deutlich, daß viele Aspekte der beobachtbaren Realität von Märkten und Unternehmungen unmittelbar auf die Knappheit der Ressource Information zurückzuführen sind. So hat Kapitel 2.2 gezeigt, daß erfolgreiches Unternehmertum letztlich auf Informationsvorsprüngen beruht. Diese Information wird durch Wettbewerb im Laufe der Zeit im Markt verbreitet, wodurch bestehende Informationslücken abgebaut werden. Im Mittelpunkt von Kapitel 2.3 stand die Wahl der Organisationsform. Es zeigte sich, daß deren optimale Struktur maßgeblich von den Kosten für Information und Kommunikation abhängt.

Eine systematische Planung der Unternehmensressource Information ist damit mindestens ebenso bedeutsam wie die Planung der menschlichen, finanziellen oder materiellen Ressourcen. Indes zeigt sich bei näherer Betrachtung, daß *Information* verschiedene charakteristische Eigenschaften besitzt, die sie von anderen Gütern unterscheidet (vgl. u.a. Picot / Franck 1988; Bode 1993; Pethig 1997; Shapiro / Varian 1998; Reichwald 1999):

- Information ist ein immaterielles Gut, das auch bei mehrfacher Nutzung nicht verbraucht wird.

- Information wird mittels Medien konsumiert und transportiert – im Extremfall mit Lichtgeschwindigkeit.

- Information wird kodiert übertragen und bedarf gemeinsamer Standards, um verstanden werden zu können.

- Information reduziert Unsicherheit, ist in ihrer Produktion und Nutzung jedoch selbst mit Unsicherheit behaftet.

- Information ist verdichtbar und erweitert sich gleichzeitig während der Nutzung.

Im folgenden sollen die Auswirkungen dieser Besonderheiten im Wertschöpfungsprozeß von Informationsprodukten genauer betrachtet werden. Analysiert werden dabei die Wertschöpfungsstufen Produktion (Kap. 2.4.1), Distribution (Kap. 2.4.2) und Nutzung (Kap. 2.4.3) von Information.

## 2.4.1 Produktion von Information

Die Produktion von Information läßt sich in zwei Prozesse unterteilen: in die Neu-Produktion von Information und in die Re-Produktion bereits vorhandener Information (vgl. Hass 2002). Um *Neu-Produktion* handelt es sich z.B. bei der Erstellung eines Buchmanuskriptes oder eines Programmcodes. Von *Re-Produktion* ist hingegen zu sprechen, wenn das Manuskript oder der Programmcode („Master") vervielfältigt werden, um dann als „Copy" weiterverbreitet zu werden. Der Konsument von Information erhält somit kein Original, sondern immer nur eine (inhaltlich identische) Kopie. Anders ausgedrückt: Man kann Information – anders als materielle Güter – gleichzeitig als Kopie weitergeben und das Original behalten.

Grundlage für die Neu-Produktion von Information bilden originäre Informationen. *Originäre Informationen* sind Rohdaten wie z.B. zweckbezogene Nachrichten über Absatzmärkte oder bereits vorhandene Softwareobjekte etc. Aus diesen originären Informationen werden durch Verarbeitungsprozesse *derivative Informationen* gewonnen. Informationsverarbeitungsprozesse lassen sich danach unterscheiden, inwieweit dabei *Zeicheninhalt* (z.B. Marktvolumen in Euro), *Zeichensystem* (Zahl oder Grafik) oder *Zeichenträgermedium* (Bildschirm oder Papier) verändert werden (vgl. z.B. Kosiol 1968 und Bode 1993).

Bei einer *Translation* ist dabei allein die Form, nicht jedoch der Inhalt einer Information betroffen. Vorhandene Informationen werden lediglich in ein anderes Zeichensystem umkodiert, wie etwa bei der Visualisierung von Zahlenmaterial in Form von Grafiken oder der Eingabe geschriebener Informationen in ein elektronisches Anwendungssystem. Die eigentliche Produktion neuer Information erfolgt durch eine *Transformation* von originärer Information. Dabei werden aus Input-Informationen neue Zeicheninhalte gewonnen. Diese Informationsproduktion kann analytisch oder synthetisch erfolgen. Bei einer *analytischen Informationsgewinnung* werden aus einer originären Information mehrere derivative Informationen erzeugt (z.B. bei der Aufspaltung einer Bestellung in Informationen über Preis, Menge, Qualität etc.). Bei der *synthetischen Informationsgewinnung* entsteht dagegen aus mehreren originären Informationen eine neue, derivative Information (z.B. bei der Ermittlung von Mittelwert und Varianz aus einer Datenreihe). Die Information wird also gleichsam verdichtet.

Wird originäre oder neugewonnene derivative Information unverändert auf ein anderes Zeichenträgermedium übernommen, so spricht man von *Transmission*. Bei dieser Re-Produktion bleiben Zeicheninhalt und Zeichensystem unverändert, jedoch wird der Zeichenträger gewechselt, wenn z.B. ein Softwareprogramm auf eine CD-ROM gepreßt wird. In Abgrenzung dazu ist von *Transport* die Rede, wenn neben Zeicheninhalt und -system auch der Zeichenträger (Medium) unverändert bleibt und nur an einen anderen Ort versandt wird (vgl. Bode 1993).

Die beiden Phasen der Informationsproduktion – Neu-Produktion durch Translation und Transformation, Re-Produktion durch Transmission und Transport – sind durch höchst unterschiedliche Eigenschaften gekennzeichnet. Die erstmalige Erstellung von Information ist in der Regel ein sehr aufwendiger und kostenintensiver Prozeß. Dies ist nicht zuletzt eine Folge der Unsicherheit der Informationsproduktion. Wenn z.B. ein neues Computer-Betriebssystem entwickelt wird, so ist ex ante nur ungenau bekannt, wieviel Forschungsaufwand dafür nötig sein wird, da während der Entwicklung möglicherweise Probleme auftreten oder aber auch weitere Verbesserungsmöglichkeiten gefunden werden. Die Entwicklung gestaltet sich in der Folge als iterativer Prozeß, bei dem das Informationsprodukt Software solange verbessert wird, bis es schließlich als marktreif angesehen wird. Vergleichbares gilt für die Erstellung eines Buchmanuskriptes, Musikstücks, Films etc.

Die Re-Produktion von Information ist andererseits durch Herstellung von CD-ROMs, Buchdruck etc. sehr preiswert möglich. Bei Nutzung des Internets als Medium konvergieren die Grenzkosten der Informationsverbreitung gegen null. Entscheidend ist dabei, daß es sich bei den vervielfältigten Exemplaren des Informationsprodukts immer um Kopien des Originals handelt: Information muß somit nur ein einziges Mal produziert werden und kann dann vervielfältigt von beliebig vielen Leuten genutzt werden. In der Folge ergeben sich bei der Informationsproduktion erhebliche Skalenerträge (*economies of scale*): Die Transformation von originärer Information in derivative Information verursacht den Großteil der Kosten.

Demgegenüber sind die Kosten für die Vervielfältigung und Distribution der Information gering. Mit zunehmender Verbreitung der Information werden die einmalig anfallenden Kosten der Neuproduktion auf immer mehr Kopien verteilt, so daß die Durchschnittskosten pro Stück abnehmen. Diese Fixkostendegression ist eine Ursache von Konzentrationstendenzen in informationsintensiven Branchen, wie z.B. der Medien- und Softwareindustrie, da es stets effizienter ist, wenn eine Information nur einmal produziert und dann vervielfältigt wird.

Diese Konzentration wird zusätzlich verstärkt durch den starken Preiswettbewerb, der durch die geringen Grenzkosten getrieben wird (vgl. Shapiro / Varian 1999; Hass 2002). Innerbetrieblich ermöglicht diese Kostencharakteristik enorme Einsparungen, wenn bereits vorhandene Information mittels eines effektiven Wissenstransfers innerhalb einer Unternehmung vielen Mitarbeitern zugänglich gemacht wird (vgl. Teil 3).

## 2.4.2 Distribution von Information

Die Übertragung von Informationsinhalten (Kommunikation) erfolgt stets in kodierter Form: Der Inhalt wird durch Zeichen aus einem Zeichensystem kodiert und mittels eines Zeichenträgers (Medium) gespeichert bzw. übermittelt. Damit Kommunikation stattfinden kann, muß der Empfänger die gesendete Botschaft wieder dekodieren können. Notwendig ist dazu ein gemeinsames Verständnis des Zeichensystems auf syntaktischer, semantischer und pragmatischer Ebene, um aus den gelesenen Zeichen die intendierten Inhalte zu entnehmen (vgl. Teil 3). Je nach verwendetem Medium kann zusätzlich eine kompatible Technologie zur Mediennutzung erforderlich sein. In der Medientheorie wird dazu zwischen Primär-, Sekundär- und Tertiärmedien unterschieden (vgl. Faulstich 1998, S. 21 sowie S. 31 ff.).

*Primärmedien* (Mensch-Medien) heißen solche Medien, bei denen zur Kommunikation kein weiterer Technikeinsatz erforderlich ist (z.B. Vorlesung). *Sekundärmedien* (Druckmedien) zeichnen sich durch die Verwendung von Technik auf der Senderseite aus (z.B. Druck eines Lehrbuchs). Bei *Tertiärmedien* (elektronischen Medien) ist zusätzlich auch auf Empfängerseite Technikeinsatz erforderlich, wobei sich zwischen Dekodierung auf der Hardwareebene (z.B. Einlesen einer CD-ROM) und Dekodierung auf der Softwareebene (z.B. Darstellung von Hypertext Markup Language mittels Web-Browser) unterscheiden läßt. Diese Verwendung von Technologie macht bei Tertiärmedien zusätzlich Standards zur Dekodierung der Information erforderlich. Die Gesamtheit der Regeln, die die Grundlage für die Interaktion zwischen Akteuren bilden, bezeichnet man als *Kommunikationsstandard* (vgl. Buxmann / Weitzel / König 1999). Derartige Standards – z.B. die Grammatik der deutschen Sprache oder die Regeln der

Hypertext Markup Language (HTML) – sind die Basis jeglicher Kommunikation zwischen Menschen wie Maschinen.

Alle Akteure, die denselben Standard verwenden, bilden gemeinsam ein *Netz*. Es ist die Eigenart solcher Netze, daß ihr Wert – abgesehen von möglichen Kapazitätsengpässen – mit der Zahl der angeschlossenen Nutzer zunimmt. Die Ursache hierfür sind positive externe Effekte, sogenannte *Netzeffekte* zwischen den Akteuren: Jeder neue Teilnehmer erhöht den Nutzen der übrigen Akteure im Netz. Netzeffekte lassen sich in direkte und indirekte Netzeffekte unterteilen (vgl. Katz / Shapiro 1985). Bei *direkten Netzeffekten* entsteht die Nutzensteigerung unmittelbar durch physische Netzverbindungen zwischen den Netzteilnehmern (Bsp. Datenaustausch via Internet).

Ein neuer Teilnehmer verschafft allen bisherigen Nutzern eine weitere Kommunikationsmöglichkeit und erhöht dadurch den Wert des Netzes. *Indirekte Netzeffekte* liegen dann vor, wenn der Nutzen der Teilnehmer mit der Netzgröße steigt, diese Nutzensteigerung jedoch nicht durch unmittelbare Kommunikationsbeziehungen zwischen den Akteuren entsteht. Die Akteure sind in diesem Falle in einem *virtuellen Netz* miteinander verbunden (vgl. Shapiro / Varian 1998). Indirekte Netzeffekte sind beispielsweise charakteristisch für Betriebssysteme: Eine hohe Verbreitung eines Betriebssystems erhöht das Angebot komplementärer Anwendungssoftware und macht es somit attraktiver. Neben der Verfügbarkeit *komplementärer Produkte* können auch *Lerneffekte* Ursache für indirekte Netzeffekte sein (vgl. Thum 1999). So sind viele Produkte komplex und verlangen ein gewisses Know-how.

Diese Schwierigkeiten werden reduziert, wenn die Bedienung sich an bereits bekannten Standards orientiert, z.B. in Form einer einheitlichen Benutzeroberfläche. Außerdem finden sich – je weiter diese Produkte verbreitet sind – leichter Serviceanbieter und andere Anwender, die bei Beseitigung von Problemen helfen können. Während indirekte Netzeffekte bei sehr vielen Produkten auftreten, sind direkte Netzeffekte eine Eigenart von Kommunikationsgütern, weswegen Standards in diesem Bereich eine besondere Rolle spielen. Standards senken Informations- und Kommunikationskosten (Transaktionskosten) und erhöhen die Verfügbarkeit von Information. Damit verbessern sie die Qualität von Entscheidungen (vgl. Buxmann 1996). Standardisierung verursacht jedoch auch Kosten in Form von Umrüstkosten, Lernaufwand etc. Die Einführung von Standards bedeutet zudem immer einen Nutzenverlust durch eine Reduzierung der Produktdifferenzierung (vgl. Farrell / Saloner 1986). Standards sind deshalb besonders bei Produktmerkmalen problematisch, über die bei den Nutzern sehr unterschiedliche Präferenzen bestehen. Darüber hinaus entstehen durch Verhandlungs- und Abstimmungsprozesse bei der Auswahl eines Standards Transaktionskosten.

Insgesamt ergibt sich somit ein Trade-off zwischen Informationskosten einerseits und Standardisierungskosten andererseits (vgl. Buxmann / Weitzel / König 1999). Wenn beispielsweise die Mitarbeiter einer virtuellen Unternehmung in einem Projekt zusammenarbeiten, dann ergibt sich dabei Kommunikationsbedarf. Dieser Informationsaustausch gestaltet sich informationstechnisch am einfachsten, wenn alle Beteiligten für ihre Dokumente dasselbe Datenformat verwenden. Dazu müssen jedoch möglicherweise einige Mitarbeiter eine neue Software installieren und erlernen. Außerdem ist zuvor eine Abstimmung darüber notwendig, welcher Kommunikationsstandard gewählt werden soll, wobei vermutlich jeder Akteur eine Präferenz für seine eigene Software hat. Wenn keine Einigung zustande kommt, müssen die Mitarbeiter auf elektronischen Datenaustausch verzichten, worunter das Arbeitsergebnis leidet. Eine Kompromißlösung stellt möglicherweise die Verwendung von Konvertierungsprogrammen als eine Art *Adapter* dar. Allerdings ist eine solche Konvertierung bei jedem einzelnen Informationsaustausch erforderlich, häufig nur unvollkommen möglich und auch kostspielig.

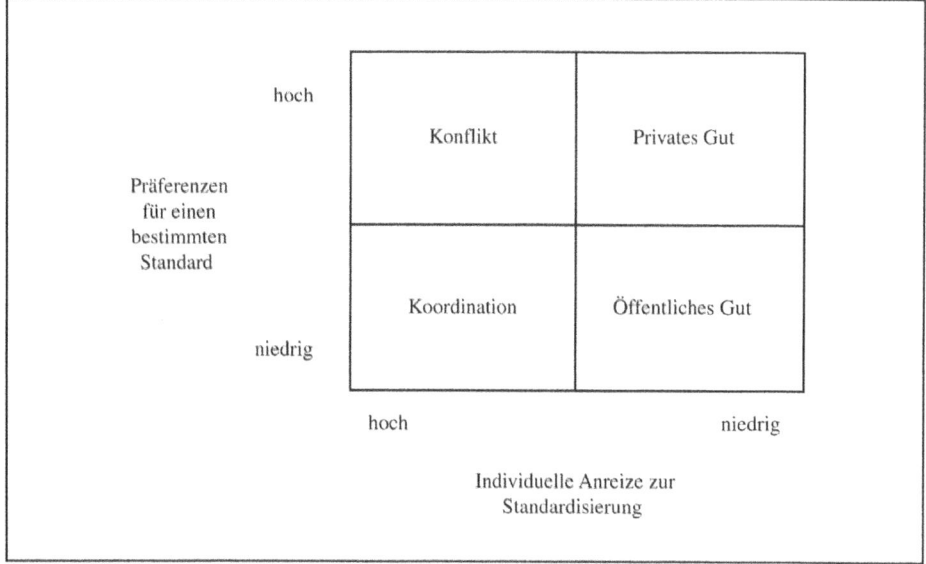

Abb. 2-13: Typologie von Standardisierungsprozessen (in Anlehnung an Besen / Saloner 1989, S. 184)

Die unterschiedlichen Fälle eines solchen *Standardisierungsprozesses* lassen sich mit dem Schema von Besen / Saloner (1989) verallgemeinern (vgl. Abb. 2-13). Die wesentlichen Einflußfaktoren sind dabei zum einen das Interesse der Akteure, daß überhaupt ein Standard verbindlich wird und zum anderen die Präferenz der Akteure für einen bestimmten Standard. Der Anreiz zur Teilnahme am Standardisierungsprozeß steigt mit dem Potential zur Einsparung von Informationskosten durch Netzeffekte und sinkt mit den Standardisierungskosten, worunter auch die Transaktionskosten fallen, die durch den Standardisierungsprozeß entstehen. Präferenzen für einen bestimmten Standard werden dann besonders ausgeprägt sein, wenn dessen Spezifikation Auswirkungen auf die Verwendung des zu standardisierenden Gutes hat oder wenn nicht alle zur Wahl stehenden Standards gleichermaßen eine Weiterverwendung bereits vorhandener Komplementärprodukte oder akkumulierten Know-hows erlauben. Damit lassen sich vier verschiedene Arten von Standardisierungsprozessen unterscheiden.

**Koordination**

Wenn das Interesse an einem allgemein gültigen Standard groß ist, ohne daß dabei jedoch besondere Präferenzen bezüglich eines bestimmten Standards vorhanden sind, handelt es sich um ein reines *Koordinationsproblem*. Ein Beispiel hierfür ist das in Kapitel 2.3.1 bereits genannte Rechts- bzw. Linksfahrgebot im Straßenverkehr.

**Konflikt**

Allerdings trifft dieses Beispiel nur für die Frühzeit des Straßenverkehrs zu, als dieser Standard erstmalig eingeführt wurde. Wenn es hingegen um einen gemeinsamen Standard für bislang unterschiedliche Netze geht, ist mit einem *Konflikt* zu rechnen. Es besteht zwar ein großer Anreiz zur Standardisierung, doch existieren gleichzeitig starke Präferenzen für (unterschiedliche) Standards: Jeder Akteur möchte seinen eigenen Standard durchsetzen, um Standardisierungskosten infolge notwendiger Umrüstungen zu vermeiden. Diese Bindung der Nutzer an einen einmal gewählten Standard wird auch als *Lock-in* bezeichnet (vgl. z.B. Shapiro / Varian 1998). Dieser Effekt ist mit der fundamentalen Transformation in der Transaktionskostentheorie vergleichbar (vgl. Kap. 2.3.3).

Lock-in-Effekte sind für die Anbieter von Standards von strategischem Interesse, da sie Kunden binden und dadurch Preiswettbewerb reduzieren. Diese Marktmacht läßt sich durch höhere Preise für Nachfolge- oder Komplementärprodukte ausbeuten. Aus diesem Grund kommt es in solchen Konfliktsituationen nicht selten zu einem harten Wettbewerb zwischen den Anbietern unterschiedlicher Standards. Dabei gilt es, eine möglichst schnelle Ausbreitung des eigenen Standards zu erreichen, da durch die beschriebenen Netzeffekte im Zeitablauf positive Rückkopplungen auftreten: Je mehr Akteure bereits einen Standard nutzen, desto attraktiver wird dieses Netz und desto mehr neue Teilnehmer werden diesen Standard wählen.

Ein Mittel zur schnellen Marktdurchdringung ist das Verschenken von Produkten. Diese Strategie ist gerade bei Informationsgütern vielversprechend, da zum einen die Kosten der nicht-physischen Re-Produktion und Verbreitung zu vernachlässigen sind, sich andererseits aber durch den Lock-in-Effekt die Möglichkeit bietet, nach Etablierung des eigenen Standards Gewinne abzuschöpfen (vgl. Zerdick / Picot / Schrape et al. 2001). Für eine solche Abschöpfung ist es vorteilhaft, wenn der Anbieter die Property Rights an seinem Standard besitzt und die Verwendung dieses Standards kontrollieren kann. Man spricht in diesem Falle von einem *geschlossenen* oder *proprietären Standard* (vgl. Grindley 1995). Da niemand ohne Erlaubnis Güter eines solchen Standards anbieten darf, lassen sich über exklusive eigene Produkte oder mittels Lizenzen hohe Gewinne erzielen. Bei *offenen Standards* sind die Spezifikationen allgemein zugänglich und von jedermann verwendbar (Bsp. HTML).

Dementsprechend ist es wahrscheinlich, daß sich nach der erfolgreichen Etablierung eines offenen Standards viele Anbieter finden, wodurch der Lock-in der Nutzer herstellerunabhängig wird und der Wettbewerbsdruck für die Produzenten steigt. Offene Standards sind somit schwerer auszubeuten. Dafür ist es allerdings in der Regel leichter, offene, als geschlossene Standards zu etablieren: Zum einen steigt durch die größere Zahl der Anbieter die Verbreitung im Markt und erhöht die Verfügbarkeit von Komplementärprodukten, wodurch der Wert des Netzes steigt; zum anderen sinken für die Anwender die Kosten des Systems im Lebenszyklus, weil der Wettbewerb innerhalb des Standards zunimmt. Somit besteht für die Parteien eines solchen Konfliktes ein Tradeoff zwischen absoluter Marktdurchdringung und relativer Marktmacht: Offene Standards erlauben eine schnelle und umfassende Durchsetzung des Standards, sind aber mit Kontrollverlusten verbunden. Geschlossene Standards sind andererseits schwerer zu etablieren, erlauben aber eine genauere Steuerung der weiteren Entwicklung sowie eine bessere Abschöpfung von Gewinnen (vgl. Grindley 1995 und Shapiro / Varian 1998).

## Privates Gut

Ein solcher Konflikt zwischen verschiedenen Anbietern ist indes unwahrscheinlich, wenn die Anreize zur Etablierung eines gemeinsamen Standards gering sind. Bestehen in diesem Falle starke Präferenzen für bestimmte Spezifikationen, so ist ein marktweiter Standard unwahrscheinlich. Möglich ist allerdings, daß es innerhalb einer geschlossenen Anwendergruppe (Unternehmung, Netzwerk etc.) gleichwohl zu einer Vereinheitlichung kommt (*privates Gut*). Da eine solche Spezifikation anwenderspezifisch ist, spricht man in diesem Falle von einem *Typ* (vgl. Kleinaltenkamp 1993). Ein solcher Typ kann jedoch auch im Zeitablauf zum Standard werden, wie dies beim Personal Computer von IBM der Fall war.

**Öffentliches Gut**

Sind sowohl die Anreize für eine universelle Ausbreitung als auch die Interessen für einen bestimmten Standard gering, handelt es sich um den Fall eines *öffentlichen Gutes* (Bsp. Sommerzeit). Das bedeutet allerdings nicht, daß eine Standardisierung nicht vorteilhaft wäre. Allerdings verhindern in einer solchen Konstellation oftmals prohibitive Transaktionskosten eine dezentrale Verhandlungslösung (vgl. Kap. 2.3.2.). Abhilfe können hierbei möglicherweise öffentliche Instanzen schaffen, die in Absprache mit Herstellern und Anwendern eine Spezifikation festlegen (vgl. Thum 1995). Ein solches Regelwerk ist zunächst nur eine (De-jure-)*Norm* (vgl. Kleinaltenkamp 1993), kann jedoch durch eine entsprechende Übernahme durch die Marktteilnehmer zu einem (De-facto-) Standard werden.

## 2.4.3 Nutzung von Information

Die mittels Kommunikation ausgetauschte *Information* dient in ökonomischen Zusammenhängen letztlich der Vorbereitung von Handlungen; sie ist in den Worten von Martin J. Beckmann das „Rohmaterial [...], aus dem Entscheidungen hergestellt werden" (Albach 1969, Sp. 720). Da Information ein knappes Gut ist, sollte ihre Verwendung ökonomisch rational erfolgen.

Der wirtschaftliche Wert von Information bestimmt sich aus der Gegenüberstellung des Nutzens der Information für Problemlösungs- und Entscheidungsprozesse und den Kosten für die erforderlichen Informationsbeschaffungs- und -produktionsaktivitäten. Der *optimale Informationsgrad* ist erreicht, wenn die zusätzlichen Kosten der Informationsaktivitäten dem Nutzenzuwachs aus der damit gewonnenen Information entsprechen. Allerdings ist der Nutzen von Information vorab nicht bekannt, sondern offenbart sich erst mit der Nutzung. Information ist somit ein *Erfahrungsgut* (vgl. Teil 7). Da Information aber ein immaterielles Gut ist, ergibt sich in der Folge das *Arrowsche Informationsparadoxon* (vgl. Arrow 1962): Der Wert einer Information ist einem Käufer mit Sicherheit erst dann bekannt, wenn er die Information kennt. Dann hat er sie jedoch bereits aufgenommen und muß sie nicht mehr erwerben.

Das bedeutet nun allerdings nicht, daß eine Bewertung von Information – und damit eine rationale Informationsbeschaffung – unmöglich wäre. Sie ist jedoch mit Unsicherheit behaftet, weshalb der *Informationswert* eine stochastische Größe ist. Der Erlöswert einer bestimmten Information wird in der Entscheidungstheorie definiert als Differenz zwischen dem Gewinnerwartungswert bei Entscheidung mit dieser Information und dem Gewinnerwartungswert bei Entscheidung ohne diese Information (vgl. Marschak 1954 sowie Laux 1998). Er entspricht somit der erwarteten Verbesserung der Entscheidung durch die Information. Ein Beispiel dafür ist der Wert von Screening-Maßnahmen des Principals bei der Auswahl geeigneter Vertragspartner (vgl. Kap. 2.3.4). Annahmegemäß ist dem Principal (z.B. Unternehmer) zunächst keine Information über den Agenten (Bewerbungskandidat) bekannt. Er hat jedoch die Möglichkeit, Screening-Maßnahmen durchzuführen, z.B. durch Analyse von Zeugnissen.

Dieses Screening ist um so lohnender, je genauer dadurch eine Unterscheidung zwischen guten und schlechten Kandidaten möglich ist, und je größer der Nutzen einer korrekten Entscheidung ist (bzw. je höher die Kosten einer Fehlentscheidung sind). Selbst wenn eine exakte Bestimmung des Informationswertes in der Praxis kaum möglich scheint, so ist doch häufig aufgrund von Erfahrungswerten zumindest ein Vergleich der Effektivität unterschiedlicher Screening-Instrumente möglich. Dabei dient häufig die Informationsquelle als *Bewertungssurrogat*. Aus diesem Grund spielen bei Informationsgütern Marken eine besondere Rolle, da sie mit ihrer Reputation für die Qualität der Information bürgen.

Gleichwohl findet die rationale Informationsbeschaffung ihre Grenzen in der beschränkten Rationalität von Menschen (vgl. Kap. 2.3.1). Diese normative Betrachtungsweise des menschlichen Informationsverhaltens ist deshalb durch eine positive Analyse zu ergänzen (vgl. Teil 3).

# Teil 2
# Organisation und Wertschöpfung

# Gestaltung organisatorischer Strukturen

## Kapitel 2.1

Georg Schreyögg / Jochen Koch
Grundlagen des Managements
Basiswissen für Studium und Praxis
2. Auflage 2010

Entnommen aus Kapitel 9:
Gestaltung organisatorischer Strukturen

# 9 Gestaltung organisatorischer Strukturen

# Lernziele zu Kapitel 9

Nach Durcharbeiten dieses Kapitels sollten Sie in der Lage sein,

- Differenzierung und Integration als Zentralaufgaben des Organisierens zu skizzieren,

- zu verdeutlichen, dass Organisieren im wesentlichen bedeutet, Regeln zu setzen,

- Typen organisatorischer Regeln gegeneinander abzugrenzen,

- Ausgangspunkt und Aufgaben der organisatorischen Differenzierung darzulegen,

- die Probleme und Grenzen der Kosiol'schen Systematik zu skizzieren,

- Formen organisatorischer Arbeitsteilung mit ihren spezifischen Vor- und Nachteilen gegeneinander abgrenzen können,

- die verschiedenen Integrationsmechanismen mit ihren Vor- und Nachteilen darstellen zu können,

- die Grundtypen Ein- und Mehrlinienorganisation zu skizzieren,

- die Matrixorganisation einzuordnen, ihre Charakteristika, die Einsatzbedingungen sowie Vor- und Nachteile skizzieren zu können,

- die Einflussgrößen auf den organisatorischen Gestaltungsprozess darzustellen,

- Organisieren als einen historischen Prozess zu beschreiben.

## 9.1 Management organisatorischer Strukturen

Stark **arbeitsteilige** Leistungsprozesse, wie wir sie heute in allen Bereichen der Wirtschaft und der öffentlichen Verwaltung vorfinden, bedürfen der sinnfälligen Zuordnung und Verknüpfung, um das Leistungsziel erreichbar zu machen. Aufgrund der heute überall feststellbaren Tendenz zu größeren Einheiten und multi-lokaler Repräsentanz kommt dem Problem der **Ordnung** der Aktivitäten und der **Zusammenführung** einzelner Arbeitselemente (z.B. von Produktentwicklung, Fertigung, Werbemaßnahmen, Vertriebswegen) eine immer größere Bedeutung zu. Der Aufbau organisatorischer Strukturen ist deshalb als zentrales Instrument der Unternehmenssteuerung anzusehen.

*Basisaufgaben der organisatorischen Gestaltung*

Die zentralen Gesichtspunkte der formalen Organisationsgestaltung bilden einerseits die **Arbeitsteilung** bzw. Auffächerung des Arbeitsprozesses und Bildung von leistungsfähigen Aktionseinheiten und andererseits **Arbeitsvereinigung**, d.h. die gezielte Zusammenführung der einzelnen Elemente. In der Organisationsliteratur werden dementsprechend die „**Differenzierung**" und „**Integration**" als die Basisaufgaben der organisatorischen Gestaltung bestimmt. Diese zwei Gestaltungsaufgaben sind latent widersprüchlich: Je stärker eine Organisation differenziert wird, umso mehr Anstrengungen müssen unternommen werden, die Aktivitäten zu integrieren. Jede Differenzierung setzt zentrifugale Kräfte frei, die durch eine gezielte Integration gebunden werden müssen.

*Gestaltungsaufgabe*

Das **praktische Problem** der organisatorischen Gestaltung besteht nur in seltenen Fällen im kompletten Entwurf eines neuen Strukturgefüges; in aller Regel geht es darum, Teil-Reorganisationsmaßnahmen durchzuführen. „Organisieren" als Managementfunktion ist dementsprechend auch keine punktuelle Aufgabe, die nur alle zwei oder fünf Jahre anfällt, sondern ein **ständiger Prozess**. Fortlaufend erweisen sich einmal gefundene Problemlösungen als revisionsbedürftig oder es tauchen neue Problemstellungen auf, für die eine organisatorische Lösung denkbar ist (Ciborra 1996): Einmal ist beispielsweise der Leiter der Forschungs- und Entwicklungsabteilung völlig überlastet, im anderen Fall wirft eine neue Fertigungstechnologie die Frage von Reorganisationsmaßnahmen auf; dann ist es wieder die unzureichende Kommunikation zwischen der Produktentwicklung und der Werbung, die einen effektiven Leistungsprozess behindert, oder der Außendienst muss an die geänderte Kundenstruktur angepasst werden. Natürlich wird hin und wieder auch eine Revision der Gesamtorganisation notwendig, dann ist aber in aller Regel nur der Gesamtrahmen betroffen, nicht aber die organisatorische Einzelregelung. Der Einsatz von Organisationsstrukturen zu Steuerungszwecken stellt also eine permanente Herausforderung dar, die Diagnosefähigkeiten, gestalterische Fantasie, aber auch das Vermögen, organisatorische Veränderungen durchzuführen, erfordert. Es ist ein gewichtiges Element im Aufgabenbereich **jeder** Führungskraft.

Untersucht man den Organisationsvorgang näher, so zeigt sich sehr schnell, dass es im Kern darum geht, dauerhafte **Regelungen** zu schaffen: Regeln zur Festlegung der Aufgabenverteilung, Regeln der Koordination, Verfahrensrichtlinien bei der Bearbeitung von Vorgängen, Beschwerdewege, Kompetenzabgrenzungen, Weisungsrechte, Unterschriftsbefugnisse usw. Die Ordnung eines Unternehmens ist deshalb nichts anderes als ein Geflecht aus Regeln. Organisatorische Regeln sind **offiziell** von der Geschäftsleitung eingeführte Regeln, d. h., sie sind aus der so genannten **Direktionsbefugnis des Arbeitgebers** abgeleitet und beanspruchen auf dieser Basis ihr Recht auf Geltung. Gewöhnlich nennt man eine durch Regeln geschaffene Ordnung eines sozialen Systems **Organisationsstruktur**. Da diese Organisationsstruktur auf formalen, also offiziell eingeführten und sanktionsbewehrten, Regeln aufbaut, spricht man auch von der formalen Struktur einer Organisation. Daneben hat jedes soziale System auch noch eine informale Struktur (vgl. dazu Kapitel 10). Die Tätigkeit des Organisierens bezieht sich allerdings nur auf das Schaffen einer formalen Ordnung und damit auf die formale Struktur.

*Was heißt Organisieren?*

Organisatorische Regeln in diesem Sinne sollen nicht nur einen effizienten Aufgabenvollzug sicherstellen, sondern auch Konflikte in geordnete Bahnen lenken, Pfade für neue Ideen schaffen oder das Auftreten nach „außen" in ein einheitliches Muster bringen. Diese Beispiele lassen zugleich deutlich werden, dass sich organisatorische Regelungen immer an die Organisationsmitglieder richten, genauer auf deren Verhalten und Aktivitäten. Organisatorische Regeln stellen darauf ab, die Handlungsweisen der Organisationsmitglieder vorab zu bestimmen und damit untereinander erwartbar zu machen. Die Regeln schränken den Handlungsspielraum des einzelnen Organisationsmitgliedes ein. Dementsprechend gilt: Je mehr Regeln geschaffen werden, umso mehr wird der Leistungsprozess und seine Steuerung entindividualisiert (Gutenberg 1983: 238). Strukturen sind gewissermaßen externe Vorentscheidungen. Aus der Vielzahl der Handlungsmöglichkeiten wird vorab von einer Regelungsinstanz eine Möglichkeit oder ein begrenzter Raum an Möglichkeiten ausgezeichnet.

*Formale Regeln*

Organisatorische Regeln strukturieren Situationen vor und drücken Erwartungen aus, wie in bestimmten Situationen zu verfahren ist. Gutenberg (1983: 238 ff.) spricht in diesem Zusammenhang von **generellen** Regelungen und unterscheidet sie von **fallweisen** Regelungen; mit letzteren sind die auf den einzelnen Geschäftsvorfall bezogenen individuellen Anordnungen gemeint. Um sprachliche Verwirrungen zu vermeiden, sollen Letztere hier allerdings im Unterschied zu Gutenberg nicht als organisatorische Regeln

*Fallweise und generelle Regeln*

gelten, sondern der Managementfunktion „Führung" zugerechnet werden. Ähnlich spricht auch Kosiol (1976: 75) hier nicht von organisatorischen Regeln, sondern von **„dispositiven"** Maßnahmen. Die organisatorische Regel ist somit also die Alternative zur führungsmäßigen Anordnung, eine generelle Regelung macht die fallweise Anordnung überflüssig.

Die Unterscheidung zwischen einmaliger Einzelverfügung und dauerhafter Regelung verweist bereits darauf, dass beide als Alternativen anzusehen sind und dass es deshalb der Angabe von Bedingungen bedarf, wann der einen und wann der anderen Alternative der Vorrang gegeben werden soll. Auf die Frage, welche Voraussetzungen gegeben sein müssen, um eine organisatorische Dauerregelung eines Betriebes vorzunehmen, liegt es nahe, eine dauerhafte Regelung nur dort einzusetzen, wo wir von einer **vorhersehbaren** und in gleicher Form **wiederkehrenden** Aufgabenstellung ausgehen können. Bei variablen Aufgabenstellungen wird dagegen die generelle Regel schnell kontraproduktiv.

*Substitutions-*
*gesetz*

Gutenberg hat diesen Gedanken zu einem grundlegenden Prinzip ausformuliert. Er charakterisiert die organisatorische Durchregelung eines Betriebes als einen Substitutionsvorgang: Fallweise Regelungen werden durch generelle Regelungen ersetzt. Die ökonomische Logik des Substitutionsvorganges wird schnell einsichtig: Eine generelle Regelung macht den Aufgabenträgern dauerhafte Vorgaben für ihre Arbeit. Damit erübrigen sich zugleich persönliche, jeweils wieder aus der Situation heraus entwickelte Anweisungen des Vorgesetzten. Mit anderen Worten, die generelle Regelung tritt an die Stelle der fallweisen Anordnung des Vorgesetzten oder einer sonstigen, ad-hoc gefundenen Problemlösung. Man hat mit der generellen Regelung nicht nur die Möglichkeit, vorab und nicht in der Hektik des Tagesgeschäftes nach einer optimalen Lösung der Aufgabenzuteilung, des Arbeitsablaufes usw. zu suchen (Rationalisierungsaspekt), sondern auch die Anschlussfähigkeit von Tätigkeiten zu erhöhen, weil das Verhalten für andere (interne und externe) Handlungsträger besser vorhersehbar wird (Verknüpfungsaspekt).

Das „Substitutionsgesetz der Organisation" (vgl. Abbildung 9-1) verknüpft nun diesen Effizienzvorteil der generellen Regelung einerseits und die angesprochenen Einsatzgrenzen andererseits, indem es dazu auffordert, fallweise Regelungen solange durch generelle Regelungen zu ersetzen, bis schließlich der zusätzliche Nutzen der letzten generellen Regelung gleich Null wird, d.h. die dadurch entstehenden Reibungsverluste („Regelungskosten") den gesamten zusätzlichen Nutzen verzehren. Jede weitere generelle Regelung

*Überorganisation*

würde eine **Überorganisation** nach sich ziehen in dem Sinne, dass das Ausmaß der generellen Regelungen die Variabilität der betrieblichen Tatbestände überschreitet, dass also – anders ausgedrückt – variable betriebliche Tatbestände wie gleichförmige behandelt werden und der erwartete Rationalisierungseffekt durch Nachkorrekturen, Fehlabstimmungen usw. überkompensiert wird. Jedes geringere Ausmaß genereller Regelung wäre demgegenüber **Unterorganisation** in dem Sinne, dass im Kern gleichförmige betriebliche Tatbestände wie variable behandelt werden und somit Rationalisierungsreserven unausgeschöpft bleiben. Konzeptleitend ist also die Vorstellung, dass es für jeden Betrieb ein – allerdings je spezifisches – **Optimum** an genereller und fallweiser Regelung gibt.

*Unter-
organisation*

---

*Das Substitutionsgesetz der Organisation nach Gutenberg*

*Abbildung 9-1*

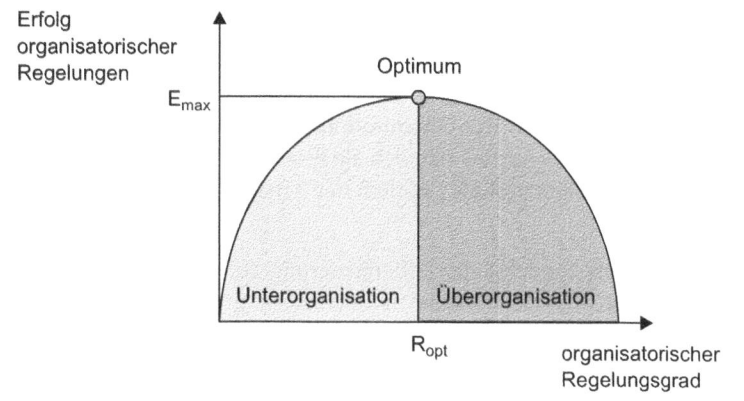

---

Wenn umgangssprachlich von „Bürokratisierung" die Rede ist, so wird damit gewöhnlich der Tatbestand der Überorganisation angeprangert. Es wird also – mit anderen Worten – beklagt, dass der Bereich genereller Regeln so weit ausgedehnt wurde, dass durchaus unterschiedliche Vorgänge wie gleichartige behandelt werden. Bürger artikulieren ihren Unmut über diesen Zustand häufig durch den Vorwurf, man würde „wie eine Nummer" behandelt.

Insgesamt gesehen macht der Verweis auf die unterschiedliche Variabilität betrieblicher Tatbestände auf einen sehr wichtigen Sachverhalt aufmerksam, nämlich, dass das Organisieren keine „eindimensionale" Rationalisierungsaufgabe ist, sondern an ganz konkrete Bedingungen gebunden ist. Die Variabilität der betrieblichen Tatbestände ist allerdings nur einer von vielen Faktoren, die den Rahmen für das Organisieren abstecken. Andere wichtige Faktoren sind: Komplexität, Schwierigkeitsgrad der Aufgabe, Motivation der Mitarbeiter, Größe des Betriebes usw.

*Rand-
bedingungen*

Die offizielle, d. h. von den dafür legitimierten Stellen eingeführte Organisationsstruktur (= System formaler Regelungen) wird zumeist für den internen

*Organigramm*

und externen Geschäftsverkehr **sichtbar** gemacht. Zunächst einmal finden die Regelungen in **Geschäftsverteilungsplänen, Stellenbeschreibungen** und **Dienstanweisungen** o. Ä. ihren Niederschlag, besonders wichtige Regeln werden häufig in Betriebsordnungen festgehalten. Das bekannteste Mittel, Organisationsstrukturen zu visualisieren, ist jedoch das **Organigramm,** das mit einer schaubildartigen Übersicht über die geltenden Regelungen informiert. Dabei muss man jedoch sehen, dass Organigramme nur einen **Ausschnitt** aus dem organisatorischen Regelwerk zeigen, nämlich die Regeln zur Abteilungsbildung und der Autoritätsbeziehungen (Hierarchie).

## 9.2 Organisatorische Arbeitsteilung

Das Kernaufgabengebiet der Organisationsgestaltung war eingangs als Dualproblem bestimmt worden, nämlich als Problem der Arbeitsteilung (Differenzierung) einerseits und als Problem der Arbeitsvereinigung (Integration) andererseits.

*Aufgaben der Differenzierung*

Wenden wir uns zunächst der Differenzierung zu. Ausgangsproblem jeder systematischen organisatorischen Differenzierung ist die Frage nach der günstigsten Teilung und Zuweisung von Arbeiten. Die in den Zielen fixierte und im Produkt-Markt-Konzept konkretisierte Gesamtaufgabe einer Unternehmung ist in aller Regel zu umfangreich, als dass sie von einer Person ausgeführt werden könnte. Sie wird von mehreren Personen gemeinsam erledigt, und daher ist festzulegen, welche Teilaufgaben von welchen Organisationsmitgliedern zu bewältigen sind. Wird eine generelle Lösung angestrebt, so führt dies im Ergebnis zu einem differenzierten Strukturgefüge, dessen Komplexität von dem Ausmaß der gewählten Spezialisierung der Stellen und Abteilungen abhängt.

### 9.2.1 Aufgabenanalyse

*Analyse-dimensionen*

Methodisch gesehen setzt die organisatorische Verteilung der Aktivitäten die systematische Durchdringung der Aufgaben voraus. In der deutschen Organisationslehre hat Erich Kosiol hierfür die wohl bekannteste Systematik entwickelt, er nennt sie **Aufgabenanalyse** (Kosiol 1976: 42).

Nach dieser Konzeption soll die Gesamtaufgabe anhand von fünf Dimensionen gedanklich in Elementarteile zerlegt werden:

1. nach den **Verrichtungen** (z. B. Sägen, Schweißen, Nieten)

2. nach den **Objekten** (z. B. Aufgaben an Tischen, Stühlen, Schränken)

3. nach dem **Rang** (nach Entscheidungs- und Ausführungsaufgaben)

4. nach der **Phase** (nach Planungs-, Realisierungs- und Kontrollaufgaben)

5. nach der **Zweckbeziehung** (nach unmittelbar oder mittelbar auf die Erfüllung der Hauptaufgabe gerichteten Teilaufgaben).

In der Kosiol'schen Konstruktionslehre werden dann in einem zweiten Schritt, der so genannten **Aufgabensynthese,** aus Elementarteilen nach bestimmten leitenden Prinzipien organisatorische Einheiten gebildet. Die erste zu bildende Verteilungseinheit heißt **Stelle.** Der **Leitungsaufbau** stellt eine hierarchische Verknüpfung der Stellen durch ihre rangmäßige Zuordnung her. Die Basis-Leitungseinheit heißt **Instanz,** dies ist eine Stelle mit Anordnungsbefugnis. Die Zusammenfassung mehrerer Stellen unter der Leitung einer Instanz heißt **Abteilung.** Im Fortlauf werden dann Abteilungen zu Hauptabteilungen usw. zusammengefasst, bis das gesamte Strukturgefüge errichtet ist.

*Stelle, Instanz,*
*Abteilung*

Die Kosiol'sche Systematik hat sich in der konkreten Arbeit als wenig praktikabel erwiesen. Dies vor allem deshalb, weil die Aufgabenanalyse zu statisch angelegt ist. Auch werden zu viele implizite Voraussetzungen getroffen; man kann diese Analytik gar nicht betreiben, ohne Teile der erst herzustellenden Organisationsstruktur schon zu kennen. Fest verankert in der Organisationsgestaltung bis zum heutigen Tage ist allerdings die Unterscheidung der Aufgaben nach Verrichtungen und Objekten. Sie bildet die Basisalternativen der Aufbauorganisation ab.

Neuere Ansätze stellen auch ganz andere Merkmale von Aufgaben in den Vordergrund. Häufig genannte Kriterien der Aufgaben- und Entscheidungsanalyse sind hierbei (vgl. Staehle 1999: 645 ff.; Hage 1980):

*Zusätzliche*
*Kriterien*

■ **Aufgabenvariabilität** (Unterschiedlichkeit der Bedingungen der Aufgabenerfüllung),

■ **Aufgabeninterdependenz** (Abhängigkeit der Aufgabenerfüllung von vor- und nachgelagerten Stellen),

■ **Eindeutigkeit** (Analysierbarkeit der Aufgaben und das Ausmaß, in dem die Korrektheit einer Aufgabenerfüllung nachgeprüft werden kann),

■ **Zahl möglicher Lösungswege** und/oder **Zahl der richtigen Lösungen.**

Die Aufgabenanalyse bildet die Ausgangsbasis für die Organisationsgestaltung. Die bekanntesten Muster der organisatorischen Differenzierung seien im Folgenden kurz aufgezeigt.

## 9.2.2    Formen organisatorischer Arbeitsteilung

### Organisation nach Verrichtungen

Die wohl bekannteste Form der organisatorischen Arbeitsteilung ist die Spezialisierung auf Verrichtungen oder Funktionen. Gleichartige Verrichtungen werden zusammengefasst; dies gilt sowohl für die Stellenbildung (z. B. Lackierer) als auch für die Abteilungsbildung (z. B. Lackiererei). Abbildung 9-2 gibt ein Beispiel. Die Vorteile einer verrichtungsorientierten Arbeitsteilung liegen einerseits in der Nutzung von Spezialisierungsvorteilen(Lern- und Übungseffekte) und andererseits in Größenvorteilen durch homogene Handlungseinheiten und die gemeinsame Nutzung von Ressourcen. Dies birgt die Möglichkeit einer hoher Kompetenzdichte und entsprechend effizienter Nutzung der Ressourcen (Frese 2005).

---

*Abbildung 9-2* | *Differenzierung nach Verrichtungen*

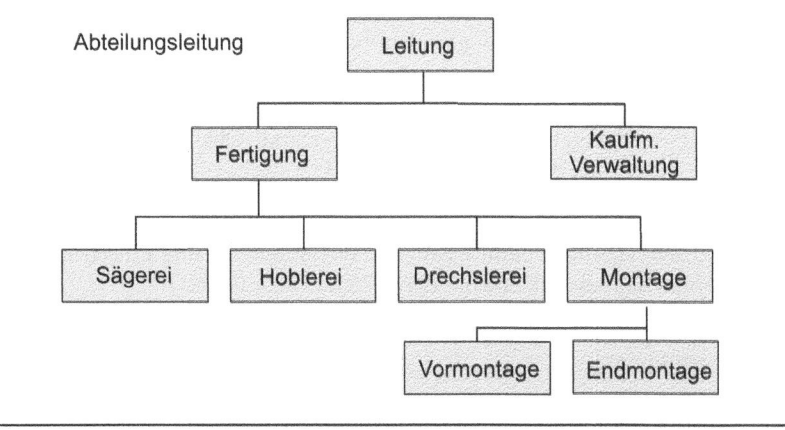

---

*Funktionale Organisation*

Von einer **funktionalen Organisation** (vgl. Abbildung 9-3) spricht man dann, wenn die zweitoberste Hierarchieebene eines Stellengefüges (Unternehmung, Geschäftsbereich usw.) eine Spezialisierung nach Sachfunktionen vorsieht. Die Kernsachfunktionen eines Industriebetriebes sind Einkauf, Forschung und Entwicklung, Produktion, Marketing. Daneben sind aber auch unterstützende Sachfunktionen wie Finanzierung oder Personal von großer Bedeutung. Die funktionale Organisation findet am häufigsten bei Unternehmungen Verwendung, die nur in einem Geschäftsfeld tätig sind (z. B. Ruhrgas AG) oder über ein relativ homogenes Produktprogramm verfügen (z.B. Postbank).

---

*Die Funktionale Organisation*

*Abbildung 9-3*

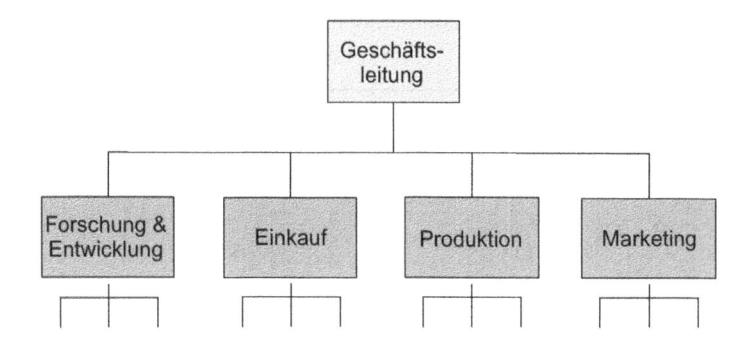

---

Das Gestaltungsprinzip der Verrichtungsorganisation stellt – wie dargelegt – auf die Erzielung von Spezialisierungsgewinnen, insbesondere Produktivitätssteigerungen, ab. Die organisatorische Spezialisierung bringt jedoch zwangsläufig eine Fragmentierung der Arbeitsabläufe und eine Tendenz zur **Suboptimierung** („Ressortdenken") mit sich. Die vielen Schnittstellen und der damit verbundene langwierige Integrationsprozess werden schnell zu einem Störfaktor, nicht zuletzt bedingt durch die Beschleunigung der Marktentwicklung und die damit einhergehende Forderung nach schnellerer Auftragsabwicklung. Die Abstimmungsschwierigkeiten zwischen den Funktionsabteilungen mit jeweils spezialisierter Ausrichtung bringen auch Mängel in der ganzheitlichen Orientierung, eine nur schwach ausgeprägte Ausrichtung auf den Abnehmer und eine geringe Zurechenbarkeit von Ergebnissen auf einzelne Akteure mit sich; alles droht in den großen Funktionalbereichen „unterzugehen".

*Verrichtungs-organisation in der Praxis*

## Organisation nach Objekten

Die zweite grundsätzliche Alternative bei der Stellen- und Abteilungsbildung ist die Orientierung an Objekten. Hier bilden Produkte/Güter (einschließlich Dienstleistungen) Kunden oder Regionen/Märkte das gestaltbidende Kriterium für Arbeitsteilung und Spezialisierung (vgl. Abbildung 9-4).

Bei dieser Organisationsform werden also nicht bestimmte **gleichartige** Verrichtungen wie Schmieden oder Graten gebündelt, sondern es werden, ausgehend von Objekten, **verschiedenartige** Verrichtungen zusammengefasst, nämlich jene, die für die Erstellung des betreffenden Objekts notwendig sind. Ein Scharnierhersteller würde dementsprechend z. B. organisieren nach den Objekten Lkw-Scharniere, Pkw-Scharniere, Möbelscharniere. Die neuerdings viel diskutierte Prozessorganisation ist als ein Sonderfall der

*Gestaltung nach Objektprinzip*

objektorientierten Strukturierung zu begreifen. Im Rahmen der Objekte („Leistungsprozesse") wird zusätzlich ein möglichst geringes Maß an Binnenspezialisierung verlangt (Hammer/Champy 1994 ; Osterloh/Frost 2006).

---

*Abbildung 9-4* | *Objektorientierte Abteilungsbildung*

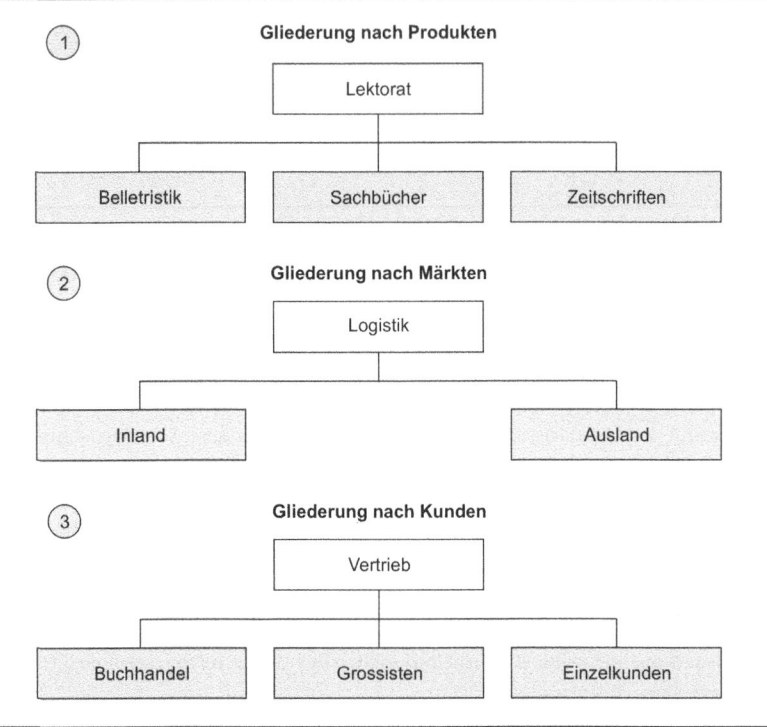

Quelle: Schmidt 1992: 177

*Regionale Gliederung* Neben der Produktorientierung ist auch eine **regionale Gliederung** denkbar. Hier werden die Objekte nach dem Prinzip der lokalen Bündelung zusammengefasst, etwa nach Bundesländern, Ländern oder Erdteilen. Eine Stellen- und Abteilungsbildung unter dem regionalen Gesichtspunkt wird häufig im Zuge einer Expansionsstrategie gewählt; z. B. bei Ausdehnung des internationalen Geschäfts. In vielen Fällen ist aber auch das Bestreben, die Transportkosten zu minimieren, für die Entscheidung zugunsten einer lokal dezentralisierten Gliederung der Aktivitäten ausschlaggebend. Ein dritter Gliederungsgesichtspunkt im Rahmen der Objektorientierung fokussiert auf zentrale **Abnehmergruppen** (oder auch Zuliefergruppen).

Die Alternative Objekt- versus Verrichtungsorientierung stellt sich grundsätzlich auf jeder hierarchischen Ebene; keineswegs muss eines der beiden Prinzipien durchgehalten werden. Es ist vielmehr die Regel, beide Prinzipien zu mischen. Die Gliederung der zweiten Hierarchieebene ist jedoch eine besonders wichtige Organisationsentscheidung, sie stellt die Weichen für die Grundausrichtung des gesamten Systems.

Die Objektorientierung auf der zweitobersten Hierarchieebene eines Stellengefüges wird **divisionale Organisation, Spartenorganisation** oder **Geschäftsbereichsorganisation** genannt. Die Divisionen werden meist nach den verschiedenen Produkten bzw. Produktgruppen gebildet (z. B. in einem Chemieunternehmen: Pharma, Düngemittel, Insektizide/Pestizide, dekorative Kosmetik). Bei dem Divisionalisierungskonzept kommt zur objektorientierten Gliederung hinzu, dass die Divisionen gewöhnlich eine weitgehende Autonomie im Sinne eines **Profit Centers** erhalten, d. h., sie sollen quasi wie Unternehmen im Unternehmen geführt werden. Für die organisatorische Aufgabenzuweisung bedeutet dies, dass eine Division (Geschäftsbereich) zumindest die Kern-Sachfunktionen umfassen muss. Ansonsten wäre eine Gewinnverantwortlichkeit, wie sie das „Unternehmen im Unternehmen"-Konzept verlangt, nicht gegeben (Frese 2005).

*Sparten-organisation*

Im Hinblick auf die **rechtliche Ausgestaltung** gibt es zwei grundsätzliche Alternativen, nämlich die Sparten als Abteilung zu führen oder sie rechtlich zu verselbstständigen. Im Falle der rechtlichen Verselbstständigung der Sparten entsteht ein **Konzern.** Bisweilen beherbergen bei sehr großen Unternehmen auch die einzelnen Sparten eine ganze Reihe von (rechtlich selbstständigen) Tochter- bzw. Enkelgesellschaften, die Spartengesellschaft ist dann ein Teilkonzern. Im Falle rechtlich verselbstständigter Spartengesellschaften wird die Konzernobergesellschaft häufig nicht als Mutterkonzern sondern als Holding ausgelegt (vgl. Abbildung 9-5). Die **Holding** ist eine reine Führungsgesellschaft, d. h. ihre Aufgabe ist ausschließlich die Ausübung der Konzernleitung, sie ist nicht mit der Produktion oder dem Vertrieb von Gütern beschäftigt; gleichwohl geht ihre Aufgabe über eine bloße Anteilsverwaltung hinaus (Bühner 1996).

*Konzern/Holding*

Gleichgültig jedoch, wie die rechtliche Ausgestaltung ausfällt, in jedem Falle gehen bei der divisionalen Organisation durch das Prinzip der Gewinnverantwortlichkeit weitreichende Kompetenzen an die Sparten, so dass sich die Frage der Steuerung und Kontrolle für die Spitze stellt. Das Interesse hat sich daher früh auf ein **funktionstüchtiges Steuerungs- und Kontrollsystem** für die Unternehmens-/Konzernspitze gerichtet. Ein wesentlicher Ansatzpunkt für die Gesamtsteuerung ist typischerweise der Verbleib der **Finanzierungsfunktion** und die Allokation der finanziellen Ressourcen auf die einzelnen Sparten.

*Steuerung*

| Abbildung 9-5 | Management-Holding |

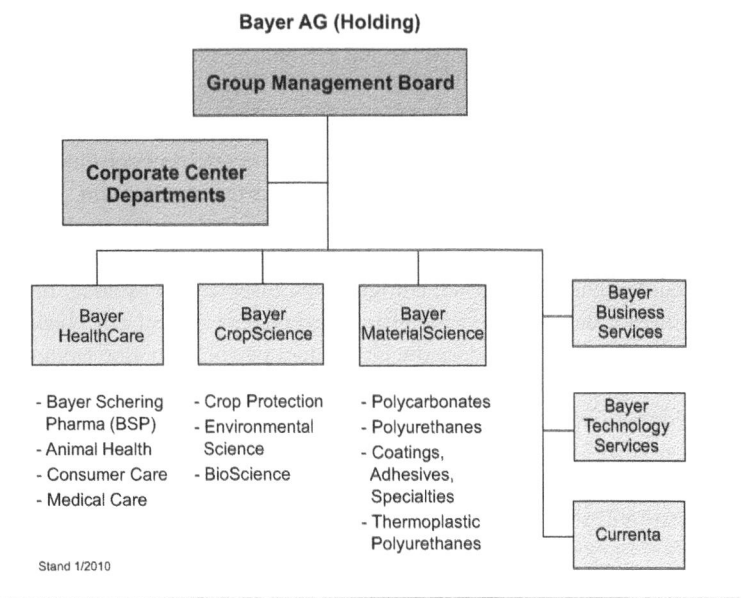

**Kontrolle**

Was die Kontrolle anbelangt, so ist man hier gewöhnlich bestrebt, einfache, übersichtliche, aber dennoch wirksame Systeme zu etablieren, dies zumal dort, wo viele Sparten gebildet werden. In Kapitel 5 wurde unter der Rubrik „Die operative Kontrolle" bereits das geläufigste Kontrollkonzept vorgestellt, nämlich der „Return on Investment", der heute in unterschiedlichsten Varianten Verwendung findet.

**Randbedingungen**

**Grundvoraussetzung** für den Einsatz der divisionalen Organisation ist die Teilbarkeit der geschäftlichen Aktivitäten in homogene, voneinander weitgehend unabhängige Sektoren – nur dann können die Aktivitäten so gebündelt werden, dass eine Erfolgszurechnung möglich wird. Diese Teilbarkeit gilt sowohl **intern** hinsichtlich einer getrennten Ressourcennutzung, als auch **extern** hinsichtlich des Marktes und der Ressourcenbeschaffung.

**Ursprünge**

Historisch gesehen entstammt die divisionale Organisation nicht einer theoretischen Alternativenkonstruktion, sondern ist als Antwort auf die Strategie der **Diversifikation** entwickelt worden. Für breit diversifizierte Unternehmen erwies sich die dabei vorherrschende funktionale Organisation als zu schwerfällig und zu unübersichtlich, man ging immer mehr dazu über, spartenorientierte Strukturen zu entwickeln, die viel besser auf die verschiedenen Strategien und Märkte eines diversifizierten Unternehmens ausgerichtet werden können.

Mit einer Divisionalisierung geht immer eine **Vervielfachung der Führungsstellen** einher; soll sich die Einführung lohnen, muss dieser zusätzliche Personalaufwand kleiner als der durch diese Organisationsform zusätzlich erreichbare Nutzen sein. Ferner stellt die für klar geschnittene Sparten erforderliche Separierung der Ressourcen (Fertigungsanlagen, Rohstofflager usw.) und der Märkte häufig eine unüberwindbare ökonomische Barriere dar. Man denke etwa an den Verlust konditionenpolitischer Vorteile im Einkauf oder an entgangene Größenersparnisse durch Verkleinerung der Produktion.

*Probleme*

Abbildung 9-6 zeigt mögliche Vor- und Nachteile der divisionalen Organisation im Überblick, wobei die aufgeführten Nachteile zumeist den Vorteilen der Funktionalorganisation entsprechen et vice versa.

---

*Potenzielle Vor- und Nachteile der divisionalen Organisation*

*Abbildung 9-6*

---

| Divisionale Organisation | |
|---|---|
| **Vorteile** | **Nachteile** |
| ■ jeweils spezifische Ausrichtung auf die Divisionsstrategien | ■ Effizienzverluste durch Ressourcenteilung oder durch suboptimale Betriebsgrößen |
| ■ mehr Flexibilität, weil kleinere Einheiten | ■ Vervielfachung hoher Führungspositionen |
| ■ Zukäufe und Desinvestitionen leichter zu bewerkstelligen | ■ hoher administrativer Aufwand (Spartenerfolgsrechnung, Transferpreisrechnung usw.) |
| ■ Entlastung der Gesamtführung | |
| ■ höhere Transparenz der verschiedenen Geschäftsaktivitäten | ■ potenzielle Divergenz von Divisions- und Unternehmenszielen Kannibalismus: Substitutionskonkurrenz zwischen den Divisionen |
| ■ mehr Motivation durch größere Autonomie | |
| ■ exaktere Leistungskontrolle | |

Häufig arbeitet man mit Ergänzungen oder Modifikationen, um auf diese Weise den Nachteilen der Divisionalisierung entgegentreten zu können. So werden nicht selten die Produktions- und Logistikbereiche als Zentraleinheiten belassen, um der Größenvorteile nicht verlustig zu gehen (so z.B. in fast allen Chemieunternehmen im Sinne einer Verbundproduktion der Fall). Dem Divisionalisierungsprinzip versucht man dann hilfsweise durch Verwendung interne **Verrechnungspreise** oder die Etablierung so genannter „interner Märkte" Rechnung zu tragen, d.h. die Divisionen werden als Abnehmer, die Zentraleinheiten als Anbieter von Leistungen definiert. Diese

*Quasi-Divisionalisierung*

Quasi-Lösungen werfen in aller Regel die Frage der korrekten Zurechenbarkeit auf, und nicht selten bergen gerade diese Zurechenbarkeitsfragen ein großes Konfliktpotenzial. Schlussendlich geht es ja um die Verantwortung für Erfolg und Misserfolg.

### 9.2.3 Organisatorische Teilung des Entscheidungsprozesses

*Stab-Linie-Organisation*

Eine Arbeitsteilung anderer Art orientiert sich am Entscheidungsprozess und untergliedert in Entscheidungsvorbereitung und Entscheidung. Genauer geht es hier um die Option, entscheidungsvorbereitende Tätigkeiten aus dem Aufgabenspektrum von Instanzen auszugliedern und dafür eigene, spezialisierte Stellen zu schaffen; man nennt sie **Stabsstellen** oder **Stäbe**. Die zugrunde liegende Idee ist, dass bestimmten Instanzen **Spezialisten als Berater** zur Seite gestellt werden, um neuere wissenschaftliche Erkenntnisse und systematische Methoden der Problemlösung für die Verbesserung der Entscheidungen einsetzbar zu machen, die der Instanz unbekannt oder aus zeitlichen Gründen nicht erschließbar sind. Um diesen Spezialisierungsvorteil nutzen zu können, wird der Entscheidungsprozess geteilt. Die systematische **Entscheidungsvorbereitung** obliegt den Spezialisten, also dem Stab. Die Entscheidung selbst und damit die letzte Entscheidungsverantwortung trägt die „Linie" (siehe unten).

*„Completed staff work"*

Die Beratungstätigkeit des Stabes kann unterschiedlich intensiv ausgelegt sein. Bisweilen werden Stäbe nur zur Sammlung von Informationen und abstrakten Problemlösungsverfahren (z. B. in Form von Planungsmethoden oder mathematischen Modellen) eingesetzt. Meist aber umfasst ihre Tätigkeit auch das Generieren und Selektieren von Alternativen, so dass die „Linie" nur noch die Wahl unter den verschiedenen Alternativen trifft. Bei der so genannten vollständigen Stabsarbeit bearbeitet der Stab das Problem bis zur **Entscheidungsreife**, d.h. die Instanz trifft dann nur noch eine Ja/Nein-Entscheidung. Dadurch, dass die Stabsstellen nur „mitdenken", nicht aber anordnen sollen, will man sicherstellen, dass die Autorität der Leitungshierarchie uneingeschränkt erhalten bleibt.

*Beispiele*

Stabsstellen werden in der Praxis für vielfältige Funktionen und auch auf unterschiedlichen hierarchischen Ebenen gebildet; typische Stabsaufgaben sind: Strategische Planung, Public Relations, Controlling, Personalentwicklung, volkswirtschaftliche Abteilung in Banken und Versicherungen (vgl. Abbildung 9-7).

*Beispiel für eine Stab-Linie-Organisation*

**Abbildung 9-7**

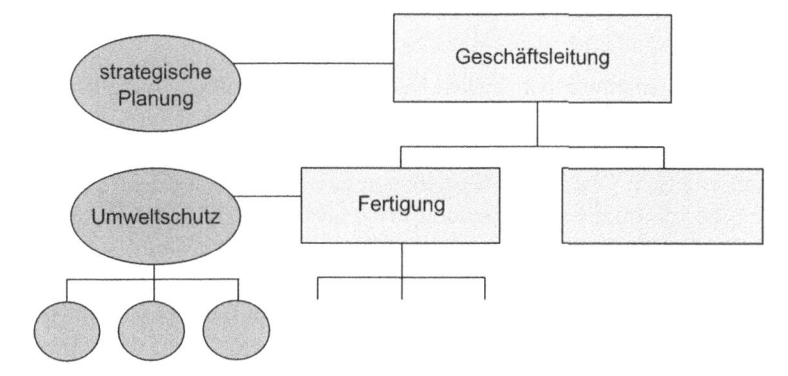

Daneben werden Stäbe z. T. aber auch zur quantitativen Entlastung von Vorgesetzten eingesetzt (Assistentenstellen). Im eigentlichen Sinne handelt es sich hier jedoch nicht um Stabs-, sondern um reine Hilfsstellen. Letztere deuten meist auf eine Fehlorganisation hin.

Die Zusammenarbeit von Stab und Linie hat sich in der Praxis als sehr konfliktreich erwiesen. Empirische Studien haben ergeben, dass ein Teil der Konflikte durch personelle Faktoren verursacht wird; so z. B. durch Unterschiede im Erfahrungshorizont, im Sozialverhalten, in Ausbildung, Sprachgewohnheiten und Jargon (Dalton 1959; Church/Waclawski 2001). Als besonders problematisch erwies sich die gewöhnlich eher geringe praktische Erfahrung der Stabsmitglieder. Sie haben nicht „von der Pike auf gelernt" und sind erst nach dem Abschluss ihrer – meist akademischen – Ausbildung in die Organisation eingetreten. Dieses **Erfahrungsdefizit** dient der Linie oft als Argument, um die Vorschläge der „praxisfremden" Stäbe abzublocken oder gar der Lächerlichkeit preiszugeben.

*Konflikte zwischen Stab und Linie*

Ein weiterer Konfliktherd liegt in der latenten Bedrohung der Linienmanager durch die Spezialisten. Stäbe werden eingesetzt, wenn das in den Linieninstanzen vorhandene Wissen nicht mehr ausreicht, die immer komplexer werdenden Entscheidungssituationen befriedigend zu lösen. Aus dem Tätigkeitsbereich der Linienmanager werden also, genau genommen, Aufgaben, die sie früher selbst wahrgenommen haben, ausgesondert und auf Spezialisten übertragen. Durch die Anwendung von neuen Methoden und Techniken fungieren die Stäbe de facto als **Kritiker und Reformer**; sie sollen die Entscheidungsvorbereitung besser machen, als es bisher der Fall war. Vorschläge des Stabes werden deshalb tendenziell als Bedrohung empfunden: Lange Zeit bewährte, vielleicht von den Linienmanagern selbst einge-

*Expertentum*

führte Verfahrensweisen werden in Frage gestellt und sollen durch neue ersetzt werden. So stellt sich die Stabsarbeit für die Linie tendenziell als Besserwisserei und Einmischung von in der Sache unerfahrenen Kräften dar. dar.

*Macht durch Information*

Neben den genannten personellen Faktoren ist als weitere wesentliche Konfliktursache die Struktur der Beratungstätigkeit zu sehen. Durch die Aufteilung des Entscheidungsprozesses entsteht – von der Wirkungsrichtung her genau entgegen gesetzt zur Gestaltungsphilosophie – die Gefahr, dass die Stäbe die Informationsverarbeitung beherrschen und dadurch (informationelle) Macht über die Linie gewinnen. Der tiefere Grund dafür ist, dass die Linie meist aus zeitlichen und sachlichen Gründen nicht in der Lage ist, den Informationsbeschaffungsprozess nachzuvollziehen; man kann nicht überprüfen, ob die richtigen und vollständigen Informationen in die Formulierung der Alternativen eingeflossen sind oder ob die Stäbe eine **manipulative Auswahl** getroffen haben. Je spezieller die Fachinformationen sind, desto stärker wird die Abhängigkeit der Linie; denn Informationen, die zum Beispiel als chemische Formeln oder in Form von komplizierten Statistiken vorliegen, müssen erst in die Alltagssprache der Linie „übersetzt" werden, wobei diese die Richtigkeit der Transformation häufig nicht zu kontrollieren vermögen.

*Lösungsansätze*

In der Literatur finden sich viele Vorschläge, die darauf abstellen, die Zusammenarbeit von Spezialisten und Linienmanagern unter Beibehaltung des Stab-Linie-Prinzips zu harmonisieren. Dazu gehören eine gezielte Bewerberauswahl nach typisierten Stab-/Linie-Persönlichkeitsprofilen oder eine Job-Rotation, mit deren Hilfe die Distanz zwischen Linie und Stab zugunsten einer gemeinsamen Orientierung abgebaut werden soll.

*Alternativmodelle*

Nachdem mit solchen Maßnahmen eine Milderung, nicht aber Lösung des Konflikts herbeigeführt werden kann, hat man sich nach alternativen Wegen der Zusammenarbeit von Spezialisten und Generalisten umgesehen. Die meisten davon sind teamorientierte Ansätze, die eine **gemeinsame Entscheidungsverantwortung** in den Vordergrund rücken. Nachdem diese Modelle jedoch weniger die Arbeitsteilung (Spezialisten, Generalisten) behandeln – sie setzen sie vielmehr voraus –, als vielmehr die Arbeitsvereinigung, werden diese Modelle auch nachfolgend unter dem allgemeinen Stichwort Integration behandelt.

## 9.3　Organisatorische Integration

Wie eingangs dargelegt, erzeugt Arbeitsteilung bzw. organisatorische Differenzierung unweigerlich Binnenkomplexität. Die Aufgabenteile werden von verschiedenen Personen mit unterschiedlicher Orientierung, an verschiedenen Orten, zu unterschiedlichen Zeiten erledigt, und dies wirft zwangsläufig das Problem auf, alle diese separat erledigten Teile wieder zusammenzuführen, so dass eine geschlossene Leistungseinheit entstehen kann. Es ist leicht einzusehen, dass die Arbeitsvereinigung umso schwieriger gerät, je weiter und tiefer die Arbeitsteilung gewählt wird. Es kann deshalb auch nicht weiter verwundern, dass das große Organisationsthema in den heutigen komplexen Großunternehmen nicht mehr länger – wie zu Beginn der Industrialisierung – die Arbeitsteilung, sondern die Integration geworden ist. Dabei ist die Zusammenführung der geteilten Arbeit nicht nur ein mechanisches Problem des Zusammenführens, sondern auch ganz wesentlich ein Problem der Überwindung auseinanderdriftender **Orientierungen** von spezialisierten Stelleninhaber und Abteilungen.

*Gegenläufiges Verhältnis*

Die zuletzt genannte Orientierungsproblematik erklärt sich daraus, dass mit jeder organisatorischen Separierung eine Spezialisierung verbunden ist, die eine Identifikation mit den Teilzielen fördert: Die Vertriebsabteilung konzentriert sich auf die Umsatzziele, die Forschung & Entwicklung auf die anstehenden Projekte, die Finanzabteilung auf den Kapitalmarkt usw. Diese Konzentration auf Spezialumwelten erlaubt für gewöhnlich einen effizienteren Arbeitsvollzug, bringt aber ungewollt das Problem der Reintegration mit sich.

*Subzielorientierung*

Als weitere Quelle von Integrationsschwierigkeiten erweist sich die im Zuge hoher Differenzierung fast unvermeidliche **Kommunikationsverdünnung**. Mit wachsender Größe stellt sich zunehmend die Tendenz ein, nur noch innerhalb des eigenen überschaubaren Bereiches Informationen auszutauschen. Die Abteilungen kapseln sich zunehmend nach „außen" (d.h. zu Abteilungen mit anderen Aufgaben) ab und differenzieren sich nach „innen".

*Entfremdung*

Zur Bewältigung des Integrationsproblems stehen dem Management grundsätzlich drei organisatorische Instrumente zur Verfügung, die sich nicht untereinander ausschließen, sondern teilweise auch ergänzen können; im Prinzip handelt sich aber um funktionale Äquivalente:

*Instrumente der Integration*

- Hierarchie,

- Programme/Pläne,

- Selbstabstimmungsregeln.

### 9.3.1  Abstimmung durch Hierarchie

*Funktionsprinzip*

Das klassische organisatorische Integrations- und Kontrollinstrument ist die Hierarchie. Das zugrunde liegende Koordinationsprinzip ist die **persönliche Anweisung durch Vorgesetzte.** Die Funktionsweise dieser Form der Abstimmung sei an einem einfachen Beispiel aufgezeigt: Arbeiter A hat seinen Arbeitsgang an einem Werkstück X beendet; der Vorgesetzte fordert Arbeiter B auf, nunmehr mit der Bearbeitung des Werkstücks X zu beginnen. Oder: In der Produktentwicklung ist ein neuer Prototyp erstellt; der Geschäftsführer weist den Werkzeugbau an, mit der Konstruktion der Werkzeuge zu beginnen. Organisatorisch gesehen bedeutet diese Form der Arbeitsvereinigung, dass Instanzen geschaffen werden müssen, die mit den entsprechenden für die Lösung der Abstimmungsprobleme erforderlichen Kompetenzen ausgestattet sind. In mehrstufigen Hierarchien gilt das Prinzip, dass Abstimmungsprobleme so lange **nach oben weitergegeben** werden, bis eine Instanz gefunden ist, die im Rahmen ihrer Entscheidungsbefugnisse die zu koordinierenden Bereiche gemeinsam umspannt. Dies ist in letzter Konsequenz immer die oberste Instanz.

*Einlinien-organisation*

Nachdem sich Abstimmungsprobleme – wie gezeigt – in vielen Fällen als **Konflikt** äußern, wird die Hierarchie auch als Instrument der Konfliktlösung und Konfliktbegrenzung betrachtet. Mit der Einrichtung eines Instanzenzugs wird festgelegt, wer endgültig über Streitfragen entscheiden kann und meist auch, was überhaupt legitimerweise eine Streitfrage werden darf. Dies gilt zumindest dann, wenn die Hierarchie klassisch nach dem so genannten **Einlinienprinzip** konstruiert ist. Maßgeblich hierfür ist das Prinzip der Einheit der Auftragserteilung, wonach ein Mitarbeiter nur einen direkt weisungsbefugten Vorgesetzten haben soll („one man, one boss"). Dies gilt nicht umgekehrt, eine Instanz ist gewöhnlich mehreren untergeordneten Stellen gegenüber weisungsbefugt (vgl. die schematische Darstellung in Abbildung 9-8).

*Mehrlinien-organisation*

Diesem Strukturtyp steht als Gegentyp das **Mehrliniensystem** gegenüber. Dieses baut auf dem Spezialisierungsprinzip auf und verteilt die Führungsaufgabe auf mehrere spezialisierte Instanzen mit der Folge, dass eine Stelle mehreren weisungsbefugten Instanzen untersteht, d. h. ein Mitarbeiter berichtet mehreren Vorgesetzten (vgl. Abbildung 9-9). Die Idee des Mehrlinienprinzips fand eine besonders prägnante Ausformulierung im Funktionsmeistersystem bei Taylor (1911). Hiermit soll durch Funktionsspezialisierung – ähnlich wie bei den Ausführungsstellen – eine Gewinnung von Übungsvorteilen und eine Verkürzung der Anlernzeiten erreicht werden. Taylor schlug je nach Aufgabenkomplexität eine Aufgliederung der Meistertätigkeit in bis zu acht verschiedene Funktionsmeisterstellen vor, z. B. Geschwindigkeitsmeister, Instandhaltungsmeister, Arbeitsverteiler usw.

**Abbildung 9-8**

*Strukturtyp der Einlinienorganisation*

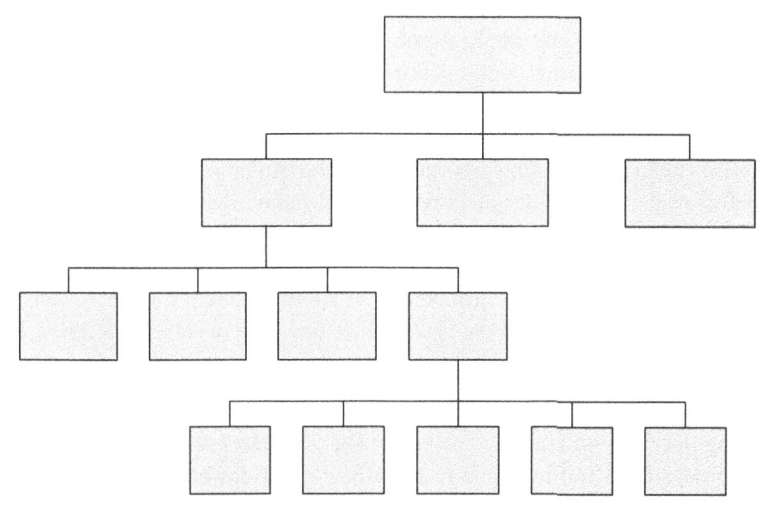

Die Idee, die Hierarchie nach dem Mehrliniensystem aufzubauen, ist lange Zeit in der Praxis wegen der damit verbundenen Aufweichung der Autoritätslinie (Verlust der Einheit der Auftragserteilung) auf wenig Akzeptanz gestoßen. Erst in neuerer Zeit finden sich vermehrt – wenn auch weniger der Spezialisierung als der verbesserten Integration wegen – Modelle, die auf einem Mehrliniensystem basieren (wie etwa die Matrixorganisation, die weiter unten noch dargestellt wird).

**Abbildung 9-9**

*Strukturtyp des Mehrliniensystems*

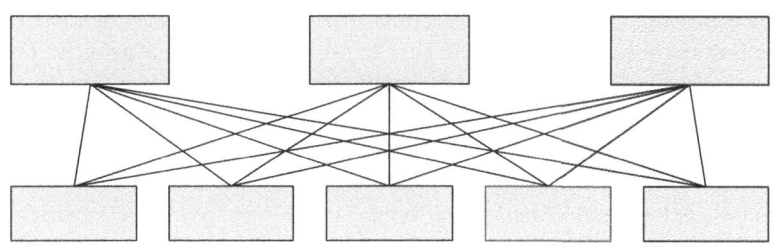

*Kontrollspanne*

Neben der Art des Liniensystems ist zum Aufbau einer Hierarchie zum zweiten über die notwendige **Anzahl der Leitungsebenen** zu entscheiden. Hierzu bestehen in der Organisationsliteratur sehr unterschiedliche Auffassungen. Ausgangspunkt der Bestimmung ist die Entscheidung über die Größe der **Kontrollspanne**. Unter Kontrollspanne versteht man die Zahl der Mitarbeiter, die einer Instanz **direkt** unterstellt sind. In der klassischen Organisationslehre war der Umfang der optimalen Kontrollspanne eines der großen Themen. Man ging von einer starken Anleitungs- und Kontrollbedürftigkeit der Mitarbeiter aus und empfahl daher, die Kontrollspanne verhältnismäßig **klein** zu halten (van Fleet/Bedeian 1977). Die als optimal betrachteten Spannen schwankten zwischen drei und zehn. Man hat jedoch bald erkannt, dass sich die Effizienz von Kontrollspannen je nach Zielstellung (Anweisung, Motivation, Teamarbeit usw.) ganz unterschiedlich darstellt (Theobald/Nicholson-Crotty 2005).

*Tiefe vs. flache*
*Hierarchie*

Das Prinzip der limitierten Kontrollspanne hat automatisch eine **tiefe Gliederung** der Stellenhierarchie zur Folge. Die Zahl der Hierarchieebenen (Leitungsintensität) kann indessen nicht in Bezug auf das erforderliche Koordinationsvolumen entschieden werden, sondern es sind auch die Führungskosten (d.h. die Kosten für die Einrichtung von Instanzen) und problematische Nebenwirkungen dagegen zu halten. Zu letzteren gehören: schleppender, vielen Störungen unterworfener Informationsfluss und damit einhergehend verminderte Reaktionsfähigkeit, sowie hoher formaler Aufwand durch hierarchiebedingte Dokumentationspflichten („Papierkrieg"). Die Mehrzahl der neueren Literatur empfiehlt daher die Einrichtung relativ **flacher** Hierarchien. Die geringeren Führungskosten, ein höheres Maß an Flexibilität, an Kommunikationsdichte und die größere Nähe zur Organisationsspitze werden als ausschlaggebende Gründe hierfür geltend gemacht. Die damit einhergehenden breiten Kontrollspannen und den dadurch drohende Koordinationsverlust versucht man, durch unpersönliche oder horizontale Integrationsarten (d.h. funktionale Äquivalente) zu kompensieren.

Die Schaffung betrieblicher Hierarchien wirft aber auch Fragen jenseits organisatorischer Zweckmäßigkeit auf. So ist sie z. B. die maßgebliche Einflussgröße für das Ausmaß an **Statusdifferenzierungen** in einer Organisation. Mit der Zahl der hierarchischen Ebenen werden auch Karrieren und Karrierewege festgelegt. Auch gilt es den Zusammenhang zwischen gesellschaftlichen und betrieblichen Hierarchien zu sehen: Betrieblicher Status beeinflusst den gesellschaftlichen Rang. Mit anderen Worten, die betriebliche Hierarchie stellt indirekt auch ein großes Reservoir an Anreizen dar.

*Bedeutung von*
*Hierarchie*

*Hierarchie*
*in der Kritik*

Ferner darf die betriebliche Hierarchie nicht nur unter funktionalen, sondern muss auch unter Herrschaftsgesichtspunkten betrachtet werden. Die vielfach zu hörenden Forderungen nach teamorientierten Arbeitsformen stellen auf eine breitere Verteilung der Entscheidungsbefugnisse ab. Die **Partizipa-**

**tion** am Entscheidungsprozess ist in diesem Zusammenhang ein zentrales Thema, dem in Zukunft bei der Organisationsgestaltung ein immer größeres Gewicht zukommen wird. Eine zu stark ausgeprägte Hierarchie findet deshalb immer weniger die Zustimmung, das Wertesystem unserer Gesellschaft richtet sich immer deutlicher auf eine Abschwächung des hierarchischen Befehl- und Gehorsamsprinzip. Das starke Interesse an Formen flacher oder „schlanker" Hierarchie (Womack et al. 1992) korrespondiert eng mit diesem allgemeinen gesellschaftlichen Wertewandel.

Aber auch unter **funktionellen Gesichtspunkten** hat sich das Instrument der hierarchischen Integration, zumal in komplexeren Organisationen, als **unzureichend** und in seinen Nebenwirkungen als **problematisch** erwiesen. Eine Abstimmung der Aktivitäten auf diesem Wege führt sehr leicht zu einer **Überlastung** der Instanzen. Es ist im Prinzip unmöglich, dass Vorgesetzte alle zwischen den ihnen unterstellten Bereichen anfallenden Abstimmungsprobleme lösen; dies anzunehmen ist, wie sich gezeigt hat, eine gefährliche und kostenträchtige Fiktion. Die Instanzen verfügen nämlich häufig nicht über die notwendigen Informationen, um eine Abstimmungsfrage sachgerecht entscheiden zu können (asymmetrische Informationsverteilung). Um an die notwendigen Informationen (z. B. über voraussichtliche Konsequenzen der Entscheidungsalternativen) heranzukommen, müssen zumeist erst zeitraubende Rückfragen angestellt oder Berichte angefordert werden. Sofern dies aus Zeitgründen nicht ohnehin unterbleibt (und also auf der Basis unzureichender Information entschieden wird), binden diese Rückfrageprozesse Kommunikationsenergien, die anderweitig gebraucht würden. Das sog. Peter-Prinzip beschreibt satirisch, dass diese Probleme mangelnder Information umso stärker zum Ausdruck kommen, je höher die jeweilige Position in der Hierarchie angesiedelt ist (Peter/Hull 2003; Lazear 2004).

*Dysfunktionen der Hierarchie*

Die hierarchische Lösung des Arbeitsvereinigungsproblems bedeutet letztlich, dass neben der **generell geregelten** Zuständigkeit jede konkrete Abstimmung **fallweise** entschieden wird – wenn auch in einem generell bestimmten Kompetenzbereich. Dies wirft nicht nur ein Licht auf die tendenzielle Ineffizienz („Unterorganisation"), sondern auch auf die **Störanfälligkeit** dieses Mechanismus. Jede physische Abwesenheit des Vorgesetzten bedroht die Arbeitsvereinigung.

*Personelle Lösung*

So ist es nicht verwunderlich, dass Organisationslehre und Praxis gleichermaßen schon frühzeitig nach zusätzlichen oder alternativen Mechanismen der Integration gesucht haben.

## 9.3.2 Abstimmung durch Programme

*Routinen und Programme*

Das in größeren Organisationen wohl am häufigsten zusätzlich verwendete Integrationsinstrument ist das Programm oder die Routine (March/Simon 1958: 142 ff.). Programme sind verbindlich festgelegte **Verfahrensrichtlinien**, also generelle Regeln im eingangs definierten Sinne, die die Arbeitsvereinigung und die Vorablösung dabei ggf. auftretender Konflikte zum Gegenstand haben. Programme können aber auch auf informellem Wege entstanden sein, d.h. Routinen, die sich eingespielt haben (Nelson 1995). Programme können Anweisungen von Vorgesetzen (= fallweise Regelungen) ersetzen oder aber zumindest ihre Zahl erheblich reduzieren. Programme nehmen Abstimmungsprobleme vorweg und versuchen diese gewissermaßen im Voraus schon zu lösen. Damit ist freilich auch gesagt, dass ein Programm nur dort entwickelt werden kann, wo die Abstimmungsproblematik antizipierbar ist. Mit anderen Worten, Programme sind – wie generelle Regeln überhaupt – sinnvollerweise nur dort einsetzbar, wo sich Abstimmungsprobleme in gleicher oder ähnlicher Form immer wieder stellen und somit einer **Standardisierung** zugänglich sind.

*Programmvarianten*

Entsprechend den Entscheidungsanforderungen unterscheidet man grundsätzlich zwischen **Routine- und Zweckprogrammen** (Luhmann 1964). Die Programmierung von Routineentscheidungen baut auf dem wiederholten Auftreten gleicher oder ähnlicher Ausgangssituationen auf, denen festgelegte Reaktionen folgen sollen. Zugrunde liegt also folgendes Muster: Immer wenn A eintritt, dann ist die Information B zu geben oder Handlung B zu ergreifen. So hat zum Beispiel ein Lagerist bei Unterschreiten der Mindestmenge auf ein Bestellformular eine vorab bestimmte Menge Rohstoff einzutragen und dieses zur Abwicklung der Bestellung an die Einkaufsabteilung weiterzuleiten. Der Anstoß zum Tätigwerden kommt durch ein Ereignis, in diesem Fall die Unterschreitung der Mindestmenge, dessen Zeitpunkt und Häufigkeit im Einzelnen **nicht voraussehbar sind.** Die Frage des Zeitpunkts muss auch nicht geregelt sein, denn jedes Mal wenn das bezeichnete Ereignis eintritt, wird das Handlungsprogramm automatisch ausgelöst. Der Entlastungseffekt von Routineprogrammen für die Hierarchie ist offenkundig.

*Führung durch Ziele*

**Zweckprogramme** legen in ihrer einfachsten Form einen Zweck fest, d. h., es wird ein bestimmter erwünschter Zustand für verbindlich erklärt (March/Simon 1958; Luhmann 1973). Dem Aufgabenträger obliegt es dann, hierzu Suchaktivitäten zu entfalten, um geeignete Mittel aufzufinden. Im Unterschied zum Routineprogramm ist hier jedoch der Zeitpunkt bedeutsam, die Wirkungsvorstellung verknüpft sich mit einem Zeitindex. Ein umfassendes Anwendungsbeispiel für die Zweckprogrammierung stellt das bekannte und neuerdings wiederum so überaus populäre „Management by Objectives" (Odiorne 1967, 1979) dar, wonach die Integration der arbeitsteiligen Leistungsprozesse nahezu ausschließlich durch Zweckprogramme geleistet werden soll. Die exakte zeitliche Fixierung der Zwecke und ihre umfassende Abstimmung untereinander spielen dort dementsprechend die herausragende Rolle. Zweckprogramme werden meist mit zusätzlichen **Bestimmungen angereichert,** um die Klasse der Mittel einzuschränken, so z. B. um Negativbestimmungen derart, dass bestimmte Nebenwirkungen nicht eintreten dürfen. Werden Zweckprogrammen zusätzliche Selektionsregeln beigegeben, so spricht man von mehrstufigen Programmen.

Im Vergleich zu den Routineprogrammen hat der Aufgabenträger bei Zweckprogrammen ersichtlich einen größeren Aktionsspielraum, obgleich dies natürlich vom Spezifikationsgrad der Zwecke abhängt. Die Größe des Spielraums ist nicht zuletzt unter Motivationsgesichtspunkten von erheblicher Bedeutung.

Die Problematik einer Abstimmung durch Programme liegt ganz offenkundig darin, dass sie der Organisation einen zu statischen Rahmen geben und damit eine zu geringe Flexibilität bei veränderten Situationen bewirken (Braun 2004). Dies gilt in besonderem Maße für das Routineprogramm, bei dem Signal und Handlung fest verkoppelt sind und ein Ausbruch aus dem Ablauf nicht vorgesehen ist. Darüber hinaus besteht die Gefahr, dass Abstimmungssituationen künstlich standardisiert werden, um sie einer Programmierung zugänglich zu machen. Die dabei erzielten schematischen Lösungen sind dann tendenziell Scheinlösungen, sie haben ihren tieferen Grund mehr in den Programmierungsanforderungen als in dem eigentlichen Abstimmungsproblem.

*Mangel an Flexibilität*

Häufig wird von der Programmierung die Abstimmung durch Planung als gesondertes Instrument unterschieden. Die Differenz zur Zweckprogrammierung ist jedoch nur schwer erkennbar, denn Pläne finden in der Regel in zeitlich bestimmten Zielen ihren Niederschlag.

## 9.3.3 Selbstabstimmungsregelungen

Die Unzulänglichkeit der zwei genannten Abstimmungsmechanismen, aber auch die überall zu beobachtende, immer weiter fortschreitende Differenzierung der Aufgabenvollzüge hat zunehmend Veranlassung zur Entwicklung neuer Integrationsformen gegeben. Die Tendenz geht dabei eindeutig hin zu einer **horizontalen Koordination** im Sinne einer Selbstabstimmung. Diese zielt auf eine direkte Abstimmung der Aktivitäten zwischen den betroffenen Aufgabenträgern. Die Initiative zur Abstimmung soll von den Aufgabenträgern selbst ausgehen, sie stellen die notwendigen Verknüpfungen nach eigenem Ermessen her. Dabei hat man vor allem solche Verknüpfungsprobleme im Auge, die zeitlich und/oder sachlich nicht vorhersehbar sind.

*Horizontale Abstimmung*

*Spontane horizontale Kooperation*

In nahezu allen Organisationen finden sich Initiativen der Mitarbeiter, Abstimmungsmängel durch Selbstabstimmung auszugleichen, wenngleich auch solche Initiativen nicht selten in den Verdacht unwirtschaftlicher **Improvisation** oder gar des Illegalen gerät. Die vertikale Führungsorganisation sieht ihre Autorität häufig durch diese Spontanabstimmung in Frage gestellt (Nichteinhaltung des Dienstweges, Kompetenzüberschreitung usw.). Trotz meist bestehender Sanktionsdrohung hat sich die horizontale Spontanabstimmung speziell in stark hierarchischen Organisationen als unverzichtbares Korrektiv erwiesen. Die Störungskosten und Reibungsverluste würden in vielen Fällen ins Unermessliche steigen, sollten bei Abstimmungsfragen immer der vorgeschriebene Dienstweg oder das Programm eingehalten werden. Die spontane Selbstabstimmung ist jedoch im eigentlichen Sinne kein Instrument, das Führungskräfte geplant einsetzen könnten. Sie wird ja aus der „Not" geboren und zeichnet sich eben gerade durch ihre Spontaneität (Ungeplantheit) aus.

*Förderung der Selbstabstimmung*

Neuere Ansätze der Organisationslehre versuchen, diese spontane Bereitschaft, sich untereinander abzustimmen, auf breiter Basis zu nutzen; sie nehmen ihnen den Ruch der Illegitimität und treffen institutionelle Vorkehrungen, um ihre Funktionstüchtigkeit zu fördern. Dort, wo die Selbstabstimmung als organisatorisches Instrument eingesetzt wird, stellt sie auf die Schaffung verbindlicher, autorisierter Problemlösungen ab. Deshalb sollte auch zwischen institutionalisierten Formen und der spontanen Form der Selbstabstimmung unterschieden werden.

Zwischenzeitlich sind zahlreiche Formen einer organisierten horizontalen Selbstabstimmung entwickelt worden (Daft 1998: 250 ff.). Die bekanntesten seien im Folgenden kurz aufgeführt.

*Projektbezogene Kooperation*

**Ausschüsse.** Häufig werden problembezogen Arbeitsgruppen mit Mitgliedern verschiedener Abteilungen eingerichtet zur Lösung spezifischer Abstimmungsprobleme. Es sind dies gewissermaßen Koordinationsprojekte mit zeitlicher Begrenzung und mit einer relativ klar umrissenen Aufgabe.

**Abteilungsleiterkonferenzen.** Die Einrichtung solcher Besprechungen dient in erster Linie dazu, Abstimmungsprobleme und Konflikte zwischen Abteilungen zu klären. Im Unterschied zu den Ausschüssen sind diese Konferenzen permanente Einrichtungen einer unspezifischen Aufgabe. Sie sollen die

*Ständige Konferenz*

allfälligen und mit einer gewissen Regelmäßigkeit zwischen den Abteilungen auftretenden Anschlussprobleme auf direktem Wege, also ohne Einschaltung der vorgesetzten Instanzen, einer Lösung zuführen.

*„Liaison role"*

**Koordinatoren.** Ein anderes häufig verwendetes Instrument ist die Benennung von Koordinatoren, die für eine kontinuierliche Abstimmung zwischen leistungsmäßig angrenzenden Abteilungen zu sorgen haben und bei auftretenden Konflikten aktiv nach einer Lösungsmöglichkeit suchen sollen („Liaison role"). Typisch für diese Koordinationslösung sind z. B. Kontaktleute in Rechenzentren oder Personalabteilungen, z. B. die Kontaktperson für Werk A oder die Kontaktperson für die Buchhaltung.

**Integrationsstellen.** Eine weiter gehende Institutionalisierung der Koordinationsaufgabe ist die Bildung von Integrationsstellen, die sich hauptsächlich um die horizontale Koordination der Aktivitäten verschiedener Abteilungen kümmern sollen. Die Besonderheit dabei ist, dass die Integratoren nicht Mitglied einer der zu integrierenden Abteilungen sind, sondern einen separaten Status erhalten. Die bekannteste Anwendungsform ist das Produktmanagement, dessen Hauptaufgabe darin besteht, sämtliche Aktivitäten für Entwicklung, Fertigung und Vermarktung eines Produkts so aufeinander abzustimmen, dass die übergreifende Produktzielsetzung zum Tragen kommt. Es hat vor allem dafür zu sorgen, dass sich die durch Arbeitsteilung entstehenden Teilziele der Funktionsabteilungen nicht verselbständigen (z. B. Perfektionsstreben der Entwicklungsabteilung, Standardisierungsbestreben der Fertigungsleitung).

*Integratoren*

**Matrixorganisation.** Eine systematische Ausgestaltung erhält das Konzept der Integrationsstelle in der so genannten Matrixorganisation. Hier wird die gesamte funktionale Organisation horizontal von einer produkt- oder projektorientierten Organisation überlagert (vgl. Abbildung 9-10). Die Leiter der Funktionsabteilungen sind für die effiziente Abwicklung der Aufgaben ihrer Funktionen verantwortlich und für die Integration des arbeitsteiligen Leistungsprozesses innerhalb ihrer Funktionen. Im Unterschied dazu haben die Produkt- oder Projektmanager das Gesamtziel ihres Produkts oder ihres Projekts über die Funktionen hinweg zu verfolgen. Sie sollen mit anderen Worten die zentrifugalen Effekte, die eine komplexe Arbeitsteilung mit sich bringt, auffangen und den Ressourceneinsatz aus einer integrativen Perspektive bündeln helfen.

*Mehrlinien-organisation*

Die Besonderheit bei der Matrixorganisation ist nun, dass bei Konflikten keine organisatorisch bestimmte Dominanzlösung zugunsten der einen oder der anderen Achse geschaffen wird. Man vertraut auf die **Argumentation** und die Bereitschaft zur **Kooperation**. Mit diesem kompetenzmäßig nicht endgültig geregelten Aufeinandertreffen von Funktions- und Produkt/Projekt-Belangen wird der Konflikt zwischen Differenzierungs- und Integrationsnotwendigkeit direkt in die Organisation hineingetragen und seine Lösung der Verhandlung und Abstimmung anheim gestellt. Konflikt wird in diesem Konzept nicht mehr länger als Bedrohung einer Ordnung verstanden, sondern als produktives Element, das die Abstimmungsprobleme einer sinnvollen Lösung zuführen kann.

*Keine vorgeregelte Konfliktlösung*

*Steigender Bedarf*

Es dürfte klar sein, dass sich mit zunehmendem Integrationsbedarf der Aufgabenvollzüge (infolge zunehmender Differenzierung und der damit einhergehenden zunehmenden Komplexität der Transaktionen) immer mehr der Einsatz solcher institutionalisierten lateralen Abstimmungsmechanismen, wie es z. B. die Matrixorganisation darstellt, erforderlich wird.

---

*Abbildung 9-10* | *Die Matrixorganisation (Produkt-Funktions-Matrixorganisation)*

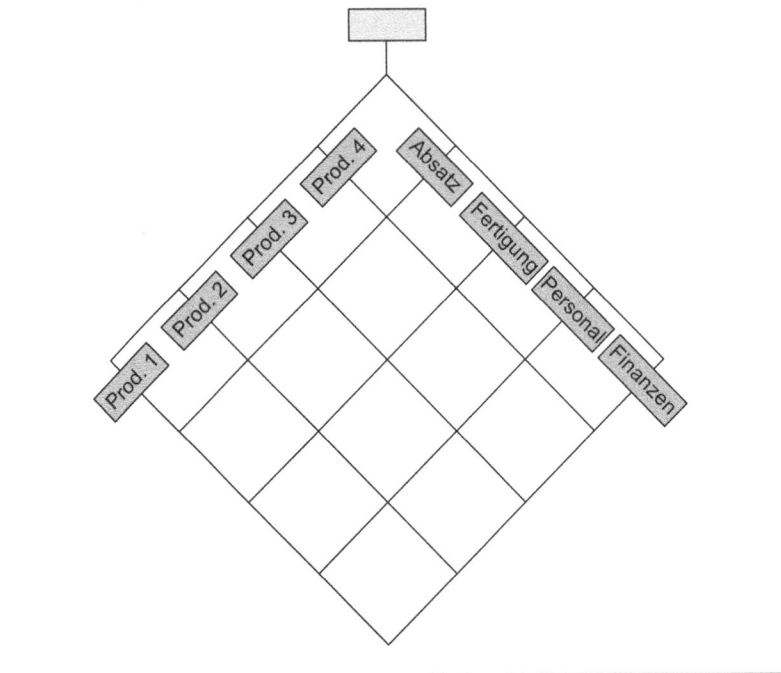

*Hürden*

In der Praxis ist die Matrixorganisation allerdings nicht unumstritten, bringt sie doch eine erhebliche Revision des traditionellen hierarchischen Gefüges und der damit verbundenen eingefahrenen Verhaltens- und Denkweisen mit sich (Larson/Gobeli 1987). Die besondere Hürde bei Übernahme des Matrix-Konzepts ist vor allem die Abkehr von dem Prinzip der Einheit der Auftragserteilung und damit die Aufgabe der Einlinien – zugunsten einer Mehrlinienorganisation. Funktionsmanagement und Produkt- oder Projektmanagement stehen sich **gleichberechtigt** gegenüber, und nachgeordnete Mitarbeiter haben in bestimmten Fällen zwei Vorgesetzte.

Dieses **Mehrliniensystem** erfordert zwangsläufig eine Vielzahl von Abstimmungsprozeduren und Konferenzen, um die von dieser Struktur-Konfiguration verstärkten Konflikte zu lösen. Es gilt jedoch zu sehen, dass die Matrix-Konfiguration meistens nur für eine und keineswegs für alle hierarchischen Ebenen gilt.

Insgesamt gesehen hat die Matrixorganisation neben ihren augenscheinlichen Vorteilen (höhere Integrationsdichte und -qualität, mehr Flexibilität, stärkere Gesamtzielorientierung) auch klare Nachteile. Neben dem bereits erwähnten **hohen zeitlichen Bedarf** für die Abstimmungsprozeduren (diese müssen allerdings in anderen Organisationsformen auch, nur in anderer Form, geleistet werden), bringt die enorme Erhöhung der strukturellen **Binnenkomplexität** die Gefahr des Orientierungsverlusts mit sich. Der Einsatz der Matrixorganisation ist deshalb nur dort sinnvoll, wo der Integrationsbedarf durch besondere Umstände sehr hoch ist, wie etwa in der Flugzeug-Industrie (Davis/Lawrence 1977; Ford/Randolph 1992). *Nachteile*

Funktionstüchtig ist die Matrixorganisation grundsätzlich nur dann, wenn die **personellen Voraussetzungen** dafür geschaffen worden sind. Die betroffenen Personen müssen in der Lage sein, sich von dem herkömmlichen hierarchischen Autoritätsdenken zu lösen und stattdessen auf ihre Konfliktregelungskompetenz zu vertrauen. Der für die Matrixkoordination typische geringe Einsatz formaler Machtmittel und das hohe Maß offener Konfliktaustragung erfordern in der Regel eine Neuorientierung im Verhalten, die nicht ohne weiteres vorausgesetzt werden kann. *Rand-bedingungen*

In jüngerer Zeit wird die Matrixorganisation besonders häufig für die Koordination von **Projekten** innerhalb funktionaler oder divisionaler Strukturen verwendet. Der Hauptunterschied besteht darin, dass die Projektstruktur nur eine temporäre Struktur ist, d.h. die Projekte, die als zweite oder ggf. auch als dritte Strukturdimension („Tensororganisation") eingeführt werden, sind von vornherein als zeitlich begrenzte Aufgabe definiert und werden deshalb auch nicht dauerhaft eingerichtet. Projekte können aber natürlich auch nur für sich, also ohne Matrixhintergrund, organisiert werden im Sinne einer reinen Projektorganisation (Grün 2004; Lindkvist 2008).

**Organisatorische Netzwerke.** Die Einrichtung partiell verselbstständigter Gruppen und Subsysteme sowie ihre Vernetzung durch Doppelmitgliedschaften ist eine umfassendere Umsetzung des Konzepts der horizontalen Integration. Bahnbrechende Vorarbeit für diese moderne Organisationsform hat Rensis Likert (1961, 1967) mit seinem Modell der multiplen Überlappungsstruktur (System 4) geschaffen.

Mit den Intentionen von Likert vergleichbare, doch wesentlich weniger „organisierte" Modelle sind die **Adhocratie** (Mintzberg 1979), die **modulare Organisation** (Picot et al. 2003) sowie andere Formen **interner Netzwerke** (Miles/Snow 1995; Miles et al. 2005; van den Bosch/Van Wijk 2000). *Weitere Modelle*

*Grundmerkmale*

Dies alles sind Modelle, die im Wesentlichen auf **informelle** Kommunikation und Koordination nach eigenem Ermessen vertrauen und setzen damit – neben den personellen Faktoren – bestimmte Eigenschaften der informalen Struktur voraus (vgl. dazu Kapitel 10).

*Personelle Voraussetzungen*

Auf die personellen Voraussetzungen für das Funktionieren lateraler Kooperation lassen sich wie folgt zusammenfassen:

- Hohe Bereitschaft zu **kooperativem Verhalten** (gegenseitiges Vertrauen statt Feindseligkeit und Angst vor Betrug).

- Das Arbeitsklima und die Unternehmenskultur müssen so geartet sein, dass Koordinationskonflikte und -probleme offen zutage treten und in **direkter Kommunikation** bewältigt werden können (offene Konfliktaustragung).

- Einflussausübung muss auch ohne Linienautorität möglich sein (**Sachautorität**).

- Die Entscheidungsprozesse und die interpersonalen Beziehungen müssen so geartet sein, dass eine Person auch dann ihre Aufgabe gut erfüllt, wenn sie zwei oder mehreren Personen (hierarchisch) untersteht (**eigenverantwortliches Handeln**).

### 9.3.4 Prozessorganisation

*Abbau von Schnittstellen*

Die vorstehend erläuterten Integrationsmaßnahmen wurden als Antwort auf die zunehmende Differenzierung von Unternehmen entwickelt. So sehr sie auch geeignet sein mögen, die organisatorische Integration zu fördern, so bringen sie doch – paradox genug – ein Problem mit sich, sie erhöhen die organisatorische Binnenkomplexität noch weiter. Dies ist vor allem bei der Matrix-/Projektorganisation deutlich geworden. In jüngerer Zeit wird verstärkt eine alternative diskutiert, der diesem Dilemma zu entrinnen sucht, gemeint ist das Business Reengineering oder enger: **Prozessorganisation** (Hammer/Champy 1994; Osterloh/Frost 2006). Vereinfachend gesagt, stellt dieser Ansatz nicht darauf ab, die negativen Folgen einer im Zuge der fortschreitenden Arbeitsteilung unvermeidlich gewordenen Systemdifferenzierung durch Integrationsinstrumente abzumildern, sondern er will die Quelle des Problems beseitigen, d. h. die Differenzierung und die Zahl der damit einhergehenden Schnittstellen abbauen.

*Ausrichtung auf Geschäftsprozesse*

Die vormals getrennten Spezialfunktionen sollen wieder verschmolzen und zu einem „Prozess" zusammengefasst (Hammer/Champy 1994: 72 ff.). Die Fragmentierung des Prozesses und die damit einhergehenden Schnittstellen sollen aufgelöst und möglichst einem einzigen Mitarbeiter übertragen werden, dem so genannten „**Caseworker**". Ist aufgrund örtlicher oder zeitlicher Probleme eine Unterteilung des Prozesses in zwei oder drei Schritte nötig, so ist ein „Caseteam" zu bilden, also eine Gruppe von Mitarbeitern, die gemeinschaftlich für den Prozess verantwortlich ist. Dabei soll nicht nur horizontal, sondern auch vertikal komprimiert werden, um die **Prozessbeauftragten** („process owners") mit allen erforderlichen Kompetenzen zu versorgen. Auf eine differenzierte Hierarchie soll wird im Grundsatz verzichtet werden, die Beschäftigten disponieren nach eigenem Ermessen und kontrollieren sich selbst über die Ergebnisse („empowerment"). Auch für die Außenwelt, speziell die Kunden, vereinfacht sich die organisatorische Welt, sie haben nur noch eine einzige Anlaufstelle, eben Caseworker oder Caseteams. Der **Informationstechnologie** wird dabei eine tragende Rolle zugeschrieben („Workflow Management"), sie und nur sie ermöglicht erst die rasche Verfügbarmachung aller der Informationen, wie sie für ganzheitliche Prozessbearbeitung und das Prozesscontrolling erforderlich sind. Insgesamt soll durch die Umstellung auf die Prozessorganisation die Auftragsabwicklung bis zu zehnmal schneller geschehen als unter dem fragmentarischen Regime. Darüber hinaus werden breitflächige Kostensenkungen versprochen.

So verblüffend einfach und überzeugend diese Lösung auch auf den ersten Blick erscheinen mag, auf den zweiten ist sie es nicht; dabei soll einmal ganz davon abgesehen werden, dass der behauptete Erfolg bislang in nur wenigen Fällen tatsächlich eintrat (Maier 1997). Gewiss ist es richtig, dass man bei vielen Einzelprozessen die Arbeitsteilung mit Gewinn zurückführen kann – das haben ja auch immer wieder viele Job-Enrichment- und Gruppenarbeitsexperimente gezeigt. Dabei handelt es sich aber immer um einzelne neu strukturierte Arbeitssequenzen, nie geht es um die Neustrukturierung des Gesamtsystems. Mit anderen Worten, der Fragmentierung einzelner Arbeitsabläufe lässt sich u. U. mit Gewinn eine integrierte Prozessfolge entgegenstellen, niemals aber wird man in einer hochkomplexen (post-)industriellen Gesellschaft das Spezialisierungsprinzip wieder aufheben können. Wie sonst als durch Spezialisierung sollten die verschiedenen komplexen Problembestände abgearbeitet werden können? Wie sollte man sich die Entwicklung, Fertigung und Vertrieb eines Automobils ohne Spezialisierung vorstellen? Es muss also zahllose spezialisierte Prozesse in den Unternehmen geben, die also wieder mit Abbrüchen arbeiten müssen.

*Realisierungsprobleme*

Darüber hinaus ist es eine Illusion anzunehmen, man könnte die Leistungsprozesse so gut voneinander abtrennen, dass sie für sich stehen. Es werden immer tiefgehende **Interdependenzen** zwischen den Prozessen verbleiben, die nach einem prozessübergreifenden **Integrationsmanagement** verlangen. Im Ergebnis werden dann ja nur vertikale Schnittstellen zwischen den Funktionen durch horizontale Schnittstellen zwischen den Prozessen ersetzt.

*Vernachlässigung von Interdependenzen*

*Resümee*  Insgesamt lässt sich festhalten, dass auch jede noch so radikale Prozessorganisation sich sinnvoll nur vor dem Hintergrund des Prinzips tief greifender Spezialisierung denken lässt. Damit aber stellen sich die Systeme nach wie vor als hoch (prozess-)differenziert dar mit dem unvermeidlichen Zwillingsproblem der Integration, wenn auch mit **neuen Integrationsproblemen**. Es zeigt sich erneut, das Integrationsproblem kann nur bearbeitet („gemanagt"), nicht aber endgültig gelöst werden. Für die Bearbeitung stehen zahlreiche Instrumente zur Verfügung, unter anderem auch die Zusammenfassung von Arbeitssequenzen zu mehr ganzheitlichen Prozessen.

## 9.4 Einflussgrößen der Organisationsgestaltung

*Geflecht von Einflusskräften*  Die formale Organisationsgestaltung, wie sie hier beschrieben wurde, findet nicht in einem „luftleeren" Raum statt, sondern unterliegt – wie andere Entscheidungen auch – mehr oder weniger engen Restriktionen. Fragt man nach den hier wesentlichen Einflusskräften, so findet man in der Literatur vor allem die in Abbildung 9-11 gezeigten vier Faktoren.

---

*Abbildung 9-11*  *Einflussgrößen im Strukturbildungsprozess*

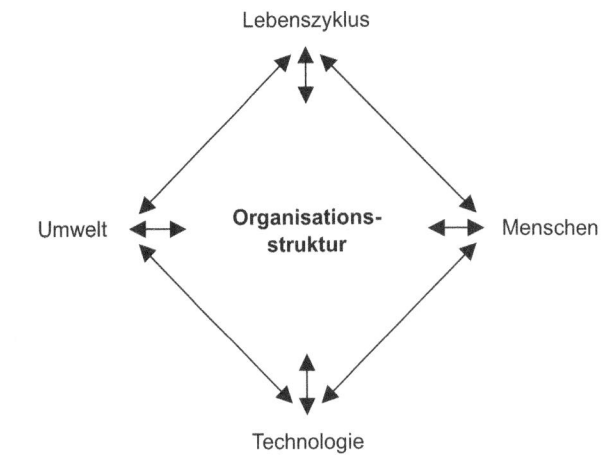

In der Organisationstheorie wurden diese Einflusskräfte zeitweise als Determinanten, ja als Imperative behandelt, die das ganze Organisationsdesign bestimmen (Kontingenztheorie). Heute werden der Einfluss der Organisation auf diese Kräfte und die **Gestaltungsalternativen** bei gegebenen externen Daten gleichermaßen betont, so dass man eher von einem komplexen Interaktionsverhältnis ausgehen muss (Schreyögg 1995; Ortmann et al. 2000).

*Interaktions-theorie vs. Kontingenz-theorie*

Darüber hinaus stehen diese Bedingungsfaktoren nicht nur mit der Strukturierungsaufgabe, sondern auch untereinander in einem gegenseitigen Einflussverhältnis; so beeinflusst z. B. die Wahl der Technologie das Verhalten der Menschen (Monotonieproblem), die Umwelt beeinflusst über den technischen Fortschritt die Wahl der Technologie usw., so dass in mehrfacher Hinsicht von interaktiven Prozessen auszugehen ist (vgl. Abbildung 9-11).

**Umwelt.** Die Umwelt wirkt in vielfacher Weise auf den Prozess der Organisationsgestaltung ein. Man denke an Faktoren wie gesetzliche Vorschriften (z. B. das Aktiengesetz), die Wettbewerbsintensität auf den Gütermärkten, das Bildungssystem, das politische Werte-Klima usw., sie alle spielen eine bedeutsame Rolle bei Fragen der Organisationsgestaltung. Umgekehrt wirken aber auch Unternehmen in vielfacher Weise auf die Umwelt ein und versuchen, diese im Sinne der eigenen Zielsetzung zu ändern.

*Organisation und Umwelt*

In der Organisationstheorie hat man die Umwelt hauptsächlich mit formalen Kriterien beschrieben und in ihren Wirkungen studiert, insbesondere nach

*Umweltkriterien*

- Unsicherheit versus Sicherheit

- Turbulenz versus Stabilität

- Komplexität versus Überschaubarkeit.

Die Kriterien Sicherheit, Stabilität und Überschaubarkeit der Umwelt laufen alle darauf hinaus, dass die Randbedingungen und damit die Aufgabenanforderungen über einen längeren Zeitraum gleich bleiben, dass die zu ihrer Bewältigung erforderlichen Informationen präzise und die aufgabenrelevanten Kausalbeziehungen weitgehend bekannt sind. Stabilen Umwelten ist nach weit verbreiteter Auffassung am effektivsten mit stark formalisierten, hierarchiebetonte Organisationsmustern zu begegnen. Im Unterschied dazu werden für unsichere, turbulente und komplexe Umwelten dazu wenig formalisierte, kooperative Organisationsformen als effektivste Antwort begriffen. Letztgenannte werden heute für gewöhnlich als organische, erstere als mechanistische Organisationsformen bezeichnet (vgl. Kasten 9-1).

---

## Kasten 9-1

**Organische versus mechanistische Organisationsformen**

„Sobald Neuartigkeit und Unvertrautheit sowohl im Markt als auch in der Technologie zur Regel geworden sind, wird ein anderes Managementsystem erforderlich, das sich völlig von dem unterscheidet, das bei einer relativ stabilen ökonomischen und technologischen Umwelt passt." Mit dieser Feststellung fassen Burns und Stalker die Erkenntnisse zusammen, die sie in langjährigen empirischen Untersuchungen gewonnen haben. Darauf aufbauend formulieren sie für die beiden Extremsituationen einer stabilen sowie einer turbulenten Umwelt zwei völlig gegensätzliche Arten von Managementsystemen aus, nämlich das mechanistische (bei stabiler Umwelt) und das organische (bei turbulenter Umwelt). Die Hauptmerkmale der beiden Managementsysteme sind:

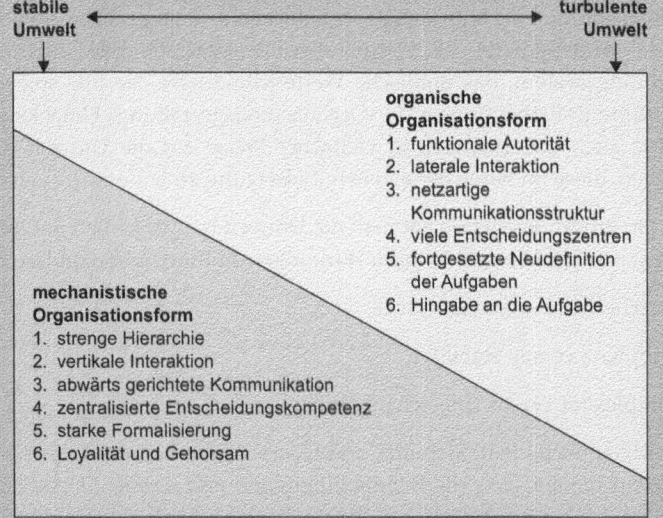

stabile Umwelt ←——————————————→ turbulente Umwelt

**organische Organisationsform**
1. funktionale Autorität
2. laterale Interaktion
3. netzartige Kommunikationsstruktur
4. viele Entscheidungszentren
5. fortgesetzte Neudefinition der Aufgaben
6. Hingabe an die Aufgabe

**mechanistische Organisationsform**
1. strenge Hierarchie
2. vertikale Interaktion
3. abwärts gerichtete Kommunikation
4. zentralisierte Entscheidungskompetenz
5. starke Formalisierung
6. Loyalität und Gehorsam

„Unsere Absicht war es, die Angemessenheit eines jeden Managementsystems für seine eigenen spezifischen Bedingungen herauszustellen. Genauso möchten wir den Eindruck vermeiden, als sei eines der Systeme dem anderen unter allen Umständen überlegen. Nichts aus unseren Erfahrungen rechtfertigt die Behauptung, dass mechanistische Systeme auch unter Bedingungen der Stabilität durch organische zu ersetzen seien. Für jede Organisationsgestaltung gilt es daher festzustellen, dass es nicht einen einzigen optimalen Typus eines Managementsystems gibt."

Quelle: Burns/Stalker 1961, insbesondere 6. Kapitel (Übersetzung d.d. Verf.)

Im kontingenztheoretischen Ansatz wird die Umwelt als determinierende Kraft verstanden, die je nach Ausprägung unterschiedliche Organisationsstrukturen erzwingt. Unternehmen – so die These –, die sich den Umweltimperativen nicht beugen und eine zur Umwelt inkongruente Strukturform wählen, erleiden erhebliche Effizienzeinbußen oder Reibungsverlust, die über längere Zeit hinweg zum Ruin führen. Diese strenge umweltdeterministische Sicht gilt heute – wie eingangs bereits betont – als überholt und ist einem **Umweltinteraktionsmodell** gewichen, das die wechselseitigen Einflussbeziehungen von Umwelt und Organisation zum Thema macht (Schreyögg 1995; Pfeffer 1997).

*Wirkungs-
richtung*

**Technologie.** Als weitere herausragende Einflussgröße gilt die Technologie, und zwar die Fertigungstechnologie wie auch die Informationstechnologie. Wurde längere Zeit davon ausgegangen, dass die Technologie praktisch die Organisationsstruktur determiniert (zuerst Woodward 1965), so haben nähere Analysen jedoch immer wieder bestätigt, dass die Technologie lediglich einen groben Rahmen absteckt, innerhalb dessen ein beträchtlicher Organisationsspielraum verbleibt.

*Technologie und
Organisation*

Sehr viel besser als bei dem hinter dem „technologischen Imperativ" ist es innerhalb eines so genannten **sozio-technischen** Ansatzes möglich, die vorhandenen Organisationsspielräume darzustellen (Emery/Trist 1965), die die Technologie lässt bzw. überhaupt erst eröffnet. Dieser Ansatz betrachtet die Technologie im Grundsatz als endogene Variable, die es gleichermaßen wie das soziale System in den Gestaltungsprozess einzubeziehen gilt und nicht als schlichter Imperativ vorauszusetzen ist (Sydow 1985; Mumford 2000). Die jüngsten technologischen Entwicklungen, vor allem in der **Informations- und Kommunikationstechnologie,** lassen den interaktiven Charakter von Technologien immer deutlicher werden. Technologien sind das Ergebnis von Vorentscheidungen und prägen so den Strukturgestaltungsprozess. Technologie trifft aber nicht als fertiges Gut bei den Anwendern ein, sondern wird im Anwendungsprozess verändert, d. h., sie wird partiell selbst zum Ergebnis von Organisationsentscheidungen (Fulk 1993; Orlikowski 2000). Dabei zeigen sich unterschiedliche Anpassungsmuster. Eine bekannte These besagt, dass Organisationen zur Veränderung ihrer Technologien Aktionsfenster öffnen („**windows of opportunity**"), die sie nach gewisser Zeit aus verschiedenen Gründen heraus wieder schließen (Tyre/Orlikowski 1994). Andere Studien zeigen, dass dies nicht durchgängig gilt. Es gibt auch andere Anpassungsmuster, die eher kontinuierlichen Veränderungsprozessen folgen (Schreyögg et al. 2007). Die Organisationsgestaltung kann in allen diesen Fällen nicht mehr von einer fest stehenden Einflussgröße „Technologie" ausgehen, sondern hat den veränderlichen Charakter der Technologie in ihre Gestaltungsmaßnahmen einzubeziehen. Dieses Flexibilitätserfordernis läuft dann im Ergebnis eher auf eine „organische" Organisationsgestaltung (vgl. oben) hinaus.

*Sozio-technische
Analyse*

*Dynamische Perspektive*

**Lebenszyklus.** Eine weitere wichtige, wenn auch gänzlich anders geartete Einflussgröße für die Organisationsgestaltung ist die Entwicklungsphase, in der sich das Unternehmen befindet, oder allgemeiner der Lebenszyklus. Es macht einen Unterschied für die Lösung der Organisationsaufgabe, ob die Unternehmung gerade erst gegründet wurde, sich also in der Pionierphase befindet, oder ob sie bereits über 100 Jahre alt ist und schon die verschiedensten Strukturformen erlebt hat (Quinn/Cameron 1983). Organisieren ist somit auch ein historischer Prozess; jede Gestaltungsmaßnahme steht in der Geschichte der Maßnahmen, frühere Entscheidungen und die in dem betreffenden Unternehmen angesammelten Organisationserfahrungen sind nicht ohne Einfluss auf zukünftige Gestaltungsentscheidungen (Boeker 1989; Teece et al. 1997).

*Phasen-Modell*

Obgleich eine schlichte Analogie zwischen der Entwicklung natürlichen Lebewesen und des „künstlichen" Gebildes Unternehmung nicht möglich ist, lässt sich doch in Anklängen für die Unternehmensentwicklung ein gewisser Lebenszyklus konstatieren, etwa mit den Phasen: Gründung, Wachstum, Konsolidierung und eventuell (aber keineswegs zwangsläufig) Niedergang (Miller/Friesen 1984; Türk 1989).

Die einzelnen Phasen stellen an die organisatorische Gestaltung unterschiedliche Anforderungen. So bedarf es in der Phase des Übergangs vom Pionierunternehmen zu häufig der Einführung formeller Regeln, wobei es in späteren Phasen häufig notwendig ist, wieder zu Entbürokratisieren. Zudem verweist die Lebenszyklusidee neben der historischen und prozessualen Betrachtung von Organisationen darauf, dass ein solcher Entwicklungsprozess immer auch mit der Ausbildung bestimmter Denkmuster und informaler Strukturen einhergeht. Somit sind gerade Revitalisierungsphasen häufig mit einem starken Wandel verbunden. Bevor ein Turnaround und eine Neuorganisation Fuß fassen können, müssen vorab die meist jahrelang eingeschliffenen Organisationsstrukturen und Denkmuster soweit gelockert worden sein, dass eine Revitalisierung überhaupt möglich wird (Beer et al. 1990).

*Anpassungsfähigkeit*

Die Lebenszyklus-Betrachtung verweist auf die Adaptions-Fähigkeit, die Organisationsstrukturen besitzen müssen, um die Probleme bewältigen zu können, die sich aus der Phasenentwicklung und deren Übergängen heraus ergeben. Natürlich gibt auch diese Lebenszyklusbetrachtung – ähnlich wie die Umwelt und die Technologie – nur einen groben Rahmen für die sich immer wieder verändernde Organisationsproblematik, keineswegs bestimmen die einzelnen Phasen die Strukturform im Einzelnen. Darüber hinaus sei darauf verwiesen, dass die Entwicklung einer Unternehmung kein automatischer Prozess ist, es ist ja gerade das Ziel der Unternehmensführung und der strategischen Planung, diesen Prozess zu steuern.

**Motivation.** Schließlich ist die Motivation der Organisationsmitglieder ein entscheidender Faktor bei der Organisationsgestaltung, d.h. die Bedürfnisse, Erwartungen und Verhaltensweisen sind ein relevanter Faktor bei der Wahl der geeigneten Organisationsform. Umgekehrt wird das Individuum aber auch in seinen Erwartungen und seiner Lebenslage über den formellen Zweck hinaus von einer gegebenen Organisationsstruktur beeinflusst (z. B. Resignation aufgrund ständiger Unterforderung in hochgradig fragmentierten Arbeitsprozessen) (Argyris 1964; Neuberger 2000b).

Die große Bedeutung der Erwartungen von Organisationsmitgliedern für die Organisationsaufgabe blieb lange Zeit unerkannt. Man war vollständig an der Grundidee des Organisierens orientiert, organisatorische Strukturen zu schaffen, die menschliches Verhalten kanalisieren und unerwünschte Handlungsalternativen ausschließen können. Was nicht bedacht wurde, sind die Wirkungen organisatorischer Strukturformen auf die Motivation und vor allem die negativen Konsequenzen, die aus demotivierenden Organisationsformen resultieren (vgl. hier vor allem die Pionier-Arbeiten von Argyris 1964, die die negativen Folgen stark hierarchischer Organisation in Form von Unzufriedenheit, Frustration usw. aufgezeigt haben). Auf die Bedeutung der Motivation für die Organisationsgestaltung wurde bereits im sechsten Kapitel eingegangen, so dass sich an dieser Stelle eine eingehende Behandlung erübrigt.

*Struktur und Motivation*

Neben dem Gesichtspunkt der Motivation ist jedoch noch auf eine ganz andere Art des Einflusses der Organisationsmitglieder und ihrer Erwartungen hinzuweisen. Es sind dies die Taktiken, Koalitionen und informellen Machtpositionen, die sich in jeder Organisation auf die eine oder andere Weise herausbilden, und die die Definition und Lösung von Organisationsproblemen ganz erheblich mit beeinflussen (Pfeffer 1978; Kirsch 1988; Küpper/Ortmann 2002). Die Organisationsgestaltung wird aus dieser Perspektive – jedenfalls zu Teilen – Gegenstand eines **politischen Prozesses** (bisweilen auch „Mikropolitik" genannt), in dem die widerstreitenden Interessengruppen versuchen, ihren Vorstellungen Geltung zu verschaffen. Die Lösung des Organisationsproblems hängt dann sehr stark davon ab, welche Gruppe am meisten Einflusskraft erwerben und entfalten kann und inwieweit es anderen Interessen gelingt, für diesen Entscheidungsprozess Restriktionen in ihrem Sinne zu setzen (Crozier/Friedberg 1979).

*Politische Prozesse*

Die formelle und informelle Verteilung von Einflusschancen muss deshalb als wichtige faktische Randbedingung für das Organisieren angesehen werden. Die informelle Seite der Organisation ist Gegenstand des nächsten Kapitels.

## Lernkontrollfragen

1. Was besagt das Substitutionsprinzip der Organisation von Gutenberg?

2. Wie unterscheidet sich die Managementholding von einer divisionalen Organisation?

3. Was versteht man unter „Stabsarbeit"?

4. Welche Vor- und Nachteile sind mit einer organisatorischen Trennung des Entscheidungsprozesses verbunden?

5. Wie unterscheiden sich Routineprogramme von Zweckprogrammen?

6. Inwiefern ist die Führung durch Ziele eine „Programmierung"?

7. Auf welchen Grundprinzipien beruht die Matrixorganisation?

*Lösungshinweise zu den Lernkontrollfragen erhalten Sie unter www.gabler.de*

## Diskussionsfragen

1. Gibt es Organisationen, in denen sich (im Rahmen des Substitutionsgesetzes) praktisch keine fallweise durch eine generelle Regel ersetzen lässt?

2. Kann man heute noch eine funktionale Organisation empfehlen?

3. Analysieren Sie die logische Struktur eines Routineprogramms!

4. Warum ist die Matrixorganisation als Integrationsinstrument der Selbstabstimmung zu verstehen?

5. „Die Prozessorganisation ist eine schnittstellenarme Organisation." Diskutieren Sie diese Aussage!

6. Was spricht dafür, was dagegen die Lebenszyklusphase als Bestimmungsfaktor für die Organisationsgestaltung zu begreifen?

7. In welchem Sinne ist die Motivation eine zentrale Einflussgröße für die organisatorische Strukturgestaltung?

# Fallstudie:
# Gross AG

*Das Telefon klingelte und Meiser drangen äußerst entrüstete Worte ins Ohr: "Herr Meiser, was fällt Ihnen ein, einen Bericht bei der Geschäftsleitung einzureichen, ohne ihn erst mit dem betroffenen Spartenleiter abzustimmen!"*

*„Lieber Herr Gusse, meine Mitarbeiter haben sich wiederholt darum bemüht, bei Herrn Schröder vorzusprechen, aber sie kamen immer nur bis zum Vorzimmer."*

*„Ich glaube Ihnen kein Wort. Schröder ist über den Vorfall äußerst entrüstet. Er betrachtet den Bericht als Racheakt. Was haben Sie eigentlich vor? Wollen Sie den Spartenleiter in Verlegenheit bringen? Ich glaube nicht, dass Ihre Mitarbeiter jemals ernsthaft versucht haben, mit Schröder zu sprechen, und deshalb zweifle ich auch an Ihrer Glaubwürdigkeit." Der Hörer wurde mit einem Knall aufgelegt.*

*Am nächsten Tag ging in Meisers Büro ein Brief von Gusse ein, in dem er die Vorwürfe aus dem Telefongespräch wiederholte und um eine Erklärung bat. Eine Woche darauf erhielt Meiser ein Schreiben von Gusses Vorgesetzten, Herrn Jordan, in dem folgendes stand: „Ich habe den oben erwähnten Bericht gelesen und ihn mit Herrn Gusse durchgesprochen. Er sagt, dass der Bericht in wesentlichen Punkten unwahr, ungenau und übertrieben sei. Mich stören derartige Unstimmigkeiten, und ich habe deshalb für den kommenden Mittwoch eine Sitzung in meinem Büro angesetzt. Ich bitte um Ihre Anwesenheit."*

*Angesichts des Telefongesprächs und der beiden Briefe versuchte Meiser die Ereignisse zu rekonstruieren, die zu einem solchen Eklat führen konnten.*

*Die Gross AG hat eine sorgfältig ausgearbeitete Organisation, die genau auf ihre Tätigkeitsfelder abgestimmt wurde. Dem Vorstandsvorsitzenden steht eine Gruppe von Vorstandsmitgliedern zur Seite, die jeweils für die verschiedenen Funktionsbereiche (Rechnungswesen, Verkauf, Public Relations, Produktion) bzw. die verschiedenen Produktgruppen (Energie, Chemie, Glas) verantwortlich sind. Meiser selbst ist der Leiter einer der dem für den Produktionsbereich zuständigen Vorstandsmitglied unterstellten Stabsabteilung. Die Aufgabe dieser Stabsabteilung ist es, bei der Formulierung der Unternehmenspolitik mitzuwirken und, wenn notwendig, die Sparten bei der Lösung ihrer Probleme zu beraten. Die Angehörigen dieser Stabsabteilung werden stets ermutigt, mit neuen Ideen zum Unternehmenserfolg beizutragen. Die von ihnen erarbeiteten Vorschläge werden einem Ausschuss unterbreitet, dem die für die Funktionsbereiche zuständigen Vorstandsmitglieder und die Vorstandsmitglieder, die für die Produktgruppen Energie, Chemie und Glas zuständig sind, angehören. Jordan ist Leiter der Produktgruppe Chemie.*

*Den Leitern der Produktgruppen unterstehen Bereichsleiter und diesen wiederum Spartenleiter, die für die Produktion und den Absatz der Produkte einer oder mehrerer Produktionsbetriebe verantwortlich sind. Herr Gusse ist in der Produktgruppe Chemie Leiter des Bereichs Arznei (daneben gibt es noch Landwirtschaft und Kos-*

*metik) und ihm unterstehen die drei Sparten Schmerzmittel, Rheuma und Kardiologie. Schröder ist einer der drei ihm unterstellten Spartenleiter und zuständig für die Sparte Rheuma. Den Spartenleitern sind wiederum Betriebsleiter in den einzelnen Produktionsbetrieben unterstellt.*

*Einige Zeit vor dem geschilderten Vorfall hatte die Stabsabteilung von Meiser dem Ausschuss den Vorschlag unterbreitet, in Zusammenarbeit mit der Stabsabteilung für das Rechnungswesen Untersuchungen über die Verfahren und Methoden der Kostenkontrolle in den einzelnen Produktionsbetrieben durchzuführen. Der Vorschlag wurde genehmigt und auch von den Bereichsleitern mit Begeisterung aufgenommen. Daraufhin teilten die Bereichsleiter den einzelnen Spartenleitern schriftlich mit, dass zwei Leute in regelmäßigen Zeitabständen die einzelnen Produktionsbetriebe aufsuchen würden, um Daten für die Untersuchung über die Methoden der dort praktizierten Kostenkontrolle zu sammeln.*

*Die Ergebnisse ihrer Erhebungen sollten die Vertreter der Stabsabteilungen jeweils in einem Bericht zusammenfassen und Verbesserungsvorschläge unterbreiten. Diesen Bericht hätten sie außerdem mit dem zuständigen Spartenleitern und seinen Mitarbeitern durchzusprechen, um die eventuell von den Spartenleitern geplanten Maßnahmen zur Kostenkontrolle in den Bericht einarbeiten zu können. Sodann sollte dieser Bericht Meiser und dessen Stabsabteilung sowie der Stabsabteilung für das Rechnungswesen zur Begutachtung vorgelegt werden. Der endgültige Bericht hätte erst dann den für das Rechnungswesen sowie für die Produktion zuständigen Vorstandsmitgliedern, dem betroffenen Gruppenleiter, Bereichsleiter und schließlich auch dem betroffenen Spartenleiter weitergereicht werden sollen.*

*Das Verfahren schien ganz reibungslos zu funktionieren, bis es zu dem oben geschilderten Zwischenfall kam: Die Erhebungen des 2-Mann-Teams im ersten Produktionsbetrieb dauerten etwa 4 Wochen. In dieser Zeit konnten sie die Akten überprüfen, Mitarbeiter befragen, Kontrollverfahren studieren usw. Die Mitarbeiter des Produktionsbetriebs zeigten sich sehr aufgeschlossen und gaben sogar Informationen preis, die den Spartenleiter vielleicht in Verlegenheit bringen konnten. So wurde es dem Untersuchungsteam ermöglicht, dem Spartenleiter Verbesserungsvorschläge zu unterbreiten. Der Spartenleiter nahm den Bericht zustimmend auf, und es wurde ihm ermöglicht, die Lage zu überprüfen und „sein Haus in Ordnung zu bringen". Er äußerte die Absicht, die Verbesserungsvorschläge des Teams zu verwirklichen, falls sie nicht von der Geschäftsleitung geändert würden. Sechzehn weitere Produktionsbetriebe des Unternehmens wurden auf ähnliche Weise untersucht, und die Arbeit des Untersuchungsteams fand im großen und ganzen einen positiven Anklang.*

*Rückblickend fand Meiser, dass eigentlich alle für die Durchführung der Untersuchung vereinbarten Regelungen eingehalten worden waren. Richter, der Meiser vertreten hatte, war Diplom-Ingenieur und schon seit 12 Jahren bei der Firma. Peters von der Stabsabteilung für das Rechnungswesen, war sogar schon seit 30 Jahren bei der Abteilung. Beide genossen Vertrauen und waren für ihre Aufrichtigkeit und Zurückhaltung bekannt. Bei ihren Arbeiten in der Rheuma-Sparte erhielten* sie beträchtliche Informationen vom Werkspersonal, die ausreichten, einige Mängel und verbesserungsbedürftige Praktiken in dem Werk aufzuzeigen. Sie hatten ferner den Eindruck, dass das Personal in den niederen Stufen der Hierarchie die Notwendigkeit einiger Verbesserungen einsah und sie auch durchführen wollte.

Lediglich von einigen höheren Stufen der Hierarchie innerhalb der Sparte glaubte das Team Widerstand gegen seine Vorschläge zu spüren. Es war allerdings bekannt, dass dieser Personenkreis stets den Empfehlungen der Geschäftsleitung skeptisch gegenüberstand.

Schon während der Untersuchungsarbeiten hatte Richter Meiser die eventuellen Konsequenzen erläutert, die die gesammelten Informationen haben könnten. Daraufhin hatte Meiser auf die Notwendigkeit hingewiesen, den Bericht dem Spartenleiter vorzulegen.

Richter und Peters versuchten nun mehrere Male, Schröder aufzusuchen. Stets wurden sie jedoch von dessen Sekretärin abgewiesen mit der Entschuldigung, dass er beschäftigt sei und für sie keine Zeit habe. Daraufhin fragten sie die Sekretärin, ob ihr Chef denn wisse, dass er den Bericht zusammen mit seinen Mitarbeitern und dem Team durchsprechen müsse. Die Sekretärin antwortete, dass ihr Chef das durchaus wisse, jedoch keine Zeit für eine Diskussion mit Vertretern der Stabsabteilungen habe. Er würde seinen Assistenten, den Werksleitern und weitere seiner Mitarbeiter bitten, sich den Bericht anzusehen und sich dann mit ihrem Urteil einverstanden erklären.

Daraufhin wurde also eine Sitzung einberufen. Die Mitarbeiter der Rheuma-Sparte gaben sich eigentlich sehr vernünftig; sie sahen sofort die im Bericht aufgeführten Mängel ein und gaben ihre feste Zusage, die Verbesserungsvorschläge in die Praxis umzusetzen. Die Reaktion des Spartenpersonal hinterließ bei Richter und Peters den Eindruck, dass ihre Gesprächspartner die Verbesserungsvorschläge der Stabsabteilung begrüßten und recht froh waren, ihre Probleme mit Beauftragten der Geschäftsleitung diskutieren zu können.

Beim Einreichen des Berichts an Meiser brachten Richter und Peters ihr Missfallen über die Brüskierung durch den Spartenleiter zum Ausdruck. Meiser unterhielt sich ausführlich mit beiden über den Bericht. Angesichts der nicht sehr erfreulichen Analyse und der möglichen Kontroversen, die der Bericht hervorrufen könnte, war Meiser zunächst etwas zurückhaltend mit der Weiterleitung des Berichts. Erst aufgrund einer einstimmigen Befürwortung seiner Mitarbeiter fand Meiser sich bereit, den Begleitbrief zu schreiben und den Bericht der Geschäftsleitung einzureichen. Meiser unterschrieb den Brief und unternahm weiter nichts, bis Gusse anrief.

## Fragen zur Fallstudie:

1. Rekonstruieren Sie die Organisationsstruktur der Gross AG!

2. Wie beurteilen Sie die derzeitige Organisation der Gross AG?

3. Angenommen Sie würden als Berater/in hinzugezogen. Welche Empfehlungen würden Sie der Gross AG geben?

## Literaturhinweise

Child, J., Organization: Contemporary principles and practice, Oxford 2005.
Frese, E., Grundlagen der Organisation, 9. Aufl., Wiesbaden 2005.
Kieser, A./Walgenbach, P., Organisation, 5. Aufl., Stuttgart 2007.
Schreyögg, G., Organisation, 5. Aufl., Wiesbaden 2008.

# Organisation der arbeitsteiligen Wertschöpfung

# Kapitel 2.2

Ralf Reichwald / Frank Piller
Interaktive Wertschöpfung
Open Innovation, Individualisierung und neue
Formen der Arbeitsteilung
2. Auflage 2009

Entnommen aus Kapitel 2.1-2.3 und Kapitel 3:
Organisation der arbeitsteiligen Wertschöpfung
Interaktive Wertschöpfung

# 2 Organisation der arbeitsteiligen Wertschöpfung: Entwicklungen und Trends auf dem Weg zur interaktiven Wertschöpfung

## 2.1 Eine Übersicht der Evolution von Wert und Wertschöpfung

'Wert' und 'Wertschöpfung' sind einige der am meisten verwendeten Begriffe in der Managementliteratur (siehe Ramirez 1999 zur Denotation des Wertbegriffs). Das primäre Ziel ökonomischer Aktivität ist, Wert zu schaffen. Wert wird produziert, indem Menschen mit dem ihnen zur Verfügung stehenden Wissen und weiteren Ressourcen handeln (Normann / Ramirez 1998: 49). **Wertschöpfung** kann als die Nutzung dieses Wissens in einer arbeitsteiligen Organisation angesehen werden, als die Gesamtheit der Kenntnisse und Fähigkeiten, die Individuen und Organisationen zur Lösung des Wirtschaftlichkeitsproblems einsetzen: das Wissen über den Markt, über die Organisation von Wertschöpfungsprozessen und über die Führung von Menschen in einer von Güterknappheit gekennzeichneten Wirtschaft. Einen Indikator für den **"Wert"** dieser Aktivitäten bildet der Preis einer Leistung. Dieser Preis drückt die Differenz zwischen den Aktivitäten der herstellenden Akteure und den Aktivitäten (bzw. der Zahlungsbereitschaft) der Abnehmer aus. Über den Kauf gewinnt Letzterer Zugang (oder Eigentum) zu dem Ergebnis der Aktivitäten der Herstellerorganisation. Ökonomische Transaktionen können also generell als Austausch von Aktivitäten oder Ressourcen gesehen werden, die einen Preis haben.

**Taylor und die wissenschaftliche Betriebsführung**

Die heute dominierende Vorstellung, wie Unternehmen Werte schaffen, kann auf Prinzipien zurückgeführt werden, die vor 100 Jahren in der aufkommenden Industriegesellschaft entwickelt wurden. Vor allem Frederick Taylors Ansatz des "Scientific Management" legte mit seinem Fokus auf die Senkung von Produktionskosten die Basis für alle folgenden Debatten (Wolf 2003). Rationalprinzip, Güterknappheit und das Allokationsproblem kennzeichnen die betriebswirtschaftliche Problemstellung von Organisation, Arbeitsteilung und Koordination der Wertschöpfung in Taylors Modell (Gutenberg 1951; Kosiol 1959). Im deutschsprachigen Raum entwickelte sich auf Basis dieser Prinzipien die betriebswirtschaftliche Entscheidungslehre, die das Fach bis in die 1980er Jahre maßgeblich geprägt hat (Heinen 1968, 1982). In deren Modell setzen Entscheidungen über die zielorientierte Durchführung von Wertschöpfungsprozessen auf den Gegebenheiten der betrieblichen Produktionsfaktoren an: Betriebsmittel,

Werkstoffe und Arbeit. Da die betrieblichen Produktionsfaktoren knappe Güter sind und einen Marktpreis haben, zielt die betriebliche Entscheidungsfindung nach dem Rationalprinzip darauf ab, die knappen Güter in ihre optimale Verwendungsrichtung zu lenken, dies wird als das betriebliche Allokationsproblem bezeichnet (Heinen 1959, 1983). Wir werden diese Prinzipien in Abschnitt 2.2 dieses Kapitels näher betrachten.

**Wertkettendenken und interorganisationale Netzwerke**

Porters (1985) Modell einer Wertschöpfungskette präsentierte der Managementlehre einen integrierten Ansatz, wie sie den Wertschöpfungsprozess von der Entwicklung über Produktion und Vertrieb bis hin zur Auslieferung von Gütern und Leistungen mit Hilfe des Produktionsfaktors Information organisieren und steuern können. Anfang der 1990er Jahre wurde durch Hammer und Champy (1993) mit der Idee des Business Process Reengineering ein vertiefender und in der Wirtschaft begeistert aufgenommener Ansatz vorgestellt, wie durch Kostenreduktion und eine Fokussierung auf die interne Effizienz in einem Unternehmen Wert geschaffen werden kann (d. h. die Differenz zwischen der Zahlungsbereitschaft und den gesamten Herstellungskosten ausgeweitet wird). Diese interne Sichtweise wurde später um das Bild eines grenzenlosen (oder gar virtuellen) Unternehmens erweitert, in dem ein eng verbundenes Netzwerk professioneller Akteure eine abgestimmte und friktionslose Wertschöpfungskette schafft, die viele Organisationen umfasst (Picot / Reichwald 1994; Sydow 1992, Reichwald et al. 2000).

Die Zulieferer (und Zulieferer der Zulieferer) wurden in die Suche nach neuen Wertschöpfungsarrangements einbezogen, wie wir in Abschnitt 2.3 noch vertiefend sehen werden. Mit dem Aufkommen des Internets und den daraus folgenden Potenzialen zur Senkung von Transaktionskosten wurde eine neue Dimension der organisatorischen Effizienz eingeläutet (Picot / Reichwald / Wigand 2003), indem nun auch die Aktivitäten an der Schnittstelle zwischen einem Hersteller(netzwerk) und den Abnehmern in den Fokus der Effizienzbetrachtung einbezogen werden. Entlang aller Stufen dieser Evolution steht dennoch stets die Annahme, dass das **Streben nach interner Kosteneffizienz** (d. h. die Steigerung der Differenz zwischen dem möglichen Preis und den Kosten der Erstellung einer Leistung) die **Quelle betrieblicher Wertschöpfung** ist. Diese Prämisse wird nicht in Frage gestellt (Prahalad / Ramaswamy 2002: 52).

**Interaktive Wertschöpfung**

Doch Kunden und Nutzer honorieren in der Regel nicht die interne operative Effizienz eines Anbieters. Sie mögen zwar günstige Preise als Resultat dieser Effizienz, doch hat sich stets gezeigt, dass das Streben nach immer weiterer operativer Effizienz innerhalb eines Netzwerks keine Quelle nachhaltiger Wettbewerbsvorteile ist (Porter 1996). Operative Effizienz ist eine notwendige, aber keine hinreichende Bedingung für dauerhaften Wettbewerbsvorteil. Vielmehr zeigt sich heute, dass vor allem die Gestaltung der Schnittstellen und der Aktivitäten an der Peripherie eines Unternehmens zu Marktpartnern wesentliche Ansatzpunkte für die Schaffung von Wert bildet. Damit tritt der Akteur in den Mittelpunkt der Betrachtung, der bislang in der Debatte um die Gestaltung der Wertschöpfung weitgehend ausgeblendet war: der Kunde.

Wir sehen heute, dass Kunden das Ergebnis betrieblicher Wertschöpfung nicht nur konsumieren, sondern selbst einen wesentlichen Beitrag bei der Schaffung von Wert leisten (Ramirez 1999). Dies geschieht dabei **nicht nur autonom in der Kunden-domäne** (ein Bereich, der in der Mikroökonomie schon lange im Zusammenhang mit Konsumentenproduktion untersucht wurde, siehe z. B. Becker 1965; Haverty 1987; Lancaster 1966; Ratchford 2001; Stigler / Becker 1977), sondern auch in einem **interaktiven und kooperativen Prozess** mit Herstellern und anderen Nutzern einer Leistung. Kunden und Nutzer tragen dazu bei, die Kenntnisse, Fähigkeiten und Ressourcen eines Herstellers zu erweitern (Gibbert / Leibold / Probst 2002). Die Kunden werden als strategischer und wichtiger Faktor in die Aktivitäten integriert, die in einem erweiter-ten Wertschöpfungsnetzwerk Wert schaffen. Die Wahrnehmung dieses Wertes umfasst dabei weit mehr als die Erhöhung der Differenz zwischen Zahlungsbereitschaft und interner Effizienz. Haupttreiber dieses Wandels sind die neuen Technologien, insbe-sondere die Informations- und Kommunikationstechnologien, die die betrieblichen und überbetrieblichen Wertschöpfungsprozesse vollständig verändert haben (Abbildung 2–1).

*Abbildung 2–1: Entwicklungen und Trends auf dem Weg zur interaktiven Wertschöpfung*

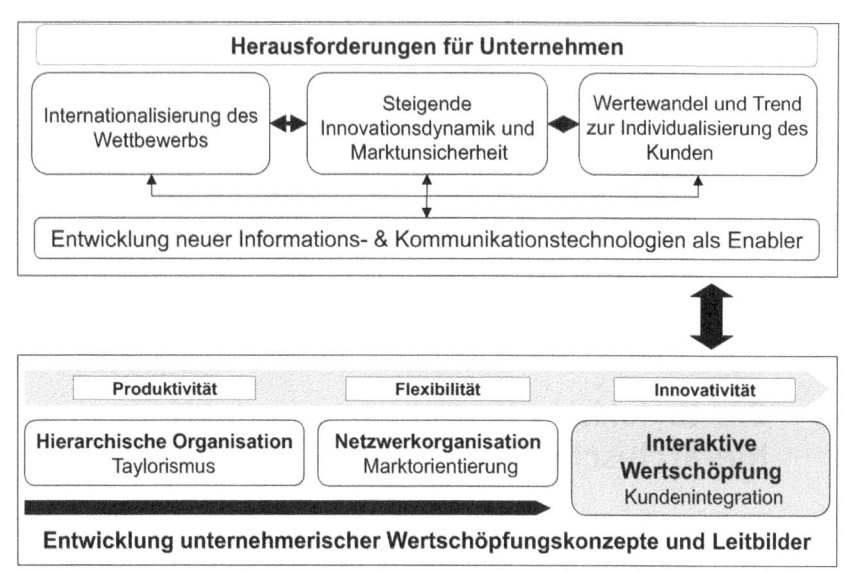

**Von Hierarchie und Markt zur "Commons-based Peer Production"**

Entlang dieser Evolution der Organisation arbeitsteiliger Wertschöpfung ändert sich aber nicht nur die Sichtweise, welche Akteure am Wertschöpfungsprozess aktiv beteiligt sind (vom internen Fokus bei Taylor über Netzwerke mit festen Partnern bis zur Interaktion mit den Kunden bzw. Nutzern), sondern auch die Vorstellung, wie das Organisationsproblem, d. h. die Koordination und Motivation der einzelnen Akteure, die die Gesamtaufgabe arbeitsteilig vollziehen, am besten gelöst werden kann. Taylors Modell setzt vor allem auf die hierarchische Koordination und Motivation durch finanzielle Anreize in einem geschlossenen Wertschöpfungssystem. Die Netzwerkansätze erweitern diese Vorstellung um eine Kombination marktlicher und hierarchischer Koordinationsformen und betonen darüber hinaus auch eine Motivation durch nichtmonetäre Anreize. Die interaktive Wertschöpfung ergänzt diese beiden klassischen Koordinationsformen (Hierarchie und Markt) durch einen dritten Weg: die Selbstselektion und Selbstorganisation von Aufgaben durch (hoch) spezialisierte Akteure, deren Motivation vor allem die (eigene) Nutzung der kooperativ geschaffenen Leistungen ist, die jedoch durch eine Vielzahl weiterer sozialer, intrinsischer und extrinsischer Motive ergänzt werden kann. Dieses Organisationsprinzip einer **"Commons-based Peer Production"** verlangt eigene Kompetenzen und Prinzipien der Organisation der Wertschöpfung.

Die Entwicklung der sich ändernden Vorstellung der optimalen Organisation der betrieblichen Wertschöpfung kann so zusammenfassend in drei Leitmodellen aufgezeigt werden, die jeweils Folge verschiedener technischer und gesellschaftlicher Trends sind. Sie werden im Folgenden in ihren unterschiedlichen Ausrichtungen und Organisationsformen der Arbeitsteilung sowie in ihren unterschiedlichen Beziehungen zu Märkten und Marktpartnern vorgestellt:

- Wertschöpfung in der hierarchischen Industrieorganisation mit tayloristischer Arbeitsteilung (Abschnitt 2.2);

- Auflösung der Unternehmensgrenzen und Wertschöpfung in überbetrieblichen Netzwerkorganisationen auf Basis einer marktlichen Koordination (Abschnitt 2.3),

- Interaktive Wertschöpfung unter Integration der Kunden und externen Experten in einen kooperativen Wertschöpfungsprozess (Kapitel 3).

## 2.2 Die tayloristische Industrieproduktion: hierarchische Organisation der Arbeitsteilung

### 2.2.1 Tayloristische Prinzipien der wissenschaftlichen Betriebsführung: Produktivitätsoptimierung unter stabilen Bedingungen

Das Handeln vieler Unternehmen ist häufig noch durch traditionelles Erfahrungswissen der industriellen Organisation geprägt. Das Erfahrungswissen der industriellen Arbeitsorganisation basiert primär auf den Leitsätzen des **"Scientific Management"**, also der **"wissenschaftlichen Betriebsführung"**, die insbesondere auf das Werk von F.W. Taylor (1913) zurückgehen. Ihre Anwendung führte nicht nur vor knapp 100

Jahren zum Aufstieg des Unternehmers Ford zu einem der weltgrößten Industriellen (siehe Kasten 2–1), sondern diese Leitsätze beeinflussen auch heute noch Struktur und Prozess von Unternehmen, Produktivität und Wertschöpfung der Leistungserstellung, aber auch die Entwicklung des klassischen betriebswirtschaftlichen Instrumentariums der Führungs-, Anreiz- und Kontrollsysteme.

---

*Kasten 2–1:*    *Henry Ford und das "Modell T"*

---

*(Quellen: Barnet / Cavanagh 1984; Ford 1923; Lacey 1987)*

Frederick Winslow Taylor hatte seinen ersten Artikel zur Verbesserung der Arbeitsabläufe für die American Society of Mechanical Engineers schon acht Jahre zuvor geschrieben, als Henry Ford 1903 mit der Produktion von Automobilen begann. Zu diesem Zeitpunkt war ein einziger Montagearbeiter für das gesamte Fahrzeug zuständig und benötigte durchschnittlich 12,5 Stunden (ca. 750 min.). Obwohl der Mechanisierungsgrad und die Produktivität in der Autoindustrie in den USA höher waren als bei den europäischen Firmen, reichte dies bald nicht mehr aus, um die steigende Nachfrage zu befriedigen. Dies galt vor allem für das von Henry Ford 1908 eingeführte "Modell T". Nach fünf weiteren Jahren des ständigen Probierens und Suchens nach Verbesserungen fand Ford bis 1913 endlich den Schlüssel zur Steigerung der Produktivität.

Indem er vergleichbare Ansätze des Scientific Management nach Taylor weiterentwickelte und umsetzte, konnte er die Produktivität massiv erhöhen. Ford standardisierte die Arbeitsprozesse und, bis dahin undenkbar, die Arbeitswerkzeuge. Bis zu diesem Zeitpunkt brachten die Arbeiter noch ihre eigenen Werkzeuge mit in die Montage und bestimmten weitgehend selbst die Arbeitsabläufe in der Fertigung. Von nun an war jeder Arbeiter für nur einen Arbeitsprozess zuständig und nutzte dazu standardisierte Werkzeuge, Vorteile der Spezialisierung und Arbeitsteilung, die Adam Smith bereits 1776 ausführlich beschrieben hatte. Dadurch fiel der durchschnittliche Arbeitszyklus eines Arbeiters an einem Fahrzeug, für das er nun nicht mehr gesamthaft verantwortlich war, von 514 Minuten auf 2,3 Minuten! Angesichts der sich zum Beispiel in der Endmontage wechselseitig behindernden Montagegruppen musste Ford nahezu zwangsläufig zur Fließbandfertigung übergehen. Mit der Einführung der Fließbandproduktion, dem so genannten "Fordismus", reduzierte Ford den durchschnittlichen Zeitbedarf für einen Arbeitszyklus um weitere 44 Sekunden, ein Produktivitätsfortschritt, der aber deutlich geringer ausfiel, als die Möglichkeiten infolge der Standardisierung und Entkoppelung der Arbeitsschritte. "Anfang 1914 ... legten wir die Sammelbahn höher. Wir hatten inzwischen das Prinzip der aufrechten Arbeitsstellung eingeführt ... Das Heraufrücken der Arbeitsebene in Armhöhe und eine weitere Aufteilung der Arbeitsvorrichtungen ... reduzierte die Arbeitszeit auf eine Stunde 33 Minuten pro Chassis" (Ford 1923: 95).

1914, also im ersten Jahr nach der Einführung der Fließbandfertigung, wurde die Fertigung von Ford-T-Modellen um 152 % auf 308.162 Wagen gesteigert. In den 20er Jahren wurden mehr als eine Million Wagen im Jahr gefertigt. Als die Produktion des T-Modells im Mai 1927 nach 19 Jahren eingestellt wurde, hatte Ford 15.007.033 Wagen dieses Typs produziert. Erst der VW-Käfer sollte 1972 diesen Rekord übertreffen.

---

Wesentliche Merkmale einer tayloristischen Industrieorganisation sind die funktionale Arbeitsteilung in der Aufbauorganisation und der mit den Methoden der Arbeitsanalyse systematisch entwickelte **"One best way"** der Ablauforganisation (Abbildung

2–2). In der Denkwelt des tayloristischen Ansatzes kann das komplexe Problem der Koordination der betrieblichen Leistungserstellung für eine gegebene Ausstattung und Anordnung von Produktionsfaktoren durch folgende Gestaltungsprinzipien "optimal" gelöst werden (Picot / Reichwald / Wigand 2003):

■ Konzentration der Arbeitsmethodik auf eine weitestgehende Arbeitszerlegung;

■ personelle Trennung von dispositiver und ausführender Arbeit;

■ räumliche Ausgliederung aller planenden, steuernden und kontrollierenden Aufgaben aus dem Bereich der Fertigung.

Auf diese Weise konnte das komplexe Koordinationsproblem zwar "optimal" über die Ausstattung und Anordnung der Produktionsfaktoren gelöst werden, jedoch wurde der Mensch lediglich als ein funktionsfähiger Produktionsfaktor betrachtet, der als Befehlsempfänger und -umsetzer in den Fertigungsprozess integriert wurde. Die Kommunikationsbeziehungen folgten den hierarchischen Strukturen. Es entstand eine streng formalisierte, durch feste Regeln vorgeschriebene Kommunikation über die Hierarchiestufen, der so genannte Dienstweg. Das Kommunikationsverhalten zwischen Vorgesetzten und Untergebenen war vom Rollenverständnis des Vorgesetzten als Befehlsgeber und des Untergebenen als Befehlsempfänger geprägt.

---

**Abbildung 2–2:** *Prinzipien der wissenschaftlichen Betriebsführung nach Taylor (entnommen aus Picot / Reichwald / Wigand 2003)*

---

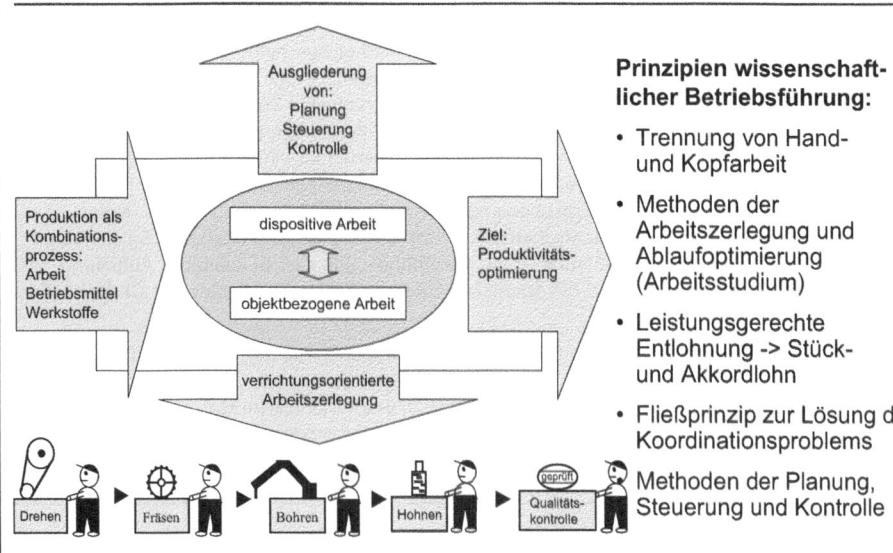

**Prinzipien wissenschaftlicher Betriebsführung:**

• Trennung von Hand- und Kopfarbeit

• Methoden der Arbeitszerlegung und Ablaufoptimierung (Arbeitsstudium)

• Leistungsgerechte Entlohnung -> Stück- und Akkordlohn

• Fließprinzip zur Lösung d. Koordinationsproblems

Methoden der Planung, Steuerung und Kontrolle

---

Im Mittelpunkt der wissenschaftlichen Betriebsführung steht nicht der Mensch, sondern Strategien zur Rationalisierung der Güterproduktion. Industrielle Rationalisierungsstrategien konzentrierten sich vor allem auf die Produktion von Massengütern in Großunternehmen, die durch eine konsequente vertikale Integration der Wertschöpfungskette und eine zunehmende horizontale Divisionalisierung verschiedener Produktbereiche entstanden. Die Entwicklung leistungsfähiger Produktions- und Distributionssysteme sowie Investitionen in Managementfunktionen ermöglichten eine stetige Ausweitung der Massenproduktion bei hochgradiger Arbeitsteilung. Dadurch konnten umfangreiche **kostenmäßige Größenvorteile** ausgenutzt werden; nämlich Skaleneffekte ("economies of scale") und Verbundeffekte ("economies of scope"), die vielfach zur Begründung der Vorteilhaftigkeit einer internen "administrativen" Koordination von Großunternehmen durch hierarchische Strukturen herangezogen werden (Chandler 1977, 1980, 1990; siehe auch Kasten 2–2 unten). Diese Managementprinzipien führten zu beachtlichen Erfolgen durch die systematische Gewinnung, Perfektionierung und Anwendung von Methoden zur Optimierung von Fertigungsprozessen. Große Erfolge wurden in der Vergangenheit aber nur dadurch erzielt, dass die langfristig stabilen Rahmenbedingungen des Wirtschaftens adäquat abgebildet und in klare Prinzipien unternehmerischen Handelns übersetzt wurden (siehe die in Abbildung 2–3 genannten Prämissen). Solange diese Prämissen den tatsächlichen wirtschaftlichen und gesellschaftlichen Rahmenbedingungen entsprachen, sicherten die klassischen Prinzipien – Burkart Lutz nennt sie die "Principles of Common Wisdom" der industriellen Innovationsstrategie – Unternehmen zuverlässig auf ihrem Erfolgspfad ab. Heute aber haben sich viele dieser Rahmenbedingungen

---

*Abbildung 2–3: "Principles of Common Wisdom" - Rahmenbedingungen und Prinzipien der tayloristischen Industrieorganisation (entnommen aus Picot / Reichwald / Wigand 2003)*

---

**Rahmenbedingungen:**

Absatzmärkte mit langfristig klar vorhersehbarer Dynamik

Begrenzte Zahl von Wettbewerbern mit bekannten Stärken und Schwächen

Niedrige Kosten natürlicher Ressourcen und geringe Umweltlasten für die Unternehmen

Reichliche Verfügbarkeit von hochmotivierten, qualifizierten Arbeitskräften

**Prinzipien erfolgreicher Unternehmensführung:**

Maximale Durchplanung und Effektivierung aller betrieblichen Abläufe, vor allem in der Produktion

klare arbeitsteilige Abgrenzung von Ressorts, fachlichen Zuständigkeiten und hierarchischen Verantwortlichkeiten

eindeutige Präferenz für unternehmensinterne Lösungen

maximale Nutzung des Serieneffekts (economies of scale)

Marktbehauptung vor allem durch inkrementelle Produktinnovationen (schrittweise Verbesserung existierender Produkte)

Primat von arbeitssparenden Investitionen und Innovationen

---

gewandelt (siehe Abschnitt 2.2.3). Damit sind neue Prinzipien erforderlich. Doch fällt vielen Managern die Loslösung von den klassischen Prinzipien schwer, denn diese Grundsätze sind über Jahrzehnte gefestigt und liegen heute gewissermaßen "fest verdrahtet" vor, z. B. in der Aufgabendefinition und Zuständigkeitsabgrenzung von Managementressorts, in der Definition von Ausbildungsinhalten, Qualifikationen und Mitarbeiterkompetenzen, in Auswahl und Aufbau betrieblicher Informationssysteme sowie im Zuschnitt der Außenbeziehungen von Unternehmen. Wir wollen im folgenden Abschnitt die wichtigsten Grundlagen dieser klassischen Prinzipien kurz betrachten (siehe dazu ausführlicher z. B. Picot / Reichwald / Wigand 2003; Wayland / Cole 1997; Wolf 2003).

## 2.2.2 Gesetze der Produktivität und Kostenwirtschaftlichkeit

Die Prinzipien der klassischen Industrieorganisation basieren auf den Erkenntnissen der Produktionswirtschaft, fokussiert auf die Produktion homogener Güter in großen Stückzahlen. Fragen der **Produktivität** und der **Kostenwirtschaftlichkeit** stehen im Zentrum der Betrachtung. In der Betriebswirtschaftslehre dominiert das Produktionsmodell, das Erich Gutenberg (1951) in seinem Buch "Die Produktion" beschrieben hat. Dieses Produktionsmodell bildet das betriebswirtschaftliche Geschehen als Kombinationsprozess der betrieblichen Faktoren Arbeit, Betriebsmittel und Werkstoffe ab. Die zentrale Aufgabe der Unternehmensleitung (des "dispositiven Faktors") besteht darin, durch Organisation und Planung die Produktivität zu optimieren. Der eher technische Begriff der Produktivität, d. h. das Verhältnis von Ausbringung zum Faktoreinsatz, entspricht aus betriebswirtschaftlicher Sicht der Bewertung von Ausbringung und Faktoreinsatz mit Marktpreisen. In der klassischen Theorie der Unternehmung bilden Produktivität und Kostenwirtschaftlichkeit zentrale Betrachtungsgrößen. Dabei stehen, basierend auf der Wissensbasis der Produktions- und Kostentheorie (Heinen 1959; Busse von Colbe 1975; Wöhe 1960), die Produktions- und Kostenbeziehungen im Zentrum der betriebswirtschaftlichen Analyse von Wertschöpfungsprozessen.

Die **betriebswirtschaftliche Produktionstheorie** erklärt die funktionalen Zusammenhänge zwischen der Menge der eingesetzten Produktionsfaktoren und der Menge der damit hergestellten Produkte (Beispiele bilden der Maschinenbau, Werkzeuge oder Automobile). Zur Lösung des Allokationsproblems in der Wertschöpfung benötigen Entscheidungsträger Kosteninformationen. In Kostenfunktionen werden die Verbrauchsmengen der betrieblichen Produktionsfaktoren bewertet, das Betrachtungsfeld der Kostentheorie. Die Kostentheorie erklärt die Zusammenhänge zwischen der betrieblichen Wertschöpfung (Ausbringungsmengen) und den Produktionskosten. Die Kostenanalyse ist ein wesentlicher Bestandteil der Kostentheorie. Sie unterscheidet Gesamtkosten, Stückkosten, Grenzkosten und umfasst das Wissen über Kostenstrukturen und Kostenverläufe bei unterschiedlichen Ausbringungsmengen und Betriebsgrößenvariationen. Ausgewählte Produktions- und Kostenfunktionen nach dem Ertragsgesetz sind in Kasten 2–2 knapp erläutert. Auf Basis dieses Wissens sind im letzten Jahrhundert die Systeme der industriellen Produktionsplanung und -steuerung sowie die Systeme der betrieblichen Kosten- und Leistungsrechnung entstanden, deren Prinzipien in der industriellen Praxis bis heute Anwendung finden. Hier sei auf die umfassende betriebswirtschaftliche Literatur der industriellen Produktionswirtschaft verwiesen (z. B. Corsten 2003; Heinen 1976, 1991; Schweitzer 1994; Schweitzer / Küpper 1997; Zahn / Schmid 1996; Zäpfel 1982). Die Ausrichtung an Produktivität und Kostenwirtschaftlichkeit als leitende Zielsetzungen orientiert sich an der Unternehmensstrategie der Kostenführerschaft und den Produktivitätseffekten von Betriebsgrößenvariationen, den so genannten "Economies of Scale" und "Economies of Scope" (siehe Kasten 2–2).

---

*Kasten 2–2:*     *Wichtige Funktionen und Gesetzmäßigkeiten der klassischen Produktionstheorie*

---

**(1) Produktions- und Kostenfunktionen nach dem Ertragsgesetz**

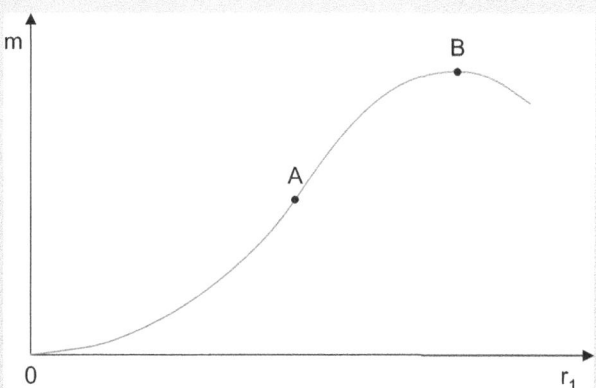

Abbildung: Partielle Gesamtertragsfunktion

Die in der ersten Abbildung dargestellte, typische partielle Gesamtertragsfunktion zeigt die Abhängigkeit der Menge produzierter Güter (**m**) vom Einsatz eines Produktionsfaktors ($r_1$). Dabei sei der Einsatz aller weiteren Produktionsfaktoren ($r_2$, ..., $r_n$), die zur Herstellung von m benötigt werden, konstant. Die Ertragsfunktion steigt bei geringem Einsatz von $r_1$ bis zum **Punkt A** überproportional an. Danach flacht die Funktion ab, bis sie im **Punkt B** ihr Maximum erreicht. Bei weiterem Einsatz von $r_1$ beginnt die Ertragsfunktion schließlich zu fallen. Bei sehr geringem Arbeitseinsatz herrscht, verglichen mit den anderen Produktionsfaktoren, relativer Mangel an Arbeit. Daher erhöht zusätzliche Arbeit die Effizienz der gesamten Produktion, die Funktion steigt überproportional an, die Grenzerträge steigen ebenfalls. Die höchste Effizienz des Faktoreinsatzes Arbeit ist am **Punkt A**, dem Wendepunkt der Ertragskurve, erreicht. Zwischen den Punkten A und B nimmt die Effizienz des Einsatzes von Arbeit ab, die Grenzerträge fallen. Daher flacht die Ertragskurve ab, bis sie in **Punkt B** ihr Maximum erreicht, an diesem Punkt ist der Grenzertrag des Einsatzes von Arbeit gleich Null. Jeder zusätzliche Einsatz des Produktionsfaktors Arbeit führt zu einem sinkenden Gesamtertrag, der Grenzertrag ist dann negativ.

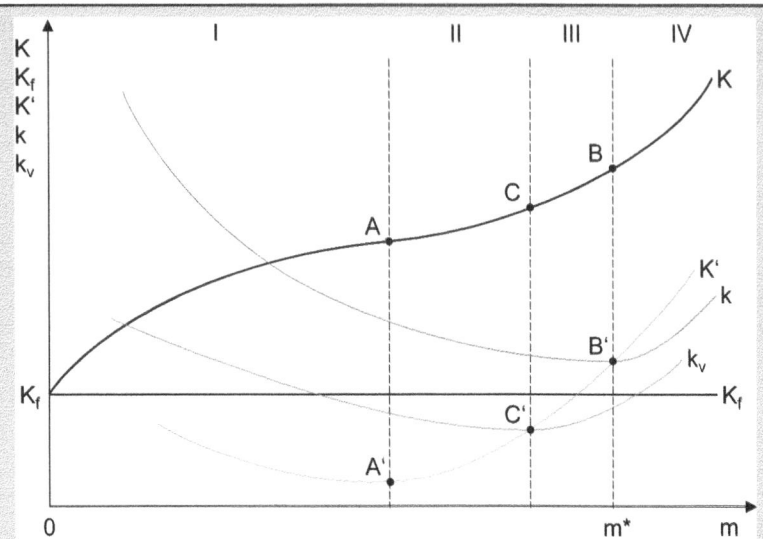

Abbildung: Klassische Kostenfunktionen

Die zweite Abbildung stellt verschiedene Kostenfunktionen in Abhängigkeit von der erzeugten Güter- bzw. Dienstleistungsmenge **m** dar. Dabei sind **$K_f$** die Fixkosten der Produktion; sie sind im dargestellten Beispiel konstant. Die Gesamtkostenfunktion (**K**) ergibt sich als Summe der Fixkosten und der gesamten variablen Kosten der Produktion einer bestimmten Leistungsmenge m. Ihre Ableitung (**K'**) hat ein globales Minimum am **Punkt A'**. Der Anstieg der Gesamtkosten ist dort am niedrigsten. Weiterhin zeigt die Grafik die Funktion der variablen Stückkosten (**$k_v$**). Das globale Minimum dieser Funktion ist am **Punkt C'**; bei der entsprechenden Produktionsmenge sind die variablen Kosten pro Stück am geringsten. Im **Punkt C'** schneiden sich außerdem die Funktionen **$k_v$** und **K'**. Im **Punkt C** befände sich der kostenoptimale Produktionspunkt, wenn keine Fixkosten anfallen würden. Grafisch findet man diesen Punkt, indem man vom Schnittpunkt der Funktionen **$K_f$** und **K** aus eine Tangente an die Funktion **K** legt. Da in unserem Beispiel jedoch konstante positive Fixkosten anfallen, verschiebt sich die kostenoptimale Produktion zum **Punkt B**; hier wird die Menge **m\*** produziert. Bei dieser Produktionsmenge hat die Stückkostenfunktion (**k**) ihr Minimum und schneidet sich gleichzeitig mit **K'** im **Punkt B'**. Den **Punkt B** findet man grafisch, indem man vom Ursprung des Koordinatensystems aus eine Tangente an **K** legt.

**(2) Skalen und Verbundeffekte**

*Skaleneffekte bzw. "economies of scale"* beruhen auf der Annahme, dass eine langfristige Ausdehnung der Produktionsmenge auch zu einer Ausweitung der Betriebsgröße führen wird. Die hieraus resultierenden Kostenvorteile beruhen auf (a) Kostendegressionseffekten, die sinkende Stückkosten in Abhängigkeit von einer (langfristigen) Änderung der Produktionsmenge aufgrund steigender Kapazitätsauslastung bzw. steigenden Kapazitätsgrößen beschreiben. Ersparnisse ergeben sich durch die Fertigung größerer Fertigungslose, da der Anteil der losfixen Kosten pro Outputeinheit abnimmt. Flexible Fertigungstechnologien lassen jedoch die Bedeutung dieses Punktes immer mehr abnehmen. (b) Spezialisierungsvorteile durch Arbeitsteilung, die sowohl beim Personal als auch bei Maschinen zu verwirklichen sind. Eine Erhöhung des Spezialisierungsgrads setzt aber meist eine höhere Produktionsmenge voraus. (c) Weiterhin können sich für größere Betriebe Kostenvorteile entsprechend der sog. "2/3-Regel der Anlageninvestition" ergeben: Investitions-, Betriebs- und Arbeitskosten steigen meist unterproportional mit steigender Anlagengröße.

(d) Mit einer langfristig größeren Produktionsmenge können auch Beschaffungsvorteile verwirklicht werden. So sind die Zinsen für die Beschaffung größerer Kapitalmengen niedriger, auch stehen effizientere Formen des Kapitalmarktes nur für Großunternehmen offen. Ebenso können Mengenrabatte beim Materialeinkauf genutzt und effizientere Logistiksysteme aufgebaut werden. (e) In allen Bereichen beruhen auch Kostenvorteile durch Lern- und Erfahrungsvorsprünge auf einer langfristigen Ausdehnung des Outputs.

**Verbundeffekte bzw. "economies of scope"** sind diejenigen Kostenvorteile, die sich für eine Unternehmung aus der Produktion und Distribution von mehr als einem Produkt ergeben. Sie basieren auf der gemeinsamen, jedoch nicht konkurrierenden Nutzung von Produktionsfaktoren jeder Art im Rahmen einer Mehrprodukt-Produktion, wenn bei einer Einprodukt-Produktion Anteile der Produktionsfaktoren ungenutzt bleiben würden. Sie beschreiben so die Vorteilhaftigkeit vertikaler oder horizontaler Diversifikation in einem Mehrproduktunternehmen. Eine derartig verbundene Produktion innerhalb eines Unternehmens ist immer dann vorteilhafter als die Produktion der gleichen Güter in zwei verschiedenen Unternehmen, wenn mit der gemeinsamen Nutzung von Ressourcen für unterschiedliche Produktions- und Distributionsprozesse zugleich eine Subadditivität der Kosten einhergeht. Alternativ werden Verbundeffekte oft auch als Synergien oder Komplementaritäten bezeichnet. Sie lassen sich generell über eine Nicht-Auslastung von Produktionsfaktoren und -ressourcen und die damit verbundenen Leerkosten erklären. Einerseits haben manche Produktionsfaktoren in einem Unternehmen den Charakter quasi-öffentlicher Güter und sind – nach ihrer einmaligen Anschaffung – mehr oder weniger frei verfügbar. Hierzu zählen bspw. die unternehmenseigenen Forschungs- und Entwicklungsaufwendungen, die für das Unternehmen versunkene Kosten darstellen. Die Nutzung der F&E-Ergebnisse für zusätzliche Aktivitäten dagegen birgt oft nur geringe Grenzkosten. Andererseits müssen manche Produktionsfaktoren aufgrund ihrer Unteilbarkeit oft in größeren Einheiten beschafft wurden, als sie für die aktuelle Produktion notwendig sind. Solche Inputs sind zum Beispiel EDV-Anlagen, der Fuhrpark, Fertigungshallen oder auch Humankapital. Aus den nicht genutzten Anteilen dieser Faktoren resultieren in allen Unternehmensbereichen Kosten (Leerkosten).

***Skalenvorteile und Verbundvorteile stehen in engem Zusammenhang.*** In beiden Fällen geht es letztlich darum, die Produktionsfaktoren und -ressourcen durch erhöhte Produktionsmengen besser auszulasten und deren Kapitalkosten zu decken. Jedoch basiert die Kostenreduktion bei Skaleneffekten auf der wiederholten Produktion identischer Güter, bei Verbundeffekten dagegen auf der Produktion verschiedener Güter, die aber ganz oder teilweise mit den gleichen Produktionsfaktoren hergestellt werden können. Die Quellen von Skalen- und Verbundeffekten ähneln sich folglich: (a) Ein spezialisierter Gebrauch von Maschinen führt bei homogenen Massengütern ebenso wie bei verbundenen heterogenen Gütern zu Effizienzvorteilen; (b) die Durchschnittskosten sinken bei Produktion einer weiteren Gütereinheit auf einer Maschine, die mit der Produktion der ersten Einheit nicht ausgelastet war; (c) es kommt sowohl bei homogenen Massen- wie auch bei heterogenen Verbundgütern zu einer Reduktion von Risiken durch Ausweitung der Produktion.

## 2.2.3 Grenzen des Taylorismus: Heterogenisierung der Nachfrage und Empowerment aktiver Kunden

Das Wissen um diese Prinzipien wissenschaftlicher Betriebsführung hat einen Typ der Wertschöpfungsorganisation hervorgebracht, der bis vor kurzem die Industrieproduktion geprägt hat. Die stabilen Verhältnisse auf den Märkten, die Langlebigkeit der Produkte und die hohe Produktivität gaben diesem Organisationstyp bis in die späten siebziger Jahre seine Rechtfertigung. Diese Effizienz und der Erfolg der wissenschaft-

lichen Betriebsführung sind aber ganz wesentlich von stabilen und langfristig progno-
stizierbaren Marktbedingungen abhängig, die eine Produktion großer Mengen an
homogenen Massengütern erlauben. Doch gibt es für solche Produkte immer weniger
einen Markt. Wichtigste Ursache, warum die Anwendung der tayloristischen
Prinzipien heute immer weniger effizienzsteigernd, sondern vielmehr oft genau
gegenteilig wirkt, ist der Wandel der Absatzmärkte. Wir wollen in diesem Abschnitt
mit der Heterogenisierung der Nachfrage und der wachsenden Nachfragemacht der
Abnehmer einen zentralen Trend betrachten, der für unser Modell der interaktiven
Wertschöpfung eine wesentliche Grundlage bildet.

"It is the customer who determines what a business is", sagte Peter Drucker (1954: 37)
in einem viel zitierten Ausspruch. Galt diese Aussage für viele Unternehmen bislang
eher abstrakt, so wird sie heute immer mehr zur sprichwörtlichen Wahrheit. Viele
Kunden fordern heute Produkte, die genau ihre individuellen Bedürfnisse erfüllen.
Zwar ist die Einsicht, dass Kundenwünsche nicht homogen, sondern heterogen und
verschieden sind, nichts Neues und wurde mikroökonomisch schon lange modelliert
(Chamberlin 1950, 1962). Schon in den 1970er Jahren sieht der amerikanische Futurist
Daniel Bell in seiner berühmten Konzeption der postindustriellen Gesellschaft die
"fateful question", "weather the promise will be realized that instrumental technology
will open the way to alternative modes of achieving individuality and variety within a
vastly increased output of goods" (Bell 1980: 545). Doch erst die heutige Marktsättigung und der starke Wettbewerb haben dazu geführt, dass Kunden, unterstützt durch
Kommunikations- und Informationsmöglichkeiten durch das Internet, auch ihre Forderung nach individuellen Produkten durchsetzen können und Unternehmen zu einer
Reaktion zwingen.

**Gründe für eine zunehmende Individualisierung der Nachfrage**

Wir können an dieser Stelle nicht ausführlich auf die Gründe eingehen, warum eine
Individualisierung der Märkte (bzw. Heterogenisierung der Nachfrage) weiter fort-
schreitet, sondern wollen lediglich einen Überblick der wichtigsten Entwicklungslinien
geben. Für eine ausführliche Diskussion der Hintergründe der fortschreitenden
Heterogenisierung der Nachfrage verweisen wir auf die Literatur (siehe vor allem
Anderson 2006; Piller 2006a; Zuboff / Maxmin 2002; einen schönen Einblick geben auch
Beck 1986; Blaho 2001; Cox / Alm 1999; Heil / Parker / Stephens 1999; Ludwig 2000;
Schnäbele 1997; Lindemann / Reichwald 1998; Steger 2007).

Der **Industriegüterbereich** ist seit jeher durch eine ausgeprägte Individualisierung als
Folge der Verwendung der nachgefragten Güter in der (individuellen) Wertkette der
Abnehmer gekennzeichnet (Jacob 1995, Kleinaltenkamp / Marra 1995; Stotko 2005). Die
bezogenen Produktionsfaktoren sollen den firmenspezifischen Besonderheiten ihrer
Verwendung in den Wertschöpfungsaktivitäten entsprechen. Da die einzigartige Gestaltung der Wertaktivitäten nicht nur Basis zum Aufbau dauerhafter Wettbewerbsvorteile
ist (Porter 1996), sondern zwangsläufig auch zu stark heterogenem Bedarf der nachfragenden Betriebe führt, hat die Individualisierung hier schon lange eine sehr hohe Bedeutung.

Diese Individualisierung im Industriegüterbereich, die häufig durch eine Einzelfertigung und eine Projektorganisation gekennzeichnet ist, wird heute durch eine zuneh-

mende **Individualisierung im privaten Verbrauch** ergänzt. Dazu tragen unter anderem **Änderungen im beruflichen Umfeld** vieler Konsumenten bei. Der weitgehende Wandel der Arbeit in entwickelten Gesellschaften von körperlicher zu einer reinen "Wissensarbeit" betont die kreative Nutzung des Humankapitals. Die dadurch bedingte qualifiziertere Ausbildung und eine ständige Weiterbildung lehren den Menschen, die Komplexität von Problemen zu erkennen und alternative Perspektiven zu betrachten. Als Folge einer größeren Entscheidungsautonomie vieler Mitarbeiter im Rahmen dezentraler Organisationsprinzipien steigt auch die Bedeutung von Eigenverantwortung, Selbständigkeit und Individualität. Es ist anzunehmen, dass solchermaßen durch die veränderten betrieblichen Rollen und eine neue "Selbständigkeit" emanzipierte Mitarbeiter ihre berufliche Mitbestimmung und ihr Einkaufsverhalten im beruflichen Bereich (passende Produkte, Denken in Dimensionen langfristiger "Anwendungskosten" etc.) auch auf ihr privates Konsumverhalten übertragen (Piller 2006a). Dies ist ein wesentlicher Treiber der Heterogenisierung der Nachfrage.

Oft wird der Trend zur Individualisierung auch durch **soziodemographische Änderungen** erklärt. Mit zunehmendem Wohlstand, der sich u. a. in einem höheren Einkommen, mehr Freizeit und einem höheren Bildungsniveau manifestiert, wächst der Wunsch nach individuellen Produkten. Diesen Zusammenhang beschrieb nicht nur **Maslow** mit seiner Bedürfnispyramide, sondern hier setzt auch die soziologisch begründete Argumentation der Individualisierung an. Wissenschaftler wie Beck (1986) oder Scitovsky (1989) halten die Massenproduktion für eintönig und neuen Ansprüchen nicht mehr angemessen, da "das menschliche Bedürfnis nach Abwechslung und Neuheit genauso groß ist wie der Wunsch zu überleben. Die Massenproduktion hat ihren Reiz verloren, weil immer mehr Menschen die gleichen oder ähnliche Gegenstände besitzen" (Fournier 1994: 59). Gerade kaufkräftige Konsumenten versuchen, ihre Persönlichkeit durch eine individuelle Produktwahl zu demonstrieren. Auch führen **bevölkerungsdemographische Verschiebungen** zu einer steigenden Zahl an älteren konsumintensiven Bevölkerungsgruppen, die großen Wert auf ein qualitativ hochwertiges und passendes Angebot legen. Hinzu kommen noch die steigende Zahl an Single-Haushalten und Veränderungen in der Zusammensetzung der Bevölkerung (nationale Identität, soziale Gruppen), die ebenfalls zu einer Fragmentierung der Nachfrage führen.

Neben einer zunehmenden Pluralisierung individueller und gesellschaftlicher Wertesysteme ist der Wertewandel auch gekennzeichnet von einer verstärkten Hinwendung zur Erlebnisorientierung, einer zunehmenden Designorientierung und einem neuen Qualitäts- und Funktionalitätsbewusstsein, das langlebige und verlässliche Produkte fordert. Schätzungsweise beherrscht bei 20-30 Prozent der Käuferschaft der **Hedonismus** die grundlegende Konsumhaltung. Hedonistisches Verhalten betont auf individueller Ebene Spontaneität und kurzfristige Kaufentscheidungen und führt auf einer aggregierten Ebene zu einer zunehmenden Heterogenität der Nachfrage (Litzenroth 1997). Hinzu kommt in allen Konsumentenschichten ein steigendes Engagement im Freizeitbereich. Im Zusammenhang mit kleineren Haushaltsgrößen und abnehmenden familiären Bindungen können speziellere Hobbys und Interessen verwirklicht werden. Dieser soziale Individualismus überträgt sich auf die materiellen Bedürfnisse. Auch lässt die Markentreue der Konsumenten immer mehr nach, selbst wenn diese mit einem Produkt zufrieden sind (**"Variety-Seeking-Behavior"**). Der Markenwechsel als solcher stiftet Nutzen – unabhängig von der Zufriedenheit mit dem alten Produkt oder Geschmacksveränderungen (Kahn 1998).

**Hintergründe und Kennzeichen einer zunehmenden Macht der Abnehmer**

Diese Entwicklungen auf der Nachfragerseite verdienen insbesondere deshalb besondere Beachtung, da zunehmende globale Konkurrenz und steigender Marktdruck viele Branchen von Verkäufer- zu **Käufermärkten** mit stark ausgeprägter abnehmerseitiger Verhandlungsmacht gewandelt haben (Reichwald / Hafer Weichselbaum 1996) . Zeichen hierfür ist bei **institutionellen (industriellen) Abnehmern** die wachsende Bedeutung eines systematischen Beschaffungsmanagements (Lieferantenscreening und -analyse, Qualitätspolitik). Hinzu kommt, dass sich nicht wenige Branchen durch eine erhebliche Nachfragekonzentration auszeichnen. Das damit verbundene Verhandlungspotenzial wird von den nachfragenden Unternehmen heute konsequent eingesetzt und führt zu einer Verschärfung des Wettbewerbs. Damit können sich Anbieter in diesen Märkten nicht mehr auf eine der klassischen Wettbewerbstheorien Kostenführerschaft oder Differenzierungsstrategie (Porter 1980) verlassen, sondern müssen trotz hoher Differenzierung und passender Produkte auch günstigste Preise anbieten. Eine solche **Hybrid-Strategie** verlangt aber eine andere Ausrichtung der betrieblichen Wertschöpfungssysteme, die in den klassischen Prinzipien nach Taylor nicht vorgesehen ist (siehe Corsten / Will 1995; Fleck 1995; Knyphausen-Aufsess / Ringsletter 1991 und Piller 1998 zu einer ausführlichen Diskussion des Wesens und der Anforderungen hybrider Wettbewerbsstrategien).

Diese Forderung gilt heute auch für Hersteller von Leistungen für **private Konsumenten.** In diesem Bereich ist trotz eines größeren und komplexeren Produktangebots heute eine zunehmende Aufgeklärtheit der Käufer festzustellen. **MacDonald** und **Tobin** (1998) sprechen analog zum "Empowerment" der Mitarbeiter eines Unternehmens von einem **Empowerment der Abnehmer**. Viele Autoren betrachten die aktive Rolle der Kunden im Wertschöpfungsprozess als direkte Folge dieses Empowerment (Gouthier 2004; Hennig-Thurau 1998; Köhne / Klein 2004; Lewis / Bridger 2001; Baethage / Wilkens 2001; McKenna 2002; Seybold / Marshak / Lewis 2001). Die Ursachen für eine zunehmende Macht der Kunden sind vielfältig (die meisten Gründe gelten sowohl für private als auch industrielle Kunden): Dank der Informationstransparenz durch das Internet ist nicht nur eine lokale Preisdiskriminierung immer schwieriger durchzusetzen, sondern vor allem Kundenbewertungen und -empfehlungen gewinnen stark an Bedeutung. Solche Bewertungen stammen entweder von professionellen Akteuren wie der "Stiftung Warentest" oder Computerzeitschriften, oder aber heute direkt von Konsumenten, die sich auf Meinungsplattformen und in Online-Katalogen über ihre Erfahrungen mit einer Leistung austauschen. In diesen Bewertungen wird meist das Produkt mit dem besten **Preis-Leistungsverhältnis** betont. Der Preis büßt so seine Wirkung als Qualitätsindikator immer mehr ein (Fleck 1995: 46). Kunden kaufen heute von einem Anbieter, der weiß, dass seine Kunden alles über das jeweilige Gut wissen und welche Alternativen es gibt, dass sie wissen, wer auf der Welt dieses Gut noch verkauft und welche Reputation der jeweilige Anbieter hat. In dieser Beziehung hat das Internet schließlich geliefert, was Wissenschaftler wie Malone, Yates und Benjamin

(1987) schon lange vorher versprochen haben: Größere Markttransparenz reduziert die Risiken aus Abnehmersicht und führt zu sinkenden Preisen.

Kunden-Empowerment geht jedoch über den reinen Kaufakt hinaus. Kunden, die befähigt sind, besser zwischen verschiedenen Angeboten zu unterschieden, und die die Macht verspüren, Teil eines Informationsnetzwerks zu werden, werden angeregt, sich weiter zu artikulieren und weitergehend zu handeln. Kunden äußern heute Kritik und Unzufriedenheit schneller und mit mehr Nachdruck (Hansen / Hennig 1995: 312; Prahalad / Ramaswamy 2004: 4). Es kommt zu einer neuen Dimension von Kundenaktivismus, der weit über die Aktivitäten einiger Kleingruppen hinausgeht. Ein Beispiel sind hunderte von Web-Sites, die von Kunden geschaffen wurden und sich nur mit einer Marke oder einen Produkt beschäftigen (meist entweder Fan- oder Hass-Seiten). Blogs (web logs) fördern eine öffentliche Debatte weiter und schaffen ein Netz verbundener Meinungen, Kommentare und weiter führender Links (siehe dazu auch Abschnitt 4.5.4). Selbst wenn so nur ein kleiner Teil an Kunden selbst aktiv wird, so erreicht ihr Wort heute viel schneller immer größere Adressatenkreise (siehe ausführlich Voß / Rieder 2005).

Doch Kunden loben oder kritisieren nicht nur schneller und lauter, sondern handeln heute auch aktiver, um sich selbst eine Lösung zu schaffen, die ein Hersteller nicht oder nicht bequem genug anbietet. Ihre Motivation ist dabei vor allem, diese Lösung selbst für ein offenes Bedürfnis zu nutzen – und in der Regel nicht, diese zu verkaufen. Hierbei werden sie durch eine vielfältige neue Infrastruktur unterstützt, die oft über das Internet transaktionskostenminimal bereitgestellt wird. Unternehmen wie **Cafepress** oder **Lulu.com** unterstützen Konsumenten bei Publikation, Druck und Vertrieb von Büchern und anderen Drucksachen. Das Konsumentenmagazin MAKE (makezine.com) stellt detaillierte Anregungen und Anleitungen zur Verfügung, wie Kunden von den Herstellern auferlegte Beschränkungen von Produkten umgehen können (wie z. B. den Kopierschutz bei digitalen Videorekordern, die Wiederverwendung von Einweg-Kameras, das Auswechseln von Batterien von iPods). **eMachineshop.com** stellt jedem Konsumenten in den USA über das Internet gar eine komplette Produktionsapparatur zur Verfügung. Maschinen und Werkzeuge, die sonst nur professionellen Nutzern zur Verfügung standen oder hohe Investitionskosten hatten, können dank einer einfachen kostenlosen CAD-Software, die die Schnittstelle zwischen Kunden und Maschinen darstellt, von jedem Interessenten genutzt werden. Damit fällt die Trennung zwischen Konsumenten und Produzenten zunehmend.

**Aktiver Kunde vs. Zwangsarbeiter Kunde**

Es ist wichtig, diese Form des aktiven Kunden vom "Zwangsarbeiter Kunde" zu unterscheiden, der als Folge von Rationalisierungsbestrebungen von Unternehmen dazu "gezwungen" wird, bestimmte Aufgaben selbst zu erfüllen. Der zunehmende Grad an Selbstbedienungsangeboten (vom Bankautomaten über Self-Check-In im Etap-Hotel bis zum Selbstmanagement der Finanzen im Online-Banking) ist eine typische Reaktion vieler Unternehmen in der Tradition tayloristischen Denkens: Im Vordergrund steht das Streben nach weiterer operationaler Effizienz. Auch wenn dies aus Kundensicht nicht immer so negativ gesehen wird, wie es Voß und Rieder (2005) in ihrem Buch "Der arbeitende Kunde: Wenn Konsumenten zu unbezahlten

Mitarbeitern werden" schildern (siehe z. B. für eine gegenteilige Argumentation Blaho 2001; Fließ 2001; Kim / Mauborgne 2001; Meuter et al. 2000; Schreier 2005), so ist unbestritten, dass ein immer weiter gehender Grad an "Outsourcing von Arbeit" an die Nutzer zu negativen Serviceerlebnissen oder Überforderung mancher Kunden führen kann. Der aktive und "empowerte" Kunde im Verständnis unserer Argumentation aber wird **nicht aktiv, weil ihn ein Unternehmen dazu zwingt**, sondern **aus eigenem Antrieb**, sei es aufgrund eines offenen Bedürfnisses oder weiterer Motive, die wir noch ausführlich betrachten werden (siehe Abschnitt 3.4). Diese wichtige Unterscheidung ist eine Hauptthese dieses Buchs und eine wesentliche Abgrenzung unserer Argumentation zu anderen Arbeiten zur Co-Produktion.

---

Der aktive Kunde im Sinne dieses Buches wird nicht aktiv, weil ihm ein Unternehmen dazu aus Gründen der Effizienzsteigerung zwingt, sondern aus eigenem Antrieb, sei es aufgrund eines offenen ungestillten Bedürfnisses und / oder weiterer Motive wie z. B. Spaß an der Interaktion und sozialem Austausch, Wettbewerbsdenken, monetären Anreizen.

---

**Individualität fördert Kreativität und Aktivität der Nachfrager**

Mit der zunehmenden Individualität der Kundenanforderungen und -bedürfnisse geht vor allem oftmals auch ein Wunsch nach besonderen Produkten oder Leistungen einher, die durch das derzeitige Angebot der jeweiligen Hersteller auf einem Markt nicht gedeckt werden. Wie wir noch ausführlich sehen werden, ist es vor allem der Wunsch zur Lösung eines speziellen Problems oder einer besonderen Anforderung, der Kunden zu kreativen Mitwirkenden ehemals rein betrieblicher Wertschöpfung werden lässt. Zahlreiche Studien in Investitionsgüter- und Konsumgütermärkten zeigen heute, dass fortschrittliche Kunden regelmäßig nicht auf eine Lösung durch einen Hersteller warten, sondern selbst aktiv werden und passende Produkte für ihre neuartigen Anforderungen entwickeln bzw. zumindest einem Hersteller den entscheidenden Impuls für eine solche Entwicklung selbst vermitteln (z. B. Franke / Shah 2003; Franke / von Hippel 2003; Lüthje 2003a, 2004; Urban / von Hippel 1988; von Hippel 2005). In der Konsequenz dieses anspruchsvolleren und heterogeneren Nachfrageverhaltens ergeben sich neue Herausforderungen der Unternehmen bei der Produktentwicklung und Produktion. Traditionelle Methoden der Produktentwicklung zielen auf Standardprodukte, welche die durchschnittlichen Bedürfnisse einer möglichst großen Anzahl an Kunden treffen sollen. Dazu wird mittels Marktforschung versucht, die Bedürfnisse der Kunden ex-ante zu erfahren – unter der Prämisse, dass Kunden im anvisierten Marktsegment die gleichen Präferenzen für bestimmte Produkteigenschaften haben. Das potenziell hohe Umsatzvolumen im vermeintlich homogenen Zielmarktsegment rechtfertigt so auch hohe Fixkosten der Entwicklung und des Aufbaus eines abgestimmten Produktionsapparats.

**Die klassische Reaktion der Anbieter auf die zunehmende Individualität**

Werden durch die Heterogenisierung der Nachfrage die Zielmärkte aber kleiner, reagieren viele Anbieter mit einer immer ausgedehnteren Modell- und Variantenvielfalt

(Cox / Alm 1999; Piller 1998). Vorhandene Grundprodukte werden um neue Variationen für immer kleinere, in sich aber homogene Marktsegmente erweitert, indem für jede Nische eine eigene Produktvariation inklusive begleitender Vermarktungsmaßnahmen entworfen wird. Doch die vermeintlich marktbezogene Variantenfertigung bedeutet in der Regel eine große Produktpalette ähnlicher Erzeugnisse in geringen Mengen, die vorab auf Lager produziert werden. Dabei sind die genauen Absatzzahlen aber immer schwerer zu prognostizieren (Lee / Padmanabhan / Whang 1997), da die Fertigung lediglich auf Marktprognosen und Schätzungen des Vertriebs basiert. Bei gleich bleibenden oder nur leicht steigenden gesamten Absatzzahlen nimmt zudem der Aufwand der Marktbearbeitung enorm zu. Diese Vorgehensweise führt so vor allem zu einer steigenden Komplexität – in der Produktion gleichermaßen wie im Produktmanagement und Vertrieb. Besonders schwerwiegend erscheint, dass diesen Problemen mit Ausnahme einer etwas besseren Annäherung an die Präferenzstruktur der Kunden keine neuen erlösseitigen Potenziale gegenüberstehen. Die vermeintlich kundennahe Variantenfertigung entpuppt sich oft als teure und unzulängliche Fehlentscheidung. Der Ausweg vieler Unternehmen ist dabei aber heute nicht etwa, die grundlegenden Prinzipien zu erweitern, sondern vielmehr immer noch der Versuch, das **bestehende System industrieller Wertschöpfung** in seinem Kern unverändert zu lassen, es jedoch durch die Integration von Netzwerkpartnern wandlungsfähiger und flexibler zu machen. Von dieser Übertragung der Prinzipien klassischer industrieller Wertschöpfung auf die Bildung von Netzwerkorganisationen handelt der folgende Abschnitt.

---

*Kasten 2–3:*   *Literaturempfehlungen zum Wandel der Märkte und zum Empowerment der Kunden*

---

■  Grün, Oskar / Brunner, Jean-Claude (2002). Der Kunde als Dienstleister: Von der Selbstbedienung zur Co-Produktion. Wiesbaden: Gabler 2002.

■  Voß, Günter / Rieder, Kerstin (2005). Der arbeitende Kunde: Wenn Konsumenten zu unbezahlten Mitarbeitern werden. Frankfurt / New York: Campus 2005.

■  Zuboff, Shoshana / Maxmin, James (2002). The support economy: why corporations are failing individuals and the next episode of capitalism. London: Viking Penguin 2002.

## 2.3    Auflösung der Unternehmensgrenzen: Von der internen Abwicklung zu Netzwerken und Märkten

Kasten 2–4 schildert als einführendes Beispiel die Geschichte **Michael Dells**, der durch eine radikale Weiterentwicklung der klassischen Wertschöpfungsprinzipien ein erfolgreiches Unternehmen schaffen konnte. Das Dell-Modell ist nicht nur eine erfolgreiche Antwort auf die Individualisierung der Nachfrage und eine zunehmende Heterogenität der Kundenwünsche, sondern auch ein beeindruckendes Beispiel für die bis heute vorherrschende Beständigkeit der alten Prinzipien industrieller Wertschöpfung. Keiner der bereits vor Dell etablierten großen Computerhersteller, die alle dem klassischen intern ausgerichteten tayloristischen Denken entsprungen sind, hat es je geschafft, dass Dell-Modell im PC-Markt erfolgreich zu kopieren. Dell hatte als Start-up-Unternehmen auf der grünen Wiese den großen Vorteil, keinen Ballast konventionellen Denkens tragen zu müssen und konnte konsequent alle Wertschöpfungsaktivitäten auf sein neues Modell ausrichten. Das Dell-Modell zeigt aber auch, dass die Prinzipien klassischer Betriebsführung an sich weiterhin Bestand und als Gesetzmäßigkeit Richtigkeit haben (Dell setzt z. B. stark auf Skaleneffekte im Einkauf und nutzt durch seine modularen Rechnerarchitekturen starke Verbundeffekte). Auch heute sind Skalen- und Verbundvorteile noch wichtige Prinzipien, die die Entscheidungen vieler Unternehmen zu Recht prägen. Jedoch sind sie nicht mehr zentraler Mittelpunkt wirtschaftlichen Handelns, sondern werden durch neue Prinzipien ergänzt und dominiert.

---

*Kasten 2–4:*    *Das Beispiel Dell: Netzwerke als Antwort auf den marktlichen und technologischen Wandel*

---

*(Quelle: Holzner, Steven: How Dell does it, New York: McGraw-Hill 2006)*

Die Erfolgsgeschichte des Computerherstellers Michael Dell ist ein gutes Beispiel für die Anwendung neuer Prinzipien zur Organisation der Wertschöpfung in Unternehmensnetzwerken. Als junger Student der Medizin in Austin Texas lernte Michael Dell, dass die auf dem Markt verfügbaren Personal Computers (PCs) nicht den Anforderungen entsprachen, die sich aus dem Anwendungsbereich seines Medizin-Labors ergaben. Schnell entdeckte er die Möglichkeit, seinen PC durch einzelne Bauteile und Zusatzausstattungen so zu ergänzen, dass er seinen Anforderungen Rechnung tragen konnte. Mit der Zeit erwarb er einen immer besseren Überblick über verfügbare Einzelteile und konnte so (zunächst seine eigenen) individuelle Anforderungen immer besser erfüllen. Auf dieser Grundlage baute Michael Dell zunächst für einen beschränkten Interessentenkreis aus seinem Umfeld PCs auf Bestellung, die er nach den jeweiligen Anforderungen seiner Kunden unterschiedlich zusammenstellte. Mit der Faszination, die das PC-Geschäft und die Anpassung von Computertechnologie an individuelle Nutzerbedürfnisse ausübte, wuchs auch seine Branchenkenntnis. Schnell begriff er, dass die Gesamtkosten der im Computerhandel verfügbare Einzelteile für einen PC nur etwa 50 % der Kosten eines im Handel erhältlichen PC ausmachte. Ein Anbieter, der ohne Lagerrisiko diese Komponenten schnell und flexibel zu bereits bestellten Computern zusammenfügen konnte, hätte große Gewinnmöglichkeiten, vor allem, wenn er in einem Direktvertriebsmodell ohne Einschaltung des Handels direkt mit den Abnehmern interagieren würde.

Das Geschäft wuchs so schnell, dass Dell bald darauf sein Medizinstudium beendete, um sich ganz der individuellen Produktion von PCs zu widmen. Mit dem Aufkommen des Internet an den amerikanischen Universitäten baute er Schritt für Schritt sein Wertschöpfungsnetzwerk aus. Zunächst nutzte Michael Dell den Telefonvertrieb (der auch heute noch der wichtigste Vertriebskanal ist), später auch das Internet als Kommunikations- und Vertriebsweg. Da er nicht das notwendige Kapital für eine Entwicklungsabteilung, Lagerhaltung oder die Einrichtung großer Produktionsstätten hatte, beschränkte er sich darauf, die eingegangenen Bestellungen und deren

Komponenten in seinem Netzwerk von Händlern zu beschaffen und nach individuellem Zuschnitt in seine PCs einzubauen. So konnte er auf eine eigene Entwicklung von Computerelementen verzichten und damit etwaigen Entwicklungsrisiken entgehen. Sobald Computerkomponenten vom technischen Fortschritt überholt waren, kaufte er jeweils die neueste technologische Version, um seinen Kunden nur aktuellste PC-Technologie anzubieten. Die Energie seines eigenen Unternehmens steckte er viel mehr in Aktivitäten, die die Interaktion mit den Kunden und die interne Abstimmung seines Netzwerks verbessern konnten.

Ein neues Wertschöpfungsmodell in der Computerindustrie war geboren. Die Produktion von PCs, individuell für den jeweiligen Kundenbedarf nach einem modularen Baukastensystem. Informationsnetzwerke dienten statt Werkshallen als Logistikplattform für die Koordination des Wertschöpfungsprozesses vom Bestellvorgang bis zur Auslieferung des PCs an den Kunden. Mit diesem Wertschöpfungsmodell hat Michael Dell eine beispiellose Erfolgsstory hervorgebracht, die bis heute anhält. Das Wertschöpfungsmodell der Dell Corporation dreht den Wertschöpfungsprozess aus einer Input-Output-Orientierung in seine Gegenrichtung um. Auslöser aller Wertschöpfungsaktivitäten ist die Kundenbestellung, zu der sich der Kunde entweder alleine im Internet oder in Zusammenarbeit mit einem Telefonverkäufer sein individuelles Computersystem selbst konfiguriert. Der Bestellvorgang löst den Wertschöpfungsprozess in seinen weiteren Schritten aus. Die Komponenten werden aus einem weltweiten Zulieferernetzwerk bezogen. Nach einem ausgeklügelten logistischen System, das von der Firma Dell zentral koordiniert wird, werden die Einzelteile für jeden Bestellvorgang durch weltweit agierende Logistikunternehmen (z. B. DHL, Fedex) transportiert und entweder in Dell-Fertigungswerkstätten oder direkt beim Kunden zusammengebaut und eingerichtet. Dieser Prozess wird vom Bestellzeitpunkt bis zur Auslieferung mit einer zugesicherten Durchlaufzeit realisiert, die auch in 95 % der Fälle eingehalten wird.

*(Anmerkung: In den USA ist Dell seit Anfang 2005 stark in der Gunst der Kunden gefallen und wird derzeit für seinen schlechten Kundenservice, nicht mehr innovative Produkte und lange Lieferzeiten gescholten. Mit dem starken Wachstum des Unternehmens scheint das ursprüngliche Geschäftsmodell verwässert worden zu sein. So ist der Großteil der von Dell heute angebotenen Produkte reine vorgefertigte Standardware, wo die klassischen Erfolgprinzipien nicht mehr greifen.)*

## 2.3.1 Marktorientierung und Flexibilität als Leitziele in Unternehmensnetzwerken

Das Beispiel Dell verdeutlicht die Fortentwicklung der klassischen Organisation industrieller Wertschöpfung. Nicht mehr ein physisches Unternehmen, sondern ein Datennetz wird zur zentralen Wertschöpfungsplattform. Die wesentliche Geschäftsidee Michael Dells für die Wertschöpfungsorganisation legt den Fokus auf den Aufbau von Koordinationskompetenz überbetrieblicher Wertschöpfungsprozesse in Netzwerken (anstelle der klassischen Kompetenz zur optimalen Allokation betrieblicher Ressourcen im Unternehmen).

**Reaktion auf die Forderung hybrider Wettbewerbsstrategien**

Wir haben im letzten Abschnitt gesehen, dass die klassischen Prinzipien der wissenschaftlichen Betriebsführung vor allem deshalb an ihre Grenzen stoßen, weil sich heute die meisten Märkte von Verkäufer- zu Käufermärkten gewandelt haben. Kunden sind nicht mehr bereit, organisatorisch bedingte Koordinationsprobleme, wie z. B. nicht genau passende Produkte, lange Lieferzeiten oder Schnittstellenprobleme bei Prozessen zu akzeptieren. Das neue Käuferverhalten ist ein wesentlicher Einflussfaktor für die Entwicklung neuer Güter und Dienstleistungen bei wachsenden Qualitätsansprüchen. Dies gilt für Konsumgüter, Investitionsgüter und für Dienstleistungen aller Art. In Käufermärkten rücken die betriebswirtschaftlichen Ziele "Qualität", "Zeit" (Entwicklungs- und Lieferzeit) oder "Flexibilität" als gleichwertige Ziele neben die klassischen Ziele "Produktivität" und "Kostenwirtschaftlichkeit". (Reichwald 1992; Reichwald / Schmelzer 1990; Reichwald / Koller 1996; Reichwald / Höfer / Weichselbaum 1996).

Hierzu bieten ihnen neue Technologien eine Vielfalt von Potenzialen. Neue Fertigungstechnologien (computerintegrierte Produktion und flexible Fertigungssysteme) lösen die Zielkonflikte zwischen Flexibilität (Variantenvielfalt) und Qualität einerseits und Produktivität und Effizienz andererseits auf. Darüber hinaus sind es aber vor allem neue Informations- und Kommunikationstechnologien, die eine tiefgreifende Veränderung der unternehmerischen Wertschöpfung erlauben. Information wird zum dominierenden Produktionsfaktor. Die Nutzung der neuen Kommunikationsnetze verschafft weltweiten Zugang zu Standorten, die vormals schwer erreichbar waren. Die Intensivierung des Wettbewerbs vollzieht sich so durch den Eintritt neuer Wettbewerber in ehemals angestammte oder verschlossene Märkte. Beeindruckend sind das Wachstum der ostasiatischen Märkte und das erfolgreiche Agieren ostasiatischer Wettbewerber, besonders im Bereich industrieller Massengüter und der Informationsdienstleistungen. Seit der Öffnung der Märkte Osteuropas kommen Anbieter hinzu, in deren nationalen Volkswirtschaften Industriegüter zu erheblich geringeren Produktionskosten hergestellt werden und die mit ihren qualitativ immer besser werdenden Gütern und Dienstleistungen zunehmend Anschluss an den Weltmarkt finden. Informationsdienstleister bieten ihre Leistungen weltweit über Datennetze an.

### Öffnung der Grenzen des Unternehmens

Märkte und Unternehmen wandeln sich vor dem Hintergrund dieser vernetzten Ökonomie. Dabei wird es schwieriger, Unternehmen als in sich relativ geschlossene, integrierte Gebilde zu identifizieren (vgl. Picot / Reichwald 1994). Die Grenzen der Unternehmen verschwimmen. Die Schnittstelle zwischen Unternehmen und Märkten, die klare Unterscheidung zwischen innen und außen schwindet. Stattdessen ergeben sich immer häufiger Organisationsformen zwischen Unternehmen und Märkten, wie z. B. Netzwerkorganisationen, Kooperationsgeflechte, virtuelle Organisationsstrukturen oder Telekooperationen. Sie sind Resultate von Reaktionen auf neue Markt- und Wettbewerbsbedingungen und der Möglichkeiten neuer Informations- und Kommunikationstechnologien (siehe Kasten 2–5 für eine Erläuterung und weiterführende Literatur zum Begriff der **Grenze von Unternehmen**). Als Resultat verändern sich eher stabile Technologien der Fertigung und eher dauerhafte Organisationsformen und Führungsstrukturen zugunsten flexiblerer Formen, die sich rasch an neue Gegebenheiten anpassen lassen. An die Stelle überschaubarer, regionaler Geschäftstätigkeiten tritt eine globale Orientierung. Damit verändern sich auch die institutionellen Rahmenbedingungen, mit denen Unternehmen konfrontiert werden und die bisher in der Regel stabile und überschaubare Grundlagen unternehmerischer

Tätigkeiten lieferten. Durch enge kommunikative Vernetzungen sowie durch die Internationalisierung der Geschäftstätigkeiten entsteht eine **Vielfalt neuer institutioneller Gegebenheiten**, mit denen sich Unternehmen vermehrt auseinanderzusetzen haben.

Der technologischen folgt eine organisatorische Weiterentwicklung der Wertschöpfung. Notwendig ist eine Abflachung oder sogar Auflösung hierarchischer Strukturen. Klassische Abteilungen und Hierarchieebenen verlieren ihre Bedeutung, streng festgelegte Kommunikationsstrukturen werden durch den direkten Weg einer nicht im Einzelnen kanalisierten Gruppenkommunikation ersetzt. Die Zusammenführung von dispositiver und objektbezogener Arbeit sowie die Zusammenführung von Dienstleistung und Sachleistung zu geschlossenen Wertschöpfungsketten hat aber noch eine weitere Konsequenz, welche die Grenzen der Unternehmung auch in **räumlicher Hinsicht** in Frage stellt: Je stärker das Prinzip der autonomen Organisationseinheiten die Wertschöpfungskette durchdringt und je besser die autonomen Unternehmenseinheiten durch Informations- und Kommunikationstechniken koordiniert werden können, desto stärker tritt auch die **Standortfrage** in den Vordergrund.

Können mit einer Standortverlagerung ökonomische Vorteile erzielt werden, z. B. durch größere Marktnähe, durch die Nutzung von Kostenvorteilen, durch Erhöhung der Lebensqualität für die Mitarbeiter oder durch Versorgungsvorteile, dann folgt der organisatorischen Dezentralisierung auch die räumliche Dezentralisierung, d. h. die Standortverlagerung von Organisationseinheiten. Diese erstreckt sich auf die Standorte von ganzen Unternehmen, von modularen Organisationseinheiten, Gruppen oder einzelnen Arbeitsplätzen. Im Zuge einer Modularisierung der Unternehmensorganisationen und Neustrukturierung der Arbeitsteilung kommt es häufig zu **Kooperationen von Unternehmen und Zulieferern in Produktionsnetzwerken**, die über eine regionale Ausdehnung hinaus auch international angesiedelt sein können (Frohlich / Westbrook 2001; Mildenberger 2001; Picot / Reichwald / Wigand 2003 Reichwald et. al 2004).

---

*Kasten 2–5:*     *Organisationsgrenzen: Begriff und Ebenen*

---

*(Quelle: Reichwald, Ralf. Organisationsgrenzen. In: Georg Schreyögg / Axel von Werder (Hg.): Handwörterbuch der Unternehmensführung und Organisation. 4. Aufl., Stuttgart: Schäffer-Poeschel 2004: 998-1008)*

Die Definition der Grenzen einer Organisation ist erst aus betriebswirtschaftlicher Sicht seit dem Zeitpunkt ein Thema, zu dem die Ziehung der Grenzen als Gestaltungsoption in das Blickfeld der Organisationsforschung des Managements gerückt ist. Aus neoklassischer Sichtweise sind Organisationen zur Abwicklung von wirtschaftlichen Leistungen nicht notwendig: Die Koordination am Markt, gelenkt durch die unsichtbare Hand, führt zu einem unter Effizienzaspekten idealen Zustand (vgl. Smith 1776). Ohne Organisationen existieren auch keine Organisationsgrenzen.

Aber auch in der klassischen Organisationslehre scheinen die Grenzen einer Organisation als Gestaltungsoption keine Rolle zu spielen. Im Mittelpunkt steht dort die Frage nach der Gestaltung des Aufbaus und der internen Abläufe in einer gegebenen Organisation. Dabei wurde die Ziehung der Grenzen einer Organisation bereits von Coase (1937) thematisiert, der die neoklassische Theorie bei der Verteilung von knappen Gütern auf Märkten in Frage stellt und die Organisation als effizienten Mechanismus der Abwicklung von Transaktionen bei unvollständigen Informationen untersucht. Die Untersuchung der Existenz von Organisationen führt damit auch zu der Frage, wo die Grenze der Organisation gezogen wird, insbesondere wenn, wie bei Coase, die Festlegung des optimalen Aufgabenumfangs in einer Organisation thematisiert wird. Die grundsätzliche Frage nach den Grenzen einer Organisation hängt von der verfolgten Auffassung über die Bestandteile einer Organisation und damit auch davon ab, was jenseits der Grenzen einer Organisation gesehen wird.

Sieht man die *Organisation als soziales System* (Gutenberg 1983), hängt die Organisationsgrenze eng mit der Struktur und Größe eines Unternehmens zusammen. Die Zahl an Mitarbeitern, der Umsatz, die Marktkapitalisierung, der Wertschöpfungsanteil, der Marktanteil, die Anzahl der Geschäftsfelder oder die geographische Ausdehnung sind beispielhafte Kennzahlen zur Beschreibung der Größe einer Organisation, die wiederum durch die Ziehung der Grenzen um diese Organisation abhängt (vgl. Bieberbach 2001). Versteht man unter einem Unternehmen eine organisatorische und wirtschaftliche Einheit mit einer hierarchischen Struktur und zentralen Weisungsrechten (vgl. Picot 1999), dann lassen sich unter den verschiedenen möglichen Determinanten zwei unabhängige Variablen finden, die zur Bestimmung der Unternehmensgröße herangezogen werden können: die horizontale und die vertikale Unternehmensgröße (Tirole 1995). Die horizontale Größe bezieht sich auf die Zahl der Märkte, auf denen das Unternehmen aktiv ist, und die jeweilige Output-Menge auf einem Markt. Damit bestimmt sich die Leistungsbreite eines Unternehmens. Die vertikale Unternehmensgröße dagegen bezieht sich auf die Tiefe der Wertschöpfung, d. h. die Leistungstiefe bzw. der Grad der vertikalen Integration. Sie ist analytisch definiert durch die Zahl der Wertschöpfungsstufen, die innerhalb eines Unternehmens abgewickelt werden, oder praktisch bestimmbar durch die Wertschöpfung (Gesamtleistung abzüglich Vorleistungen). Die Festlegung der Leistungsbreite (Bestimmung der horizontalen Organisationsgrenze) und Leistungstiefe (Bestimmung der vertikalen Organisationsgrenze) können als wichtige Bestimmungsgrößen der Grenzziehung der Organisation gesehen werden.

Eine andere Sichtweise sieht die *Organisation als ökonomische Institution* zur Lösung des Organisationsproblems vor dem Hintergrund einer arbeitsteiligen Wirtschaft und der Existenz verschiedener Institutionen zur Abwicklung der Arbeitsteilung (Picot 1999). Gegenstand des Organisationsproblems ist die Beseitigung der Mängel als Folge von Koordinations- und Motivationsproblemen bei Arbeitsteilung und Spezialisierung, wie auch bei Tausch und Abstimmung, die möglichen Produktivitätsgewinne (aus Spezialisierung) entgegenstehen (vgl. u. a. Picot 1982; Milgrom / Roberts 1992). Allerdings verbraucht der Organisationsprozess selbst Ressourcen (Koordinationskosten). Folglich stellt das Organisationsproblem eine Optimierungsaufgabe dar, bei der diejenige Organisationsform gesucht wird, die den Produktivitätsanstieg durch Arbeitsteilung und Spezialisierung so auszunutzen vermag, dass unter Berücksichtigung des Ressourcenverbrauchs bei Tausch und Abstimmung möglichst viele Bedürfnisse befriedigt werden können (Picot / Reichwald / Wigand 2003). Unterschiedliche Organisationsformen bestimmen sich dabei durch verschiedene Ansatzpunkte zur Lösung des Koordinations- und Motivationsproblems, namentliche Hierarchie, interorganisationale Netzwerke (Kooperation) und Markt. Diese Ansätze sind dabei durch die Dominanz unterschiedlicher Institutionen geprägt. Als Institutionen werden sozial sanktionierbare Erwartungen bezeichnet, die sich auf die Handlungs- und Verhaltensweisen eines Akteurs beziehen. Sie informieren jeden Akteur sowohl über seinen eigenen Handlungsspielraum als auch über das wahrscheinliche Verhalten anderer Akteure und fungieren somit als verhaltensstabilisierende Mechanismen. Die Organisationsgrenze bezieht sich dabei auf die Definition des Überganges zwischen Hierarchie und Markt sowie zwischen Markt bzw. Hierarchie und interorganisationalen Netzwerken. Sie muss für alle Transaktionsbeziehungen entlang der Wertschöpfungskette zur Erstellung der Gesamtleistung festgelegt werden. Die effiziente Grenze ist dann bestimmt, wenn beim Übergang von einer Organisationsform zur nächsten keine Koordinationskosten (bei gegebenen Produktionskosten) mehr eingespart werden können. Die Organisationsgrenze definiert damit das Spektrum all der Aufgaben, die innerhalb einer Organisation zu der aus Gesamtkostensicht geringsten Summe von Koordinations- und Produktionskosten erbracht werden.

In der bisherigen Argumentation wurde die Organisationsgrenze in erster Linie als externe (*interorganisationale*) Grenze zwischen einem Unternehmen und seiner Umwelt gesehen. Dies entspricht auch der weiten Verwendung dieses Begriffs in der angeführten Literatur. Der externen Organisationsgrenze kann aber auch eine interne (*intraorganisationale*) Grenze gegenübergestellt werden. Diese bezieht sich auf die Verteilung von Aufgaben, Weisungs- und Entscheidungsrechten sowie Macht innerhalb eines Unternehmens und die Ziehung der Grenzen zwischen den verschiedenen organisatorischen Einheiten (Aufbauorganisation) eines Unternehmens aus formaler und informeller Sicht. Auch hier lässt sich die zu Beginn angeführte Unterscheidung zwischen horizontalen und vertikalen Grenzen ziehen, indem auch innerhalb einer Organisation das horizontale Aufgabenspektrum festgelegt werden muss, also beispielsweise die Breite der Produktlinie einer Geschäftseinheit.

## 2.3.2 Ökonomie der Netzwerkorganisationen und Move-to-the-Market

Die Unternehmensführung befindet sich so in einem Prozess der Neuorientierung und des Umdenkens. Wahrend in der klassischen Theorie der Unternehmung Produktivität und Produktionskosten die Kriterien für die Gestaltung der industriellen Wertschöpfung bilden, sind es nun die Kosten der Information und Kommunikation in bestimmten Wertschöpfungsarrangements, die **Transaktionskosten**, die den Pfad erfolgreicher Unternehmensführung bestimmen. Das Problem der Güterknappheit wird auch hier durch Arbeitsteilung und Spezialisierung bewältigt. Allerdings tritt in den neuen Organisationsformen der modularen Organisation bzw. der Unternehmensnetzwerke das Problem der Koordination und Motivation in den Vordergrund. Es geht primär darum, die resultierenden Tausch- und Abstimmungsvorgänge möglichst effizient zu gestalten. Koordinations- und Motivationsprobleme entstehen hier, weil das Wissen um die effizientesten Wertschöpfungsarrangements selbst ein knappes Gut ist (Picot / Dietl / Franck 2005). Damit tritt die klassische Erkenntnis Kirzners (1978) in den Vordergrund, dass **erfolgreiches Unternehmertum letztlich auf Informationsvorsprüngen basiert**. Die Ausnutzung dieser Informationsvorsprünge verlangt immer die Wahl einer passenden Organisationsform, um mit der knappen Ressource Information möglichst effizient umzugehen. Das Management von Information muss sich dabei mit den besonderen Eigenschaften des Gutes Information auseinandersetzen, deren Charakteristika mit jeder weiteren Vernetzung zwischen Akteuren an Bedeutung gewinnt. Einen Ansatzpunkt zur Modellierung und Erklärung bieten die Transaktionskostentheorie und der verbundene Ansatz der Property-Rights-Theorie (siehe Kasten 2–6), zwei der zentralen Bestandteile der so genannten Institutionenökonomik. Diese stellt (abstrakte) Erklärungsansätze zur Verfügung, wie eine Unternehmung als Bestandteil eines globalen Wertschöpfungsnetzwerks die Grenzen der Arbeitsteilung optimal zieht. Die Institutionenökonomik wird damit zum ergänzenden Erklärungsansatz, da die klassischen Gesetze Tayloristischen Denkens diese Fragen nicht ausreichend beantworten können.

---

*Kasten 2–6:*     *Ansätze zur Erklärung organisationaler Grenzen: Transaktionskosten und Property-Rights-Ansatz*

---

*(Quelle: Reichwald, Ralf. Organisationsgrenzen. In: Georg Schreyögg / Axel von Werder (Hg.): Handwörterbuch der Unternehmensführung und Organisation, 4. Aufl., Stuttgart: Schäffer-Poeschel 2004: 998-1008)*

**Transaktionskostentheorie:** Grundlegende Untersuchungseinheit der Transaktionskostentheorie ist die einzelne Transaktion, die als Übertragung von Verfügungsrechten (Property-Rights) definiert wird (vgl. u. a. Coase 1937; Picot / Dietl / Franck 2005; Williamson 1975, 1985). Die dabei anfallenden Kosten werden als Transaktionskosten bezeichnet und umfassen Kosten der *Anbahnung* (z. B. Recherche, Reisen, Beratung), *Vereinbarung*, (z. B. Verhandlungen, Rechtsabteilung), *Abwicklung*, (z. B. Prozesssteuerung), *Kontrolle* (z. B. Qualitäts- und Terminüberwachung) und Anpassung (z. B. Zusatzkosten aufgrund nachträglicher qualitativer, preislicher oder terminlicher Änderungen). Die Höhe dieser Transaktionskosten hängt einerseits von den Eigenschaften der zu erbringenden Leistungen und andererseits von der gewählten Einbindungs- bzw. Organisationsform - und damit Setzung der Organisationsgrenzen - ab. Ziel der Transaktionskostenanalyse ist es, diejenige Organisationsform zu finden, die bei gegebenen Produktionskosten die Transaktionskosten minimiert. Transaktionskosten sind damit Effizienzmaßstab zur Beurteilung und Auswahl unterschiedlicher institutioneller Arrangements. Dabei werden der Markt, die organisationsinterne Hierarchie und Netzwerke bzw. Kooperationen als elementare Strukturen der Leistungserstellung betrachtet. Die Organisationsgrenze kann hier als Trennung zwischen der Organisation als Träger der Leistungserstellung und dem umgebenden Marktsystem gesehen werden. Aus Sicht der Transaktionskostentheorie konstituieren sich die effizienten Grenzen einer Organisation an dem Punkt, wo die Kosten der internen Abwicklung von Transaktionen den Kosten der externen Abwicklung dieser Transaktion entsprechen (Holmström / Roberts 1998), also durch Umverteilung keine Effizienzgewinne mehr realisiert werden können.

**Property-Rights-Theorie:** Nach Holmström und Roberts (1998) resultiert die Frage der Organisationsgrenze aus der so genannten "hold-up" Problematik, also der Gefahr der opportunistischen Ausnutzung bestehender Abhängigkeiten zwischen Vertragsparteien mit asymmetrischer Informationsverteilung. Wenn eine der Vertragsparteien für eine Transaktion irreversible, transaktionsspezifische Vorleistungen tätigt (sog. "sunk costs"), die außerhalb dieser Transaktion von geringerem Wert oder wertlos sind, gerät sie nach Vertragsabschluss in Abhängigkeit von der anderen Partei, weil sie auf deren Leistung angewiesen ist. Zusätzlich ist es aufgrund zu hoher Transaktionskosten unmöglich, einen vollständigen Vertrag zu schließen, der alle möglichen Umweltzustände ex-post umfasst. Diese Problemstellung bildet der *Property-Rights-Ansatz* ab (vgl. u. a. Grossman / Hart 1986; Hart / Moore 1990; Hart 1995). In seinem Mittelpunkt stehen Handlungs- und Verfügungsrechte (sog. Property Rights) und deren Wirkung auf das Verhalten von ökonomischen Akteuren. Ausgangspunkt ist dabei die Beobachtung, dass der Wert von Gütern einerseits und die Handlungen von Menschen andererseits von den Rechten abhängen, die ihnen zugeordnet sind. Property Rights sind die mit einem Gut verbundenen und Wirtschaftssubjekten aufgrund von Rechtsordnungen und Verträgen zustehenden Rechte. Die *Übertragung von Property Rights* kann auf Märkten durch Verträge und innerhalb von Organisationen durch hierarchische oder marktliche Anweisungen geregelt werden. Durch unvollständige Zuordnung und / oder Verteilung von Property Rights auf mehrere Individuen entstehen sog. verdünnte Property Rights mit der möglichen Folge externer Effekte. Die Handlungen eines Akteurs haben dadurch Auswirkungen auf den Nutzen der übrigen Akteure, die ebenfalls im Besitz der verdünnten Property Rights sind.

Bei unvollständigen Verträgen und hoher Spezifität der betroffenen Güter kann eine Integration aller Property Rights innerhalb einer Organisationsgrenze diese Problematik verhindern. Folge ist

---

eine vertikale Integration, also das Verändern der vertikalen Grenze der Organisation. Die effiziente Organisationsgrenze ist hiernach durch eine effiziente Allokation von Property Rights determiniert. Diese ist erreicht, wenn die Summe aus Transaktionskosten und die durch externe Effekte hervorgerufenen Wohlfahrtsverluste in ihrem Minimum ist. Die Grenze der Organisation definiert sich damit als Bündel von Property Rights über mehrere Güter, die sich im Besitz einer Institution befinden.

### Effizienz alternativer Wertschöpfungsarrangements

Aus Sicht der Transaktionskostentheorie stellen Kooperationen in Netzwerken so genannte **hybride Organisationsformen** dar, die auf einem Kontinuum zwischen den beiden Extremformen Markt und Hierarchie angesiedelt sind. Sie vereinigen Elemente marktlicher als auch hierarchischer Organisation. Dazu zählen beispielsweise langfristig angelegte Unternehmenskooperationen, strategische Allianzen, Joint Ventures, Franchisingsysteme, Lizenzvergabe an Dritte, dynamische Netzwerke sowie langfristige Abnahme- und Belieferungsverträge. Ziel von Netzwerkorganisationen ist die Kombination der Vorteile von hierarchischen und marktlichen Organisationsformen: die Zusammenlegung von komplementären Ressourcen verschiedener Unternehmen für die gemeinsame Wertschöpfung soll nahezu die Effizienz einer einheitlichen hierarchischen Organisation erreichen. Gleichzeitig sollen aber die Flexibilität und Autonomie der einzelnen Unternehmen aufrechterhalten werden, indem sich die Unternehmen durch marktliche Arrangements nur lose aneinander binden (Picot / Reichwald / Wigand 2003). Die scheinbar einfache Wahl zwischen unternehmensinterner und unternehmensexterner Erstellung von Leistungen entpuppt sich damit als komplexe Optimierungsaufgabe innerhalb eines breiten Kontinuums von Möglichkeiten.

Einen Anhaltspunkt für die Entscheidung, ob eine Leistung intern, rein extern oder kooperativ abgewickelt werden soll, gibt der Grad der Spezifität und Unsicherheit der entsprechenden Aktivität, der wesentlich die Höhe der Transaktionskosten bestimmt. Dabei ist die **Spezifität** einer Transaktion um so höher, je größer der Wertverlust ist, der entsteht, wenn die zur Aufgabenerfüllung erforderlichen Ressourcen nicht in der angestrebten Verwendung eingesetzt, sondern ihrer nächstbesten Verwendung zugeführt werden (vgl. Klein / Crawford / Alchian 1978). So sind z. B. bei Beendigung einer Geschäftsbeziehung unspezifische Ressourcen wie Standardsoftware etc. weiterhin ohne Einschränkung verwendbar. Spezifische Investitionen wie z. B. Spezialmaschinen verlangen hingegen eine Umrüstung oder werden vollkommen wertlos (z. B. Kundendaten). **Unsicherheit** drückt sich in Anzahl und Ausmaß nicht vorhersehbarer Aufgabenänderungen aus. In einer unsicheren Umwelt wird die Vertragserfüllung durch häufige Änderungen von Terminen, Preisen, Konditionen und Mengen erschwert, was Vertragsmodifikationen und damit die Inkaufnahme erhöhter Transaktionskosten erfordert. Hybride Organisationsformen (Netzwerke und Kooperationen) sind vor allem bei mittlerer Spezifität und Unsicherheit des Leistungsaustauschs geeignet, um die Transaktionskosten zur Abstimmung und Kontrolle unter den Tauschpartnern zu minimieren (Abbildung 2–4).

*Abbildung 2–4: Alternative Wertschöpfungsarrangements*

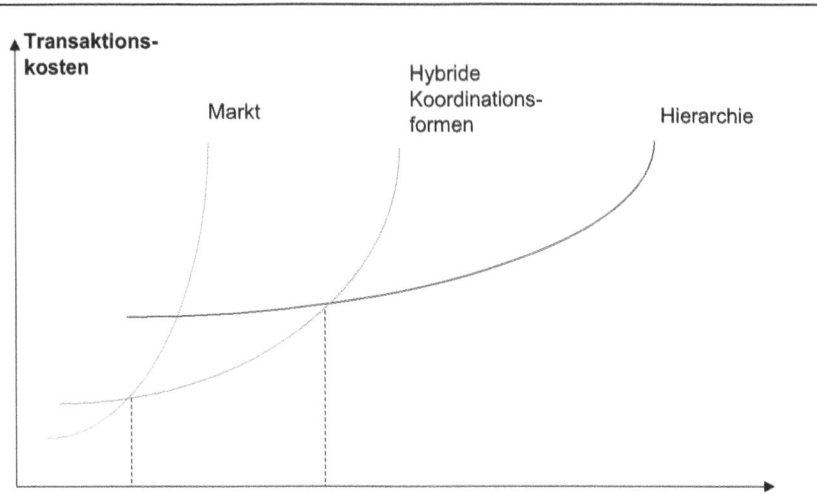

### Einfluss der Informationstechnologie auf die Effizienz von Wertschöpfungsarrangements

Die neuen Informations- und Kommunikationstechnologien haben im Rahmen dieser Diskussion einen wichtigen Einfluss. Abbildung 2–5 verdeutlicht den Sachverhalt graphisch. Der Wechsel von S1 zu S1' entspricht dem modellhaften Zuwachs des Feldes, an dem nun auch der Bezug von Leistungen mit einer höheren Spezifität (oder Unsicherheit) auf Märkten die vorteilhafteste Alternative darstellt. Gleichzeit steigt aber auch der Bereich, in dem eine Abwicklung über Netzwerke vorteilhaft ist (S2' statt S2). Damit verkleinert der Einsatz der neuen Informationstechnologien den Bereich, der für eine reine interne (hierarchische) Abwicklung der Wertschöpfungsaktivitäten spricht.

### Zunehmende Bedeutung von Netzwerkarrangements

Im Bereich von **Zuliefererbeziehungen** und **Business-to-Business-Transaktionen** können wir heute feststellen, dass eine Abwicklung der Wertschöpfung in Netzwerken die dominierende Form geworden ist. Das zuvor beschriebene Beispiel von Dell ist ein gutes Beispiel dafür, ein anderes sind die oft zitierten Zuliefererernetzwerke in der Automobilindustrie. Viele Unternehmen versuchen heute aus Gründen der effizienten Differenzierung, sich auf ihre Kernkompetenzen zu beschränken, d. h. die Bereiche, in denen sie besondere Kompetenzen zur Erfüllung der Kundenwünsche haben (Prahalad / Hamel 1990). Dies heißt aber auch, dass sie alle Aktivitäten, die nicht diesen Kernfunktionen angehören, an externe Lieferanten abgeben, die zu ihrer Erbringung eine Vielzahl an Spezialisierungseffekten haben (auf Basis der Economies of Scale und Scope). Das Ergebnis sind sowohl vertikale Partnerschaften entlang der Supply Chain (Zuliefererintegration in die Fertigung) als auch horizontale Partnerschaften im Vertrieb (z. B. Vertriebskooperationen). Diese Felder sind breit in der Literatur beschrieben worden und sollen hier nicht weiter ausgeführt werden (siehe dazu z. B. Frohlich / Westbrook 2001; Ghoshal / Bartlett 1995; Hayes / Wheelwright 1984; Picot / Reichwald 1994; Picot / Reichwald / Wigand 2003; Zahn / Foschiani 2002).

---

*Abbildung 2–5:* Einfluss der neuen Informations- und Kommunikationstechnologien (IKT) auf die Vorteilhaftigkeit von Organisationsstrukturen

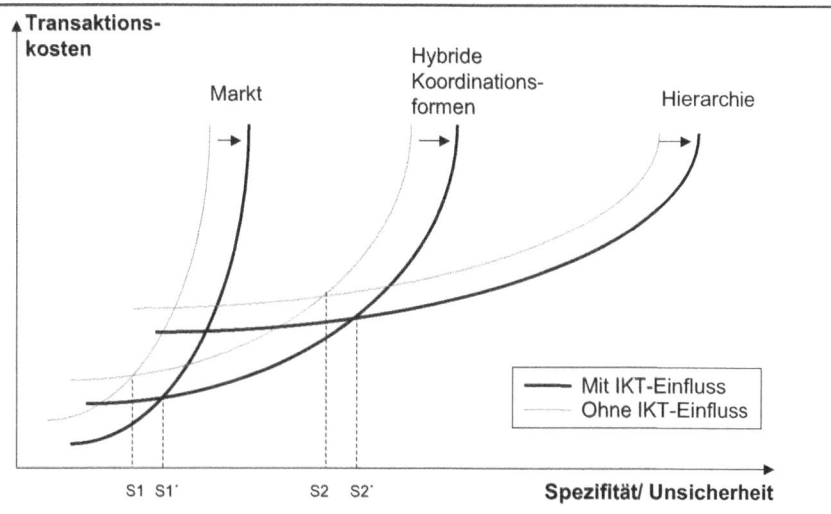

---

Der Netzwerkgedanke spielt aber nicht nur in der Produktion, sondern auch bei der **Neuproduktentwicklung und Innovation** eine wichtige Rolle. Der Innovationsprozess wird dann als interaktive Beziehung zwischen einem fokalen Unternehmen (OEM) und verschiedensten Organisationen der Unternehmensumwelt gesehen (Laursen / Salter 2006). Demzufolge basiert die Innovationsfähigkeit eines Unternehmens zu einem großen Anteil darauf, entlang aller Phasen des Wertschöpfungsprozesses einen Wissenstransfer mit externen Akteuren einzugehen (Hirsch-Kreinsen 2004). Vor allem der Bereich einer Integration der Zulieferer in die Produktentwicklung ist heute gut erforscht (siehe z. B. LaBahn / Krapfel 1999; Roy / Sivakumar / Wilkinson 2004; Ragatz / Handfield / Scannell 1997; Spina / Verganti / Zotteri 2002; Wagner 2003; Wagner 2003; Wynstra / van Weele / Weggemann 2001. Wir werden diesen Aspekt auch noch einmal in Abschnitt 4.2.3 aufgreifen. In allen Bereichen von Netzwerkorganisationen und überbetrieblicher Zusammenarbeit begründen die neuen Informations- und Kommunikationstechnologien die wesentlichen

Potenziale, ortsübergreifend und mit hoher Informationsreichhaltigkeit, aber dennoch effizient zu interagieren.

**Move-to-the-Market-Hypothese**

Jedoch haben gleichzeitig mit der Zunahme der Bedeutung von Netzwerkarrangements, die einer kooperativen Form der Leistungserbringung entsprechen, auch die Möglichkeiten einer (rein preisgetriebenen) Abwicklung von Transaktionen auf Märkten an Bedeutung gewonnen. Malone, Yates und Benjamin (1987) beschreiben mit ihrer **"Move-to-the-Market"-Hypothese** den erweiterten Spielraum, in dem eine **Koordination durch Märkte** auch für den Leistungsaustausch von **spezifischen Produkten** und Dienstleistungen die transaktionskostenminimale Alternative ist. Denn im Vergleich zu hybriden und hierarchischen Koordinationsformen sind Märkte klassischerweise mit höheren Transaktionskosten belastet, so dass hier deren Reduktion durch IT-Einsatz viel stärker wirkt. Dadurch gewinnen die Vorteile einer Abwicklung von Aktivitäten auf Märkten im Vergleich zu hybriden oder hierarchischen (internen) Koordinationsformen an Bedeutung (wesentlicher Vorteil von Märkten sind niedrigere Produktionskosten durch Spezialisierungs- und Skaleneffekte durch Nachfrageaggregation). Ferner werden die wahrgenommene Produktkomplexität und -spezifität durch verbesserte Kommunikationsmöglichkeiten der Produktbeschreibungen reduziert bzw. die Kommunikationskosten einer "Einheit" Komplexität und Spezifität gesenkt. Durch die fallenden Transaktionskosten der Informationssuche, Vereinbarung und Produktbewertung können Informationsasymmetrien und Unsicherheiten über das Verhalten des Anbieters besser abgebaut werden. Kosten für die Suche von Preis- und Produktinformationen werden weitgehend reduziert, so dass die Markttransparenz und damit die Marktmacht der Kunden steigen. Die Notwendigkeit für Kunden, sich zum Zweck der Unsicherheitsreduktion längerfristig an einen Anbieter zu binden, wird weniger wichtig, wenn sich die Suche nach dem günstigsten und besten Anbieter verstärkt lohnt.

Die voranschreitende Konvergenz im Bereich neuer Medien und ihr Einsatz im Internet als Vertriebskanal beschleunigt diese Entwicklung. Denn damit lassen sich nun auch komplizierte Produkteigenschaften durch hohe Bildauflösungen, Videosequenzen, 3D-Animationen oder Virtual Reality kommunizieren. Nachfrager können dadurch nicht nur standardisierte, sondern auch komplexere Güter evaluieren, ohne große Unsicherheiten in Kauf nehmen zu müssen. Andererseits versetzen geringe Kosten bei Informationssuche und Produktbeurteilung die Nachfrager auch in eine stärkere Verhandlungsposition, was prinzipiell den Preiswettbewerb unter den Anbietern verschärft. Zwar belegen bestehende Preisunterschiede zwischen Internetanbietern, dass die Bedingungen vollständiger Information hier ebenfalls nicht vollständig erreicht werden. Marktineffizienzen bestehen fort, weil Anbieter selbst für scheinbar homogene Güter unterschiedliche Preise erheben können. Zum Teil spiegelt sich darin die Tatsache wider, dass sich der zu gleichen Kosten erreichbare Informationsstand für die Konsumenten zwar erhöht, er aber nach wie vor nicht kostenlos und perfekt ist. Insgesamt jedoch ist unbestritten, dass im **"Frictionless Commerce"** die Kunden gegenüber den Anbietern durch verbilligte Informationssuche, höhere Markttransparenz sowie steigenden Preiswettbewerb profitieren.

Zumindest im Internethandel wurden bereits für den Handel mit Standardgütern niedrigere Preise als im realen Handel empirisch nachgewiesen (Brynjolfsson / Smith 2000). Die Frage einer langfristigen Kundenbeziehung stellt sich für die derart begünstigten Kunden eher nicht, wenn deren Kosten für einen Lieferantenwechsel immer weiter sinken. Manche Branchen (z. B. Mobilfunk, Kreditkartenunternehmen, Autovermietungen) verlieren als Folge einer steigenden Preissensibilität auf der einen und einer höheren Produktkenntnis der Abnehmer auf der anderen Seite heute innerhalb von drei Jahren mehr als die Hälfte ihrer Kunden.

### 2.3.3 Grenzen der grenzenlosen Organisation

Zusammenfassend zeigen sich so **zwei wesentliche Entwicklungen**: (i) Die neuen Informations- und Kommunikationstechnologien erlauben auf der einen Seite eine intensive Zusammenarbeit in Netzwerken, ohne dass dabei hohe Interaktions- und Transaktionskosten die Vorteile einer solchen Zusammenarbeit wieder aufheben. Typisches Zeichen dieser Netzwerkpartnerschaften ist häufig ein hoher Grad an Vertrauen zwischen den Partnern und eine dauerhafte Zusammenarbeit. (ii) Zur gleichen Zeit jedoch sinken auf der anderen Seite auch die Kosten der Informationssuche. Dies reduziert aus Nachfragersicht die Informationsasymmetrie, Unsicherheit und Komplexität von Produktbewertungen. Das Bedürfnis der Kunden nach Loyalität zu und Bindung an einen einzigen Anbieter in langfristigen Kundenbeziehungen wird so aus Kundensicht zugunsten der Suche nach dem günstigsten Anbieter auf dem Markt geringer. Für Anbieter ergibt sich aus der erhöhten Markttransparenz ein härterer Preiswettbewerb.

Das **Beispiel von Dell** zeigt einen Ausweg aus dieser Situation: Neben der hoch flexiblen Netzwerkorganisation des Unternehmens in Bezug auf die operativen Aktivitäten erlaubt der Fokus auf eine Individualisierung der Produkte Dell auch, den Preiskampf im Internet zu umgehen. Der modulare Aufbau der Produkte ermöglicht dem Unternehmen zunächst in der Werbung, sehr günstige Einstandspreise anzugeben. Ein Kunde, der sich jedoch einmal im Konfigurator oder im Telefon-Verkaufssystem befindet, wird ständig dazu angehalten, Upgrades bzw. höherwertige Komponenten zu bestellen bzw. seine Bestellung um Peripheriegeräte zu erweitern (eine Intensivierung der Interaktion ist ein klassisches Mittel zur Erhöhung der Zahlungsbereitschaft; siehe Franke / Piller 2004). Damit steigt der Wert einer Bestellung erheblich – und damit die Marge des Unternehmens. Dennoch gilt Dell aus Kundensicht als günstiger Anbieter, da die individuelle Bündelung bzw. Zusammenstellung die Preistransparenz sehr erschwert. Hintergrund dieser Potenziale ist die **Besonderheit der individuellen Interaktion** mit jedem einzelnen Abnehmer, die Dell im Vergleich zu einem klassischen Anbieter standardisierter Güter mit seinen Kunden hat.

Die bestehende Vorstellung von Netzwerkarrangements aber hat zwei zentrale Grenzen: Erstens haben die meisten Unternehmen bislang Netzwerkarrangements nur auf der Beschaffungsseite genutzt. Ihre Kunden dagegen galten und gelten meist als passive Wertempfänger, **nicht jedoch als Partner in einem Wertschöpfungsnetzwerk** (Grün / Brunner 2002; Piller 2004; Prahalad / Ramaswamy 2004). Zweitens agieren bestehende Netzwerkarrangements innerhalb einer Gruppe bekannter Akteure, die sich explizit zur Lösung einer Problemstellung zusammengeschlossen haben. Damit werden aber potentiell effizientere oder effektivere Lösungen außerhalb der Gruppe ex-ante bekannter Netzwerkpartner ausgeschlossen. Diese Grenze wird auch als "**Problem der lokalen Suche**" bezeichnet. Betrachten wir beide Probleme etwas ausführlicher:

**(1) Sichtweise der Kunden als passive Wertempfänger:** Zwar betont die Literatur stets die Bedeutung der **Marktorientierung**, d. h. dass Unternehmen die "Stimme der Kunden" als wesentliches Mittel zur Reduktion von marktlichen Unsicherheiten berücksichtigen müssen (de Brentani 2001; Jaworski / Kohli 1993). Marktorientierung wird aber in vielen Fällen durch klassische Marktforschung realisiert, um frühzeitig eine breite Marktakzeptanz der Produkte sicherzustellen. Dieses Vorgehen birgt einerseits das Risiko, dass Unternehmen durch eine Orientierung an "durchschnittlichen" Kundenbedürfnissen und der Entwicklung eines entsprechenden Standardproduktes der Heterogenität der Kundenwünsche nicht Rechnung tragen können. Andererseits vergeben Unternehmen so das Potenzial, **Kunden als aktive Partner an allen Phasen der Wertschöpfung zu beteiligen** – und so die klassischen Vorteile einer Netzwerkorganisation und Kooperation auch in Bezug auf die Kundenbeziehungen zu nutzen. Die Kernidee einer solchen **Kundenintegration** in die Wertschöpfung ist, dass durch den Einbezug von Abnehmern bzw. Nutzern in ehemals vom Herstellerunternehmen dominierte Aktivitäten ein **Wissenstransfer** zwischen den Akteuren stattfindet, der bei einer klassischen Abwicklung der Leistungserstellung nicht möglich ist (Reichwald / Piller 2002, 2003; Thomke / von Hippel 2002). Der Zugriff auf dieses Wissen ermöglicht nun im Herstellerunternehmen eine völlig neue Art der Organisation der Wertschöpfung, die über die bislang bekannten Formen einer Netzwerkintegration hinausgeht. Hieraus ergeben sich sowohl Ansatzpunkte für eine **weitreichende Produktdifferenzierung**, die gleichermaßen Ausweg aus dem Preiswettbewerb als auch Antwort auf die zunehmende Individualisierung der Nachfrage (siehe Abschnitt 2.2.3) ist, als auch Möglichkeit für eine **neue Organisation des Innovationsprozesses**.

**(2) Problem der lokalen Suche:** Zwar ist die Nutzung des Potenzials unternehmensexterner Wissensquellen und Kapazitäten in Wissenschaft und Wirtschaftspraxis eine allgemein akzeptierte Option zur Verbesserung der Wettbewerbsfähigkeit. Üblicherweise finden solche Kooperationen jedoch innerhalb **klarer vertraglicher Vereinbarungen zwischen bekannten Partnern** statt (z. B. in Form von Lieferpartnerschaften oder Entwicklungskooperationen zwischen Unternehmen). Diese stärker institutionalisierten Netzwerkformen lassen aber nicht nur das stark verteilte Potenzial **individueller** Wissensträger aus dem Kreis der Anwender und Endabnehmer unberücksichtigt (Huff et al. 2006), sondern unterliegen auch dem **Problem der lokalen Suche**. Mit diesem Ausdruck (im Englischen: "**local search bias**") wird eine Lösungsfindung im Wertschöpfungsprozess bezeichnet, die durch eine begrenzte Lösungssuche der Problemlöser gekennzeichnet ist (Lakhani, 2006; Stuart & Podolny, 1996): Es wird nur auf die Lösungswege und Ansatzpunkte zurückgegriffen, die im Unternehmen oder gar nur in der entsprechenden Abteilung bekannt sind. Damit werden aber unkonventionelle oder in anderen Feldern bereits bewährte Lösungen ausgeklammert. So führt allein interne Lösungsfindung zu oft nur inkrementellen Problemlösungen. Klassische Netzwerkarrangements bieten zwar einen ersten wichtigen Schritt, das Problem der lokalen Suche abzubauen, da auf ein größeres Netzwerk von Partnern zurückgegriffen werden kann. Damit erweitert sich potenziell die zur Verfügung stehende Menge und vor allem Breite an Wissen. Am Ende jedoch ist die Lösungsfindung wieder nur auf Inputs bereits bekannter Akteure begrenzt, die vor der Lösungsfindung durch das Unternehmen identifiziert werden müssen. Doch bereits der Aufbau dieser Netzwerke unterliegt einem Problem der lokalen Suche: Das Unternehmen kann nur die Akteure fragen, die es bereits kennt oder identifiziert hat. Damit ist der Aufbau des Netzwerkes von lokalen Suchmechanismen abhängig. In manchen Fällen liegt der Kern der "besten" Lösungsfindung für ein bestehendes Problem aber außerhalb dieses Netzwerkarrangements.

Unsere **Idee der interaktiven Wertschöpfung** setzt genau an der Überwindung dieser zwei Grenzen an. Wie wir im folgenden Kapitel näher ausführen, bestehen mit dem Internet heute für Unternehmen neue Möglichkeiten des **Wissensaustauschs mit und der aktiven Beteiligung von externen Akteuren** an der Wertschöpfung. Durch den Verzicht auf vertragliche Regelungen zugunsten informellerer Mechanismen wie bspw. eine Selbstorganisation können Transaktionskosten eingespart werden. Dadurch kann der Gedanke der Wertschöpfungspartnerschaft um neue Formen der absatzseitigen Zusammenarbeit und Arbeitsteilung erweitert werden. Dies ist die dritte Stufe der Evolution der Organisation arbeitsteiliger Wertschöpfung.

# 3 Interaktive Wertschöpfung — neue Formen der Arbeitsteilung und des Wissenstransfers zwischen Anbietern, Kunden und externen Experten

Bei der interaktiven Wertschöpfung handelt es sich um eine bewusste, arbeitsteilige Zusammenarbeit zwischen Anbieterunternehmen und externen Akteuren in der Peripherie des Unternehmens im Sinne eines sozialen Austauschprozesses. Die Besonderheit dabei ist die aktive und freiwillige Rolle der externen Beitragenden in der Wertschöpfung. Sie sind weder rein passive Empfänger einer vom Anbieter autonom geleisteten Wertschöpfung noch werden sie zwangsweise in die Wertschöpfung integriert, wie dies die typische Folge von Rationalisierungsbestrebungen ist, die eine Bedienung durch Self-Service-Angebote ersetzen. Aus der vom Anbieter (Hersteller) **dominierten** Wertschöpfung wird durch die aktive Rolle der Kunden und anderer externer Akteure eine **interaktive Wertschöpfung**. Das im Folgenden dargestellte Konzept stellt einen Bezugsrahmen dar, der verschiedene Theorie-Bausteine und Prinzipien zusammenfügt, die aus der Organisationsforschung sowie dem Innovations-, Technologie- und Produktionsmanagement abgeleitet werden. Interaktive Wertschöpfung ist nicht universell anwendbar und soll keine bewährten

---

*Kasten 3–1:*   *User Innovation in Kite-Surfing: Wenn die Abnehmer die Wertschöpfung dominieren*

---

(Quelle: Eric von Hippel: Democratizing Innovation, Cambridge, MA: The MIT Press 2005)

Kite-Surfing ist eine der derzeit aufstrebenden Trendsportarten. Der Sport wurde von Surfern initiiert, die – getrieben von dem Wunsch nach immer höheren und weiteren Sprüngen – mit der Kombination eines Surfboards und eines Segels vom Drachenfliegen experimentierten. Aus diesen anfänglichen Versuchen entwickelte sich in den letzten Jahren eine beachtliche Nischenindustrie, die inzwischen viele Anhänger hat. Die Kite-Surfing-Industrie ist ein Beispiel dafür, wie Kunden als Produktentwickler die Regeln industrieller Wertschöpfung ändern können. Im Kite-Surfing-Bereich tragen sie nicht nur entscheidend zur Entwicklung des Equipments bei, sondern übernehmen inzwischen auch viele andere Aufgaben, die früher in der Verantwortung professioneller Hersteller gesehen wurden, allen voran die Koordination des Produktionsprozesses. Diese Hersteller, oft gegründet von Sportlern, die ihr Hobby zum Beruf gemacht haben, bilden heute eine ca. 100-Millionen-USD-Industrie, die vor allem die Kites (Drachensegel) entwickelt, produziert und vertreibt. Um ein neues Produkt im Kite-Surfing erfolgreich umzusetzen, wird eine Vielzahl an Fähigkeiten benötigt: Kenntnisse über Materialien und deren Eigenschaften für die Segel, Kenntnisse über Aerodynamik und Physik für die Formen der Segel, Kenntnisse über Mechanik für die Seilsysteme etc. Die Hersteller sind bei der Entwicklung neuer Designs in der Regel auf die Kenntnisse beschränkt, die sie in ihren eigenen Wänden haben, meist kleine Entwicklungsabteilungen aus 3 bis 5 Mitarbeitern. Das Ergebnis sind eher kontinuierliche Weiterentwicklungen und Verbesserungen bestehender Designs als radikal neue Entwicklungen.

Die Kunden dagegen haben ein viel größeres Potenzial zur Verfügung und keine Werksgrenzen zu beachten. Initiiert und koordiniert von einigen begeisterten Kite-Surfern existieren heute eine Reihe von Internet-Communities, in denen die Mitglieder neue Designs für Drachensegel veröffentlichen und kommentieren. Mit Hilfe einer Open-Source-Design-Software (eine Art CAD-System) können die Nutzer auf, zum Beispiel, zeroprestige.org neue Designs für die Kites entwerfen und zum Download bereitstellen. Anderen Nutzern dienen diese Designs als Ausgangslage für eine Weiterentwicklung, oder sie bekommen vielleicht die Idee für eine radikale neue Entwicklung. Unter den vielen hunderten teilnehmenden Nutzern sind vielleicht einige, die in ihrem Berufsleben mit neuen Materialien arbeiten, andere studieren vielleicht Physik oder sind gar als Strömungstechniker bei einem Autohersteller tätig. Oft kann diese Gruppe von Kundenentwicklern auf einen viel größeren Pool an Talenten und Fähigkeiten zurückgreifen, als dies einem Hersteller möglich ist. Das Ergebnis ist eine Vielzahl an neuen Entwicklungen, Tests, Modifikationen und schließlich neuer Designs für Drachensegel, die allen Mitgliedern der Community zur Verfügung stehen.

Kite-Surfing ist ein besonders spannender Fall, da hier die Kunden als Anwender noch einen Schritt weiter gehen: Denn was nützt der innovativste neue Entwurf für einen neuen Kite, wenn dieser nur als Datenfile existiert? Findige Kunden haben herausgefunden, dass an jedem größeren See ein Segelmacher existiert, der CAD-Files verarbeiten kann. Die Kunden können so ein Design ihrer Wahl runterladen, diesen File zum Segelmacher bringen und dort professionell in ein Produkt umsetzen lassen. Da dieser Prozess keinerlei Innovationsrisiko und Entwicklungskosten für den Hersteller beinhaltet, sind die derart hergestellten Drachen oft um mehr als die Hälfte billiger als die Produkte der professionellen Kite-Hersteller, und das bei oft überlegender Leistung. Die Koordinationsleistung des Produzierens wird dabei ebenfalls von den Anwendern übernommen. Setzt sich diese Entwicklung fort, ist leicht vorzustellen, dass die Kunden Teile dieser Industrie "übernehmen" werden. Ihre Motivation ist dabei nicht Profitmaximierung oder die Marktführerschaft, sondern das Streben nach dem bestmöglichen Produkt zur Eigennutzung. Die Anwender, die sich an diesem Prozess beteiligen, haben verstanden, dass dieses Ziel am besten nicht durch einen geschlossenen, sondern durch einen offenen Innovationsprozess erreicht werden kann. Ihr eigenes Engagement ruft Reaktionen und Beiträge anderer hervor und schafft damit einen höheren Mehrwert für alle.

---

Konzepte ersetzen. Es handelt sich vielmehr um eine Ergänzung etablierter Instrumente des Innovations- und Produktionsmanagements. Bezugspunkt der interaktiven Wertschöpfung können alle Unternehmensaktivitäten sein (Piller 2004). Wir werden uns in diesem Buch auf das **Innovations- und das Produktionsmanagement** konzentrieren und Anwendungen aus dem Bereich Marketing oder After-Sales-Service nur kurz ansprechen. Kasten 3–1 zeigt einführend ein weiteres Beispiel für einen Wertschöpfungsprozess, der von externen Akteuren – den Nutzern – dominiert wird.

# 3.1 Prinzipien und Eigenschaften der interaktiven Wertschöpfung

**Bedürfnis- und Lösungsinformation**

Wie wir bereits gesehen haben, kommen als externe Wertschöpfungspartner zwei Gruppen von Akteuren in Frage: Zum einen, und im Mittelpunkt unserer Argumentation, die Kunden und Nutzer eines Produkts oder einer Leistung. Zum anderen externe Akteure, die in einem bestimmten Bereich ein besonderes Expertenwissen haben. Die Differenzierung zwischen diesen Gruppen ist einfacher zu verstehen, wenn wir zwei zentrale Arten von Information unterscheiden, die ein Anbieter im Rahmen eines Wertschöpfungsprozesses braucht (Lüttgens / Piller / Neuber 2008; Thomke 2003): *Bedürfnis- und Lösungsinformation.*

- **Bedürfnisinformationen** bezieht sich auf die Bedürfnisse und Präferenzen der Kunden bzw. Nutzer: Dabei kann es sich sowohl um Information über explizite als auch latente Bedürfnisse handeln. Bedürfnisinformation ist sowohl im Innovationsprozess (Welchen Nutzen soll eine Innovation erfüllen?) als auch für das operative Produktions- und Marketingmanagement wichtig (In welcher Stückzahl soll welche Variante gefertigt werden; wo sitzen die Abnehmer für diese Varianten?).

- **Lösungsinformation** ist (technisches) Wissen, wie ein Problem/Bedürfnis durch eine konkrete Produktspezifikation oder eine Dienstleistung gelöst werden kann: Was ist der neue Wirkungszusammenhang zur Befriedigung des Bedürfnisses? Wie kann eine gewünschte Molekülstruktur prozesstechnisch erzeugt werden? Wie muss eine Marketingkampagne geschaffen sein, um latente Kundenbedürfnisse effizient anzusprechen? Wie kann ein Logistiksystem die zeitnahe Befriedigung individueller Kundenwünsche ermöglichen?

Bedürfnis- und Lösungsinformationen sind wichtige Inputfaktoren im Wertschöpfungsprozess. Je mehr Bedürfnis- und Lösungsinformationen ein Unternehmen besitzt, desto mehr Möglichkeiten der (Re-)Kombination dieser Informationen stehen offen. Bedürfnis- und Lösungsinformation sind aber auch wesentliche Quellen von Unsicherheit. Diese Unsicherheit entsteht darüber, ob die richtige Information im richtigen Ausmaß vorhanden ist. Hiervon ist wiederum entscheidend die Effizienz- und Effektivität eines Wertschöpfungsprozesses abhängig.

- Bedürfnisinformation steht für Effektivität (siehe Abbildung 3–1). Innovation, also die erfolgreiche Umsetzung einer Invention, erfolgt nicht als Selbstzweck, sondern um sich den im Zeitlauf verändernden Kundenanforderungen anzupassen. Vor diesem Hintergrund ist es einleuchtend, dass es nicht allein auf ein technologisch ausgereiftes Produkt ankommt. Vielmehr müssen die Kunden in der Lage sein zu erkennen, dass sich ihre Anforderungen mit dem neu zu entwickelnden Produkt besser lösen lassen als mit bereits bestehenden Produkten. Gelingt dies nicht oder geht die Neuproduktentwicklung gar an den Kundenbedürfnissen vorbei, so wird das Produkt höchstwahrscheinlich ein kommerzieller Flop. Die Berücksichtigung von Kundenbedürfnissen bereits zu Beginn des Entwicklungsprozesses reduziert die Floprate von Innovationsprojekten drastisch, da so ein effektives Handeln im

Sinne einer bedarfsgerechten Entwicklung unterstützt wird. Eine analoge Argumentation gilt für die Effektivität einer Marketingmaßnahme oder der Planung der aktuellen Produktionsmenge. Die Effektivität beider Maßnahmen hängt von Informationen über die Kundenbedürfnisse ab. Effektives Handeln zielt daher auf die Entwicklung, Produktion und den Vertrieb der "richtigen" Produkte und Leistungen ab.

■ Lösungsinformation steht dagegen für die Effizienz der Wertschöpfung (siehe Abbildung 3–1). Denn die Entwicklung des "richtigen" Produkts alleine reicht nicht aus, um den Fortbestand des Unternehmens langfristig zu sichern. Daher ist es erfolgskritisch, die vorhandenen Ressourcen effizient in den Wertschöpfungsprozess einzubringen. Hier setzt die Verfügbarkeit von Lösungsinformation an. Die richtige Lösungsinformation zu haben, und die Art und Weise, wie diese beschafft und umgesetzt wird, bestimmt die Effizienz der Wertschöpfung.

**Träger von Bedürfnisinformation**

Träger der Bedürfnisinformation sind vor allem die **Kunden und Nutzer**. Ihre Integration soll einem Anbieterunternehmen helfen, die Effektivität im Wertschöpfungsprozess zu steigern, d.h. die richtigen Dinge zu tun. Das Spektrum der Zusammenarbeit

---

**Abbildung 3–1:** *Informationstypen und deren Wirkung auf Effizienz und Effektivität des Wertschöpfungsprozess*

---

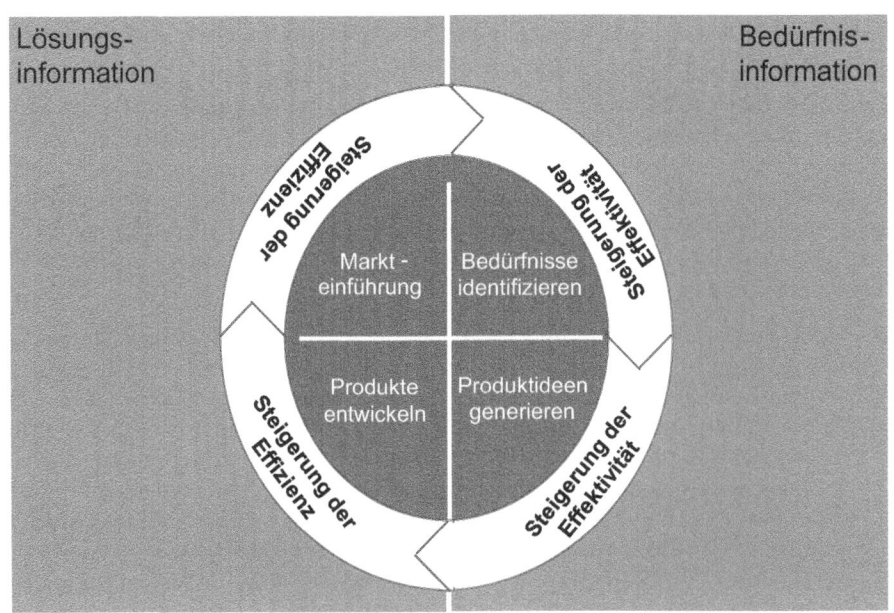

zwischen Unternehmen und Kunden kann dabei als **Kontinuum** aufgefasst werden. Die Extrempunkte dieses Kontinuums bilden der gänzlich hersteller- bzw. der gänzlich kundendominierte Wertschöpfungsprozess. Diese Extrempunkte kommen im so genannten "**customer-active paradigm**" (CAP) in seiner Gegenüberstellung zum traditionellen "**manufacturing-active paradigm**" (MAP) zum Ausdruck (von Hippel 1986). Im CAP dominieren Kunden den Wertschöpfungsprozess derart, dass sie alle Wertschöpfungsaufgaben vollständig und autonom leisten. Das MAP entspricht dem klassischen Fall der unternehmensbezogenen, autonomen Wertschöpfung (siehe zu diesem Paradigmenwechsel ausführlich Abschnitt 4.2.2).

Betrachten wir einige Beispiele entlang dieses Kontinuums:

- Der in Kasten 3–1 dargestellte Fall von **Kundenentwicklungen bei Kite-Surfing** ist ein herausragendes Beispiel für einen Wertschöpfungsprozess, der aus eigener Motivation und mit eigenen Mitteln von den Kunden bzw. Nutzern aus der Hand der klassischen Hersteller genommen und in eine neue Organisationsform der Wertschöpfung überführt wurde. Der Wertschöpfungsprozess wird hier von den Nutzern dominiert. Ein ähnliches Beispiel ist auch das **Online-Lexikon Wikipedia**, das ebenfalls ohne einen Anbieter bzw. Hersteller im klassischen Sinne ein hochkomplexes Produkt erstellt, vertreibt und pflegt.

- Der zu Beginn von Kapitel 2 in Kasten 2–1 dargestellte Wertschöpfungsprozess von **Ford** mag zwar heute überholt und Geschichte sein. Jedoch entsprechen die dort dargestellten Prinzipien genau dem Bild des MAP, der allein durch das Herstellerunternehmen dominiert wird.

- Das Beispiel **Dell** (Kasten 2–4) dagegen ist eine **Mischform** zwischen beiden Extremen, auch wenn hier die Herstellerdominanz noch recht ausgeprägt ist (Dell hat sich zudem mit zunehmender Unternehmensgröße immer mehr vom originären Netzwerkmodell weg entwickelt). Jedoch können die Kunden anders als im klassischen tayloristischen Modell in die Wertschöpfungskette eingreifen und zumindest Konfigurationsmöglichkeiten selbst nutzen.

- Eine wirklich kooperative Organisationsform finden wir dagegen in unserem ersten Beispiel **Threadless** (Kasten 1–1). Threadless stellt eine Wertschöpfungsplattform zur Verfügung, auf der die Kunden dann weit reichende Freiheiten und Gestaltungsmöglichkeiten haben. Auch wenn der Anbieter auf den ersten Blick als der Profiteur des Modells scheint (schließlich partizipiert allein Threadless an den Umsätzen durch den Verkauf von T-Shirts, die durch die Nutzer gestaltet und ausgewählt wurden), so zeigen Interviews mit den teilnehmenden Kunden jedoch, dass diese ihre Mitarbeit nicht als kostenlose "Arbeit" für das Unternehmen interpretieren, sondern vielmehr durch vielschichtige Anreize belohnt werden (Ogawa / Piller 2006). Diese Anreize reichen vom Honorar für die Gewinner des Designwettbewerbs bis zu Anerkennung, Aufmerksamkeit (Selbstmarketing) oder Freude am sozialen Austausch in der Community. Diese Art der Mitwirkung der Kunden steht im Mittelpunkt unseres Verständnisses, durch interaktive Wertschöpfung Zugang zu Bedürfnisinformation zu erhalten.

**Träger von Lösungsinformation**

Träger von Lösungsinformation ist klassischerweise das **Anbieterunternehmen**. Denn schließlich sind es ja die Entwickler, Produktionsexperten und Produktmanager, die erkannte Kundenbedürfnisse ("Bedürfnisinformation") in Problemlösungen überführen. Dies können sie auch in Bezug auf Anwendungen und Prozesse, die hohes firmenspezifisches Wissen benötigen und auf vorhandenem Wissen aufbauen, am besten. Bei der Entwicklung neuer Produkte und Prozesse jedoch kann oft die Effizienz des eigenen Wertschöpfungssystems gesteigert werden, wenn auf Wissen von außen zurückgegriffen wird. Die Idee eines "Benchmarkings" setzt genau hier an. Hierbei vergleichen Unternehmen verschiedener Branchen ihre Prozesse zur Abwicklung bestimmter Aufgaben. Anhand von Kennzahlen wird versucht, das effizienteste Unternehmen zu finden, dessen Abwicklungsprinzipien dann genau analysiert und von den anderen Unternehmen adaptiert werden. Ebenso dient im Forschungs- und Entwicklungsprozess die Vernetzung mit externen Partnern in Form von Allianzen und Kooperationen als Mittel, Zugang zu besserem (extern bereits vorhandenem) Lösungswissen zu erlangen (siehe Abschnitt 4.2.3). Ziel ist es, die Basis der Lösungsfindung zu erhöhen, indem durch Rekombination vorhandenen Wissens aus verschiedenen Domänen eine bessere Lösung geschaffen wird. Ein Vorteil von Netzwerken liegt klar auf der Hand: Die größere Anzahl an Mitwirkenden vergrößert den Lösungsraum und sorgt darüber hinaus für eine schnellere und/oder effizientere Bearbeitung von Aufgaben. Oft existiert das Gewünschte bereits, wenn vielleicht auch in leicht abgewandelter Form. Durch Nutzung dieser bestehenden Lösung werden einerseits Fehler vermieden, andererseits findet eine Beschleunigung statt. Der gleiche Mechanismus steht auch hinter dem Einkauf einer Leistung auf dem Markt. Ein Unternehmen, das bei einem Lieferanten eine Maschine kauft, transferiert damit Lösungswissen für den Produktionsprozess in die eigene Domäne. Gleiches gilt für die Beauftragung einer Werbeagentur mit der Kreation einer Web-Site: Das hierfür erforderliche Lösungswissen wird von einem genau definierten externen Partner bezogen.

In einem klassischen Netzwerk zwischen Unternehmen oder langfristigen Partnern wird genauso wie bei einem Einkauf einer Leistung am Markt auf externes Lösungswissen zurückgegriffen. Auch hier gibt es wieder ein Kontinuum an Zusammenarbeitsformen mit den externen Akteuren.

- Die klassische Sichtweise einer rein unternehmensinternen Wertschöpfung verkörpert wieder der Wertschöpfungsprozess von **Henry Ford** (Kasten 2–1). Je höher der Grad der vertikalen Integration, desto geringer die Tendenz von Unternehmen, externes Lösungswissen zu verarbeiten. Die Bereitstellung von Lösungswissen wird als interne Aufgabe des Unternehmens gesehen.

- Ein Beispiel einer klassischen Kooperation, im um Zugang zu Lösungswissen zu erhalten, ist eine **Hochschulkooperation** eines Unternehmens mit einem Professor. Hier wird auf das oft sehr spezialisierte Fachwissen (Lösungswissen) des Professors zurückgegriffen, um ein ganz bestimmtes Problem zu lösen. Ein Unternehmen sucht dazu oft zuvor intensiv, um genau den Experten zu identifizieren, der in der Problemklasse das höchste Renommee und Fachwissen hat. Dieser wird dann mit der Lösungsfindung beauftragt.

■ Eine völlig andere Art des Zugangs zu Lösungsinformation beschreitet das Unternehmen **Innocentive**, das wir zu Beginn von Kapitel 4 noch ausführlich diskutieren werden. Innocentive greift zur Lösung hoch komplexer Entwicklungsprobleme der chemischen Industrie auf externes Lösungswissen in einem sehr großen und offenen Netzwerk an Problemlösern zurück. Dazu wird nicht ein bestimmter Experte identifiziert und beauftragt, sondern das Problem wird breit in der Gruppe aller Experten ausgeschrieben. Diese Art der Mitwirkung externer Lösungsträger steht im Mittelpunkt unseres Verständnisses des Zugangs zu Lösungsinformation durch interaktive Wertschöpfung.

**Begriffsbestimmung Interaktive Wertschöpfung**

Unser Konzept der interaktiven Wertschöpfung geht von einem kooperativen Prozess aus. **Interaktive Wertschöpfung** findet statt, wenn ein Unternehmen oder eine andere Institution eine Aufgabe, die bislang intern durch die Mitarbeiter erstellt wurde, an ein undefiniertes, großes Netzwerk von Kunden, Nutzern oder anderen externen Akteuren in Form eines offenen Aufrufs zur Mitwirkung vergibt. Offener Aufruf heißt dabei, dass die zu lösende Aufgabe offen verkündet wird und die externen Problemlöser durch Selbstselektion entscheiden, ob sie mitwirken oder nicht. Die Erstellung dieser Aufgabe erfolgt dabei oft kollaborativ zwischen mehreren Nutzern, in anderen Fällen aber auch durch einen Akteur allein. Die Aufgabe selbst kann sich dabei auf eine Innovation (Schaffung neuen Wissens), aber auch auf operative Aktivitäten (z. B. die Mitwirkung beim Marketing oder bei der Konfiguration eines Produkts) beziehen. In jedem Fall aber wandelt sich die vom Unternehmen dominierte Wertschöpfung durch die aktive Rolle der externen Partner zu einer Co-Kreation der resultierenden Leistung.

---

Interaktive Wertschöpfung beschreibt die Vergabe einer Aufgabe, die bislang intern durch die Mitarbeiter eines Unternehmens oder einer anderen Institution erstellt wurde, an ein undefiniertes, großes Netzwerk von Kunden, Nutzern und/oder anderen externen Akteuren in Form eines offenen Aufrufs zur Mitwirkung. Offener Aufruf heißt dabei, dass die zu lösende Aufgabe offen verkündet wird und die externen Problemlöser durch Selbstselektion entscheiden, ob sie mitwirken oder nicht. Die Erstellung dieser Aufgabe erfolgt dabei oft kollaborativ zwischen mehreren Nutzern, in anderen Fällen aber auch durch einen Akteur allein. Die Aufgabe selbst kann sich dabei auf eine Innovation (Schaffung neuen Wissens), aber auch auf operative Aktivitäten (z.B. die Mitwirkung beim Marketing oder bei der Konfiguration eines Produkts) beziehen.

---

Zwischen den Extremen einer gänzlich hersteller- und einer extern (kunden-)dominierten Wertschöpfung ergeben sich **zahlreiche Varianten einer kooperativen Zusammenarbeit zwischen Hersteller und externen Akteuren** in den unterschiedlichen Phasen des Wertschöpfungsprozesses. Bezugspunkt der Zusammenarbeit können dabei sowohl operative Aktivitäten innerhalb eines gegebenen Lösungsraums als auch Tätigkeiten im Bereich der Produkt- und Prozessentwicklung (Innovation) sein. Sowohl Unternehmen als auch Kunden oder andere externe Akteure können dabei die interaktive Wertschöpfung **initiieren**. Im ersten Fall signalisiert das Unternehmen durch Bereitstellung von Ressourcen und Infrastruktur seine Empfangsbereitschaft für Beiträge von Außen zur Wertschöpfung, die sich dann von Beginn an als eine koope-

---

*Abbildung 3–2: Das Modell der interaktiven Wertschöpfung*

---

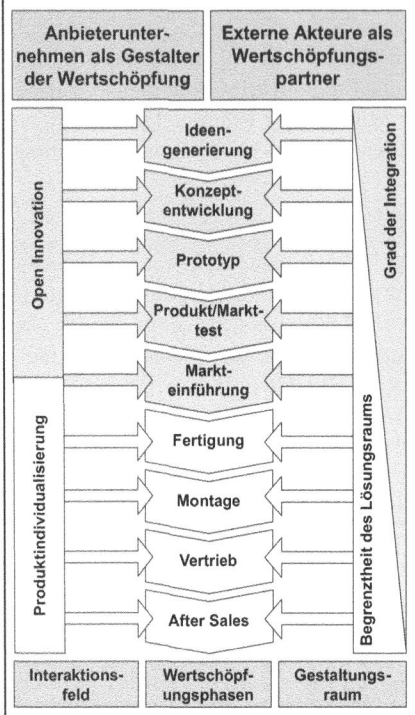

**Prinzipien interaktiver Wertschöpfung:**

1) Freiwilliger Interaktionsprozess zwischen Anbieterunternehmen und externen Akteuren, insbesondere Kunden mit Ziel gemeinsamer Problemlösung und sozialer Austausch

2) Gemeinsamer Problemlösungsprozess ist durch gegenseitigen Transfer von lokalem Wissen charakterisiert

3) Wissenstransfer von externen Akteuren zum Anbieter durch Kundenintegration in die Wertschöpfung

4) Nach der Wertschöpfungsphase, in der die Kundenintegration erfolgt, werden zwei Formen der interaktiven Wertschöpfung unterschieden: Open Innovation und Produktindividualisierung

5) Diese Formen der interaktiven Wertschöpfung beschreiben auch die Grenzen des Lösungsraums; Lösungsraum erweitern (Open Innovation) vs. Konkretisieren (Produktindividualisierung)

6) Interaktive Wertschöpfung bildet eine neue Form der Arbeitsteilung auf Basis von Granularität (Mikro-Spezialisierung), Selbstselektion und -koordination

7) Bedingung eines angemessenen Nutzens für extern Beitragend durch Bedürfnisbefriedigung, extrinsische Entlohnung und intrinsische Anreize

8) Nutzen für Unternehmen sind neue Potentiale zur effizienten Differenzierung im Wettbewerbs durch individualisierte und/oder innovative Produkte

9) Interaktive Wertschöpfung verlangt Kompetenzen sowohl auf Seiten der Kunden als auch der Anbieter

10) Grenzen der interaktiven Wertschöpfung: Trade-off zw. Aufgabenteilung und internen Transaktionskosten

---

rative Zusammenarbeit gestaltet. Im zweiten Fall leisten Kunden (bzw. externe Experten) Wertschöpfungsaktivitäten zunächst autonom, willigen in der Folge aber in eine Zusammenarbeit mit und Verwertung durch ein Unternehmen ein.

**Prinzipien interaktiver Wertschöpfung**

Bevor wir im Verlauf der folgenden Abschnitte unter Bezugnahme auf diverse Theorien und Konzepte die einzelnen Prinzipien und Eigenschaften der interaktiven Wertschöpfung genauer untersuchen, soll einleitend eine erste Übersicht und Kurzdefinition einzelner Prinzipien für ein Grundverständnis sorgen. Abbildung 3–2 zeigt dabei den Bezugsrahmen der Argumentation.

(1) Grundlage der interaktiven Wertschöpfung ist ein **freiwilliger Interaktionsprozess zwischen Unternehmen und Kunden oder anderen externen Beitragenden**, der sowohl **gemeinsamer Problemlösungsprozess** als auch **sozialer Austauschprozess** ist. **Interaktion** heißt dabei (Backhaus / Voeth 2007), dass zwei oder mehr Akteure miteinander in Kontakt treten. Die Handlungen der Interaktionspartner sind dabei interdependent und sinngemäß aufeinander ausgerichtet. Es kommt zu einer Abfolge verbaler und/oder nicht-verbaler Aktionen und Reaktionen zwischen den Akteuren. Dieser

Austausch kommt aber nur dann erfolgreich und dauerhaft zustande, wenn die Interaktion für **alle** Beteiligten Nutzen stiftet und nicht zu hohe Kosten verursacht.

(2) Inhalt der Interaktion ist ein **gemeinsamer Problemlösungsprozess** im Kontext der betrieblichen Wertschöpfungsaufgaben, in welchem die Akteure materielle und immaterielle Ressourcen zur Lösung der Problemstellung austauschen. Dabei dominiert vor allem der gegenseitige Zugriff auf **lokales Wissen** der Partner.

(3) Der Transfer von lokalem Wissen aus der Domäne der Kunden basiert auf dem Prinzip der **Kundenintegration**. Die Kunden nehmen an Aktivitäten teil, die zuvor allein in der Domäne des Anbieters gesehen wurden. Gleiches gilt, vor allem in Bezug auf den Zugang zu Lösungsinformation, für die Integration der Beiträge externer Experten.

(4) Gemäß den Wertschöpfungsphasen, in die extern Beitragende integriert werden (**Ort und Grad der Integration**), können **zwei grundlegende Formen der interaktiven Wertschöpfung** unterschieden werden:

- **Open Innovation** bezeichnet jene Aktivitäten zwischen Herstellerunternehmen und externen Partnern, die sich auf den **Innovationsprozess** beziehen und so auf die Entwicklung neuer Produkte **für einen größeren Abnehmerkreis** abzielen. Open Innovation stellt neue Methoden und Ansätze zur Verfügung, um besseren Zugang zu Bedürfnis- und Lösungsinformation zu erhalten und so die Effizienz und Effektivität im Innovationsprozess zu steigern. Zentraler Gedanke ist, dass zum einen durch die aktive Integration von Kunden und Nutzern in alle Phasen des Innovationsprozesses Bedürfnisinformation besser erhoben werden kann als durch klassische Maßnahmen der Marktforschung oder eines Trendscoutings. Zum anderen soll durch die Nutzung eines großen heterogenen Netzwerks an externen Experten die Lösungssuche verbessert werden.

- **Produktindividualisierung (Mass Customization)** ist hingegen die Zusammenarbeit zwischen Unternehmen und Kunden, die sich auf **Wertschöpfungsaktivitäten im operativen Produktionsprozess** bezieht und auf die Entwicklung eines individualisierten Produktes **für einen Abnehmer** abzielt. Ziel ist, durch Kundenintegration Zugang zu Bedürfnisinformation zu bekommen, um so die genauen Wünsche einzelner Abnehmer in einem heterogenen Markt besser erfüllen zu können.

(5) Diese Formen beschreiben auch die **Grenzen des Lösungsraums**. Der Lösungsraum ist die Gesamtheit aller Problemlösungen, die ein Unternehmen auf Basis vorhandener **Produktarchitekturen** und darauf abgestimmter Fertigungs- und Vertriebsprozesse gegenwärtig anbieten kann. Bei der Produktindividualisierung stehen die Kunden einem **begrenzten bzw. geschlossenen Lösungsraum** gegenüber, den sie im Hinblick auf ein individuelles Produkt **konkretisieren. Open Innovation** dagegen bezieht sich auf einen **offenen Lösungsraum**, der gemeinsam mit den externen Beitragen geschaffen, erweitert bzw. modifiziert wird.

(6) Die kooperative Arbeit an gemeinsamen Aktivitäten begründet eine **neue Form der Arbeitsteilung** zwischen Anbietern und Beitragenden, die auch eigener Organisations- und Koordinationsmechanismen bedarf. Ein wesentliches Organisationsprinzip ist die Bildung von Teilaufgaben, die sich an den Transferkosten bzw. der Lokalität (Impliziertheit) des benötigten Wissens orientieren. Resultat soll eine möglichst "modulare"

bzw. "granulare" Aufgabenstruktur sein, die es einer großen und heterogenen Kundengruppe ermöglicht, auf Basis jeweiliger Neigungen und Fähigkeiten selbst eine geeignete Teilaufgabe zu wählen. Hierarchische Aufgabenzuteilungen (wie auch bei der klassischen Selbstbedienung) werden durch eine Selbstselektion ersetzt.

(7) Eine erfolgreiche interaktive Wertschöpfung muss einen **angemessenen Nutzen** in Aussicht stellen. Kunden transferieren häufig Eigentums- und Verfügungsrechte an ihrem Wissen ohne unmittelbare monetäre Gegenleistung zu einem Hersteller, da sie sich dadurch einen **extrinsischen Nutzen der Produktverwendung** versprechen, der sich durch Weitergabe ihres Wissens ggf. erhöht. Allerdings ist teilweise auch eine **monetäre Entlohnung** der Kunden vorteilhaft. Hinzu tritt oftmals ein **intrinsischer Nutzen**, der sich am **Interaktionserlebnis** des Kunden festmacht. Monetäre und intrinsische (soziale) Motive dominieren den Nutzen, den sich andere externe Beitragende von ihrer Mitwirkung versprechen.

(8) Den Nutzen für das Unternehmen bilden zum einen die Potenziale für eine **Differenzierungspolitik** durch individualisierte und/oder innovative Leistungsangebote als Wettbewerbsstrategie (siehe Abschnitt 2.2.3 und 2.3.3). Interaktive Wertschöpfung bietet einen Zugang zu Bedürfnisinformationen, den eine klassische Marktforschung nicht realisieren kann. Die Folge sind höhere Marktakzeptanz, ein geringeres Floprisiko neuer Produkte ("fit-to-market") und weitere Möglichkeiten zur Differenzierung und Kundenbindung. Damit steigt die Effektivität der Leistungserstellung. **Die Effizienz der Leistungserstellung** dagegen steigt durch den besseren Zugang zu Lösungsinformation zur Abwicklung der Leistungsprozesse und Lösung offener Probleme.

(9) Im Falle einer Kundenintegration benötigen sowohl der Anbieter als auch die Kunden neue Kompetenzen zur Erfüllung ihrer jeweiligen Aufgaben. Auf Seiten der Kunden muss die Bereitschaft und Fähigkeit vorhanden sein, Beiträge zu dem kooperativen Wertschöpfungsprozess zu leisten ("**Lead User"-Eigenschaften**). Ähnliches gilt auch bei der Bereitstellung von Lösungsinformation durch externe Experten. Gleichermaßen müssen Unternehmen, die die Prinzipien der interaktiven Wertschöpfung nutzen wollen, **Interaktionskompetenzen** aufbauen, die die technische und vor allem organisatorische Plattform der arbeitsteiligen Aufgabenerfüllung darstellen. Sie konkretisieren sich in interaktionsförderlichen Organisations-, Kommunikations- und Anreizstrukturen.

(10) Eine **interaktive Wertschöpfung** hat auch Grenzen, da ein Trade-off zwischen einer zunehmenden Granularität der Aufgabenteilung einerseits und den daraus resultierenden internen Koordinationskosten andererseits besteht. Je besser sich eine Wertschöpfungsaufgabe für eine sehr feingliedrige Aufteilung eignet, desto leichter kann ein größerer Aufgabenumfang an externe Akteure zu vergleichsweise geringen Produktions- und externen Transaktionskosten externalisiert werden. Allerdings bedarf es der innerbetrieblichen Koordination und Integration der einzelnen Wertschöpfungsbeiträge, was bei einer feingliedrigen Aufgabenteilung hohe interne Kosten verursacht.

**Abgrenzung zu anderen Konzepten der Kundenintegration und Co-Produktion**

An dieser Stelle scheint eine kurze Abgrenzung dieser Prinzipien mit der bestehenden Literatur zu Kundenintegration und Co-Creation angebracht, die wir bereits zu Beginn der Einleitung in Kapitel 1 angeführt haben. Die Abgrenzung zu klassischen Formen von Prosumerismus und Selbstbedienung ("erzwungene" Kundenintegration) wird durch die Freiwilligkeit der Integration und die Betonung sozialer (reziproker) Austauschprozesse in unserem Konzept schnell deutlich (hier liegt auch eine wesentliche Antwort auf die Kritik von **Voß und Rieder** (2005) am "arbeitenden Kunden"). Wir teilen die Sichtweise **Kleinaltenkamps Schule der Kundenintegration** (z. B. Kleinaltenkamp 1997a), dass eine interaktive Wertschöpfung mit den bestehenden Vorstellungen der Produktions- und Kostentheorie bricht, da sie "(…) speziell im Gegensatz zum Gutenbergschen Paradigma explizit die Tatsache berücksichtigt, dass Nachfrager via externer Faktoren auf die Leistungserstellungsprozesse von Anbietern einwirken und dass einzelbetriebliche Wertschöpfungsprozesse nicht an den Unternehmensgrenzen enden" (Kleinaltenkamp 1997a: 108). Unser Fokus ist allerdings nicht die Entwicklung einer "Leistungslehre (…), welche die logisch nichthaltbare Trennung von Sach- und Dienstleistungen aufgibt" (ebd.), sondern die Untersuchung von Organisations- und Koordinationsprinzipien kooperativer Formen der Wertschöpfung. Daraus folgt auch eine stärkere Betrachtung der Sichtweise der Kunden.

**Grün und Brunner** (2003) definieren ihr Modell der Co-Produktion als eine Weiterentwicklung der traditionellen Selbstbedienung zu einem integrierten Management-Konzept. Ihre Vorstellung von Co-Produktion geht aber von einem Hersteller aus, der explizit Aktivitäten auf seine Kunden verlagert. Jedoch betonen auch Grün und Brunner die zentrale Rolle der Kooperation, "d. h. Produzent und Prosumer müssen trotz möglicher divergierender Interessen zusammenarbeiten, um das Produkt zu erstellen" (Grün / Brunner 2003: 87). Sie beziehen sich dabei aber weitgehend auf operative (Produktions-)Prozesse und behandeln den Bereich der Innovation nur sehr knapp (siehe ähnlich **Prahalad und Krishnan** (2008) und **Prahalad und Ramaswamys** (2000, 2004) Konzept der Value Co-Creation).

Dies ist die Domäne der Forschungsarbeiten von **Eric von Hippel** und seiner Co-Autoren. Diese Arbeiten gehen jedoch originär von einem autonomen Nutzer aus, der ohne Interaktion mit einem Unternehmen neue Lösungen zur Eigennutzung entwickelt (so die Vorstellung des klassischen "Lead Users" nach von Hippel 1986; Urban / von Hippel 1988). Das Konzept so genannter "Toolkits for User Innovation" nach Thomke und von Hippel (2002) ist dagegen deckungsgleich mit unserem Verständnis (siehe Abschnitt 4.5.2), da es auf einem expliziten Kooperations- und Interaktionsprozess zwischen Hersteller und Kunde beruht. Dies ist auch der Hauptgedanke von **Normann und Ramirez** (1993, 1998) sowie **Wikström** (1996a), auf deren Ideen von Interaktivität und gemeinsamen Wertschöpfungsaktivitäten, wir uns beziehen. Die rasante Weiterentwicklung im Bereich der neuen Informations- und Kommunikationstechnologien hat jedoch eine Vielzahl an Organisations- und Koordinationsformen ermöglicht, die zum Entstehungszeitpunkt der Arbeiten von Norman, Ramirez und Wikström noch nicht effizient möglich waren.

So ist beispielsweise das von **Don Tapscott** geprägte Konzept der Wikinomics (Tapscott 2007) ohne den Einsatz der neuen IuK-Technologien nicht denkbar. Wikinomics beschreibt die Möglichkeiten kollaborativer Wertschöpfung über den Einbezug von Nutzern in den Produktionsprozess. Basierend auf den Prinzipien der freiwilligen Produktion, der Offenheit sowie des Teilens und des globalen Handelns bieten sich für Unternehmen neue und weitergehende Möglichkeiten Produkte zu generieren und Wert zu schaffen.

Auch **Benkler** (2002, 2006) beschreibt mit seinem Modell der "Commons-based Peer Production" das Phänomen einer Wertschöpfung, die durch verschiedene, sehr lose verbundene Akteure vollzogen wird. Am Beispiel von Open Source Software lässt sich dieses kollaborative und nicht in klassischen Organisationsformen ablaufende Wertschöpfungsmodell darstellen. Eine große Anzahl von Nutzern befasst sich mit verschiedenen Aufgaben innerhalb einer gesamten Wertschöpfungsaktivität und organisiert sich und die Erledigung dieser Aufgaben vollständig autonom. Benklers Modell beschreibt somit eine vollständige Übernahme der Wertschöpfungsprozesse durch verschiedene Klassen von Nutzern.

## 3.2 Kundenintegration und Lösungsraum

Für eine nähere Beschreibung der interaktiven Wertschöpfung in Bezug auf die Mitwirkung von Kunden und Nutzern soll im folgenden das Prinzip der Kundenintegration näher beleuchtet werden. Es knüpft an den Gedanken der "Customer Integration" nach **Werner Engelhardt und Michael Kleinaltenkamp** an und erweitert die klassische Produktions- und Kostentheorie (z. B. Engelhardt / Freiling 1995; Kleinaltenkamp 1996, 1997a, 1997b, 2002). In einem engeren Begriffsverständnis dient der Begriff Kundenintegration zur Beschreibung der Aktivitäten, die zur Erstellung einer Leistung mit Dienstleistungscharakter notwenig sind. Danach unterscheidet sich der Leistungs- und Faktorkombinationsprozess von Sach- und Dienstleistungen nach dem Ausmaß der Kundenintegration (Engelhardt / Kleinaltenkamp / Reckenfelderbäumer 1993; siehe auch ähnlich Bitner et al. 1997; Bowen 1986; Langeard et al. 1981).

> Kundenintegration bezeichnet die Kombination von Informationen und Wissen aus der Domäne des Kunden mit internen Faktoren des Anbieterunternehmens als Voraussetzung der Leistungserstellung

**Kundenintegration als Konzept der Dienstleistungsproduktion**

Grundlage ist die Vorstellung **einer zweistufigen Struktur des Wertschöpfungsprozesses**, wie sie in Abbildung 3–3 dargestellt ist. **Auf der ersten Wertschöpfungsebene** der Vorkombination muss der Hersteller interne Produktionsfaktoren kombinieren und baut so autonom ein Leistungspotenzial auf (Kleinaltenkamp / Haase 2000). Eine **zweite Stufe**, die dieses Potenzial nutzt und die eigentliche aus Kundensicht wahrgenommene Leistung erstellt, kann aber nicht ohne Integration des so genannten externen Faktors stattfinden. Externe Faktoren sind nach Kleinaltenkamp (1997a) der Kunde als Person sowie vor allem Bedürfnisinformationen des Kunden. Ergänzende **externe Faktoren** können (physische) Ressourcen des Kunden sein, die für die Aufbereitung der Bedürfnisinformation notwendig sind, z. B. Material oder Software oder ein Computer und Internetzugang. Ein externer Faktor wird temporär dem Leistungsersteller zur Verfügung gestellt und von diesem zusammen mit internen Produktionsfaktoren im Produktionsprozess kombiniert (Engelhardt / Kleinaltenkamp / Reckenfelderbäumer 1993: 301).

Dieses Prinzip der Kundenintegration gilt nicht nur für reine Dienstleistungen, sondern ist insbesondere auch im Kontext des Lösungsgeschäfts in der Investitionsgüterindustrie die Regel (Engelhardt / Freiling 1995; Fließ 2001; Jacob 2003; Kleinaltenkamp

*Abbildung 3–3: Kundenintegration zur Produktion von Dienstleistungen und individuellen Produkten (in Anlehnung an Hildebrand 1997: 33)*

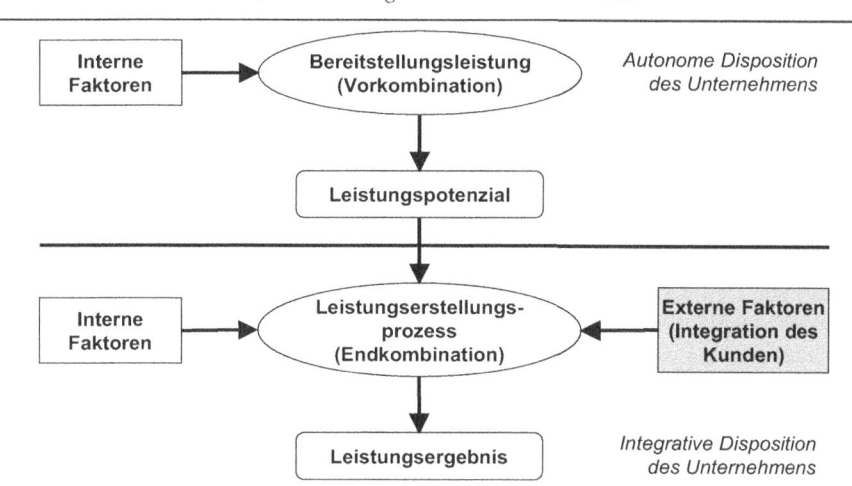

/ Marra 1995). Hier werden oft kundenindividuelle Problemlösungen nachgefragt, die neben Sachgütern immer auch Dienstleistungsanteile haben, bzw. Produkte, die in Dienstleistungen eingebettet sind. Der Versuch einer strikten Trennung von Produkt und Dienstleistung ist somit nicht sinnvoll (Normann / Ramirez 1993). Wann immer die am Markt verfügbaren, standardisierten Leistungen nicht ausreichen, werden Kunden in die Wertschöpfung integriert, um eine kundenspezifische Leistung zu generieren (in diesem Sinne ist jede Dienstleistung eine individuelle Leistung).

**Lösungsraum zur Bestimmung von Art und Grad der Kundenintegration**

Im Rahmen unserer Konzeption der interaktiven Wertschöpfung greifen wir diese Sichtweise auf. Unser besonderes Augenmerk gilt dabei aber **der Integration von Informationen und Kundenwissen**, die Aktivitäten entstammen, die klassischerweise in der Domäne des Anbieterunternehmens gesehen wurden. Wie wir noch ausführlich in Abschnitt 3.3.1 ausführen, kann diese Information sich nicht nur auf Bedürfnisse des Kunden beziehen, sondern Möglichkeiten zur Lösung dieses Bedürfnisses enthalten.

Zur Unterscheidung verschiedener Arten der Kundenintegration hilft das Konzept des **Lösungsraums ("Solution space")**. Nach von Hippel (2001: 250) ist ein "[solution space] the pre-existing capability and degrees of freedom built into a given manufacturer's production system". Dies entspricht in der produktionstheoretischen Auffassung von Kleinaltenkamp et al. dem Leistungspotenzial als Bereitstellung von Potenzialfaktoren. Die flexible Kombinierbarkeit der Potenzialfaktoren bietet Freiheitsgrade in der Wertschöpfung, die dem Unternehmen das Angebot eines gewissen Leistungsspektrums ermöglichen. Allerdings sind dieser Kombinierbarkeit gewisse Grenzen gesetzt, die aus dem Stand der vorhandenen Technologien und der Leistungsfähigkeit der Potenzialfaktoren (z. B. Maschinenpark, Software-Infrastruktur, Produktarchitekturen, Personalkapazitäten, Distributionssystem) folgen.

> Der Lösungsraum ist die Gesamtheit aller Problemlösungen, die ein Unternehmen auf Basis stabiler Produktarchitekturen und darauf abgestimmter Fertigungstechnologien und -prozesse gegenwärtig herstellen und anbieten kann.

Ziel der **tayloristischen Wertschöpfungsprinzipien** (Abschnitt 2.2) ist die weitestgehende **Stabilität** eines einmal definierten Lösungsraums. Stabilität führt damit auch zwangsläufig zu einer **Begrenztheit des Lösungsraums** und damit des entsprechenden Leistungsspektrums, das ein Unternehmen gegenwärtig kosteneffizient und mit wirtschaftlich angemessenem Aufwand herstellen und anbieten kann. Im Massenproduktionssystem von Ford und vielen anderen Unternehmen war dieses Leistungsspektrum eng begrenzt und lange Zeit unverändert. Kundenintegration findet in einem solchen Fall nicht statt. Im **Beispiel von Dell** wurde der Lösungsraum erweitert (Kasten 2–4). Er ist zum einen durch die Umsetzung der Prinzipien der Netzwerkökonomie deutlich flexibler und wandlungsfähiger. Zum anderen ist er aber auch offener und weniger begrenzt und ermöglicht einen Einbezug der Kunden in die Konkretisierung (Konfiguration) ihrer Wunschleistungen.

Ein Anbieter kann den Lösungsraum durch **Innovationstätigkeiten erweitern bzw. modifizieren.** Eine Produktentwicklung schafft neue Produktarchitekturen und damit neue technische Möglichkeiten zur Befriedigung neuer Kundenbedürfnisse. Eine Prozessinnovation ermöglicht z. B. die effizientere oder qualitativ hochwertigere Befriedigung der Kundenbedürfnisse. Eine Kundenintegration kann auch auf dieser **Ebene der Erweiterung bzw. Modifikation des Lösungsraumes** ansetzen. Ein Kunde bzw. Nutzer kann einem Anbieter im Rahmen des Interaktionsprozesses Informationen über neue Bedürfnisse, aber auch Lösungsansätze zur Befriedigung dieser Bedürfnisse übermitteln. Voraussetzung dafür ist aber, dass der Anbieter seinen Lösungsraum entsprechend offen gestaltet hat. Betrachten Sie noch einmal Abbildung 3–2. Dort zeigt sich, dass die Begrenztheit des Lösungsraums und der (mögliche) Grad der Kundenintegration genau gegenläufig sind.

Zur Differenzierung verschiedener Formen der interaktiven Wertschöpfung kann genau dieses Kontinuum beitragen. Die Begrenztheit des Lösungsraums bildet in diesem Sinne das Abgrenzungskriterium der zwei wesentlichen Objektbereiche der interaktiven Wertschöpfung, die wir in diesem Buch primär betrachten wollen (siehe auch Abbildung 3–4):

- Bei der **Produktindividualisierung (Mass Customization)** stehen die Kunden einem begrenzten bzw. geschlossenen Lösungsraum gegenüber. Die Zusammenarbeit zwischen Anbieter und Kunde bezieht sich auf Wertschöpfungsaktivitäten im operativen Produktionsprozess und auf die Konkretisierung eines individualisierten Produktes für einen Abnehmer.

- **Open Innovation** dagegen bezieht sich auf einen offenen Lösungsraum, den die Kunden erweitern bzw. modifizieren. Damit geht es um Aktivitäten zwischen Herstellerunternehmen und Kunden, die sich auf den Innovationsprozess beziehen und so auf die Entwicklung neuer Produkte für einen größeren Abnehmerkreis abzielen. In die Erweiterung bzw. Schaffung eines Lösungsraums können neben Kunden aber auch weitere externe Akteure mit einem speziellen Wissen in einem Feld einen wichtigen Beitrag leisten. Der Begriff Open Innovation umfasst die Interaktion mit beiden Gruppen von Beitragenden für den Innovationsprozess.

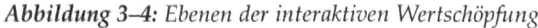
*Abbildung 3–4: Ebenen der interaktiven Wertschöpfung*

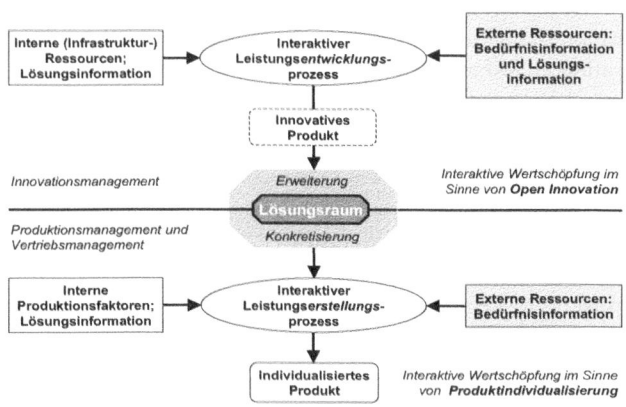

In beiden Fällen gibt es wiederum Abstufungen der Intensität der Kundenintegration, je nachdem auf welcher Stufe des Innovationsprozesses die Kunden gemeinsam mit den Herstellern aktiv werden bzw. auf welcher Stufe der operativen Prozesse eine Produktindividualisierung ansetzt (siehe die Untergliederung in Abbildung 3–2). Diese verschiedenen Optionen werden ausführlich in Kapitel 4 und 5 diskutiert. Der Lösungsraum bildet in der interaktiven Wertschöpfung darüber hinaus auch die Grundlage für die **Kommunikation der Problemlösungsfähigkeit eines Anbieters** für ein konkretes Kundenbedürfnis:

Ein **offener Lösungsraum** bedeutet für den Kunden, dass diese als gleichberechtigte Partner im interaktiven Wertschöpfungsprozess in die Lage versetzt sind, völlig neuartige Lösungen im Sinne echter Innovationen Zustande zu bringen.

Ein **begrenzter Lösungsraum** erlaubt dem Kunden lediglich eine Konkretisierung im Sinne einer Produktindividualisierung (z. B. durch ein Produktkonfigurationssystem) – oder aber im Falle starker Begrenztheit und hoher Stabilität lediglich die Auswahl aus Standardprodukten (im letzteren Falle wollen wir nicht mehr von Kundenintegration sprechen).

**Ein Beispiel zur Gestaltung und Nutzung des Lösungsraums**

Abschließend kann ein weiteres Beispiel der "T-Shirt Economy" das Prinzip der Kundenintegration und des Lösungsraums gut erläutern. Kasten 3–2 schildert die spannende Geschichte des Leipziger Unternehmens **Spreadshirt**, dessen Geschäftsprinzip vollkommen auf Kundenintegration beruht. Kundenintegration findet hier zunächst im Rahmen der Produktindividualisierung statt, indem Kunden eigene individuelle Designs gestalten können, die dann vom Anbieter produziert werden. Das in der Fallstudie beschriebenen Prinzip des Micro-Merchandising erweitert allerdings die Kundenintegration auch auf **Tätigkeiten von Marketing und Vertrieb**. Auch hier übernehmen die Kunden typische Aufgaben, die traditionell in der Domäne eines Anbieters gesehen wurden, wie Markterschließung, Sortimentspolitik, Werbung und Kundenpflege. Distribution und Fakturierung werden dagegen von Spreadshirt übernommen. Der Lösungsraum ist allerdings begrenzt. So können die Kunden nur jene

Grundprodukte anbieten, die auch im Sortiment von Spreadshirt enthalten sind. Auch müssen technische Vorgaben bei der Motiverstellung eingehalten werden, die mit dem Produktionssystem von Spreadshirt übereinstimmen. Der Lösungsraum und Grad der Kundenintegration ist aber deutlich weiter als im Fall von Dell, der ebenfalls auf einer Kundenintegration im Rahmen der Produktindividualisierung beruht.

---

*Kasten 3–2:*     *Spreadshirt: Rasantes Wachstum durch Interaktive Wertschöpfung*

---

*(Quellen: Verschiedene Postings von Jochen Krisch in seinem sehr lesenswerten Blog 'Exciting E-Commerce' [www.excitingcommerce.com] zwischen Oktober 2005 und Januar 2006; Pressemappe des Unternehmens)*

Spreadshirt verkauft individuelle T-Shirts und andere Bekleidungsprodukte. Diese können von jedem einzelnen Kunden selbst gestaltet werden, entweder mit einem eigenen Graphikprogramm auf dem heimischen PC oder aber durch ein einfaches Mal-Programm im Internet. Anders als bei Threadless (siehe Kasten 1–1) wird allerdings auf Wunsch jeder Kundenentwurf gefertigt. Das Unternehmen hat dazu ein hochflexibles Produktionssystem aufgebaut, das per Digitaldruck eine effiziente Einzelfertigung möglich macht. Eine weitere Besonderheit ist, dass jeder Kunde nicht nur ein eigenes T-Shirt gestalten und produzieren lassen kann, sondern dieses auch via Spreadshirts Online-Shoppingsystem an andere Kunden weiterverkaufen kann. Mit wenigen Mausklicks kann sich jeder Kunde einen eigenen Online-Shop eröffnen und selbst zum Anbieter werden. Spreadshirt produziert und vertreibt die Waren und kassiert eine Provision ("Micro-Merchandising" hat das Unternehmen dieses Vertriebssystem getauft). Durch die flexible Einzelfertigung ist dieses System sowohl für Kunden-Anbieter als auch für Spreadshirt ohne Absatzrisiko.

Durch seine vielen kleinen Minishops in seiner Bedeutung weithin unterschätzt, expandiert Spreadshirt gerade weltweit. Spreadshirt ist heute der europäische Marktführer unter den T-Shirt-Händlern im Internet (T-Shirts sind eines der erfolgreichsten E-Commerce-Produkte überhaupt). Seit einem Jahr baut Spreadshirt sein internationales Geschäft stark aus und ist inzwischen auch in den USA vertreten. Erste Achtungserfolge konnten die Leipziger dort schon erzielen. So betreibt seit September die populäre US-Bloggingseite BoingBoing einen Merchandise-Shop bei Spreadshirt. Im Unterschied zu anderen Händlern und Herstellern bekommen Spreadshirt-Produkte ihren Feinschliff jeweils erst vor Ort. Jedes Shirt wird "on demand" im Zielland produziert und erst von dort aus verschickt. So können deutsche Nutzer nach ausgefallenen Motiven in britischen, spanischen oder polnischen Spreadshirt-Shops stöbern und sich die Shirts, Taschen und Sticker dann aus Leipzig zuschicken lassen.

Da das Unternehmen seine Produkte quasi auf Zuruf vor Ort produziert, fallen bei Spreadshirt keine internationalen Versandkosten an. Bestellungen deutscher BoingBoing-Fans werden zum Beispiel von Deutschland aus verschickt. Auch darin sieht Spreadshirt einen Vorteil seiner globalen Expansionsstrategie mit lokaler Präsenz. Vom Direktvertriebsmodell von Spreadshirt profitieren die Kunden ebenso wie die lokalen Designer. Letztere partizipieren direkt an den Verkaufserlösen. Wie stark, das bestimmen sie über den frei wählbaren Verkaufspreis selbst. Über 100.000 Partnershops betreibt Spreadshirt inzwischen auf seiner Plattform und übernimmt von der Produktion über den Versand bis hin zur Zahlungsabwicklung alles für seine Handelspartner. Die Partner bekommen eine selbst festgelegte Provision auf alle Artikel, die sie verkaufen. Spreadshirt gewinnt eigenen Angaben zufolge jede Woche 1.000 neue Shoppartner hinzu. Jeden Monat kann die Plattform 10.000 neu designte Produkte anbieten. Auch wenn sich mittlerweile 220 Mitarbeiter um die Abwicklung kümmern, ist diese Produktvielfalt nur möglich, da die Kunden aktiv an der Wertschöpfung beteiligt sind. Gefragt ist vor allem die Kreativität beim Design der Motive und das Verkaufstalent der Kunden, um die selbst kreierten "Designerstücke" auch optimal zu vermarkten. Doch Spreadshirt zieht seine Kunden inzwischen auch weiter in die Wertschöpfung ein. So sucht das Unternehmen im Januar 2006 in einem offenen Design- und Auswahlprozess ein neues Firmenlogo. Die Logo-Aktion ist eine von mehreren Initiativen, mit denen Spreadshirt die Design-

Community stärker aktivieren und an sich binden will. Erst kürzlich hat Spreadshirt zusammen mit dem London Design Festival die besten Shirt-Designer gesucht und ausgezeichnet.

**Auszug aus einem Interview mit Spreadshirt-Gründer Lukasz Gadowski**

*Frage: In der New-Economy-Phase hatten die meisten Unternehmer [oft] zu viel Fantasie, mit den bekannten schädlichen Folgen für ihre Firmen.*

Die Erwartungen, die insbesondere E-Commerce vor Jahren ausgelöst hat, waren sicherlich über-trieben. Doch ich bin mir nach meinen Erlebnissen der letzten Jahre sicher, dass es noch etwas Schlimmeres als zu viel Fantasie gibt: nämlich zu wenig Fantasie. Das trifft ja besonders die Unternehmen mit neuen Ideen – zu denen ich natürlich auch Spreadshirt zähle – gerade in ihrer kri-tischsten Phase, in der sie sich nach Unterstützung umsehen. Was Matthias (Anm.: Matthias Spieß, Mitgründer von Spreadshirt) und ich uns an unqualifizierter Kritik anhören mussten und welche Zeitverschwendung es war, Investoren von unserem Geschäftsmodell überzeugen zu wollen. Die haben ja gar nicht richtig zugehört. Schon mit dem Wort "E-Commerce" war es meistens vorbei. Ich habe nie begriffen, wieso diese Leute nicht wenigstens versucht haben, einmal unvoreingenommen und aus einer Art antizyklischen Perspektive an die Sache zu gehen.

*Die Investoren konnten Sie nicht überzeugen. Wie haben Sie aber genau dies bei Ihren Kunden geschafft?*

Durch hohen Kundennutzen. Bei uns hat man sein Wunschshirt schon nach 2-3 Tagen in den Händen, und das bei hoher Druckqualität und ohne jegliche Mindestabnahme! Verglichen mit dem herkömm-lichen Prozedere von Siebdruck mit Vorlaufzeiten von 2-3 Wochen sowie Mindestabnahmen von 30 oder gar 50 Stück ist das schon ein gewaltiger Quantensprung! Weiter ermöglicht das Spreadshirt-Angebot allen Homepage-Besitzern vom Privatmann bis zum Großunternehmen, über ihre Website eigene Merchandising-Artikel zu vertreiben und so ohne Aufwand und Kosten zusätzliche Gewinne zu machen. Ich glaube, dass dieses "Rundum-Sorglos-Paket" ein entscheidender Erfolgsfaktor für uns ist. Letztendlich trifft der Kunde alle kreativen Entscheidungen, wird aber gleichzeitig nicht mit der Produktion, dem Versand, dem Kundenservice usw. belastet.

---

*Kasten 3–3:*   *Literaturempfehlungen zu grundlegenden Schriften zur Kundenintegration*

---

■ Bowen, David (1986). Managing customers as human resources in service organizations. Human Resource Management, 25 (1986) 3 (Fall): 371-383.

■ Engelhardt, Werner / Freiling, Jörg (1995). Die integrative Gestaltung von Leistungspoten-tialen. Zeitschrift für betriebswirtschaftliche Forschung (zfbf), 47 (1995) 10: 899-918.

■ Fließ, Sabine (2001). Die Steuerung von Kundenintegrationsprozessen: Effizienz in Dienstleis-tungsunternehmen. Wiesbaden: Gabler 2001.

■ Jacob, Frank (2003). Kundenintegrations-Kompetenz: Konzeptionalisierung, Operationali-sierung und Erfolgswirkung. Marketing-Zeitschrift für Forschung und Praxis, 25 (2003) 2: 83-98.

■ Kleinaltenkamp, Michael (1996). Customer Integration – Kundenintegration als Leitbild für das Business-to-Business-Marketing. in: Michael Kleinaltenkamp / Sabine Fließ / Frank Jacob (Hg.): Customer Integration: Von der Kundenorientierung zur Kundenintegration, Wiesbaden: Gabler 1996: 13-24.

■ Reichwald, Ralf / Piller, Frank T. (2002). Der Kunde als Wertschöpfungspartner. In: Horst Albach et al. (Hg.): Wertschöpfungsmanagement als Kernkompetenz, Wiesbaden: Gabler 2002: 27-52.

---

## 3.3 Arbeitsteilung und Organisation in der interaktiven Wertschöpfung

### 3.3.1 Nutzen einer arbeitsteiligen Wertschöpfung mit Kunden

Üblicherweise sind die Rollen und Funktionen, die Anbieter und Kunden in der Wertschöpfung einnehmen, klar verteilt. Diese Unterscheidung basiert auf den verschiedenen Vorteilen, die sich jeweils für die beiden Parteien aus der Wertschöpfung ergeben. Hersteller (bzw. Anbieter) profitieren typischerweise als Produktentwickler und Produzenten vom **Verkauf ihrer Leistung an viele Kunden**. Kunden profitieren als Abnehmer dementsprechend von der **Nutzung der Leistungen für den Eigenbedarf im Sinne der Bedürfnisbefriedigung**. Dabei ist unerheblich, ob der Kunde ein Konsument oder aber auch ein Unternehmen ist, das z. B. eine Maschine kauft und diese dann zur Erstellung weiterer Produkte nutzt. Die herkömmliche Annahme ist, dass der Verkauf an viele Abnehmer gegenüber der Nutzung für den Eigenbedarf die überlegene Art und Weise ist, um die Kosten der Produktentwicklung und -herstellung zu decken und einen Profit zu erwirtschaften. Deshalb übernehmen in der Regel Herstellerunternehmen diese Wertschöpfungsaktivitäten.

Diese Annahme muss allerdings unter bestimmten Bedingungen in Frage gestellt werden. Wenn für Kunden der relative Nutzenvorteil höher ist als für das Unternehmen, dann lohnt sich der Entwicklungs- und Herstellungsaufwand unter Umständen eher für Kunden als für Unternehmen. Je größer dieser relative Vorteil für Kunden ist, desto wahrscheinlicher ist es, dass die Produktentwicklung und -herstellung von Kunden ausgeht oder sogar ganz von ihnen übernommen wird (von Hippel 1986, 1988). So hat die Forschergruppe um Eric von Hippel vom MIT beobachtet, dass Kunden in verschiedenen Produktdomänen in erstaunlich hohem Ausmaße Produkte für den Eigenbedarf modifizieren oder (als Prototypen) sogar vollständig ohne die Mitwirkung eines herstellenden Unternehmens entwickeln (siehe zur Dokumentation dieser Arbeiten von Hippel 2005; siehe auch Abschnitt 4.2.2, wo wir diesen Aspekt vertiefend darstellen). Wir haben dies bereits am **Beispiel Kite-Surfing** (Kasten 3–1) gesehen: Hier gingen maßgebliche Innovationen von den Nutzern aus, da diese schneller als die Hersteller neue Bedürfnisse erkannt hatten und auch ein größeres Set an Kompetenzen (Lösungsinformation) besaßen, um daraus resultierende Probleme zu lösen.

Kunden können gegenüber Unternehmen insbesondere unter zwei Bedingungen einen größeren Nutzen aus der Entwicklung und Herstellung von Produkten ziehen:

(1) Je **heterogener die Kundenbedürfnisse** in einem Markt verteilt sind, desto schwerer ist es für einen Hersteller, die Marktnachfrage durch ein Standardprodukt zu befriedigen. Ein Markt zeichnet sich durch eine starke Heterogenität aus, wenn es viele Marktsegmente gibt, die sich jeweils durch spezifische Präferenzen für bestimmte Produkteigenschaften auszeichnen. Heute werden solche Märkte auch nach Anderson (2006) als "**Long-Tail-Märkte**" bezeichnet. Dadurch wird prinzipiell für jedes Marktsegment eine spezielle Produktvariante erforderlich, um den nachgefragten Eigen-

schaften im jeweiligen Marktsegment gerecht zu werden. Im Extremfall entstehen "Segments-of-one" (Peppers / Rogers 1997), d. h. die Präferenzen jedes Nachfragers werden so einzigartig, dass prinzipiell jeder einzelne Nachfrager zur Bedürfnisbefriedigung eine speziell angefertigte Produktvariante erhalten müsste. Dieser Zustand scheint heute in vielen Märkten immer mehr Norm als Ausnahme zu werden (siehe zur Begründung Abschnitt 2.2.3; für einen empirischen Nachweis auf Basis der Cluster-Analyse siehe Franke / Reisinger 2003).

Eine zunehmende Heterogenisierung der Bedürfnisse, verbunden mit einer Verkürzung der Lebenszeiten einzelner Produktspezifikationen, resultiert folglich in einer Nachfrage nach immer mehr Produktvarianten. Dies führt dazu, dass die Realisierung von Skaleneffekten für den Hersteller immer schwieriger wird. Kleinere Absatzmengen einer Produktvariante erschweren die Amortisation von Investitionen in Produktionsanlagen und treiben die Stückkosten in die Höhe. Unter solchen Bedingungen können Entwicklungs- und Herstellungskosten die Vorteile für ein Unternehmen aus dem Verkauf des Produktes leicht aufheben, wo hingegen sich für Kunden der Entwicklungs- und Herstellungsaufwand für die eigene Nutzung immer noch lohnen kann. Unternehmen können die Produktentwicklung und -herstellung dann entweder den Kunden überlassen oder aber neue Kostensenkungspotenziale und Spielraum für Preissteigerungen im Rahmen einer Produktindividualisierungsstrategie erschließen.

(2) Der **Bedarf an lokalem Wissen für die Produktentwicklung und -herstellung** stellt eine weitere Herausforderung dar. Der Bedarf ergibt sich aus der Notwendigkeit, marktseitige und technologische Unsicherheiten zu Beginn des Entwicklungsprozesses zu reduzieren. Dazu müssen Anbieter Informationen aus der Domäne der Kunden und anderen externen Quellen in die interne Wertschöpfung transferieren. Wie wir bereits zu Beginn dieses Kapitels gesehen haben, sind dazu grundsätzlich zwei Arten von Information nötig (Lüttgens / Piller / Neuber 2008; Thomke 2003): Der Zugang zu **Bedürfnisinformation** ("need information") über die Kunden- und Marktbedürfnisse, d. h. Informationen über die Präferenzen, Wünsche, Zufriedenheitsfaktoren und Kaufmotive der aktuellen und potenziellen Kunden, beruht auf einem intensiven Verständnis der Nutzung- und Anwendungsumgebung der Abnehmer. **Lösungsinformation** ("solution information") über die technologischen Möglichkeiten und notwendigen Potenziale, um die Kundenbedürfnisse möglichst effizient und effektiv in eine konkrete Leistung zu überführen, basiert dagegen in der Regel auf Informationen über Technologien, Methodenwissen und ist oft in Form von "best practices" abgelegt.

Klassischerweise wird Bedürfnisinformation der Kundendomäne und Lösungsinformation der Herstellerdomäne zugeordnet. Für eine erfolgreiche Wertschöpfung müssen jedoch beide Informationsarten an einem Ort (beim Anbieter) zusammengeführt werden. Ein Herstellerunternehmen versucht deshalb durch den Einsatz verschiedenster Marktforschungsinstrumente Bedürfnisinformation am Markt abzugreifen, um dann unter Anwendung intern vorhandener Lösungsinformation (bzw. unter Erwerb neuer Lösungsinformation, z. B. neue Technologien oder Mitarbeiter) ein passendes Produkt zu kreieren. Im so genannten "**manufacturing-active paradigm**" ist Wertschöpfung dann alleinige Aufgabe von Unternehmen; Kunden nehmen nur eine passive Rolle ein: "speaking only when spoken to" (von Hippel 1978a).

Allerdings gerät dieses Paradigma ins Wanken, wenn die Bedürfnisinformation in der Domäne der Kunden eher den Charakter von implizitem Wissen hat. Dann kann der notwendige Transfer in einer brauchbaren Form so aufwändig und kostspielig sein, dass sich die Wertschöpfung ggf. nicht mehr für Unternehmen, sondern eher für Kunden als Wissensträger lohnt. In diesem Fall wollen wir von "**lokalem Wissen**" bzw. "**sticky information**" (von Hippel 1994) sprechen. Wichtig ist dabei zu betonen, dass auch in der **Nutzerdomäne Lösungsinformation** vorhanden sein kann. Gerade bei funktional neuen Innovationen (und nicht nur Verbesserungsinnovationen) beruht eine innovative Problemlösung häufig auf Verfahrenswissen, das mit dem vorhandenen Wissen eines Herstellers bricht. Manche besonders fortschrittliche Nutzer sind eine wertvolle Quelle für dieses Lösungswissen, ebenso wie andere externe Experten, die vielleicht in einer anderen Domäne bereits ein ähnliches Problem gelöst haben (siehe auch Abschnitt 4.2.1). Das "manufacturing-active paradigm" wandelt sich so zu einem "**customer-active paradigm**".

### 3.3.2 Logik der Arbeitsteilung nach dem Konzept der "wissensökonomischen Reife"

Ein Konzept zur Bestimmung der Arbeitsteilung zwischen Anbietern und Nachfragern ist das Konzept der **wissensökonomischen Reife** (siehe dazu grundlegend Dietl 1993). Es zielt darauf ab, Teilaufgaben so zu bilden, dass zwischen ihnen nur eine geringe Interdependenz besteht. Eine hohe Interdependenz zwischen Teilaufgaben liegt z. B. vor, wenn bestimmte Teile des menschlichen Wissens nur schlecht artikulierbar sind und deshalb nur mit sehr hohen Transaktionskosten übertragbar sind. Dies können z. B. durch Erfahrung erworbene körperliche Fähigkeiten oder in unserem Kontext die latenten Wünsche von Kunden nach neuartigen Produkten und Möglichkeiten zur Bedürfnisbefriedigung sein. Der Transfer dieses impliziten, lokalen Wissens stellt ein ökonomisches Problem dar, weil mit einem ressourcenaufwändigen Transferverfahren prohibitiv hohe Transaktionskosten entstehen (Picot / Dietl / Franck 2005).

Das Konzept der wissensökonomischen Reife legt nahe, die Bildung von Teilaufgaben, die an Kunden übertragen werden sollen, so zu organisieren, dass der ressourcenaufwändige Wissenstransfer möglichst gering ist, das heißt, dass möglichst niedrige Transaktionskosten verursacht werden. Darüber hinaus kann der Transfer lokalen Wissens auch **umgangen werden**, indem Hersteller und Anbieter **(Informations-) Produkte und Artefakte** austauschen, die das lokale Kundenwissen bereits verkörpern, z. B. Blueprints von Produktkonzepten. Ein Beispiel sind die CAD-Files im Kite-Surfing-Beispiel (Kasten 3–1) oder die T-Shirt-Designs bei Spreadshirt (Kasten 3–2). Anstelle der Übertragung der Information "ich will einen Kite, der bei starken Windverhältnissen eine hohe Stabilität bietet, und dazu sollte das Seil XY straffer sein" übertragen die Kunden hier einen CAD-File, der bereits abbildet, wie dazu Seil XY anders befestigt werden muss. Gleichermaßen bei Spreadshirt: Anstelle des Bedürfnisses "Ich will ein T-Shirt mit einem Pandabären, der cool und nicht drollig schaut", übermitteln die Kunden hier eine Zeichnung, um diesen subjektiven Gesichtsausdruck zu erhalten.

Für die Weiterverarbeitung durch das Unternehmen ist der Wissenstransfer dann nicht mehr nötig. Derartige Produkte und Artefakte, die weiterverwertet werden können, ohne dass ein Rückgriff auf das Kundenwissen erforderlich ist, besitzen **wissensökonomische Reife**. Das bedeutet, dass die Teile des unternehmerischen Wertschöpfungsprozesses, die einen hohen Grad an wissensökonomischer Reife besitzen, geeignete Ansatzpunkte für die Zerlegung der gesamten Wertschöpfungsaufgabe sind. So gebildete Teilaufgaben können an Kunden übertragen werden. Es entfällt der aufwändige Wissenstransfer durch den einfachen Austausch der Ergebnisse.

### 3.3.3 Logik der Arbeitsteilung nach dem Konzept der "sticky information"

Ein ähnliches Konzept hat von Hippel (1994) unabhängig von Dietl speziell für den Wissenstransfer zwischen Herstellern und Kunden im Innovationsprozess entwickelt. Er nennt Bedürfnisinformationen "**sticky information**" ("klebrige" Informationen). "**Stickiness**" definiert er als "the incremental expenditure required to transfer a unit [of information] from one place to another, in a form that can be accessed by the recipient. When this expenditure is low, information stickiness is low; when it is high, stickiness is high" (von Hippel 1994: 430). Die Gründe für hohe "stickiness" können in den Merkmalen der Information selbst liegen: z. B. implizites Wissen, Spezifität von Informationen, Grad und Art der Kodierung (Nelson 1982; Pavitt 1987; Polanyi 1958; Rosenberg 1982). Alternativ können die Gründe für stickiness in den Merkmalen des Informationssuchenden bzw. -liefernden liegen, z. B. in der mangelnden Aufnahmefähigkeit des Informationssuchenden (Vorwissen, Qualifikation) oder in der Kapazität der Informationsaufnahme (z. B. fehlende Instrumente oder Fehlen von komplementären Informationen) (Cohen / Levinthal 1990).

Bedürfnisinformation kann in der Kundendomäne so "sticky" sein, dass die Kosten für den notwendigen Informationstransfer vom Kunden zum Hersteller den Nutzen für das Unternehmen übersteigen. Bei hoher "stickiness" lokaler Bedürfnisinformation sind zahlreiche zeitaufwändige Iterationen und "Trial-and-Error"-Zyklen zwischen Unternehmen und Kunden für den Transfer notwendig. Bei Heterogenität der Kundenbedürfnisse kommt hinzu, dass sich durch einmalige Aufwendungen kaum Skaleneffekte im Informationstransfer für andere Kunden erzielen lassen. Im Prinzip entstehen dann Transferkosten für jeden einzelnen Kunden.

Im Extremfall ist "stickiness" so hoch, dass Kunden in Bezug auf die Produktentwicklung und -herstellung in einer besseren Kostenposition sind als Unternehmen. Wenn besonders fortschrittliche Kunden neben Bedürfnisinformation auch ausreichend Lösungsinformation besitzen, können sie Produkte vollständig und eigenständig entwickeln und herstellen (diese Kunden werden als "**Lead User**" bezeichnet, siehe Abschnitt 4.3.1). Im hier diskutierten Konzept der interaktiven Wertschöpfung gehen wir vom Regelfall aus: Der Vorteil von Kunden bezieht sich auf **einige Wertschöpfungsaufgaben** des Unternehmens, zu deren Ausführung lokale Bedürfnisinformation von hoher "stickiness" benötigt wird. Zur Lösung dieses Problems schlägt von Hippel

(1990) genau wie auch Dietl (1993) Arbeitsteilung vor ("**task partitioning**"): Der Wertschöpfungsprozess wird in Teilaufgaben zerlegt, für die entweder primär Bedürfnisinformationen von Kunden oder aber primär Lösungsinformationen von Unternehmen notwendig sind. Aufgaben, die weitgehend Lösungsinformation benötigen, verbleiben im Unternehmen. Aufgaben, die weitgehend Bedürfnisinformation benötigen, werden auf den Kunden übertragen. Der Transfer von "sticky information" findet dann jeweils innerhalb des Arbeitsgebiets des Unternehmens bzw. der Kunden statt (von Hippel / Katz 2002).

Die Konzepte der "wissensökonomischen Reife" und der "sticky information" bilden so Erklärungsansätze, die zu ähnlichen Ergebnissen für neue Formen der Arbeitsteilung zwischen Unternehmen und Kunden gelangen:

- Aufgaben, die an Kunden übertragen werden, sollten überwiegend **implizites Wissen der Kunden** zum Einsatz bringen ("sticky information"-Ansatz).

- Sie sollten in sich abgeschlossen sein, d. h. einen hohen Grad **wissensökonomischer Reife** besitzen.

Der ursprünglich vom Unternehmen dominierte Wertschöpfungsprozess wird so in unternehmens- und kundendominierte Teilaufgaben zerlegt, je nach dem, welche Partei das jeweils relevante lokale Wissen besitzt. Abbildung 3–5 fasst die Logik der Arbeitsteilung zwischen Unternehmen und Kunden zusammen.

---

**Abbildung 3–5:** *Logik der Arbeitsteilung zwischen Unternehmen und Kunden*

---

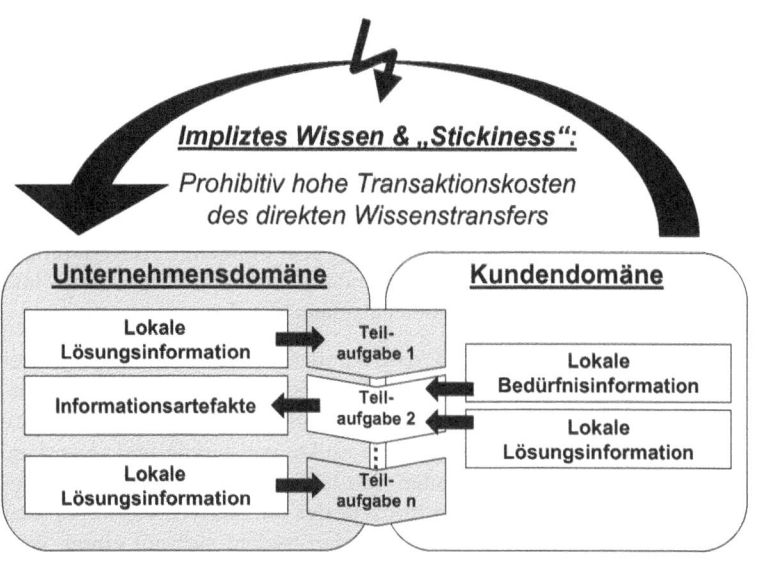

### 3.3.4 Arbeitsteilung zur Überwindung des Problems der lokalen Suche

Während in den vorangehenden Abschnitten stark aus der Perspektive der Kundenintegration argumentiert wurde, also die Mitwirkung der Kunden und Nutzer eines Produkts oder einer Leistung in den Vordergrund gestellt haben, soll in diesem Abschnitt die Ratio zur Integration anderer Beitragender in einen interaktiven Wertschöpfungsprozess diskutiert werden. Hierbei geht es vor allem um den Zugang zu Lösungsinformation. Vor allem im Innovationsprozess zeigt sich, dass viele Unternehmen oft dem **Problem der lokalen Suche** ("local search bias") unterliegen. Hierunter versteht man die Neigung von Individuen, zur Lösung einer bestimmten Aufgabe nur auf bestehende Erfahrung und Information zurückzugreifen, welche ihnen aus vorhandener geografischer Nähe, etablierter technologischer Sicht oder disziplinärer Verankerung heraus bereits geläufig sind und die zudem leicht erreichbar scheinen (Katila / Ahuja 2002; Stuart / Podolny 1996). Verschiedene Problemlöser besitzen verschiedenes lokales Wissen und Routinen der Problemlösung (Hayek 1945; von Hippel 1994) und nutzen dieses lokale Wissen selbst dann, wenn es aus einer übergeordneten Sicht nicht angebracht ist (Simon 1991). Zur Bearbeitung einer Aufgabe werden in Folge Kenntnisse und Methoden verwendet, die im engen Zusammenhang mit dem bereits vorhandenen Wissensspektrum stehen. Dieses Problem wird auch als **begrenzte Rationalität** (Simon 1991) oder die **Verwendung von Routinen beim Problemlösen** bezeichnet (Nelson & Winter 1982). Resultat ist die Nutzung eines begrenzten Lösungsraums, der unmittelbar am bereits vorhandenen Wissen angrenzt. Während dies zur Optimierung vorhandener Prozesse ("Kontinuierliche Verbesserung") durchaus vorteilhaft und rational ist (Nutzung von Lerneffekten und Erfahrungswissen), führt es im Innovationsprozess oft nicht zu wirklich radikalen Innovationen. Ebenso wird nicht die effizienteste aller möglichen Lösungen für die Problemlösung herangezogen, sondern nur eine naheliegende.

Gründe für dieses vielfältig empirisch nachgewiesene Verhalten gibt es viele. Ein Grund folgt unmittelbar aus der im letzten Abschnitt besprochenen "stickiness" der Information. Um die mit der Übertragung von "sticky" Information verbunden Kosten zu vermeiden, konzentrieren sich viele Firmen auf die ihnen bekannten technologischen Bereiche und kombinieren lediglich ihr bestehendes Wissen, um neue Lösungen zu kreieren (Schildt 2006). Weiterhin kann der **"Functional Fixedness"-Effekt** zukünftige Entscheidungen beeinflussen. Er beschreibt das Verhalten, dass Problemlöser, die mit einer neuen Situation konfrontiert werden, oft den Bezug zu vorhergehenden Situationen suchen. Wenn beispielsweise in der Vergangenheit einmal eine komplexe Lösungsstrategie erfolgreich angewandt wurde, so ist es unwahrscheinlich, dass bei einfacheren Problemen eine simplere Strategie verwendet wird. Entscheidungsträger werden so bei der Beurteilung von alternativen Vorgehensmöglichkeiten stark durch zurückliegende Erfahrungen beeinflusst. Ebenso können bestimmte Verhaltensmuster eine einschränkende Wirkung haben, da unternehmerische Strukturen und Routinen im Laufe der Zeit institutionalisiert werden und somit das Unternehmen auf neuartige Situationen unflexibel reagieren lassen (Soerensen / Stuart 2000).

Eng damit verbunden ist auch die sogenannten **Kompetenzfalle** ("competency traps"; Levitt / March 1988; Rosenkopf / Nerkar 2001). In vielen Unternehmen führt die Konzentration auf Kernkompetenzen zu Forschung und Entwicklung, die sich auf bekannte und besonders erfolgreiche Bereiche des technologischen Wissens eines Unternehmens konzentriert. Dadurch werden oft implizite Grenzen zwischen verschiedenen technologischen Bereichen gezogen. Das Unternehmen fokussiert sich auf ähnliche Technologien und wird so immer erfahrener und fachkundiger in einer Domäne. Dieses angehäufte Fachwissen kann zu einer einmaligen Kompetenz des Unternehmens und somit wichtigen Basis von Wettbewerbsvorteilen werden. Allerdings kann die Fokussierung auf vorhandene Kompetenzen – ganz wie es der Ansatz der Kernkompetenzen empfiehlt – Firmen dazu verleiten, in eine Kompetenzfalle zu treten. Organisationsmitglieder erwerben im Laufe der Zeit immer mehr Fachwissen bei der Anwendung von Regeln und Routinen, insbesondere dann, wenn diese sehr oft und erfolgreich zum Einsatz kommen. Diese gesteigerte Kompetenz bei der Anwendung bestimmter Regeln führt wiederum dazu, dass alternative Möglichkeiten mehr und mehr vernachlässigt werden. Sobald sich dann die Umfeldbedingungen nachhaltig ändern, kann dies zu nicht optimalem Verhalten führen.

**Klassische Wege zur Überwindung des Problems der lokalen Suche**

Arbeitsteilung im Innovationsprozess sollte dementsprechend so organisiert sein, dass ein Unternehmen die Akteure integrieren kann, die für eine bestimmte Problemstellung das beste Lösungswissen haben. Im Innovationsmanagement wurden viele Ansatzpunkte beschrieben, um das Problem der lokalen Suche zu überwinden: (1) Eine erste Strategie ist, durch die Einschaltung von Gatekeepern (Allen 1977) oder Promotoren (Witte 1973) einen besseren Zugang zu externen Wissen zu erhalten. An dieser Stelle setzen auch die verschiedenen Möglichkeiten an, die dem Aufbau von "Absorptive Capacity" (Cohen / Levinthal 1990) dienen sollen. (2) Eine weitere Option ist, die Art und Weise der Suche nach Lösungen zu verbessern, indem dem Mitarbeitern bestimmte Herangehensweisen und Kreativitätstechniken an die Hand gegeben werden, damit sie "über den Tellerrand" hinaus blicken (Levinthal / Gavetti 2000). (3) Eine weitere klassische Strategie ist, sich mit Trägern anderen Wissens zusammenzuschließen (Rosenkopf / Nerkar 2001). Genau dies haben wir in Bezug auf Innovationsnetzwerke oder Allianzen bereits beschrieben. Ebenso können informelle organisationale Arrangements in Fachgruppen, wissenschaftlichen Gesellschaften oder Industrienetzwerken zu einem besseren Zugang zu neuen Wissen beitragen (Nonaka / Takeuchi 1995). (4) Schließlich können Unternehmen durch eine gezielte Rekrutierungspolitik versuchen, das Problem der lokalen Suche zu überwinden (Rosenkopf / Almeida 2003). Dazu gehört zum einen das Abwerben von Mitarbeitern der Konkurrenz, aber auch die heute immer stärker betriebene Praxis, Mitarbeiter mit komplett anderen fachlichen Hintergründen einzustellen und in interdisziplinären Teams zu organisieren (Bsp.: Theologen in der Unternehmensberatung).

**"Broadcast Search" als neuer Ansatz zur Überwindung des Problems der lokalen Suche**

Alle diese Ansätze haben jedoch ein Problem gemeinsam. Sie beruhen weiterhin auf der Lösung des Problems im Unternehmen, auch wenn nun der Kreis der Problemlöser vergrößert und so der negative Effekt einer lokalen Suche vermindert wird. Unser Ansatz der interaktiven Wertschöpfung will an dieser Stelle eine neue Strategie zum

Zugang zu Lösungsinformation vorstellen, die die vorhandenen Maßnahmen ergänzt. Die Idee ist die Arbeitsteilung der Lösungsfindung so zu organisieren, dass vorhandene Lösungen aus der Peripherie des Unternehmens (und nicht nur Problemlöser) integriert werden. Lakhani et al. (2007) bezeichnen dieses Vorgehen als "**Broadcast Search**". Die Idee ist, den Prozess der Suche zu öffnen und Informationen über das Problem so breit zu streuen, so dass auch unbekannte Außenseiter einen Beitrag zur Lösung leisten können. Auch die Beitragenden in der Peripherie des Unternehmens werden zwar zur Lösung der Aufgabenstellung ebenfalls einem lokalen Suchproblem unterliegen, d.h. vor allem Informationen und Methoden heranziehen, die ihnen bereits bekannt sind. Da diese lokalen Suchfelder jedoch von denen des Unternehmens weit entfernt sein können, kann das originäre Problem der lokalen Suche überwunden werden. Genau diesen Zusammenhang bezeichnet unsere Definition von **Interaktiver Wertschöpfung als "offener Aufruf zur Mitwirkung"** an ein großes externes Netzwerk an potentiellen Beitragenden.

Diese Auffassung ist konsistent mit den Ergebnissen früherer Studien über die Entstehung radikal neuer Ideen in den Naturwissenschaften. Diese kommen oft von "Outsidern" einer spezifischen "scientific community" (Chubin 1976). In seiner Geschichte der Wissenschaften zeigt Heisenberg (1962), dass viele der bahnbrechenden naturwissenschaftlichen Durchbrüche dadurch zu Stande kamen, dass Wissen aus einer wissenschaftlichen Disziplin eine andere Anwendung gefunden hat. Diese Erkenntnis ist heute aktueller denn je. Lakhani et al. (2007) zitieren eine Studie im Bereich der synthetischen Biologie (Zhou et al. 2005), wo dramatische Verbesserungen der Rechenzeit zur Untersuchung molekularer Proteinstrukturen (um bis zu 100-Millionenfach) erzielt wurden, indem etablierte Methoden aus der Materialwissenschaft in diese Disziplin importiert wurden. In einer Studie über das Unternehmen Innocentive, das systematisch Problemlösungen aus der chemischen Industrie in einem großen offenen Netzwerk potentieller Problemlöser ausschreibt, konnten Lakhani et al. (2007) zeigen, dass der Abstand zwischen dem Feld der Expertise eines Problemlösers und dem Feld der Problemstellung signifikant positiv mit der Wahrscheinlichkeit korreliert ist, eine erfolgreiche Lösungsidee zu haben (wenn Sie das Unternehmen Innocentive nicht kennen, empfehlen wir, an dieser Stelle kurz an den Anfang von Kapitel 4 zu springen, und die Beschreibung dort zu lesen). Dieser Effekt kann mit der Fähigkeit von "Outsidern" erklärt werden, aus einer relativen Distanz Probleme ohne Vorbehalte oder verstetigte Lösungsideen zu sehen. Beitragende bei Innocentive, die dort einen Innovationswettbewerb gewinnen, haben häufig eine ihnen wohlbekannte Lösung aus ihrer wissenschaftlichen Domäne genommen und ohne Vorbehalte auf eine andere Domäne übertragen. Sie sind nicht durch einen "das haben wir schon immer so gemacht"-Effekt vorbelastet wie die Auftraggeber von Innocentive, die durch die ihnen bekannten Lösungen keinen solch positiven Effekt erzielen können. Wie bereits oben bemerkt, unterliegen auch die externen Problemlöser einer lokalen Suche nach Lösungen. Doch da ihre Domäne und ihr Vorverständnis häufig ein anderes ist, ist ihre Herangehensweise häufig komplett anders - und hoch innovativ.

Offenheit und Zugang zu Informationen über Probleme über disziplinäre Grenzen hinaus scheinen so eine wesentliche Voraussetzung für wissenschaftlichen Fortschritt zu sein. Hinter unserer Vorstellung von interaktiver Wertschöpfung als Methode, effizient und effektiv Zugang zu Lösungsinformation bereitzustellen, steht deshalb diese offene Ausschreibung von Problemen an ein großes Netzwerk von Akteuren, die dem Unternehmen vorher nicht bekannt sind. Die Problemlöser suchen sich ihre Aufgabe selbst und bekommen diese nicht zugeteilt (in der Hierarchie) oder werden mit der Lösung beauftragt. Dieses Organisationsprinzip betrachten wir ausführlicher im folgenden Abschnitt.

## 3.3.5 "Commons-based Peer Production" und Crowdsourcing als Organisationsprinzip

Die Notwendigkeit des Transfers von Bedürfnis- und Lösungsinformation und die durch die "stickiness" dieser Informationen begründeten Probleme bzw. Kosten dieses Transfers haben gezeigt, warum grundsätzlich eine neue Organisation der Arbeitsteilung sinnvoll sein kann. Im Folgenden wollen wir Möglichkeiten neuer Organisationsformen für die Arbeitsteilung zwischen Anbieter und Kunden einerseits und Anbietern und externen Experten andererseits betrachten. Grundlage dieser Betrachtung ist das Modell der "**Commons-Based Peer Production**" von Benkler (2002, 2006).

**Open-Source-Software-Produktion als Modell einer neuen Organisation der Wertschöpfung**

In den klassischen Modellen wird Wertschöpfung durch Individuen entweder als Angestellte in einem Unternehmen (gesteuert durch die Anweisungen von Vorgesetzten) oder als Akteure auf Märkten (gesteuert durch Preise) vollzogen. Daneben gibt es kooperative Zwischenformen dieser Modelle (Coase 1937; Williamson 1985). Benkler jedoch beobachtet eine **verteilte Wissensproduktion im Internet**, die mit diesen klassischen Koordinationsmechanismen der Arbeitsteilung nicht vereinbar scheint. Im Internet sind heute in einer Vielzahl von Projekten Nutzer mit der gemeinsamen Produktion und Weiterentwicklung von Wissen und Informationsprodukten beschäftigt. Die Entwicklung von **Open Source Software** ist die wohl populärste Bewegung dieser Art (siehe Abschnitt 4.5.4). Hierbei werden eine große Anzahl von Nutzern in einer Vielzahl von Aktivitäten tätig, angefangen von der Definition eines Problems über dessen Ausschreibung in einer Community, der Bereitstellung einer Lösung dieses Problems, dem Testen und De-Bugging dieser Lösung und schließlich ihrer Verbreitung und Dokumentation. Das zentrale Organisationsprinzip von Open Source Software ist, dass die Ergebnisse der gemeinsamen Entwicklungsarbeit frei und ohne die traditionellen Restriktionen zum Kopieren und Nutzen proprietärer Software verfügbar sind. Niemand besitzt die Software in einem traditionellen Verständnis oder kontrolliert ihre Verwendung. Das Ergebnis ist eine lebhafte, engagierte und hoch-produktive Form der Zusammenarbeit, wobei die Beteiligten nicht in Hierarchien organisiert sind und ihre Projektbeteiligung auch nicht an Preissignalen ausrichten.

Benkler (2006) strukturiert drei beispielhafte Typen von Aktivitäten bzw. Ansatzpunkten:

- **Generation of Content**, z. B. die Identifikation von Marskratern auf einer NASA-Website oder die Erstellung eines neuen Beitrags bei Wikipedia;

- **Accreditation/Determination of Relevance**, z. B. Buchkritiken bei Amazon oder Prüfung von Internet-Links für eine öffentliche Suchmaschine sowie

- **Value-added Distribution**, z. B. Korrekturen und Fehlerbeseitigung in öffentlichen Enzyklopädien wie Wikipedia oder das Gutenberg-Projekt.

Diesen Phänomenen ist gemein, dass sich die Wertschöpfung in der "Informations-sphäre" abspielt und im Wesentlichen ohne klassische Eigentumsrechte, Verträge oder hierarchische Organisationsstrukturen auskommt. Benkler argumentiert, dass hier ein **völlig neues** Wertschöpfungsmodell entsteht, welches unter geeigneten Bedingungen einen systematischen Vorteil gegenüber den klassischen hierarchischen, hybriden oder marktlichen Formen hat, die sich primär auf eine formale Koordination durch den Preis- oder Weisungsmechanismus stützen. Der **Begriff "Commons-based Peer Production"** soll dieses Modell von den klassischen Modellen der Kooperation durch Hierarchien und Märkte (Preise) abgrenzen, die auf einer klaren Property-Rights-Verteilung und Verträgen beruhen. Zentrales Charakteristikum der Peer-Production ist, dass Gruppen von Individuen erfolgreich in (oft sehr großen) Projekten zusammen-arbeiten und dabei durch eine **Vielzahl unterschiedlicher Anreize und sozialer Signale** motiviert werden, jedoch eher nicht durch Marktpreise oder Anweisungen eines Vorgesetzen. Ein wesentlicher Mechanismus dieses Modells ist so auch die **Selbstselektion** der an der Wertschöpfung Beteiligten, die effizienter bei der Identifi-kation von beteiligten Wissensträgern und deren Zuordnung zu entsprechenden Wert-schöpfungsaufgaben sein kann (siehe z. B. Schoder / Fischbach 2002; Schoder / Fisch-bach / Schmitt 2005 zu den technischen Aspekten einer Peer-to-Peer-Produktion im Sinne der Wirtschaftsinformatik – ein verwandtes, aber inhaltlich anderes Konzept).

**Vorteile der Commons-based Peer Production gegenüber klassischen Organisations-formen**

Benkler bezieht sein Modell vor allem auf die **Produktion von Information oder "Kulturgütern"** (Musik, Schriften etc.), da hier die notwendigen Produktionsmittel (Kapitalanlagen wie Computer und Kommunikationsmittel) weit verbreitet und nicht an einer Stelle konzentriert sind (wie z. B. in einem Stahlwerk). Zur Produktion dieser Güter ist das Peer-Production-Modell aus **zwei Gründen** besser als die klassische Auf-gabenerfüllung in Hierarchien oder Märkten.

(1) Das Modell ist besser in der Identifikation und Allokation der genau passenden Humankapazitäten (besondere Fähigkeiten einzelner Individuen) zu einzelnen Aufgaben des Informationsproduktionsprozesses. Benkler begründet dies mit den so genannten **"Informationsopportunitätskosten"** ("information opportunity cost"). Es hat geringere Verluste (Opportunitätskosten) als die klassischen Modelle, um aus der Gesamtmenge möglicher Aufgabenträger genau den am besten passenden Akteur zu identifizieren und zur Aufgabenerfüllung zu motivieren. Das Peer-Production-Modell "loses less information about who the best person for a given job might be than do ei-ther of the other two organizational modes" (Benkler 2002: 1). Ein Manager, der eine Aufgabe einem seiner vielen Mitarbeiter zuordnet, nutzt dabei oft nicht alle möglichen

Informationen, ob dieser Mitarbeiter und nicht vielleicht ein anderer der beste Aufgabenträger anhand seiner persönlichen Fähigkeiten und Motivation ist (da diese Information insbesondere bei Nicht-Routine-Aufgaben sehr "sticky" ist). Wird aber eine Aufgabe nicht zugeordnet, sondern "ausgeschrieben", kann ein Akteur diese selbst bewerten und sein eigenes Wissen über seinen Kenntnisstand und seine Motivation nutzen, um zu entscheiden, ob er diese Aufgabe lösen kann oder nicht:

"The idea is that different modes of organizing human activity entail different losses of information relative to an ideal state of perfect information. […] The different strategies differ from each other in their 'lossiness' […] This difference among modes of organizing in terms of the pattern of lossiness is that mode's information opportunity cost" (Benkler 2002: 27).

(2) Weiterhin unterliegt die Effizienz der Aufgabenzuweisung durch Selbstselektion substantiellen **Skaleneffekten durch Spezialisierungseffekte**. Stehen große Gruppen von potenziellen Mitwirkenden einer großen Zahl an Teilaufgaben und Informationsressourcen gegenüber, dann ist es recht wahrscheinlich, dass sich für eine bestimmte Aufgabe ein Akteur findet, der zu ihrer Lösung besonders geeignet (spezialisiert) und/oder motiviert ist und diese Fähigkeiten auch in mehrere Projekte einbringen kann. Wenn dabei auf die Definition von Eigentums- und Verfügungsrechten durch Verträge als Grundlage einer Zusammenarbeit zwischen den Akteuren **verzichtet** wird (siehe hierzu Abschnitt 3.3.5), können durch das Peer-Production-Modell die externen Transaktionskosten der Interaktion beträchtlich gesenkt werden. Die Akteure können selbst entscheiden, welches Problem sie lösen und auf welche (freien) Informationsressourcen sie dabei zurückgreifen, und mit wem sie dabei zusammenarbeiten wollen. Das bedeutet, je mehr potenziell einzubindende Akteure im Hinblick auf eine große Anzahl von Teilaufgaben im Kontext vorhanden sind, desto höher ist die Effizienz dieser Organisationsform im Vergleich zu den konventionellen Organisationsformen (Benkler 2002: 30). Abbildung 3–6 zeigt diese Argumentation in Erweiterung des Modells der Netzwerkökonomie (siehe Abschnitt 2.3).

**Übertragung des Modells auf unsere Konzeption der interaktiven Wertschöpfung**

Genau wie die klassischen Formen Hierarchie und Markt als Extremformen auf einem Kontinuum konventioneller Organisationsformen gesehen werden können, genauso kann auch die Commons-based Peer Production nach Benkler als Extremform einer rein teilnehmerkoordinierten Form der arbeitsteiligen Problemlösung gesehen werden. Unsere Konzeption der interaktiven Wertschöpfung greift stark auf die Ideen Benklers zurück, stellt diese jedoch in Gleichklang mit anderen Organisationsformen, die der klassischen Netzwerkorganisation entsprechen. Unsere Motivation war nicht die Ablösung der Unternehmung durch eine neue Form der Organisation, sondern die Erweiterung der Möglichkeiten, Problemlösung im Unternehmen zu betreiben.

Auch wollen wir unsere Argumentation nicht wie Benkler auf eine **Informationsproduktion beschränken**, sondern auch auf Bereiche ausdehnen, wo wichtige Produktionsmittel zentral an einer Stelle vereint sind und nicht allen Akteuren zur Verfügung stehen. Das heißt, die Ausführung einzelner Teilaufgaben durch die Kunden findet oftmals nicht losgelöst vom Herstellerunternehmen statt, sondern ist

*Abbildung 3–6:* Einsparungen von externen Transaktionskosten in der interaktiven Wertschöpfung

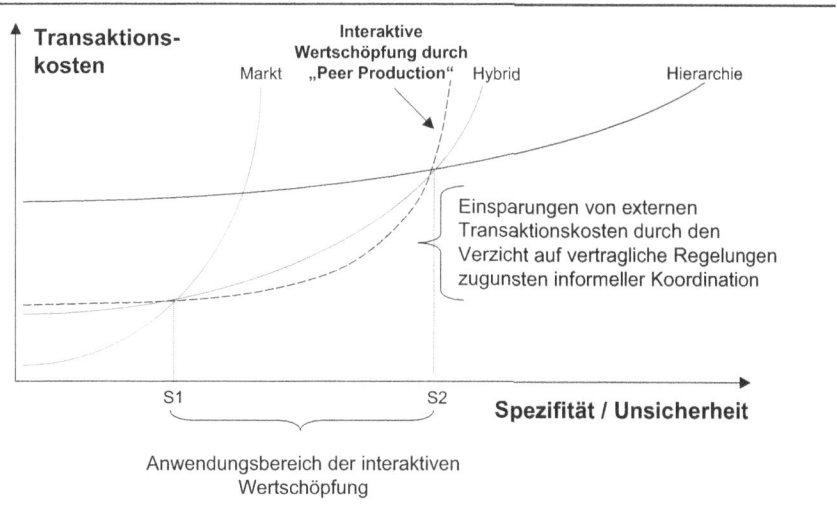

bedingt durch die Bereitstellung von Ressourcen durch das Unternehmen. Obwohl das Modell der "Peer Production" grundsätzlich das Anwendungsspektrum der interaktiven Wertschöpfung erweitert, übernehmen Kunden in den seltensten Fällen die gesamte Wertschöpfung. Von Hippel (2002) spricht in diesen Fällen von so genannten "**User Innovation Networks**", die dem Motto "No Manufacturer required!" folgend die gesamte Wertschöpfung selbstständig und verteilt über zahlreiche User leisten. Dies gilt für komplexe Informationsprodukte wie z. B. Software, kann aber bei Existenz bestimmter Infrastrukturen auch für materielle Güter gelten (Beispiel Kite-Surfing, siehe Kasten 3–1).

In der Regel jedoch wird ein fokales Herstellerunternehmen wie Threadless, Spreadshirt oder Dell bestimmte Bereiche der Wertschöpfung weiterhin intern organisieren und klassisch hierarchisch oder über den Marktmechanismus koordinieren. Bestimmte Bereiche entlang der Wertschöpfungskette können aber kooperativ mit den Kunden und innerhalb dieser Bereiche nach den Prinzipien der Commons-based Peer Production gestaltet werden. Nach Benkler müssen zwei Problembereiche gelöst werden, damit "Peer Production" generell und als Organisationsform für die interaktive Wertschöpfung funktioniert:

■ Das **Motivationsproblem** besagt, dass ausreichende Anreize für die Beteiligten bestehen müssen. Dies bedeutet aber auch, dass die Resultate der gemeinschaftlichen Arbeit für alle Beteiligten nutzenbringend verwertbar sein müssen.

■ Das **Koordinationsproblem** verlangt, dass die einzelnen Teilbeiträge im Unternehmen intern zu einem verwertbaren Gesamtbeitrag integriert werden müssen.

Ob diese Problembereiche im Kontext der interaktiven Wertschöpfung gelöst werden können, hängt von folgenden Bedingungen ab, die ein Anbieterunternehmen zu beeinflussen versuchen kann:

- **Ausreichend große Zahl an Akteuren:** Es muss eine ausreichend große Zahl an Kunden oder Nutzern oder sonstigen Mitwirkenden zur Beteiligung am Problemlösungsprozess gewonnen werden können.

- **Modularität der Teilaufgaben:** Die Wertschöpfungsaufgabe kann in Teilaufgaben zerlegt werden, die eine unabhängige Bearbeitung erlauben, so dass sich die Wertschöpfung gestaltet als "incremental and asynchronous, pooling the efforts of different people, with different capacities, who are available at different times" (Benkler 2002: 379).

- **Granularität der Teilaufgaben:** Die Teilaufgaben sind im Wesentlichen fein gegliedert und klein im Umfang. Sie haben einen heterogenen Inhalt und Umfang, so dass eine heterogene Kunden- oder Nutzergruppe eine ihren Vorlieben und Fähigkeiten entsprechende Auswahl treffen kann.

- **Niedrige interne Transaktionskosten für die Integration der Teilaufgabe:** Die Integration der Teilaufgaben beinhaltet sowohl die Qualitätskontrolle und Auswahl der einzelnen Beiträge als auch die Kombination der Teilergebnisse zu einem verwertbaren Gesamtergebnis. Diese grundsätzlich neuen Aktivitäten für das Unternehmen verursachen eigene Kosten, die wir mit **internen Transaktionskosten der interaktiven Wertschöpfung** bezeichnen wollen.

Erst durch die neuen IuK-Technologien können die mit der Peer-Production verbundenen Kosten ausreichend reduziert werden. Die Möglichkeit, umfangreiche Wertschöpfungsaufgaben digital abzubilden, erleichtert ihre Modularisierung (Bessen / Maskin 2000). Dabei wird durch das Internet die notwendige Transparenz erreicht, die für eine Zuordnung der externen Akteure zu den Teilaufgaben durch Selbstselektion entsprechend ihrer Motivation und Fähigkeiten notwendig ist (Benkler 2002). Die Interaktion kann zudem in der sozialen Sphäre, d. h. in der Vernetzung der Beitragenden untereinander in virtuellen Communities, erfolgen.

Eine aktuelle Interpretation dieser erweiterten und übertragenen Idee von Interaktiver Wertschöpfung ist der Begriff **Crowdsourcing**. Der amerikanische Journalist Jeff Howe veröffentlichte 2006, kurz nach Erscheinen der ersten Auflage unseres Buches einen gleichnamigen Beitrag in der der Zeitschrift WIRED, in der er die Prinzipien der Commons-based Peer Production von der Open-Source-Domäne auf andere Bereiche überträgt (siehe Kasten 3–4): siehe auch Howe 2008.

**Voraussetzungen für den Erfolg einer interaktiven Wertschöpfung nach dem "Commons-based Peer Production"-Modell**

Je mehr ein Unternehmen Modularität und Granularität der Teilaufgaben gewährleistet, die an den Kunden übertragen werden sollen, desto besser wird das Problem der notwendigen Anreize für die Kunden gelöst. Detaillierte Überlegungen zum notwendigen Kundennutzen werden in Abschnitt 3.4 angestellt. Dazu gehört auch die **Überwindung der Vorstellung**, an den Ergebnissen der Wertschöpfung **strikte**

---

**Kasten 3–4:**     *The Rise of Crowdsourcing*

---

*(Quelle: Auszüge aus dem originären Artikel von Jeff Howe, "The Rise of Crowdsourcing", Wired, 14 (2006) 6 (online unter http://www.wired.com/wired/archive/14.06/crowds_pr.html), der den Begriff Crowdsourcing prägte).*

(...) Welcome to the age of the crowd. Just as distributed computing projects like UC Berkeley's SETI@home have tapped the unused processing power of millions of individual computers, so distributed labor networks are using the Internet to exploit the spare processing power of millions of human brains. The open source software movement proved that a network of passionate, geeky volunteers could write code just as well as the highly paid developers at Microsoft or Sun Microsystems. Wikipedia showed that the model could be used to create a sprawling and surprisingly comprehensive online encyclopedia. And companies like eBay and MySpace have built profitable businesses that couldn't exist without the contributions of users.

All these companies grew up in the Internet age and were designed to take advantage of the networked world. But now the productive potential of millions of plugged-in enthusiasts is attracting the attention of old-line businesses, too. For the last decade or so, companies have been looking overseas, to India or China, for cheap labor. But now it doesn't matter where the laborers are - they might be down the block, they might be in Indonesia - as long as they are connected to the network. Technological advances in everything from product design software to digital video cameras are breaking down the cost barriers that once separated amateurs from professionals. Hobbyists, part-timers, and dabblers suddenly have a market for their efforts, as smart companies in industries as disparate as pharmaceuticals and television discover ways to tap the latent talent of the crowd. The labor isn't always free, but it costs a lot less than paying traditional employees. It's not outsourcing; it's crowdsourcing.

(...) It's not a bad deal for the companies that can turn to the crowd to help curb the rising cost of corporate research. "Everyone I talk to is facing a similar issue in regards to R&D," says Larry Huston, Procter & Gamble's vice president of innovation and knowledge. "Every year research budgets increase at a faster rate than sales. The current R&D model is broken." Huston has presided over a remarkable about-face at P&G, a company whose corporate culture was once so insular it became known as "the Kremlin on the Ohio." By 2000, the company's research costs were climbing, while sales remained flat. The stock price fell by more than half, and Huston led an effort to reinvent the way the company came up with new products. Rather than cut P&G's sizable in-house R&D department (which currently employs 9,000 people), he decided to change the way they worked. Seeing that the company's most successful products were a result of collaboration between different divisions, Huston figured that even more cross-pollination would be a good thing. Meanwhile, P&G had set a goal of increasing the number of innovations acquired from outside its walls from 15 percent to 50 percent. Six years later, critical components of more than 35 percent of the company's initiatives were generated outside P&G. As a result, Huston says, R&D productivity is up 60 percent, and the stock has returned to five-year highs. "It has changed how we define the organization," he says. "We have 9,000 people on our R&D staff and up to 1.5 million researchers working through our external networks. The line between the two is hard to draw." P&G is one of InnoCentive's earliest and best customers, but the company works with other crowdsourcing networks as well. YourEncore, for example, allows companies to find and hire retired scientists for one-off assignments. NineSigma is an online marketplace for innovations, matching seeker companies with solvers in a marketplace similar to InnoCentive. "People mistake this for outsourcing, which it most definitely is not," Huston says. "Outsourcing is when I hire someone to perform a service and they do it and that's the end of the relationship. That's not much different from the way employment has worked throughout the ages. We're talking about bringing people in from

---

---

outside and involving them in this broadly creative, collaborative process. That's a whole new paradigm."

(...) Amazon Mechanical Turk is a Web-based marketplace that helps companies find people to perform tasks computers are generally lousy at - identifying items in a photograph, skimming real estate documents to find identifying information, writing short product descriptions, transcribing podcasts. Amazon calls the tasks HITs (human intelligence tasks); they're designed to require very little time, and consequently they offer very little compensation - most from a few cents to a few dollars. ... It's crowdsourcing for the masses. So far, the program has a mixed track record: After an initial burst of activity, the amount of work available from requesters - companies offering work on the site - has dropped significantly. "It's gotten a little gimpy," says Alan Hatcher, founder of Turker Nation, a community forum. "No one's come up with the killer app yet." And not all of the Turkers are human: Some would-be workers use software as a shortcut to complete the tasks, but the quality suffers. "I think half of the people signed up are trying to pull a scam," says one requester who asked not to be identified. "There really needs to be a way to kick people off the island." ... A few companies, however, are already taking full advantage of the Turkers. Sunny Gupta runs a software company called iConclude just outside Seattle. The firm creates programs that streamline tech support tasks for large companies, like Alaska Airlines. The basic unit of iConclude's product is the repair flow, a set of steps a tech support worker should take to resolve a problem. Most problems that iConclude's software addresses aren't complicated or time-consuming, Gupta explains. But only people with experience in Java and Microsoft systems have the knowledge required to write these repair flows. Finding and hiring them is a big and expensive challenge. "We had been outsourcing the writing of our repair flows to a firm in Boise, Idaho," he says from a small office overlooking a Tully's Coffee. "We were paying $2,000 for each one." As soon as Gupta heard about Mechanical Turk, he suspected he could use it to find people with the sort of tech support background he needed. After a couple of test runs, iConclude was able to identify about 80 qualified Turkers, all of whom were eager to work on iConclude's HITs. "Two of them had quit their jobs to raise their kids," Gupta says. "They might have been making six figures in their previous lives, but now they were happy just to put their skills to some use." Gupta turns his laptop around to show me a flowchart on his screen. "This is what we were paying $2,000 for. But this one," he says, "was authored by one of our Turkers." I ask how much he paid. His answer: "Five dollars."

---

**Property-Rights** anzumelden. Denn gerade die freie Verfügbarkeit von Wissen und der breite Zugriff auf vorhandene Wissensressourcen sind ein wesentlicher Wirkungsmechanismus und Anreiz der Peer-Production. Wir werden diesen Aspekt im kommenden Abschnitt 3.3.5 noch näher betrachten - liegt doch in der **Ökonomie der Informations- und Wissensproduktion** ein weiteres wesentliches Grundprinzip der Organisation der interaktiven Wertschöpfung.

Eine weitere Erfolgsvoraussetzung der interaktiven Wertschöpfung ist, wie effizient ein Unternehmen die Aufgabe der Re-Integration der Teilaufgaben löst (siehe hierzu Abschnitt 3.7). Mittel dazu ist der Aufbau entsprechender "**Interaktionskompetenz**", die wir in Abschnitt 3.6 vertiefend betrachten werden. Doch auch dem Aufbau dieser Kompetenzen sind inhaltliche und finanzielle Grenzen gesetzt. Deshalb wird das Modell der Commons-based Peer Production nicht für alle Wertschöpfungsaufgaben eines Unternehmens eine Rolle spielen. Wenn jedoch die genannten Bedingungen erfüllt sind, dann kann dieses Modell einen hoch effizienten und leistungsfähigen Organisationsmechanismus zur Verfügung stellen, der die konventionellen Organisationsmechanismen Markt und Hierarchie ersetzt. Diese Frage stellt sich auch der amerikanische Journalist **Eric Schonfeld** in seinem in Kasten 3–5 auszugsweise abgedruckten Beitrag, der die Argumentation dieses Abschnitts mit weiteren Beispielen abrundet.

---

*Kasten 3–5:*    *Could The Culture of Participation Threaten The Existence of The Firm?*

---

*(Quelle: Auszug aus dem Posting "The Economics of Peer Production" von Erick Schonfeld im Blog B2day vom 30. September 2005)*

(…) Peer production is part and parcel of what I call the *culture of participation* – that is, the explosion of user-generated goods (mostly digital), including open source software, the Wikipedia online encyclopedia, blogs, podcasts, and photo-sharing sites like Flickr. Just as companies and markets coordinate economic activity (through management control and contracts, respectively), the Web allows individual producers and consumers to swarm together with like-minded individuals to create complex products. It also allows them to easily find an audience to test, use, and provide feedback on the content and products they create. Either way, peer production in some cases threatens to decimate the information advantage of companies and markets. (…) In peer production it gets communicated directly between producers and is stored on the Web. Since peer production is not primarily driven by the profit motive, it threatens to destroy profits in those areas where it can effectively compete. If consumers are using peer-produced goods and content, many times it's at the expense of company-produced goods. So even if the peer producers are not making any money, they are potentially taking away sales and market share from companies. Witness what Linux has done to Sun Microsystems.

(…) Peer production takes specialization down to the next level – that of the individual, rather than the business unit. Umair Haque, a management consultant and author of the blog Bubble Generation, explains: "You can only specialize in a firm to whatever degree it costs to coordinate you. Now what is happening with peer production is that it is a self-coordinating thing." Take Wikipedia as an example. There are more than 1.8 million articles on Wikipedia. Since it is a group blog (also known as a wiki), anyone can write a new entry or edit an existing one. If you are an expert in, say, quantum mechanics, you can contribute the two sentences of knowledge that you know best to the entry. This allows people to specialize in a way that is not economical in the real world. After all, *Encyclopaedia Britannica* cannot farm out a single article to 100 people, but 100 people can contribute to a single article on Wikipedia. (…) But does a peer-produced good like Wikipedia really threaten a firm-produced good like the *Encyclopaedia Britannica*? In other words, is it a better product? Haque says that's the wrong question. "It's not that it is a better product," he maintains. "It's that it is just a little bit worse – but it doesn't cost as much." Wikipedia is more error-prone than the Encyclopaedia Britannica, but it is also easier to correct. For a surprising number of subjects, that makes it good enough for most people – and it's free. Peer production seems to work best with information-based goods, especially those that can be assembled in a modular fashion (like software or an encyclopedia). (…) For this reason we are already seeing the rise of peer-produced publishing (blogs) and radio (podcasts). Video is not far off. And as the cost of fabrication comes down, light manufacturing and one-off physical goods are beginning to lend themselves to peer production as well. How hard would it be for engineers or product designers to find each other on the Web, collaborate to design a product using shared computer-aided design software, and then have it manufactured at a custom fab like eMachineShop.com?

(…) Since there are virtually no transaction costs in peer production (anyone can contribute or consume), it is suddenly viable for millions of potential contributors to review and select the resources, projects, and collaborators they want to work with. Haque maintains that these knowledge pools are the key information-sharing resources for peer-production communities. They act as a collective memory for such communities and make them more productive by storing the most efficient way to transform economic inputs (like those two sentences on quantum mechanics) into finished goods (the collectively written article on quantum mechanics). (...) With Flickr, every time someone tags a photo with keywords (like "Italy," "pool," or "bubbles"), Flickr's knowledge pool increases. The economic inputs are the photo and the tag. The output is Flickr's growing database of searchable photos, which becomes more valuable as more photos are uploaded to it with related tags so that others can more easily find them. Unlike at companies, where decisions about things like software coding and product design are kept private, in peer production all such knowledge is made explicitly public. This creates a feedback loop that can help the community learn to build, design, or code more efficiently and, thus, create better output.

(...) But why do people participate in peer production in the first place? Why do they donate so much time and effort to write their blogs, upload their photos to Flickr, or tag their webpages on del.icio.us? It's certainly not for the money (as nearly any blogger can attest to). Some say it's for the sheer enjoyment of contributing to something you're really interested in. Others point to the ego boost that comes with burnishing your reputation online. I find all of these explanations unsatisfactory. (After all, nobody knows you on Wikipedia. There are no bylines.) Rather, the strongest explanation is also the simplest: It is in people's self-interest to contribute. People participate in peer production because a) it's cheaper than buying the product outright, or b) the product would not be available otherwise. At its best, the final good is the result of a collective intelligence and could never be produced any other way. The peer producers are their own consumers. They get a better product by tapping into the knowledge pool. And they get a product that exactly fits their needs because they help design it (often with minimal effort). How do you compete with that?

### 3.3.6 Organisation der Informations- und Wissensproduktion: Offenheit vs. proprietärer Schutz von Information

Wir wollen in diesem Abschnitt noch einen zentralen Aspekt der interaktiven Wertschöpfung im Sinne der Peer-Production vertiefen: die **Besonderheiten einer Informations- und Wissensproduktion und der Offenlegung der resultierenden Information**. Denn die wesentlichen Güter, die in gemeinsamen Aktivitäten zwischen den Akteuren Hersteller und Kunde ausgetauscht und neu geschaffen werden, sind Information und Wissen.

Wir haben bereits in Abschnitt 2.3 gesehen, dass Märkte als Organisationsform durch neue Informations- und Kommunikationstechnologien effizienter werden – im Sinne einer Annäherung an das neoklassische Ideal perfekter Märkte ohne Informationsasymmetrien. Jedoch stoßen bei der Organisation der interaktiven Informations- und Wissensproduktion auch Märkte und klassische hybride Netzwerkansätze an ihre Grenzen, da sie auf einer formalen (vertraglichen) Definition und Übertragung von Handlungs- und Verfügungsrechten zur Durchsetzung von Eigentum beruhen (siehe Kasten 2–6 zur Property-Rights-Theorie). Dies würde aber bei der geforderten hohen Granularität und Teilung der Aufgaben zu viel zu hohen Transaktionskosten führen. Klassische Schutzrechte geistigen Eigentums sind deshalb bei der interaktiven

Wertschöpfung, aber auch bei einer Informations- und Wissensproduktion im Allgemeinen, nur bedingt **möglich und sinnvoll**.

**Klassische Begründung für die Bedeutung von Schutzrechten für Informationsgüter**

Nehmen wir Patente, ein bekanntes und viel diskutiertes Mittel zur Durchsetzung von **Intellectual Property Rights (IPR)**. Patente wurden lange Zeit in ihrer Funktion in Produktmärkten diskutiert, in denen sie Eigentümern erlauben, das Produkt losgelöst vom zugrunde liegenden intellektuellen Eigentum zu verkaufen. Nach Arrow (1962) sind Patente und ähnliche IPR aber auch notwendig, um Märkte **für** Information und Wissen selbst zu ermöglichen. Er macht dies mit seinem so genannten **Informations-paradoxon** deutlich. Ohne Patente würde die Verhandlung zwischen Eigentümern und potenziellen Interessenten über die Bedingungen des Informationstausches schwierig werden. Wenn der Eigentümer seine Information preisgibt, hat ein Interessent sie bereits umsonst erhalten und braucht sie nicht mehr zu kaufen. Gibt der Eigentümer seine Information nicht preis, ist der Interessent aber zu einer Beurteilung der Information nicht fähig und deshalb nicht zur Zahlung des geforderten Preises bereit. Patente erlauben es den Eigentümern, **Information gegenüber potenziellen Interessenten zu offenbaren**, das **Verwertungsrecht** aber zurückzuhalten. Trotzdem können sich beide Verhandlungspartner auf Basis des offen gelegten Patentes in der Zwischenzeit über die Konditionen eines Informations- und Wissenstransfers einig werden, der auf eine konkrete Anwendung beim interessierten Unternehmen abzielt. Damit schafft die Möglichkeit der Patentierbarkeit überhaupt erst den **Anreiz**, neue wertvolle Informationen (Innovationen) zu produzieren.

**Gründe für eine Problematik von Schutzrechten bei Informationsgütern**

Mandeville (1996) baut auf diesen Gedanken auf, kommt allerdings zu einem etwas differenzierteren Schluss. Patente zum Schutz von intellektuellem Eigentum setzen zwar Anreize für Investition in Forschung- und Entwicklung, jedoch verhindern auch eine Reihe anderer Faktoren, dass technologische Information leicht zu kopieren und von einer Domäne in eine andere zu transferieren ist. Deshalb ist der Marktmechanismus (auf Basis des Preismechanismus sowie klarer Schutz- und Eigentumsrechte) **nicht** unbedingt immer das beste Mittel für einen Informationsaustausch. Mandeville führt drei Faktoren an:

**(1) Mangelnde Knappheit bzw. Rivalität von Informationsgütern:** Nicht zuletzt durch die Digitalisierung und das Internet entstehen neue Möglichkeiten, Informationsprodukte in unbegrenztem Ausmaß zu (re-)produzieren und zu verteilen. Sind Informationen erst einmal in digitalisierter Form verfügbar, können sie zu minimalen Kosten im Überfluss produziert, kopiert, transformiert und versendet werden. Dies kann die Knappheit an Information drastisch reduzieren. Diesen Effekt beschreiben die **Skaleneffekte der Informationsproduktion**, die in Kasten 3–6 näher erklärt sind. Diese Skaleneffekte legen aus Kostengesichtspunkten tendenziell eine hohe Ausbringungsmenge und Verbreitung nahe, sobald eine Information erstmals produziert ist (Zerdick et al. 2001). Hinzu kommt eine **fehlende Rivalität im Konsum**, die es beliebig vielen Menschen erlaubt, eine (Kopie der) Information zu kennen, ohne dass die Informationen aufgebraucht oder andere durch eine Knappheit im Konsum eingeschränkt würden (Picot / Reichwald 1991). Diese Umstände können die Knappheit einer

Information derart verringern, dass ein **Marktpreis unzweckmäßig** erscheint bzw. dass nach ökonomischer Argumentation kein Marktpreis erhoben werden sollte. Die neo-klassische Faustregel für einen effizienten Marktmechanismus, bei dem der **Preis den Grenzkosten entspricht**, impliziert sogar ein Verschenken digitaler Informationsgüter.

---

*Kasten 3–6:    Skaleneffekte der Informationsproduktion*

Dem Ertragsgesetz folgend wird für Sachgüter üblicherweise ein U-förmiger Grenzkostenverlauf angenommen, d. h. die Kosten für eine zusätzlich produzierte Einheit sinken zunächst, steigen jedoch ab einer bestimmten Ausbringungsmenge wieder an (siehe Kasten 2–2). Die Durchschnittskosten verlaufen dementsprechend auch U-förmig und schneiden die Grenzkosten in ihrem Minimum. Hier liegt die für den Produzenten optimale Ausbringungsmenge, deren Über-schreitung mit wieder steigenden Grenzkosten verbunden ist. Durch eine Steigerung der Ausbringungsmenge können Unternehmen also zunächst ihre Stückkosten senken bzw. Skaleneffekte erzielen. Aufgrund des Kostenverlaufs und anderer Faktoren, wie einem ansteigen-den Koordinationsaufwand mit steigender Unternehmensgröße, sind sie jedoch limitiert.

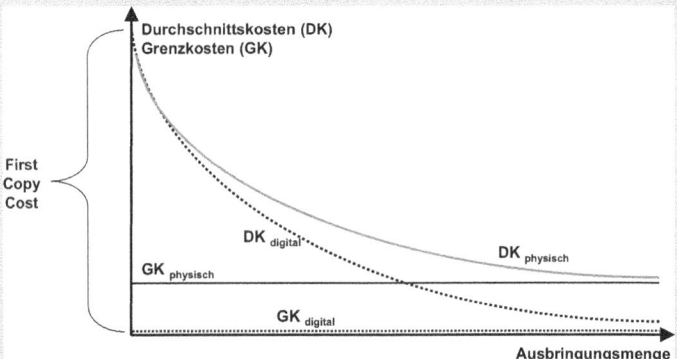

Abbildung: Skaleneffekte bei der Produktion digitaler Informationsgüter

Im Gegensatz dazu gibt es bei der digitalen Produktion von Information keine limitierenden Faktoren. Für die erste Kopie einer Information fällt ein einmaliger Aufwand an Fixkosten an ("First-Copy-Costs"), der aber in der digitalen Produktion sehr gut skalierbar ist. Die Grenzkosten der fol-genden digitalen Reproduktion und Verbreitung sind vergleichsweise gering, idealisiert gleich Null. Die Skaleneffekte durch Fixkostendegression sind also viel stärker, weil das Verhältnis von fixen Kosten zu Grenzkosten größer ist. Ein Unterschreiten von Grenzkosten nahe Null ist fast nicht möglich, so dass die optimale Ausbringungsmenge sehr hoch, im Grenzfall sogar unendlich ist.

---

**(2) Mangelnde Ausschließbarkeit:** Eine weitere Besonderheit bei Informationsgütern ist, dass der Urheber einer Information andere Akteure, die weder einen Beitrag zur Produktion geleistet noch eine Gegenleistung oder einen Kaufpreis erbracht haben, nicht (bzw. nur zu prohibitiv hohen Transaktionskosten) von Zugang und Nutzung der Information abhalten kann. Genau hier setzt Arrows (1962) Begründung für die Notwendigkeit von Patenten aufgrund des Informationsparadoxons an. Ausschließbarkeit ist gerade bei digitaler Informationsproduktion problematisch. Dies verdeutlicht bspw. der Umstand, dass der Käufer eines Informationsgutes immer nur eine digitale Kopie erhält, das "Original" jedoch im Besitz des Verkäufers bleibt. Der Käufer wiederum kann Kopien der Kopie an viele andere (nicht berechtigte) Konsumenten weitergeben.

Allgemein bestimmt sich der **Wert eines Gutes** für einen Akteur nicht nur aufgrund seiner Eigenschaften, sondern auch durch seine Knappheit und die ausübbaren Handlungs- und Verfügungsrechte. Können die Handlungs- und Verfügungsrechte nicht vollständig einem Akteur zugeordnet werden oder werden sie gleichzeitig von mehreren Akteuren getragen (Situation so genannter "verdünnter" Property Rights) verursachen die Handlungen eines Akteurs **Externalitäten**, d. h. positive oder negative Nutzenveränderungen, die unkompensiert bleiben, weil eine Internalisierung durch Verträge oder Marktpreise an zu hohen Transaktionskosten scheitert (Coase 1960). Entweder verursacht ein Akteur durch sein Handeln soziale Kosten, die höher sind als seine eigenen zu tragenden Kosten **(negative Externalitäten)**, oder er schafft einen sozialen Nutzen, der höher ist als sein eigener Nutzen **(positive Externalitäten)**. Klassische Koordinationsmechanismen des Leistungsaustauschs beruhen deshalb auf der Ausschließbarkeit nicht berechtigter Akteure. Das Ausschlussprinzip des Property-Rights-Ansatz fordert klar zugeordnete Handlungs- und Verfügungsrechte (Property-Rights) an einem auf einem Markt transferierten Gut unter Inkaufnahme von Transaktionskosten bspw. durch Verträge. Innerhalb von Unternehmen kann die Übertragung von Verfügungsrechten auch durch andere Institutionen wie z. B. Weisung oder organisatorische Regelungen erfolgen (Picot / Dietl / Franck 2005).

---

*Abbildung 3–7:* *Gütertypologie (in Anlehnung an Hess / Ostrom 2003)*

---

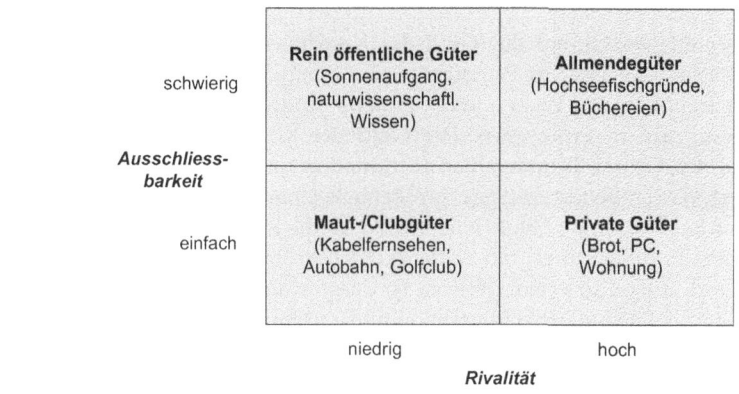

---

Bei Informationsgütern aber fehlt, wie zuvor argumentiert, diese Ausschließbarkeit. Zusammen mit der mangelnden Rivalität wird Information deshalb häufig als **öffentliches Gut** charakterisiert (z. B. Arrow 1962; Ludwig 1998). Öffentliche Güter sind Güter, von deren Nutzung niemand (zu vertretbaren Kosten) ausgeschlossen werden kann (Abbildung 3–7). Produzenten von Information müssen positive Externalitäten in Kauf nehmen, weil auch Akteure Zugang erhalten können, die nicht zur Produktion beigetragen oder eine Gegenleistung entrichtet haben. Die verbleibenden Anreize können dadurch so gering werden, dass die Information gar nicht erst produziert wird. Hardin (1968) spricht in diesem Zusammenhang von der "**Tragödie der Allmende**", die im Fall der Nicht-Rivalität in der Nutzung von Information, primär in der Gefahr der Unterversorgung als der Übernutzung liegt. Einen Ausweg aus der "Tragödie der Allmende" bei der Erstellung öffentlicher Güter scheinen nur die **Einführung zentraler Steuerungs- und Sanktionierungsinstanzen** oder die **Etablierung von Eigentumsrechten** zu bieten.

**(3) Unterscheidung von implizitem und explizitem Wissen:** Eine weitere elementare Eigenschaft von Wissen, welche die Eignung für einen marktlichen Tausch beeinflusst, ist der **Grad der Kodifizierung** von Wissen (Mandeville 1996). Dies lässt sich durch die Unterscheidung zwischen **explizitem** und **implizitem Wissen** veranschaulichen, wie in Abbildung 3–8 dargestellt (Polanyi 1958). Grundlage des Wissens sind **Informationen**, bestehend aus Daten, Zeichen und Signalen. Einige der relevanten Informationen liegen in stark kodifizierter Form vor, z. B. weil sie expliziter Bestandteil von Maschinen, Blaupausen, Fachartikeln oder Patenten sind. Kodifiziertes Wissen in dokumentierter und vielfach auch publizierter Form ist **explizites Wissen**. Es kann beliebig vervielfacht, versandt und gespeichert werden. Aber oftmals liegt relevantes Wissen in deutlich weniger kodifizierter Form vor, z. B. ausgereifte Ideen, unartikuliertes Wissen über Arbeitsvorgänge oder Erfahrungswissen. Dieses **implizite Wissen** ("tacit knowledge") hat eine persönliche Qualität, durch die es nur schwer formalisierbar und vermittelbar ist. Es ist verborgenes, nicht artikulierbares Wissen. Zudem ist es stark mit Handlungen, Verpflichtungen und Mitwirkungen des spezifischen Kontextes verknüpft – und ist damit oft "**sticky**" im Sinne des Konzepts von von Hippel (1994) (siehe Abschnitt 3.3.3; **Hinweis:** von Hippel differenziert **nicht** zwischen 'Information' und 'Wissen', meint aber eher Wissen in unserer Definition).

Nach Mandeville (1996) nimmt der **Grad der Kodifizierung** von Wissen im Wertschöpfungsprozess zu: Wissen im Prototypen einer Maschine ist kodifizierter als in der Entwicklungszeichnung, das Wissen in der in Serie produzierten Maschine ist wiederum kodifizierter als im Prototypen. Der Grad der Kodifizierung beeinflusst den **Aufwand und die Art des Transfers von Information und Wissen**. Für den Transfer von implizitem Wissen bedarf es bspw. größtenteils einer persönlichen Kommunikation oder "Learning by doing". Folglich nehmen auch die Kosten für den Wissenstransfer bei niedrigem Kodifizierungsgrad zu. Marktliche Austauschprozesse scheitern tendenziell bei stark unkodifiziertem Wissen, so dass es anderer Organisationsformen bedarf, die eher auf eine intensive Interaktion und Zusammenarbeit hinauslaufen.

**Übertragung auf die Offenlegung von Information bei interaktiver Wertschöpfung**

Als Zwischenfazit lässt sich deshalb festhalten, dass eine Reihe von generellen Gründen, die aus den Besonderheiten des Guts Information bzw. Wissen abgeleitet sind, gegen die Eignung starrer und klar zugeordneter Schutzrechte und der Nutzung des Marktmechanismus zu ihrer Übertragung sprechen. Wir argumentieren, dass diese Argumente sogar noch verstärkt im Rahmen einer interaktiven Wertschöpfung gelten, da, aus einer Informations- und Wissensperspektive, Wertschöpfung als kumulativer und kollektiver Prozess darstellt wird. Interaktive Wertschöpfung ist kumulativ, da sie auf bisher verfügbarem Wissen aufbaut, und kollektiv, da sie die Interaktion mit einer Vielzahl von Akteuren zum Transfer dieses Wissens notwendig macht. Diese Interaktion für den Wissenstransfer lässt sich nur zu einem sehr geringen Teil auf der Basis von Preismechanismus und Eigentum organisieren.

Jedoch kann die vorherige Argumentation auch ein wesentliches Problem begründen, das gegen die Funktionsfähigkeit der Commons-based Peer Production sprechen würde: Auch im Falle der Informationsproduktion durch Kunden im Internet muss der Frage nach der **Überwindung einer "Tragödie der Allmende"** und nach ausreichenden

---

**Abbildung 3–8:** *Das Kontinuum zwischen implizitem und explizitem Wissen (in Anlehnung an Frost 2005: 157)*

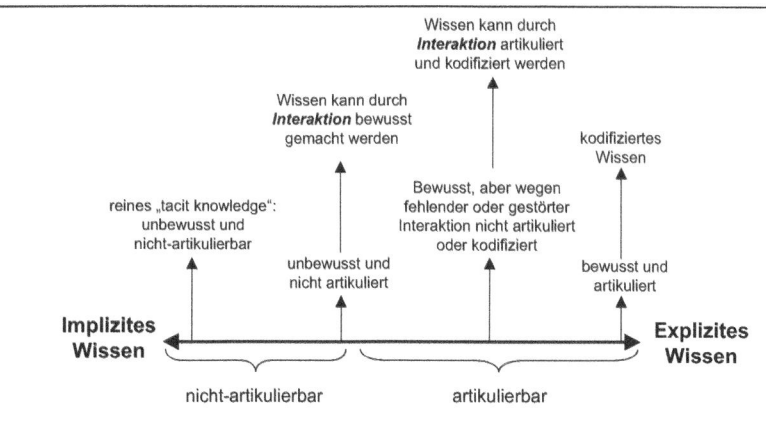

---

Anreizen nachgegangen werden. Gerade im Internet können auch diejenigen Kunden und Unternehmen von frei zugänglichen Informationen profitieren, die nicht zur Produktion im Sinne eines interaktiven Problemlösungs- und Austauschprozesses beigetragen haben (**"Trittbrettfahrer"**). Engagieren sich deshalb zu wenige Akteure bei der Produktion, so kann die Produktion ganz ausbleiben.

Die Praxis zeigt allerdings, dass dieses "soziale Dilemma" (Osterloh / Kuster / Rota 2002) trotzdem gelöst werden kann. **Open Source Software** (siehe Abschnitt 4.5.4) stellt ein **öffentliches Informationsgut** dar, dessen Programmiercode frei zugänglich und dessen Nutzung kostenlos ist. Für Open Source Software besteht wegen der Nicht-Rivalität im Konsum zwar keine Gefahr der Übernutzung, in der Regel aber die Gefahr der Unterversorgung, d. h. der Programmierung des Codes. Es könnte nämlich ein Anreizproblem bestehen, weil nicht der gesamte Nutzen der Software an die Programmierer fällt. Denn die Software kann auch von denjenigen genutzt werden, die nicht zur Programmierung beigetragen haben und einen Marktpreis ja nicht zahlen müssen. Die Programmierer sind also Produzenten, und die Nicht-Programmierer die Empfänger positiver Externalitäten. **NASA Clickworkers** (Freiwillige klassifizieren Krater auf dem Mars) oder die **Wikipedia-Enzyklopädie**, die aus den Beiträgen von tausenden Freiwilligen besteht, sind weitere Beispiele für solche öffentlichen Informationsgüter, die sich aus den aktiven Beiträgen vieler Akteure zusammensetzen (siehe auch die Beispiele in Kasten 3–5).

Diese Projekte haben gemeinsam, dass es sich um eine freiwillige und kollektive Informationsproduktion und -verbreitung mit dem Resultat eines öffentlichen Guts unter weitgehendem Verzicht der Beitragenden auf private Eigentums- und Verfügungsrechte handelt. Dennoch existieren sie in der Praxis - auch wenn sie klassische Theorien in Frage stellen. Die Teilnehmer lassen sich nicht durch Externalitäten von ihrer Mitwirkung abschrecken. Dies ist ein starker Indikator für das Vorhandensein **anderer Anreize** für ihren Problemlösungsbeitrag, den die klassische Diskussion um Schutz- und Verfügungsrechte nicht abdeckt. Unter der ökonomischen Annahme eines **zielgerichteten Verhaltens** der Akteure scheinen deshalb Bedingungen zu herrschen, in denen der Nutzen aus der Beteiligung an dieser Art der Wertschöpfung die Kosten der Akteure übersteigt. Was genau dieser Nutzen ist, wird Abschnitt 3.4 näher diskutiert.

### Einmalige fixe Produktionskosten der interaktiven Wertschöpfung

Greifen wir noch einen anderen Aspekt der oben angesprochenen Besonderheiten der Informationsproduktion auf: Die **einmalig fixen Produktionskosten** sind im Vergleich zu den Verbreitungskosten sehr hoch (**"First-Copy-Costs"**). Diese einmaligen Produktionskosten existieren auch bei einer interaktiven Wertschöpfung. Beispiele sind Interaktionsplattformen, auf denen sich die Beitragenden austauschen (Denken Sie an die Entwicklungsplattform, die im Kite-Surfing-Beispiel notwendig war. Oder die Web-Site von Threadless.com, ohne die das Design und die Bewertung der T-Shirts durch die Kunden nicht einfach möglich wären). Im Rahmen einer interaktiven Wertschöpfung zwischen einem Hersteller und seinen Kunden ist es oft Aufgabe des Herstellers, diese Produktionskosten zu übernehmen und allen Beteiligten zur Verfügung zu stellen (oder aber besonders motivierte Nutzer übernehmen diese Investitionskosten). Diese Investition

---

*Kasten 3–7:*     *Literaturempfehlungen zu den Prinzipien der Arbeitsteilung und*
                        *Organisation der interaktiven Wertschöpfung*

- Benkler, Yochai (2002). Coase's Penguin, or: Linux and the nature of the firm. The Yale Law Journal, 112 (2002): 369-446 (Online-Publikation unter www.benkler.org/Coases Penguin.html). Alternativ bietet sich auch Benklers ausführliches Buch "The Wealth of Networks" (2006) an.

- Ramirez, Rafael (1999). Value co-production: intellectual origins and Implications for practice and research. Strategic Management Journal, 20 (1999) 1: 49-65.

- Wikström, Solveig (1996). Value creation by company-consumer interaction. Journal of Marketing Management, 12 (1996): 359-374.

signalisiert allen potenziellen Beitragenden auch das Commitment des Herstellers (oder Betreibers) in diese Form der Wertschöpfung - und stellt zugleich eine wesentliche Voraussetzung dar, damit die Kosten für die Beitragenden möglichst gering sind. Diese Anfangsinvestitionen sind Bestandteil eines größeren Sets an bestimmten Kompetenzen und Kapazitäten (**"Interaktionskompetenz"**), die ein Anbieterunternehmen besitzen muss, um erfolgreich an der interaktiven Wertschöpfung teilzunehmen.

## 3.4 Interaktive Wertschöpfung aus Kundenperspektive: Free Revealing und Nutzen der Interaktion

Interaktive Wertschöpfung als sozialer Austauschprozess ist nur dann erfolgreich, wenn alle Beteiligten einen angemessenen Nutzen daraus ziehen. Eine interessante Frage stellt sich deshalb insbesondere nach dem **Nutzen der Kunden**, die ihr Wissen beispielsweise in Form von fertigen Prototypen oftmals ohne erkennbare monetäre Gegenleistung preisgeben. Dieses Phänomen wird von Harhoff / Henkel / von Hippel (2003) als **"free revealing"** bezeichnet und ist wie folgt definiert: "[…] granting of access to all interested agents without imposition of any direct payment."

**"Free Revealing" - Kunden erwarten keine Gegenleistung**

Geben Kunden ihr Wissen unter bewusstem Verzicht auf Gegenleistung sowie Eigentums- und Verfügungsrechte weiter, so tragen sie zu einem quasi-öffentlichen Gut bei. Deshalb dürften eigentlich keine gemeinschaftlich hervorgebrachten Wertschöpfungsergebnisse entstehen, für die Kunden ihre Ansprüche ohne erkennbare Gegenleistung abtreten und das Unternehmen der direkte Nutznießer ist. Harhoff, Henkel und von Hippel (2003) nennen aber folgende Gründe dafür, warum Kunden ihr Wissen ohne direkte Gegenleistung an ein Herstellerunternehmen weitergeben. Diese Gründe geben schon einen ersten Einblick in die vielfältigen Anreize (erwarteter Nutzen), die die Kunden im Rahmen der interaktiven Wertschöpfung zur Teilnahme motivieren:

- **Produktnutzung und Verbesserungen:** Kunden können durch die freiwillige Weitergabe profitieren, wenn sie die betreffende Leistung durch die Zusammenarbeit mit einem Unternehmen überhaupt erst oder aber billiger beziehen können als bei der Eigenerstellung. Auch die potenziellen Verbesserungen durch weitere Kunden können für eine Offenlegung ausschlaggebend sein.

- **Netzeffekte und Standards:** Durch die Weitergabe können Kunden die Verbreitung einer Leistung unter den Abnehmern fördern. Aufgrund von (indirekten) Netzeffekten kann das den Wert der Leistung für den Urheber erhöhen, bspw. durch die Herausbildung eines zertifizierten Standards oder eines Markts für komplementäre Leistungen.

- **Niedrige Rivalität:** Kunden sind eher geneigt zur Weitergabe, wenn sie nicht in unmittelbarer Konkurrenzbeziehung zu den anderen Abnehmern stehen, bspw.

aufgrund geographischer Distanz. Das reduziert die Gefahr, dass die Wettbewerber ebenso oder sogar stärker Nutznießer werden können.

■ **Reputation:** Durch die Weitergabe können Kunden ferner eher indirekten Nutzen erfahren, z. B. positive Signale auf dem Arbeitsmarkt, eine verbesserte Beziehung zum jeweiligen Herstellerunternehmen, einen vorteilhaften Ruf unter Kunden sowie abgeleitet den Stolz auf die eigene Leistung.

**"Collective Invention" und "Peer Production" als Erklärung für den Verzicht auf Gegenleistung**

Das Modell der **"Collective Invention"** (Allen 1983) nimmt den Gedanken auf, dass eine freie Weitergabe von Wissen über Produkte insbesondere dann erfolgt, wenn Verbesserungen des Produktes durch andere zu erwarten sind. Die Erwartung dieser Verbesserungen stellt den wesentlichen Anreiz für die Nutzer zur Mitwirkung am gemeinsamen Wertschöpfungsprozess dar. Einige Nutzer werden das Produkt zwar lediglich adoptieren und nachbauen, sobald es frei verfügbar ist. Andere Nutzer aber werden es verbessern und stehen damit ebenfalls vor der Entscheidung über eine freie Weitergabe. Das Modell der "Collective Invention" geht so von einer **Sequenz von Nutzern** aus, die das Produkt inkrementell verbessern, weitergeben und so neue Verbesserungen anstoßen. Jeder kooperative Beteiligte leistet somit einen Beitrag zu einem gemeinsamen Wissenspool, der als öffentliches Gut unter einer marktlichen Institutionalisierung nicht entstehen würde (Abschnitt 3.3.5). **Beispiele** für "Collective Invention" reichen vom Wissenschaftsprozess generell über die Stahlindustrie während der frühen Industrialisierung (Allen 1983) bis hin zu unserem Kite-Surfing-Beispiel in Kasten 3–1 oder der Open-Source-Software-Entwicklung, bei der Entwickler durch die Copyleft-Lizenz sogar zur Weitergabe ihrer Modifikationen verpflichtet sind (von Hippel / von Krogh 2002; siehe auch Abschnitt 4.5.4). Durch die Institution "Collective Invention" sind Wissenstransfers möglich, die unter Marktbedingungen oder unter formal geregelten und stärker institutionalisierten Kooperationsbedingungen nicht stattfinden würden. Im Kontext der interaktiven Wertschöpfung kann ein Unternehmen folglich eine Interaktion mit Kunden auf Basis der Nutzenerwartungen durch Verbesserungen stimulieren. Dafür sollte es den "Collective Invention"-Prozess eventuell durch eine geeignete Plattform unterstützen, jedoch in keinem Fall die Kette freier Weitergaben durch eigenes proprietäres Verhalten (Erwerb und Verfolgung gewerblicher Schutzrechte) durchbrechen.

Einen weiteren Anhaltspunkt zur Ableitung des Nutzens der externen Beitragenden gibt das in Abschnitt 3.3 dargestellte Modell der **"Commons-based Peer Production"**. Dort wird die Problematik tendenziell dadurch gelöst, dass Wertschöpfungsaufgaben soweit wie möglich "modularisiert" und "granularisiert" sind. In dem Maße, wie es Unternehmen gelingt, die betreffenden Wertschöpfungsaufgaben in verschiedene (kleinste) Teilaufgaben zu zerlegen, können sich heterogene Kunden Teilaufgaben entsprechend ihrer Disposition und (intrinsischen) Nutzenerwartung auswählen. Die Problematik des Kundennutzens wird so tendenziell marginalisiert. Wir werden aber in Abschnitt 3.7 zeigen, dass diese "Stellschraube" mit zusätzlichen Kosten erkauft wird.

Dass die interaktive Wertschöpfung generell ohne explizite Gegenleistung für die Kunden erfolgen kann, ist eine optimistische Auffassung, die nicht alle Autoren teilen

(Brockhoff 2005). Viele Erklärungen gehen davon aus, dass Kunden bereits im Vorfeld ein Produkt entwickelt haben und deshalb gar nicht mehr vor der Entscheidung stehen, Aufwand in einen Beitrag zur gemeinsamen Wertschöpfung mit einem Unternehmen zu leisten. Ferner wird häufig davon ausgegangen, dass die Geheimhaltung ohnehin nur für kurze Zeit möglich ist und eine Lizenzierung der Entwicklung keine bedeutenden Ertragsmöglichkeiten aus Sicht der Kunden birgt (von Hippel 2005). Hier bestätigen Ausnahmen die Regel, denn es kommt durchaus vor, dass innovative Kunden zu erfolgreichen Herstellern ihrer eigenen Entwicklung werden (meist aber erst dann, wenn sich ein etablierter Hersteller nicht für ihre Innovation interessiert hat; siehe hierzu Lettl / Herstatt / Gemünden 2004). Wissenschaftliche Beiträge zeigen zu diesem Thema ein uneinheitliches Bild:

- Franke und Piller (2004) zeigen in einer empirischen Untersuchung sogar das Gegenteil: In der Erwartung, dass Kunden ein Produkt erhalten, das ihre Vorstellung besser als ein Standardprodukt erfüllt, sind sie bereit, mehr zu zahlen, obwohl sie im Vorfeld zur Entstehung des Produktes beigetragen haben.

- Dellaert und Syam (2001) zeigen in einem spieltheoretischen Modell, dass Kunden eigentlich **vorab** für den Beitrag zur Wertschöpfung und ihre Interaktionskosten bezahlt werden müssten, weil Unternehmen **nach** Fertigstellung des Produktes keine Anreize mehr zu Preisnachlässen haben (Hold-up-Problem). Im Gegensatz zu dem empirischen Ergebnis von Franke und Piller sind Unternehmen auch im Monopolfall nicht in der Lage, einen höheren Preis zu verlangen, weil Kunden zur Wertschöpfung beigetragen haben.

- Brockhoff (2005) zeigt in einem einfachen spieltheoretischen Modell, dass Transferzahlungen in beide Richtungen denkbar sind. Die Partei, die einen größeren Nutzen aus der interaktiven Wertschöpfung zieht, muss einen Teil dieses Mehrnutzens an die andere Partei abgeben. Die Höhe des aufzuteilenden Gesamtnutzens aus der interaktiven Wertschöpfung ergibt sich in diesem Modell aus (1) dem Nutzenzuwachs für den einzelnen Kunden aus dem neuen Produkt, (2) den (Entwicklungs- und Produktions-)Kosten für die Anpassung des Lösungsraums des Unternehmens sowie (3) den entgangenen bzw. zusätzlichen Gewinnen, die das Unternehmen auf Basis des angepassten Lösungsraums mit anderen Kunden erzielen kann. Eine Transferzahlung des Kunden an das Unternehmen ist denkbar, wenn der Nutzenzuwachs des Kunden größer ist als die Gewinnpotenzialveränderung, verringert um die Anpassungskosten des Unternehmens. Darauf lässt sich der Kunde aber nur ein, wenn der Nutzenzuwachs aus dem neuen Produkt größer ist als die verlangte Transferzahlung (z. B. der Produktaufpreis, den auch Franke und Piller 2004 nachweisen). Eine Transferzahlung des Unternehmens an den Kunden ist erforderlich, wenn die Anpassung des Lösungsraums das Gewinnpotenzial des Unternehmens über die Maßen des Nutzenzuwachses für den einzelnen Kunden erhöht.

**Extrinsischer vs. Intrinsischer Nutzen**

Zukünftige Forschung muss zeigen, ob diese zum Teil widersprüchlichen Ergebnisse auf eine unterschiedliche Berücksichtigung des **intrinsischen Nutzens** im Gegensatz zum extrinsischen Nutzen zurückzuführen sind. **Extrinsischer Nutzen** wird aus dem Ergebnis einer Tätigkeit abgeleitet. Die Tätigkeit wird nicht um ihrer selbst willen ausgeführt, sondern im Hinblick auf eine adäquate Belohnung (Osterloh / Kuster / Rota 2004). In der interaktiven Wertschöpfung ist das entweder die Aussicht auf ein besseres Produkt (d. h. **bessere Erfüllung eines bislang offenen Problems** bzw. unbefriedigten Bedürfnisses) oder aber eine **monetäre Gegenleistung** in Form von Transferzahlungen oder Rabatten. So basiert der offene Aufruf zur Mitwirkung beim Unternehmen **Innocentive** zunächst auf klar extrinsisch-monetären Anreizen: Der Beitragende, der das ausgeschriebene Projekt als erstes und bestes löst, bekommt eine Prämie von durchschnittlich 30.000 US-Dollar. Ebenso werden die beitragenden Designer bei Threadless monetär entlohnt. Sie erhalten aber neben Geld auch eine weitere Form eines extrinsischen Nutzens: Aufmerksamkeit in der Design-Community und damit Aussicht auf zukünftige direkte Aufträge durch ein Unternehmen.

Ein Menschenbild, welches das alleinige Streben nach extrinsischem Nutzen unterstellt, greift jedoch zu kurz. Eine zweite zentrale Nutzenkategorie ist der **intrinsische Nutzen**. Dieser bezieht sich auf die Ausführung einer Tätigkeit selbst. Eine Aktivität wird um ihrer selbst willen geschätzt und auch ohne unmittelbare Gegenleistung ausgeführt. Intrinsischer Nutzen hat zwei Dimensionen (Lindenberg 2001; Osterloh / Kuster / Rota 2004), die sich auf den Kontext der interaktiven Wertschöpfung übertragen lassen:

- **Freude an einer Tätigkeit** (Deci / Koestner / Ryan 1999): Das Interaktionserlebnis als solches ist positiv und nutzenstiftend, wenn es das Gefühl von Spaß, Kompetenz, Exploration und Kreativität vermittelt. Dieses Gefühl berichten beispielsweise viele Beitragende von Innocentive (Lakhani et al. 2007): Sie machen mit, da sie Freude am Lösen chemischer Probleme haben, sich in ihrem eigentlichen Job nicht ausgelastet fühlen oder auch das Gefühl des Wettbewerbs lieben, sich mit Beitragenden aus aller Welt zu messen (siehe Kasten 4–1).

- **Erfüllung von Normen um ihrer selbst willen:** Das Interaktionserlebnis ist nutzenstiftend, wenn die Interaktion mit dem Unternehmen oder anderen Kunden die Erfüllung von sozialen Normen bedingt. Beispiele für eine solche Norm sind z. B. (generalisierte) Reziprozität, Gemeinnützigkeit (Frey / Meier 2002) oder Fairness (Fehr / Schmidt 1999). Fehr und Schmidt (1999) zeigen beispielsweise, dass die Berücksichtigung des Nutzens aus sozialer Normerfüllung ein an materiellen Leistungsbeziehungen gemessenes Gefangenendilemma in ein Koordinationsspiel transformieren kann, in dem dann auch kooperatives Verhalten optimal sein kann.

Wir werden die Nutzenperspektive aus Sicht der externen Beitragenden in den folgenden Teilen des Buchs noch deutlich weiter vertiefen, wenn wir die einzelnen Formen der interaktiven Wertschöpfung, Open Innovation und Produktindividualisierung, näher betrachten (siehe Abschnitte 4.3 und 5.3). Wir können aber schon an dieser Stelle festhalten, dass in Ergänzung zum extrinsischen Nutzen, der in der klassischen Argumentation stets im Vordergrund steht (Entlohnung durch Lohn), auch das **Interaktionserlebnis als intrinsischer Nutzen** von entscheidender Bedeutung für den Erfolg der interaktiven Wertschöpfung sein kann. Dies gilt selbst für den Fall, dass Kunden eigentlich den Kauf eines Produktes anstreben.

## 3.5 Interaktive Wertschöpfung aus Unternehmensperspektive: Differenzierungseffekte und Zugriff auf knappe Ressourcen

Im Folgenden wollen wir auf den Nutzen der interaktiven Wertschöpfung für Unternehmen eingehen. In Abschnitt 3.3 haben wir bereits die **Nutzenpotenziale der interaktiven Wertschöpfung als Organisationsform** aufgezeigt: Wertschöpfungsaufgaben des Unternehmens werden durch die Übertragung auf Kunden und den Wegfall eines kostenintensiven Wissenstransfers effizienter ausgeführt. Ein Unternehmen bekommt besseren Zugang sowohl zu Bedürfnisinformation, um seine Leistungen näher an den tatsächlichen Bedürfnissen der Kunden auszurichten, als auch Zugang zu Lösungsinformation, um diese Bedürfnisse in ein konkretes Produkt oder eine Leistung zu überführen. Da tendenziell auf vertragliche Regelungen verzichtet wird, fallen dabei auch vergleichsweise geringe Transaktionskosten zur Abstimmung an. Diese Effizienzbetrachtung soll um eine Effektivitätsbetrachtung auf Basis der **strategischen Vorteilhaftigkeit** der interaktiven Wertschöpfung aus Unternehmenssicht erweitert werden. Deshalb stellen wir uns die klassische Frage des strategischen Managements (Rumelt / Schendel / Teece 1991): Kann die interaktive Wertschöpfung Erfolgsunterschiede zwischen und insbesondere Wettbewerbsvorteile von Unternehmen im Vergleich zu ihren Mitbewerbern erklären? Für die Erklärung und Gestaltung von Wettbewerbsvorteilen haben sich zwei dominante Ansätze herausgebildet, vor deren Hintergrund im Folgenden die strategische Vorteilhaftigkeit der interaktiven Wertschöpfung herausgearbeitet werden soll: der marktorientierte und der ressourcenorientierte Ansatz des strategischen Managements.

**Eine marktorientierte Strategieperspektive auf die interaktive Wertschöpfung**

Der marktorientierte Ansatz (Porter 1980, 1985, 1996) nimmt eine Outside-in-Perspektive ein und betrachtet die Branchenstruktur und Determinanten der Branchenattraktivität, operationalisiert durch das Gewinn- bzw. Renditepotenzial. Der Ansatz folgt dem so genannten SCP-Modell ("structure-conduct-performance") und versucht, aus der Branchenstruktur (**structure**) und dem strategischen Verhalten (**conduct**) den Erfolg eines Unternehmens in einer Branche zu erklären (**performance**). Wesentliche Determinanten der Brachenattraktivität sind die Anzahl der Wettbewerber und die Verhandlungsmacht der Abnehmer.

In Abschnitt 2.2.3 und 2.3.3 haben wir argumentiert, dass das Gewinnpotenzial für viele Unternehmen wegen der zunehmenden Markttransparenz durch IuK-Technologie, der Individualisierung der Nachfrage sowie das Empowerment der Kunden tendenziell eher sinkt. Deshalb müssen viele Unternehmen ihr strategisches Verhalten ändern. Dazu gehört für viele westliche Unternehmen vor allem die Abwendung von einer strategischen Positionierung als Kostenführer zugunsten einer stärkeren Differenzierung. Hierzu kann die interaktive Wertschöpfung einen wichtigen Beitrag leisten.

Wie in Abschnitt 3.3 dargelegt, zielt eine interaktive Wertschöpfung auf einen besseren Zugang zu Bedürfnisinformationen der Kunden ab, der in diesem Ausmaß durch eine bloße Marktorientierung und Marktforschung nicht realisiert worden wäre. Diese Marktinformation erlaubt als Grundlage einer jeden Differenzierungsstrategie einen besseren "fit-to-market", d. h. höhere Marktakzeptanz, geringeres Floprisiko und bessere Abstimmung der entwickelten Produkte auf die Bedürfnisse der Kunden. Diese Marktinformation kann nun entsprechend der (volkswirtschaftlichen) Unterscheidung in eine vertikale und eine horizontale Produktdifferenzierung auf zwei Ebenen genutzt werden (Cabral 2000; Dellaert / Syam 2001; Meffert / Bruhn 2006):

- Bei **vertikaler Produktdifferenzierung** wird davon ausgegangen, dass alle Kunden eines Marktsegmentes den gleichen Geschmack und gleiche Präferenzen haben. Kunden kaufen ein Produkt ausschließlich aufgrund von objektiv besseren Produkteigenschaften und Qualitätsunterschieden. Bei identischen Preisen bevorzugen alle Kunden dasselbe Produkt, das eine höhere Qualität gegenüber anderen Produkten aufweist. Kunden helfen durch ihren Beitrag zur Wertschöpfung einem Anbieter bei einer vertikalen Produktdifferenzierung, wenn ihr Informationstransfer dem Unternehmen ermöglicht, seinen Lösungsraum um ein Produkt zu erweitern, das aus Sicht aller Kunden eine Verbesserung bzw. einen Nutzenzuwachs darstellt (Dellaert / Syam 2001). Dies entspricht dem Fall der **Open Innovation** (siehe zu diesem Nutzenaspekt ausführlich Abschnitt 4.2.1).

- Im Gegensatz dazu spricht man von **horizontaler Produktdifferenzierung**, wenn die Kunden trotz desselben Preises unterschiedliche Präferenzen für Produkte haben. Unter den Kunden herrscht keine allgemeine Meinung darüber, welches Produkt dem anderen überlegen ist. Kunden ziehen je nach ihren persönlichen Präferenzen Produkte mit bestimmten Merkmalen (Farbe, Größe usw.) anderen Produkten vor. Die Nutzung der Bedürfnisinformation eines einzelnen Kunden trägt genau zu dieser horizontalen Differenzierung bei, wenn im Falle der **Produktindividualisierung** ein Anbieter ein auf die Präferenzen und Vorlieben eines einzelnen Kunden genau abgestimmtes Produkt herstellen kann. Der für diesen einzelnen Kunden entstehende Nutzenzuwachs, entsprechend einer höheren wahrgenommenen **Produktqualität**, äußert sich dann oft durch eine höhere Zahlungsbereitschaft (siehe hierzu ausführlich Abschnitt 5.3.1).

Aus Unternehmenssicht kann der Wert des Beitrags von Kunden zur Wertschöpfung folglich große Unterschiede haben. Ein Wertschöpfungsbeitrag, der Unternehmen zu einer Erweiterung des Lösungsraums verhilft und für alle Kunden einen Nutzenzuwachs birgt, ist oft von deutlich höherem Wert als der Beitrag, der zu einer Konkretisierung oder Anpassung des Lösungsraums führt, um die Bedürfnisse eines einzelnen Kunden zu befriedigen. Doch auch hier handelt es sich um zwei Extreme eines Kontinuums entlang des Innovations- bzw. Neuigkeitsgrades der interaktiv entwickelten Leistung (Brockhoff 2003; Hauschildt / Schlaak 2001). Die interaktive Wertschöpfung zielt darauf ab, auch für tendenziell hohe Innovationsgrade eine breite Marktakzeptanz frühzeitig sicherzustellen.

**Eine ressourcenorientierte Strategieperspektive auf die interaktive Wertschöpfung**

Der **ressourcenorientierte Ansatz** sieht in einer Inside-Out-Perspektive strategisch wertvolle Ressourcen (Fähigkeiten, Kompetenzen oder Routinen) eines Unternehmens als Ausgangspunkt zur Erklärung von Wettbewerbsvorteilen (Barney 1991; Amit / Schoemaker 1993). Der strategische Wert von Ressourcen bestimmt sich vor allem aus ihrem Charakter sowie ihrer **Einzigartigkeit bzw. Seltenheit.** Zur nachhaltigen Sicherung des Ressourcenwerts gewinnen deshalb jene Aspekte für das Unternehmen an Bedeutung, die es gestatten, den Unterschied in der Ressourcenausstattung zu den Wettbewerbern aufrecht zu erhalten ("Kernkompetenzen"). Begünstigt wird dies durch den Umstand, dass Ressourcenaufbau und -nutzung meist intransparente und komplexe Lern- und Wirkungsprozesse im Unternehmen zugrunde liegen, die häufig zu einem gewissen Grad vor Imitation schützen (Dierickx / Cool 1989). Strategisch wichtige Ressourcen lassen sich auch meist nicht auf Märkten beschaffen (Barney 1986). In der Vergangenheit wurden Unternehmen häufig als eigenständige Wertschöpfungseinheiten betrachtet, über deren Ressourcen unternehmensintern verfügt wurde. Interne, unternehmensspezifische Verfahren bildeten die maßgebliche Grundlage zur Entwicklung von Kernkompetenzen. Mit der Ablösung der tayloristischen durch die Netzwerk-Perspektive hat sich dieses Ressourcenverständnis jedoch gewandelt. Unternehmen erlangen Kernkompetenzen demnach nicht nur durch den Aufbau, den Verbund und die Pflege eigener Ressourcen, sondern zunehmend durch den Zugang zu Ressourcen und Kompetenzen ihrer Wertschöpfungspartner. Hierzu zählen klassischerweise die Zulieferer, Entwicklungs- und Vertriebspartner oder Investoren (Bamberger / Wrona 1996). In unserem Konzept der interaktiven Wertschöpfung werden zum einen die **Kunden** bzw. **Information der Kunden** als strategische externe Ressource gesehen, zum anderen aber auch **externe Experten, die Träger spezifischen Lösungswissens** sind.

**Abhängigkeit von der Ressource Kundenwissen**

Die Sichtweise von Kunden als strategische Ressource ist im Dienstleistungsmanagement schon länger verbreitet (z. B. Bateson 1985; Fitzsimmons 1985; Day 1994; Langeard et al. 1981; Meyer / Blümelhuber / Pfeiffer 2000; Plinke 1998) und wird in letzter Zeit von einigen Autoren auch über diesen Bereich hinaus propagiert (Gouthier / Schmid 2001; Grün / Brunner 2003; Prahalad / Ramaswamy 2000; Shankar / Bayus 2003). Die "strategische Ressource Kunde" umfasst dabei nicht nur den Zugang zu deren "sticky information" (bzw. Artefakten, die diese repräsentieren), sondern auch die Beziehung, das Vertrauen und den sozialen Austausch, der im Zuge der Interaktion mit den Kunden aufgebaut wurde. Gerade letzterer Aspekt macht **auch bei Offenlegung der Informationen als quasi-öffentliches Gut eine strategische Verwendung dieser Information möglich,** selbst wenn auch die Konkurrenten Zugriff auf die Information selbst bekommen können. Dazu kommt auch, dass die Verwendung der Information oft auf einen konkreten Lösungsraum eines Unternehmens bezogen ist, der ebenfalls eine schlecht imitierbare Ressource darstellt, da er Ergebnis eines komplexen interaktiven Lern- und Wirkungsprozesses ist.

**Abhängigkeit von externen Experten und Wissensträgern**

Interaktive Wertschöpfung bedeutet aber neben der Integration der Kunden auch, spezifisches Problemlösungspotential externer Experten zu nutzen. Der Zugang zu Lösungsinformation und die Art und Weise, wie diese beschafft und umgesetzt wird, bestimmt die Effizienz der Wertschöpfung. Als Träger von Lösungsinformation wird klassischerweise das Anbieterunternehmen gesehen. Dies ist auch in Bezug auf inkrementelle Innovationen und kontinuierliche Prozessverbesserungen richtig. Diese basieren auf Lern- und Erfahrungskurveneffekten und benötigen ein hohes Maß an firmenspezifischem Wissen. Bei der Entwicklung (radikal) neuer Produkte und Prozesse aber, die aus Sicht der Erzielung nachhaltiger Wettbewerbsvorteile für ein Unternehmen ebenso wichtig sind (Arrow 1962; Schumpeter 1934), kann jedoch oft die Effizienz des eigenen Wertschöpfungssystems gesteigert werden, wenn auf Wissen von außen zurückgegriffen wird. Ziel ist es, die Basis der Lösungsfindung zu erhöhen, indem durch Rekombination vorhandenen Wissens aus verschiedenen Domänen eine bessere Lösung geschaffen wird. Wie wir bereits diskutiert haben, ist die beste Lösung für eine technische Problemstellung im Innovationsprozess oft nicht im Unternehmen selbst oder bei bekannten Netzwerkpartnern vorhanden, sondern kommt aus einer anderen Domäne. Hier liegt das wettbewerbsstrategische Potential begründet, das Wissen externer Problemlöser für das Unternehmen haben kann.

**Theorie der Ressourcenabhängigkeit (Resource Dependence Theory)**

Anbieter, die ihre Kunden und andere externe Akteure als Ressource begreifen, müssen im Hinblick auf eine erfolgreiche Wertschöpfung allerdings komplementäre Kompetenzen zur Interaktion mit diesen Akteuren aufbauen. Dies kann mit der verwandten **Theorie der Ressourcenabhängigkeit (Resource Dependence Theory** nach Pfeffer / Salancik 1978) beschrieben werden. Sie hat für das Verständnis von Interaktionsbeziehungen zwischen Unternehmen und externen Akteuren große Bedeutung. Nach der Resource Dependence Theory hängt die Wettbewerbsfähigkeit eines Unternehmens davon ab, ob es benötigte und knappe Ressourcen aus der Unternehmensumwelt beschaffen kann. Ressourcen können finanzielle Mittel, Personal, Produkte, Macht oder Information und Wissen sein. Die **Abhängigkeit eines Unternehmens** von externen Ressourcen resultiert aus verschiedenen Umständen wie

- der Wichtigkeit der Ressource für den Fortbestand des Unternehmens und seiner operativen Tätigkeit,

- der Stärke des Einflusses, den die externe Interessensgruppe auf die Ressource bzw. ihre Allokation und Verwendung ausübt, oder

- der Existenz alternativer Beschaffungsmöglichkeiten.

In ihrer Abhängigkeit wird den Unternehmen aber nicht eine passive Haltung, sondern eine aktive Gestalterrolle unterstellt. Sie müssen nach Strategien suchen, um die Abhängigkeit zu planen und zu steuern. Dazu schlägt die Resource Dependence Theory vor, die Austauschbeziehungen des Unternehmens durch mehr oder weniger formale Beziehungen zu externen Partnern wie Kunden, Lieferanten oder Distributoren zu strukturieren. Der Aufbau dieser Beziehungen als Maßnahme zur Reduktion der Abhängigkeit läuft auf eine **bewusste Intensivierung** der Koordination und Interaktion zwischen den Geschäftspartnern hinaus (Gruner / Homburg 2000; Zahra / George 2002). Maßnahmen zur Intensivierung der Koordination, die den Zugang zu der kritischen Ressource sicherstellen sollen, werden auch **"Bridging-Strategien"** genannt (Pfeffer / Salancik 1978: 144). Ziel ist es, die Unternehmensgrenzen durchlässiger zu machen und eine informationelle Brücke zu externen Organisationen zu bauen, um den Ressourcenaustausch zu erleichtern. Häufig wählen Unternehmen Bridging-Strategien, um ihre eigene Innovationstätigkeit zu verbessern. Insbesondere Wissen, das innerhalb der eigenen Organisationsgrenzen nicht verfügbar ist, zeigt sich oft als innovationskritische Ressource, so dass Bridging-Strategien auf einen regelmäßigen und wiederholten Wissensaustausch mit den externen Partnern abzielen. Genau dies ist das strategische Ziel der interaktiven Wertschöpfung im Sinne der Resource Dependence Theory. Um allerdings den erfolgreichen Zugriff auf die kritische Ressource Kundenwissen im Rahmen der interaktiven Wertschöpfung durchführen zu können, braucht ein Anbieterunternehmen selbst bestimmte interne Fähigkeiten und Kompetenzen, die als Investitionen zur Verwirklichung der "Bridging-Strategie" aufgefasst werden können. Diese internen Fähigkeiten eines Anbieters, selbst an der interaktiven Wertschöpfung erfolgreich teilzunehmen, nennen wir **Interaktionskompetenz**. Diesen wichtigen Aspekt behandeln wir im folgenden Abschnitt 3.6.

**Interaktion als Erfolgsfaktor im Wettbewerb**

Dass es sich für einen Anbieter lohnt, diese Interaktionskompetenz aufzubauen und in entsprechende Maßnahmen zu investieren, zeigen erste **empirische Studien**, die einen **Nachweis für den (strategischen) Erfolgsbeitrag** von Kundeninteraktion liefern. So zeigen z. B. Gruner und Homburg (2000), dass die Interaktion mit Kunden insbesondere in frühen und späten Phasen Erfolg versprechend ist (Abbildung 3–9, links). Die Erfolgswirkung ist dabei auf die marktbezogene Absicherung von Produktkonzepten, den Test von Prototypen und die Unterstützung bei der Markteinführung zurückzuführen.

Ernst (2001) zeigt ergänzend, dass die Erfolgswirkung insbesondere dann besonders ausgeprägt ist, wenn die interaktive Wertschöpfung einer hohen Marktunsicherheit, Spezifität und Abhängigkeit von Kundenwissen in der Wertschöpfung entgegenwirkt. Darüber hinaus zeigt er aber auch, dass der Zusammenhang zwischen Profitabilität und dem Umfang des Beitrages, den Kunden zur Wertschöpfung leisten, nicht linear ist (Abbildung 3–9, rechts). Es existiert ein optimaler Grad der interaktiven Wertschöpfung. Wird das Optimum überschritten, nimmt die Profitabilität ab. Das deutet darauf hin, dass interaktive Wertschöpfungsprozesse eines umsichtigen Managements bedürfen, um eventuell auch negativen Auswirkungen der interaktiven Wertschöpfung entgegenzuwirken, wie z. B. eine Ablehnung durch die Mitarbeiter ("Not Invented Here"-Syndrom, siehe Howells 1990; Staudt / Bock / Mühlemeyer 1990).

Die Graphen in Abbildung 3–9 zeigen auch, dass die Erfolgswirkung der interaktiven Wertschöpfung durch den Einsatz neuer **IuK-Technologien als "enabling technology"** angehoben werden kann (skizziert in den beiden Abbildungen durch die gestrichelte Linie). So ermöglichen neuartige internetbasierte Instrumente nun auch die Kundenintegration in mittleren Wertschöpfungsphasen wie Konzepttest und Design (Bartl 2005). Mit so genannten Toolkits oder Konfiguratoren (siehe Abschnitte 4.5.2 und 5.4.4) können Produkte gemeinsam mit Kunden virtuell entworfen, modelliert und simuliert werden. Dies bewirkt eine **Verschiebung der U-förmigen Kurve** im Bild von Gruner und Homburg nach oben.

*Abbildung 3–9:* *Interaktive Wertschöpfung und Unternehmenserfolg (modifiziert nach Ernst 2004)*

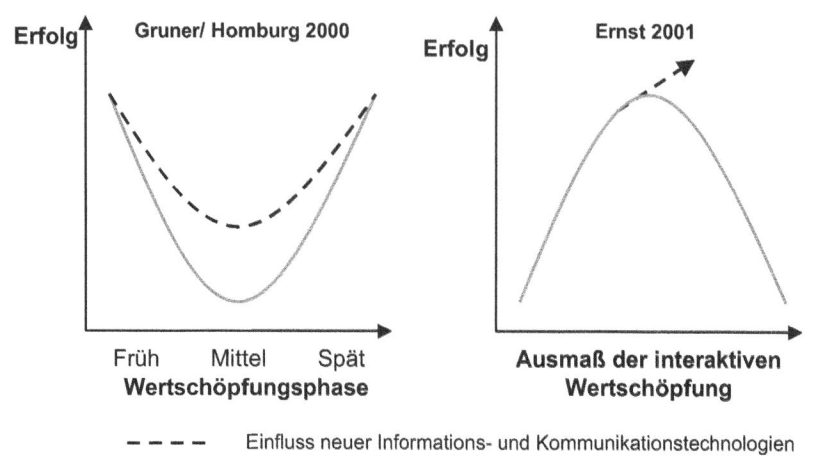

—  —  —  —    Einfluss neuer Informations- und Kommunikationstechnologien

Durch die neuen IuK-Technologien wird die interaktive Wertschöpfung auch insgesamt kontinuierlicher, regelmäßiger und flexibler in Bezug auf Umfang und Ausmaß von Kundenbeiträgen zur Wertschöpfung, verdeutlicht durch einen **längeren Anstieg der Kurve** im Bild von Ernst (Abbildung 3–9, rechts). Die Möglichkeit, umfangreiche Wertschöpfungsaufgaben digital abzubilden, zu modularisieren und in granulare Teilaufgaben zu zerlegen, verbessert die Anwendbarkeit der "Peer Production". Das heißt, die Übertragung komplexer Aufgaben auf eine Vielzahl an Kunden kann unter weitestgehender Vermeidung von Störungen im Ablauf und der Koordination erfolgen

*Kasten 3–8:* *Literaturempfehlungen zu den Wettbewerbsvorteilen durch Interaktive Wertschöpfung*

■ Gouthier, Matthias / Schmid, Stefan (2001). Kunden und Kundenbeziehungen als Ressourcen von Dienstleistungsunternehmen. Die Betriebswirtschaft (DBW), 61 (2001) 2: 223-239.

■ Grün, Oskar / Brunner, Jean-Claude (2003). Wenn der Kunde mit anpackt: Wertschöpfung durch Co-Produktion. Zeitschrift Führung Organisation ZFO, 72 (2003) 2: 87-93.

■ Normann, Richard / Ramirez, Rafael (1993). From value chain to value constellation. Harvard Business Review, 71 (1993) 4 (July / August): 65-77.

■ Prahalad, Coimbatore (CK) / Ramaswamy, Venkatram (2000). Co-opting customer competence. Harvard Business Review, 79 (2000) 1 (January / February): 79-87.

(Bessen / Maskin 2000; Bessen 2002). Dabei wird durch das Internet die Transparenz erreicht, die für eine Zuordnung der Kunden zu den Teilaufgaben durch Selbstselektion entsprechend ihrer Motivation und Fähigkeiten notwendig ist (Benkler 2002). Die Kundeninteraktion kann zudem in der sozialen Sphäre, d. h. in der Vernetzung von Kunden untereinander in Communities, erfolgen.

## 3.6 Interaktionskompetenz und interaktionsförderliche Organisations- und Kommunikationsstrukturen

Der letzte Abschnitt hat gezeigt, dass es sich aus vielerlei Gründen für ein Anbieterunternehmen lohnt, interaktive Wertschöpfung als neues Organisationsprinzip für eine arbeitsteilige Leistungserstellung zu verwirklichen. Jedoch bedeutet interaktive Wertschöpfung nicht einfach das "Outsourcen" von Aufgaben an Kunden oder andere externe Akteure, sondern verlangt vielmehr auch eine aktive Beteiligung durch den Anbieter, der hierfür bestimmte Ressourcen und Fähigkeiten besitzen muss. Dieser Aspekt wurde bereits im letzten Abschnitt in Zusammenhang mit "Bridging Strategien" im Rahmen des Resource Based View angesprochen. Ebenfalls haben wir bereits in Abschnitt 3.3.5 gesehen, dass die grundlegenden Organisationsmechanismen Granularität und Selbstselektion nur dann funktionieren, wenn der Hersteller anschließend mit relativ geringen Transaktionskosten eine Integration der Teilaufgaben vornehmen kann. Dies beinhaltet sowohl die Qualitätskontrolle und Auswahl der einzelnen Beiträge als auch die Kombination der Teilergebnisse zu einem verwertbaren Gesamtergebnis. Auch hierzu bedarf es neuer Kompetenzen und Fähigkeiten, die wir in ihrer Gesamtheit als **Interaktionskompetenz eines Herstellers** bezeichnen.

**Notwendige Fähigkeiten teilnehmender Kunden**

Natürlich müssen auch auf der Kundenseite entsprechende Fähigkeiten vorhanden sein, damit sich Kunden gewinnbringend in die kooperative Wertschöpfung mit dem Hersteller einbringen und einen wirklichen Beitrag zur Problemlösung leisten können. Nicht alle Kunden eines Unternehmens eignen sich gleichermaßen für eine Integration in einen gemeinsamen Innovationsprozess mit einem Anbieter. Vielmehr konzentriert sich diese Eignung auf eine ausgewählte Gruppe von Nutzern bzw. Kunden. Nach von Hippel (1986) sind es "fortschrittliche Kunden" (**Lead User**) mit bestimmten Charakteristika, die innovative Leistungen initiieren und demzufolge konsequent in den Innovationsprozess integriert werden sollten. Diese fortschrittlichen Kunden haben sowohl Bedürfnis- als auch Lösungsinformation, d. h. sie sind in der Lage, ein neues Bedürfnis zu erkennen und in eine Problemlösung zu überführen. Da Lead User per Definition der Gesamtheit der Kunden in einem Markt voraus sind, ist ihre Zahl begrenzt (auch wenn es die Idee der in Kapitel 4 vorgestellten Methoden ist, diese Zahl zu erhöhen). Deshalb ist nicht nur ihre Innovationsfähigkeit, sondern auch ihre Innovationsbereitschaft von hoher Bedeutung, damit sich Lead User am Innovationsvorhaben einer Unternehmung beteiligen. Wir werden beide Aspekte ausführlich in Abschnitt 4.2.2 und vor allem Abschnitt 4.3.1 diskutieren. Wenden wir uns aber im Folgenden der **Interaktionskompetenz des Herstellerunternehmens** zu.

### Knappheit von Wissen und industrieller Wandel

Zum Verständnis der Interaktionskompetenz (des Herstellers) ist ein kurzer Rückblick auf die in Kapitel 2 besprochenen drei Phasen industrieller Entwicklung von der tayloristischen Industrieproduktion bis zur interaktiven Wertschöpfung hilfreich. Die Entwicklung von einer Stufe zur nächsten kann mit einem Wandel der Bedeutung von Wissen erklärt werden. In allen drei Stufen basiert erfolgreiches Unternehmertum auf der **Transformation von Wissen** (Foray / Lundvall 1996), jedoch mit jeweils unterschiedlichem Fokus. In der industriellen Produktion ist dies die Transformation von Wissen in Maschinen und Werkzeuge sowie, nach Taylor, in arbeitsorganisatorische Abläufe zur Produktivitätsoptimierung. In der zweiten Phase der Netzwerkökonomie steht die Transformation von Wissen in vernetzten Organisationsstrukturen zum Aufbau von Wettbewerbsvorteilen durch Flexibilität und Marktnähe im Vordergrund. Die aktuelle ökonomische Entwicklung ist durch die Transformation von Wissen in Wissensprodukte geprägt (Drucker 1998). In vielen Branchen entsteht innovative Wertschöpfung nicht mehr primär durch Materialbearbeitung, sondern durch intelligente Lösungen für die Gestaltung des Wertschöpfungsprozesses. Franz Lehner (2005) betont diesen Zusammenhang, indem er feststellt, dass "Wachstum nicht mehr durch höheres Produktionsvolumen entsteht, sondern durch mehr Wissen in den Produkten, mehr Wissen in den Vertriebswegen (z. B. intelligente Verteilungslösungen im Web), mehr Wissen in den Nutzungsstrukturen (Mobilität, Navigation)". Der Wert eines PCs, eines mobilen Kommunikationsgerätes, einer Werkzeugmaschine oder eines Haushaltsgerätes wird nicht durch die Materialien oder deren Bearbeitung bestimmt, sondern durch das im Produkt enthaltene Lösungswissen, d. h. durch die investierten Entwicklungsleistungen.

Wandelt sich dadurch jedoch auch die Produktion materieller Güter immer mehr zur Wissensproduktion, dann werden die in Abschnitt 3.3.6 genannten **Besonderheiten der Ökonomie von Informations- und Wissensproduktion** auch für **weitere Güter relevant**. Sind Wissensgüter wie Software, Musik, Tools, Dokumente, Bilder und Filme erst einmal in digitaler Form vorhanden, können sie zu minimalen Kosten im Überfluss produziert, kopiert, transformiert und versendet werden (Zerdick et al. 2001). Wissensgüter als digitale Ware sind nicht mehr knapp. Damit scheinen die ökonomischen Gesetze der traditionellen Güterproduktion hier nicht mehr zu gelten. Denn in der klassischen Marktlehre bestimmt der **Knappheitsgrad der Ressourcen** den Preis und deren Verwendungsrichtung bei der Lösung des Allokationsproblems. Nach dieser ökonomischen Logik dürften Unternehmen ihre knappen Produktionsfaktoren nicht einsetzen, um Güter zu produzieren, die nicht knapp, sondern im Überfluss vorhanden sind. Trotzdem werden heute Wissensgüter von Unternehmen in immer schnelleren Zyklen und größer werdenden Stückzahlen weiter produziert. Eine plausible Antwort auf dieses scheinbare Paradox geben Lundvall und Johnson (1994) in ihrem Aufsatz "The Learning Economy": Sie befassen sich mit der Knappheitshypothese in der Wissensökonomie und kommen zu dem Ergebnis "Knowledge is abundant, but the ability to use it is scare." Wissen ist im Überfluss vorhanden, aber die Fähigkeit, es wirtschaftlich sinnvoll zu nutzen, ist knapp. In der Folge unterscheiden sie zwei Kategorien von Wissen: das **technisch-naturwissenschaftliche Wissen**, das in der Regel kodifiziert und somit als explizites Wissen im Überfluss vorhanden ist und das **Anwendungswissen**, das in der Regel nicht kodifiziert ist und häufig ein knappes Gut darstellt (Abbildung 3–10).

---

**Abbildung 3–10:** *Unterscheidung von technisch-naturwissenschaftlichem Wissen und Anwendungswissen*

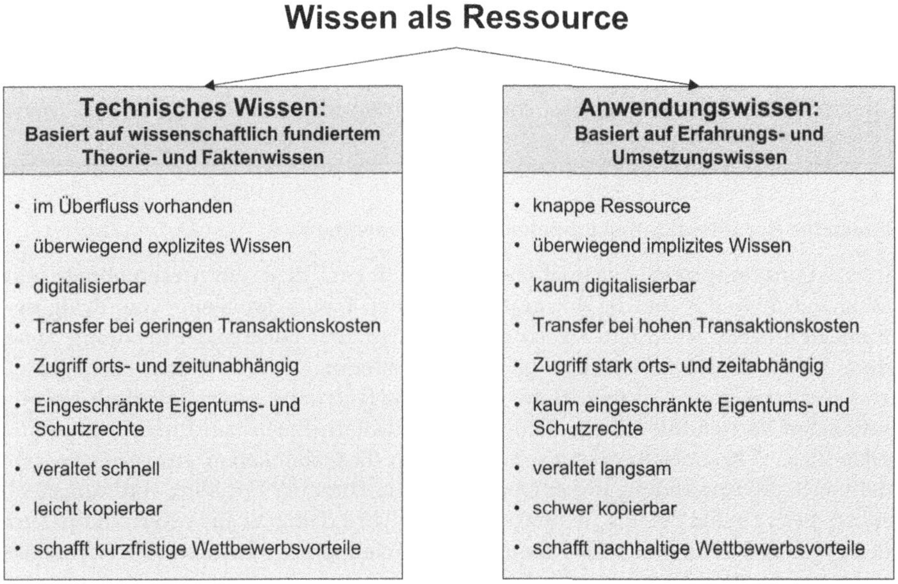

---

## Wissen als Ressource

| **Technisches Wissen:** Basiert auf wissenschaftlich fundiertem Theorie- und Faktenwissen | **Anwendungswissen:** Basiert auf Erfahrungs- und Umsetzungswissen |
|---|---|
| • im Überfluss vorhanden | • knappe Ressource |
| • überwiegend explizites Wissen | • überwiegend implizites Wissen |
| • digitalisierbar | • kaum digitalisierbar |
| • Transfer bei geringen Transaktionskosten | • Transfer bei hohen Transaktionskosten |
| • Zugriff orts- und zeitunabhängig | • Zugriff stark orts- und zeitabhängig |
| • Eingeschränkte Eigentums- und Schutzrechte | • kaum eingeschränkte Eigentums- und Schutzrechte |
| • veraltet schnell | • veraltet langsam |
| • leicht kopierbar | • schwer kopierbar |
| • schafft kurzfristige Wettbewerbsvorteile | • schafft nachhaltige Wettbewerbsvorteile |

---

Damit hat das Schumpetersche (1934) Gesetz des Unternehmertums, Wissensvorsprünge in Innovationen umzusetzen, weiterhin Bestand. Im Wettbewerb um die Innovationsfähigkeit sind heute nicht die Unternehmen überlegen, die (nur) über ein hohes Maß an technisch-naturwissenschaftlichem Wissen verfügen, das oft im Überfluss vorhanden ist. Für den Unternehmenserfolg ist vielmehr die **knappe Ressource "Anwendungswissen"** im Sinne von Lundvall und Johnson (1994) entscheidend. Dies gilt auch bei der interaktiven Wertschöpfung, die ja, wie wir in Abschnitt 3.3.5 gesehen haben, in erster Linie eine Wissensproduktion ist, deren direktes Ergebnis in bestimmten Konstellationen auch häufig ohne direkte Schutzrechte allen Akteuren zur Verfügung steht.

Das Wissen jedoch, wie interaktive Wertschöpfung organisiert und ökonomisch gestaltet werden kann, um Wettbewerbsvorsprünge zu erwerben, ist knapp. Die erfolgreiche

Umsetzung der Prinzipien der interaktiven Wertschöpfung hängt von dieser Art von Anwendungswissen ab, das wir als **Interaktionskompetenz** bezeichnen. Interaktionskompetenz weist einen konkreten Zielbezug auf, der in der Integration von Kundenwissen in den Wertschöpfungsprozess des Unternehmens liegt. Sie ist dann hoch, wenn auf der Umsetzungsebene des Anbieters die Bedingungen für eine erfolgreiche Wissensintegration und Ideenumsetzung bis zum Markterfolg gegeben sind.

---

**Interaktionskompetenz** bezeichnet die Gesamtheit der Kompetenzen und Fähigkeiten eines Anbieters, um die Prinzipien der interaktiven Wertschöpfung erfolgreich umzusetzen. Sie konkretisiert sich in den **Organisationsstrukturen** (interaktionsfördernde Ablaufstrukturen), in Anreizstrukturen (z. B. monetäre Anreize) als auch in den Systemen und Werkzeugen der **Information und Kommunikation** (z. B. Toolkits, Interaktionsplattformen). Der Erfolg des Unternehmens wird weniger von der Leistungsfähigkeit der vorhandenen Produktionsfaktoren bestimmt, als vielmehr von der **Verfügbarkeit der knappen Ressource** „Anwendungswissen". Nachhaltige Wettbewerbsvorteile erzielt ein Unternehmen durch den Aufbau von Interaktionskompetenz.

---

### Bausteine der Interaktionskompetenz im Unternehmen

Interaktionskompetenz zeichnet sich dadurch aus, dass ein Unternehmen ein Maßnahmenbündel für die Integration externer Inputs im Sinne von **Bridging-Strategien** (siehe Abschnitt 3.5) so implementiert und aufeinander abstimmt, dass diese Inputs kontinuierlich zugänglich sind und erfolgreich im Wertschöpfungsprozess genutzt werden. Der **Begriff der Kompetenz** folgt dabei einem **holistisch-organisationalen Verständnis** "als die Fähigkeit eines Unternehmens zur Ereichung spezifischer Ziele. ... Kompetenz erfasst somit nicht nur die Qualifikation, etwas zu tun, sondern auch die Anwendung dieser Qualifikation in Form der Erfüllung von Aufgaben" (Ritter 1998: 53 und 56). Interaktionskompetenz wird damit zu einer **Kernkompetenz** der Organisation im Sinne des Resource-Based View (siehe Abschnitt 3.5). Hierbei ist nicht nur das Vorhandensein der Ressourcen von Bedeutung, sondern auch die Art und Weise, wie verschiedene Ressourcen miteinander verbunden werden können (Prahalad / Hamel 1990). Zum Aufbau von Kernkompetenzen tragen klassische Produktionsfaktoren wie maschinelle oder Kapitalressourcen weniger bei als "organisationale Ressourcen" im Sinne von etablierten Verfahren, Routinen und Methoden.

### Konzept und Bestandteile der Absorptionsfähigkeit

Die Absorptionsfähigkeit eines Unternehmens ("**absorptive capacity**" nach Cohen / Levinthal 1990; Todorova / Durisin 2007) bezeichnet die Fähigkeit, die ein Unternehmen in die Lage versetzt, sich durch geeignete Bridging-Strategien Zugang zu externen Ressourcen zu verschaffen. Interaktionskompetenz kann als **Konkretisierung der Absorptionsfähigkeit** in Bezug auf die Integration von Kundenwissen in einen unternehmerischen Wertschöpfungsprozess gesehen werden. Schafft ein Unternehmen, Interaktionskompetenz intensiv in seinen Führungs-, Organisations- und Infrastrukturen zu verankern, kann sie als wertstiftende Kompetenz zu einer schwer imitierbaren organisationalen Fähigkeit bzw. Routine werden.

> Die Absorptionsfähigkeit (absorbtive capacity) bezeichnet die Fähigkeit oder Kompetenz eines Unternehmens zur Nutzung von und zum Lernen aus externen Quellen für die eigene Wissensgenerierung mit dem Ziel der Innovation.

Zahra / George (2002) stellen Absorptionsfähigkeit als eine Kompetenz heraus, die organisationalen Wandel und Innovation überhaupt erst ermöglicht. Absorptionsfähigkeit ist in dieser Sichtweise eine dynamische Kompetenz (**"dynamic capability"**), die dazu befähigt, existierende Problemlösungsfähigkeiten ("substantive" oder "ordinary capabilities") entsprechend anzupassen und neu auszurichten (Zahra / George 2002; Zahra et al. 2006).

In den folgenden Abschnitten werden wir zwei Beispiele heranziehen, um die zunächst recht abstrakte Idee der Interaktionskompetenz näher zu erläutern: (i) ein fiktiver Hersteller von Equipment für den Kite-Surfing-Markt, der vor der Herausforderung der "Demokratisierung" der Innovation in seinem Umfeld steht (Kasten 3–1), und (ii) das reale Unternehmen **Surftech International** (www.surftech.com), das sich durch die Anwendung neuartiger Technologien und Vertriebskonzepte erfolgreich im Wettbewerb positioniert hat. Surftech verzichtet auf eine eigene Forschung und Entwicklung neuer Surfboards zum Wellenreiten. Inhaber Randy French hat statt dessen einen effizienten Mechanismus entwickelt, Inputs von Top-Surfern, die selbst innovative Boards bauen ("Shaper"), aufzunehmen. Gewinnt einer dieser Surfer mit seinem neuen Board einen Wettbewerb, beginnt Surftech mit einem Reverse-Engineering-Vorgang, d.h. baut das Gewinner-Board genau nach und stellt es anschließend in großen Stückzahlen her. Der Originator wird am Erlös beteiligt und trägt durch ein Co-Branding zum Vertrieb bei. Sowohl aus Sicht von Surftech als auch aus Sicht des fiktiven Kite-Surfing-Herstellers zählen die Prozesse, die nötig sind, um neue Surfartikel marktreif zu entwickeln, zu den fundamentalen "substantive capabilities". Die Fähigkeit, diese Prozesse und dieses Wissen aufgrund des veränderten Umfelds zu reformieren, fällt hingegen in die Kategorie der "dynamic capabilities".

Aufgrund seiner hohen Flexibilität wurde das Konzept der Absorptionsfähigkeit seit der Einführung durch Cohen / Levinthal (1989) auf verschiedene Untersuchungseinheiten angewandt (z.B. auf Organisationen, Allianzen oder ganze Länder). Trotz der breiten Verwendbarkeit des Konzeptes erscheint eine einheitliche Operationalisierung aufgrund der hohen Komplexität schwierig (Schmidt 2005). Cohen & Levinthal (1989, 1990) sehen Absorptionsfähigkeit ursprünglich als die Gesamtheit der absorptiven Fähigkeiten einer Firma. Diese bestehen aus: (i) dem Erkennen des Wertes von neuen, externen Informationen, (ii) der Fähigkeit, diese Informationen zu assimilieren sowie (iii) dieses Wissen wirtschaftlich anzuwenden bzw. zu verwerten. Zahra & George (2002) hingegen stellen ein Konzept vor, das aufbauend auf Cohen & Levinthal zwei, von der Problemstellung her unterschiedlich gelagerte, Teilfähigkeiten beinhaltet. Der externe Wissenszufluss wird demnach durch die **potenzielle Absorptionsfähigkeit (PACAP)** reguliert, die selbst wiederum in die Fähigkeiten zur Akquisition und zur Assimilation von Wissen zerfällt. Folglich wird mittels potenzieller Absorptionsfähigkeit ein Wissenspotenzial innerhalb des Unternehmens geschaffen, dessen neue

Erkenntnisse die Grundlage von Innovationen sind. Die Teilkompetenz der **realisierten Absorptionsfähigkeit (RACAP)** bezeichnet dagegen die unternehmerische Fähigkeit, das akquirierte und assimilierte Wissen in Innovationen und wirtschaftlichen Erfolg zu überführen. RACAP selbst lässt sich in die Teilkompetenzen zur **Transformation** und zur **Verwertung (Exploitation)** unterteilen.

**Abbildung 3–11:** *Trichtermodell der Absorptive Capacity (in Anlehnung an Lane / Klavans 2005; Cohen / Levinthal 1990 und Zahra / George 2002)*

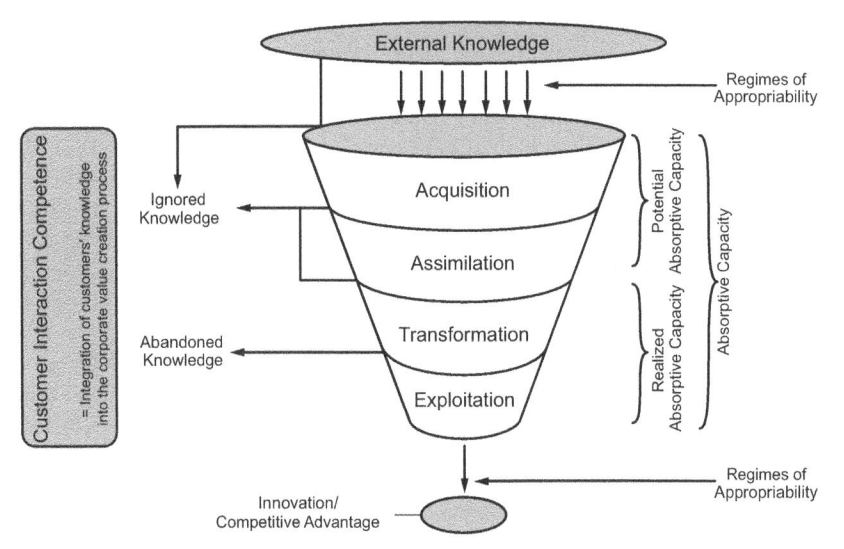

Beide Teilkonzepte, PACAP und RACAP, decken unterschiedliche Phasen und Fragestellungen ab (Lane / Klavans 2005), sind jedoch zu einem hohen Grad komplementär (Zahra / George 2002). Abbildung 3–11 stellt das Konzept der Absorptionsfähigkeit in Anlehnung an Lane / Klavans (2005) in Form eines Trichtermodells dar. Das Management der Absorptionsfähigkeit eines Unternehmens muss sich je nach Teilkompetenz unterschiedlichen Fragestellungen und Prozessen zuwenden. Die direkte Interaktion mit den Kunden fällt primär in den Bereich der potentiellen Absorptionsfähigkeit. In Kapitel 4 werden Maßnahmen und Methoden diskutiert, die Kundenintegration im Innovationsprozess ermöglichen und damit geeignet sind, die potentielle Absorptionsfähigkeit eines Unternehmens zu erhöhen. Die potenzielle Absorptionsfähigkeit, d.h. geeignete Prozesse zur Akquisition und Assimilation von externem Wissen, ist eine notwendige Bedingung, jedoch ist sie noch kein hinreichender Garant für Innovation, organisationalen Wandel und Wettbewerbsvorteile. Zahra / George (2002) schlagen aus diesem Grund vor, das Verhältnis von potenzieller zu realisierter Absorptionsfähigkeit zu analysieren, um Engpässe bzw. Umstrukturierungsbedarf im Umgang mit externem Wissen für das Management erkennbar zu machen.

**Akquisition (Acquisition)**

Die Akquisitionsfähigkeit eines Unternehmens beschreibt, in welchem Maße ein Unternehmen in der Lage ist, extern erzeugtes Wissen zu identifizieren und sich dieses anzueignen (Zahra / George 2002). Lane und Klavans (2005) stellen für diesen Teilbereich der Absorptionsfähigkeit ("absorptive capacity") die folgende Frage als zentral für das Management heraus: Wie breit sollte die Suche nach neuem externen Wissen angelegt sein? Bildlich gesprochen ist dies die Frage nach der Breite des Trichters in Abbildung 3–11. Eine Reihe von Studien hat die Bedeutung offenen Suchverhaltens von Unternehmen für den Innovationserfolg bestätigt (Laursen / Salter 2006). Offenheit und Suchaktivitäten sind jedoch an **Ressourcen und Kosten** gebunden. Hieraus ergibt sich die Frage, wann die Kosten für die "Verbreiterung des Trichtereingangs", also einer zusätzlichen Suchbreite und -tiefe, den aus den neuen Erkenntnissen gewonnen Nutzen übersteigen, wodurch zusätzliche Suchaktivitäten unproduktiv werden.

Neben einer Kosten-Nutzen-Betrachtung muss das Management bei der Akquisition von externem Wissen jedoch noch weitere Aspekte berücksichtigen. Zahra und George (2002) nennen hier die **Intensität, die Geschwindigkeit und die Richtung von Akquisitionsprozessen** als die wesentlichen Stellgrößen. So bestimmen die Intensität und die Geschwindigkeit, mit der ein Unternehmen sich externe Informationen aneignet, die Qualität der Akquisition von externem Wissen sowie die mögliche Aufnahmekapazität. Jedoch kann die Geschwindigkeit der Akquisition nicht beliebig verändert werden. Grund dafür ist, dass Veränderungen und Innovationen Lernzyklen, d.h. "Verdauungszeiten", von der Organisation einfordern und diese nicht unbegrenzt reduzierbar sind. Die Richtung der Akquisition von Wissen ist insbesondere davon abhängig, welches Vorwissen besteht und welche Investitionen vorab getätigt wurden. Darüber hinaus existieren **Situations- und Umfeldgegebenheiten**, die bei Akquisitionsprozessen von externem Wissen berücksichtigt werden müssen, und die nicht bzw. nur auf lange Sicht durch Managemententscheidungen veränderbar sind. Zwei seien hier genannt:

(1) Das **in der Organisation existierende Vorwissen:** Existierendes Vorwissen ist einerseits Voraussetzung für den Erwerb neuen Wissens (von Wartburg 2000) und wirkt sich mit steigerndem Umfang fördernd auf die Akquisitionsfähigkeit eines Unternehmens aus. Grund hierfür ist, dass mit dem entsprechenden Vorwissen relevantes externes Wissen schneller und besser identifiziert werden kann. Andererseits kann sich Vorwissen auch negativ auf die Akquisitionsfähigkeit auswirken, da Vorwissen die Richtung der Suche vorbestimmen und damit auch einschränken kann.

(2) Die **"Regimes of Appropriability":** In Abhängigkeit von Wissensart oder Branche stellen institutionelle Bedingungen eine mehr oder weniger einschränkende Größe für die Aneignung externen Wissens dar. Beispielsweise ermöglichen starke Schutzrechte, d.h. starke Regimes of Appropriability, eine direkte Akquisition externen Wissens oft nur durch das Zutun des Schutzrechteinhabers (z.B. durch Lizenzierung) und erfor-

dern einen hohen Zeit- bzw. Ressourcenaufwand. Auf der anderen Seite ermöglichen starke Schutzrechte aber auch erst, dass ein Unternehmen angeeignetes Wissen exklusiv nutzen kann. "Appropriability" beschreibt somit zweierlei: den Grad der Zugänglichkeit externen Wissens für das absorbierende Unternehmen (Cohen / Levinthal 1990) sowie den Grad der Schutzfähigkeit eigener Wettbewerbsvorteile bzw. Wissensvorsprünge (Zahra / George 2002).

Betrachten wir die Akquisition externen Wissens in Bezug auf unsere zwei Beispiele. Für den Kitesurfing-Equipment-Hersteller ist eine effiziente Marktbeobachtung und ein guter Zugang zu den jeweiligen Nutzer-Communities entscheidend. Die Marktbeobachtung sollte sich auf verschiedene Entwicklungen in verschiedenen Trendsportarten gleichzeitig richten (z.B. Surfen, Snowboarding und Drachenfliegen). Der Austausch mit interessanten Nutzern (z.B. Spitzensportlern und Trendsettern) kann z.B. durch direktes Sponsoring einzelner Surfer oder die Ausrichtung von Events erreicht werden. So richtet Surftech beispielsweise ein eigenes Event namens "Shaping the Future" aus, um die Interaktion mit Top-Surfern und "Shapern" (d.h. Board-Designern) zu intensivieren. Das Test-Event unter optimalen Bedingungen dient dabei nicht nur Marketingzwecken, sondern auch dem Austausch zwischen Surfern, Shapern und Surftech. Surftech wird so frühzeitig auf neue Bedürfnisse und technologische Veränderungen aufmerksam.

**Assimilation**

Die Assimilations- bzw. Verarbeitungsfähigkeit eines Unternehmens bezieht sich auf die Prozesse und unternehmensinternen Abläufe, mit Hilfe derer externes Wissen verarbeitet, analysiert, interpretiert und verstanden wird (Zahra / George 2002). Die zentrale Frage für das Management in dieser Phase ist, wie Prozesse etabliert werden können, mit deren Hilfe entschieden werden kann, welchem externen Wissen hohe Aufmerksamkeit gelten muss und welche der akquirierten Informationen ignoriert werden können (Lane / Klavans 2005). Die Entscheidung, Informationen mit geringerer Relevanz zu ignorieren, sollte hierbei jedoch nicht absolut verstanden werden. Veränderungen im Marktumfeld, technologische Neuerungen oder eine veränderte Unternehmensstrategie können eine Neubewertung von bisher ignoriertem Wissen erfordern.

Existierendes Vorwissen ist ein wesentlicher Einflussfaktor für die Fähigkeit, externe Informationen zu verarbeiten bzw. zu assimilieren. Bewertungsschemata und -prozesse stellen Vorwissen dar, mit deren Hilfe Unternehmen versuchen, externe Informationen einzuordnen und zu verstehen. Demzufolge kann fehlendes oder unvollständiges Vorwissen dazu führen, dass externe Ideen und Entdeckungen ganz aus dem Suchfeld des Unternehmens verschwinden (Problem der Akquisitionsphase), oder dass akquirierte Informationen übersehen oder ignoriert werden, weil kein Verständnis und Zugang zu diesem Wissen besteht. Zahra und George (2002) nennen für diese Verständnisprobleme zwei weitere Ursachen: Einerseits können Informationen sehr stark an Kontexte gebunden sein, die dem absorbierenden Unternehmen fremd sind und deshalb ein Verständnis unmöglich machen. Andererseits ist es möglich, dass komplementäres Wissen, Ausstattungen, etc. dem absorbierenden Unternehmen nicht zugänglich sind bzw. bisher nicht benötigt wurden.

Bei Surftech International ist die Assimilation bzw. Selektion von verschiedenen beobachteten Technologien eng mit der Firmengeschichte verbunden: Der Gründer Randy French erkannte früh, dass neue Produktionstechnologien, die im Windsurfing eingesetzt wurden, auch das traditionelle Wellenreiten verändern könnten. Dies ermöglichte ihm, ein neues Produktionsverfahren zu etablieren, das die einmal als besonders innovativ erkannten Boards ohne größeren Aufwand in großer Stückzahl produzieren kann. Erfahrungen und Vorwissen in den Bereichen Windsurfing und Wellenreiten ermöglichten es French, das Potenzial dieser Produktionstechnologie für den Surf-Markt zu erkennen.

**Transformation**

Die Transformationsfähigkeit eines Unternehmens beschreibt die Fähigkeit, organisatorische Routinen zu entwickeln, mit deren Hilfe existierendes und erworbenes Wissen kombiniert werden kann (Zahra / George 2002). Ziel einer Integration von neuem und bestehendem Wissen sind neue "Schemata" bzw. neue Orientierungs- und Referenzrahmen, die neue Erkenntnisse und Ansichten zulassen oder neue Möglichkeiten erst erkennbar machen. Die erfolgreiche Integration von Wissen durch Verfeinerung oder Neubildung von Schemata kann als Lernen interpretiert werden (von Wartburg 2000). Im Zuge der interaktiven Wertschöpfung kommt der Transformationsphase eine hohe Bedeutung zu. Die Bedürfnis- und Lösungsinformationen, die von externen Akteuren gewonnen werden, müssen in die Wissensbasis des Unternehmens integriert werden, um eine Verwertung und kontinuierliche Weiterentwicklung zu garantieren.

So muss unser fiktiver Kitesurfing-Equipmenthersteller in der Transformationsphase Überlegungen anstellen, wie seine bisherigen Geschäftskonzepte und Prozesse mit den neuen aktiven Kundenentwicklern in Einklang gebracht werden können. Idealerweise kann der Hersteller diejenigen Stärken identifizieren, die auch vor dem Hintergrund der neu identifizierten Trends und Bedürfnisse der Nutzer Bestand haben (z.B. effiziente Produktionsanlagen und Vertriebsnetz). Folglich müssen diese Stärken mit zukunftsorientierten Veränderungen in den Abläufen (z.B. Flexibilisierung und Modularisierung der Produktionsabläufe für Surfboards) vereinigt werden. Im realen Beispiel Surftech International wurde erkannt, dass die Produktionsweise und die Integration von Shaper-Wissen die Stärken des Konzepts und der Technologie von Surftech sind. Folgerichtig wurden die Produktionskapazitäten durch eine Akquisition im Bereich Produktion zu Beginn der 1990er Jahre und die Kapazitäten zur Erfassung von Lösungsinformationen durch Partnerschaften mit anerkannten Shapern ausgebaut.

**Verwertung (Exploitation)**

Die Fähigkeit zur Verwertung beinhaltet Prozesse und Abläufe, die dem Unternehmen ermöglichen, seine neu erworbenen Kompetenzen durch Innovationen und Produktindividualisierung kommerziell zu verwerten (z.B. durch weiterentwickelte oder dem Kundenbedürfnis besser entsprechende Produkte). Ziel systematischer und strukturierter Verwertungsprozesse ist ein nachhaltiger Fluss von Innovationen und Produktindividualisierungen zur Erhaltung der Wettbewerbsfähigkeit eines Unternehmens. Die kommerzielle Verwertung von neu erkannten Möglichkeiten kann in verschiedenen Strukturiertheitsgraden ablaufen. Während junge Unternehmen sich zumeist auf die Verwertung einer neuen Idee fokussieren, müssen etablierte Unternehmen systematischere Verwertungsmechanismen einsetzten (Zahra / George 2002).

Greift man das Konzept neu generierter bzw. veränderter Orientierungs- und Referenzrahmen aus der Transformationsphase auf, dann gilt es in der Exploitation, diese neu erlernten Strukturen und Erkenntnisse verwertbar zu machen, zu operationalisieren und zu nutzen. Von Wartburg (2000) deutet diese Orientierungs- und Referenzrahmen (auch "Schemata" genannt) als kognitive Landkarten, die in der Lage sind, räumliche Beziehungen, zeitliche Verknüpfungen, handlungsrelevantes individuelles und organisational verteiltes Wissen darzustellen. So ist neu generiertes Wissen in der Transformationsphase oft alleine noch nicht ausreichend, sondern es müssen auch (räumliche) Verknüpfungen zu anderen Wissensgebieten geschaffen, (zeitlich) komplementäre Entwicklungen geplant und durchgeführt sowie dieses Wissen in der Organisation verankert werden. Dafür bietet sich u.a. die Methodik des Technologie- und Markt-Roadmappings für einen systematischen Exploitationsprozess an: Mittels Roadmaps können Unternehmen ihre Ist- und Zukunftsposition sowie Entwicklungspfade und Lücken aus Markt- und Technologiesicht strukturiert planen, abstimmen und steuern (Behrens 2003; Phaal et al. 2004).

Dem Surf-Equipmenthersteller muss es in der Exploitationsphase gelingen, neue, überzeugende Produkte und Services anzubieten, die aufgrund veränderter Prozesse erst möglich geworden sind. Dies könnte z.B. ein neues Baukasten-Angebot sein, aus dem sich der Surfer selbst seinen Wunsch-Kite zusammenstellen kann. Eine weitere Möglichkeit könnte aber auch ein Kitesurf-Equipment sein, das genau gemäß den individuellen Designvorgaben des Nutzers produziert wird (ähnlich dem Spreadshirt-Konzept). Surftech International gelingt dieser Schritt, indem anerkannte Shaper auf Basis der Surftech-Technologie Designs zur Verfügung stellen und an eine breitere Interessentenmenge unter eigenem Namen über Surftech vertreiben. So eröffnet Surftech Shapern die Möglichkeit, ein breiteres Publikum mit ausgesuchten Designs zu erreichen, während Surftech selbst Skaleneffekte durch Massenproduktion erzielen kann. Dies ist für Surftech ein klarer Wettbewerbsvorteil, der Surftech innerhalb weniger Jahre zum weltgrößten Surfboardhersteller machte.

Auf Basis dieses Begriffsverständnisses der potentiellen und realisierten Absorptionsfähigkeit eines Unternehmens bieten sich erste Anhaltspunkte für konkrete Teilkompetenzen bezüglich der Interaktionsfähigkeit eines Unternehmens, die wir im Folgenden kurz ansprechen wollen. Wie bereits erwähnt, kann Interaktionsfähigkeit zu einer zentralen Kompetenz eines Unternehmens werden, die nachhaltige Wettbewerbsvorteile schafft. Wir unterscheiden dabei interaktionsförderliche **Kommunikations-, Ablauf- und Anreizstrukturen** (Abbildung 3–12).

**Interaktionsförderliche Kommunikationsstrukturen**

Die kommunikationstechnische Unterstützung der interaktiven Wertschöpfung hat das Ziel, die traditionell einseitig ausgerichtete Kommunikation in einen kontinuierlichen zweiseitigen Dialog mit den Kunden umzuwandeln. Dazu gibt es drei Leitlinien:

- **Unmittelbare Kommunikation** beschreibt die Forderung der direkten gegenseitigen Erreichbarkeit und Interaktionsmöglichkeit. Kommunikation darf nicht einseitig sein, sondern muss im Sinne eines interaktiven Problemlösungsprozesses gegenseitigen Austausch ermöglichen. Durch neue Formen eines virtuellen Kundendialogs kann dies häufig zeitnah und zu relativ geringen Kosten realisiert werden.

■ **Bedingtheit von Kommunikation** bedeutet, dass Kunden gezielt auf eine Ansprache durch den Anbieter und andere Kunden reagieren können. Ihre Beiträge sind also bedingt durch vorherige Beiträge bzw. können auf diesen in ergänzender Weise aufbauen. Zusätzlich sind die Kundenbeiträge bedingt durch Motivation, Interesse, Fähigkeiten und Wissen des jeweiligen Kunden. Kunden können also Art und Umfang ihres Beitrags sehr einfach gemäß ihrer momentanen Disposition und Laune auswählen, anpassen und skalieren (Pribilla / Reichwald / Goecke 1996).

---

*Abbildung 3–12: Bausteine der Interaktionskompetenz*

---

**Interaktionskompetenz**
Generierung von Anwendungswissen als knappe Ressource

**Leitfragen der Interaktionskompetenz**

1) Über welche Anreizsysteme wird der Interaktionsprozess gesteuert?

2) Wie erfolgt der wechselseitige Transfer von lokalem Wissen („sticky information")?

3) Wie wird der Prozess der Kundenintegration in den Wertschöpfungsphasen gestaltet?

4) Welche Werkzeuge der Interaktion stehen für die Phasen der Innovation und Produktion zur Verfügung?

5) Nach welchen Kriterien gestaltet sich der Lösungsraum für Open Innovation/ Produktindividualisierung?

6) Welche Kommunikationskanäle und –formen fördern die Interaktion?

7) Welche Entlohnungsformen sind im Hinblick auf den Kundennutzen notwendig?

8) Wie werden arbeitsteilige Prozesse über Führungskonzepte und -instrumente koordiniert?

9) Über welche Kompetenzen muss der Kunde verfügen (Lead-User-Merkmale)?

10) Wie kann die Ökonomie der interaktiven Wertschöpfung für das Unternehmen gesichert werden (Kosten der Interaktion)?

**Interaktionsfördernde Strukturen**

• **Interaktionsförderliche Kommunikationsstrukturen**

  • Unmittelbarkeit

  • Bedingtheit

  • Vielseitigkeit

• **Interaktionsförderliche Ablaufstrukturen**

  • Automatisierte Abwicklung der Intergrationsaufgabe

  • Peer-Production

  • Reintegration hierarchischer Koordinationsformen

• **Interaktionsförderliche Anreizstrukturen**

  • Gate-Keeper-Konzept

  • Dezentrale Unternehmensstrukturen

  • Entscheidungsdelegation und Ergebnisverantwortung

  • Instrumente zum Wissensaustausch

  • Vertrauenskultur

- **Vielseitigkeit der Kommunikation** bedeutet eine größere Reichweite und Vernetzung als beim individuellen Kundendialog. Durch den Aufbau virtueller Gemeinschaften bzw. Communities erhalten Anbieter z. B. Einblick in die soziale Denkwelt der Kunden (Kozinets 1999; Sawhney / Prandelli 2000). Der in virtuellen Kundengemeinschaften mitgeteilte, gemeinsam erzeugte und zusammengetragene Erfahrungsschatz lässt Unternehmen weiter in die soziale Dimension des Kundenwissens vordringen.

Wie diese Prinzipien im Einzelnen gestaltet werden sollen, wird im Rahmen der Darstellung konkreter Interaktionsprozesse und -instrumente bei Open Innovation und Produktindividualisierung näher ausgeführt (siehe vor allem Abschnitte 4.5, 5.1.3 und 5.4).

**Interaktionsförderliche Ablaufstrukturen**

Wenn Innovationen zunehmend über Netzwerke unterschiedlicher Organisationstypen generiert werden, ist der Prozess der Ablauforganisation für die Leistungserstellung über die interne Herstellerorganisation hinaus zu erweitern. Im Mittelpunkt steht die Frage nach dem "wie" der Integration unterschiedlicher Akteure und ihrer Beiträge vor dem Hintergrund diverser Interessen in einem vernetzten Innovations- und Produktionsprozess. Wir werden diese Aspekte auch im Zusammenhang mit der Diskussion der konkreten Instrumente in Kapitel 4 und 5 wieder aufgreifen. An dieser Stelle sollen aber bereits einige allgemeine Prinzipien der Ablauforganisation bei der interaktiven Wertschöpfung angesprochen werden. Es sei jedoch betont, dass die Erforschung dieser Ablaufprozesse erst ganz am Anfang steht (Benkler 2002). Bislang hat sich die Wissenschaft in erster Linie damit beschäftigt zu zeigen, dass interaktive Wertschöpfung existiert und was die wesentlichen Elemente dieses Systems sind. Arbeiten jedoch, die empirische Belege für "promising practices" zur Organisation der interaktiven Wertschöpfung aus Unternehmenssicht geben, sind so gut wie noch nicht existent (für eine aktuelle Ausnahme siehe Foss / Laursen / Pedersen 2005). Benkler (2002) selbst unterscheidet eine **Reihe von Mechanismen**, die das Integrationsproblem der Teilbeträge verteilter Akteure bei einer Commons-based Peer Production lösen können:

- eine automatisierte Abwicklung der Integrationsaufgabe über dedizierte Informationsplattformen,

- die Peer Production der Integration selbst, d. h. auch die externen Teilnehmer übernehmen die Integration der Beiträge Einzelner in die Wertschöpfungskette,

- Integration durch Reintegration hierarchischer Koordinationsformen, d. h. eine interne Abwicklung durch das Herstellerunternehmen.

(1) Vor allem, wenn die Beiträge einzelner Beitragender relativ gering sind, können **moderne Informationsplattformen** einen Teil der notwendigen Integration automatisiert abwickeln. Ein Beispiel ist die Entwicklungsplattform im Kite-Surfing-Beispiel (Kasten 3–1). Diese mit einem CAD-System vergleichbare Software sorgt bei bestimmten Entwicklungsbeiträgen für eine automatische Integration in die Gesamtentwicklung. Ebenso ist im Fall von Spreadshirt eine automatische

Integration der Kreationen einzelner Kunden in das Produktionssystem von Spreadshirt sichergestellt (Kasten 3–2). Lediglich die Prüfung, ob ein Motiv nicht gegen die guten Sitten bzw. Markenrechte eines Dritten verstößt, wird noch manuell durch Mitarbeiter von Spreadshirt vorgenommen. Gleiches gilt für Produktkonfigurationssysteme, wie sie bei Dell zum Einsatz kommen (Kasten 2–4). Auch hier können die individuellen Spezifikationen einzelner Kunden durch die Anwendung dieses "Toolkits" automatisch in das Produktionssystem von Dell übernommen werden. Im Falle wirklich innovativer Beiträge und Ideen von Nutzern und Kunden, die den Lösungsraum stark erweitern, scheint jedoch eine automatische Integration der Beiträge nicht möglich.

(2) Eine Möglichkeit aus Herstellersicht ist es in diesem Fall, die **Integrationsfunktion auszulagern und durch die Teilnehmer selbst vollziehen zu lassen** (Peer Production der Integration). Ein gutes Beispiel hierfür ist Threadless. Hier übernehmen die Nutzer bzw. Kunden den Auswahlprozess weitgehend selbst und entscheiden als Kollektiv, welche neuen Entwicklungen Teil des Angebots von Threadless werden (Kasten 1–1). Ein weiteres Beispiel ist Wikipedia, wo die Teilnehmer selbst sowohl neue Beiträge in das Gesamtsystem integrieren als auch Ergänzungen und Verbesserungen bestehender Beiträge vornehmen. In diesem Fall ist auch die wichtige Aufgabe der **Qualitätssicherung**, eine Teilfunktion der Integrationsaufgabe, auf die Gesamtheit der Beitragenden ausgelagert. Basis der Qualitätssicherung ist dabei das Normen-System dieser Organisation.

(3) In den meisten Fällen bedeutet jedoch die Integrationsaufgabe eine **Reintegration hierarchischer Koordinationsformen**, d. h. die Anwendung eines klassischen Koordinationsmechanismus im Herstellerunternehmen. Dies gilt vor allem, wenn es sich bei interaktiver Wertschöpfung um einen durch den Hersteller initiierten Prozess handelt, bei dem die Kunden in einen Teilbereich der unternehmerischen Wertschöpfung integriert sind. In diesem Fall sind es die Mitarbeiter des Herstellers, die in einer klassischen Ablauforganisation die Beiträge der Kunden integrieren und zum Bestandteil der Gesamtleistung machen.

Ein Beispiel dazu ist **Stata Corp.**, ein Hersteller statistischer Software (von Hippel 2005). Kunden von Stata sind häufig Wissenschaftler oder Entwickler, die die Software für eine Vielzahl statistischer Tests anwenden. Die Software erlaubt dabei die einfache Programmierung neuer Tests, falls die vorhandenen Anwendungen in dem Programm eine bestimmte Aufgabe nicht ausreichend (elegant) lösen können. Stata hat deshalb seine Software in zwei Teile gespalten: in einen proprietären Teil, der die Grundfunktionen bereitstellt und durch das Unternehmen selbst weiterentwickelt wird (und durch eine klassische Software-Lizenz kostenpflichtig vertrieben wird), und in einen offenen Teil, zu dem die Gemeinschaft aller Nutzer wesentliche Beiträge in Form neuer statistischer Algorithmen und Tests leistet. Stata unterstützt diese Expertennutzer, indem es ihnen eine Entwicklungsumgebung und ein Online-Forum zur Verfügung stellt, wo die Nutzer ihre eigenen Test austauschen, anderen Nutzern Fragen stellen und Entwicklungen anderer weiterentwickeln können. Da allerdings nicht alle Nutzer derart versiert sind oder ausreichende Programmierkenntnisse haben, hat Stata ein Prozedere entwickelt, mit dem das Unternehmen regelmäßig die "besten" bzw. populärsten Weiterentwicklungen aus der Nutzer-Community auswählt und zum Bestandteil der nächsten kommerziellen Release-Version macht. Diese Entscheidung wird allein im Hause Stata getroffen, dessen Software-Entwickler auch die ausgewählten Anwendungen der Nutzer verbessern und reibungslos mit der Standardsoftware integrieren. Diese zusätzliche Wertschöpfung durch das Unternehmen ist auch Anreiz für die Nutzer, ihre Eigenentwicklungen in der Regel ohne monetäre Gegenleistung Stata zur Verfügung zu stellen (denn das Motiv für die Eigenentwicklung war ja sowieso die Nutzung der Anwendung für die eigene wissenschaftliche Arbeit).

**Interaktionsförderliche Anreizstrukturen**

Daran schließt sich unmittelbar die Forderung nach interaktionsförderlichen Anreizstrukturen an. Geeignete innerbetriebliche Anreize müssen die Weitergabe von Kundenwissen im Unternehmen und die Aufnahme von externem Wissen belohnen. Es ist bekannt, dass nicht in allen Unternehmen eine derartige Offenheit für den Input der Nutzer herrscht wie bei Stata oder Threadless. Für viele Hersteller ist die Vorstellung, dass Nutzer einen (besseren) Beitrag zur Weiterentwicklung der eigenen Produkte leisten können, sehr neu. Oft sind es einige fortschrittlich denkende Abteilungen im Unternehmen, die eine Initiative zur Integration von Kundeninformation starten und Beiträge durch die Nutzer anregen. Diese müssen dann aber im Unternehmen durch andere Abteilungen weiterverarbeitet und genutzt werden. Unter dem Begriff "**Not Invented Here (NIH) Syndrom**" wird aber im Innovationsmanagement ein Problem diskutiert, das genau diesen Transfer betrifft. Katz und Allen (1982: 7) definieren das NIH-Syndrom als "(...) the tendency of a project group of stable composition to believe that it possesses a monopoly of knowledge in its field, which leads it to reject new ideas from outsiders to the detriment of its performance." Klassischerweise wurde das NIH-Phänomen unternehmensintern zwischen verschiedenen Bereichen nachgewiesen (z. B. Widerstände der Entwicklungsingenieure, Input aus der Marketingabteilung zu berücksichtigen). Es ist anzunehmen, dass Widerstände gegen externes Wissen oft noch größer sein können als in Bezug auf Input eigener Kollegen. Dies bedeutet im Falle einer interaktiven Wertschöpfung zwischen Kunden und einem Herstellerunternehmen, dass Wissen aus externen Quellen auf Widerstand bei wenigstens einem Teil der internen Nutzer dieses Wissens stoßen kann (Huff / Möslein 2004).

Ein klassisches Konzept zur Überwindung des NIH-Syndroms ist die Betonung von "**Gatekeepern**" (Allen 1977), die ein Entwicklungsteam mit externen Wissensquellen verbinden, aber zugleich auch nicht zielführende Informationen ausfiltern. Gatekeeper haben sowohl Mechanismen als auch Anreize, ihr Wissen über externes Wissen mit den relevanten Teilen der restlichen Organisation zu teilen (siehe Allen 1977 sowie Gemünden 1981 und Moenaert / Souder 1990 zur Gestaltung der Gatekeeper-Rolle). Unternehmen sollten in diesem Sinne Gatekeeper einrichten, deren spezielle Rolle die Aufnahme und Weitergabe von Kundeninformation in den internen Entwicklungsprozess des Unternehmens ist. Ein **Beispiel** dafür ist das **Unternehmen Microsoft** (Prahalad / Ramaswamy 2000). Microsoft hat eine Gruppe von ca. 1500 zentralen Nutzern mit Lead-User-Charakter (Web-Master, Programmierer oder Software-Distributeure), die als so genannte "Microsoft Buddies" wichtigen Input für die langfristige Entwicklung der Microsoft-Software geben (siehe auch http://msdn.microsoft.com/isv/isvbuddy).

Die Mitglieder dieser Gruppe werden als erste Beta-Tester in neue Releases einbezogen, geben intensives Feedback zu bestehenden Produkten und übermitteln Ideen für neue Funktionalitäten. Im Austausch bekommen sie freie Software und Einladungen zu speziellen Events. Um das NIH-Problem zwischen den Ideen der "Buddies" und dem Unternehmen zu verhindern, hat Microsoft "Liaison Officers" nominiert, die als Gatekeeper zwischen Microsofts internen Entwicklungsteams und den Nutzern agieren. Diese Manager sind bereits seit langem in der Organisation, haben ein großes internes Netzwerk, aber auch eine gewisse hierarchische Macht, um die Integration des Nutzerinputs so gut wie möglich voran treiben zu können.

Eine andere Maßnahme zum Aufbau von Integrationskompetenz auf der Ebene der Anreizstrukturen ist die **Schaffung einer offenen Unternehmensstruktur**. Hierzu wird in der Literatur zum internen Wissensmanagement, das genau vor der gleichen Herausforderung der Verteilung und Nutzung lokalen Wissens zwischen verschiedenen Domänen steht, der Vorteil **dezentraler Unternehmensstrukturen** und einer **Delegation von Entscheidungen** auf die operative Ebene betont (Foss / Laursen / Pedersen 2005). Die Idee ist es, Entscheidungskompetenz auf die Ebene zu verlagern, auf der auch das relevante notwendige Wissen für die Entscheidungsfindung und -exekution liegt. Denn auch im Unternehmen ist ein Informationstransfer häufig durch "sticky" Information geprägt, die eine einfache Weitergabe von einer Stelle zur anderen verhindert. Das konkrete Ausmaß dieser Reintegration dispositiver und administrativer Aufgaben hängt dabei von der Betrachtungsebene und der Aufgabenstellung ab. Grundsätzlich wird jedoch das **Subsidiaritätsprinzip** als Richtlinie für die Dezentralisierung von Funktionen befolgt (Picot / Reichwald / Wigand 2003): Entscheidungskompetenz und Ergebnisverantwortung sollen in der Hierarchie so niedrig wie möglich (also möglichst nahe am eigentlichen Wertschöpfungsprozess) angesiedelt sein. So bedeutet z. B. die prozessnahe Entscheidungskompetenz eine deutlich höhere Flexibilität der Unternehmung durch viele dezentrale und kundennahe Regelkreise und den Wegfall langer und fehleranfälliger Entscheidungswege. Gleichzeitig soll die Motivation der Mitarbeiter durch ganzheitliche Aufgabenerfüllung erhöht und der Anreiz zu marktgerechtem Handeln verstärkt werden.

Ein hoher Delegationsgrad von Aufgaben kann deshalb zunächst die Nutzung lokalen Wissens verbessern, vor allem, wenn die Entscheidungsdelegation von entsprechenden Anreizen begleitet wird, die eine Abstimmung mit den Gesamtzielen der Organisation fördern. Die Erfolge japanischer Unternehmen zu einer kontinuierlichen Verbesserung und Prozessinnovation werden weitgehend der Fähigkeit dieser Unternehmen zugeschrieben, Entscheidungskompetenz auf die Ebene zu verlagern, wo auch das lokale Wissen zur Problemlösung vorhanden ist. Die hieraus resultierenden Innovationen sind jedoch in der Regel Verbesserungsinnovationen.

Wird jedoch lokales Wissen nicht nur lokal angewendet, sondern mit lokalem Wissen aus anderen Quellen zusammengebracht, kann Innovation auf einer höheren Ebene resultieren. Die Weitergabe und das Teilen von Wissen unterstützen die Bildung nichttrivialer Prozessverbesserungen oder neuer Kombinationen im Sinne Schumpeters (1934) "schöpferischer Zerstörung", die auch in (radikal) neuen Leistungen resultieren können (Kogut / Zander 1992; Tsai / Ghoshal 1998). **Instrumente zur Unterstützung**

**des Wissensaustauschs** wie Job Rotation, interfunktionale Gruppen oder ein ausgeprägtes formales Wissensmanagement können in diesem Sinne die Innovationsfähigkeit eines Unternehmens erhöhen. In Einklang mit Foss, Laursen und Pedersen (2005) schließen wir deshalb, dass eine Entscheidungsdelegation auf lokale Ebene und die Förderung offener, auf Wissensteilung und -transfer ausgelegte Strukturen auf intraorganisationaler Ebene auch die Absorptionsfähigkeit von Anbieterunternehmen in Bezug auf externes Kundenwissen erhöhen kann. Eine offene und dezentrale Ablauforganisation eines Unternehmens scheint in diesem Sinne eine wichtige Voraussetzung für die Bildung von Interaktionskompetenz.

Eine enge Kooperation unter Einschluss der Weitergabe des Wissens kann bei einzelnen Personen zu Befürchtungen führen, sich entbehrlich zu machen und damit im Extremfall den eigenen Arbeitsplatz zu gefährden. Auf der Unternehmensebene führt Innovationskooperation häufig zu der Befürchtung, die Konkurrenzfähigkeit einzubüßen. Entsprechend ist es erforderlich, auf diesen Feldern durch transparente Maßnahmen Vertrauen zu generieren und durch ein gezieltes "Vertrauensmanagement" die Basis für eine erfolgreiche Kooperation zu schaffen. Wie jedoch entsprechende Prozesse aussehen können, die zu erfolgreichen Innovationsnetzwerken führen, was in unterschiedlichen Bereichen fördernde und hemmende Faktoren sind, das hängt von den betrieblichen und überbetrieblichen Anreizsystemen ab.

**Anreize für den Leser zur Weiterentwicklung des Themas "Interaktionskompetenz"**

Für viele Unternehmen ist das Denken in Prinzipien der interaktiven Wertschöpfung noch sehr neu. Wie bereits erwähnt, stehen die empirische Forschung und die Ableitung von erfolgreichen Praktiken im Unternehmen zum Aufbau von Interaktionskompetenz erst am Anfang der Untersuchung. Deshalb sollen die Ausführungen in diesem Abschnitt vor allem als Anregungen gesehen werden, welche Aspekte zum Aufbau von Interaktionsfähigkeit als Anwendungswissen für interaktive Wertschöpfung beachtet werden müssen. Wie diese jedoch genau zu gestalten sind, wird die unternehmerische Praxis noch zeigen – nicht zuletzt, da wir genau hier in der Zukunft die Quelle nachhaltiger Wettbewerbsvorteile vermuten. Wir laden unsere

---

*Kasten 3–9:*　　*Literaturempfehlungen zur Interaktionskompetenz und zu interaktionsförderlichen Organisations- und Kommunikationsstrukturen*

- Foss, Nicolai J. / Laursen, Karl / Perdersen, Torben (2005). Organizing to gain from user interaction: The role of organizational practices for absorptive and innovative capacities. Arbeitspapier, Copenhagen Business School, Center for Strategic Management and Globalization, Copenhagen 2005.

- Picot, Arnold / Reichwald, Ralf / Wigand, Rolf (2003). Die grenzenlose Unternehmung. 5.Auflage, Wiesbaden: Gabler 2003.

- Zahra, Shaker A. / George, Gerard (2002). Absorptive capacity: a review, reconceptualization, and extension. Academy of Management Review, 27 (2002) 2, pp. 185-203..

Leser ein, an der Weiterentwicklung dieses wichtigen Feldes, nämlich der Generierung der knappen Ressource Anwenderwissen aus Theorie und Unternehmenspraxis mitzuwirken.

## 3.7 Grenzen der interaktiven Wertschöpfung: Aufgabenteilung und Transaktionskosten

Wir haben in den vorangehenden Abschnitten gesehen, dass eine interaktive Wertschöpfung unter bestimmten Voraussetzungen eine effiziente und effektive Form zur Organisation arbeitsteiliger Prozesse sein und durch die Integration von Wissen der Kunden neue Wettbewerbsvorteile für den Hersteller schaffen kann. Die Bedingung dafür ist, dass Unternehmen in der Lage sind, ihre Wertschöpfungsaufgaben in "modulare" und "granulare" Teilaufgaben zu zerlegen, diese so am Markt zu präsentieren, dass aus einer großen Menge an Kunden und Nutzern diejenigen per Selbstselektion eine Aufgabe suchen, für die sie am besten qualifiziert und/oder motiviert sind, den Input der Kunden effizient ins Herstellerunternehmen zu transferieren und schließlich die Integration der einzelnen Kundenbeiträge zu geringen internen Transaktionskosten zu vollziehen (Aufbau von Interaktionskompetenz). Allerdings zeigt sich an dieser Stelle bereits ein Trade-off, der die Grenzen der interaktiven Wertschöpfung beschreibt.

**Abbildung 3–13:** *Trade-Off zwischen Produktionskosten und Transaktionskosten in der interaktiven Wertschöpfung*

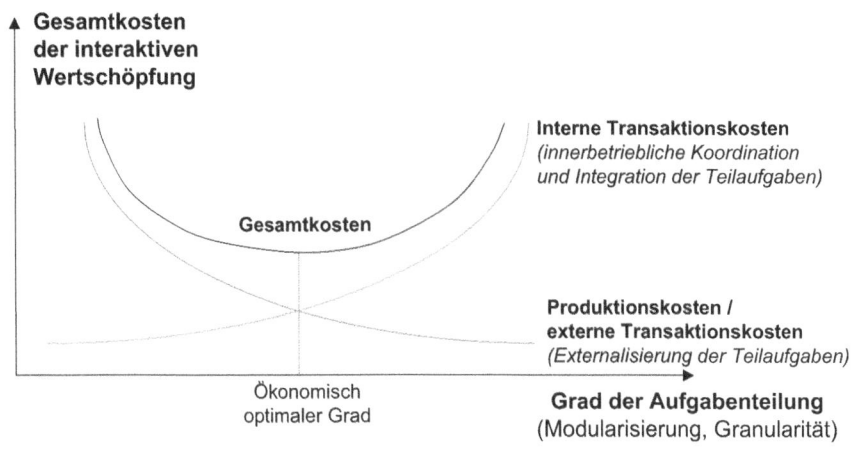

Wie Abbildung 3–13 modellhaft zeigt, steigt der Aufgabenumfang, der an die Kunden externalisiert werden kann, in dem Maße, in dem sich die Wertschöpfungsaufgaben eines Unternehmens für eine sehr feingliedrige Aufteilung eignen. Dadurch sinken die verbleibenden Produktionskosten des Unternehmens. Die externen Transaktionskosten für die Abstimmung mit den Kunden sinken gemäß den Prinzipien der "Peer Production" mit zunehmender Modularität und Granularität der Teilaufgaben, weil für sehr kleine Beiträge, die sich die Kunden selbst auswählen, tendenziell keine zusätzlichen Anreize notwendig sind. Allerdings bedarf es dann der innerbetrieblichen Koordination und Integration einer größeren Anzahl von Einzelbeiträgen. Diese Integrationsaufgabe verursacht dann tendenziell höhere interne Transaktionskosten. Aus dieser Argumentation folgen **drei Grenzen** der interaktiven Wertschöpfung.

**(1) Kosten für die Integration der Teilergebnisse:** Wenn ein Unternehmen die internen Transaktionskosten für die Integration der Teilaufgaben senken kann, so verschiebt sich der ökonomische optimale Grad der Arbeitsteilung und Externalisierung von Wertschöpfungsaufgaben nach rechts. Das Unternehmen wäre also in der Lage, das Ausmaß der interaktiven Wertschöpfung in ökonomisch sinnvoller Weise auszudehnen. Hieraus folgt aber aus der Notwendigkeit des effizienten Transfers der Kundenbeiträge ins Unternehmen sowie aus dem Bedarf nach interner Integration ein Bedarf nach geeigneten technischen Hilfsmitteln, der neue Kosten verursacht (z. B. Kosten für Aufbau und Pflege von Interaktionsplattformen zur synchronen Kollaboration im Internet, Aufbau von Toolkits etc.). Aus dem gleichen Grund sind komplementäre organisationale Mechanismen in der Kundendomäne erforderlich, die geeignete Möglichkeiten und Anreize für die Kunden bieten, einen Teil der Integrationsaufgabe selbst zu übernehmen (z. B. Ideenwettbewerbe, Maßnahmen zur Peer-Recognition). Es entstehen also Kosten für den Aufbau von Interaktionskompetenz.

**(2) Anforderungen an die Eignung betrieblicher Wertschöpfungsaufgaben für die interaktive Wertschöpfung:** Voraussetzung der interaktiven Wertschöpfung ist weiterhin eine weitreichende Zerlegbarkeit der betrieblichen Wertschöpfungsaufgaben. Ist diese Zerlegbarkeit (Granularität) nicht gegeben, bleiben die Teilaufgaben, die wegen ihres Bedarfs an externem Kundenwissen potenziell ausgelagert werden sollten, so umfangreich und anspruchsvoll, dass sie kaum ohne eine vertragliche Vereinbarung von Gegenleistungen abgewickelt werden können. Damit steigen aber wieder die externen Transaktionskosten – oder es entstehen Opportunitätskosten durch die entgangenen Nutzengewinne als Folge der interaktiven Wertschöpfung.

Inwieweit sich die Wertschöpfungsaufgaben eines Unternehmens für eine einfache Modularisierung und Re-Integration eignen, macht sich an den **Aufgabenmerkmalen** fest (Picot / Reichwald / Wigand 2003). So eigenen sich prinzipiell Aufgaben von **hoher Strukturiertheit**, die exakte, einander eindeutig zuzuordnende Lösungsschritte und Input-Output-Relationen beinhalten. Dabei ist die **Komplexität** im Sinne der Anzahl notwendiger Lösungsschritte und deren Ursache-Wirkungs-Beziehungen weniger ein Problem, so lange sie grundsätzlich ex ante bekannt sind. An seine Grenzen stößt das reine Konzept der Peer Production bei wissensintensiven Aufgaben wie Produktentwicklung und -design mit hohem technischen Neuigkeitsgrad, die heute in Unternehmen oftmals in Teams ausgeführt werden. Solche Aufgaben sind nicht in relativ kleine

Teilaufgaben von wissensökonomischer Reife zu zerlegen. Doch auch hier zeichnet sich ab, dass eine interaktive Wertschöpfung möglich ist, insofern geeignete, dem Aufgabenumfang entsprechende Anreize gesetzt werden (ein gutes Beispiel dafür ist das zu Beginn von Kapitel 4 beschriebene Beispiel **Innocentive**).

(3) **Wichtigkeit materieller Inputfaktoren:** Eine dritte Grenze der interaktiven Wertschöpfung lässt sich in der Wichtigkeit **materieller** Inputfaktoren für die Wertschöpfung in vielen Unternehmen ausmachen. Benkler (2002) sieht als wesentlichen Grund für die Verbreitung der interaktiven Wertschöpfung nach dem Prinzip der Peer Production die drastische Reduktion der Informations- und Kommunikationskosten. Wenn die Kosten der notwendigen materiellen Ressourcen (Internetzugang, Computer etc.) relativ kostengünstig und weit verteilt sind und der notwendige Inputfaktor Information tendenziell ein nicht knappes, öffentliches Gut darstellt, dann ist das Wissen bzw. Talent oder Humankapital der beteiligten Akteure der einzig knappe und wichtigste Inputfaktor. Unter diesen Bedingungen ist interaktive Wertschöpfung ein geeignetes Modell. Wie das Kite-Surfing-Beispiel zeigt, ist es auch nicht auf die Produktion reiner Informationsgüter beschränkt. Jedoch ist die Wertschöpfung und der dazu notwendige Wissenstransfer für viele materielle Güter auch unwiderruflich verbunden mit dem Austausch materieller Inputfaktoren, deren Produktion aufgrund von Skaleneffekten am besten von einem Unternehmen anstatt von Kunden ausgeführt wird.

### Schlussfolgerung

Wir haben bis zu dieser Stelle einen weiten Weg von der tayloristischen Organisation arbeitsteiliger betrieblicher Wertschöpfung über die Netzwerkorganisation bis zum neuen Konzept einer interaktiven Wertschöpfung auf Basis der "Commons-based Peer Production" beschritten. Das letztgenannte Konzept ist eine neue **Alternative** zur Abwicklung der Leistungserstellung in der Hierarchie oder im Markt bzw. einer hybriden Zwischenform. Unter bestimmten Bedingungen und innerhalb gewisser Grenzen stellt dieses Modell eine für viele Unternehmen völlig neue Alternative zur Organisation der Wertschöpfung dar. Es wird aber die klassischen Formen nicht ablösen und in vielen Wertschöpfungssystemen auch nicht in Reinform, sondern im Mix mit anderen Organisationsformen zum Einsatz kommen. Auch wird es in einer "verwässerten" Form auftreten, d. h. es sind nicht alle Prinzipien der interaktiven Wertschöpfung genau umgesetzt.

Ziel der folgenden Kapitel ist es deshalb, aus einer mehr anwendungsorientierten Sicht das Konzept der interaktiven Wertschöpfung zu konkretisieren und seine Umsetzung in der betrieblichen Praxis aufzuzeigen. Wir sehen dabei aber heute, dass – wie im Beispiel Kite-Surfing – in vielen Fällen die Initiative zur interaktiven Wertschöpfung nicht von den Anbietern, sondern von den Kunden ausgeht. Deshalb sind die im Folgenden dargestellten Möglichkeiten vielleicht gar nicht immer eine Option, sondern teilweise auch eine notwendige Reaktion. Denn Kunden und Nutzern geht es in erster Linie um einen höheren Grad an Bedürfnisbefriedigung und die Lösung offener Probleme. Ob sie dieses selbst oder in Zusammenarbeit mit einem Hersteller tun, ist für viele von ihnen häufig zweitrangig. Wenn sie aber mitwirken können, dann finden sie heute immer mehr Ansatzpunkte, wie die abschließenden Beispiele in Kasten 3–9 zeigen.

All diese Geschäftsideen basieren auf dem Prinzip des Crowdsourcing bzw. der interaktiven Wertschöpfungen und zeigen die Breite dieses Konzepts.

---

*Kasten 3–10:*    *Crowdsourcing Based Business Ideas*

*(Quelle: Based on a list of top trends for 2008 at Trendwatching.com, http://trendwatching.com/trends/8trends2008.htm#crowdmining)*

**SellaBand** lets fans sponsor unknown bands and artists by buying the band's shares or parts. Once a band has raised USD 50,000 by selling 5,000 parts, SellaBand sets up a professional recording session. The recorded songs are sold to new fans, and both the artists and owners of their parts (Believers) receive a share of the income generated through music sales and advertising revenues.

**MyFootballClub**, launched in May 2007, recently announced that they've agreed to buy a controlling stake in Ebbsfleet United FC, with the option to buy the the remaining share in the future. In less than three months, MyFootballClub signed up 50,000 people willing to pay a GBP 35 membership fee to buy and manage a soccer team with a crowd of other dedicated fans. MyFootballClub members will vote on player selection, transfers and all other major decisions. When it got down to picking a team to buy, MyFootballClub was approached by nine football club owners and also sought contact with several others.

**P2P (peer-to-peer) lending marketplaces** like Zopa and Prosper allow people to lend money directly to others, cutting out banks and other middlemen. Which means better interest rates for borrowers and higher returns for lenders. Described as eBay for loans, the P2P money exchanges work as follows: borrowers list loan details and a personal profile, and lenders bid on the loan. Lowest interest rates win. Lenders bid in increments and minimize their risk by bidding on numerous loans. A study by Online Banking Report predicts that by 2011 person-to-person lending in the US could surpass 100,000 loans a year, worth more than USD 1 billion.

**Netflix**, the DVD rental site, is offering a Grand Prize of USD 1 million to the individual who can substantially improve the accuracy of predictions about how much someone is going to love a movie based on their movie preferences.In their own words: "Netflix is all about connecting people to the movies they love. To help customers find those movies, we've developed our world-class movie recommendation system: Cinematch. Now there are a lot of interesting alternative approaches to how Cinematch works that we haven't tried. So, we thought we'd make a contest out of finding the answer. It's 'easy', really. We provide you with a lot of anonymous rating data, and a prediction accuracy bar that is 10% better than what Cinematch can do on the same training data set." To keep things transparent, progress can be monitored on an online leaderboard. So far, more than 27,000 contestants from 161 countries have submitted their guesses, with the winner for 2007 being Team KorBell for their October 2007 submission, achieving an 8.43% improvement over Cinematch, which netted them the USD 50,000 Progress Prize. Now, they got close, but not close enough, which means the USD 1 million grand prize is still up for grabs.

The **Open Handset Alliance's** most prominent member, Google, is developing Android: the first complete, open, and free mobile platform. To support the quest for apps that surprise and delight mobile users, to be created by developers around the world, Google has launched the Android Developer Challenge, which will provide USD 10 million in awards for innovative applications. The first part of the challenge (submissions are accepted from January 2 through March 3, 2008), will reward 50 entries with USD 25,000 to fund further development. Those selected will then be eligible for even greater recognition via ten USD 275,000 awards and ten USD 100,000 awards.

# Teil 3
# Planung und Kontrolle

# Strategische Planung und Kontrolle

# Kapitel 3.1

Georg Schreyögg / Jochen Koch
Grundlagen des Managements
Basiswissen für Studium und Praxis
2. Auflage 2010

Entnommen aus Kapitel 3 und 4:
Strategische Analyse
Strategiebestimmung und -umsetzung

# 3 Strategische Analyse

# Lernziele zu Kapitel 3

Nach Durcharbeiten dieses Kapitels sollten Sie in der Lage sein,

■ die strategischen Grundfragen wiederzugeben,

■ die Bedeutung der Unterscheidung zwischen Unternehmensgesamt- und Geschäftsfeldstrategie zu erkennen,

■ zu erklären, warum eine Einteilung in Funktionalstrategien nicht sinnvoll ist und welche Aufgabe den Funktionsbereichen bei der Umsetzung der Strategie stattdessen zukommt,

■ die zentrale Bedeutung der strategischen Analyse zu verstehen,

■ die globale Umwelt von der Wettbewerbsumwelt gedanklich zu trennen und erstere weiter zu unterteilen und die Art des Einflusses auf die Unternehmung darzustellen,

■ im Rahmen der Umweltanalyse die Notwendigkeit der Bildung von strategischen Geschäftsfeldern zu erkennen, und den Grundsatz der internen wie externen Selbständigkeit zu begründen,

■ die Vorgehensweise bei der globalen Umweltanalyse in ihren vier Schritten aufzuzeigen und diese jeweils mit Inhalt zu belegen,

■ den Aufbau der Unternehmensanalyse mittels Innen-Außen- und Außen-Innen-Perspektive zu strukturieren sowie deren Zweckmäßigkeit zu erläutern,

■ das Prinzip der Wertketten und deren Verschränkung inhaltlich zu erfassen und als strategisches Analyseinstrument zu verstehen.

## 3.1 Unternehmensstrategie: Grundbegriffe

Was vor 20 Jahren noch völlig ungewöhnlich war, ist heute schon fast zur Selbstverständlichkeit geworden, nämlich die Rede von und über Unternehmensstrategien. Strategie – das war früher ein Begriff, den man für groß angelegte militärische Operationspläne verwendete oder auch für ausgeklügelte Züge in Brettspielen. Diese ursprünglichen Bedeutungen schwingen natürlich mit, wenn man heute von Unternehmensstrategie oder von strategischen Entscheidungen spricht, aber es haben sich doch im Laufe der Zeit ganz andere Akzente herausgebildet.

Es ist schwer, eine einheitliche Definition anzugeben, mit der die zwischenzeitlich vorhandene Bandbreite an Vorstellungen abgedeckt werden könnte. Gewöhnlich sind es aber die folgenden Merkmale, die mit dem Begriff der Unternehmensstrategie bzw. der strategischen Entscheidung in Verbindung gebracht werden:

*Domäne*
- Strategien legen das (die) Aktivitätsfeld(er) oder die Domäne(n) der Unternehmung fest.

*Konkurrenz*
- Strategien sind konkurrenzbezogen, d.h. sie bestimmen das Handlungsprogramm der Unternehmung in Relation zu den Konkurrenten, z.B. in Form von Imitation, Kooperation, Domination oder Abgrenzung.

*Umwelt*
- Strategien nehmen Bezug auf Umweltsituationen und -entwicklungen, auf Chancen und Bedrohungen. Sie reagieren auf externe Veränderungen und/oder versuchen diese aktiv im eigenen Sinne zu beeinflussen.

*Ressourcen*
- Strategien nehmen Bezug auf die Unternehmensressourcen, auf die Stärken und Schwächen in ihrer relativen Position zur Konkurrenz.

*Ganzheitlich*
- Strategien sind auf das ganze Geschäft gerichtet, d.h. sie streben eine gesamthafte Ausrichtung der Unternehmensaktivitäten auf die strategischen Ziele an. Häufig werden sie in einer Art Plan ausformuliert und dokumentiert.

*Große Entscheidungen*
- Strategien haben langfristig eine hohe Bedeutung für die Vermögens- und Ertragslage eines Unternehmens und weitreichende Konsequenzen, was die Ressourcenbindung anbelangt; es sind "große" Entscheidungen.

*Formal geplant*
- Strategien können, müssen aber nicht das Ergebnis eines systematischen Planungsprozesses sein.

In verkürzter Form lässt sich formulieren:

*Grundfragen der strategischen Planung*
Strategien geben Antwort auf drei grundsätzliche Fragen ("Grundfragen der strategischen Planung"):

1. In welchen Geschäftsfeldern wollen wir tätig sein?
2. Wie wollen wir den Wettbewerb in diesen Geschäftsfeldern bestreiten?
3. Was ist unsere längerfristige Erfolgsbasis (Kernkompetenzen)?

Die **erste** Frage betrifft die Wahl der „Domäne", also des Geschäftsfeldes, in dem das Unternehmen tätig ist oder sein will. Dabei ist diese Frage nicht als bloße Beschreibung des status quo gemeint, sondern sie verlangt auch eine Antwort darauf, in welchem(n) Geschäft(en) die Unternehmung zukünftig tätig sein will, ob sie also im alten Geschäft verbleiben, ein neues erschließen oder mehrere betreiben will. Ein Geschäftsfeld definiert sich nicht nur nach angebotenen Produkten/Leistungen, sondern kann sich ebenso gut nach Kundengruppen (z.B. private und öffentliche Auftraggeber) oder Anwenderproblemen (z.B. Neubau und Altbausanierung) bestimmen. Viele Unternehmen sind in mehreren Geschäftsfeldern tätig. *Geschäftsfeld(er)*

Die **zweite** strategische Grundfrage stellt auf die gegenwärtige und zukünftige Positionierung in den ausgewählten Geschäftsfeldern ab. Sie verlangt eine Antwort darauf, mit welcher Konzeption und Stoßrichtung den Wettbewerbern begegnet werden soll. Will man sich z.B. als Nischenanbieter profilieren, will man auf der Basis einer im Vergleich zu den Konkurrenten kostengünstigeren Produktion zum Marktführer in der Standardklasse werden oder das eigene Angebot durch ganz spezielle Merkmale von dem der Konkurrenz absetzen? *Wettbewerbs-strategie*

Die **dritte** strategische Grundfrage stellt auf die eigenen Ressourcen ab und ihr Potenzial, längerfristig eine strategische Erfolgsgrundlage zu bieten. *Ressourcen-potenzial*

Allgemein gesprochen zielt die strategische Unternehmensführung darauf ab, den Erfolg der Unternehmung dauerhaft sicherzustellen, d.h. es wird geprüft, ob in den derzeitigen Geschäftsfeldern mit dem jetzt gewählten Wettbewerbskonzept und den vorhandenen strategischen Ressourcen auch in Zukunft erfolgreich konkurriert werden kann, oder ob neue Geschäftsfelder gesucht, neue Wettbewerbskonzepte entwickelt und/oder neue Ressourcen aufgebaut werden müssen.

**Strategische Ebenen:** Unternehmen weisen heute häufig mehrere Führungsebenen aus, die jeweils auch eigene Strategieformulierungs-Kompetenzen haben. Dies gilt in besonderem Maße für Konzerne mit selbstplanenden Tochtergesellschaften, z.T. auch für Unternehmen mit Sparten (Divisionen).

Korrespondierend mit dieser Mehrebenen-Organisation unterscheidet die strategische Unternehmensführung zwei grundsätzliche Ebenen, nämlich die *Strategie-Ebenen*

- Ebene der **Gesamtunternehmung** (des Konzerns, der Holding) und die
- Ebene des **Geschäftsfeldes** (der Sparte, der Geschäftseinheit).

Dementsprechend wird auch – wie in Abbildung 3-1 dargestellt – unterschieden zwischen:

- Gesamtunternehmens-Strategie (corporate strategy) und

- Geschäftsfeld-Strategie / Wettbewerbsstrategie (business strategy)

---

*Abbildung 3-1* | *Strategische Ebenen*

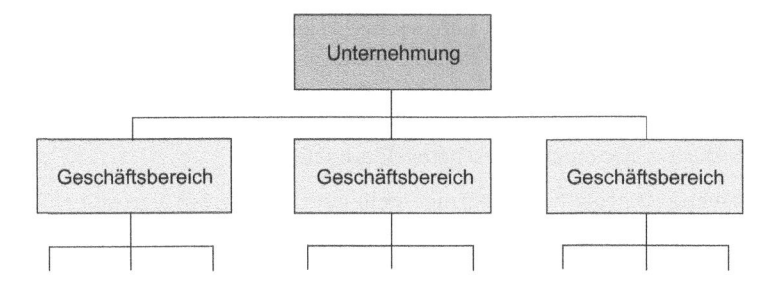

---

*Corporate Strategy*

In der **Gesamtunternehmens-Strategie** geht es darum, die Geschäftsfelder festzulegen und die Ressourcen auf die Geschäftsfelder im Sinne der strategischen Zielsetzung zu verteilen. Zur Ebene der Gesamtunternehmens-Strategie ist z.B. die vor einigen Jahren getroffene Entscheidung der RWE AG zu rechnen, die Thames Water zu kaufen und damit zu einem breiten Versorgungsanbieter zu werden, ebenso wie die kürzlich getroffene Entscheidung genau dieses Geschäftsfeld wieder aufzugeben.

*Business Strategy*

Mit der **Geschäftsfeldstrategie** wird dagegen entschieden, wie der Wettbewerb in einem ganz bestimmten Geschäftsfeld bestritten werden soll (Wettbewerbsstrategie). Dabei geht man davon aus, dass die Bedingungen in den Geschäftsfeldern, sowohl was die unternehmensinterne als auch was die externe Situation anbelangt, äußerst unterschiedlich sein können, so dass jeweils eine spezielle Strategie erforderlich wird. Unternehmen mit mehreren Geschäftsfeldern können also ganz unterschiedliche Wettbewerbsstrategien verfolgen.

*Funktional-strategien*

Bisweilen wird auch die Ebene der **betrieblichen Funktionen** als strategische Ebene begriffen. Man spricht dann von Funktionalstrategien, also Strategien für die einzelnen Funktionsbereiche wie etwa Marketingstrategie, Personalstrategie, Beschaffungsstrategie oder Fertigungsstrategie. Dies widerspricht jedoch dem hier eingeführten Strategiebegriff, der ja der Intention nach gerade **funktionsübergreifend** auf die **Steuerung der gesamten Geschäftseinheit** oder des **Gesamtsystems** abstellt.

Die betrieblichen Funktionsbereiche haben dem Konzepte nach keine **strate-gische Autonomie**, ihre Steuerung ist logischerweise eine der Strategiebil-dung nachgeordnete Aufgabe, sie ist an die festgelegte Strategie gebunden. Den betrieblichen Funktionsbereichen obliegt es, Programme zu entwickeln, die eine Umsetzung der Strategie in konkretes Handeln ermöglichen. Statt von Funktionalstrategien wird deshalb hier von **strategischen Programmen** der Funktionsbereiche gesprochen.

**Vision.** In jüngerer Zeit findet sich im Umfeld strategischer Ansätze immer häufiger der Begriff „Vision". Damit wird zumeist auf den weit vorausbli-ckenden Entwurf eines Entwicklungspfades verwiesen, eine Idee, wohin sich das Unternehmen entwickeln könnte. Meist wird auch von einer Vision erwartet, dass sie fasziniert und begeistert. Die Vision ist allgemeiner als die Strategie, sie liegt gewissermaßen vor ihr, ist aber mit ihr eng verbunden. Für die Handelskette Douglas Holding AG wird z.B. als Vision formuliert: Lifestyle im Handel.

*Systemplanung*

## 3.2 Das Grundmodell des Strategischen Managements

Jedes strategische Denken baut - wie unterschiedlich die Vorgehensweisen im Einzelnen auch sein mögen - auf **zwei Grundpfeilern** auf, nämlich **der Analyse der Umweltsituation** und **der Analyse der internen Ressourcen**. In der frühen Strategieliteratur wird dieses Grundgerüst häufig mit dem Akro-nym "SWOT"-Analyse umrissen; gemeint ist damit die Analyse der Stärken und Schwächen einer Unternehmung auf der einen Seite (strategische Un-ternehmensanalyse) und den Chancen und Risiken auf der anderen Seite (Umweltanalyse). Die heutige Strategielehre hat den Horizont über dieses Kernstück weit ausgedehnt und bezieht in den Strategieprozess eine Reihe zusätzlicher Gesichtspunkte und Schritte ein. Dies gilt auch für das hier verwendete Grundmodell des strategischen Managements, wie es in Abbil-dung 3-2 wiedergegeben ist.

*S = strengths*
*W = weaknesses*
*O = opportunities*
*T = threats*

Nach diesem Modell setzt sich der strategische Managementprozess aus drei Hauptelementen zusammen: Strategische Planung, Umsetzung und Kontrol-le. Die Strategische Planung untergliedert sich in Umweltanalyse, Unter-nehmensanalyse und Strategiebestimmung. Die Umsetzung besteht aus der Umsetzungsplanung („Strategische Programme") und den Realisations-schritten. Gleichlaufend mit diesen beiden ist das dritte Element, die Strate-gische Kontrolle, aufzubauen.

*Drei*
*Hauptelemente*

---

| *Abbildung 3-2* | *Schematischer Aufriss des strategischen Managementprozesses* |

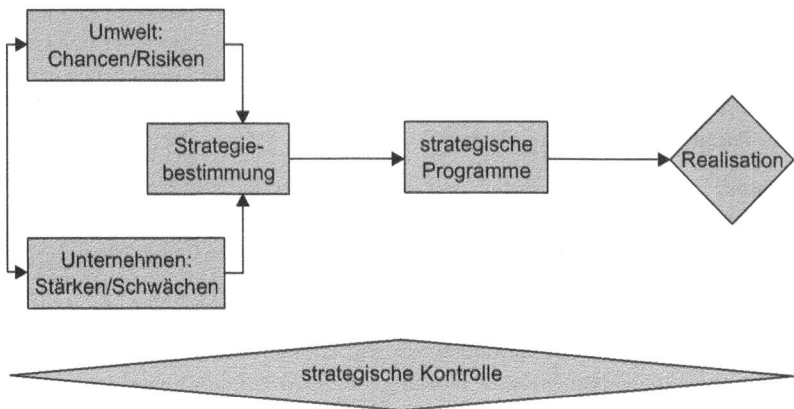

---

Im Folgenden seien die einzelnen **Elemente** des strategischen Managementprozesses kurz erläutert.

**(1)  Strategieplanung**

**Umweltanalyse**

*Chancen vs. Bedrohungen*

Die strategische Analyse ist – wie erwähnt – das Herzstück jedes strategischen Planungsprozesses, weil sie die informatorischen Voraussetzungen für eine erfolgreiche Strategieformulierung schafft. Sie setzt sich aus zwei gleich bedeutsamen Teilen zusammen, der Umweltanalyse und der Unternehmensanalyse. Aufgabe der Umweltanalyse ist es – grob gesagt –, das externe Umfeld der Unternehmung daraufhin zu erkunden, ob sich Anzeichen für eine Bedrohung des gegenwärtigen Geschäftes und/oder für neue Chancen und Möglichkeiten erkennen lassen. Die Umweltanalyse kann sich nicht nur auf das nähere Geschäftsumfeld der jeweiligen Unternehmung beschränken, sondern hat auch globalere Entwicklungen und Trends zu berücksichtigen, die möglicherweise für Diskontinuitäten und Überraschungen im engeren Geschäftsumfeld sorgen.

**Unternehmensanalyse**

*Stärken vs. Schwächen*

Das Gegenstück zur Umweltanalyse ist die Analyse der internen **Ressourcensituation** („interne Umwelt") . Hier wird geprüft, welchen strategischen Spielraum die Unternehmung hat und ob sie im Vergleich zu den wichtigsten Konkurrenten spezifische **Stärken** oder **Schwächen** aufweist, die einen Wettbewerbsvorteil/-nachteil begründen können.

**Strategiebestimmung**

Die Informationen der strategischen Analyse werden im nächsten Schritt zu möglichen und im Rahmen der Gegebenheiten sinnvollen Strategiealternativen verdichtet. Es soll der Raum der grundsätzlich denkbaren Strategien aufgerissen und durchdacht werden, um schließlich vor dem Hintergrund der angestrebten Ziele eine geeignete Auswahl zu treffen.

**(2)      Strategieumsetzung**

**Strategische Programme**

Im Weiteren geht es schließlich darum, die praktische Umsetzung der analytisch gewonnenen **Handlungsorientierung** planerisch vorzubereiten. Dabei kann es nicht um eine vollständige planerische Durchdringung des Aktionsfeldes gehen – dies ist bei komplexen Systemen prinzipiell unmöglich –, sondern nur um eine Konkretisierung solcher Maßnahmen, die für die Umsetzung und den Erfolg der festgelegten Unternehmensstrategie kritisch sind.

Auf der Basis der für eine Strategie geltenden Erfolgsfaktoren werden schwerpunktartig strategische Programme entwickelt, die eine strategische (Neu-)Orientierung des Handlungsgerüstes ermöglichen sollen.

**Strategierealisation**

Die sich oft über Jahre erstreckende Planumsetzung ist von so vielen Unwägbarkeiten und Barrieren begleitet, dass sie einer aktiven Führung bedarf. Um trotz aller dieser Schwierigkeiten einen strategischen Erfolg sicherstellen zu können, ist es von höchster Bedeutung, die (neue) strategische Orientierung im Tagesgeschäft nachhaltig zu verankern.

**(3)      Strategiekontrolle (Strategie-Monitoring)**

Weiteres Kernstück des Strategischen Managements ist die **Strategische Kontrolle**. Entgegen der üblichen Lehrmeinung wird Kontrolle hier nicht als angehängtes Schlussglied des Managementprozesses begriffen, sondern als selbständiges Steuerungsinstrument, das den Planungsprozess im Sinne eines fortlaufenden **Monitorings** kritisch absichernd begleitet. Strategieplanung und -umsetzung sind risikoreiche Prozesse, die einer fortwährenden Beobachtung bedürfen, um frühzeitig Irrwege und Bedrohungen aufzudecken. Neben dem Planungs- und Implementationsprozess ist also ein gleichlaufender Radar zu installieren, der Veränderungsnotwendigkeiten frühzeitig registriert und signalisiert.

*„Radarschirm"*

**Anmerkung:** Das hier vorgestellte Grundmodell behandelt nicht die Frage, von wem das strategische Management geleistet und wie es **organisatorisch** in einem Unternehmen eingebettet wird. Dies variiert von Unternehmen zu Unternehmen erheblich.

Die Ausarbeitung strategischer Entscheidungen wird in vielen Unternehmen von **Planungsabteilungen** unterstützt. Dies sind Spezialabteilungen, die in besonderer Weise mit den Instrumenten und Methoden der Strategischen Planung vertraut sind und so den Planungsprozess kompetent anleiten können. Sie sind zumeist als **Stabsabteilungen** der Geschäftsleitung zugeordnet.

## 3.3 Strategische Umweltanalyse: Chancen und Risiken

*Abgrenzungs-*
*fragen*

Ein Verstehen der strategischen Umweltsituation eines Unternehmens ist nur möglich, wenn eine klare Bestimmung des relevanten Umweltausschnitts geschaffen wird. Dazu sind mehrere Fragen vor jeder Einzelanalyse zu klären.

Die **erste Abgrenzungsfrage** richtet sich auf die **vertikale Differenzierung** der Strategieebenen. Hierbei ist zu entscheiden, ob sich die Analyse auf die Unternehmensebene und/oder Geschäftsfeldebene beziehen soll.

Eine **zweite Abgrenzungsfrage** richtet sich auf die Extension des Aktivitätsfeldes bzw. die Definition des strategisch relevanten Marktes. Zwar existieren in vielen Unternehmen Geschäftsfeld-Definitionen (Tochtergesellschaften, Filialen, Niederlassungen usw.), diese sind jedoch in der Regel nach ganz anderen Kriterien gebildet, z.B. nach organisatorischen, vertriebsbezogenen oder gesellschaftsrechtlichen Gesichtspunkten. Sie eignen sich deshalb nur in Ausnahmefällen für eine strategische Analyse bzw. die Umschreibung eines strategischen Geschäftsfeldes (Strategic Business Unit).

Die Analyse der festgelegten strategischen Geschäftsfelder untergliedert sich in zwei Schritte, nämlich der globalen und der Wettbewerbs-Umweltanalyse (vgl. Abbildung 3-3).

*Umweltanalyse*
*in zwei Schritten*

Während die Analyse der Wettbewerbsumwelt die **unmittelbaren** externen Einflusskräfte und Wirkungsverflechtungen erfassen will, konzentriert sich die Analyse der globalen Umwelt auf allgemeine, mehr **indirekt** auf das Geschäftsfeld wirkende Faktoren und Systeme. Es versteht sich von selbst, dass die in Abbildung 3-3 gezogenen Grenzen zwischen diesen Umwelten nur analytische Strukturierungshilfen und keine real existenten Schranken sind.

*Die globale und die Wettbewerbsumwelt*

*Abbildung 3-3*

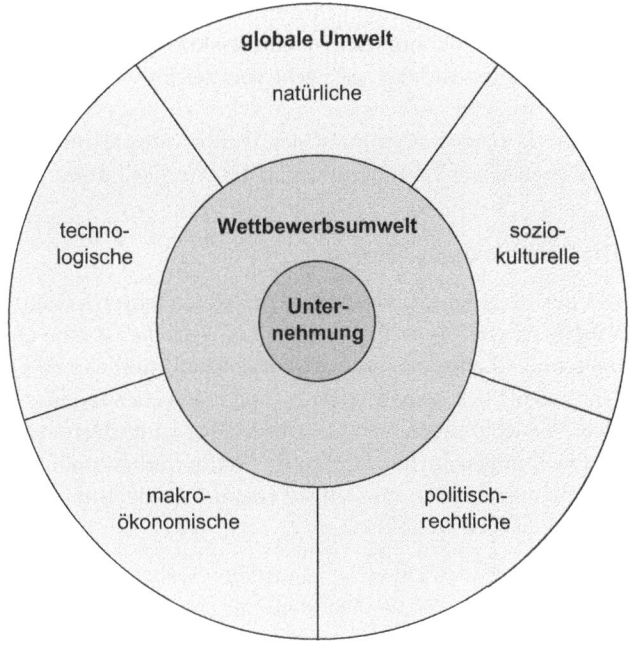

## 3.3.1   Die globale Umwelt

Im Grundsatz müsste die globale Umwelt in aller Breite beobachtet und analysiert werden. Es sollen ja möglichst alle **potenziell relevanten Trends** und Entwicklungen erkannt und geprüft werden. Dennoch ist es theoretisch und praktisch unumgänglich, wenigstens grob vorzuselektieren. Es hat sich als gute Praxis erwiesen, hierzu die globale Umwelt in fünf Hauptsektoren zu untergliedern, nämlich die

- makro-ökonomische Umwelt,
- technologische Umwelt,
- politisch-rechtliche Umwelt,
- sozio-kulturelle Umwelt,
- natürliche Umwelt.

### (1)   Die makro-ökonomische Umwelt

Die allgemeine ökonomische Umweltanalyse bezieht sich nicht nur auf die unmittelbare Wettbewerbssituation in den Geschäftsfeldern, sondern auch auf die **überlagernden ökonomischen Einflusskräfte**. Die Liste der potenziellen Einflussfaktoren ist lang, sie reicht von der Entwicklung des Brutto-Sozialprodukts über die Arbeitslosenquote bis zu Konjunkturprognosen. Eine allgemeine Rezession beeinflusst das Wettbewerbsgeschehen in einem Geschäftsfeld ebenso wie Veränderungen in den Wechselkursen.

### (2)   Die technologische Umwelt

*Wachsende Bedeutung der Technologie*

Kein Aspekt der weiteren Umwelt hat in den letzten Jahren so häufig Veränderungen erfahren wie die technologische Umwelt. Sie ist eine Quelle von Bedrohungen und Chancen längst auch für solche Unternehmen geworden, die auf den ersten Blick keinen engeren Technologiebezug aufweisen, wie etwa Banken, Versicherungen oder Handelshäuser. Lange bevor sich technologische Entwicklungen in der konkreten Wettbewerbssituation eines Geschäftsfeldes niederschlagen, müssen sie erkannt werden, um daraus Wettbewerbvorteile machen zu können.

*Globales Phänomen*

Die technologische Entwicklung ist heute eine weltweite geworden. Ihre Beobachtung kann sich deshalb nicht mehr nur auf ein Land oder eine Region beschränken. Häufig ist es auch so, dass technologische Neuerungen gar nicht in dem Bereich entwickelt werden, in dem sie dann später ihre Hauptnutzung erfahren. So wurden z.B. Kunstfasern nicht in der Textilindustrie und das elektronische Uhrwerk nicht in der Uhrenindustrie erfunden. Mangelnde Aufmerksamkeit im technologischen Sektor kann sehr rasch für ein Unternehmen zum strategischen Problem werden; die Liste der Industrien, die einen technologischen Umbruch nicht rechtzeitig registriert haben, ist lang: mechanische Schreibmaschinen, Uhrenindustrie, Rechenmaschinen etc.

*„Technologie-sprünge"*

Die Erfahrung zeigt, dass von einem bestimmten Reifepunkt an eine neue Technologie die alte sprungartig ablöst. Ein bekanntes Beispiel für eine solche sprunghafte Ablösung ist z.B. der Übergang von Transistoren zu (Silicium-)Chips.

### (3)   Die politisch-rechtliche Umwelt

Die Zeit, in der man den politischen Bereich und den ökonomischen Bereich als zwei völlig getrennte Sektoren betrachtet hat, ist längst Vergangenheit. Die politische und die wirtschaftliche Sphäre sind heute auf so vielfältige Weise verflochten, dass keine strategische Analyse darauf verzichten kann, die **politischen Einflüsse** auf die Entwicklung der Märkte zu untersuchen. Die jüngste Weltwirtschaftskrise hat diesen Zusammenhang noch einmal nachhaltig verdeutlicht. Beispiele für politische Entscheidungen von hohem strategischem Rang sind Import/Export-Zölle, Smogverordnungen, Produzentenhaftpflicht oder die Zulassungsbestimmungen für Arzneimittel.

Die politisch-rechtliche Analyse kann sich ebenso wenig wie die der anderen Faktoren nur auf die nationale Politik beschränken. **Internationale Entwicklungen**, wie die Öffnung Chinas oder die Verschuldung der sog. 3. Welt, sind häufig von ebenso großer Bedeutung (natürlich variiert diese Bedeutung mit dem jeweiligen geschäftlichen Tätigkeitsspektrums) wie globale politische Trends (z.B. Trend zu neuem Nationalismus oder die Nutzung natürlicher Energiequellen).

### (4)  Die sozio-kulturelle Umwelt

Von herausragender Bedeutung für strategische Entscheidungen ist häufig der sozio-kulturelle Bereich. Viele Misserfolge und Fehlinvestitionen haben in einer mangelhaften Beobachtung und Analyse gerade dieses Bereiches ihre Ursache. Es besteht die Gefahr, dass der schwer fassbare und meist nicht quantifizierbare Charakter der hier relevanten Faktoren zu ihrer Vernachlässigung führt.

*Gefahr der Vernachlässigung*

Von besonderer Bedeutung für das Verstehen der sozio-kulturellen Umwelt und ihrer Entwicklung sind **demographische** Merkmale und die vorherrschenden **Wertmuster**. Insbesondere geht es um die frühzeitige Erkennung eines sich abzeichnenden **Wertewandels**.

*Gesellschaftlicher Wertewandel*

Ein Beispiel für einen solchen Wertewandel mit zugleich weitreichenden demographischen Implikationen ist die rasch zunehmende Lebenserwartung oder der Trend zum Single-Haushalt.

### (5)  Die natürliche Umwelt

Unternehmen sind in mehrfacher Hinsicht mit der natürlichen Umwelt gekoppelt. Die bedrohliche Entwicklung der natürlichen Umwelt ist vielfältig dokumentiert (Report 2000), eine exponentiell zunehmende **Ressourcenvergeudung** und **Umweltverschmutzung** haben vielfältige Aktivitäten, Programme und Regulierungen entstehen lassen (Meadows et al. 1994; vgl. auch das Shell Energie-Szenario unter www.shell.com). Eine gesonderte Aufmerksamkeit muss deshalb im Rahmen der globalen Umweltanalyse den ökologischen Entwicklungen, Erwartungen und Verpflichtungen gewidmet werden. Dies durchaus in beiderlei Hinsicht, nämlich im Hinblick auf Restriktionen (Bedrohungen), aber auch im Hinblick auf Chancen (neue Märkte, neue Produkte usw.) . Die Erwartungen der Öffentlichkeit an eine ökologisch orientierte Unternehmenspolitik beziehen sich auf die Reduzierung des Verbrauchs nicht-regenerierbarer Ressourcen, die Vermeidung der Erosion regenerierbarer Ressourcen sowie die Herstellung umweltverträglicher Produkte.

**Methodik:** Die globale Umweltanalyse wird heute gewöhnlich im Anschluss an das bei General Electric entwickelte Verfahren in **vier Schritte** untergliedert:

1. Ermittlung der relevanten Bewegungskräfte in den Sektoren und Prognose ihrer Entwicklung,

2. Analyse der Querverbindungen zwischen den Einflusskräften,

3. Entwurf alternativer Szenarien,

4. Festlegung der Prämissen für den weiteren Planungsprozess.

*Szenario-entwicklung*

Allgemein geht es dabei darum, die vielfältigen Einflüsse und Kräfte, die in der Umweltanalyse herausgearbeitet werden, zu einem überschaubaren plausiblen Bild der Zukunft (Szenario) zu verdichten aus dem dann auch konkrete Handlungen abzuleiten wären. Dies fällt vielen Unternehmen immer wieder schwer (vgl. Kasten 3-1). Nachdem zudem die Trends und Projektionen in der Regel nicht eindeutig sind und nur selten einen hohen Wahrscheinlichkeitsgrad haben, ist man dazu übergegangen, mehrere **alternative Szenarien** zu erstellen.

---

### Kasten 3-1

**Turbulenzen im Reisegeschäft**

„Europas größte Reiseunternehmen, TUI mit Sitz Hannover und Thomas Cook mit Sitz Oberursel, haben Anpassungsschwierigkeiten. Es fällt ihnen schwer die richtige Antwort auf die Veränderungen zu finden, mit denen ihre Branche seit ca. 5 Jahren konfrontiert ist:

(1) Der Siegeszug des Internets,
(2) Der Anschlag vom 11.9. 2001 und die seitdem wachsende Terrorangst bei den Reisenden,
(3) Der rasch zunehmende Wunsch nach stärkerer Individualität bei Konsum und Dienstleistung.

Diese Entwicklungen erschütterten die Grundlage der jahrzehntelang gültigen Regeln des Geschäfts mit dem Pauschaltourismus."

Quelle: Wirtschaftswoche Nr. 51 vom 18.12.2006, 80–82

---

So verwendet z.B. General Electric vier Szenarien, angefangen von der „überraschungsfreien" Zukunft bis hin zur „schlechtesten aller denkbaren Zukunftssituationen" ("**worst case**"). Bei dem Mineralölkonzern Shell AG arbeitet man seit Jahren mit zwei Szenarien, einem Evolutions- und einem Revolutions-Szenario.

Unabhängig davon, ob die Trends der globalen Umweltanalyse zu Szenarien verdichtet werden oder nicht, in jedem Fall endet die Analyse mit einer Reihe von Festlegungen in Form von **kritischen Annahmen** oder Prämissen, die für den Fortlauf des Planungsprozesses Gültigkeit haben und Orientierung verleihen sollen. Sie stecken das Feld der Möglichkeiten grob ab und schließen andere potenziell relevante Faktoren und Zusammenhänge aus. Da diese Festlegungen zumeist nur auf plausiblen Vermutungen und vagen Prognosen beruhen, ist es notwendig, im Fortlauf die unsichere Basis dieser Annahmen nicht zu vergessen und immer zu versuchen, die Tragfähigkeit dieser Annahmen zu überwachen. Wie später dargelegt wird, ist dies eine Kernaufgabe der strategischen Kontrolle.

*Selektivität der Analyse*

### 3.3.2 Wettbewerbsumwelt: Markt- und Geschäftsfeldanalyse

Von herausragender Bedeutung für die strategische Planung ist neben der globalen Umweltanalyse eine systematische **Analyse der engeren ökonomischen Umwelt**, des strategischen Geschäftsfeldes. Bisweilen wird hier auch von Markt, Industriezweig oder Branche gesprochen.

*Die Wettbewerbsumwelt*

*Abbildung 3-4*

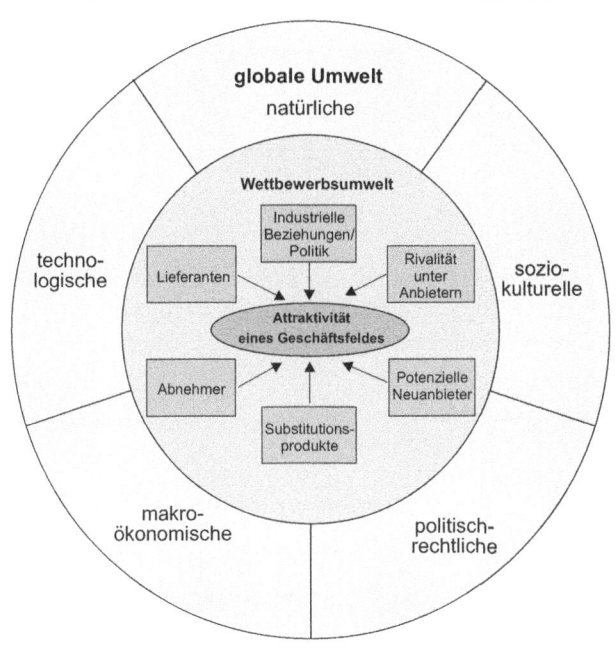

Ähnlich wie bei der globalen Umweltanalyse kommt es auch hier wesentlich darauf an, aus der unüberschaubaren Fülle von Faktoren und Einflusskräften die für die Strategieformulierung bedeutsamsten herauszufiltern.

Abbildung 3-4 stellt im Anschluss an die Industrial Organization-Forschung und das 5-Forces-Raster von Porter (2008) die zentralen Einflusskräfte zusammen, die typischerweise die Struktur eines Marktes prägen. Diese Abbildung dient zugleich als Leitfaden für diesen Abschnitt.

### 3.3.2.1 Potenzielle Neuanbieter (Markteintrittsbarrieren)

*Attraktivitäts-*
*einbußen durch*
*Neuanbieter*

Einer der wesentlichen Faktoren bei der Bestimmung der Attraktivität eines Geschäftsfeldes ist die Zutrittsmöglichkeit und die Zahl wahrscheinlicher Zutritte durch Neuanbieter. Neue Anbieter stellen für die etablierten Anbieter immer eine Bedrohung dar. Sie bauen neue Kapazitäten auf, versuchen häufig über günstigere Preise, die Nachfrage auf sich zu lenken usw.; in den meisten Fällen verschlechtern sie für die etablierten Anbieter das Gewinnpotenzial. Die Wahrscheinlichkeit, dass neue Anbieter im Markt aktiv werden, hängt in erster Linie von der Höhe der **Markteintrittsbarrieren** ab (Geroski 2002; Minderlein 1989).

---

*Abbildung 3-5* | *Quellen von Eintrittsbarrieren*

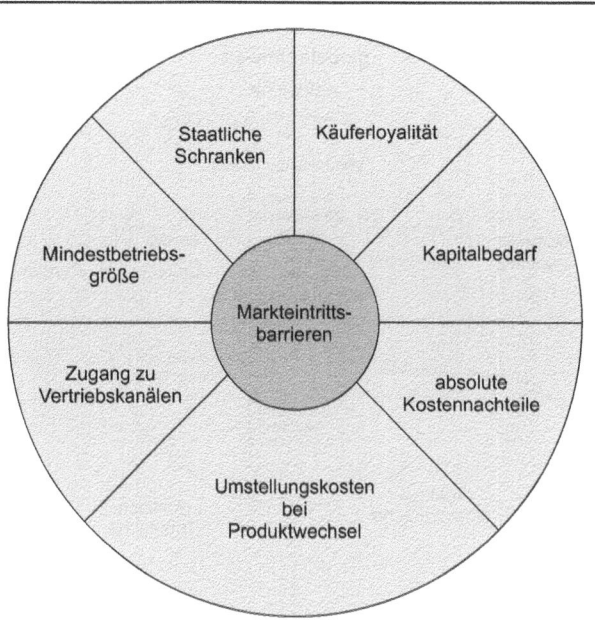

---

Markteintrittsbarrieren sind definiert als Kräfte, die außerhalb des Feldes stehende Unternehmen davon abhalten, sich in ein Geschäftsfeld zu begeben und dort zu investieren, das ihnen potenziell attraktiv erscheint. Eintrittsbarrieren schützen deshalb die etablierten Anbieter vor unliebsamer Neukonkurrenz und möglichen, die Rentabilität zerstörenden Preiskämpfen. Insofern tragen sie aus der Sicht der etablierten Anbieter zu einer Erhöhung der Marktattraktivität bei, aus der Sicht potenzieller Neuanbieter vermindern sie jedoch die Attraktivität, weil ihnen der Zugang entweder ganz versperrt ist oder nur sehr schwer durch hohe Aufwendungen verschafft werden kann. Eintrittsbarrieren werden verschiedene teils überlappende, teils separate Einflussfaktoren bestimmt (vgl. Abbildung 3-5). Einige seien kurz erläutert:

*Definition Markteintrittsbarrieren*

**(1) Mindestoptimale Betriebsgröße.** In jedem Geschäftsfeld bestehen mehr oder weniger große Möglichkeiten, die Stückkosten eines Gutes durch höhere Ausbringungsmengen zu senken (**„economies of scale"**). Hohe Ausbringungsmengen können bisweilen im Vergleich zu mittleren Ausbringungsmengen **Stückkostenersparnisse** in der Größenordnung von 30-50% bringen. Allerdings haben solche Größenersparnisse auch ihre Grenze, so dass ab einer bestimmten Ausbringungsmenge durch Steigerung keine signifikanten Kostenvorteile mehr erzielt werden können. Man spricht dann von der **Mindestoptimalen Betriebsgröße.** Sie definiert zugleich die Schwelle, die Neueintreter überschreiten müssen, um zu konkurrenzfähigen Stückkosten produzieren zu können. Je größer die mindestoptimale Menge ist, umso größer ist folglich die Markteintrittsbarriere.

*Größeneffekte*

**(2) Absolute Kostennachteile.** Neben den hier dargelegten, relativ auf die Größe der Unternehmung bezogenen Kostennachteilen, wirken auch absolute Kostennachteile eintrittshemmend. Gemeint sind damit z.B. Standortnachteile für später in den Markt eintretende Unternehmen (und damit verbunden längere Transportwege) oder höhere Immobilienpreise als sie die etablierten Wettbewerber zu tragen haben.

**(3) Käuferloyalität.** Loyalität gründet sich gewöhnlich auf emotionale Bindungen an ein Produkt, die durch neue Argumente nur schwer aufzulösen sind. Hohe Käuferloyalität ist in der Regel die Folge einer erfolgreichen Produktdifferenzierungspolitik. Je enger diese Bindung an ein bestimmtes Produkt ist, umso höher sind folglich die Markteintrittsbarrieren.

*Emotionale Bindung*

**Vergeltungsschläge:** Ob geringe Eintrittsbarrieren jedoch tatsächlich, wie bisher unterstellt, zu einem schnellen Zutritt neuer Anbieter führen, hängt von einem weiteren Faktor ab, nämlich der Vergeltung, die der potenzielle Neuanbieter von den etablierten Anbietern erwartet. Muss er davon ausgehen, dass dem Eintritt heftige Reaktionen seitens der Konkurrenten folgen (etwa in Form von **Preiskämpfen** oder **Verdrängungswettbewerb** etwa mit

*Reaktion der Wettbewerber*

Hilfe von extrem vergünstigten Konditionen), kann er trotz niedriger Eintrittsbarrieren vor einem Eintritt zurückschrecken.

### 3.3.2.2 Abnehmeranalyse

Die Abnehmer spielen in der strategischen Analyse in mehrfacher Hinsicht eine zentrale Rolle: Marktabgrenzung, neue Bedürfnisse, Kaufverhalten etc. Im Rahmen der strategischen Geschäftsfeldanalyse werden sie primär als **Wettbewerbskraft** analysiert, die mehr oder weniger stark die Rentabilität/Attraktivität des Geschäftsfeldes begrenzen kann. Anknüpfungspunkt ist die **Verhandlungsstärke** der Abnehmer. Unter Abnehmern sind dabei keineswegs nur Endverbraucher zu verstehen, sondern ganz generell die Gruppe, die auf dem Gütermarkt des zu analysierenden Unternehmens als Nachfrager auftritt. Das können Konsumenten, industrielle Abnehmer oder auch (Groß- und Einzel-)Handelsunternehmen sein.

Die Verhandlungsstärke der Abnehmer bestimmt sich in den meisten Fällen durch die folgenden Bedingungen (vgl. Porter 2008: 59 ff.):

**(1) Konzentrationsgrad der Abnehmergruppe.** Obgleich der Konzentrationsgrad der Anbieter häufig höher liegt als der der Abnehmer, gibt es doch viele Fälle, in denen die Abnehmer eine beträchtliche Konzentration erreichen. In manchen Fällen gibt es nur einen oder einige wenige große Abnehmer in einem Markt (z.B. in Automobilzuliefermärkten oder im Lebensmitteleinzelhandel).

**(2) Anteil an den Gesamtkosten der Abnehmer.** Die Intensität, mit der die Abnehmergruppe die Preisverhandlungen führt und auf Preisunterschiede reagiert, hängt ferner wesentlich davon ab, welche Bedeutung sie dem Einkauf des betreffenden Gutes beimisst. Bildet das Marktprodukt einen großen Anteil am gesamten Einkaufsbudget, so wird härter verhandelt und intensiver gesucht als bei nur geringem Anteil.

*Umstellungs-kosten*

**(3) Standardisierungsgrad.** Standardisierte Produkte stärken die Position des Abnehmers; er kann sich immer sicher sein, einen **alternativen Lieferanten** zu finden, und gewinnt dadurch Verhandlungsspielraum. Umgekehrt verhält es sich bei stark differenzierten Produkten. In solchen Fällen sind auch die Umstellungskosten der Abnehmer bei einem Lieferantenwechsel gewöhnlich sehr hoch und senken dadurch die Verhandlungsmacht der Abnehmer.

**(4) Bedeutung für die Qualität des Abnehmerproduktes.** Wenn die Qualität des Abnehmerproduktes sehr sensibel auf Inputveränderungen reagiert, so stärkt dies die Position des Anbieters; der Abnehmer ist eher geneigt, höhere Preise zu akzeptieren.

**(6) Informationsstand über die Situation der Anbieter.** Die Verhandlungsstärke eines Abnehmers steigt gewöhnlich auch in dem Maße, in dem er über seine Faktormärkte informiert ist, d.h. präzise Kenntnisse hat über das gesamte Nachfragevolumen, die Kostenstruktur der Anbieter, die Beschaffungssituation u.Ä.

Die Einschätzung der Verhandlungsstärke sollte insgesamt differenziert betrachtet werden. In der Regel ist die **Abnehmerschaft keine homogene Gruppe**, sondern es ist nach verhandlungsstärkeren und -schwächeren Segmenten zu unterscheiden.

*Segmentierung der Abnehmer*

### 3.3.2.3 Lieferantenanalyse

Analog zur Abnehmeranalyse, nur eben aus dem genau umgekehrten Blickwinkel, kann die Ermittlung der **Verhandlungsstärke der Lieferanten** erfolgen. Starke Lieferanten können durch überhöhte Preise oder durch verminderten Service die Attraktivität eines Marktes erheblich beeinträchtigen. Dies gilt vor allem dann, wenn die Nachfrager nicht in der Lage sind, die ungünstigen Einstandskosten voll in ihren eigenen Preisen weiterzugeben.

### 3.3.2.4 Bedrohung durch Substitutionsprodukte

Substitutionsprodukte sind Produkte **anderer Märkte**, die der potenzielle Abnehmer subjektiv mit dem Produkt des zu analysierenden Geschäftsfeldes in eine Äquivalenzbeziehung stellt. Die exakte Bestimmung von Substitutionsbeziehungen ist wegen ihres subjektiven Charakters schwierig. Zur Ermittlung der Marktattraktivität gehört also wesentlich die Suche nach solchen Produkten anderer Märkte, die für den Abnehmer die gleiche **Funktion** wie das Produkt der in Frage stehenden Anbieter erfüllen. Wichtig ist der **Verwendungszusammenhang der Abnehmer** und ihre subjektive Einschätzung, dass hier eine Austauschbarkeit gegeben ist. Beispiele: Ski und Snowboard; Butter und Margarine; Lebensversicherung und Immobilienfonds.

*Subjektiver Charakter*

Die Existenz von Substitutionsprodukten begrenzt das Gewinnpotenzial eines Geschäftsfeldes, sie stellen eine Art **externe** Konkurrenz dar. Sie grenzen den Preisspielraum des eigenen Marktes ein, und zwar umso stärker, je elastischer die Nachfrage ist. Substitutionsbeziehungen relativieren die Marktstrukturen, selbst hoch konzentrierte Märkte können durch Substitutionsprodukte einen starken Preisdruck erfahren.

*Wirkung von Substitutionsprodukten*

Substitutionsbeziehungen lassen sich durch eine **Preisobergrenze** beschreiben; das ist die Schwelle, von der ab Abnehmer die Substitutionsalternative dem fokalen Produkt vorziehen. Ausschlaggebend ist das Preis/Leistungs-Verhältnis.

*Preis-Leistungs-Vergleich*

### 3.3.2.5 Rivalität unter den Anbietern

Der Wettbewerb in einem Geschäftsfeld kann mehr oder weniger intensiv geführt werden. Dies hängt keineswegs nur von der Zahl der Anbieter ab, sondern auch von den Verhaltensmaximen der Wettbewerber und anderen **strukturellen Faktoren**, die eine stark ausgeprägte Rivalität unter den Wettbewerbern als wahrscheinlich erscheinen lassen. Dies sind z.B.:

*Abhängig vom Marktlebenszyklus*

**Marktsättigung:** Ist das Wachstumspotenzial eines Marktes weitgehend erschöpft, so wird die Konkurrenz um Umsatzsteigerungen zum **Nullsummenspiel**. Mit anderen Worten, in der Wachstumsphase ist die Rivalität gewöhnlich geringer als in der Sättigungsphase. Dieser Aspekt verstärkt sich bei Homogenität der Produkte, bei hohen Fixkostenanteilen, bei geringen Umstellungskosten auf Seiten der Abnehmer und bei begrenzter Mobilität, wie sie sich aus hohen Austrittsbarrieren ergibt.

*Entscheidungsrelevante Kosten*

**Austrittsbarrieren:** Marktaustrittsbarrieren sind Faktoren, die Unternehmen bewegen, Anbieter in einem Markt zu bleiben, selbst dann, wenn die Preise unter die Rentabilitätsschwelle sinken oder im Extrem mit den Erlösen nur noch ein minimaler Deckungsbeitrag erzielt werden kann. Bestimmungsfaktoren für Austrittsbarrieren sind in erster Linie Kosten, die durch Desinvestition entstehen (wie z.B. Abbruchkosten, Umsiedlungskosten, Sozialpläne, Konventionalstrafen), und ferner Einbußen (Buchverluste), die durch mangelnde Liquidierbarkeit der Anlagen entstehen (z.B. wegen hoher Transportkosten oder hohen Spezialisierungsgrades). Daneben gibt es aber auch ganz andere Gründe, wie langjährige Tradition, befürchteter Reputationsverlust, soziale Integration u.Ä., die de facto als Austrittsbarriere wirken (man denke etwa an lokale Brauereien).

### 3.3.2.6 Industrielle Beziehungen und der Staat als Wettbewerbsfaktoren

*Staatlicher Einfluss*

Der Staat nimmt in vielfacher Weise Einfluss auf den Wettbewerb. Neben allgemeinen gesetzlichen Schranken (z.B. UWG, BetrVG), die ja bereits bei der globalen politischen Umwelt behandelt wurden, gibt es direkt auf das Geschäftsfeld bezogene Einflüsse, deren Bedeutung im Rahmen der Geschäftsfeldanalyse zu erfassen ist. Zu denken ist hier zum einen an die **Marktregulierung**, z.B. in Form von Preiskontrollen, Importschranken oder Exportverboten. Die Marktregulierung wirkt sich häufig dämpfend auf die Marktattraktivität aus, kann aber durchaus auch attraktivitätssteigernd sein (z.B. Importquoten). Ein anderer Bereich sind die geschäftsfeldspezifischen industriellen Beziehungen. Sie definieren Rahmenbedingungen für die Regelung der Konflikte zwischen den verschiedenen Interessengruppen, in erster Linie zwischen Arbeitgebern und Arbeitnehmern. Chronisch schlechte **Kon-**

**flitregelungsmechanismen** beeinflussen die Attraktivität eines Geschäftsfeldes erheblich.

**Entwicklung des Geschäftsfeldes.** Eine strategische Analyse ist nicht nur an der Erfassung der derzeitigen Attraktivität eines Geschäftsfeldes interessiert, sondern muss auch Aussagen über die zukünftige **Entwicklung des Geschäftsfeldes** und seiner Ertragsaussichten machen. Eine exakte Prognose ist hier so wenig möglich wie bei den globalen Umweltfaktoren, weil man niemals alle relevanten Faktoren, geschweige denn deren zukünftigen Verlauf kennen kann. Nicht zuletzt hängt ja die Entwicklung eines Geschäftsfeldes auch davon ab, was die fokale Unternehmung strategisch beschließt und wie die Wettbewerber auf diese Strategie reagieren. Dennoch werden Entwicklungsaussagen gebraucht, um eine Entscheidungsgrundlage für die zukünftige strategische Ausrichtung des Unternehmens zu schaffen (zunächst unter der Prämisse, dass sich die eigene Strategie nicht ändert). Die Prognose der Geschäftsfeldentwicklung muss auch versuchen, die relevantesten Trends aus der globalen Umweltanalyse einzubeziehen.

*Keine exakte Prognose*

Ein wichtiges heuristisches Hilfsmittel für die Einschätzung der Entwicklung der Geschäftsfeldstruktur ist der Branchenlebenszyklus, also die Einschätzung in welcher Phase (Experimentierphase, Expansionsphase, Ausreifungsphase und Stagnations- bzw. Rückbildungsphase) sich das Geschäftsfeld befindet.

*Heuristik*

Im Hinblick auf die später darzulegende **Entwicklung von Strategien** werfen die Analyse der Geschäftsfeldstruktur und die Prognose ihrer Entwicklung zwei grundsätzliche Alternativen auf. Soll sich das Unternehmen besser an die vorgefundenen Geschäftsfeldkräfte anpassen oder soll es die Geschäftsfeldstruktur zu verändern suchen (Hamel 2001)?

*Anpassung oder Veränderung?*

# 3.4 Strategische Unternehmensanalyse: Stärken und Schwächen

Die globale und die geschäftsfeldbezogene Umweltanalyse geben ein Bild von den strategisch relevanten Kräften des externen Aktionsfeldes. Aufgabe des nächsten Planungsschrittes ist die Ermittlung der internen Situation, um dann aus der Gegenüberstellung der externen Kräfte und der internen Stärken und Schwächen geeignete Strategiealternativen formulieren zu können (vgl. hierzu auch noch einmal Abbildung 3-2).

Aufgabe der Unternehmensanalyse ist die **Beschreibung** und **Bewertung der Ressourcenposition** des Unternehmens aus strategischer Sicht mit dem

Ziel, aus den ermittelten Stärken und Schwächen Ansatzpunkte für die **Schaffung eines strategischen Wettbewerbsvorteils** aufzuzeigen.

*Beschreibung*

Die Unternehmensanalyse hat zunächst einmal die Beschreibung der eigenen Ressourcen zum Gegenstand; sie würde jedoch zu kurz greifen, wollte sie sich darauf beschränken. Stärken und Schwächen sind **relationale Begriffe, d.h. sie verweisen auf einen Vergleich.** Ob eine Ressourcenausstattung oder bestimmte Fähigkeiten eine Stärke darstellen, lässt sich nicht absolut bestimmen, sondern hängt entscheidend von den Ressourcen und Fähigkeiten der wichtigsten Konkurrenten ab.

*Beurteilung*

Die Beurteilung der eigenen Ressourcen und Fähigkeiten unter strategischen Gesichtspunkten ist daher nur in **Bezug auf Konkurrenten** sinnvoll möglich. Insofern findet die Analyse der Konkurrenten, obschon diese zur Umwelt des Unternehmens gehören, ihren genuinen Platz in der Stärken- und Schwächenanalyse.

*Neue Geschäfts-
felder*

Die Stärken- und Schwächenanalyse darf allerdings ihren Fokus nicht nur auf das bestehende Geschäftsfeld lenken, sondern sie soll auch dazu dienen zu bestimmen, inwieweit Ressourcen und Fähigkeiten des Unternehmens geeignet sind, Zukunftsmärkte zu erschließen oder in neue Märkte einzutreten.

Zwar soll die Unternehmensanalyse eine Vielzahl von Aspekten aufgreifen, dennoch kann es nicht ihr Ziel sein, eine vollständige Beschreibung aller Unternehmensressourcen zu geben. Die interne Situation eines Unternehmens ist zwar überschaubarer und besser vorstrukturiert als die Umwelt, aber auch hier ist die strategische Analyse gezwungen, stark zu **selektieren** und **Analyseprioritäten** zu setzen.

*„Modell-
konstruktion"*

In gewissem Sinne ist die Stärken- und Schwächenanalyse der Versuch einer Realitätsdefinition, die weniger einer akribischen Beschreibung als vielmehr einer Modellkonstruktion gleicht; allerdings einer Modellkonstruktion mit visionären Zügen, denn Gegenwart und Zukunft fließen in der Stärken-Schwächen-Analyse zusammen; sie ist immer in erster Linie **Potenzialanalyse** und nicht, wie etwa die Kostenrechnung, historische Ergebnisbeurteilung.

Innerhalb der wertschöpfungszentrierten Ressourcenanalyse lassen sich drei Ebenen unterscheiden. Dazu gehören (1) die **Ressourcen** im engeren Sinne, (2) die **Wertschöpfungsprozesse** sowie (3) die übergreifenden **Fähigkeiten** und **Kompetenzen**. Hinzu tritt (4) die Bewertung der Unternehmensressourcen.

### 3.4.1 Ressourcen als Wertaktivitäten

Zunächst einmal hat die strategische Planung die Ressourcen des Unternehmens aus einem strategischen Blickwinkel ordnend zu erfassen und zu beschreiben. Von Interesse sind dabei nicht nur die **„harten" Ressourcen**, wie Betriebsmittel oder Werkstoffe, erfasst werden, sondern ganz wesentlich auch die verschiedenen **intangiblen Faktoren**, auf denen der betriebliche Leistungsprozess beruht, wie beispielsweise Qualifikationen und Fertigkeiten von Mitarbeitern, nicht kodifiziertes Know-how oder ein Markenimage (Grant/Nippa 2006: 186 ff.; ).

*Tangible und intangible Ressourcen*

Für die Klassifikation strategischer Ressourcen ist eine Reihe von Schemata entwickelt worden. Starke Beachtung hat dabei das Analyseschema von Hofer/Schendel (1978) gefunden, das folgende fünf Arten von Ressourcen unterscheidet: **Finanzielle Ressourcen** (Cash Flow, Kreditwürdigkeit etc.), **physische Ressourcen** (Gebäude, Anlagen, Servicestationen usw.), **Humanressourcen** (Facharbeiter, Ingenieure, Führungskräfte usw.), **organisatorische Ressourcen** (Informationssysteme, Integrationsabteilungen usw.) und **technologische Ressourcen** (Qualitätsstandards, Markennamen, Forschungs-Know-how usw.).

*Analyseraster*

### 3.4.2 Ressourcen im Wertschöpfungsprozess

Um das Zusammenwirken der **einzelnen** Ressourcen und Potenziale in einem Unternehmen zu erfassen, sind sie sodann als Teil des Wertschöpfungsprozesses zu analysieren. Bekannt geworden ist in diesem Zusammenhang vor allem die **Wertketten-Analyse** („value chain analysis", Porter 1999). Hier wird unterschieden zwischen „primären" Aktivitäten, die unmittelbar mit Herstellung und Vertrieb eines Produktes verbunden sind, und „unterstützenden" bzw. sekundären Aktivitäten, die Versorgungsleistungen für die primären Aktivitäten und vor allem deren Steuerung zum Gegenstand haben (vgl. Abbildung 3-6).

*Primäre und sekundäre Aktivitäten*

Im Einzelnen differenziert Porter (1999) zwischen fünf typischen **primären Aktivitäten**:

*Primäre Aktivitäten*

■ Unter **„Eingangslogistik"** werden alle Aktivitäten verstanden, die den Eingang, die Lagerung und Bereitstellung von Betriebsmitteln und Werkstoffen (Roh-, Hilfs- und Betriebsstoffen) betreffen.

■ Unter **„Operationen"** sind alle Tätigkeiten der Produktion zusammengefasst (Materialumformung, Zwischenlager, Qualitätskontrolle, Verpackung usw.).

■ **„Ausgangslogistik"** bezieht sich auf alle Aktivitäten zur Auslieferung der Produkte (Fertiglager, Transport, Auftragsabwicklung usw.).

- Unter **„Marketing und Vertrieb"** sind alle Aktivitäten der Werbung, Verkaufsförderung, Außendienst, Preisbestimmung, Wahl der Vertriebswege etc. zusammengefasst.

- **„Kundendienst"** fasst schließlich alle Tätigkeiten zusammen, die ein Unternehmen zur Förderung des Einsatzes und der Werterhaltung der verkauften Produkte anbietet.

---

*Abbildung 3-6*    *Die Wertkette (am Beispiel eines Industriebetriebes)*

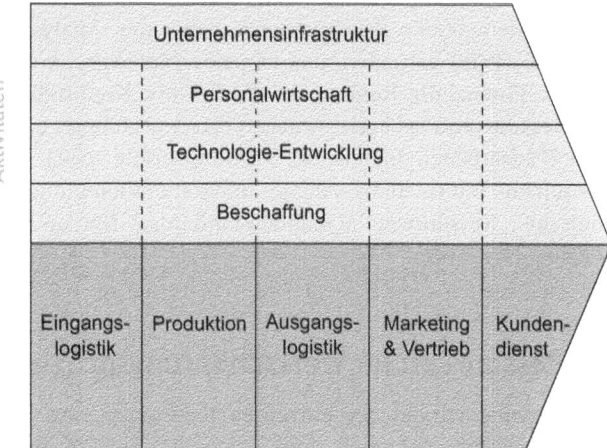

Quelle: Porter 1999: 62 (modifiziert).

*Übergreifende*    Die primären Aktivitäten werden von den **sekundären Aktivitäten** über-
*Aktivitäten*    greifend unterstützt und gesteuert:

- **„Beschaffung"** bezeichnet alle Einkaufsaktivitäten; jede der primären Wertaktivitäten benötigt Inputs, deshalb ist die Beschaffung als Querschnittsaktivität ausgewiesen.

- Auch für die **„Technologieentwicklung"** gilt, dass jede primäre Wertaktivität an Technologien gebunden ist. Zur Technologieentwicklung zählen in einem sehr weiten Sinne: Forschung & Entwicklung, Bürokommunikation, Instandhaltungsverfahren usw.

- Zur **„Personalwirtschaft"** gehören schließlich alle Aktivitäten, die den Produktionsfaktor Arbeit betreffen, also Personalbeschaffung, Einstellung, Weiterbildung, Beurteilung, Entlohnung usw.

- Der übergreifendste Faktor ist die **„Unternehmensinfrastruktur"**. Dazu zählen alle Aktivitäten der Gesamtgeschäftsführung: Rechnungswesen, Planung, Finanzwirtschaft, Image, Informationssysteme usw. Diese Aktivitäten lassen sich im Unterschied zu den anderen sekundären Aufgaben nicht mehr aufspalten und einzelnen Wertaktivitäten zuweisen, sie gelten für die ganze Kette (= Gemeinkosten!).

Die strategische Wertkettenanalyse beschränkt sich jedoch nicht nur auf das fokale Unternehmen selbst, sondern versucht darüber hinaus die Nahtstelle zu vor- und nachgelagerten Wertketten herauszuarbeiten, um mögliche strategische Verschiebungen der Wertaktivitäten auszuloten. *Vor- und nachgelagerte Wertketten*

Im Allgemeinen existieren für einzelne Branchen **typische Wertkettenstrukturen**, doch können auch **innerhalb** einer Branche erhebliche Unterschiede in der Ausgestaltung des Wertschöpfungsprozesses einzelner Unternehmen beobachtet werden. Die Umgestaltung der Wertkette wird immer häufiger Teil strategischer Überlegungen (siehe dazu Kasten 3-2). *Branchentypus*

---

### Kasten 3-2

**Neukonstruktion der Wertketten**

„Die Frage, was noch wirklich unternehmenskritische Prozesse sind, stellen sich in Deutschland nicht nur Großbanker. Die Ausgliederung kompletter Geschäftsprozesse – Business Process Outsourcing (BPO) genannt – steht in fast allen großen Unternehmen ganz oben auf der Agenda. … Zum einen ermöglichen moderne E-Business-Technologien, aber auch der Siegeszug des Internets, die Automatisierung und Standardisierung vieler Geschäftsabläufe. So ähneln sich interne Geschäftsprozesse selbst unterschiedlichster Firmen durch den Einsatz betriebswirtschaftlicher Standardsoftware, wie etwa SAP R/3, immer mehr. Vor allem aber sinken durch die web-basierte Verknüpfung die Transaktionskosten der Zusammenarbeit zwischen den Unternehmen. …

Kein Wunder, dass eine Vielzahl von Branchen große Hoffnung auf den Trend setzt – so etwa die nicht mehr von Gewinn- und Umsatzsprüngen verwöhnten IT-Dienstleister oder Managementberater. Immerhin soll nach Gartner-Berechnungen das Volumen des BPO-Marktes in Europa von gut 38 Milliarden US-Dollar im vergangenen Jahr bis 2005 auf gut 64 Milliarden steigen. Ein Zuwachs von knapp 20 Prozent pro Jahr. Trotz aller gebotenen Zurückhaltung angesichts schwerer Fehlprognosen der Marktauguren während des E-Hypes ist der Trend im Kern unstreitig. Wo immer möglich, wollen und müssen Unternehmen Investitionen auf wertschöpfende Prozesse konzentrieren und hohe Fixkosten – entweder bei Anschaffung und Betrieb komplexer IT-Infrastrukturen oder beim benötigten Personal – senken. Und immer wieder locken externe Spezialisten mit dem Versprechen, durch

> Bündelung gleicher Aufgaben unterschiedlicher Auftraggeber – vom Rechnermanagement bis hin zum Callcenter-Betrieb –, effizienter arbeiten zu können.
>
> Oft mit Erfolg: ‚Nach unserer Erfahrung lassen sich die Prozesskosten durch BPO-Projekte nachhaltig um 30 bis 45 Prozent senken.', sagt Berger-Mann Moje. Zudem ermöglicht das E-Business-Outsourcing neue Kalkulationsmodelle. Viele Dienstleister rechnen den Service nämlich nicht mehr pauschal ab, sondern nur auf Basis genutzter Leistung. Damit können die Finanzvorstände der Auftraggeber die Fixkosten ausgelagerter Prozesse oft komplett streichen und durch variable Kosten ersetzen.
>
> Aus Sicht von Gartner-Forscher Sondergaard profitieren die Unternehmen gleich mehrfach von BPO-Deals: ‚Weil sie sich mittelfristig auf die wirklich wertschöpfenden Prozesse konzentrieren können, arbeiten sie fokussierter und effizienter, und sie werden schlagkräftiger.' In manchen Fällen könne die Konzentration sogar so weit gehen, dass sich Unternehmen am Ende ausschließlich auf Funktionen wie etwa Forschung, Marketing oder Risikomanagement reduzieren, um so ihre Wettbewerbsfähigkeit zu maximieren. ‚Der BPO-Trend stellt mittelfristig komplette Unternehmensstrukturen infrage', prognostiziert Berger-Berater Moje. ‚Der Slogan zur Einführung der Smart-Pkws bringt es auf den Punkt: Reduce to the max!'.
>
> Grundsätzlich sehen die Marktbeobachter vier große BPO-Trends, die alle ohne IT-Unterstützung undenkbar wären:
>
> – Personalmanagement, Gehaltsabrechnung, Reisekosten,
> – Buchhaltung, Transaktionen, Kreditvergabe,
> – Kundenmanagement, Vertrieb, Marketing,
> – Beschaffung, Logistik."
>
> Quelle: Wirtschaftswoche Nr. 34 vom 14.08.2003: 59-61.

*Relevanz der Kostenstruktur*

Neben den **produktbezogenen** Leistungsumfängen und -potenzialen interessiert in der wertschöpfungszentrierten Stärken- und Schwächenanalyse die parallellaufende Wertumlaufsphäre und hier vorrangig vor allem die Kostenstrukturen.

*Kostentreiber*

Ziel der **Kostenstrukturanalyse** ist es, jene Faktoren zu identifizieren, die die Kosten der Leistungserbringung im Unternehmen maßgeblich bestimmen. Sie werden allgemein als „Kostentreiber" (cost drivers) bezeichnet. Zugleich bilden die hier gewonnenen Daten aber auch eine griffige Basis für Vergleiche mit Wettbewerbern (s. unten).

### 3.4.3 Organisationale Fähigkeiten und Kompetenzen

*Steuerungs-kompentenz*

Neben den Leistungen im Wertschöpfungsprozess ist das Augenmerk auch auf die hinter diesen Prozessen liegenden organisationalen **Fähigkeiten** zu richten. Hier handelt es sich um spezifisches Know-how sowie um Steuerungs- und Koordinationskompetenzen, die die Organisation als Ganzes im Laufe der Zeit ausgebildet hat.

Von Interesse sind dabei nicht so sehr die formalen Strukturen, wie sie etwa in Organigrammen aufgezeichnet werden oder mit Hilfe von Software modelliert werden, sondern vielmehr **unternehmensspezifisches Wissen** wie auch **unternehmenskulturell verankerte Prozesse**, die den Leistungsvollzug auf meist unsichtbare Weise mit strukturieren und dessen Weiterentwicklung mit prägen. Solche die Wertkettenaktivitäten übergreifenden Fähigkeiten werden in der neueren Strategielehre unter dem Stichwort der **Kompetenzen** und auf spezielle Fälle bezogen als **„Kernkompetenzen"** diskutiert (Prahalad/Hamel 1990; Schreyögg/Kliesch-Eberl 2007).

*Übergreifende Fähigkeiten*

Die besondere Relevanz des Kernkompetenzansatzes erwächst aus der Tatsache, dass viele Märkte heute einem raschen und stetigen Wandel unterworfen sind, mithin laufend neue Anforderungen an die Unternehmen stellen. Kernkompetenzen bezeichnen generelle Stärken oder eine Art Basisressource, die bei verschiedenen Wettbewerbssituationen und auch über verschiedene Märkte hinweg als Wettbewerbsvorteile ausgeformt werden können. So hat beispielsweise die Firma Sony ihre Fähigkeit, elektronische Massengüter zu miniaturisieren, u.a. zur Entwicklung so unterschiedlicher Produkte wie Walkman, Camcorder und Notebook genutzt. Nicht jede Kompetenz ist deshalb eine Kernkompetenz, und nicht jede Kompetenz enthält ein viel versprechendes **Erfolgspotenzial**. Es ist die Aufgabe der Strategischen Planung, solche Kompetenzen zu finden bzw. auszubauen, die dem Unternehmen eine erfolgträchtige Basis für den Aufbau von Geschäftseinheiten bietet.

*Definition Kernkompetenz*

Das Konzept der Kompetenzen lenkt die Aufmerksamkeit der Unternehmensanalyse auf die **ganzheitliche Ebene**, es fordert dazu auf, das Zusammenwirken der verschiedenen betrieblichen Ressourcen übergreifend zu reflektieren, sowohl was die Märkte als auch was die betrieblichen Funktionsbereiche und Sparten anbelangt.

*Ressourcenzusammenspiel*

## 3.4.4 Bewertung der Unternehmensressourcen

Eine Analyse des Unternehmens in der dargestellten Weise lässt das Ressourcenprofil hervortreten. Seine **strategische Relevanz** kann aber adäquat erst beurteilt werden, wenn man das Ressourcenprofil des Unternehmens in Perspektive zur Konkurrenz setzt.

*Ressourcenprofil*

Die Bewertung der Unternehmensressourcen erfolgt in erster Linie im Abgleich mit den wichtigsten Wettbewerbern. Dazu ist es im Prinzip erforderlich, in Analogie zur Analyse der eigenen Ressourcen und Fähigkeiten auch die der wichtigsten Wettbewerber zu untersuchen. Ein solch umfassendes Vorgehen ist indes in der Praxis kaum bewältigbar; nur selten ist es möglich, ähnlich detaillierte Informationen, wie man sie im eigenen Hause besitzt, auch über die Konkurrenten zusammenzutragen. Vielmehr wird die strategische Planung gerade in diesem Punkt wiederum **selektiv** vorgehen müssen, und zwar sowohl was das Spektrum der in den Vergleich einzubeziehenden Ressourcen angeht, als auch was die Zahl der betrachteten Wettbewerber betrifft.

Andererseits, zu ausschließlich sollte sich die Bewertung der eigenen Ressourcen auch nicht an den Wettbewerbern orientieren. Kennzeichen eines nachhaltigen strategischen Wettbewerbsvorteils ist ja gerade, dass andere Unternehmen mit ihren spezifischen Ressourcen und Fähigkeiten eine entsprechende Leistung nicht erbringen können; insofern lassen sich bestimmte Potenziale nicht im **Vergleich mit der Konkurrenz** bestimmen. Dazu bedarf es vielmehr gesonderter Kriterien, die eine Abschätzung der Erfolgsträchtigkeit erlauben.

*VRIN-Katalog*

Die neuere Strategieliteratur hat hierzu (aufbauend auf der Ressourcentheorie) mehrere leicht variierende Kriterienkataloge unter dem Stichwort "**Resource-based view**" ausgearbeitet (Barney 1991; Peteraf 1993; Grant 2002; Newbert 2008). Nach dem VRIN-Katalog müssen die folgenden vier Bedingungen erfüllt sein, damit Ressourcen und Fähigkeiten ("capabilities") die Basis eines strategischen Wettbewerbsvorteils bilden können:

*valuable*

1. **Wertschaffend (valuable):** Die betreffenden Ressourcen müssen wertvoll sein in dem Sinne, dass sie der Unternehmung auch tatsächlich die Entwicklung und Umsetzung einer wertschaffenden Strategie ermöglichen. Es gibt zahlreiche, sehr spezielle, schwer imitierbare und nicht substituierbare Ressourcen, die aber nicht zum strategischen Einsatz taugen.

*rare*

2. **Einmaligkeit (rare):** Ressourcen und Fähigkeiten, die viele Unternehmen besitzen, können nicht Grundlage von Wettbewerbsvorteilen werden. Strategisch denken heißt, nach dem Unterschied zu suchen. Beispiele für knappe Ressourcen wären etwa Standorte im Handel, staatlich regulierte Monopole z.B. in Form von Brunnenrechten, Mobilfunklizenzen u.Ä. Strategisch noch relevanter sind i.d.R. originelle Humanressourcen, Managementsysteme oder organisationale Fähigkeiten.

*imperfectly imitable*

3. **Eingeschränkte Imitierbarkeit (imperfectly imitable):** Eine sehr spezifische Ressourcenausstattung ist jedoch wettbewerbsstrategisch nur soweit erfolgversprechend, wie sie nicht imitiert werden kann. Generell gilt, dass die Imitierbarkeit sinkt, wenn die betreffenden Ressourcen

   ■ kausal unverstanden (die spezielle Wirkungsweise lässt sich zwar in einer Organisation immer wieder herstellen, ohne dass jedoch die Bezüge geklärt sind; z.B. Kunsthandwerk oder Beratungsleistungen, die auf Erfahrung beruhen),

■ historisch gewachsen (Zusammentreffen spezieller Persönlichkeiten, historische Rolle bei der Erschließung von Auslandsmärkten usw.) und

■ sozial komplex (entstehen aus dem Zusammenwirken verschiedener Personen und Gruppen) sind.

Das heißt zugleich, dass diese Ressourcen nicht auf dem Markt erworben werden können.

4. **Fehlende Substituierbarkeit (non-substitutable):** Analog zur eingeschränkten Imitierbarkeit muss auch gewährleistet sein, dass die in Frage stehenden Ressourcen nur schwer durch andere ersetzt werden können. Lassen sich die fraglichen Leistungen leicht durch andere (nicht so seltene) Ressourcen erzielen, werden die Konkurrenten diese Ressourcen erwerben und einsetzen. Neuerdings wird häufig an Stelle der Substituierbarkeit das Kriterium „Organisation" verwendet, d.h. die Fähigkeit eines Unternehmens seine Ressourcen auch zu nutzen (dementsprechend dann: VRIO).

*non-substitutable*

## Lernkontrollfragen

1. Auf welche Grundfragen gibt die strategische Planung Antwort?

2. Welche Überlegungen stehen am Beginn einer strategischen Analyse?

3. Warum wird die globale Umweltanalyse sektoral gegliedert? Welche Probleme entstehen durch die Segmentierung?

4. Inwiefern stellt die Wertkettenanalyse eine sinnvolle Erweiterung der Ressourcenanalyse dar?

5. In welchem Zusammenhang stehen Markteintritts- und Marktaustrittsbarrieren und die Branchenrentabilität?

6. Welche Kriterien müssen aus Sicht des Resource-based View erfüllt sein, damit aus organisatorischen Ressourcen bzw. Fähigkeiten Wettbewerbsvorteile entstehen?

7. Welche Faktoren bestimmen die Verhandlungsstärke von Lieferanten bzw. Abnehmern?

*Lösungshinweise zu den Lernkontrollfragen erhalten Sie unter www.gabler.de*

## Diskussionsfragen

1. Aus welchen Sektoren kommen die in Kasten 3-1 (TUI & Thomas Cook) beschriebenen Ereignisse und Trends?

2. Was versteht man unter einer Kernkompetenz eines Unternehmens? Erläutern Sie dies an einem Beispiel aus der Unternehmenspraxis.

3. Führen Sie anhand eines selbstgewählten Beispiels eine globale Umweltanalyse durch und zeigen Sie exemplarisch für jeden Umweltsektor eine relevante Änderung der globalen Umwelt im Zeitablauf auf.

4. Erläutern Sie die Bedeutung der Szenariotechnik für den strategischen Managementprozess anhand eines selbstgewählten Beispiels.

5. Vergleichen Sie die Luftverkehrsindustrie und die Softwarebranche hinsichtlich der jeweils in diesen Branchen vorherrschenden Markteintrittsbarrieren.

6. Identifizieren Sie relevante Umweltveränderungen, denen sich die Automobilindustrie in den letzten Jahren ausgesetzt sah und bewerten Sie diese hinsichtlich ihrer strategischen Bedeutung.

7. Welche Risiken birgt die Auslagerung kompletter Geschäftsprozesse wie sie beispielhaft in Kasten 3-2 beschrieben ist?

---

## Fallstudie:
## Barcley & Conen Optics

*Barcley & Conen Optics hatte das Brillengeschäft über nahezu 50 Jahre dominiert. Das Unternehmen war in den 1960er-Jahren mit einer hochqualitativen Brillengestellserie groß geworden und hatte damals zeitweise einen Marktanteil von nahezu 75 %. Nachdem die Unternehmensgründer sich 1985 aus dem aktiven Geschäft zurückgezogen hatten, führte die zweite Generation der Familien Barcley und Conen das Unternehmen mit Renditen von durchschnittlich 20 % sehr erfolgreich weiter. Die Geschäfte liefen so gut, dass es kaum nachzuvollziehen war, wie sich das Unternehmen seit Beginn der 1990er-Jahre entwickelte. B&Cs Marktanteil fiel auf 35 % im US-Markt und auf 30 % in den ausländischen Märkten, der Gewinn reduzierte sich allein im Jahr 1991 um fünf Mio. Dollar gegenüber dem Vorjahr. Zu diesem Zeitpunkt beschlossen die Eigentümer, Jack Cartright als neuen CEO von außen in das Unternehmen zu holen.*

*Cartright verbrachte die erste Woche damit, mit Mitarbeiterinnen und Mitarbeitern zu sprechen, Händler zu besuchen und insbesondere zuzuhören. Dann rief er alle*

*Führungskräfte zusammen. Am Treffen nahmen Controllerin Mary Jones, Produktionsleiter Robert Candle, Marketingleiterin Nora Tandu und Personalleiter Mark Flander teil.*

*Cartright eröffnete die Diskussion: „Wir wissen alle, dass wir es mit einer dramatischen Entwicklung zu tun haben. Es ist Zeit herauszufinden, warum das so ist und wie wir gegensteuern können. Wenn man sich mit den Händlern unterhält, kommt immer wieder das Thema ‚Nature-Sense-Frame' auf."*

*„Nature-Sense-Frame?", fragte Candle nach. „Ja, das ist ein Gestell, das durch ein neuartiges, ultraleichtes Material besonders angenehm zu tragen ist, praktisch keine Druckstellen erzeugt und vor allem kaum zerstörbar ist. Das ist insbesondere für Leute interessant, die bisher Kontaktlinsen vorgezogen haben, für Sportler etwa, aber auch für Kinder. Ich bin erstaunt, Bob, dass Sie das nicht kennen. Ich habe mit Ihren Ingenieuren über die Produktionskosten gesprochen, und auch von denen hatte bisher nur einer etwas dazu gelesen."*

*Candle erwiderte sichtlich verärgert: „Unser Job ist es zu produzieren, und zwar so effizient wie möglich. Es ist die Aufgabe des Marketings, zu wissen, was am Markt passiert."*

*Bevor Nora Tandu antworten konnte, sagte Cartright: „Lassen Sie uns dabei bleiben, Kunden und Trends zu identifizieren, die für unser Geschäft von Bedeutung sein könnten."*

*Mark Flander fiel ihm ins Wort. „Ich wäre mir nicht so sicher, ob das wirklich ein Trend ist. Aber meine Frau hat neulich erwähnt, dass ihre Tante, die ein Gestell von uns gekauft hat, jetzt weniger Zuschuss bekommen hat. Sie musste zusätzliche hundert Dollar aus der eigenen Tasche bezahlen. Sie sagte, ..."*

*„Ja", unterbrach ihn Mary Jones, „das könnte sehr gut erklären, warum sich diese billigen taiwanesischen Brillengestelle so gut an Patienten mit diesen neuen Sparkrankenversicherungen verkaufen. Die kosten nur 50 Dollar, unser günstigstes Modell kostet immerhin das Dreifache. Auf einer Messe habe ich gesehen, dass ein japanischer Hersteller ein Modell produziert, das mit unserem durchaus vergleichbar ist – für 120 Dollar. Ich hielt das für unproblematisch, da ich davon ausgegangen bin, dass die Erstattungen es den Leuten erlauben, unsere Brillen zu kaufen."*

*„Eine Sache, die mir in letzter Zeit aufgefallen ist, ist der Wunsch von Leuten, auch beim Sport auf Kontaktlinsen verzichten zu können", sagte Candle. „Ich sehe, wie junge Menschen beim Basketball, bei der Leichtathletik und selbst beim Football Brillen tragen. Die kleinen, passgenauen und flexiblen Gestelle verschaffen eine sehr gute Mobilität, sind aber teuer in der Herstellung. Ich bin mir nicht sicher, ob wir das wettbewerbsfähig umsetzen können. Unsere Gestelle sind von höchster Qualität, aber sie sind vergleichsweise schwer und natürlich nicht biegsam. Leichte, biegsame Gestelle bedürfen ganz neuer Materialien, da haben wir überhaupt keine Erfahrung mit. Aber interessant wäre es schon, denn die können leicht bis zu 600 Dollar im Verkauf kosten, was eine interessante Marge verspräche. Es wäre auch möglich, Gläser in Schwimmbrillen einzufassen."*

„Haben Sie schon etwas in diese Richtung unternommen?", fragte Cartright.

„Nein, es stand einfach nicht auf unserer Agenda. Wir arbeiten gerade daran, die Prozesse zu optimieren."

„Wenn ich das richtig verstehe", sagte Cartright, während er jeden kurz ansah, „haben wir die unteren Preisklassen an ausländische Firmen verloren, teilweise wegen des günstigeren Angebots und teilweise, weil die Zuzahlungen gekürzt wurden. Und es klingt so, als ob wir das rentable höhere Preissegment an neue einheimische Wettbewerber verloren haben, die die Bedeutung von neuen Materialien frühzeitig erkannt haben. Entschuldigen Sie, meine Damen und Herren, aber ich kann einfach nicht glauben, dass keiner von Ihnen etwas unternommen hat. Der großartige Markenname Barcley & Conen allein hätte uns gereicht, um in beiden Segmenten Marktführer zu sein."

Nun fühlte sich auch Nora Tandu endgültig angegriffen und konterte: „Wir verpassen keine Trends. Das Problem ist, wenn meine Leute versuchen, mit der Produktion oder der Entwicklung zu reden, stoßen sie grundsätzlich auf Ablehnung. Eure Leute scheinen blind und taub gegenüber neuen Ideen zu sein, sie zu überzeugen war schlicht unmöglich und wir haben deshalb aufgehört, es zu versuchen. Das einzige, was wir zu hören bekommen, ist: Effizienz, Effizienz, Effizienz! – Wir werden effizient sein bis zum Untergang."

Bob Candle explodierte: „Das ist totaler Mist. Wir hören zu, aber die Ideen eurer Leute sind völlig abwegig. Keiner aus dem Bereich hat auch nur eine Ahnung von den technischen Schwierigkeiten oder gar den Produktionskosten. Ein Sportgestell, das euch zufriedenstellt, würde mindestens 1 000 Dollar kosten."

"Das wäre immer noch besser als die Designs, die völlig an den Kundenwünschen und an dem, was gerade am Markt angesagt ist, vorbeigehen!", erwiderte Tandu scharf.

„Kommen Sie wieder runter", unterbrach Cartright. „Mary, was denken Sie über die ganze Sache?"

„Hmm, es ist erschreckend, dass unsere Zahlen sich so entwickelt haben. Das ist neu für unser Unternehmen. Dazu kommen weitere Probleme. Uns ist zwar allen bewusst, dass der Aktienkurs bei gerade einmal acht Dollar liegt – verglichen mit 26 Dollar vor ein paar Jahren. Was euch aber vielleicht nicht bewusst ist, ist, dass der Aktienhandel deutlich angestiegen ist, was bedeutet, dass potenzielle Angreifer Anteile kaufen. Wir haben keine positiven Zahlen veröffentlicht, also ist es gut möglich, dass jemand versucht uns zu kaufen, weil er der Annahme ist, es besser zu können. Solange die beiden Familienstämme noch genügend Aktien halten, ist das vielleicht nicht das zentrale Problem. Wenn das aber einmal nicht mehr so ist, dann können wir uns wahrscheinlich alle nach neuen Stellen umsehen. Aber wenigstens sind unsere Finanz- und Buchhaltungssysteme auf einem guten Stand. Wir haben eine Reihe von Benchmarks durchgeführt. Insgesamt zeigt sich, dass unsere Herstellkosten zu hoch sind. Ich weiß, dass die Leute B&C-Gestelle nicht wegen eines niedrigen Preises kaufen, aber wir müssen in einem vertretbaren Rahmen bleiben, *sonst ist auch das nicht mehr profitabel Die Southwest Center Bank hat auch schon Wind bekommen. Joe Bensen sprach gestern davon, unseren Kreditrahmen zu kürzen und die Zinsen zu erhöhen. Wir bekommen auch Druck von den Zulieferern, die jetzt alle darauf bestehen, innerhalb von 30 Tagen ihr Geld zu bekommen. In der Vergangenheit haben wir immer wieder Zahlungen bis auf 60 oder sogar 90 Tage herausgezögert. Jetzt meinen die Zulieferer, dass wir keine vertrauenswürdigen Debitoren mehr seien. Ich will nicht zu pessimistisch sein – wir können die Dinge sicher für ein weiteres Jahr, vielleicht sogar zwei, unter Kontrolle halten –, aber es wäre auf jeden Fall beruhigender, wenn wir hier wirkungsvoll gegensteuern könnten."*

*„Die hohen Herstellkosten müssen angegangen und behoben werden", antwortete Cartright. „Weißt du, Bob, ich denke, dass das Problem eine zu breite Produktpalette ist. In der Herzschrittmacher-Herstellung in Atlanta haben wir Tausende Dollar gespart, weil wir das Angebot auf eine beschränkte Anzahl von Produkten reduziert haben, und viele Hersteller folgen diesem Trend. Vielleicht müssen wir die Dinge vereinfachen, weniger Zulieferer nutzen, praktisch nur bei denen bleiben, die zuverlässig und auf einem hohen Qualitätsstandard arbeiten. Das bedeutet, dass wir ganz genau definieren müssen, welche Produkte wir produzieren und welche Märkte wir verfolgen wollen. Die Idee, dass wir mehr als 280 verschiedene Gestelle produzieren können, war eine tolle Sache – in der Vergangenheit. Ich denke aber nicht, dass das heute noch Sinn macht. Wir sind keine Maßschneider, sondern ein Industriebetrieb."*

*„Eine andere Sache, die wirklich ernst ist, ist die langsame Bearbeitung von Bestellungen der Händler. Wir sind bis zu sechs Wochen hinterher. Ein Händler hat mir gesagt, dass er so frustriert war, dass er zu einem anderen Hersteller gewechselt ist, weil er dachte, wir könnten schlicht nicht liefern. Irgendwie müssen wir realistisch mit den Vorstellungen der Händler umgehen. Wir müssen Dinge vereinfachen, schneller sein und innovativer. Es hört sich einfach an, aber es wird uns einiges abverlangen, besser mit unserer Umgebung in Kontakt zu kommen und auf sie zu reagieren."*

*Cartright entschied, das Treffen zum Ende zu bringen. „Würden Sie bitte alle über die Dinge nachdenken, die wir hier diskutiert haben? Wir treffen uns in ein paar Tagen wieder und sehen dann, was für Lösungen wir finden können, um alle auf die gleiche Wellenlänge zu bringen, besonders auf die Wellenlänge der Kunden und Wettbewerber. Vergessen Sie nicht, wir müssen vereinfachen, schneller und innovativer werden, und dabei die Qualität auf einem hohen Level halten, ohne in einem Vakuum zu agieren."*

## Fragen zur Fallstudie:

1. Vor welchen konkreten strategischen Problemen steht das Unternehmen derzeit? Analysieren Sie den Fall auf Basis einer Umwelt- und Unternehmensanalyse.
2. Welche Fehler hat das Unternehmen Ihrer Meinung nach in der Vergangenheit gemacht hat?

## Literaturhinweise

Grant, R.M./ Nippa, M., Strategisches Management, 5. Aufl., München 2006.

Müller-Stewens, G./Lechner, C., Strategisches Management, 3. Aufl., Stuttgart 2005.

Porter, M.E., Wettbewerbsstrategie, Methoden zur Analyse von Branchen und Konkurrenten (Übers. a.d. Engl.), 11. Aufl., Frankfurt a.M. 2008

Prahalad, C.K./Ramaswamy, V., Die Zukunft des Wettbewerbs. Einzigartige Werte mit dem Kunden gemeinsam schaffen, Wien 2004.

Schreyögg, G., Unternehmensstrategie – Grundfragen einer Theorie strategischer Unternehmensführung, Neudruck, Berlin/New York 1993.

# 4 Strategiebestimmung und -umsetzung

# Lernziele zu Kapitel 4

Nach Durcharbeiten dieses Kapitels sollten Sie in der Lage sein,

- die Problematik von Normstrategien aufzuzeigen,

- die strategischen Optionen auf Geschäftsfeldebene zu erörtern und ihre Einsatzmöglichkeiten und Wirkungen zu verdeutlichen,

- die strategischen Optionen auf der Gesamtunternehmens-Ebene zu benennen und zu erläutern,

- dabei die große Bedeutung der Diversifikation zu erkennen und zwischen konglomerater und verwandter bzw. horizontaler und vertikaler Diversifikation unterscheiden zu können,

- die Strategien der Internationalisierung und ihre Methoden darzustellen, sowohl im Hinblick auf Unternehmen mit bisher nur nationalem Tätigkeitsfeld als auch bereits bezogen auf international tätige Unternehmen,

- innerhalb der multinationalen Strategie zwischen globaler Strategie und fragmentierter Strategie zu unterscheiden und dabei die Entscheidungsinstrumente zu beschreiben,

- über das traditionelle Kontrollkonzept hinaus die strategische Kontrolle als planungsbegleitendes Steuerungsinstrument zu verstehen und kritisch zu durchleuchten,

- innerhalb des strategischen Kontrollprozesses die strategische Überwachung, die strategische Prämissenkontrolle und die strategische Durchführungskontrolle zu unterscheiden.

# 4.1 Strategiebestimmung und -umsetzung

Nachdem die strategische Analyse abgeschlossen ist, gilt es im nächsten Schritt die erarbeiteten Informationen zusammengeführt werden, um beurteilen zu können, ob und inwieweit die gegenwärtige Strategie zu verändern ist, beziehungsweise welche Strategiealternativen ergriffen werden sollen.

*Kreative „Bauchentscheidungen"?*

Die Frage, auf welche Weise eine strategische Neuorientierung gewonnen werden kann, hat die Unternehmensplanung lange Zeit dem nicht weiter erkundbaren Bereich der **Kreativität** und der **unternehmerischen Inspiration** zugewiesen. Aus der strukturierten Datenaufnahme heraus sollten auf die jeweilige historisch-spezifische Situation bezogene Alternativen generiert werden.

*Strategische Gesetze?*

Dieses einzelfallbezogene Verständnis der Alternativengewinnung geriet mehr und mehr in den Hintergrund. An seine Stelle trat zunächst die diametral entgegengesetzte Idee der **„Normstrategie"**. Man suchte nach empirischen Gesetzmäßigkeiten strategischen Erfolges, um daraus **universelle Erfolgsstrategien** ableiten zu können. Derartige Bemühungen, Normstrategien aus empirischen Quasi-Gesetzmäßigkeiten zu gewinnen, stoßen jedoch auf nahezu unüberwindliche praktische und methodische Schwierigkeiten. Strategisches Handeln gehorcht nicht naturgesetzmäßigen Verlaufsformen. Strategische „Gesetze" (Invarianzen) sind grundsätzlich nur von begrenzter Dauer, neue Strategien können sie jederzeit außer Kraft setzen (Schreyögg 1992).

*Optionsansatz*

Am sinnvollsten erscheint es, weder dem einen, noch dem anderen Ansatz zu folgen, sondern einem dritten Weg den Vorzug zu geben, dem Optionsansatz. Dieser erkennt die orientierende Kraft von Normstrategien an, sieht sie jedoch nicht mehr als Handlungsgesetz, sondern als grundsätzliche Option. Normstrategien helfen, den Raum möglicher Optionen vorzustrukturieren. Sie dürfen aber nicht das einzelfallbezogene Denken gänzlich verdrängen, denn dieses Denken ist es gewöhnlich, das den Weg für neue, bislang unbekannte Optionen frei schlägt.

Strategische Optionen sind grundsätzlich nach den zwei essentiellen Strategieebenen zu differenzieren, also nach der Gesamtunternehmensebene und nach der Geschäftsfeldebene.

## 4.1.1 Strategische Optionen auf der Geschäftsfeldebene

*Grundfragen der Wettbewerbsstrategie*

Für die Entwicklung einer Wettbewerbsstrategie sind vielfältige Aspekte relevant und beachtungsbedürftig. Vor allen Detailproblemen stehen jedoch drei Grundfragen, auf die jede Wettbewerbsstrategie eine Antwort geben muss:

1. Wo soll konkurriert werden (Ort des Wettbewerbs)?

2. Nach welchen Regeln soll konkurriert werden (Regeln des Wettbewerbs)?

3. Mit welcher Stoßrichtung soll konkurriert werden (Schwerpunkt des Wettbewerbs)?

### 4.1.1.1 Ort des Wettbewerbs

Die erste Frage ist auf die verschiedenen Möglichkeiten der Marktabdeckung gerichtet. Wo soll das Unternehmen in Wettbewerb treten? Ist es vorteilhafter, eine Strategie für den ganzen Markt zu wählen oder die Ressourcen (Stärken) auf einen Teilbereich zu konzentrieren? Grundsätzlich geht es mit anderen Worten um die Entscheidung, ob der **Kernmarkt** oder eine **Nische** (Teilmarkt) als Ort des Wettbewerbs gewählt werden soll. Die Begrenzung auf eine Nische ist immer dann sinnvoll, wenn ein Unternehmen aufgrund seiner speziellen Stärken seine wertschaffenden Ziele hier besser erreichen kann als bei einer Betätigung auf dem Gesamtmarkt. Die Konzentration auf eine Nische kann unter Umständen eine höhere Rentabilität erbringen als die Bedienung des Gesamtmarktes.

*Frage der Marktabdeckung*

Die Entscheidung für eine Nische bedeutet immer den **Verzicht** auf potenziell mögliche Umsätze. Nischenstrategien versprechen vor allem dann Erfolg, wenn die Anbieter des Kernmarktes aus strukturellen Gründen (Fertigungstechnologie, Vertriebssystem, Instandhaltungsorganisation usw.) die Nische nicht ohne weiteres auch mit bedienen können. So tun sich z.B. die großen Fluggesellschaften sehr schwer, den kleinen Regionalluftverkehr in das vorhandene Angebot einzubeziehen. Es fehlt nicht nur an geeignetem Fluggerät, der ganze Apparat ist auf den großzahligen Flugverkehr ausgerichtet (Personalorientierung, Verwaltung, Wartung usw.).

*Nische*

Zu beachten ist, dass nicht jeder kleine Anbieter automatisch ein Nischenanbieter ist; auch viele kleine Anbieter konkurrieren im Kernmarkt (z.B. Air Portugal im weltweiten Luftverkehr).

Was die Beständigkeit anbelangt, ist jede Nischenstrategie grundsätzlich – wie jede andere Strategie auch – erosionsbedroht. Die strukturellen Vorteile können aufgrund von Verschiebungen in den Funktionen verschwinden – z.B. Flexibilisierung der Fertigungstechnologie, die es auch dem Großhersteller erlaubt, Kleinserien rentabel zu produzieren. Umgekehrt besteht die Gefahr, dass sich die anvisierte Nische als zu klein erweist, um rentabel bedient werden zu können. Dieser Fall findet sich z.B. häufig bei regionalen Nischenstrategien (der Designer-Laden in der Kleinstadt).

*Erosionsgefahr*

### 4.1.1.2  Regeln des Wettbewerbs

Die zweite Frage bezieht sich auf die **Geschäftsfeldstruktur** und führt zu der Grundsatzentscheidung, ob der Geschäftsfeldstruktur – wie sie sich im Ergebnis der oben ausführlich dargelegten Analysen zeigt – in ihrer derzeitigen Form gefolgt oder ob eine Veränderung der Wettbewerbsregeln angestrebt werden soll.

*„rule taker"*  Die konservative Strategie betrachtet die Geschäftsfeldstruktur als gegeben und sucht nach einer **optimalen Platzierung** des Unternehmens in dem gegebenen Kräftefeld des Wettbewerbs unter Berücksichtigung der je spezifischen Stärken und Schwächen („rule taker").

*„rule breaker"*  Umgekehrt ist es bei der Veränderungsstrategie: Die geltenden Erfolgsregeln eines Marktes werden neu definiert. Derartige **Markt-Innovationsstrategien** stellen darauf ab, die kritischen Erfolgsfaktoren eines Geschäftsfeldes neu zu gewichten oder neue Erfolgsfaktoren (etwa durch eine bislang unbekannte Ressourcenkombination) hinzuzufügen („rule breaker"). Zu erinnern ist hier etwa an das Unternehmen IKEA, das mit seiner neuartigen Kombination der Wertaktivitäten die Regeln des Möbeleinzelhandels neu formuliert hat, oder Amazon mit seinen neuen Regeln für den Buchhandel.

Beide Optionen können gleichermaßen erfolgreich sein.

### 4.1.1.3  Schwerpunkt des Wettbewerbs

*Kosten vs.*
*Differenzierung*  Die dritte Frage verweist auf zwei weitere grundsätzliche Optionen, die sich bei jeder Ausgestaltung einer Wettbewerbsstrategie stellen (vgl. Porter 2008): Soll das Unternehmen schwerpunktmäßig auf der Basis von (1) günstigen Kosten (Kostenschwerpunktstrategie) oder (2) Leistungsdifferenzierung (Differenzierungsstrategie) den Wettbewerb bestreiten?

**(1) Kostenschwerpunktstrategie.** Dieser Ansatz stellt darauf ab, einen Wettbewerbsvorteil durch einen **relativen Kostenvorsprung** zu erzielen. Die strategischen Aktivitäten bündeln sich um das Ziel, das Produkt mit niedrigeren Kosten relativ zu den Konkurrenten zu erzeugen. Wie bei der Ressourcenanalyse bereits deutlich wurde, gibt es viele Quellen für strategische Kostenvorteile.

*Marktführer-*
*schaft*  Orientierte man sich z.B. an der sog. **„Erfahrungskurve"**, so müsste die Kostenschwerpunkt-Strategie zwangsläufig auf eine Strategie der Marktführerschaft in dem Sinne hinauslaufen. Die Erfahrungskurve verknüpft Stückkosten und kumulierte Produkionsmenge (=Erfahrung): Je größer die Erfahrung, desto geringer sind die Stückkosten, woraus folgt, dass nur derjenige Anbieter einen strategischen Kostenvorteil erringen kann, der die größte Mengenerfahrung bzw. den größten Marktanteil hat (vgl. Kasten 4-1).

## Kasten 4-1

### Die Erfahrungskurve

Das Konzept der Erfahrungskurve wurde Mitte der 1960er Jahre von der amerikanischen Unternehmensberatungsgesellschaft „Boston Consulting Group" (BCG) entwickelt und als Instrument zur Formulierung effektiver Geschäftsstrategien propagiert.

Vor dem Hintergrund bekannter ökonomischer Gesetzmäßigkeiten („Gesetz der Massenproduktion", Betriebsgrößenersparnisse, Lernkurve) hat die BCG empirische Untersuchungen zur langfristigen Gesamtkostenentwicklung ihrer Klienten angestellt und herausgefunden, dass im Zeitablauf gesehen zwischen der Stückkostenentwicklung und der Produktionsmenge folgender Zusammenhang besteht: Mit jeder Verdoppelung der kumulierten Produktionsmenge (= Erfahrung) einer Produktart sinken deren reale Stückkosten um 20 bis 30 %:

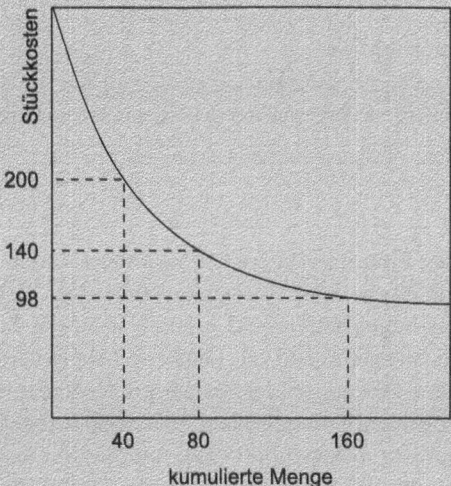

Unter der Vorraussetzung, dass die Produktionsmenge der Absatzmenge entspricht, verwendet die BCG den Marktanteil als Bestimmungsgröße für die kumulierte Produktionsmenge. Ein hoher Marktanteil indiziert somit eine große kumulierte Produktionsmenge. Daraus folgt dann, dass das Unternehmen mit dem größten Marktanteil zugleich mit den günstigsten Stückkosten produziert und damit (bei gleichen Preisen) die größten Gewinne erzielt. Der Marktanteil wird so zum alles entscheidenden Wettbewerbsfaktor:

| Größter Marktanteil | → | Höchste kumulierte Menge | → | Geringste Stückkosten | → | Höchste Rentabilität |
|---|---|---|---|---|---|---|

Das Erfahrungskurvenkonzept ist vielfach kritisiert worden. Die Haupteinwände sind:

■ Das Erfahrungskurvenkonzept kann keine generelle Gültigkeit beanspruchen, in empirischen Studien zeigt sich, dass in den verschiedenen Geschäftsfeldern ganz unterschiedliche Bedingungen herrschen und damit auch ganz unterschiedliche Möglichkeiten, Betriebsgrößenvorteile zu realisieren.

■ Die Verwendung von Marktanteilen als Indikator für die kumulierte Menge im Konkurrentenvergleich ist nur auf der Basis unrealistischer Prämissen möglich: homogene Produkte, gleiche Erfahrungsgeschichte, einheitliche Marktpreise für alle Anbieter und gleiche Markteintrittszeitpunkte.

■ Das Konzept der Erfahrungskurve ignoriert die Tatsache, dass „Erfahrung" häufig in der Branche (unbeabsichtigt) diffundiert und Konkurrenten somit trotz geringerer Produktionsmengen in ihren Genuss kommen.

■ Ferner hat das Erfahrungskurvenkonzept nur für eine gegebene Technologie Gültigkeit; Sprünge in der Entwicklung der Fertigungstechnologie begründen eine neue Erfahrungskurve.

■ Die strategische Logik der Erfahrungskurve „verführt" zu Volumenstrategien (und -investitionen) mit der Folge von Überkapazitäten und sinkender Renditen.

Quellen: Henderson 1984, Liebermann 1987, Alberts 1989

---

*Betriebsgrößen-ersparnisse*

Nach der Logik der Erfahrungskurve könnte immer nur ein Unternehmen in einem Markt sinnvoll die Kostenstrategie wählen (vgl. Porter 2008: 72 ff.). Nun ist allerdings heute hinreichend bekannt, dass die Kostenerfahrungskurve keineswegs zwingend ist (vgl. Lombriser/Abplanalp 1997: 178 f.). So hat sich z.B. bei der Diskussion der Betriebsgrößenersparnisse klar gezeigt, dass in vielen Branchen die möglichen Größenersparnisse bei schon relativ kleinen Betriebsgrößen ausgeschöpft sind, und dass in manchen Fällen bei weiterer Ausdehnung der Betriebsgröße sogar die Gefahr von **„diseconomies of scale"** besteht. Aus diesen Gründen sollte die Kostenorientierung unabhängig von einer gleichzeitigen Marktführerschaft als grundsätzliche strategische Option betrachtet werden. Der entscheidende Punkt ist die kostenoptimale Neustrukturierung der Wertkette.

*Durchschnitt-liche Qualität*

Die Kostenschwerpunktstrategie bedeutet nicht, dass die Qualität oder andere Differenzierungsgesichtspunkte wie Image, Service usw. völlig vernachlässigt werden könnten. In der Regel wird im Rahmen einer Kostenstrategie ein **Standardgut** mit durchschnittlicher Qualität und Gestaltung angeboten (vgl. etwa den Discounter Aldi und seine Strategie).

*Besonderheits-charakter*

**(2) Differenzierungsstrategie.** Die zweite grundlegende Option des Wettbewerbsschwerpunktes stellt darauf ab, einen Wettbewerbsvorteil gegenüber der Konkurrenz dadurch zu erzielen, dass das angebotene Gut (Produkt oder Dienstleistung) einen Besonderheitscharakter erhält. Differenzierte Güter sind in gewissem Umfange einzigartige Güter. Die Differenzierung zielt auf eine **Herabsetzung der Preiselastizität** der Nachfrage ab. Selbst bei starken Preisunterbietungen der Konkurrenz soll die Kernnachfrage – und damit die Rendite – erhalten bleiben. Die Nachfrager nehmen den relativ höheren Preis wegen der Einmaligkeit des Produktes hin.

Für die Entwicklung von Differenzierungsstrategien gibt es zwei generelle Ansatzpunkte (Porter 2008), (1) Senkung der Nutzungskosten und (2) Steigerung des Nutzungswertes.

*Zwei Ansatzpunkte*

Im ersten Falle findet die Einmaligkeit ihren Wert darin, dass das Produkt bei einer ganzheitlichen Betrachtung geeignet ist, trotz eines höheren Anschaffungspreises die Nutzungskosten des Abnehmers zu senken (neuerdings spricht man bei dieser Betrachtungsweise auch von Total Cost of Ownership). So können z.B. durch das Differenzierungsmerkmal „Technische Beratung" die Anlaufkosten bei neuen Aggregaten oder durch fertigungsoptimale Ausgestaltung des Vorprodukts, Fertigungskosten beim Abnehmer gesenkt werden.

*Senkung der Nutzungskosten*

Im zweiten Fall wird die Einmaligkeit durch die Schaffung eines Zusatznutzens bewirkt werden. Typische Quellen für eine solche Differenzierung sind: Kundendienst, Standort, Betriebsgröße (Zahl der Agenturen, internationale Verbindungen usw.), Qualität, Design oder Integration (z.B. Gesamtpaket für Leistungen). Nachfolgende Abbildung 4-1 gibt Beispiele für Ansatzpunkte einer solchen Differenzierungsstrategie.

*Zusatznutzen*

*Beispiele für Differenzierungen, die den Nutzungswert steigern*

*Abbildung 4-1*

| Differenzierungsmerkmal | Abnehmervorteil |
|---|---|
| • Ausstattung des Produkts mit Symbolen des Reichtums, der Männlichkeit, der Sportlichkeit usw. (z.B. Marlboro) | • Mehr Prestige, Anziehungskraft auf andere etc. |
| • Gutes Produktdesign (z.B. Loewe) | • Vergnügen an der Schönheit |
| • Exklusive Ausstattung der Geschäftsräume, charmantes Verkaufspersonal (z.B. Douglas) | • Kauferlebnis |
| • Designerkleidung (z.B. Joop, Boss) | • Prestige |
| • Sortimentsbreite (z.B. KaDeWe) | • Mehr Abwechslung |
| • Qualität der Zutaten (z.B. Dallmayr, Käfer) | • Besserer Geschmack |
| • Erhöhung der Lieferfrequenz | • Frischere Ware |

*Gegenläufige*
*Strategien*

Die Differenzierung eines Gutes ist in der Regel nur mit höheren Kosten möglich (Werbung, Servicepersonal, Designer etc.), eine Differenzierung ist deshalb auch nur so lange attraktiv, wie die zusätzlich erzielbaren Erträge größer als die zusätzlichen Aufwendungen für die Differenzierung sind. Differenzierungs- und Kostenstrategie sind deshalb auch im Grundsatz sich gegenseitig ausschließende Alternativen. Differenzierung ist gewöhnlich mit einer Verschlechterung der Kostenstruktur verbunden; die Kostenstrategie stellt auf eine Optimierung der Kostenstruktur ab und erlaubt deshalb nur eine durchschnittliche Qualität und Differenzierung.

*„Zwischen den*
*Stühlen"*

Unternehmen, die sich scheuen, einen **eindeutigen Schwerpunkt** zu setzen, laufen in der Regel Gefahr, zwischen zwei Stühle zu geraten. Sie können weder die großen Mengenabnahmen erreichen, noch exklusive Abnehmergruppen ansprechen.

*Hybrid-*
*strategien?*

Im Gegensatz dazu wird jedoch auf so genannte Hybridstrategien verwiesen (Fleck 1995; Jenner 2000; Thornhill/White 2007; Li/Li 2008), die beides zusammen verwirklichen sollen, die günstigste Kostenstruktur (also die geringsten Stückkosten) und eine voll entwickelte Differenzierung. Die Idee ist attraktiv, denn man müsste nun nicht mehr zwischen zwei risikoreichen Alternativen entscheiden, sondern könnte gewissermaßen diese Entscheidung durch Verdoppelung umgehen. Es fragt sich allerdings, ob hier nicht Wunschdenken im Vordergrund steht. Wie soll etwa ein Höchstmaß an Service mit einer sehr viel günstigeren Kostenstruktur realisierbar sein, als sie Konkurrenten aufweisen, die deutlich weniger Service anbieten? Oder wie kann man eine aufwendige Ladenausstattung im Einzelhandel (z.B. Douglas) mit einer besonders günstigen Kostenstruktur realisieren? Häufig wird hier übersehen, dass für die Differenzierungsstrategie immer galt: „Wirtschaftliche Differenzierung", d.h. bei sorgfältiger Kontrolle der Kosten, und niemals „absolute Differenzierung". Dasselbe gilt für die Kostenschwerpunktstrategie, auch sie muss ein Mindestmaß an Differenzierung erfüllen. Ob man diese Erfüllung der jeweiligen Mindeststandards dann als Hybridstrategie bezeichnen soll, ist zumindest fraglich, denn die Idee des **Wettbewerbsschwerpunkts** bleibt ja bestehen.

Die Möglichkeit von wirklichen Hybridstrategien im Sinne eines doppelten Schwerpunktes (beste Kostenstruktur und einzigartige Differenzierung) wird wohl auch künftig auf einige wenige Ausnahmefälle beschränkt, eine Schwerpunktentscheidung aus den bezeichneten Gründen dagegen der Regelfall bleiben.

## 4.1.1.4 Strategieoptionen im Überblick

Insgesamt spannen die drei Grundfragen strategischer Orientierungen dichotomisch ausgeprägt ein Spektrum von ($2^3$) **acht Basisoptionen** auf, die in Abbildung 4-2 schematisch als "strategischer Würfel" mit 8 Oktanten dargestellt sind.

*Strategischer Würfel*

Jede Wettbewerbsstrategie hat auf **alle drei Fragen** eine Antwort zu geben.

Die hier erläuterten strategischen Optionen stellen **situationsunabhängige Handlungsorientierungen** – eben Standardstrategien – dar. Welche Option im Einzelfall zu wählen ist, hängt in ganz entscheidendem Maße von den Ergebnissen der Marktstrukturanalyse und der Ressourcenanalyse ab. Wachsende Märkte bieten andere Chancen und Risiken als schrumpfende Märkte. Und ähnlich: Firmen mit chronisch ungünstiger Kostenstruktur sind in der Regel schlecht beraten, eine Kostenschwerpunktstrategie einzuschlagen.

---

*Der strategische Würfel*

*Abbildung 4-2*

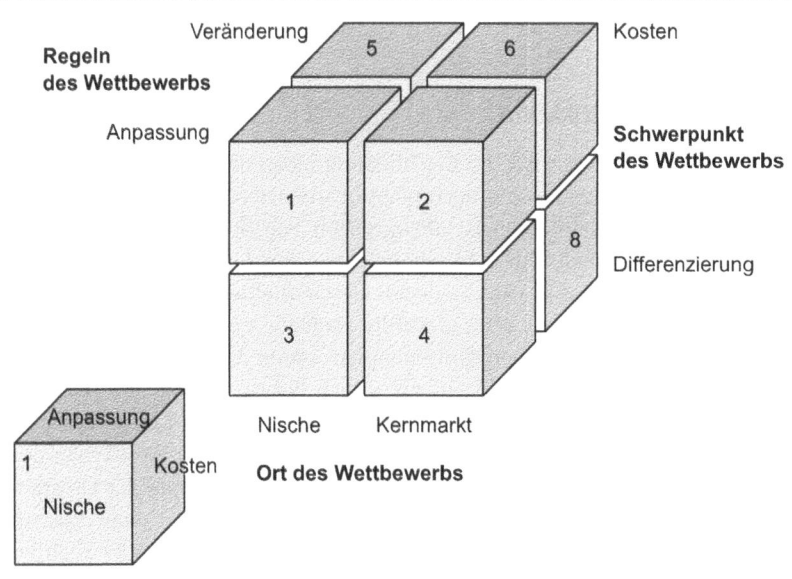

---

Ferner gilt es bei jeder Strategiealternative zu bedenken, wie *robust* die damit erzielbaren Wettbewerbsvorteile sind, d.h. wie hoch die Wahrscheinlichkeit ist, dass die erodierenden Kräfte jedenfalls für einen mittleren Zeitraum zurückgedrängt werden können. An erster Stelle ist hier die **Imitierbarkeit**

*Dauerhaftigkeit von Wettbewerbsvorteilen*

der Strategiekomponenten zu prüfen; dabei spielen die in Kapitel 3 bereits genannten Kriterien schwerer Imitierbarkeit (historisch gewachsen, kausale Ambiguität, soziale Komplexität) eine herausragende Rolle. Ferner sind Markteintrittsbarrieren, die Rivalitätsintensität, technologische Entwicklungen und strukturelle Änderungen im Käuferverhalten weitere bedeutsame Faktoren, die die Haltbarkeit eines Wettbewerbsvorsprungs mitbestimmen.

Es sei noch einmal darauf hingewiesen, dass diese strategischen Grundfragen für jedes Geschäftsfeld getrennt und bei neuen Geschäftsfeldstrukturen auch neu zu stellen sind.

## 4.1.2 Strategische Optionen auf der Gesamtunternehmensebene

Eine gesonderte Betrachtung der Gesamtunternehmensebene ist nur dann sinnvoll, wenn eine Unternehmung in mehreren Geschäftsfeldern konkurriert oder aber, wenn eine Unternehmung ihre Aktivitäten auf zusätzliche Geschäftsfelder ausdehnen will. Der markanteste Schritt (aber nicht der einzig mögliche), um in **verschiedenen Geschäftsfeldern** tätig zu werden, ist die Diversifikation.

### 4.1.2.1 Diversifikation

*Definition*  Unter Diversifikation wird die Erschließung eines **neuen** (von dem betreffenden Unternehmen bislang noch nicht bearbeiteten) **Geschäftsfeldes** verstanden. Die Diversifikation ist abzugrenzen von Strategien der Produktentwicklung innerhalb eines Geschäftsfeldes. Ein Unternehmen ist damit diversifiziert, wenn es in verschiedenen Geschäftfeldern tätig ist. Die Diversifikation ist heute eine häufig gewählte Strategie geworden. Von den 500 größten U.S.-amerikanischen Unternehmen waren 1992 ca. 90% diversifiziert, d.h. sie waren in mindestens zwei nach der Bundesstatistik separaten Branchen tätig. Fast 70 % der Unternehmen waren in 5 und mehr Branchen tätig (Collins/Montgomery 1997: 84). Ähnliches wurde für Großbritannien, Japan, Frankreich, Deutschland usw. festgestellt. Das Ausmaß der Diversifikation variiert zwar etwas über die Zeit, Unternehmen mit einer Vielzahl von unterschiedlichen Geschäftsfeldern werden aber ganz gewiss auch zukünftig der dominante Typ bleiben.

*Diversifikations-*  Als Motive für die Diversifikation werden im Allgemeinen genannt (Jakobs
*motive*  1992): Reifephase bisheriger Produkt- bzw. Geschäftsfelder, Ausdehnung des Gesamtunternehmens-Wachstums, Stärkung der Wettbewerbsfähigkeit, Steigerung des Unternehmenswertes für die Aktionäre (Shareholder Value) sowie sonstige finanzwirtschaftliche und risikopolitische Aspekte.

Produkte und Branchen durchlaufen – wie oben ausgeführt – „Alterungsprozesse", sog. **Lebenszyklen**, mit deren Fortschreiten sich das Marktwachstum verlangsamt, um in vielen Fällen schließlich negativ zu werden. Zeichnet sich eine derartige Entwicklung ab, so ist das Unternehmen gezwungen, alternative Verwendungsmöglichkeiten für die verfügbaren Investitionsmittel zu identifizieren, um für die Zukunft ein angemessenes Wachstum und eine attraktive Rentabilität zu sichern (es sei denn, die Liquidation stellt eine akzeptable Option dar).

Aber auch in expandierenden Märkten kann es vorteilhaft sein, das **Wachstum** der Unternehmung nicht ausschließlich in den angestammten Geschäftsfeldern zu realisieren. Dies ist etwa der Fall, wenn mehr Mittel erwirtschaftet werden, als zur Sicherung der eigenen Marktposition reinvestiert werden müssen, eine Ausdehnung derselben aber scharfe Wettbewerbskämpfe zur Folge hätte; oder das Unternehmen will in rentablere Geschäftsfelder vorstoßen.

In jüngerer Zeit wird die Diversifikation verstärkt unter dem Shareholder Value Gesichtspunkt, d.h. des Unternehmenswertes für die Aktionäre (**Shareholder Value**), betrachtet und vor allem auch bewertet (Martin/Sayrak 2003; Elango et al. 2008).

Zwischenzeitlich gibt es eine Vielzahl von Diversifikationsklassifikationen. Am häufigsten werden **Diversifikations-Optionen** nach den zwei folgenden Gesichtspunkten unterschieden:

*Klassifikation*

(1) Nach dem Verwandtschaftsgrad mit dem bisherigen Geschäft.

(2) Nach der Stellung im Wertschöpfungsprozess.

(1) Die Unterscheidung nach dem **Verwandtschaftsgrad** der Geschäftsfelder fragt, ob und inwieweit das neue Geschäft Verbindungen zum alten Geschäft aufweist. Dabei ist eine Vielzahl von Anknüpfungspunkten denkbar. Es gibt Diversifikationen, die auf der Basis derselben Fertigungstechnologie betrieben werden, auf ähnlicher Produkttechnologie basieren (z.B. chemische Produkte oder Metallwaren) oder die gleichen Vertriebskanäle nutzen. Je enger die Bezüge zum angestammten Geschäft, umso höher ist gewöhnlich das Synergiepotenzial, also die Chance, aus der gemeinsamen Nutzung von Ressourcen Vorteile zu ziehen. Liegt eine deutliche Nähe von altem und neuem Geschäft vor, so spricht man von einer „**verwandten**" Diversifikation, oder – im umgekehrten Fall – von einer „**unverbundenen**" oder auch „**konglomeraten**" Diversifikation.

*Synergie-potenzial*

Die Beherrschbarkeit und auch die Profitabilität einer **konglomeraten Diversifikation** sind umstritten. Hat man in den 1970er Jahren die Risikoausgleichsfunktion betont, so wird derzeit eher auf die Steuerungsprobleme verwiesen, die aus der Komplexität solcher Unternehmen resultieren. „Kon-

*Profitabilität*

zentration auf das Kerngeschäft" lautet das derzeit häufig zu hörende (und nicht selten ultimativ formulierte) Gegenprinzip, also die Empfehlung sich nur in einem einzigen Geschäftsfeld oder wenigen eng verwandten Geschäftsfeldern zu betätigen („Fokusstrategie").

*„Wertschaffend vs. wertvernichtend"*

In jüngster Zeit wird ganz in diesem Sinne zwischen „wertschaffenden" Konglomeraten („Premium Conglomerates") und „wertvernichtenden" Konglomeraten unterschieden, d.h. es handelt sich nicht um die Frage des „ob", sondern um die Frage des „wie". In Zeiten der Wirtschaftskrise bewährt sich die Risikoausgleichsfunktion der konglomeraten Diversifikation.

*Vertikal vs. horizontal*

(2) Die **zweite Unterscheidung** von Diversifikationen orientiert sich an der **Wertschöpfungsstufe**. Diversifikationen können in vorgelagerten oder nachgelagerten Wertschöpfungsstufen einer bestimmten Wertschöpfungskette angesiedelt sein (vertikale Diversifikation), aber auch auf der gleichen Wertschöpfungsstufe („horizontale Diversifikation"). Eine horizontale Diversifikation sucht neue Geschäftsfelder auf der vergleichbaren Wertschöpfungsstufe in mehr oder weniger großer Nähe zum angestammten Markt (z.B. Küchenmaschinen und Rasenmäher).

*Drei Formen*

**Eintrittsalternativen:** Eine geplante Diversifikation kann grundsätzlich auf drei Wegen realisiert werden:

- Akquisition,

- Kooperation oder

- Eigenaufbau.

In der Praxis wird mit Abstand am häufigsten der **Akquisitionsweg** gewählt, d.h. es wird eine Unternehmung gekauft, die in dem Ziel-Geschäftsfeld bereits etabliert ist und über das notwendige Markt-Know-how verfügt. Es ist dies der am einfachsten und schnellsten zu realisierende Weg, das erforderliche Know-how wird gekauft. Die Schwierigkeiten dieses Weges werden allerdings häufig weit unterschätzt. In zahlreichen Studien wird die außerordentlich hohe Misserfolgsquote von Akquisitionen klar belegt (vgl. zusammenfassend King et al. 2004).

Der Weg des **Eigenaufbaus** („start up") wird wesentlich seltener beschritten (fehlendes Know-how, zu großes Risiko etc.). Dort, wo er allerdings konsequent beschritten wird, hat er eine gute Erfolgsprognose.

In jüngster Zeit rückt die **Kooperation** als dritter Weg stark in den Vordergrund, etwa in Form von Lizenznahmen oder Joint Ventures. Eine Kooperation – oft vermieden wegen des Autonomieverlustes – ist vor allem dort aussichtsreich, wo sich zwei separat entwickelte Kompetenzen auf einem neuen Markt zu einem Wettbewerbsvorteil vereinen lassen (z.B. Forschungs- und Vertriebskompetenz).

Welcher Weg auch immer im Einzelfall gewählt wird, ausschlaggebende Frage für den Erfolg ist jeweils, ob es dem diversifizierenden Unternehmen gelingen wird, in dem neuen Geschäftsfeld eine aussichtsreiche Wettbewerbsposition zu erringen oder nicht.

### 4.1.2.2 Portfolio-Strategien

Hat sich eine Firma zur Diversifikation oder ganz allgemein zur Tätigkeit in verschiedenen Geschäftsfeldern entschlossen, so stellt sich auf Unternehmensebene ein neues strategisches Problem, nämlich wie die vorhandenen finanziellen Ressourcen auf die verschiedenen Geschäftsbereiche verteilt werden sollen und wie das Verhältnis der Geschäftsbereiche zueinander strategisch auszulegen ist. Zur Fundierung dieser gesamtstrategischen Entscheidungen sind die lange Zeit überaus populären Portfolio-Modelle entwickelt worden.

*Strategische Steuerung*

Portfolio-Modelle sollen das Management von diversifizierten Unternehmen bei der komplexen strategischen Führungsaufgabe unterstützen, indem sie einen **Maßstab** definieren, der einen Vergleich der unterschiedlichen Geschäfte erlaubt, und ferner eine **generalisierte** Beschreibung der strategischen Situation anbietet, in der sich die individuellen Analysen zusammenfassen lassen.

*Portfolio-Ansatz*

Der dabei zugrunde liegende Selektionsprozess ermöglicht einerseits überhaupt erst, die komplexe strategische Gesamtführungsaufgabe auf ein bearbeitbares Format zu bringen, birgt aber auf der anderen Seite aufgrund der geradezu dramatischen Vereinfachung zahlreiche Risiken, die sorgfältig zu beobachten Aufgabe eines strategischen Prozesses sein muss, der sich dieses Instrumentes bedient.

*Dramatische Vereinfachung*

Basis aller Portfoliokonzepte ist die Beschreibung des Erfolgspotenzials einer strategischen Geschäftseinheit auf der Basis der internen Stärken und Schwächen einerseits sowie der Chancen und Bedrohungen aus der Umwelt andererseits (SWOT-Analyse). Die typische Darstellungsweise in der Form eines Koordinatensystems weist dementsprechend immer eine **Umweltachse** und eine **Unternehmensachse** auf.

*Zwei Dimensionen*

Das wohl bekannteste Portfoliokonzept wurde Anfang der 1970er Jahre von der Boston Consulting Group (BCG) entwickelt (Henderson/Zakon 1983). Man wählte die Darstellungsform einer Vierfelder-Matrix.

Wie Abbildung 4-3 zeigt, wird die **Umweltkonstellation** einer strategischen Geschäftseinheit in der BCG-Matrix durch einen einzigen Faktor, nämlich das „**Marktwachstum**", repräsentiert. Die BCG-Matrix geht implizit davon aus, dass sich alle umweltbedingten Chancen und Risiken durch die Marktwachstumsrate abbilden lassen. Eine gewisse (keinesfalls jedoch zwingende!) Unterstützung erfährt diese These durch die bereits erwähnte „Erfahrungskurve" (vgl. Kasten 4-1) und den Produktlebenszyklus. In beiden Konzepten wird ein enger Zusammenhang zwischen dem Wachstum und den Erfolgsgrößen, wie Gewinn, ROI und Cash Flow, postuliert. Stark wachsende Märkte stellen demnach eine Chance dar und versprechen unternehmerischen Erfolg. Niedrige Wachstumsraten deuten hingegen auf unattraktive Märkte hin, die sich in der letzten Phase ihres Lebenszyklus' befinden.

---

*Abbildung 4-3* | *Die BCG-Portfolio-Matrix*

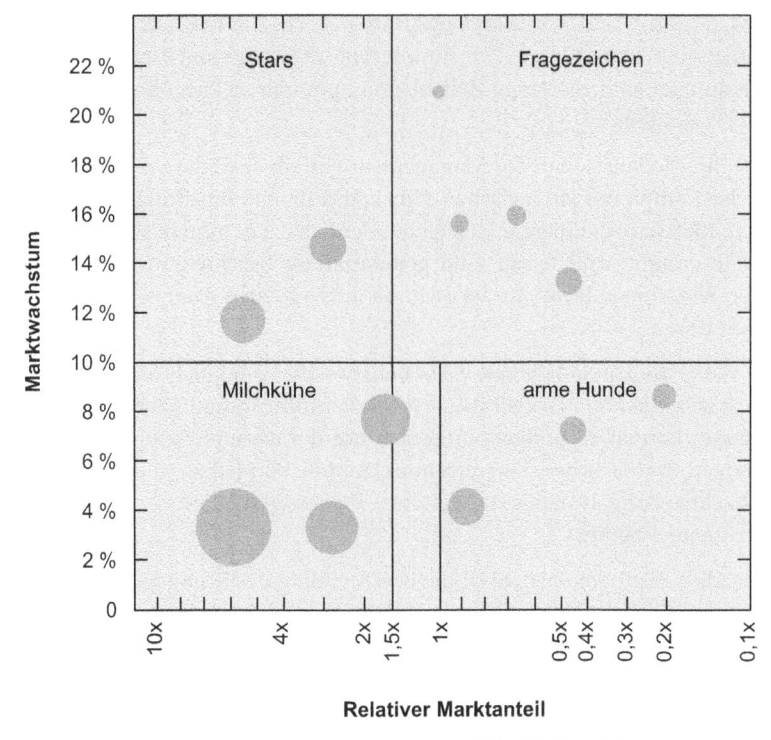

Quelle: nach Hedley 1997: 138

*BCG-Matrix* | In der Originaldarstellung der BCG-Portfolio-Matrix wird das Marktwachstum auf der Ordinate abgetragen. Die **Trennlinie,** die die Geschäftsfelder mit hohen von solchen mit niedrigen Wachstumsraten abgrenzt, wird dort i.d.R. bei 10% gezogen. Grundsätzlich kann die Trennlinie aber auch davon abweichend bestimmt werden (z.B. über die Wachstumsrate des Bruttosozi-

*Marktwachstum* | alproduktes), eine feststehende Regel wird dafür nicht angegeben. Ebenso ist nicht genau festgelegt, wie die Marktwachstumsrate zu bestimmen ist. Es können z.B. Fünfjahres-Durchschnitte verwendet werden, die sich entweder auf Vergangenheitswerte oder auf Prognosewerte beziehen.

Auch die **Stärken und Schwächen** einer Geschäftseinheit werden in der BCG-Matrix durch einen einzigen Faktor repräsentiert, nämlich durch den **relativen Marktanteil** (definiert als Umsatz der Geschäftseinheit geteilt durch den Umsatz des stärksten Konkurrenten). Zur Begründung für diese drastische Vereinfachung wird gewöhnlich ebenfalls auf die „Erfahrungskurve" verwiesen. Die Brücke zur Erfahrungskurve kann nur mit einer Verknüpfungshypothese geschlagen werden, indem man nämlich unterstellt, der Marktanteil indiziere die kumulierte Produktionsmenge und also die Kostenstruktur, was dann bei gleichen Preisen und Produkten den Rückschluss auf einen Wettbewerbsvorteil oder -nachteil gegenüber der Konkurrenz erlaubt.

*Relativer Marktanteil*

Die **Trennlinie** in der BCG-Matrix wird bei einem relativen Marktanteil von 1,5 gezogen, d.h. nur solche Unternehmen haben in den betreffenden Geschäftsfeldern eine Stärke, deren Marktanteil in der Beobachtungsperiode 1,5 mal größer ist als der des größten Konkurrenten.

Die resultierenden vier Quadranten der Matrix sind strategisch wie folgt bestimmt:

■ **Fragezeichen**
Diese Geschäftseinheiten sind in wachsenden, attraktiven Märkten mit einem geringen Marktanteil vertreten. Sie stellen also quasi eine ungenutzte Chance dar. Um dieses Chancenpotenzial auszuschöpfen, sind in der Logik der Matrix Marktanteilssteigerungen notwendig, die aber erhebliche Investitionen fordern. Das Management steht vor der Frage, welche der „Fragezeichen-Geschäfte" den erforderlichen Investitionsaufwand rechtfertigen, in welche also investiert und welche aus dem Geschäft genommen werden sollten.

*Investieren*

■ **Stars**
Dies sind Geschäftsfelder, die einen hohen relativen Marktanteil in schnell wachsenden Märkten besitzen. Dies ist die günstigste aller Positionen; sie verspricht hohe Gewinne. Zur Sicherung der Marktstellung muss sich das interne Wachstum allerdings am Marktwachstum orientieren, was fortlaufend entsprechend hohe Investitionen erfordert. Der erwirtschaftete Cash Flow (Gewinne + Abschreibungen) muss deshalb nach der Empfehlung der BCG-Gruppe vollständig reinvestiert werden. Der Netto-Cash-Flow der Stars ist demnach gleich Null.

*Re-investieren*

■ **Cash-Kühe**

*Abschöpfen*

Die „Cash-Kühe" erwirtschaften in reifen Märkten (niedriges Marktwachstum) aufgrund ihrer sehr guten Wettbewerbsposition hohe Gewinne. Da der Markt kein großes Erfolgspotenzial mehr verspricht, soll in diese Geschäftsbereiche auch nicht weiter investiert werden. Cash-Kühe sind zu „melken", d.h. sie sollen die Kapitalquelle für andere neue Geschäftsbereiche (attraktive „Fragezeichen") bilden.

■ **Arme Hunde**

*Abstoßen*

Die „armen Hunde" stellen die ungünstigste Position in der BCG-Matrix dar: es sind Geschäfte mit schwacher Wettbewerbsposition in unattraktiven Märkten. Der unattraktive Markt lässt Maßnahmen zur Positionsverbesserung nicht angeraten erscheinen. Die notwendigen Investitionen lassen sich nicht amortisieren, da der Markt sich bereits in der Degenerationsphase befindet. Aufgrund der geringen Rentabilität dieser Geschäfte ist ihre Weiterführung nicht zu rechtfertigen.

*Kritik an Normstrategien*

Die BCG-Matrix ist in ihrer deterministischen Ausrichtung (Normstrategien) zum Gegenstand scharfer Kritik geworden (Coenenberg/Baum 1999). Allzu unrealistisch sind viele der Annahmen und allzu verwegen die vielen Wirkungsbehauptungen. Es wäre mehr als gefährlich, daraus die gebotenen strategischen Schritte ableiten zu wollen. Eine sinnvolle Verwendung kann das Portfolio-Modell nur als Generator von **Optionen** haben, niemals aber im Sinne deterministischer Normstrategien, die genau bestimmen, welche strategische Bewegung in der jeweiligen Situation optimal ist.

*Weitere Konzepte*

Andere strategische Portfolio-Modelle (Lombriser/Abplanalp 1997) berücksichtigen den einen oder anderen Kritikpunkt an der BCG-Matrix – insbesondere lassen sie mehr Spielraum bei der Auswahl der kritischen Faktoren für Umwelt und Unternehmung –, im Endeffekt laufen sie aber alle auf dieselben Normstrategien hinaus. Aufgelöst wird die radikale Vereinfachung der strategischen Situationsbeschreibung des BCG-Modells (allerdings auf Kosten der Klarheit); in die Bestimmung der Basisdimensionen fließt in den Alternativmodellen eine Vielzahl von Faktoren ein (vgl. Welge/Al-Laham 2008).

*Strukturierungshilfe*

Nachdem **allgemeingültige** Erfolgsfaktoren in der Realität schwer zu finden sind, verliert die Portfolioanalyse zunehmend an Bedeutung. Lässt man unterschiedliche Erfolgsfaktoren zur Matrixerstellung zu und stellt diese in das Belieben der Anwender, so wird die Portfolio-Matrix letztlich zu einem rein formalen Instrument, das zur Strukturierung des strategischen Planungsprozesses in Unternehmen mit mehreren Geschäftsfeldern dient. Sie kann in der Tat im Rahmen der strategischen Analyse zur Identifikation und **Visualisierung** der strategischen Positionen und Probleme eines Unternehmens einen wichtigen Beitrag leisten, aber eben keine Strategien generieren.

### 4.1.2.3 Strategien im internationalen Kontext

Sehr viele Unternehmen sind heute international tätig, nicht wenige davon erwirtschaften bereits mehr als 70% ihres Umsatzes im Ausland (z.B. Siemens, BASF, Volkswagen, BMW), und manche Unternehmen operieren auf so breiter Basis im internationalen Feld, dass es schwerfällt, sie überhaupt noch eindeutig einer Nation zuzuschreiben (z.B. Philips, Shell). Die Planung von internationalen Strategien unterscheidet sich im Grundsatz nicht von den eben erläuterten Grundmustern. Auf der **Ebene der Gesamtunternehmensstrategie** treten jedoch einige besondere Aspekte hinzu, die hier abschließend noch kurz dargestellt werden sollen.

*Hoher Auslandsanteil*

Ähnlich wie bei der Diversifikation im vorangegangenen Abschnitt kann man Strategien **der Internationalisierung** und Strategien für **bereits international tätige** Unternehmen unterscheiden.

**(a) Strategien der Internationalisierung**

Für den Eintritt in fremde Märkte stehen unterschiedliche Möglichkeiten zur Verfügung. Hierzu zählen

*Internationalisierungsschritte*

- Export, d.h. den reinen Warentransfer in ein anderes Land,

- Lizenzvergabe, d.h. den Verkauf bestimmter Ressourcen (Fertigungsverfahren, Markenname usw.) an Unternehmen anderer Länder,

- Franchising, d.h. der Verkauf eines ganzen Programmpaketes an Unternehmen anderer Länder (Coca Cola, McDonald's),

- Strategische Allianz, d.h. netzwerkartige Verknüpfung mit Auslandsunternehmen,

- Direktinvestition, d.h. der Aufbau eines eigenen Unternehmens in einem fremden Land als Joint Venture oder Tochtergesellschaft.

**(b) Multinationale Strategien**

Was nun die zweite große Frage anbelangt, welche strategischen Optionen einem bereits international tätigen Unternehmen offenstehen, so zentriert sich die Diskussion um die Alternativen **Globalisierung** (einheitliche Konzernstrategie) oder **Fragmentierung** (Regionalstrategie).

*Grundsatzfrage*

Die Unternehmen müssen entscheiden, ob sie auf den verschiedenen Inlands- und Auslandsmärkten mit einer einheitlichen Strategie operieren wollen oder ob sie die jeweiligen nationalen Märkte separat behandeln und eine je spezifische Strategie entwickeln wollen. Eine nähere Betrachtung erfolgreicher multinationaler Unternehmen zeigt, dass sie mit durchaus unterschiedlicher strategischer Gesamtorientierung ihre Aktivitäten steuern.

Unter einer **globalen Strategie** soll hier der Entschluss einer Unternehmung verstanden werden, die verschiedenen Märkte mit ein- und demselben Produkt und derselben Wettbewerbsprofilierung zu bearbeiten.

Globale Strategien beruhen ihrerseits wiederum auf einer spezifischen Wettbewerbsstrategie. So kann die globale Konkurrenz etwa auf der Basis der Kostenorientierung geführt werden (z.B. die Strategie der Unternehmen Samsung oder KIA); sie nützen in erster Linie die Größenersparnisse einer globalen Strategie. Zum anderen kann aber die globale Strategie auch auf einer Differenzierungsstrategie aufbauen (z.B. bei den Unternehmen IBM oder BMW); sie verwenden die Globalisierung in erster Linie, um die Differenzierungskosten zu senken und um sich gegenseitig verstärkende Effekte bei der Differenzierungsprofilierung zu erzielen.

Eine **fragmentierte, lokal angepasste Strategie** („multilokale Strategie") behandelt die jeweiligen Wettbewerbssituationen separat und geht auf die nationalen Besonderheiten ein. Dies führt im Ergebnis zu einem Portfolio unterschiedlicher Wettbewerbsstrategien. Zu erinnern ist etwa an die General Motors Corp., die in Deutschland mit der Deutschen Opel AG eine lokal angepasste Strategie verfolgt.

*Wichtige Kontextfaktoren*

Die Frage, ob einer globalen oder einer fragmentierten, den spezifischen Gegebenheiten des Auslandsmarktes angepassten Strategie der Vorzug gegeben werden soll, hängt von verschiedenen Faktoren ab. Es sind vor allem die kulturelle Akzeptanz, die potenziellen Größen- und die Verbundersparnisse.

Aus vorstehenden Überlegungen ergibt sich, dass Globalisierung und Fragmentierung Basisoptionen sind, über deren Vorteilhaftigkeit erst nach genauer Kenntnis der externen Situationen und der Stärken und Schwächen sinnvoll entschieden werden kann. Die eine Unternehmung kann ihre Ressourcen eher über eine **fragmentierte Strategie** zu einem je spezifischen Wettbewerbsvorteil führen, die andere eher über eine globale Strategie. In vielen Märkten können beide Strategien erfolgreich nebeneinander bestehen, bisweilen verfolgen auch multinationale Firmen gemischte Strategien, d.h. bestimmte Märkte werden global, andere differenzierend bearbeitet (z.B. General Motors oder Nestlé).

*Gemischte Strategien*

Unabhängig davon kann aber über die Jahre hinweg ein verstärkter Trend zur Globalisierung festgestellt werden; mehr Freihandel, der raschere Transfer neuer Technologien und die Internationalisierung der Kommunikation haben dazu wesentlich beigetragen.

## 4.1.2.4 Kernkompetenz-Strategie

Die zunehmende **Dynamisierung** der Märkte in vielen Bereichen, manche sprechen sogar von einem Hyperwettbewerb (D'Aveni 1994), hat zunehmend die Frage entstehen lassen, ob die bisherigen Methoden und Techniken der Strategieformulierung nicht zu sehr auf stabile Marktstrukturen und Wettbewerbsbedingungen vertrauen.

*Hyper-wettbewerb*

Neue Wettbewerber kommen in den Markt (man denke nur an die vielen neuen Internetfirmen), Substitutionsprodukte werden in immer rascherer Folge entwickelt, selbst junge Geschäftsfelder wie der Halbleiter- oder Drucker-Markt unterliegen einem enorm schnellen Reifungsprozess usw. Dies hat zur Folge, dass es immer schwieriger wird, Strategien auf vorhandene Wettbewerbsstrukturen auszurichten; die Strukturen selbst sind es, die immer häufiger einem Wandel unterliegen. Dies gilt, wenn schon nicht für alle Industrien, so doch für eine beträchtliche Zahl und ganz gewiss mit steigender Tendenz.

*Kleinere Zeithorizonte*

Die erfolgreichen Wettbewerber reagieren durch vorzeitige eigeninitiierte **Zerstörung** bestehender strategischer Vorteilspositionen (häufig schon vor der Reife) und raschen Aufbau neuer Wettbewerbsvorteile. Als eindrückliches Beispiel kann Intel genannt werden mit dem raschen Aufbau und dem ebenso raschen Räumen von speziellen Produktmärkten (Burgelman 2002); die hohen Entwicklungskosten werden durch konsequente Globalisierung rasch zu amortisieren versucht. Ein solches Verhalten heizt den Hyperwettbewerb allerdings weiter an.

*Antizipation*

Als Konsequenz aus dem eben Gesagten müsste die strategische Planung immer kurzfristiger werden und damit ihre Vorsteuerungsaufgabe immer mehr verlieren. Das strategische Management hat auf diese veränderten Bedingungen mit neuen Ansätzen reagiert. Das Konzept der Kernkompetenzen ist als ein solcher Versuch zu verstehen; es will die Planung von Unternehmensstrategien auf eine grundsätzlichere, wenn man so will, tiefer liegende Ebene stellen, nämlich auf die **generelle Fähigkeit**, immer wieder neue Wettbewerbsvorteile (wenn auch nur von kurzer Dauer) aufzubauen (Hamel/Heene 1994).

*Kernkompetenz als Antwort*

Ausgangspunkt der Überlegungen ist die Beobachtung, dass nur diejenigen Unternehmen **dauerhaft wettbewerbsfähig** sind, die über spezielle Grund- oder eben Kernkompetenzen verfügen. Diese Kernkompetenzen sind nun nicht mehr länger auf nur einen Markt oder ein Geschäftsfeld bezogen, sondern sind übergreifender Natur. Sie können in verschiedenen Geschäftsfeldern erfolgsträchtig zum Einsatz gebracht werden – auch und insbesondere in zukünftigen Märkten, die heute noch gar nicht bestehen.

*Übergreifende Fähigkeiten*

*Sony als viel-*
*zitiertes Beispiel*

Als Beispiel wird immer wieder auf den japanische Sony-Konzern verwiesen, der mit Erfolg in zahlreichen Märkten der Unterhaltungselektronik tätig ist. Eine Analyse der Wettbewerbsstruktur und Positionierung in den einzelnen Märkten zeigt unterschiedliche Profile. Versucht man jedoch, die Hintergrundstruktur des Geschäftserfolgs zu verstehen, stößt man auf eine übergreifende, in fast allen Märkten zur Geltung gebrachte Stärke, nämlich die Fähigkeit zu einer **kundengerechten Miniaturisierung** von Unterhaltunsgelektronik. Der Konzern hat konsequent in diese besondere Kompetenz investiert und verfügt damit über eine Stärke, die in den verschiedensten Märkten als Wettbewerbsvorteil zur Geltung gebracht werden kann (z.B. Walkman, Fernsehgeräte, CD-Spieler, Empfänger, Verstärker, Camcorder). Derzeit ist der Konzern dabei, seine Kernkompetenzen auf den „Content"-Bereich umzuorientieren, also nicht die Abspielgeräte, sondern die Unterhaltung selbst wird zum Geschäftszentrum.

*Kernkompetenz*
*als Potenzial*

Kernkompetenzen sind also ein übergreifendes Fähigkeitspotential, das in verschiedenen Geschäftsfeldern den Aufbau von Wettbewerbsvorteilen ermöglicht. Daraus folgt, dass die Kernkompetenzen den Geschäftsfeldern logisch vorgeordnet sind. Kernkompetenzen werden in den sich meist rasch verändernden Geschäftsfeldern in jeweils spezifischer Weise zur Geltung gebracht (im Sinne einer „verwandten" Diversifikation). Sie bilden eine Art Rohmasse, die es dann jeweils geschäftsfeldspezifisch umzuformen gilt – ausgerichtet auf die Anforderungen der jeweiligen sich in rascher Folge verändernden Märkte im In- und Ausland und die einzelnen Produkte. Das gilt ebenso für zukünftige Märkte; freilich nur dann, wenn die Kernkompetenz tatsächlich zur Geltung gebracht werden kann. So gesehen bedeutet das Konzept der Kernkompetenz **Ausdehnung** im Sinne eines allgemeinen marktgreifenden Wettbewerbsvorteils und Einschränkung zugleich, weil ja eine Konzentration auf ganz **bestimmte Fähigkeiten** erfolgt und damit viele andere Möglichkeiten und Marktchancen ausgeschlossen werden (etwa im Vergleich zu einer konglomeraten Diversifikation).

*Kein generelles*
*Phänomen*

Nicht jede Kernkompetenz enthält allerdings ein viel versprechendes Erfolgspotenzial und nicht jedes Unternehmen besitzt eine Kernkompetenz. Es ist die Aufgabe des strategischen Managements, Kernkompetenzen zu finden bzw. auszubauen, um dem Unternehmen eine erfolgsträchtige Basis für den Aufbau von Geschäftseinheiten zu ermöglichen.

## 4.2   Strategieimplementation

Bei der konkreten Umsetzung der Strategien gilt es, neben der Entwicklung strategischer Programme die **personellen** und die **organisatorischen** Gegebenheiten und Anforderungen zu berücksichtigen (vgl. Abbildung 4-4). Auf die Bedeutung von Humanressourcen wie auch der Organisation für das Entwicklungsvermögen des Unternehmens wurde bereits in der Ressourcenanalyse verwiesen. Neben personalpolitischen und organisationsstrukturellen Faktoren spielt für die Strategieimplementation aber auch die informelle Struktur eines Unternehmens und somit die **Unternehmenskultur** eine zentrale Rolle. All diese zentralen Faktoren der Strategieumsetzung werden in den weiteren Kapitel dieses Buches eingehend behandelt. Die folgenden Ausführungen konzentrieren sich deshalb auf die strategischen Programme.

---

*Planung der Strategieimplementation*                         *Abbildung 4-4*

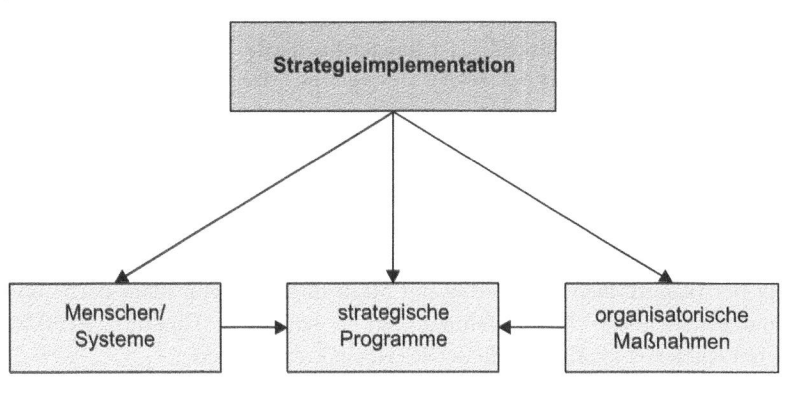

---

Aufgabe strategischer Programme ist es, die Strategie(n) für die betrieblichen Funktionen über die Zeit auf die Gegenwart hin zu konkretisieren. Mit anderen Worten, es wird konkretisiert, welche Maßnahmen von den einzelnen betrieblichen Funktionsbereichen und Abteilungen ergriffen werden müssen, damit die geplante Strategie realisiert werden kann. Es geht also um Fragen wie: Welche Schritte muss z.B. der Einkauf ergreifen, um die geplante Kostenführerschaftsstrategie zu verwirklichen, oder welche Aktivitäten muss der technische Bereich entfalten, um einen technischen Kundendienst als zentrales Differenzierungsmerkmal aufzubauen?

*Funktion von strategischen Programmen*

*Eigenständige Leistung*

Schon diese Fragen deuten an, dass es sich bei der Entwicklung strategischer Programme nicht um eine vollständige Übersetzung oder gar um eine bloße Ableitung in dem Sinne handeln kann, dass die Strategie bereits alle Umsetzungsmaßnahmen enthielte. Die Programmentwicklung ist vielmehr eine eigenständige planerische Leistung, in der es darum gehen soll, Maßnahmen zu fixieren, die für den Erfolg der geplanten Strategie kritisch sind. Nicht alles betriebliche Handeln wird in strategische Programme gegossen, sondern selektiv nur jene Maßnahmenbereiche, die für die Umsetzung als **kritisch** angesehen werden.

Aufgabe der Programmplanung ist es deshalb, im ersten Schritt diejenigen Bereiche herauszufiltern, die für die erfolgreiche Umsetzung der Unternehmensstrategie von **kritischer Bedeutung** sind. Hat sich ein Unternehmen z.B. entschlossen, die Sicherheit der Produkte zum zentralen Thema einer Differenzierungsstrategie zu machen, so sind die strategischen Programme nach Maßgabe dieses Themas zu entwickeln: Entwicklung von Sicherheitsvorkehrungen, Erhöhung der Qualitätsstandards in der Produktion, die Kommunikation der Sicherheitsphilosophie usw.

Diese Vorgehensweise, den Umsetzungsprozess auf die kritischen Maßnahmenbereiche zu konzentrieren, ist **bewusst selektiv**. Sie trägt der allgemeinen Einsicht Rechnung, dass der strategische Plan nur ein Rahmenplan, nicht aber ein umfassender Steuerungsplan sein kann. Die nicht-strategiekritischen Bereiche sind den Optimierungsbemühungen der operativen Planung anheim zu stellen.

*Kreativer Akt*

Strategische Programme können nur dann erfolgreich sein, wenn es gelingt, sie in **konkretes betriebliches Handeln** umzusetzen. Die Schwierigkeiten bei der planerischen Umsetzung der Strategie liegen vor allem darin, dass eine ganzheitliche Zielvorstellung nun in konkreten Handlungsschritten ihren Niederschlag finden muss. Dies ist ein kreativer Akt.

*Keine Totalplanung*

Der zuletzt genannte Gesichtspunkt betont nachdrücklich, dass die Pläne einer Unternehmung nicht als total abgestimmter Apparat begriffen werden dürfen, sondern eher als ein locker verknüpftes, nicht immer widerspruchsfrei zu haltendes Gebilde. Der tiefere Grund für diese eher **lockere Konstruktion** ist in den Funktionsbedingungen von Unternehmen zu suchen (Schreyögg 1993; Malik 2006). Man denke nur an die Schwierigkeiten, das Aufgabengebiet einer Managementposition vollständig mit einem Ziel abzudecken. Das Problem der mehrfachen Zielsetzung in Unternehmen, die keineswegs immer als konsistente Unterziele eines Gesamtziels begriffen werden können, greift ein neuerdings äußerst populäres Planungs- und Kontrollinstrument auf, die sog. **Balanced Scorecard** (Kaplan/Norton 1997).

Die Balanced Scorecard übersetzt die Strategie in Ziele und Kennzahlen, die nach vier verschiedenen Perspektiven unterteilt sind:

(1) finanzwirtschaftliche Perspektive,

(2) Kundenperspektive,

(3) Interne Prozessperspektive sowie

(4) Lern- und Entwicklungsperspektive.

Durch den Einbezug möglichst vieler Mitarbeiter will man die Energien und Potenziale der gesamten Organisation auf die Erreichung der strategischen Ziele ausrichten. Die Balanced Scorecard versteht sich zugleich als Instrument zur breiten Kommunikation der Unternehmensstrategie. Ferner soll durch das Feedback auf allen Ebenen im Sinne der fortlaufenden Zielkontrolle die Möglichkeit zu einem strategischen Lernprozess geboten werden.

Die Balanced Scorecard ist neben den vier sachlichen Perspektiven in vier Umsetzungskategorien unterteilt: (1) Allgemeine Ziele, (2) Messgröße, (3) Zielvorgabe und (4) Maßnahmen. In Abbildung 4-5 wird die Grundstruktur einer Balanced Scorecard an einem Beispiel verdeutlicht.

*Konzept der Balanced Scorecard*

---

*Grundstruktur der Balanced Scorecard*

*Abbildung 4-5*

|  | **Allg. Ziele** | **Messgröße** | **Zielvorgabe** | **Maßnahmen** |
|---|---|---|---|---|
| **Finanzen** | Ertragssteigerung | ROI | 14 % ROI | Frühzeitigere Projektselektion |
| **Kunden** | Kundentreue erhöhen | Wiederkaufrate | 65 % | Technischen Service ausbauen |
| **Prozesse** | Verkürzung der Durchlaufzeiten | Durchlauftage eines Antrags | 5 Tage | Abbau von Schnittstellen |
| **Lernen** | Mitarbeiterzufriedenheit | Repräsentative Umfrage | 10 % Steigerung der Zufriedenheitswerte | Empowerment |

# 4.3    Strategische Kontrolle

*Identifikation von Abweichungen*

Die Strategien bestimmen die allgemeine Richtung der Unternehmensaktivitäten. Mit Hilfe hieraus abgeleiteter Aktionspläne, Budgets und geeigneter organisatorischer Maßnahmen sollen diese gedanklichen Konstruktionen in die Tat umgesetzt und schließlich durchgeführt werden. Als letzte Phase dieses Steuerungsprozesses wird häufig die Kontrolle dargestellt. Sie soll prüfen, ob es gelungen ist, das Geplante in die Tat umzusetzen und die angestrebten Ziele zu erreichen. Die Gegenüberstellung von Soll und Ist zeigt Realisationslücken bzw. Planabweichungen auf.

*Neues Kontrollverständnis*

Diese **traditionelle Kontrollauffassung** ist jedoch gerade für den strategischen Bereich unbrauchbar. Aufgrund des weiten Planungshorizonts und der damit in besonderem Maße gegebenen Unüberschaubarkeit (Komplexität) und Unsicherheit käme eine ex-post Kontrolle, die den Niederschlag der Ergebnisse der strategischen Umsetzung abwartet, einer groben Fahrlässigkeit gleich.

*Selektivität der Planung als Problem*

Statt als letztes Glied des strategischen Managementprozesses ist strategische Kontrolle vielmehr – wie in Abbildung 3-2 gezeigt – als **planungsbegleitender Prozess** zu denken, der von dem Moment an einsetzen muss, da der erste Selektionsschritt im Planungsverfahren erfolgt (Schreyögg/Steinmann 1987). Planung – das wurde oben schon mehrfach dargelegt – ist ein selektiver Prozess, der häufig nur festlegen von Annahmen weitergetrieben werden kann. Strategische Planung ist also so gesehen versuchsweises Handeln. Sie entwirft auf der Grundlage von Relevanzvermutungen über die Umwelt näherungsweise eine Strategie. Es ist die Funktion der strategischen Kontrolle, dieses versuchsweise Handeln durch ein kontinuierliches Monitoring möglich zu machen. Eine **vollständige** Absicherung ist jedoch auch durch die begleitende Kontrolle niemals möglich.

*Definition*

Strategische Kontrolle lässt sich somit als Aufgabe definieren, die strategischen Pläne und deren Umsetzung, also auch die schon längere Zeit verwendeten Strategien, fortlaufend auf ihre weitere Tragfähigkeit hin zu überprüfen, um Bedrohungen und dadurch notwendig werdende Veränderungen des strategischen Kurses rechtzeitig zu signalisieren.

*Kontrolle als Gegengewicht*

Die strategische Kontrolle soll definitionsgemäß ein Gegengewicht zur Selektivität der Strategiefestsetzung bilden. Daraus folgt, dass sie selbst, zumindest von der Intention her, nicht selektiv sein darf. Es lassen sich drei drei Kontrolltypen unterscheiden:

*Drei Formen der strategischen Kontrolle*

■  strategische Überwachung als übergreifende Kernfunktion,

■  strategische Prämissenkontrolle und

■  strategische Durchführungskontrolle.

Während sich die **Prämissenkontrolle** auf die bewusst gesetzten Annahmen im Planungsprozess konzentriert, ist es Aufgabe der **Durchführungskontrolle**, alle diejenigen Informationen zu sammeln, die sich im Zuge der Strategiedurchführung ergeben und die auf Gefahren für eine Realisierung der gewählten Strategie hindeuten könnten. Abbildung 4-6 fasst die strategischen Kontrolltypen in einem Schaubild zusammen.

---

*Der strategische Kontrollprozess*  |  *Abbildung 4-6*

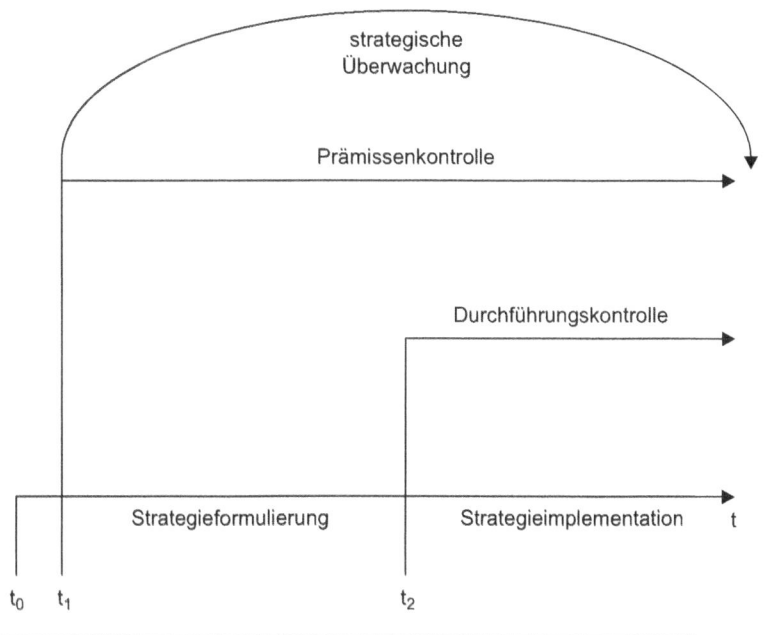

Im strategischen Planungsprozess, der in $t_0$ beginnt, ist das **Setzen von Prämissen** (im Zeitpunkt $t_1$) das wesentliche Mittel, um die Entscheidungssituation zu strukturieren. Nachdem mit der Setzung von Prämissen immer zugleich eine Großzahl möglicher anderer Zustände ausgeblendet wird, konstituiert sich mit ihr ein hohes **kontrollbedürftiges Risiko**. Daraus leitet sich das erste spezielle Kontrollfeld ab, nämlich die (explizit gemachten) strategischen Prämissen fortlaufend daraufhin zu überwachen, ob sie weiterhin Gültigkeit beanspruchen können.

Die Setzung von Prämissen kann niemals vollständig in dem Sinne sein, dass alle relevanten Entwicklungen erkannt und/oder alle neuen Entwicklungen vorhergesehen werden. Die strategische Kontrolle muss deshalb  |  *Selektionsrisiko* darauf bedacht sein, diesen bei der Prämissensetzung ausgeblendeten, aber für den strategischen Kurs möglicherweise bedrohlichen Bereich ebenfalls mit abzudecken, um auch insoweit das Risiko zu begrenzen.

*Meilensteine*

Sobald die Umsetzung der Strategie beginnt ($t_2$), muss auch die Sammlung speziell darauf bezogener Informationen einsetzen. Dies ist die genuine Aufgabe der **strategischen Durchführungskontrolle**. Sie hat anhand von Störungen wie auch prognostizierter Abweichungen von ausgewiesenen strategischen Zwischenzielen (Meilensteinen) festzustellen, ob der gewählte strategische Kurs gefährdet ist oder nicht. Unter dem Begriff „Durchführungskontrolle" fällt auch die fortlaufende Beobachtung bereits längerer Zeit umgesetzter Strategien.

Diese beiden spezialisierten und damit selektiven Kontrollaktivitäten müssen eingebettet werden in eine unspezialisierte und insofern globale **strategische Überwachung** als Auffangnetz. Sie trägt der Einsicht Rechnung, dass es in der Regel zahlreiche kritische Ereignisse gibt, die einerseits im Rahmen der Prämissensetzung übersehen oder auch falsch eingeschätzt werden, andererseits aber ihren Niederschlag noch nicht in den registrierten Wirkungen und Resultaten der implementierten strategischen Teilschritte gefunden haben.

*Strategisches Kontrollsystem*

Die drei genannten Kontrollarten bilden in ihrem Zusammenwirken das strategische Kontrollsystem. Wie in Abbildung 4-6 gezeigt, muss mit dem Setzen der ersten Prämissen im Rahmen der strategischen Planung die Prämissenkontrolle ihre Tätigkeit aufnehmen. Von hier an begleitet sie alle weiteren Prämissensetzungen im Rahmen des Planungs- und Implementationsprozesses. Zum gleichen Zeitpunkt muss die strategische Überwachung ihre Tätigkeit aufnehmen. Wenn die Strategieimplementation beginnt, greift die dritte Kontrollart, die strategische Durchführungskontrolle. Ab diesem Zeitpunkt wirken alle drei vorgeschlagenen Kontrollarten zusammen, um das **Selektionsrisiko der strategischen Planung zu kompensieren**. Strategische Kontrolle stellt so verstanden einen kontinuierlichen Prozess dar. Eine Periodisierung, etwa unter Anbindung an den strategischen „Planungskalender", wie es im Zusammenhang mit der sog. Neuplanung üblich ist, würde ihrem Wesen grundlegend widersprechen.

Insgesamt gilt es also, diejenigen Faktoren herauszufiltern und der direkten Beobachtung zu unterstellen, die für den Erfolg der gewählten Strategie kritisch sind. Dies stellt für den gesamten Kontrollprozess eine permanente Herausforderung dar (vgl. Kasten 4-2). Zudem unterscheiden sich diese Faktoren von Strategie zu Strategie erheblich. Es kann also kein generelles Kontrollgerüst für Wettbewerbsstrategien aufgebaut oder von anderen Unternehmen übernommen werden (wie das etwa bei der Kostenrechnung möglich ist).

Kasten 4-2

**Aktives Warten**

Eine große Schwierigkeit im Strategischen Management stellt das Faktum dar, dass Bedrohungen und Chancen ihrer Natur nach unregelmäßig und kaum vorhersehbar auftreten. Unternehmen sind daher gehalten, sich auf das Eintreffen solcher Signale einzurichten. Auf eine lange Phase geringer Bewegung treffen plötzlich Ereignisse von großer strategischer Bedeutung. Für diesen Moment müssen Unternehmen gerüstet sein. Wie man aus der Kontrollforschung weiß, macht eine fortlaufende Beobachtung ohne besondere Ereignisse tendenziell unaufmerksam. Dieser Tendenz müssen Unternehmen durch ein aktives Warten entgegen wirken. Wie kann man einen solchen Zustand herbeiführen?

Fünf Prinzipien gelten hier:
1. Keep the vision fuzzy and the priorities clear
2. Conduct reconaissance into the future
3. Keep a war chest
4. Maintain the pressure
5. Declare the main effort.

Dabei kommt es darauf an, Signale richtig zu deuten: Sind es wirklich Gelegenheiten oder sind es nur „Enten"? Die Beantwortung folgender Fragen kann dabei hilfreich sein:
1. Was genau ist die Anomalie (Diskrepanz), worin besteht sie?
2. Was hat sich in der Umwelt verändert, so dass diese Gelegenheit erwächst?
3. Hat ihr Unternehmen eine goldene Gelegenheit nötig (Druck)?
4. Ist der 20 € Schein noch auf dem Boden? Warum hat noch niemand sonst die Gelegenheit ergriffen?
5. Wie schnell werden die Wettbewerber reagieren?
6. Kann mein Unternehmen die Gelegenheit schnell ergreifen oder sind wir zu langsam dazu?

Quelle: Sull 2005

**Organisation**: Nicht zuletzt muss auch entschieden werden, wer die strategische Kontrolle durchführen soll. Häufig wird vorgeschlagen, die Aktivitäten zu bündeln und sie einer neu zu schaffenden **Stabsabteilung** (Vorstandsstab) zu übertragen. Diese Lösung ist jedoch mit Zurückhaltung aufzunehmen. Verlangt dieser Vorschlag doch, dass die strategischen Kontrollaktivitäten aus den täglichen Handlungs- und Informationsprozessen ausgliederbar sind und einem Expertenteam überantwortet werden können. Diese Voraussetzungen sind bei der strategischen Kontrolle jedoch nur in geringem Maße gegeben. Strategische Kontrolle verlangt eine **direkte Beobachtung** der Kunden, der Lieferanten, der Konkurrenten usw., die häufig nur vor Ort geleistet werden kann.

*Dezentralität*

Die strategische Kontrolle entzieht sich deshalb ihrem Wesen nach einer Zentralisierung. Sie ist eine Aufgabe, die im Kern nur dezentral von Mitarbeitern in den verschiedensten Teilen des Unternehmens, die aus ihrer alltäglichen Interaktion mit der Unternehmensumwelt über entsprechendes Wissen und Urteilskraft verfügen, geleistet werden kann. Diese dezentrale Aufgabe umfasst sowohl die **Informationsaufnahme** als auch deren **Interpretation** und eine erste Einschätzung der strategischen Relevanz (vgl. dazu noch einmal Kasten 4-2). Letzteres ist schon deshalb erforderlich, weil ansonsten ohne Filterung viel zu viele Informationen in den strategischen Kontrollprozess einfließen würden. Die moderne Informationstechnologie lädt nachgerade zu solchem Informationsüberfluss ein.

*Gemeinsame „strategische Sprache"*

Unabhängig aber von der Frage, wie eine solche Zentralstelle zu organisieren ist, setzt eine effektive strategische Kontrolle die Kenntnis und ein weithin geteiltes Verständnis der verfolgten Strategie voraus. Zur **Unterstützung** der dezentralen Kontrollaktivität gilt es also, die strategischen Absichten möglichst genau und umfassend zu kommunizieren. Bereits eingangs war darauf hingewiesen worden, dass die Grundvoraussetzung einer erfolgreichen Strategieimplementation die Schaffung eines gemeinsamen strategischen Sprachsystems ist. Dies gilt in vollem Umfang auch für die strategische Kontrolle und ist für die strategische Überwachung geradezu Existenzvoraussetzung.

*Kritikfähige Organisation*

Daneben gilt es aber auf eine ganz wichtige weitere Voraussetzung jeder effektiven strategischen Kontrolle hinzuweisen, nämlich die Schaffung einer Organisation, die überhaupt zur **Selbstkritik** bereit und fähig ist. Eine kritikfähige Organisation hat folgende Merkmale:

■ Durchlässige Kommunikationsstrukturen (geringe Schwellenängste, unkomplizierte Meldewege, etwa über E-Mail oder ein Rotes Telefon, usw.),

■ Akzeptanz von Neinsagern (kein zu starker Konformitätsdruck, Ermunterung zu Zivilcourage usw.),

■ Mut, eingeschliffene Denkmuster in Frage zu stellen („Querdenken" erlaubt).

*„Unsichtbare" Barrieren*

Die Weitergabe strategischer Kontrollinformationen bereitet häufig größere Schwierigkeiten als gemeinhin vermutet wird. Man darf nicht vergessen, dass strategische Kontrollinformationen in der Regel unangenehme Informationen sind, vor allem für die oberen Entscheidungsträger. Neben bürokratischen Hemmnissen (Einhaltung des Dienstweges, Formularwesen usw.) sind es nicht selten auch Fragen der Macht (Wer nimmt sich hier das Recht heraus, die Strategie des Vorstands in Frage zu stellen?), die einer regen Kontrollaktivität massiv entgegenwirken können.

Eine weitere Barriere sind gegenseitige **Rücksichtsnahmen**; man möchte keinen Kollegen „anschwärzen" oder man fürchtet sich vor „Vergeltungsschlägen", wenn im Hause publik wird, von wem die kritische Information kommt. Die Kritik oder gar die Revision einer einmal beschlossenen Strategie wird ja nicht selten als Niederlage gesehen oder als Triumph derjenigen, die von Anfang an davor gewarnt hatten. Beides setzt nicht selten eine rivalisierende Dynamik frei, die den Fluss strategischer Kontrollinformationen zum Erliegen bringen kann. Dies verweist uns erneut darauf, dass nicht vergessen werden darf, wo der strategische Prozess stattfindet, nämlich nicht im Kopfe eines Strategen, sondern in Organisationen mit vielen Menschen, Gruppen und Allianzen.

## Lernkontrollfragen

1. Welche Zielsetzung steht im Mittelpunkt einer verbundenen Diversifikation?

2. Welche alternativen Ansatzpunkte stehen bei der Wahl einer Differenzierungsstrategie zur Diskussion?

3. Warum lassen sich operative Pläne nicht vollständig aus dem strategischen Plan ableiten?

4. Nennen Sie die für die Strategieumsetzung wichtigsten Planungsfelder!

5. In welchem Verhältnis steht die Strategische Kontrolle zur Strategischen Planung?

6. Wie unterscheiden sich strategische Prämissenkontrolle und strategische Überwachung?

7. Auf welcher Logik beruht die BCG-Matrix und welche strategischen Implikationen sollen daraus abgeleitet werden?

8. Worin liegen die zentralen Risiken einer Strategie der Kostenführerschaft?

9. Was versteht man in der Strategieforschung unter dem Umstand, dass eine strategische Geschäftseinheit „zwischen den Stühlen" sitzt?

10. Welche Bedeutung hat die Idee des „Lebenszyklus'" von strategischen Geschäftsfeldern für das strategische Management?

*Lösungshinweise zu den Lernkontrollfragen erhalten Sie unter www.gabler.de*

## Diskussionsfragen

1. Erläutern Sie den strategischen Würfel anhand eines praktischen Beispiels!

2. Wodurch unterscheiden sich die strategischen Optionen auf der Unternehmensebene von denen der Geschäftsfeldebene?

3. Wodurch unterscheidet sich eine globale Strategie von einer fragmentierten Strategie? Welche multinationale Strategie verfolgen die Unternehmen Coca Cola und McDonald's?

4. Warum ist die strategische Kontrolle als planungsbegleitender Prozess zu konzipieren?

5. Diskutieren Sie die drei Arten der strategischen Kontrolle anhand eines selbstgewählten Unternehmensbeispiels.

6. Welche Anforderungen stellt die zunehmende Dynamisierung der Märkte an den strategischen Managementprozess?

7. Erläutern Sie die Planungs- und Kontrollfunktion der Balanced Scorecard an einem selbstgewählten Beispiel.

8. Welche Bedeutung hat die Erfahrungskurve für die BCG-Matrix? Erläutern Sie den unterstellten Zusammenhang zwischen Erfahrungskurve und BCG-Matrix. Ist dieser Zusammenhang realiter immer gegeben?

9. Was versteht man unter einer Hybridstrategie und inwieweit ist eine solche umsetzbar?

10. Der Versorgungskonzern RWE AG hat vor einigen Jahren die Heidelberger Druckmaschinen AG gekauft und zwischenzeitlich wieder verkauft. Welcher strategischen Ebene sind diese Entscheidungen zuzuordnen?

## Fallstudie:
## Smart

© Daimler AG

*1998 führte die damalige Daimler Benz AG (zwischenzeitlich Daimler-Chrysler AG und heute Daimler AG) den Smart auf dem Automobilmarkt ein und eröffnete damit ein neues Geschäftsfeld des Konzerns. Der kleine Zweisitzer in den frechen Farben wird in eigenen Vertriebsstellen, den sogenannten Smart Centern, in drei Ausstattungsvarianten angeboten. Die kleinste 50 PS-Variante ist derzeit für einen Grundpreis zu 8.625 Euro zu haben. Für die 61 PS-Motorisierung muss der Kunde schon mindestens 9.300 Euro ausgeben.*

*Sonderausstattung und Zubehör lassen sich individuell zu speziellen Ausstattungspaketen kombinieren. Viele Teile können mit wenigen Handgriffen ausgewechselt werden (Verkleidungsteile und Armaturen). Sogar die Sitzpolster sind austauschbar. Bei einem Unfallschaden ist das Reparieren der Teile zeit-, ressourcen- und somit kostensparend. Der Smart lässt sich damit ständig erneuern und der individuelle Look lässt sich in Farben und Mustern laufend an den aktuellen Trend anpassen.*

*Für das Recycling der alten Body Panels (modulare Karosserieteile) sorgt das Smart Center. Kein Auto braucht weniger Platz zum Einparken als der Smart, es gibt deshalb Sondertarife bei den Autozügen der Dt. Bahn AG.*

## Frage zur Fallstudie:

1. Welche Wettbewerbsstrategie verfolgt die Daimler Benz AG in dem Geschäftsfeld „Kleinwagen"? Analysieren Sie diese Wettbewerbsstrategie anhand der drei Dimensionen des strategischen Würfels!

## Literaturhinweise

Burgelman, R.A., Strategy as vector and the inertia of coevolutionary lock-in, in: Administrative Science Quarterly 47 (2002): 325-357.

Müller-Stewens, G./Lechner, C., Strategisches Management, 3. Aufl., Stuttgart 2005.

Porter, M.E., Wettbewerbsstrategie, Methoden zur Analyse von Branchen und Konkurrenten (Übers. a.d. Engl.), Frankfurt a.M., 11. Aufl. 2008.

Helfat, C./Finkelstein, S./Mitchell, W., Dynamic capabilities, Oxford 2006.

# Operative Planung und Kontrolle

# Kapitel 3.2

Georg Schreyögg / Jochen Koch
Grundlagen des Managements
Basiswissen für Studium und Praxis
2. Auflage 2010

Entnommen aus Kapitel 5:
Operative Planung und Kontrolle

# 5 Operative Planung und Kontrolle

# Lernziele zu Kapitel 5

Nach Durcharbeiten dieses Kapitels sollten Sie in der Lage sein,

- das Verhältnis von strategischer und operativer Planung zu erläutern,

- die unterschiedlichen Arten von operativen Plänen zu benennen und gegeneinander abzugrenzen,

- das Problem der Interdependenz der operativen Teilpläne darzulegen,

- die Bedeutung des Problems der Unsicherheit zu erläutern und dazulegen, welche Möglichkeiten des Umgangs es mit Unsicherheit im Rahmen der operativen Planung gibt,

- die verschiedenen Typen operativer Planungsmodelle und ihre Unterschiede zu erklären,

- die Grundprinzipien der Linearen Programmierung und ihre Anwendungsmöglichkeiten darzulegen,

- das Modell der Break-even-Analyse auf betriebliche Problemstellungen anzuwenden,

- die Funktionen der Budgetierung sowie die mit dem Budgetierungsprozess potenziell verbundenen Dysfunktionalitäten zu erläutern,

- die verschiedenen Budgetarten gegeneinander abzugrenzen und die unterschiedlichen Ansatzpunkte des Budgetierungsprozess darzulegen,

- die operative Kontrolle im Sinne eines Regelkreises zu verstehen und die Bedeutung einer Feedforward-Kontrolle aufzuzeigen,

- sowie die kennzahlenbasierte Form der Kontrolle anhand des ROI-Kontrollsystems in Grundzügen zu erläutern.

## 5.1 Zum Zusammenhang von operativem und strategischem Planungssystem

*Verhältnis*

Die strategische Planung gibt für die operative Planung den Orientierungsrahmen vor und ist insoweit also systematisch dieser vorgeordnet. So gesehen steht die operative Planung in einer (instrumentellen) **Vollzugsfunktion** zur strategischen Planung. Dies macht einen wichtigen Teil ihrer Aufgabenstellung aus, erschöpft sie jedoch nicht. Sie muss auch die Gegenwart und die kurzfristige Überlebensperspektive gegenüber der langfristigen Absicherung des Erfolgspotenzials zur Geltung bringen.

*Zwecksetzung*

Mit der Formulierung strategischer Ziele wird das Erfolgspotenzialproblem der Unternehmung in eine bearbeitbare Fassung transformiert und ihre planerische Umsetzung in Zweck/Mittel-Ketten ermöglicht. Dies reicht aber nicht aus, den Erfolg zu sichern, denn zweckspezifisch strukturierte Systeme müssen mehr Probleme lösen, als in der Zwecksetzung zum Ausdruck kommt und auch grundsätzlich zum Ausdruck gebracht werden kann. Der Erfolg eines Systems kann nicht nur als Zielerreichung, sondern muss als ein **Komplex von Problemen** verstanden werden, die gelöst werden müssen.

*Strukturelle Elastizität*

Bezogen auf das Verhältnis von strategischer und operativer Planung bedeutet das, dass beide als partiell gegeneinander verschobene Handlungsentwürfe zu betrachten sind. Während der strategische Plan auf die Zwecksetzung für das Gesamtsystem spezialisiert ist, ist die Funktionserfüllung der operativen Pläne breiter anzusetzen. Es ist deshalb auch keine starre Gesamtplanung des Systems, sondern eine elastische lose Verkoppelung der beiden Planungssysteme anzustreben. Somit ergeben sich zwei formale Bedingungen für die Schnittstelle zwischen strategischer und operativer Planung:

*Prinzip strategischer Vorsteuerung*

Die strategische Maßnahmenplanung muss soweit konkretisiert werden, dass die für den Erfolg der Strategie kritischen Handlungsorientierungen im alltäglichen Handlungsvollzug der Unternehmung nicht verfehlt werden (Prinzip strategischer Vorsteuerung).

*Prinzip operativer Flexibilität*

Jede weitere Durchplanung der strategischen Maßnahmen läuft Gefahr, der operativen Planung den Handlungsspielraum zu nehmen, den sie benötigt, um die sonstigen Funktionen und das „Tagesgeschäft" zu erfüllen (Prinzip operativer Flexibilität).

An dem konkreten Beispiel der Fertigungstiefe bzw. der Beschaffung sei die Anwendung dieser formalen Überlegungen illustriert. Die strategische Maßnahmenplanung im Rahmen einer Kostenführerschaftsstrategie möge ergeben haben, dass es zur Erlangung eines dauerhaften strategischen Wettbewerbsvorteils erforderlich ist, in Zukunft bei einzelnen Fertigungsstufen in unterschiedlichem Umfang die Tiefe zu senken und die Fertigung bestimmter Teile auszulagern. Das angestrebte Verhältnis von Eigenherstellung zu Fremdbezug sei für zwei zentrale Güter mengen- und wertmäßig fixiert. Nur wenn diese Ziele in einer bestimmten Zeit auch tatsächlich erreicht werden, lässt sich für eine gute Erfolgschance der Kostenführerschaftsstrategie argumentieren. Der gezielte Abbau der Fertigungstiefe ist also in diesem Falle ein kritischer **strategischer Erfolgsfaktor**. Deshalb muss die strategische Planung hier detaillierter ausfallen; eine generelle Richtlinie für die Beschaffungspolitik im Sinne einer allgemeinen Reduzierung der Fertigungstiefe wäre nicht zielführend genug, um die Umsteuerung der traditionellen Aktivitäten auf die neue strategische Intention zu gewährleisten.

Der **operativen Planung** muss dann überlassen bleiben, in Übereinstimmung mit dem Abbau der strategischen Fertigungstiefe den operativen Handlungsspielraum auszuloten, gegebenenfalls kreativ zu erweitern und die operativen Maßnahmen zur Strategierealisierung festzulegen. Das würde etwa für die Lieferantenauswahl konkret heißen, dass im Rahmen der Beschaffungspolitik festzustellen ist, welche Lieferanten überhaupt für die verschiedenen Produktlinien verfügbar sind und in welchem Ausmaße sie zweckmäßigerweise für den Fremdbezug herangezogen werden sollten, zu welchen Zeitpunkten in welchen Mengen eingekauft werden soll, wie hoch die Rabatte ausfallen sollten. Alles dies sind Feststellungen und Entscheidungen, die die operative Beschaffungsplanung – natürlich im Rahmen der strategischen Zielvorgabe – selbst treffen sollte. Die operative Beschaffungsplanung muss also über so viel Autonomie verfügen wie möglich, ohne dabei aber die strategischen Steuerungsabsichten unmöglich zu machen. Dazu kommen natürlich die traditionellen operativen Aufgaben der Beschaffung, die es nicht zu vernachlässigen gilt, die sich aber nicht direkt aus der Unternehmensstrategie ableiten. Hierhin gehören vor allem die Tätigkeiten, die mit der Steuerung des Einkaufs selbst zusammenhängen: Abwicklung des Bestellwesens, Eingangskontrolle usw. Sie werden quasi autonom vom operativen System geplant und verwaltet.

*Autonomie der operativen Planung*

Zusammenfassend ist also festzuhalten, dass sich eine absolute – gleichsam wesensmäßige – Grenze zwischen operativer und strategischer Planung nicht ziehen lässt; strategische und operative Planung sind zwei partiell gegeneinander verschobene Steuerungsinstrumente und als solche so einzusetzen, dass in Abhängigkeit von der jeweiligen strategischen Handlungssituation die Steuerung effektiv bewerkstelligt wird. Auf diese Sachlage ist die Handlungsregel abgestellt: Alle diejenigen strategischen Maßnahmen müssen konkret fixiert werden, die für den Erfolg der Unternehmensstrategie kritisch sind; alle nicht-strategiekritischen Maßnahmen bleiben offen und sind zum Gegenstand der operativen Planung zu machen. Aus der Einsicht

*Resümee*

heraus, dass eine vollständige Vorsteuerung des operativen durch das strategische System nicht sinnvoll und auch gar nicht möglich ist, gilt es also für eine erfolgreiche Transformation strategischer Intentionen in operative Maßnahmen die kritischen Bereiche herauszufinden und zu fixieren. Die strategische Planung muss der operativen Planung zwar eine Orientierung vorgeben, damit überhaupt strategisch geführt werden kann; diese Vorgabe kann aber angesichts der Unsicherheit der Erwartungen und der Binnenkomplexität moderner Unternehmen bloß rahmenartig ausfallen.

## 5.2 Merkmale der operativen Planung

### 5.2.1 Arten operativer Pläne

*Operative Standard- und Projektpläne*

Zunächst einmal ist die Unterscheidung von **Standard- und Projektplanung** wichtig. Unterscheidungskriterium ist die Frage, ob eine gegenwärtig verfolgte Strategie beibehalten werden soll oder – zur Sicherung des Erfolgspotenzials – mehr oder weniger langfristige Änderungen des Produkt-Markt-Konzepts beabsichtigt werden. Soweit letzteres der Fall ist, müssen rechtzeitig Aktivitäten in Gang gesetzt werden, mit deren Hilfe strategische Umsteuerungen vollzogen werden können. Man denke etwa an die Weiter- oder Neuentwicklung von Produkten, die in späteren Jahren als Umsatzträger fungieren sollen. Alle derartigen Aktivitäten zur Umsteuerung der laufenden Strategie werden im operativen System in Form von **(strategischen) Projektplänen** aufgenommen und bis zur Handlungsreife konkretisiert. Darüber hinaus gibt es natürlich nicht-strategische **operative Projekte** im operativen Bereich, wie etwa der Neubau einer Kantine oder die Anlage von Parkplätzen.

Alle anderen Pläne, die der Verwirklichung der laufenden Strategie (des gegebenen Produkt-Markt-Konzepts) und der Aufrechterhaltung der Geschäftigkeit gewidmet sind, gehören zur operativen **Standardplanung.** Sie beziehen sich vor allem auf die Planung des **Realgüterprozesses** (des Produktprogramms und seiner Konsequenzen für die betrieblichen Funktionsbereiche) und andererseits des **Wertumlaufprozesses** (der monetären Konsequenzen der Handlungsprogramme im Realgüterprozess).

Die Teilpläne des **Realgüterprozesses** lassen sich nach Faktoren und Funktionen untergliedern. Je nachdem, welche Systematik man zugrunde legt, kann man verschiedene faktor- oder funktionsbezogene Teilpläne unterscheiden.

Die Gliederung der **funktionsbezogenen Teilpläne** wird je nach Ausdifferenzierung und Tiefengliederung der betrieblichen Funktionen unterschiedlich ausfallen. Obwohl hier unternehmensindividuelle Lösungen im Vordergrund stehen, lassen sich doch generell für den Realgüterprozess gewisse Grundfunktionen unterscheiden, die für jede Unternehmung, die auf der Beschaffungs- und Absatzseite in Marktbeziehungen eingebunden ist, typisch sind. Offensichtlich ist jedes Unternehmen auf die Zufuhr von Faktoren angewiesen, die in einem betrieblichen Transformationsprozess in fertige, d. h. marktfähige Produkte umgewandelt werden. Die fertigen Erzeugnisse werden dann an Verbraucher oder weiterverarbeitende Unternehmen weitergegeben. Es lassen sich somit für jedes gewerbliche Unternehmen die Grundfunktionen Beschaffung, Produktion und Absatz unterscheiden. Unter der Funktionsbezeichnung „Verwaltung" werden in der Regel darüber hinaus solche Tätigkeiten zusammengefasst, die sich auf die Gesamtunternehmung und die Aufrechterhaltung ihrer Beziehungen zur Umwelt beziehen (z. B. Rechtsberatung oder Öffentlichkeitsarbeit).

*Operative Funktionspläne*

## Teilpläne des Realgüterprozesses

**Beschaffungs- und Einkaufsplanung:** Der Einkauf umfasst die Bereitstellung von Gütern (und Dienstleistungen), die unmittelbar und regelmäßig in den Produktionsprozess eingehen, also die Roh-, Hilfs- und Betriebsstoffe und halbfertigen bzw. fertigen Vorprodukte. Die Beschaffung zielt demgegenüber in einem weiteren Sinne auf alle Ressourcen, die typischerweise und wiederholt als Input bereitgestellt werden müssen, also nicht nur die Werkstoffe, sondern auch die finanziellen, personellen und sonstigen sachlichen Ressourcen (z. B. Betriebsmittel). Je nach Art der zu beschaffenden Ressourcen werden dabei unterschiedliche Planungsmodelle zur Anwendung kommen.

*Operative Beschaffungs-planung*

Einen breiten Raum nimmt in der Praxis die Planung des Einkaufs von Roh-, Hilfs- und Betriebsstoffen ein. Ziel dieser häufig auch als „operative Materialplanung" bezeichneten Funktionen ist es, die benötigten Faktoren in der erforderlichen Menge für die Produktion rechtzeitig und möglichst kostengünstig bereitzustellen. Die Einkaufsleitung sieht sich hier einem Optimierungsproblem gegenüber: Wird der Lagerbestand sehr hoch gehalten, so entstehen hohe Kapitalbindungszinsen und Lagerhaltungskosten, dagegen werden durch die mit einer derartigen Politik verbundene geringe Bestellhäufigkeit die Bestell- und Lieferkosten je Bestellung niedrig gehalten; diese steigen jedoch bei dem Bemühen, durch geringere Lagerhaltung die Kapitalbindungszinsen und die Lagerhaltungskosten zu senken, da dann die Bestellhäufigkeit notwendigerweise zunimmt. Die Senkung der Kapitalbindungszinsen und Lagerhaltungskosten bei geringer Lagerhaltung bedingt

*Einkauf und Logistik*

also eine Erhöhung der Bestell- und Lieferkosten und umgekehrt. Das daraus resultierende Optimierungsproblem lautet: Wie hoch soll die jeweilige Bestellmenge sein, damit die Summe der jährlichen Kapitalbindungszinsen im Lager und die Lagerhaltungskosten (beide steigen mit der Bestellmenge) einerseits und die jährlichen Bestell- und Lieferkosten (beide nehmen mit der Bestellmenge ab) andererseits ein Minimum wird? Dieses Problem führt auf die bekannte Formel von der optimalen Einkaufslosgröße.

*Neuere Entwicklungen*    In jüngerer Zeit wird die operative Planung im Einkauf in vielen Branchen durch organisatorische Maßnahmen stark mitbestimmt. Zu erinnern ist z. B. an die so genannte **„Just-in-time-Produktion"**, die den Vorteil bestandsarmer Läger mit einer bedarfsgerechten Sicherung der Produktions- und Lieferfähigkeit verbinden soll (z.B. Krüger 2003). Die Bestellung erfolgt kurzfristig, und die gelieferten Güter gehen im Idealfall direkt von der Anlieferung auf der Rampe in die Produktion ein. Die operative Einkaufsplanung reduziert sich in dieser Situation auf die Auswahl und dauernde Überwachung geeigneter (kostengünstiger und zuverlässiger) Lieferanten und die Organisation eines reibungslosen Materialflusses in die Produktion hinein.

Insgesamt wird heute die gesamthafte Optimierung der Beschaffung unter dem Stichwort „Supply Chain Management" diskutiert (s. etwa Thonemann et al. 2003).

*Operative Produktions-planung*    **Fertigungsplanung.** Nachdem das optimale kurzfristige Produktionsprogramm unter Verwendung der strategischen Vorgaben bestimmt worden ist, geht es in der operativen Produktionsplanung um die Realisierung dieses Programms. Die zwei großen Teilpläne, die hier kurz anzusprechen sind, betreffen die Vollzugs- oder Prozessplanung und die Bereitstellungsplanung für die Produktionsfaktoren. Die **Prozessplanung** beinhaltet dabei in erster Linie die Bestimmung der Mengen, die in ununterbrochener Reihenfolge auf einer Anlage zu produzieren sind (Losgröße) und die Reihenfolge, in der die Lose die Anlagen durchlaufen sollen (Ablaufplanung). Simultan werden dabei unter Berücksichtigung vorhandener Kapazitäten Durchlaufwege und Durchlaufzeiten festgelegt. Die Zielsetzung der größtmöglichen Effizienz bei der Verwirklichung des Produktionsprogramms schlägt sich dabei nicht nur in der Kostenminimierung nieder, sondern z. B. auch in der Auslastung von Anlagen, Einhaltung von Lieferterminen usw. Welche dieser Zielsetzungen Priorität erhalten, wird von Branche zu Branche bzw. von Betrieb zu Betrieb und im Zeitablauf schwanken.

Die Planung von Losgrößen und Reihenfolgen erfolgt typischerweise auf der Grundlage gegebener Produktionsverfahren, d. h. die Fertigungstechnologie liegt – zumeist längerfristig u. U. aufgrund strategischer Überlegungen – fest und überlässt der operativen Planung lediglich einen begrenzten Handlungsspielraum für die Optimierung.

Die **Bereitstellungsplanung** bezieht sich aus der Sicht der Produktion auf die Ermittlung des Bedarfs an Ressourcen sowie auf alle Vorkehrungen ihrer physischen Bereitstellung am Produktionsort; an diesem Punkt wird die Schnittstelle zur Einkaufs- bzw. Beschaffungsplanung deutlich. Die Bereitstellung von Ressourcen umfasst insbesondere auch die so genannte Anlagenplanung, in der der Bedarf an Produktionsanlagen (z. B. Maschinen) nach Art, Leistungsfähigkeit, Menge, Zeitpunkt und Nutzungsdauer spezifiziert wird. Teil der Anlagenplanung ist die **Instandhaltungs- bzw. Wartungsplanung.** Diese legt sowohl Zeitpunkte als auch Maßnahmen der Instandhaltungsaktivitäten fest. Anders als die Neubeschaffung von Anlagen, die in der Regel Gegenstand von speziellen Projektplanungen ist, ist die Instandhaltungsplanung grundsätzlich Bestandteil der operativen Programmplanung. Versuche einer Gesamtoptimierung der Produktionsplanung erwiesen sich als viel zu starr, deshalb teilt man heute die Produktionspläne in handhabbare Teileinheiten auf (Segmentierung).

*Planung der Ressourcenbereitstellung*

**Absatzpläne:** Die Teilpläne im Funktionsbereich „Marketing" fokussieren alle diejenigen Aktionsparameter, die für die Vermarktung des Produktprogramms von Bedeutung sind. Klassicherweise spricht man hier vom so genannten „Marketing-Mix", zu dem unter anderem gehören: Die Preispolitik, die Wahl der Distributionskanäle, die Werbepolitik, die Gestaltung sonstiger Absatzkonditionen und die Servicepolitik. Es obliegt der operativen Marketingplanung, auf der Basis der strategischen Vorgaben für die verschiedenen Geschäftsfelder (etwa Kostenschwerpunkt- oder Differenzierungsstrategie), ein erfolgversprechendes Handlungsprogramm für die Vermarktung der verschiedenen Produkte zu entwickeln.

*Operative Marketingplanung*

Die Darstellung der Teilpläne in Einkauf, Produktion und Absatz hat bereits deutlich werden lassen, dass im Hinblick auf den Güter- bzw. Materialfluss ein Abstimmungsbedarf zwischen den betrieblichen Funktionsbereichen besteht. Diesen Koordinationsbedürfnissen bereits im Rahmen der Planung durch eine raum- und zeitbezogene integrative Steuerung Rechnung zu tragen, ist Aufgabe der **Logistik**.

Projekte werden, weil es sich in der Regel um seltene, häufig sogar einmalige Vorhaben handelt, außerhalb der Routine der operativen Planung bearbeitet.

### Teilpläne des Wertumlaufprozesses

Aus der bereits dargelegten operativen Planungslogik folgt, dass die operative Planung und Steuerung des Realgüterprozesses letztlich so erfolgen muss, dass nicht nur die Strategie umgesetzt wird, sondern – wie schon erwähnt – gleichzeitig auch andere kurzfristige Funktionsanforderungen erfüllt werden. Deshalb muss die operative Planung notwendigerweise auch

*Liquidität und Rentabilität*

die Konsequenzen mit reflektieren, die sich aus der Planung des Realgüterprozesses für die Liquidität und Rentabilität ergeben.

*Ebenen der Wertumlauf- planung*

Die Planung des Wertumlaufprozesses vollzieht sich auf drei „Werteebenen": (1) Auf der Ebene der **Einzahlungen und Auszahlungen** geht es um die Planung der Liquidität, verstanden als die Fähigkeit eines Unternehmens, seinen Zahlungsverpflichtungen jederzeit nachkommen zu können; (2) auf der Ebene der **Kosten und Leistungen** geht es um die Plan-Kalkulation der betrieblichen Leistungen, um die Rentabilität sicherzustellen; (3) auf der Ebene der **Aufwendungen und Erträge** wird schließlich nicht nur ein betriebliches, sondern auch ein bilanzielles Ergebnis im Hinblick auf die Rentabilitätszielsetzung geplant.

Zusammenfassend ergeben sich so drei große Planungskreise der (operativen) Wertumlaufplanung: Die Finanzplanung mit dem Ziel einer effizienten Liquiditätssicherung und die Betriebsergebnisrechnung und die Planbilanzierung mit dem Ziel einer Sicherung der Rentabilität.

## Kurzfristige Finanzplanung

*Sicherung des finanziellen Gleichgewichts*

Die kurzfristige Finanzplanung hat zum Ziel, das finanzielle Gleichgewicht der Unternehmung in jeder Teilperiode des Planungszeitraums sicherzustellen. Zu diesem Zweck muss sie zunächst alle Einzahlungen und Auszahlungen prognostizieren, wie sie sich aus Erfahrungen mit dem laufenden Geschäft und der operativen Planung des Realgüterprozesses ergeben. Sie muss also z. B. die Einzahlungen aus Umsatzerlösen und Zinserträgen erfassen und sie muss die Auszahlungen für Löhne und Gehälter, den Einkauf von Roh-, Hilfs- und Betriebsstoffen, Mieten etc. abschätzen. Darüber hinaus muss sie die aus dem strategischen Plan resultierenden Einzahlungen und Auszahlungen für die betrachtete Periode zusammenstellen; hierzu können z. B. der Erwerb von Grundstücken für den Bau von Fabrikgebäuden gehören, der Kauf einer Unternehmung oder die Einzahlungen aus einer beschlossenen Kapitalerhöhung. Alle diese Einzahlungs- und Auszahlungsströme müssen für die Teilperioden des Planungszeitraums gegenübergestellt und die entsprechenden Finanzüberschüsse und Finanzdefizite registriert werden. Die Anlage von Finanzüberschüssen und die Deckung von Finanzdefiziten ist dann Aufgabe des kurzfristigen Finanzmanagements. Es sind die Alternativen auszuwählen, die einerseits den kurzfristigen Finanzgewinn (Differenz von kurzfristigen Finanzerträgen und kurzfristigen Finanzaufwendungen) optimieren und andererseits das finanzielle Gleichgewicht für jede Teilperiode des Zahlungszeitraums sicherstellen (Volkart 2006).

## Planbilanzierung

Die Aufstellung einer Planbilanz und einer Plan-Gewinn- und Verlustrechnung auf der Grundlage des festgelegten Produktprogramms und der operativen Teilpläne liefert wichtige Informationen auch für die Abschätzung
der zu erwartenden Rentabilitätssituation der Unternehmung. Die Planung
der Aufwendungen und Erträge gibt eine Vorstellung über den planmäßigen
Erfolg (Gewinn oder Verlust) der betrachteten Periode; die Planbilanz informiert über die Vermögens- und Kapitalstruktur und gibt damit die Möglichkeit, verschiedene Rentabilitätskennziffern (Gesamtkapitalrentabilität,
Eigenkapitalrentabilität) als Plangrößen zu bestimmen. Ergeben sich hier
unbefriedigende Situationen, so lassen sich vorbeugende Maßnahmen zur
Abhilfe planen.

*Bilanzielle*
*Ergebnisplanung*

## Betriebsergebnisplanung

Im Gegensatz zur bilanziellen Ergebnisplanung ist die Betriebsergebnisplanung nicht nur periodenbezogen, sondern auch stückbezogen. Hier werden
in der Vorkalkulation Kosten und (gegebenenfalls) Preise für die betrieblichen Leistungen (Produkte) kalkuliert und zur Grundlage der Planung des
optimalen Produktprogramms gemacht. Mit diesem optimalen Produktprogramm ist dann ein Plan-Gesamtdeckungsbeitrag verbunden, von dem die
gesamten Plan-Fixkosten zu subtrahieren sind, um das Plan-Betriebsergeb-
nis zu erhalten. Dieses unterscheidet sich von dem bilanziell ermittelten
Plan-Gewinn insbesondere durch die (geplanten) neutralen Aufwendungen
und Erträge.

*Plankosten*
*und -erlöse*

Die skizzierte Grundstruktur der Betriebsergebnisrechnung kann natürlich
in vielfältiger Weise variiert und verfeinert werden, worauf hier nicht im
Einzelnen einzugehen ist. Hingewiesen werden sollte aber auf jeden Fall auf
die Plankostenrechnung, die ein wesentlicher Baustein für die Planung des
kalkulatorischen Betriebsergebnisses ist.

.

## 5.2.2 Die Interdependenz der Teilpläne

Es wurde bereits darauf hingewiesen, dass man sich operative Pläne nicht
als eine Ansammlung unverbunden nebeneinander stehender Teilpläne
vorstellen darf. Vielmehr sind grundsätzlich alle Unternehmenspläne wechselseitig voneinander abhängig, d. h., sie sind **interdependent,** und zwar in
doppelter Hinsicht, d. h. auf der zeitlichen und der sachlichen Dimension.

*Interdependenzen*
*zwischen den*
*Plänen*

*Beispiel für
sachliche
Interdependenz*

Greift man zunächst die **sachliche** Dimension heraus und betrachtet hier exemplarisch den Zusammenhang zwischen den Teilplänen „Produktion" und „Absatz" wird sofort deutlich, dass man zur Bestimmung des optimalen Produktprogramms eine Vielzahl von Entscheidungen kennen müsste, die im Absatzplan getroffen werden. Erst wenn man den Marketing-Mix für die verschiedenen Produkte kennt, also deren Preise, Werbeaufwendungen, Verpackung, Serviceleistungen etc., kann man die Deckungsbeiträge der Produkte bestimmen, die man für die Ermittlung des optimalen Produktprogramms benötigt. Erst dann stehen auch die (wahrscheinlichen) Höchst- oder Mindest-Absatzmengen für die Planungsperiode fest. Auch sie müssen bei der Planung des Produktprogramms berücksichtigt werden. Umgekehrt sind aber auch die Entscheidungen über den Marketing-Mix nicht zu treffen, ohne dass man das Produktprogramm kennt. Restriktionen in der Produktion mögen z. B. den Ausstoß bestimmter Produkte so begrenzen, dass ihre besondere Förderung im Rahmen des Marketing-Mix nicht sinnvoll ist. Es besteht also eine Interdependenz zwischen beiden Teilplänen.

*Beispiel für
zeitliche
Interdependenz*

In ähnlicher Weise lässt sich die Interdependenz der Teilpläne in der **zeitlichen** Dimension zeigen. Das wird bereits an der **kurzfristigen Finanzplanung** deutlich. Wie oben angedeutet, muss die Finanzleitung in der kurzfristigen Finanzplanung Defizite einzelner Teilperioden abdecken bzw. Überschüsse anlegen. Dabei wird sie es in der Regel mit Handlungsalternativen zu tun haben, die in späteren Perioden zu Rückzahlungsverpflichtungen (z. B. bei Kreditaufnahmen) oder Rückflüssen (z. B. bei Festgeldanlagen von Überschüssen) führen. Die Finanzleitung kann also, wenn sie in der Periode 1 ein Defizit abzudecken hat, über das Handlungsprogramm in dieser Periode nicht entscheiden, ohne dass die Auswirkungen auf spätere Perioden in Rechnung zu stellen. Die umgekehrte Wirkungsrichtung stellt man sich leicht selbst vor.

*Simultanplanung
als Lösung?*

Die Interdependenz der Teilpläne im operativen System drängt zu einer Simultanplanung. Die **Simultanplanung** versucht, die Entscheidungssituation der Unternehmensführung in ihrer Totalität in einem einzigen Planungsmodell zu erfassen. Das Planungsmodell hätte dann nicht nur zu bestimmen, welche Produkte in welchen Mengen und welchen Arten auf welchen Maschinen in welcher Reihenfolge und in welchen Losgrößen wann herzustellen sind, sondern **uno actu** damit zugleich im Absatzbereich über den gesamten Marketing-Mix zu entscheiden; in gleicher Weise müssten die Auswirkungen dieser Entscheidungen in der kurzfristigen Finanzplanung nicht nur registriert werden, sondern es müssten auch die Rückwirkungen auf die übrigen Teilpläne insoweit in Rechnung gestellt werden, als es um die Einhaltung des finanziellen Gleichgewichts geht.

Die Dynamik der Umwelt und die Komplexität sozialer Systeme lassen die Idee der Simultanplanung jedoch als pure Illusion erscheinen, vielleicht sogar als gefährliche Illusion, weil sie einen verfälschten, viel zu mechanistischen Eindruck von den Steuerungsmechanismen eines Unternehmens gibt.

*Komplexität als Barriere*

Man muss aus diesen Gründen für die Gestaltung des operativen Planungssystems die Idee der Simultanplanung aufgeben. An ihre Stelle tritt die **Sukzessivplanung.** Man antizipiert in planerischen Vorüberlegungen, welcher betriebliche Funktionsbereich für die Planungsperiode voraussichtlich den **Engpass** darstellen wird. Wenn man es für seine Produkte mit einem Käufermarkt zu tun hat, wird das in der Regel der **Absatzsektor** sein. Man beginnt dann mit der Absatzplanung als der obersten Planungsstufe und legt hier die entscheidenden Parameter des Marketing-Mix tentativ fest. Hat man das vorläufige Absatzprogramm nach Mengen und Preisen fixiert, so kann darauf die Produktions-Programm- und -Ablaufplanung aufbauen. An diese schließt sich dann in einem dritten Schritt die Einkaufsplanung an. Unter der Annahme, dass der Finanzsektor keinen Engpass darstellt, registriert man anschließend die finanziellen Auswirkungen auf den Finanzplan, und der Finanzleiter bemüht sich, die für die Teilperioden des Planungszeitraums entstehenden Defizite abzudecken bzw. Überschüsse anzulegen.

*Sukzessivplanung als Lösungsansatz*

Bei dieser Vorgehensweise mag es natürlich sein, dass die Ausgangsvermutung, dass der Absatzsektor den Engpass darstellt, sich auf einer oder mehreren der nachfolgenden Stufen im Nachhinein als falsch herausstellt. Man muss dann **rückkoppelnd** geeignete Planrevisionen beim Absatzplan und den Folgeplänen herausfinden, um die im Planungsprozess ermittelten Engpasssituationen zu überwinden, oder mit der Koordination der Pläne an einer anderen Stelle neu beginnen. Die Sukzessivplanung arbeitet die Interdependenz der Teilpläne im operativen System also in **zwei Schritten** ab: In einem ersten Schritt wird eine engpassbezogene Planung derart durchgeführt, dass der (vermutete) Engpasssektor zur Basis der Planung gemacht und alle anderen Teilpläne auf den Engpass hin ausgelegt werden. Stellt sich die Engpass-Vermutung als falsch heraus, lässt sich also keine realisierbare Lösung für das Gesamtsystem finden, so werden in einem zweiten Schritt im Sinne von Rückkoppelungsschleifen so lange Planrevisionen durchgeführt, bis eine realisierbare Planungssituation erreicht worden ist.

*Rückkoppelungsschleifen*

## 5.2.3 Die operative Planung unter Unsicherheit

Jede Planung ist per definitionem zukunftsgerichtet und die Zukunft ist unvermeidlich unsicher. Die Unsicherheit bezieht sich auf alle diejenigen Tatbestände, die der Planer nicht selbst herstellen kann und die die Konsequenzen der erwogenen Handlungsalternativen (positiv oder negativ) beein-

*Entscheidungssituationen*

flussen. Bezeichnet man alle diejenigen Tatbestände, die sich dem Einflussbereich des Planers entziehen, als Umwelt(-ereignisse), so kann man in Übereinstimmung mit der traditionellen (normativen) Entscheidungstheorie im Hinblick auf Grade der Unsicherheit drei Situationen unterscheiden.

*Gewissheit als nur theoretischer Fall*

Die **erste** nur theoretisch existierende Situation ist dadurch gekennzeichnet, dass mit Bestimmtheit bekannt ist, welche der möglichen Umweltereignisse in der Zukunft tatsächlich eintreffen werden. Dies ist die Situation der **Gewissheit**.

*Risikosituation*

Die **zweite** Situation wird als **Risikosituation** bezeichnet. Hier liegen für einzelne oder alle Daten (nur) **objektive** Wahrscheinlichkeitsverteilungen vor. Es gilt indessen zu sehen, dass objektive Wahrscheinlichkeiten nur in seltenen Fällen verfügbar sind, wie z. B. bei Würfelspielen oder Lotterien, und zwar nur dann, wenn der Mensch durch Konstruktion **geeigneter** Zufallsgeneratoren (Würfel, Lose usw.) von vornherein selbst dafür sorgt, dass die gewünschte Wahrscheinlichkeitsverteilung auch tatsächlich auftritt. Bei betriebswirtschaftlichen Entscheidungssituationen kann man dagegen Wahrscheinlichkeitswerte allenfalls aus der Vergangenheit des zu planenden Bereichs gewinnen. Die Übertragung derartiger Vergangenheitswerte in zukunftsorientierte Planungsmodelle ist systematisch nicht möglich, zumindest aber erfordert sie ein (nicht beweisbares) Vertrauen darauf, dass zwischen Vergangenheit und Zukunft keine unvorhergesehene Veränderung auftritt. Diese **subjektive** Komponente gewinnt natürlich um so mehr an Gewicht, je weniger sich gute Gründe für die Übertragbarkeit vergangener Umweltzustände auf die Zukunft anführen lassen.

*Situation der Ungewissheit*

Die **dritte** Situation ist die der **Ungewissheit**. Hier liegen über die Eintrittswahrscheinlichkeiten von Umweltereignissen keine Informationen vor. Nachdem dies die typische Situation für Planer ist, konzentriert sich die neuere Planungsforschung mehr und mehr auf diese Situation.

*Zwei Ansatzpunkte*

Zwei große Ansatzpunkte sind hier erkennbar, die miteinander kombiniert werden können bzw. sollten. Der **erste Ansatzpunkt** liegt in der **operativen Planung** selbst: (1) Man versucht, sich durch die inhaltliche oder prozessuale Gestaltung der Planung so gut es geht auf die Unsicherheit vorzubereiten. (2) Der **zweite Ansatzpunkt** besteht darin, kurzfristige **Reaktionspotenziale** anzulegen, um sich schnell auf nicht antizipierte Situationen einstellen zu können.

*Sensitivität sicherer Lösungen*

**(1) Planerische Gestaltung:** Die naheliegendste Möglichkeit ist, Planungsprobleme in einem ersten Schritt so zu behandeln, **als ob** Gewissheit bestünde, schließt dann aber in einem zweiten Schritt an die Optimallösung so genannte **Sensitivitätsanalysen** an. Man untersucht mit solchen Analysen die **Stabilität** der gefundenen Lösung gegenüber Änderungen der Ausgangsdaten. Mithilfe der Sensitivitätsanalyse kann man so – von einer

„Punktlösung" ausgehend – den Entscheidungsraum um diese Lösung herum auf Stabilität hin ausleuchten.

Neben der Sensitivitätsanalyse bietet die **Alternativ- oder Eventualplanung** eine zweite Möglichkeit, mit der Unsicherheit der Umwelt planerisch umzugehen. Man berechnet Optimallösungen für alternative Datenkonstellationen, wobei man insbesondere auf solche Daten abstellt, die man in der Prognose für besonders kritisch erachtet. Die Alternativplanung enthebt natürlich nicht von der Notwendigkeit, schließlich eine Auswahl für denjenigen Plan zu treffen, der realisiert werden soll. Man kann aber versuchen, den Zeitpunkt der Entscheidung hinauszuzögern.

*Alternativplanung*

Das Gleiche gilt für die **flexible** (im Gegensatz zur starren) **Planung.** Hat man es mit mehrperiodigen, sequentiellen Entscheidungen zu tun, so dass über Handlungsalternativen in späteren Perioden jeweils wieder neu in Abhängigkeit von dann relevanten Umweltereignissen und aber auch im Lichte vorher getroffenen Entscheidungen zu entscheiden ist, dann lassen sich solche Planungsprobleme auf so genannten **Entscheidungsbäumen** abbilden. Hier bietet sich die Möglichkeit der flexiblen Planung, d.h. man entscheidet zum Ausgangszeitpunkt nur über die in der ersten Periode zu realisierenden Alternativen. Über die Alternativen der späteren Stufen (Perioden) wird allenfalls eventualiter befunden. Man wartet mit den Folgeentscheidungen und trifft sie erst dann, wenn in späteren Perioden die **aktualisierten Informationen** vorliegen, man passt sie gleichsam an die neue Situation an. Dass auf diese Weise die Unsicherheit allerdings keinesfalls vollständig „abgearbeitet" wird, ist unmittelbar einsichtig. In jeder Entscheidungsstufe kann man sich irren, weil doch alles anders kommt als geplant; im Lichte späterer Umweltinformationen können sich alle vorherigen Entscheidungen als falsch herausstellen. Im Übrigen ist eine solche vorsichtige Abwarte-Strategie nur selten möglich; häufig müssen die Ressourcen schon frühzeitig gebunden werden.

*Flexible Planung*

Eine vierte Art, mit der Unsicherheit der Umwelt planerisch umzugehen, ist die **robuste Planung.** Sie macht sich die Einsicht zunutze, dass es bei manchen Planungsproblemen erste Planungsschritte gibt, die für die Zukunft noch nichts präjudizieren, also keine Handlungsoptionen vernichten. Sind solche robusten Schritte möglich, ist es rational, mit weiteren „commitments" solange zu warten, bis Entscheidungen nicht mehr aufgeschoben werden können. Auf diese Weise wird es möglich, die jeweils unumgänglich zu treffenden Entscheidungen – ähnlich wie bei der flexiblen Planung – vom aktuellen Informationsstand abhängig zu machen.

*Robuste Planung*

In jüngerer Zeit wird vorgeschlagen, das Ausmaß der Flexibilität von Plan-(Investitions-)Alternativen systematisch in die Bewertung einzubeziehen, so dass der flexibleren Alternative (unter sonst gleichen Umständen) ein höhe-

*Realoptionsplanung*

rer Wert zugesprochen wird. Um dies methodisch zu bewerkstelligen, wird bei der Optionspreistheorie Anleihe genommen und vorgeschlagen, sie auf „Realoptionen" zu übertragen (vgl. Hommel et al. 2003, kritisch Kruschwitz 2005).

*Rollende Planung*

Neben den angesprochenen Vorgehensweisen, die primär die Art der Informationsverarbeitung bei der Planung betreffen, lassen sich auch durch die Organisation des **Planungsprozesses** gewisse Vorkehrungen gegen die Unsicherheit der Zukunft treffen. Hierzu sei beispielhaft auf die Möglichkeit einer so genannten **rollenden** (gleitenden) **Planung** hingewiesen. Ihr Wesen besteht darin, dass man den Planungszeitraum, bei der operativen Planung etwa ein Jahr, in Teilperioden, z. B. Quartale oder Monate, zerlegt und dann für den ersten Monat (oder das erste Quartal) eine Feinplanung durchführt und es für die übrigen Perioden bei einer Grobplanung belässt. Im Zuge der Realisierung der Feinplanung des ersten Monats (oder des ersten Quartals) wird für den nächsten Monat (oder das nächste Quartal) die Feinplanung vorbereitet und gleichzeitig der gesamte Planungszeitraum um einen Monat (ein Quartal) in die Zukunft fortgeschrieben und mit einer neuen Grobplanung versehen. Das „Rollen" der Planung besteht – so gesehen – dann also darin, dass periodisch der Jahresplan in einem Monatsplan (Quartalsplan) konkretisiert und der Gesamtplan in die Zukunft fortgeschrieben wird. Die Planung „rollt" gleichsam entlang der Zeitachse in die Zukunft fort.

*Grenzen der rollenden Planung*

Bei dieser Vorgehensweise hat man durch die Organisation des Planungsprozesses die Möglichkeit eingebaut, die handlungsrelevanten Feinplanungen vom jeweiligen Informationsstand abhängig zu machen, ohne den größeren zeitlichen Zusammenhang der Teilpläne (ganz) aus dem Auge zu verlieren. Demgegenüber verzichtet die nicht-rollende Planung auf die Möglichkeit, Entscheidungen auf der Grundlage aktueller Informationen zu treffen; dies gilt jedenfalls insoweit, wie die Organisation des Planungsprozesses selbst (ohne Einbeziehung der Kontrolle) betroffen ist. Man sieht leicht ein, dass das Prinzip der rollenden Planung, nämlich Entscheidungen auf dem jeweils aktuellsten Informationsstand zu treffen, im Extremfall in eine **Echtzeitsteuerung** übergeht, die mit Planung dann eigentlich nichts mehr zu tun hat. Die Zeit zwischen Planung und Realisierung wird fast auf Null verkürzt.

Aber so sehr man sich auch bemühen mag, es wird der Planung aus systematischen Gründen (Dynamik und Komplexität) niemals gelingen, alleine das Unsicherheitsproblem kleinzuarbeiten. Es ist vielmehr Aufgabe der gesamten Steuerungsfunktion, dieses Fundamentalproblem so zu bearbeiten, dass das System Unternehmung seine Funktionsfähigkeit erhält.

**(2) Reaktionspotenziale:** Im **Managementprozess** bieten grundsätzlich alle weiteren Managementfunktionen (neben der Planung) die Möglichkeit, die Reaktionsfähigkeit der Unternehmung angesichts von Unsicherheit zu erhöhen. Von besonderer Bedeutung ist, wie bei der strategischen Kontrolle schon ausführlich dargelegt, die **Kontrollfunktion** im Sinne einer Kompensation.

Neben der Kontrolle bietet die **Organisation** die Möglichkeit, Reaktionspotenziale anzulagern und damit die Flexibilität der Unternehmung angesichts der Unsicherheit der Zukunft zu erhöhen. Zu denken ist hier vor allem an den Typ der **flexiblen Organisation** (flache Hierarchien, horizontale und laterale Kommunikation, wenige allgemeine Regelungen, partizipative Entscheidungsprozesse etc.), der es ermöglichen soll, veränderte Situation rasch zu erfassen und in anpassende Maßnahmen umzusetzen. In dem Maße, wie es auf diese Weise gelingt, in allen übrigen Managementfunktionen Reaktionspotenziale anzulegen, kann sich die Planung auf die Selektionsleistung konzentrieren.

Neben dem Managementprozess bietet der **Realgüterprozess** Ansatzpunkte, kurzfristige Reaktionspotenziale anzulagern. Bei der Auswahl von Produktionsfaktoren achtet man auf universelle statt spezialisierte Kompetenzen. Man beschafft z. B. Universalmaschinen, die für ein breiteres Spektrum von Produkten geeignet sind, statt Spezialmaschinen, die nur für das gerade gültige Produktspektrum und seine besonderen Varianten geeignet sind. Diese Flexibilität wird in der Regel etwas kosten: Universalmaschinen werden im Hinblick auf Umrüstung, Energieverbrauch, Bedienungsanforderungen etc. höhere Kosten bedingen als Spezialmaschinen. Das ist heute allerdings keineswegs mehr bei allen Fertigungssystemen der Fall. Flexible computerunterstützte Produktionsanlagen erlauben es, eine Vielzahl von Produktvarianten praktisch ohne die Kosten einer Umrüstung zu produzieren („Losgröße 1"). Die Entscheidung, welche Produktvariante – etwa in der Automobilfertigung nach Farbe und Spezialausstattung – zu fertigen ist, kann so lange aufgeschoben werden, bis Gewissheit über die Nachfrage in Form eines genau spezifizierten Kundenauftrags vorliegt.

# 5.3 Operative Planungsmodelle

Es ist heut üblich zwischen optimierenden, prognostizierenden und experimentierenden Modellierungstechniken bzw. Modellen zu unterscheiden.

**(1) Optimierungsmodelle:** Die mathematischen Optimierungsmodelle lassen sich letztlich als Ausdifferenzierungen eines allgemeinen Problems begreifen, nämlich eine **Zielfunktion** unter **Nebenbedingungen** (Restriktionen) zu optimieren (zu maximieren oder zu minimieren), wobei die (Entscheidungs-)Variablen nur nichtnegative Werte annehmen dürfen. Zu den wichtigsten Optimierungsmodellen zählt die Linear Programmierung und die Dynamische Programmierung.

**(2) Prognostizierende Modelle:** Im Gegensatz zu den Optimierungsmodellen wird mithilfe prognostizierender Modelle keine Optimierung (keine Entscheidung) angestrebt. Vielmehr geht es bei diesen Modellen zunächst um die Strukturierung von Problemsituationen mit dem Ziel, das vielfältige Zusammenwirken von Elementen eines Systems im **Zeitablauf** erkenn- und interpretierbar zu machen. Insofern kann man als einen wesentlichen Zweck dieser Modelle die **„Situationsaufhellung"** ansprechen. Daran anschließend lassen sich dann allerdings Änderungen einzelner oder mehrerer Elemente in ihrer Auswirkung auf das Gesamtergebnis überprüfen und insofern doch **alternative Handlungsweisen** im Hinblick auf angestrebte Zielgrößen untersuchen. So mag man etwa prüfen, wie Änderungen der Fertigungszeiten eines Teilprojekts, die durch die Bereitstellung zusätzlicher Kapazitäten ermöglicht werden, sich auf den Fertigstellungstermin eines Großbauprojekts auswirken werden; oder man untersucht – um ein anderes Beispiel zu nennen –, wie sich eine Variation der entscheidenden Einflussgröße bezüglich der Kosten bei der Behandlung chronisch Nierenkranker, nämlich die Patienten-Zugangsrate (pro Monat), auf die Kostenentwicklung auswirkt (vgl. Meyer 1996).

Während die optimierenden Modelle also einen „Möglichkeitsraum" von Lösungen (Wahlmöglichkeiten) voraussetzen, aus denen die beste Handlungsalternative zu bestimmen ist, gehen die prognostizierenden Modelle umgekehrt gleichsam von einer schon vorgegebenen eindeutigen „Lösung" (Ausgangssituation) aus, die dann in ihrer verwickelten sachlichen und zeitlichen Struktur durchschaubar gemacht und gegebenenfalls (diskret) modifiziert wird. Man spricht deshalb hier häufig auch von „Erklärungsmodellen".

*Prognose-*
*verfahren*
Diese allgemeine Kennzeichnung macht zugleich den Unterschied der prognostizierenden Modelle zu den Prognoseverfahren (der Statistik) deutlich. Die prognostizierenden Modelle erstellen die Prognose auf der Basis einer **detaillierten** Analyse des Zusammenwirkens der Elemente (eines Systems), während die Prognoseverfahren Prognoseergebnisse **global** (ganzheitlich) aus Entwicklungstendenzen geeigneter aggregierter Daten der Vergangenheit ableiten.

Zu den prognostizierenden Verfahren zählen als wichtigste die Netzwerk- bzw. Netzplanmodelle und die Markov-Modelle.

**Netzpläne** sind vereinfachte **grafische Veranschaulichungen** umfangreicher Projekte, die in eine große Anzahl von **Einzelaktivitäten** zerlegbar sind, wobei die Reihenfolge für die Ausführung der Einzelaktivitäten und die Zusammenhänge zwischen ihnen bekannt sind. *Netzplantechnik*

Wenn die zeitlich-sachliche Struktur eines Projekts in einem Netzplan erfasst ist, können daraus wichtige Planungsdaten prognostiziert werden. Man kann z. B. den frühestmöglichen und/oder spätestmöglichen Beginnzeitpunkt von Tätigkeiten (und als deren Differenz die so genannte „Pufferzeit") bestimmen und entsprechend die Dispositionen daran orientieren. Oder man kann den so genannten „Kritischen Pfad" durch ein Netzwerk ermitteln als die Folge miteinander verbundener Strecken, die – in Pfeilrichtung durchlaufen – die längste Zeit beansprucht. *Kritischer Pfad*

Ein weiterer bekannter Typ prognostizierender Modelle sind die **Markov-Modelle** (Markov-Ketten). Ihre Eigenart lässt sich am Unterschied zu den Netzplan-Modellen demonstrieren. Bei Netzplanmodellen sind alle Ereignisfolgen im Zeitablauf zwingend festgelegt. Markov-Modelle stellen eine Umkehrung dieser Konfiguration dar. Man hat nicht unterschiedliche, sondern **einheitlich festgelegte Zeitabstände** $t = 1$ (Sekunde, Minute etc.) zwischen dem Eintreten von möglicherweise aufeinander folgenden Ereignissen. Man kann mithilfe von Markov-Modellen in Kenntnis des Ausgangszustandes und der **Übergangswahrscheinlichkeiten** den Zustand des Systems zu irgendeinem späteren Zeitpunkt prognostizieren und sich entsprechend darauf vorbereiten.

**(3) Experimentiermodelle:** Der Einsatz von optimierenden und prognostizierenden Modellen scheitert in der Praxis häufig daran, dass die damit vorgegebenen (mathematischen) Strukturen der Vielfalt und Vielschichtigkeit der Wirklichkeit nicht gerecht werden und zu krass von dem Planungsproblem abweichen. In solchen Fällen können gegebenenfalls Experimentiermodelle, die für den **Einzelfall** maßgeschneidert entwickelt werden, Entscheidungshilfen bieten. *Einsatzgebiet*

Experimentiermodelle lassen sich wegen dieser Fallbezogenheit – was ihre Vorgehensweise anbetrifft – nur ganz allgemein charakterisieren. Am häufigsten wird hier die Simulation verwendet. Man spricht von einer Simulation, wenn man ein ganz spezifisches Realsystem, z. B. einen komplizierten Produktionsablauf, eigens in einer Software nachbildet. Ein solches Programm enthält in der Regel natürlich auch Anweisungen für das Rechnen mit mathematischen Funktionen, etwa für Kostenabhängigkeiten, besteht aber hauptsächlich aus Zähleinrichtungen und Ja/Nein-Abfragen, wodurch nach Vorgabe von Anfangs- und Randbedingungen numerische Berechnungsexperimente gesteuert werden. Je nachdem, ob in einem solchen Modell für die Daten ein- oder mehrwertige Zufallsvariablen angesetzt werden, spricht man von **deterministischer** oder **stochastischer** Simulation. *Simulation*

*Definition*

**5**

## 5.4 Operative Modellplanung am Beispiel der Linearen Programmierung

*Produktions-*
*programm-*
*planung mit LP*

Die Planung des kurzfristigen Produktionsprogramms der Gesamtunternehmung (oder auch einzelner ihrer Sparten) für eine Periode (z. B. Monat, Jahr) auf der Grundlage des (vorgegebenen) strategischen Produkt-Markt-Konzepts ist eine der zentralen und praktisch bedeutsamen Anwendungen der Linearen Programmierung (vgl. im einzelnen Domschke/Drexl 2007) Dabei ist es immer wieder erstaunlich, welche Problemstellungen sich in der Praxis durch geschickte Modellkonstruktion als LP-Probleme darstellen und behandeln lassen. Das reicht von Modellen zur Steuerung der Raffinerieproduktion bei der Erdölverarbeitung über die Programmsteuerung in anderen Branchen der Grundstoffindustrie (Kohle, Steine und Erden) bis zur Verschnittminimierung bei der Papierherstellung, optimalen Maschinenbelegungsplänen in der Metallverarbeitung oder der Herstellung kostenminimaler Diätprodukte in der Ernährungsindustrie.

Allen diesen Anwendungen liegt eine allgemeine Modellstruktur zugrunde, die in der (betriebswirtschaftlichen) Produktionstheorie zwischen den Modellen mit limitationaler und solchen mit substitutionaler Produktionsfunktion anzusiedeln ist; sie stellt gleichsam den „Übergang" zwischen diesen beiden klassischen Modelltypen dar.

*Beispiel*

Zur Entfaltung der allgemeinen Modellstruktur knüpfen wir zunächst an ein einfaches Beispiel an (vgl. Müller-Merbach 1973). Gegeben sei ein Produktionssystem wie in Abbildung 5-1 veranschaulicht:

---

*Abbildung 5-1* | *Produktionssystem*

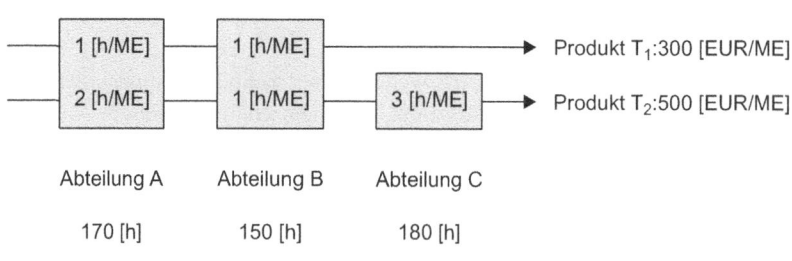

Abteilung A     Abteilung B     Abteilung C

170 [h]       150 [h]       180 [h]

---

Nehmen wir an, ein Ausschnitt des (ansonsten umfangreicheren) strategischen Plans betreffe zwei Produktarten ($T_1$ und $T_2$), die nur in einer vorhandenen Betriebsstätte mit den in Abbildung 5-1 skizzierten drei Abteilungen bzw. Maschinen A, B und C gefertigt werden können. Es ist dann plausibel, von unveränderlichen Kapazitäten dieser drei Abteilungen (Maschinen) auszugehen und den Deckungsbeitrag zu maximieren.

$T_1$ durchläuft die Abteilungen A und B und beansprucht dabei die verfügbare Monatskapazität beider Abteilungen mit je 1 Stunde/Mengeneinheit [h/ME]. $T_2$ durchläuft alle drei Abteilungen A, B und C mit den in Abbildung 5-1 angegebenen Kapazitätsbeanspruchungen. Die beiden Produkte erwirtschaften die folgenden Plan-Deckungsbeiträge der Abbildung 5-2.

*Plan-Deckungsbeiträge von $T_1$ und $T_2$*

*Abbildung 5-2*

| Ökonom. Daten ⟋ Produkte | Plan-Preis | Budgetierte variable Kosten | Plan-Deckungsbeitrag [€/ME] |
|---|---|---|---|
| Produkt $T_1$ | 1.000 | 700 | 300 |
| Produkt $T_2$ | 3.000 | 2.500 | 500 |

Die fixen Kosten betragen monatlich 36.000,– €.

Das Planungsproblem, um das es geht, lässt sich nun in zwei Versionen formulieren:

*Formulierung des Planungproblems*

In welcher Mengenkombination sind die **Produkte** $T_1$ und $T_2$ zu fertigen, damit der Gesamtdeckungsbeitrag ein Maximum wird, und die verfügbaren Kapazitäten nicht überschritten werden?

Wie sind die verfügbaren **Kapazitäten** von A, B und C auf die Herstellung der zwei Produkte $T_1$ und $T_2$ zu verteilen, damit der Gesamtdeckungsbeitrag ein Maximum wird?

Beide Problemversionen – die aus der Perspektive der Produkte und die aus der Perspektive der Kapazitäten – verdichten sich aber letztlich in einer Kennziffer, die für die optimale Steuerung der Kapazitäten relevant ist. Es ist die Kennziffer: **Deckungsbeitrag/Kapazitätseinheit** [€/h]. Diese Kennziffer bezieht die Profitabilität der **Produkte** auf die **Kapazitäten** und macht damit deutlich, dass es für die Allokation der (knappen) Ressourcen nicht auf den „Deckungsbeitrag DB pro Produkteinheit" (alleine) ankommen kann, auch nicht (alleine) auf die „Inanspruchnahme der Kapazitäten KB pro Produkteinheit" für jedes Produkt, sondern der ökonomische Wert der Kapazitäten KW eben aus der Kombination beider Aspekte hervorgeht in der Form:

$$DB \,[€/ME] : KB \,[h/ME] = KW \,[€/h].$$

Wendet man diese Kennziffer auf das vorliegende Beispiel an, so erhält man für die drei Kapazitäten die folgenden Werte KW:

*Abbildung 5-3*

*Deckungsbeiträge pro Kapazitätseinheit KW in [€/h] im Beispiel*

|   | $T_1$ | $T_2$ |
|---|-------|-------|
| A | 300 | 250,00 |
| B | 300 | 500,00 |
| C | – | 166,66 |

Ein Blick auf die Abbildung 5-3 macht sofort deutlich, dass Produkt $T_1$ bei der Kapazität A, Produkt $T_2$ dagegen bei der Kapazität B einen Profitabilitätsvorteil hat; Kapazität C kann außer Betracht bleiben, da die Produkte $T_1$ und $T_2$ nicht um diese Kapazität konkurrieren. Wäre die Situation nun derart, dass Produkt $T_1$ gegenüber $T_2$ bei allen Kapazitäten einen höheren KW-Wert hätte, $T_1$ also $T_2$ insoweit dominieren würde, wäre das Planungsproblem gelöst: nur $T_1$ käme mit der bei der gegebenen Kapazitätsausstattung maximal möglichen Menge in die Lösung. Da das aber nicht der Fall ist, also eine „**Konfliktsituation**" existiert, ist jetzt eine optimale Mengenkombination der Produkte $T_1$ und $T_2$ zu suchen.

*Programm-formulierung*

3. Dazu formulieren wir das **Lineare Programm** wie folgt:

$$\text{Zielfunktion:} \quad Z = 300\, x_1 + 500\, x_2 \rightarrow \text{max!} \tag{1}$$

$$\text{Nebenbedingungen:} \quad 1\, x_1 + 2\, x_2 \leq 170$$

$$1\, x_1 + 1\, x_2 \leq 150 \tag{2}$$

$$3\, x_2 \leq 180$$

$$\text{Nichtnegativitätsbedingung:}$$

$$x_1, x_2 \geq 0 \tag{3}$$

(1) bis (3) drückt aus, dass solche (nichtnegativen) Mengen $x_1$ von Produkt $T_1$ und $x_2$ von Produkt $T_2$ gesucht werden sollen, die die Kapazitätsbeschränkungen pro Periode nicht überschreiten, also zulässig sind, und gleichzeitig den Deckungsbeitrag maximieren.

*Grafische Lösung*

Die **grafische** Lösung ist auf zwei Arten möglich, je nachdem ob man die 1. oder 2. oben erwähnte Version wählt. Im ersten Falle wählt man – bei diesem Beispiel – zur Darstellung den zweidimensionalen „Raum der Produkte" mit $x_1$ und $x_2$ als Koordinaten (Abbildung 5-4); im zweiten Falle wählt man den (hier dreidimensionalen) „Raum der Kapazitäten".

Die Beschränkungen (2) und (3) grenzen als Ungleichungen den Bereich der zulässigen Lösungen aus dem positiven Quadranten des $R^2$ aus. Man hat damit einen geschlossenen Bereich zulässiger Lösungen O A B C D; zu ihm gehören alle Punkte auf den Restriktionsgeraden und innerhalb der Begrenzungen. Dieser Bereich ist konvex, d. h., alle Punkte auf der Verbindungslinie zwischen zwei beliebig aus O A B C D gewählten Punkten liegen selber in O A B C D. Diese Eigenschaft der Konvexität des Lösungsraums (Polyeders) ist typisch für Lineare Programme und ermöglicht es, dass das Lösungsverfahren der Simplex-Methode nur „Eckpunktlösungen" des konvexen Polyeders auf Optimalität hin prüfen muss. Gesucht ist nun der optimale Lösungspunkt, d. h. der Punkt, dessen Koordinaten – in die Zielfunktion eingesetzt – den maximalen Gesamtdeckungsbeitrag ergeben. Um ihn zu bestimmen, führt man die Zielfunktion mit Z als Parameter in Abbildung 5-4 ein.

---

*Grafische Lösung des Beispiels im Raum der Produkte*

*Abbildung 5-4*

---

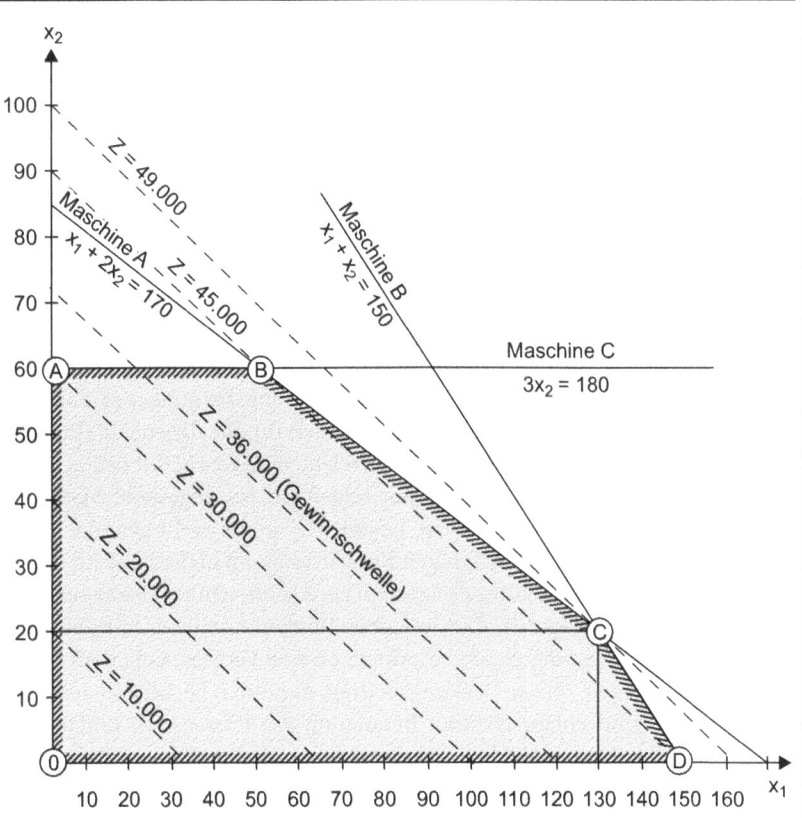

Für verschiedene Werte von Z ergibt sich eine Schar von zueinander parallel verlaufenden Geraden. Jede Mengenkombination der beiden Produkte, die auf einer Geraden liegt, erbringt denselben Gesamt-Deckungsbeitrag bzw. Gesamtgewinn (Gesamtdeckungsbeitrag ./. fixer Kosten). Man kann deshalb hier von **„Iso-Gewinnlinien"** sprechen. Unter ihnen wählt man diejenige aus, der der höchste Gesamtgewinn zuzuordnen ist und auf der noch (mindestens) ein Punkt liegt, der zum Bereich der zulässigen Lösungen gehört, dessen Koordinatenwerte $x_1$ und $x_2$ also die Nebenbedingungen (2) nicht verletzen. Die Koordinatenwerte dieses Punkts stellen die optimale Lösung dar. Sie ist in Abbildung 5-4 durch den Punkt C mit den Koordinatenwerten $x_1$ = 130 [ME] und $x_2$ = 20 [ME] gekennzeichnet. Der maximale Deckungsbeitrag beträgt 49.000 €, der Gewinn 13.000 €.

*Eckpunkt-lösung*

Die Optimallösung ist im vorliegenden Fall eine „Eckpunktlösung" und damit eindeutig. **Mehrdeutige** Lösungen ergeben sich, wenn eine Begrenzungsgerade parallel zu den Iso-Gewinnlinien verläuft (gleiche Steigung). Dann sind alle Punkte optimal, die auf dem den konvexen Bereich zulässiger Lösungen begrenzenden Teil dieser Geraden liegen. Die Eckpunkte sind darin eingeschlossen. Da die Eckpunkte also zu der Menge der optimalen Lösungspunkte gehören, gilt auch für den Fall einer mehrdeutigen Lösung, dass die Zielfunktion ihre optimalen Werte immer in **mindestens** einem Eckpunkt des konvexen Polyeders annimmt. Dieser Satz ist für das Lösungsverfahren der Simplex-Methode wichtig, da sie nämlich jeweils nur Eckpunktlösungen daraufhin prüft, ob sie optimal sind.

*Simplex-Methode*

Die Simplex-Methode ermittelt – ausgehend von einer ersten zulässigen Lösung – die Optimallösung in mehreren Iterationsschritten, indem sie bei jedem Schritt eine Prüfung der vorliegenden Lösung daraufhin durchführt, ob diese noch verbessert werden kann. Sie stellt – ökonomisch interpretiert – die Frage, ob (bei einem Maximierungsproblem) der Deckungsbeitrag noch erhöht werden kann, wenn man die Verwendungsrichtung der Faktoren (Ressourcen) ändert. Zu diesem Zwecke werden für alle diejenigen (Produktions-)Prozesse, die bei einer gerade erreichten (Zwischen-)Lösung **nicht** benutzt werden, Vorteilsvergleiche der folgenden Art angestellt: Man habe etwa die Prozesse $P_1$ und $P_2$ in der Lösung; $P_3$ werde nicht genutzt. Wenn die drei Prozesse um die verfügbaren Ressourcen konkurrieren, dann ist das Betreiben der Prozesse $P_1$ und $P_2$ auf dem gerade erreichten Niveau offenbar dadurch möglich geworden, dass auf einen Ressourceneinsatz in $P_3$ **verzichtet** wurde. Also muss man – um zu prüfen, ob eine Verbesserung der Lösung möglich ist – fragen, ob der Deckungsbeitrag, der durch Nichtbenutzung des Prozesses $P_3$ (und entsprechender Benutzung der Prozesse $P_1$ und $P_2$) erzeugt wurde, größer ist als der Deckungsbeitrag, den man durch Benutzung des Prozesses $P_3$ direkt hätte erreichen können. Man muss konkret also fragen:

Erbringen die im Prozess $P_3$ – wenn dieser auf dem Einheitsniveau betrieben wird – einzusetzenden Ressourcen einen höheren Deckungsbeitrag, indem sie in den gerade benutzten Prozessen eingesetzt werden oder nicht?

Diese Fragestellung macht deutlich, dass es bei der Simplex-Methode letztlich um eine **„Opportunitätskosten-Betrachtung"** geht. Die Opportunitätskosten eines nicht benutzten Prozesses $P_3$ sind derjenige Deckungsbeitrag, der entfällt, wenn man den Prozess $P_3$ auf dem Niveau $x_3 = 1$ betreibt und die dadurch gebundenen Ressourcen nicht mehr in den gerade benutzten Prozessen $P_1$ und $P_2$ einsetzen kann und deren Prozessniveaus entsprechend anpassen muss.

*Opportunitäts-kosten*

Die rechnerische Lösung wird mit der Simplexmethode ermittelt (vgl. Domschke/Drexl 2007).

## 5.5 Operative Modellplanung am Beispiel der Break-even-Analyse

Die Break-even-Analyse ist kein – wie sonst manchmal zu lesen – Optimierungsverfahren, sondern ein prognostisches Modell. Durch Gegenüberstellung von Kosten und Erlösen, sei es für die Gesamtunternehmung, einzelne Abteilungen, eine Produktionslinie oder bestimmte Entscheidungen wird der Gewinnschwellenwert ermittelt. Wir beschränken uns hier auf die Darstellung der Kerngedanken der Break-even-Analyse, insbesondere gehen wir von deterministischen (einwertigen) Kosten und Erlösen aus und nehmen an, dass die funktionalen Abhängigkeiten linear sind (vgl. im einzelnen Schweitzer/Troßmann 1998).

*„Toter Punkt"*

Für die grafische Veranschaulichung und Ableitung der analytischen Zusammenhänge wird der einfache Fall einer Einproduktunternehmung vorausgesetzt. Ferner nehmen wir an, dass die Erlös- und Kostenfunktion (Abhängigkeit der Erlöse bzw. Kosten von der Ausbringungsmenge x) für den Planungszeitraum von $x = 0$ bis zur vollen Kapazitätsauslastung $x_{max}$ bekannt sind. Dann erhält man das Break-even-Diagramm (Break-even-Chart) der Abbildung 5-5.

*Ermittlung des Break-even-Punktes*

In Abbildung 5-5 ist der Gesamterlös $E(x)$:

$$E(x) = p \cdot x \tag{1}$$

mit p als Plan-Produktpreis der Planungsperiode ($p = \operatorname{tg} \beta$).

Die Gesamtkosten $K(x)$ ergeben sich zu:

$$K(x) = K_v(x) + K_f(x) \qquad (2)$$

In (2) sind $K_v(x)$ die gesamten variablen Kosten:

$$K_v(x) = k_v \cdot x \quad \text{mit} \quad k_v = \text{tg } \alpha \qquad (3)$$

$K_f(x) = $ const. sind die von der Ausbringungsmenge unabhängigen „fixen Kosten", d. h. diejenigen Kosten, die in der Planungsperiode nicht abgebaut werden können (sollen), gleichgültig, welche Menge produziert wird. Sie sind insofern für die „Betriebsbereitschaft" disponiert („Bereitschafts-kosten").

| *Abbildung 5-5* | *Break-even-Diagramm* |

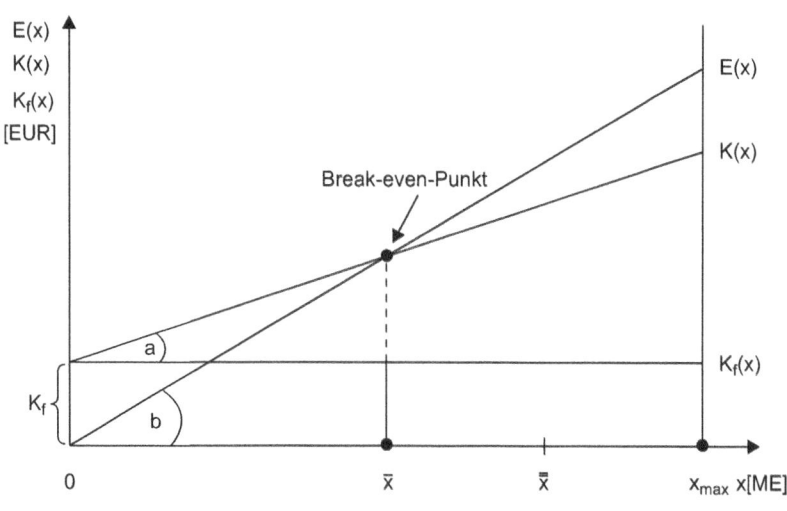

In Abbildung 5-5 liegt der „Break-even-Punkt" (die Gewinnschwelle) dort, wo die Gesamterlöse gerade die Höhe der Gesamtkosten erreichen:

$$G(x) = E(x) - K(x) = 0 \qquad (4)$$

Die zugehörige Ausbringungsmenge $\bar{x}$ ist die Break-even-Menge. Wählt man eine beliebige Menge $\bar{\bar{x}}$ ($\bar{\bar{x}} > \bar{x}$), so markiert die Differenz

$$S = \bar{\bar{x}} - \bar{x} \qquad (5)$$

den **Sicherheitsabstand** S, den man von der Break-even-Menge im Fortgang der Planungsperiode mit Zunahme der Ausbringung erreicht. Der Sicherheitsabstand kann auch in Prozent des tatsächlich erreichten Absatzes gemessen werden:

$$S^* = \frac{\bar{\bar{x}} - \bar{x}}{\bar{\bar{x}}} \qquad (5')$$

Hat man mit dem Fortgang der Produktion (und des Absatzes) im Zeitablauf der Planungsperiode die Break-even-Menge erreicht, sind die für die Gesamtperiode anfallenden fixen Kosten gedeckt. Bei einer Jahresplanung stellt man etwa Ende Mai durch Absatzkontrolle fest, dass die Break-even-Menge bereits abgesetzt ist; dann hat man nicht nur diese wichtige Kontrollinformation, sondern weiß auch, dass jede zusätzliche Absatzeinheit einen Gewinn erbringt genau in der Höhe des „Deckungsbeitrags pro Stück". Das geht aus Abbildung 5-6 hervor.

*Gewinn- und Deckungsbeitragsfunktion*

In Abbildung 5-6 liegt die Break-even-Menge dort, wo der Gesamtdeckungsbeitrag gerade die fixen Kosten deckt. Man kann (4) unter Berücksichtigung von (1) bis (3) auch wie folgt schreiben:

$$G(x) = p \cdot x - k_v \cdot x - K_f = 0 \qquad (6)$$

---

*Deckungsbeitrags- und Gewinnfunktion im Break-even-Diagramm*

*Abbildung 5-6*

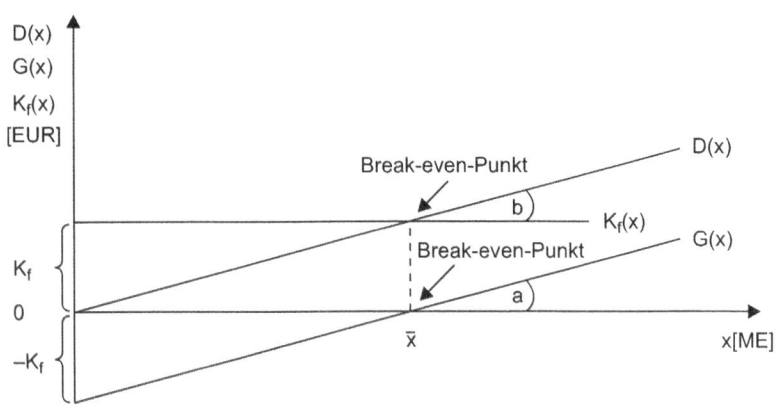

---

Hier ist der Break-even-Punkt der Schnittpunkt der Gewinnfunktion $G(x)$ mit der Abszisse (Abbildung 5-6). Ferner ist mit

$$D(x) = p \cdot x - k_v \cdot x = (p - k_v) \cdot x \qquad (7)$$

der Break-even-Punkt auch als Schnittpunkt der Deckungsbeitragsfunktion $D(x)$ mit der Fixkosten-Funktion definiert:

$$D(x) - K_f = 0$$
$$D(x) = K_f \tag{8}$$

Aus (6) und (7) folgt, dass $G(x)$ und $D(x)$ dieselbe Steigung haben, nämlich

$$d = p - k_v \text{ bzw. tg } \alpha = \text{tg } \beta$$

d. h., jenseits von $\bar{x}$ bringt jede zusätzliche Absatzmenge einen Gewinn in Höhe des Deckungsbeitrags $d$ pro Stück: $d = p - k_v$.

*Stückbezogene Break-even-Analyse*

Das Break-even-Diagramm lässt sich natürlich auch **stückbezogen** darstellen. In Abbildung 5-7 sind Stückerlös und variable Kosten pro Stück konstant; dagegen fallen die anteiligen Fixkosten pro Stück $k_f(x)$ mit steigender Ausbringung.

Die Break-even-Menge $\bar{x}$ liegt dort, wo der Stückdeckungsbeitrag $d(x) = p(x) - k_v(x) = \text{const.}$ gerade gleich den anteiligen Fixkosten pro Stück $k_f(x)$ ist:

$$d(\bar{x}) = k_f(\bar{x}) \tag{9}$$

In Abbildung 5-7 gilt also mit $d(\bar{x}) = a$ und $k_f(\bar{x}) = b$, dass $a = b$ ist.

---

*Abbildung 5-7* | *Stückbezogenes Break-even-Diagramm (Stückerlös – Stückkosten)*

---

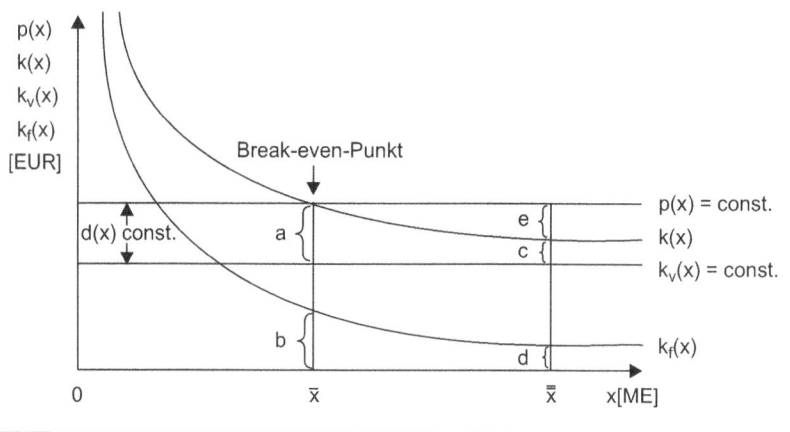

Je weiter die Ausbringung dann über $\bar{x}$ hinaus erhöht wird, umso mehr wird der Stückdeckungsbeitrag d(x) gleichsam in einen Stückgewinn g(x) „umgewandelt", da die anteiligen fixen Kosten pro Stück weiter sinken. In Abbildung 5-7 sind für die Ausbringungsmenge $\bar{\bar{X}}$ die anteiligen fixen Kosten $k_f\left(\bar{\bar{x}}\right)$ = d. Da gilt

$$k\left(\bar{\bar{x}}\right) - k_f\left(\bar{\bar{x}}\right) = k_v\left(\bar{\bar{x}}\right)$$

sind in Abbildung 5-7 die Strecken d und c gleich lang. Die Strecke e gibt dann den Betrag des Stückdeckungsbeitrags $d\left(\bar{x}\right)$ = a wieder, der bei der Ausbringung $\bar{\bar{X}}$ in Stückgewinn $g\bar{\bar{x}}$ „umgewandelt" wurde.

Die Darstellung der Break-even-Analyse hat sich bis dahin an der Ausbringungsmenge x (= Absatz) orientiert, die auf der Abszisse abgetragen wurde. Man kann die Analyse aber auch ganz auf den **Umsatz** in [€] beziehen. Dann verläuft die Erlösgerade E(u) natürlich gerade mit einem Winkel von 45° (Abbildung 5-8); die Steigung der Gesamtkostenfunktion K(u) bemisst sich entsprechend nach den variablen Kosten pro Umsatzeuro, also:

*Umsatzbezogene Break-even-Analyse*

$$tg\, \alpha = \frac{K_v(u)}{u}\ [\text{€/€}]$$

*Break-even-Diagramm auf Umsatzbasis*

*Abbildung 5-8*

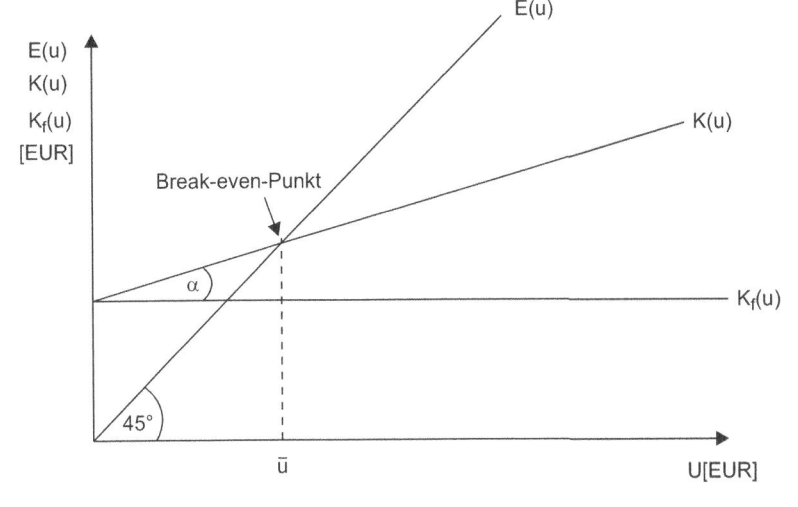

In der umsatzbezogenen Darstellung ist der Break-even-Umsatz $\bar{u}$ analog (6) aus (10) zu bestimmen:

$$G(\bar{u}) = \bar{u} - k_v^* \cdot \bar{u} - K_f = 0 \tag{10}$$

$$\bar{u} = \frac{K_f}{1 - k_v^*} \; [\euro{}] \tag{11}$$

$k_v^*$ bezeichnet in (10) den Anteil der variablen Kosten am „Umsatzeuro".

Der Nenner von (11) entspricht dem so genannten **„DBU-Faktor"**, nämlich

$$DBU = \frac{p - k_v}{p} = 1 - \frac{k_v}{p} = 1 - k_v^* \qquad \text{(dimensionslos)} \tag{12}$$

In (12) ist $(p - k_v)$ der Deckungsbeitrag pro Mengeneinheit; dividiert man ihn durch den Stückpreis p, so erhält man den Anteil an jedem erlösten Umsatzeuro, der (nach Abzug der variablen Kosten pro Stück) zur Deckung der fixen Kosten und darüber hinaus zur Gewinnerzielung verbleibt. Man kann (11) daher auch wie folgt schreiben:

$$\bar{u} = \frac{K_f}{DBU}$$

Für die **Gewinnplanung** erhält man aus (10) unter Verwendung des DBU-Faktors mit $\bar{\bar{u}}$ als gerade betrachteten aktuellen Umsatz

$$G(\bar{\bar{u}}) = \bar{\bar{u}} \cdot (1 - k_v^*) - K_f = \bar{\bar{u}} \cdot DBU - K_f \tag{13}$$

Da im Break-even-Punkt die fixen Kosten gerade gleich dem Gesamt-Deckungsbeitrag sind, kann man statt (13) auch schreiben:

$$\begin{aligned} G(\bar{\bar{u}}) &= \bar{\bar{u}} \cdot DBU - \bar{u} \cdot DBU \\ G(\bar{\bar{u}}) &= (\bar{\bar{u}} - \bar{u}) \cdot DBU \end{aligned} \tag{14}$$

Gleichung (14) besagt, dass der Gewinn ab dem Break-even-Umsatz $\bar{u}$ nach Maßgabe des DBU-Faktors steigt.

$(\bar{\bar{u}} - \bar{u})$ ist der Sicherheitsabstand in Umsatzeinheiten ($\euro{}$) gemessen. Man kann ihn auch auf die Umsatzeinheit beziehen und erhält dann:

$$S^+ = \frac{\bar{\bar{u}} - \bar{u}}{\bar{\bar{u}}} = 1 - \frac{\bar{u}}{\bar{\bar{u}}} \tag{15}$$

Wie unmittelbar einsichtig sind **Veränderungen der Kostenstruktur** der Unternehmung für die Break-even-Analyse von besonderer Bedeutung. Dies soll im Folgenden am Beispiel der Auswirkungen von Rationalisierungsinvestitionen auf das Break-even-Diagramm der Unternehmung gezeigt werden.

Durch Rationalisierungsmaßnahmen werden in aller Regel die proportionalen Kosten gesenkt und die Fixkosten erhöht. Die Auswirkungen derartiger Maßnahmen auf den DBU-Faktor und damit auf die Deckungsbeitrags- und Gewinnzone zeigen die Schaubilder (a) bis (d) in Abbildung 5-9.

Die Unternehmung hat in den Situationen (a) und (b) denselben Break-even-Punkt. Da sie jedoch in (a) einen höheren DBU-Faktor aufweist, sind hier nach Überschreitung des Break-even-Punkts die Gewinnzuwächse wesentlich höher und schneller als in (b); allerdings steigen bei (a) auch die Verluste wesentlich höher und schneller, wenn die Umsätze unterhalb der Gewinnschwelle bleiben. Analoges gilt für den Vergleich zwischen (c) und (d). Andererseits haben (a) und (c) dieselbe Gewinnentwicklung, wenn der Break-even-Punkt überschritten ist, jedoch kommt (c) aufgrund der niedrigeren Fixkosten wesentlich früher in die Gewinnzone. Analoges gilt für den Vergleich zwischen (b) und (d).

*Gewinnplanung durch Vergleich*

---

*Auswirkungen von Veränderungen der Kostenstruktur auf die Gewinne*

*Abbildung 5-9*

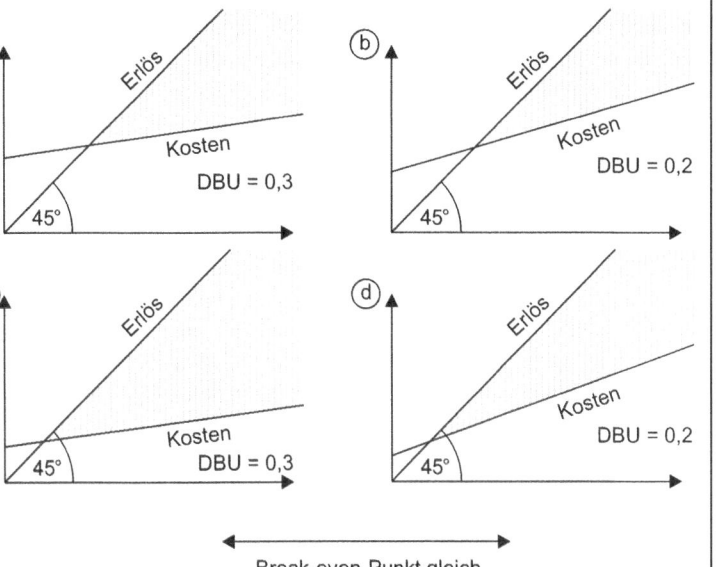

Quelle:   In Anlehnung an Tucker 1966: 72.

Den Diagrammen (a) und (d) liegt eine unterschiedliche Struktur sowohl der fixen als auch der variablen Kosten zugrunde. In (a) liegt im Vergleich zu (d) der Break-even-Punkt höher, und die proportionalen Kosten sind niedriger. Der Deckungsbeitrag pro Umsatzeinheit und damit die Ertragskraft ist größer, aber ebenso sind es auch die fixen Kosten. Ein solches Bild (a) kann das Ergebnis einer zufälligen Abfolge von Einzelfallentscheidungen der Vergangenheit und insofern ungeplant sein; es kann aber auch der Ausdruck bewusster Planung in dem Sinne sein, dass eine Unternehmung bereit ist, die in Bild (d) dargestellten Vorteile niedriger fixer Kosten und die eines schnellen Erreichens des Break-even-Punkts (relativer Schutz vor Verlusten, geringere Gefahr bei Absatzrückgängen bzw. Fehlplanungen) gegen einen höheren DBU-Faktor (höhere Gewinne bei hohen Umsätzen) einzutauschen. Ein höherer DBU-Faktor bei gleichzeitiger Fixkostensteigerung ergibt sich z. B. bei einer Modernisierung bzw. Automatisierung von Produktionsanlagen (höhere Kapitalkosten bei relativer Verminderung der Arbeitskosten). Denselben Hintergrund kann natürlich auch die Entwicklung einer Unternehmung von (b) nach (a) oder von (d) nach (c) haben.

Die Gefahr der Unternehmung in (a) liegt in ihrer geringen Flexibilität und in ihrer größeren Verwundbarkeit bei Umsatzrückgängen, etwa als Folge von Konjunkturschwankungen.

Das skizzierte Grundmodell der Break-even-Analyse verdichtet eine Vielzahl von Planinformationen aus dem Wertumlaufprozess des Betriebes in den Dimensionen von Erlösen und Kosten; es ist diese Verdichtung von Informationen, die überhaupt erst die einfache Handhabbarkeit und Aussage dieses Planungsinstruments ermöglicht. Das bedeutet auf der anderen Seite dann aber auch, dass man die vielfältigen vorgängigen **Annahmen** und Entscheidungen, auf denen die Break-even-Analyse basiert, immer präsent haben sollte, um keinen Fehlvorstellungen über die aktuelle Gewinnsituation des Betriebes zu unterliegen. Eine Reihe solcher oft nur implizit gemachter Voraussetzungen sei nachfolgend genannt:

*Annahmen der Break-even-Analyse*

a. Die **Erlösfunktion** wird als linear angenommen, d. h. man geht für die Planungsperiode von einem konstanten Verkaufspreis pro Produkteinheit aus. Der Preis ist unabhängig vom Absatzvolumen; Letzteres ist die einzige Einflussgröße. Damit setzt man letztlich voraus, dass alle Entscheidungen über den Marketing-Mix bereits gefallen und keine Änderungen in der Planungsperiode zu erwarten sind. Das betrifft z. B. die Wahl der **Vertriebswege,** die eingeschlagene **Werbepolitik,** die **Produktverpackung,** die **Servicepolitik** etc. Auch die **Preisdifferenzierung** als Einflussfaktor auf die Erlöse wird nicht explizit thematisiert. Schließlich geht man im Grundmodell der Break-even-Analyse implizit davon aus, dass Produktion gleich Absatz ist, also keine Lagerbestandsänderungen auftreten, und alle strategischen und operativen Absichten der Konkurrenz korrekt antizipierbar und in ihrer Auswirkung auf den Preis abschätzbar sind.

b. Die **Kostenfunktion** wird ebenfalls als **linear** unterstellt; dabei wird zugleich nur die Abhängigkeit der Gesamtkosten von **einer Kosteneinflussgröße,** nämlich der Beschäftigung (gemessen in Produktions- bzw. Absatzmengen) in die Analyse einbezogen. Der erste Punkt, die Linearität der Kostenfunktion, kommt zustande, indem man die Gesamtkosten als in genau zwei Kostenkategorien, die fixen und die variablen Kosten, zerlegbar behandelt und für die variablen Gesamtkosten annimmt, dass sie proportional zum Beschäftigungsgrad variieren bzw. bei der Proportionalisierung dieser Kosten der Fehler vernachlässigbar klein bleibt; stückbezogen sind die variablen Kosten konstant. Sowie man andere Kosteneinflussgrößen in die Betrachtung einbezieht, etwa die Intensität der Faktornutzung, ist diese Annahme schon nicht mehr triftig. Es ergibt sich dann typischerweise ein u-förmiger Verlauf der variablen Stückkosten.

c. Für Einproduktunternehmen können auf der Abszisse des Break-even-Diagramms physische Einheiten abgetragen werden. Mithilfe der Break-even-Analyse kann dann für einen geplanten Gewinn das erforderliche Produktionsniveau direkt fixiert und seine Erreichung laufend kontrolliert werden. Bei **Mehrproduktunternehmen** muss die Entscheidung über das **Produktionsprogramm** für den Planungszeitraum als getroffen vorausgesetzt und als **konstant** angenommen werden. Die Break-even-Analyse ermöglicht bei Mehrproduktunternehmen keine Bestimmung des gewinnmaximalen Produktionsprogramms.

d. Die **Produktionstechnologie** bleibt für die Planperiode unverändert. Nur dann gilt die vorausgesetzte Struktur von fixen zu variablen Kosten.

e. Die **Absatzbedingungen** ändern sich nicht; d. h., Absatzgebiete und Kunden bleiben dieselben, und die Konkurrenzverhältnisse bewirken keine Preisänderungen.

f. **Restriktive Nebenbedingungen** (z. B. Kapazitätsrestriktionen) können in die Break-even-Analyse grundsätzlich nicht explizit eingeführt werden. Bei Mehrproduktunternehmen ist zu unterstellen, dass das vorher festgelegte Produktionsprogramm den relevanten Restriktionen Rechnung trägt. Bei Einproduktunternehmen ist ein eventueller Engpass vorher bestimmbar und legt die Maximalausbringung (Kapazitätsgrenze) fest.

Obwohl die Voraussetzungen und Annahmen der Break-even-Analyse einer problemlosen und generellen Anwendung entgegenstehen, sind durchaus praktische Situationen denkbar (etwa Einproduktbetriebe, Partialanalysen, Mehrproduktbetriebe bei fixiertem Produktionsprogramm), in denen die Break-even-Analyse wertvolle Dienste leisten kann. Diese liegen

*Abschließende Beurteilung*

■ in der **Gewinnplanung**:

- Es können monetäre Gewinnziele formuliert und mithilfe der Break-even-Analyse untersucht werden, mit welchen Produktions- bzw. Absatzgrößen, mit welchen Änderungen der Kostenstruktur oder Änderungen der Preisgestaltung sie zu realisieren sind und umgekehrt.

- Es können physische und/oder monetäre Zielgrößen aus der Produktions-, Investitions- bzw. Absatzplanung zugrunde gelegt werden, um mithilfe der Break-even-Analyse ihre Auswirkungen auf die Erlös-, Kosten- und Gewinnstruktur zu untersuchen.

■ in der **Gewinnkontrolle**:

Die laufende Registrierung der entsprechenden Kennzahlen ermöglicht eine kontinuierliche Beobachtung (und – falls notwendig – kurzfristige Beeinflussung) der Gewinnentwicklung. Am Ende der Planungsperiode bietet die Break-even-Analyse ein Hilfsmittel, um über den Vergleich realisierter Ist-Daten mit geplanten Soll-Vorgaben eventuelle Abweichungsursachen zu analysieren und erforderliche Korrekturmaßnahmen abzuleiten.

## 5.6 Budgetierung

### 5.6.1 Grundfragen der Budgetierung

*Begriffliche Grundlagen*

Der **Budgetbegriff** entstammt dem kameralistischen Rechnungswesen und beinhaltet dort die Auflistung und Gegenüberstellung von erwarteten Einnahme- und Ausgabepositionen öffentlicher Körperschaften. Im betriebswirtschaftlichen Bereich wird der Budgetbegriff heute vor allem als planerische Vorsteuerungsgröße begriffen, und zwar in dem Sinne, dass Aufgabenträgern für einen abgegrenzten Zeitraum fixierte Sollgrößen in wertmäßiger Form vorgegeben werden. Das Management wird durch die Budgetierung gezwungen, die angestrebten Ziele und Maßnahmen soweit zu konkretisieren und zu präzisieren, dass sie in wertmäßige Größen (Kosten, Erlöse, Gewinn) überführt werden können. Die Budgetierung umfasst alle Aufgaben, die die Erstellung, Verabschiedung und Kontrolle von Budgets betreffen. Ergebnis der Budgetierung ist die wertmäßige Zusammenfassung der geplanten Entwicklung der Unternehmung in einer zukünftigen Geschäftsperiode.

So verstanden kommen den Budgets im Allgemeinen die folgenden **Funktionen** zu (vgl. Pfaff 2002):

1. **Orientierungsfunktion:** Eine zentrale Aufgabe von Budgets ist es, die Entscheidungsträger auf bestimmte Ziele hin zu verpflichten und ihnen ihre Ergebnisverantwortung zu verdeutlichen. Insofern bilden Budgets ein wesentliches Steuerungsmittel, um zielorientiertes Handeln herbeizuführen. Anders gewendet liefern Budgets einen wesentlichen Beitrag zur Komplexitätsreduktion, indem die Funktionsträger selektiv zu einem bestimmten besonders ausgezeichneten Handeln angehalten werden.

2. **Koordinations- und Integrationsfunktion:** Die Budgetierung soll einen Beitrag zur Koordination und Integration aller Bereiche des Unternehmens leisten. Dahinter steht die Annahme, dass die Budgetierung dazu veranlasst und dazu zwingt, eine Abstimmung sowohl zwischen gleich geordneten als auch über- und untergeordneten Budgets herbeizuführen. Über das Gesamtbudget sollen die Teile des Unternehmens die notwendigen Anschlüsse finden. Dies geschieht insofern, als mit den vorgegebenen Teilbudgets die insgesamt knappen Mittel zur Zielrealisation verteilt werden.

3. **Kontrollfunktion:** Eine weitere Funktion haben Budgets, indem sie genau definierte Plangrößen (Umsätze, Kosten, Erträge u. a.) vorgeben, die es innerhalb einer bestimmten Planperiode zu erreichen bzw. einzuhalten gilt. Insofern setzt ein Budget auch Maßstäbe zur Leistungsmessung und übt damit eine Überwachungs- und Kontrollfunktion aus. Im Rahmen dieser Kontrollfunktion ist es auch wichtig, nach den Ursachen der Abweichungen zu fragen, da ein zielorientiertes Einwirken auf zukünftige betriebliche Vorgänge und Prozesse nur möglich ist, wenn die Gründe der Abweichungen ermittelt werden.

4. **Motivationsfunktion:** Budgets grenzen Handlungsspielräume ein und verpflichten auf bestimmte Vorgaben. Dennoch kann sich die Vorgabe von Budgets unter bestimmten Bedingungen auch positiv auf die Motivation der Mitarbeiter auswirken, nämlich dann, wenn es gelingt, dass sich die Führungskräfte mit den Zielvorgaben identifizieren. Eine solche Identifikation wird gefördert, wenn die Zielvorgaben partizipativ erarbeitet werden und das Budget nicht zu restriktiv ausgelegt ist, sondern Freiräume für eigenverantwortliche Entscheidungen lässt (vgl. Hiromoto 1988).

Die aufgezeigten Funktionen lassen die Bedeutung erkennen, die Budgets für die Steuerung des Unternehmens potenziell zukommen kann. Gerade angesichts dieser Idealvorstellungen gilt es jedoch dem Eindruck entgegenzuwirken, die Anwendung von Budgets weise keine Probleme und Gefahren auf. Sowohl in der Literatur als auch in der Unternehmenspraxis finden sich zahlreiche Hinweise auf mögliche **Dysfunktionalitäten** beim Einsatz gerade dieses Planungs- und Führungsinstruments (vgl. Fischer/Verreechia 2000; Hofstede 2003; Horváth 2003; Künkele/Schäffer 2007). Die wesentlichen Dysfunktionen sind:

1. **Die Gefahr des Etatdenkens:** Dieses ist dadurch gekennzeichnet, dass zugeteilte, aber nicht verbrauchte Beträge am Ende des Budgetjahres noch ausgegeben werden, obwohl dies für die Aufgabenerfüllung nicht erforderlich ist. Dieses Verhalten („Dezemberfieber") ist vor allem darin begründet, dass die Höhe der Neubewilligungen häufig mechanisch daran orientiert wird, in welchem Maße die früher zugeteilten Mittel ausgeschöpft worden sind („Prinzip der Fortschreibung").

2. **Die Gefahr der zu kurzfristigen Orientierung:** Der häufig mitgeführte explizite oder implizite Anspruch, die Budgetvorgaben unbedingt einhalten zu müssen, kann die Budgetverantwortlichen dazu verleiten, solche (nicht geplanten, aber von der Sache her gebotenen) Aufwendungen zu unterlassen, die im Planungsabschnitt zu keiner Gewinnsteigerung führen. Den Budgetverantwortlichen kommt es darauf an, das eigene Budget in der Gegenwart einzuhalten, unabhängig von den späteren Folgen. Diese **kurzfristige** Orientierung führt dann z. B. dazu, dass längerfristige Maßnahmen, die auf den Aufbau bzw. die Erhaltung von Erfolgspotenzialen zielen – etwa Produkt- und/oder Personalentwicklungsmaßnahmen – nicht mehr zum erforderlichen Zeitpunkt durchgeführt werden, sondern dann, wenn das Budget es erlaubt.

3. **Die Gefahr des verstärkten partikularistischen Denkens der Bereichsleitungen:** Im Bestreben, die Budgetvorgaben einzuhalten, werden (nicht geplante) Maßnahmen ergriffen, die sich auf die eigene Teileinheit positiv auswirken – gleichgültig, wie die anderen Abteilungen oder das Gesamtunternehmen davon betroffen sind. Die Abstimmungserfordernisse werden durch die Budgetierung als abgegolten betrachtet.

4. **Die Gefahr der Verabsolutierung von Budgetvorgaben:** Da Budgets sehr verbindliche und konkrete Vorgaben liefern, fördern sie die Gefahr, dass sich Mitarbeiter blind und mechanisch an den Budgetvorgaben orientieren. Dies kann zum einen dazu führen, dass an den Soll-Werten auch dann festgehalten wird, wenn sich die bei der Budgeterstellung zugrunde gelegten Prämissen entscheidend geändert haben. Bei dieser Konstellation wäre aber gerade eine Abweichung von den Soll-Werten und ihre Revision gefordert anstatt zu versuchen, die Ist-Werte an die überholten Soll-Werte anzunähern. Zum anderen können Budgets – insbesondere dann, wenn sie sehr rigide Budgetstrukturen aufweisen – die Initiative und Innovationsbereitschaft auf den unteren Hierarchieebenen lähmen.

5. **Die Gefahr durch so genannte „budgetary slacks":** Eine weitere Dysfunktionalität ist der (potenzielle) Aufbau stiller Reserven (budgetary slacks). Die Betroffenen veranschlagen bei den Budgetverhandlungen die

Kosten höher als eigentlich zu erwarten oder die Ziele niedriger als eigentlich möglich, um Reserven frei zu haben für andere nicht budgetierte Vorhaben oder um unter weniger Druck arbeiten zu müssen. Derartige „stille Reserven" können sich aber auch unbeabsichtigt aufbauen, z. B. aus falschen Prognosen oder anderen außerordentlichen Entwicklungen, die bei der Budgetierung nicht bedacht wurden. Im Gegensatz zu den bisher angesprochenen Gefahren müssen sich „slacks" allerdings keineswegs immer dysfunktional auswirken.

Es darf jedoch nicht übersehen werden, dass die erwähnten Dysfunktionalitäten nicht zwangsläufig als Folge der Budgetierung auftreten, sondern dass es sehr stark von der **praktischen Ausgestaltung** und Handhabung des Budgetsystems abhängt, in welchem Ausmaß Dysfunktionalitäten entstehen.

*Gegen-
maßnahmen*

Völlig ausschalten wird man diese Dysfunktionalitäten allerdings niemals können, denn sie resultieren letztlich aus der Tatsache, dass die Budgetierung als Prozess in einem sozialen System stattfindet und als solcher von den Systemmitgliedern beobachtet und beeinflusst wird, wie ja alle Planung.

## 5.6.2 Arten von Budgets

Im Unterschied zu strategischen Budgets haben es die **operativen Budgets** mit allen denjenigen Maßnahmen und Ressourcenbindungen zu tun, die aufgrund des laufenden Geschäfts oder der operativen Planung erforderlich werden. Genauerhin lassen sich hier die Budgets kennzeichnen, die für die betrieblichen Funktionsbereiche alle geplanten Maßnahmen wert- (und mengen-)mäßig erfassen. Darüber hinaus gibt es **Projektbudgets** für Sonderaufgaben; so z. B. für eine umfassende Public-Relations-Kampagne, wenn diese plötzlich erforderlich wird, um das angeschlagene Erscheinungsbild einer Unternehmung in der Öffentlichkeit zu verbessern oder gegen ungünstige Meinungstrends abzuschirmen.

*Unterscheidungs-
kriterien*

*Operatives
Budget*

Im Rahmen der operativen Budgetierung wird die Anzahl der **Teilbudgets** stark durch die unternehmensspezifische Organisationsstruktur geprägt, weil mit den Organisationsbereichen natürlich Entscheidungskompetenzen und Verantwortungen verbunden und diese dann auch in ihren ressourcenmäßigen Konsequenzen durch Budgets festgemacht werden sollen. Im Folgenden sollen mit dem Umsatz- und dem Produktionsbudget nur zwei besonders wichtige Teilbudgets kurz skizziert werden (vgl. hierzu weiterführend Welsch et al. 1998, Weber 1999, Ossadnik/Barklage 2002).

*Teilbudgets*

Das **Umsatzbudget** basiert auf den Ergebnissen der Absatzprognose und Absatzplanung. Es enthält auf der Leistungsseite als wichtige Information die geplanten Umsätze, gegebenenfalls differenziert nach Produkten, Absatzgebieten und Kundengruppen. Diese Leistungsziele werden den Verkaufsorganen für die Planungsperiode als Umsatzvorgaben zugewiesen. Für die Leistungserbringung erforderliche Ressourcen werden dann in Form verschiedener Kostenbudgets den Verkaufsorganen nach Maßgabe der budgetierten Leistung gegenübergestellt. Diese Umsatzkostenbudgets beziehen sich auf alle Aktivitäten, die mit dem Verkauf im weitesten Sinne verbunden sind. Natürlich treten bei dieser Kostenbudgetierung nicht immer einfach zu lösende Zuordnungsprobleme auf, weil – ähnlich wie bei der Aufteilung von Gemeinkosten auf Kostenstellen und Kostenträger – eine unmittelbare Beziehung im Sinne des Verursachungsprinzips zwischen Kosten und Leistungen nicht immer auszumachen ist. Gleichwohl kann – wenn die Budgetierung ihr Ziel der Verhaltenssteuerung durch Zuordnung von Erfolgsverantwortung erreichen will – auf eine Zuordnung von Kosten zu den budgetierten Leistungen nicht verzichtet werden. Im Einzelnen werden im Umsatzbudget die Kosten des Umsatzes z. B. als Kosten der Akquisition (insbesondere der Werbung und Absatzförderung), der physischen Verkaufsabwicklung (direkte Verkaufskosten, Transportkosten, Lagerkosten) und der Leitung und Verwaltung (Planung, Statistik, Marktforschung) budgetiert.

*Produktions-budgets*

Das **Produktionsbudget** legt die Standardfertigungskosten bzw. – unter Einbeziehung des Fertigungsmaterials – die Standardherstellkosten für das ausgewählte Produktionsprogramm fest. Aus diesem nach Produktarten und Produktmengen aufgegliederten Produktionsprogramm ergibt sich für die Planperiode das Mengengerüst der Kosten (z. B. in Fertigungsstunden); dieses Mengengerüst der Kosten wird je nach zu belegender Kostenstelle mit spezifischen Kostensätzen multipliziert, um die zu budgetierenden Standardfertigungskosten zu ermitteln.

Neben den genannten Budgetarten ist eine Reihe weiterer Unterscheidungen instruktiv (vgl. zu den unterschiedlichen Vorschlägen Welge/Rüth 1999: 194 ff., Horváth 2008: 17 ff., Dambrowski 1986)

*Flexible Budgets*

Nach dem **Grad der Flexibilität** lässt sich zwischen starren und flexiblen Budgets unterscheiden. Flexible Budgets tragen im Gegensatz zu starren Budgets der Unsicherheit von Entscheidungssituationen dadurch Rechnung, dass sie entweder bereits bei der Erstellung, der Durchführung oder erst bei der Kontrolle der Budgets gewisse Anpassungsmöglichkeiten vorsehen, um drohenden Fehlsteuerungen begegnen zu können. Um eine antizipative Berücksichtigung der Unsicherheit bemühen sich **Alternativ-** bzw. **Eventualbudgets.** Hierbei werden neben dem „Arbeitsbudget" weitere alternative Budgets im Hinblick auf denkbare Umweltentwicklungen formuliert. Man hält sich die Eventualbudgets quasi in Reserve vor, um sie gegebenenfalls bei entsprechenden Umweltveränderungen rasch zur Anwendung bringen zu können. Eine spezielle Variante dieser Vorgehensweise liegt vor, wenn sich die Flexibilität nur auf eine einzige Einflussgröße – etwa die Beschäftigung – bezieht. Hier ist die flexible Plankostenrechnung zu nennen, bei der variable und fixe Kosten getrennt ausgewiesen und für unterschiedliche Beschäftigungsgrade die Sollkostenbudgets vorgeplant werden.

Im Gegensatz zu dieser antizipativen Vorgehensweise sehen so genannte **Nachtrags- oder Ergänzungsbudgets** und die so genannten **nachkalkulierten Budgets** Anpassungen erst im Rahmen der Budgetkontrolle vor. Im ersten Falle werden unvorhergesehene Ausgaben oder fehlkalkulierte Kosten in ein separates Budget eingebracht und dem Ursprungsbudget hinzugefügt. Im zweiten Falle dient das Ursprungsbudget zwar während der Budgetperiode als Richtschnur, wird jedoch am Ende der Periode durch ein nachkalkuliertes Budget ersetzt, das dem aktuellen Informationsstand entspricht und als Maßstab für die Kontrolle herangezogen wird. Auf diesem Wege soll vermieden werden, dass die Ist-Werte mit überholten Soll-Werten verglichen werden. Da in beiden Fällen mögliche Korrekturen erst nach dem Vollzug einsetzen, können diese Anpassungsformen allerdings keine Steuerungswirkung entfalten, sondern nur eine gerechtere Beurteilung bewirken. Deshalb wird häufig vorgeschlagen, die Budgetvorgaben nicht nur am Ende, sondern bereits während des Budgetjahres fortlaufend oder in kurzen Intervallen an veränderte Entwicklungen – etwa beim Beschäftigungsgrad oder der Preisentwicklung – anzupassen. Ein derartiges Vorgehen erhöht allerdings zum einen die zeitliche Belastung und den formalen Aufwand für die Budgetverantwortlichen und kann zum anderen auch Verwirrung stiften, da ständige Revisionen die Eindeutigkeit der Handlungsorientierung beeinträchtigen können.

*Nachtrags-budgets*

### 5.6.3 Der Budgetierungsprozess

Der Budgetierungsprozess bezieht sich darauf, wie Budgets konkret in Organisationen formuliert und implementiert werden.

Es stehen sich im Wesentlichen drei Abstimmungsverfahren gegenüber (vgl. Wild 1982: 191 ff.; Dambrowski 1986: 61 f., zu empirischen Befunden 196 ff; Ossadnik/Barklage 2002):

*Zero-Base-Budgeting (ZBB)*

1. Bei der **Top-down-Budgetierung,** die auch als retrograde Budgetierung bezeichnet wird, generiert das Top-Management bzw. die vom Top-Management autorisierten Budgetierungs-organe aus den strategischen Plänen und Budgets die Rahmendaten für die Budgeterstellung der nächsten Periode. Aufgabe der nachgeordneten Führungsebenen ist es dann, gemäß den zugeteilten Ressourcen Budgets für ihren Verantwortungsbereich zu erstellen und die nachgeordneten Organisationseinheiten darauf zu verpflichten.

Diese Vorgehensweise lebt von der Idee einer vollständig integrierten Budgetierung aller Ebenen und Ziele. Der komplexe Charakter von Handlungssystemen lässt indessen – wie schon mehrfach gezeigt – eine solche zentralistische Planungsphilosophie zur (gefährlichen) Illusion geraten. Die Zentraleinheit kann nicht über alle erforderlichen detailspezifischen und sensiblen Informationen über die Situation vor Ort verfügen. Die zentralen Stellen bleiben auf Informationen aus den Teilbereichen angewiesen.

2. Im Gegensatz dazu beginnt beim **Bottom-up-Ansatz** („progressive Budgetierung") die Budgeterstellung auf den untergeordneten Führungsebenen und wird stufenweise in der Organisation nach oben geführt. Dieses Verfahren weist den Vorteil auf, dass die Ermittlung der erforderlichen Ressourcen dort erfolgt, wo das hierfür erforderliche Know-how als Synthese aus Informationsstand, Erfahrung und Verantwortung am ehesten zu vermuten ist. Es besteht jedoch die Gefahr, dass die Teilbudgets auf den verschiedenen Budgetebenen nicht hinreichend aufeinander abgestimmt sind.

*Gegenstrom-verfahren*

3. Als Konsequenz aus den jeweiligen Problemen erfolgt die Budgetierung häufig nach dem **Gegenstromverfahren,** das eine Synthese der beiden anderen Verfahren darstellt. Dieses Verfahren wird zumeist mit einer probeweisen groben Top-down-Budgetierung eröffnet, d. h., es werden allgemeine Rahmendaten und globale Budgetziele für die nächste Planperiode vom Top-Management vorgegeben. Die Budgets werden dann von den einzelnen Organisationseinheiten unter Beachtung dieser Informationen geplant und in einem Bottom-up-Rücklauf zusammengefasst – gegebenenfalls in mehreren Zyklen.

*Inkrementale Lösung*

Die vorausgegangenen Erörterungen haben gezeigt, dass es zur Lösung des komplexen Budgetierungsproblems zweckmäßig ist, sich iterativ an eine akzeptierbare Lösung heranzutasten. Es sei abschließend auf einen Punkt hingewiesen, auf den die Diskussion der Dysfunktionalitäten schon aufmerksam gemacht hat: Die Budgetierung vollzieht sich nicht in einem interessenfreien Raum. Der Prozess wird von den Systemmitgliedern beobachtet, und sie versuchen, ihn in eine Richtung zu lenken, die ihren Interessen entgegenkommt. Die Budgetierung unterliegt wegen ihrer Ressourcenverteilungsfunktion in besonderem Maße **politischen Prozessen.**

*Budgetpolitik*

Die Festlegung der relevanten Budgetparameter im Budgetierungsprozess erfolgt auch als Ergebnis interpersoneller Entscheidungsprozesse, die von individuellen, gruppendynamischen sowie umweltbedingten Faktoren beeinflusst werden – etwa vom Leistungsvermögen, dem Anspruchsniveau, den bisherigen Erfahrungen oder auch dem Verhandlungsgeschick der Organisationsmitglieder. Weiterhin bilden Rollen als gegenseitige Verhaltens-

*Beobachtung der Budgetierung*

erwartungen Beschränkungen für das Verhalten der Organisationseinheiten im Budgetierungsprozess, und Macht ist die entscheidende Größe dafür, ob es einem Individuum oder einer Organisationseinheit gelingt, die eigenen Vorstellungen zu Entscheidungsprämissen anderer Organisationsmitglieder werden zu lassen (Bamberger 1971: 135 ff., Friedberg 1995).

## 5.7 Die operative Kontrolle

Zu Ende des vierten Kapitels haben wir bereits die strategische Kontrolle dargestellt. Die dort ausgeführte Konzeption und damit die Einteilung in Überwachung, Prämissenkontrolle und Durchführungskontrolle sind auf die operative Kontrolle grundsätzlich übertragbar. Der Unterschied zur strategischen Kontrolle besteht jedoch darin, dass die Gewichte anders verteilt sind. Der Schwerpunkt hinsichtlich der Kontrollarten liegt im operativen Bereich eindeutig auf der Durchführungskontrolle in Form der Ergebniskontrolle und der Planfortschrittskontrolle. Um diesen Unterschied bezüglich der Gewichte hervorzuheben, stellen wir die operative Kontrolle primär als Durchführungskontrolle dar.

*Aufgabenstellung*

Nach der **Zwecksetzung** prüft die operative Kontrolle – wie bereits angedeutet – auf der Basis einer gegebenen Strategie, ob die in der Planung festgelegten Maßnahmen geeignet sind, die angestrebten Unternehmensziele zu erreichen. Während die operative Kontrolle also der Zielerreichung („doing the things right") und damit der Effizienzförderung dient, stellt die strategische Kontrolle auf die Zielvalidierung und damit die Effektivitätsförderung ab („doing the right things"), d. h., hier wird explizit die Richtigkeit der formulierten Strategie hinterfragt.

*Funktionsweise*

Auf der inhaltlichen Ebene zielt die operative Kontrolle mithin auf die Identifikation von Abweichungen bei der Planrealisierung ab, während die strategische Kontrolle auf die Identifikation von Strategiebedrohungen gerichtet ist. Die materielle Ausdifferenzierung der operativen Kontrolle wird damit entscheidend durch die operative Planung vorgeprägt. Die operative Kontrolle kann auf verschiedenen Ebenen anfallen; auf Projekt-, auf Funktionsbereichs-, auf Geschäftsbereichs- und/oder auf Unternehmensebene.

Die operative Kontrolle setzt sowohl im Sinne der **Feedback-Kontrolle** am Abschluss des Planungs- und Realisierungszykluses an, als auch als **Feedforward-Kontroll**e, um der Gefahr verspäteter Rückkopplungsinformationen zu entgehen. Letzteres bedeutet, dass man die Kontrollzeitpunkte in die Realisationsphase vorverlagert und projektiv den Endpunkt der Realisation antizipiert (feed forward).

*Feedback und Feedforward*

**Der Kontrollprozess:** Vor dem Hintergrund der eben erörterten Merkmale lässt sich der Prozess der operativen Kontrolle konkretisieren. Sofern er als **Ergebniskontrolle** konzipiert ist, wird er üblicherweise als kybernetisches Regelkreismodell dargestellt (s. Abbildung 5-10) und weist die folgenden Phasen auf:

*Regelkreis*

1. Bestimmung des Soll

2. Ermittlung des Ist

3. Soll/Ist-Vergleich und Abweichungsermittlung

4. Abweichungsanalyse

5. Berichterstattung.

---

*Abbildung 5-10* | *Die Kontrolle im Regelkreis*

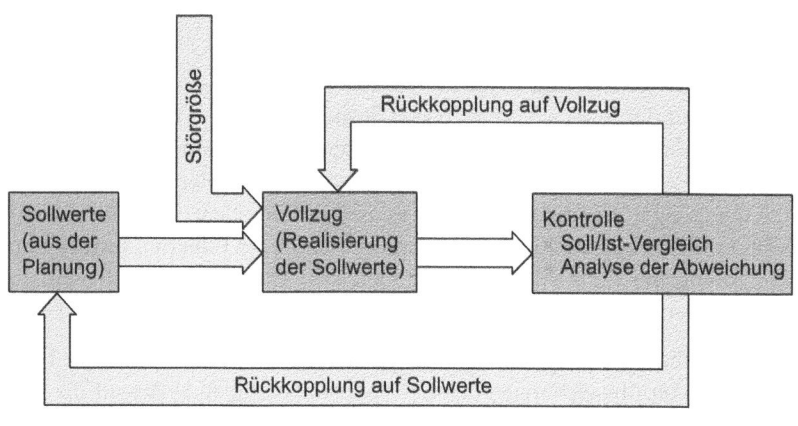

---

**Bestimmung des Soll**

ad 1: Jeder Vergleich setzt die Existenz von Vergleichsmaßstäben voraus. Durch die Bestimmung der Sollgrößen wird festgelegt, welche Zustände bestimmte Outputgrößen durch das Tun (oder Unterlassen) der Organisationsmitglieder annehmen sollen. Somit bilden die **Sollgrößen** die Maßstäbe, an welchen die erreichten Zustände (Ist), also z. B. die Leistung sowie das Verhalten der Mitarbeiter, gemessen werden müssen. Die Sollwerte können ihre Maßstabsfunktion zum Zeitpunkt der Kontrolle umso einfacher erfüllen, je mehr sie in eindeutig messbare Größen transformierbar sind. Schwieriger zu handhaben sind dagegen Sollgrößen qualitativer Natur, etwa zur Beurteilung des Erfolgs von Aus- und Weiterbildungsmaßnahmen, da hier subjektive Interpretationsspielräume mit zu bedenken sind.

**Ermittlung des Ist**

ad 2: Die Ermittlung des **Ist** setzt voraus, dass Soll und Ist auch wirklich vergleichbar sind, d. h., sie müssen in sachlicher und zeitlicher Hinsicht kongruent sein. Zur Sicherung dieser Kongruenz sind eine möglichst eindeutige Definition der Vergleichsgrößen und die genaue Bestimmung des Kontrollzeitraums erforderlich. Die sachliche Kongruenz wäre z. B. nicht gewahrt, wenn bei der Ermittlung des Ist-Umsatzes „Retouren" anders behandelt würden als bei der Umsatz-Planung. Werden dagegen Umsätze, die im Mai realisiert werden, erst im Juni abgerechnet, so ist die zeitliche Kongruenz verletzt worden.

ad 3: Der Soll/Ist-Vergleich dient der Feststellung der Übereinstimmung oder Nichtübereinstimmung **(Abweichung)** von Soll und Ist. Im Interesse künftiger Planungen muss der Kontrolle positiver Abweichungen (Soll übererfüllt) und negativer Abweichungen (Soll nicht erfüllt) die gleiche Aufmerksamkeit gewidmet werden. Es ist durchaus denkbar, dass eine Übererfüllung des Solls in einem Teilbereich im Interesse des Ganzen unerwünscht ist. So mag es etwa sein, dass ein Unternehmen z. B. durch eine wesentliche Überschreitung des Produktionssolls ohne entsprechende Umsätze in Zahlungsschwierigkeiten gerät. *Soll/Ist-Vergleich*

ad 4: Im Rahmen der Abweichungsanalyse soll versucht werden, die **Ursachen** festgestellter Abweichungen zu ermitteln. Unter der Voraussetzung, dass die Ermittlung des Ist und der Abweichungen fehlerfrei vorgenommen wurde, können Abweichungen insbesondere zurückzuführen sein auf: *Abweichungs-analyse*

- Planungsfehler (Nichtberücksichtigung bekannter Einflussgrößen, falsche Gewichtung von Faktoren),

- unvorhersehbare, die Grundlage der Planung verändernde Ereignisse (Störgrößen),

- Mehr- oder Minderleistungen, Fehlentscheidungen und Fehlverhalten.

Da die Analyse der Abweichungen Zeit und Geld kostet, ist es aus wirtschaftlichen Gründen häufig zweckmäßig, einen Informationsfilter einzusetzen, derart, dass nur solche Abweichungen analysiert werden, die ein zuvor festgelegtes „kritisches Abweichungsmaß" überschreiten. Die Bestimmung eines solchen Abweichungsmaßes erfordert allerdings eine gute Situationskenntnis und ein weitgehend antizipierbares Wirkungsfeld. Wie großzügig die Schwelle zu bemessen ist, wird fallweise zu entscheiden sein, und zwar in Abhängigkeit von der Bedeutung der Vergleichsobjekte im Hinblick auf die Gesamtunternehmung, vom Grad der Ungewissheit bei der Fixierung der Sollwerte, vom Anspruchsniveau hinsichtlich der Art der Kontrollinformationen etc.

ad 5: Damit die Kontrolle ihren Zweck erfüllen kann, muss jeder Mitarbeiter diejenigen Kontrollergebnisse kennen, die für seinen Zuständigkeitsbereich von Bedeutung sind. Es ergibt sich also immer dann die Notwendigkeit zur **Berichterstattung,** wenn Kontrollergebnisse, die an einer Stelle anfallen, für Entscheidungen relevant sind, die an anderer Stelle getroffen werden müssen. Somit ist es erforderlich, Kontrollergebnisse sowohl in vertikaler als auch in horizontaler Richtung weiterzuleiten. Auf mögliche Gefahren, die in *Berichterstattung* diesem Zusammenhang auftreten können – etwa das Problem einer allzu rigiden Informationsfilterung – sei hier nur kurz hingewiesen.

*Feedforward-Kontrolle*

Neben der Regelkreiskontrolle ist die adaptive Kontrolle (Feedforward) von ebenfalls sehr großer Bedeutung im Rahmen der operativen Kontrolle. Die Feedforward-Kontrolle vergleicht während der Berichtsperiode laufend, ob das vorgegebene Ziel (Kostenlimit, Umsatzgröße etc.) im Lichte der bereits verfügbaren Informationen (noch) erreichbar erscheint. Zweck dieses Kontrollverfahrens ist es, aufgrund der Unsicherheit des Planungs- und Entscheidungsfelds möglichst frühzeitig Abweichungen aufzudecken, um zu einem Zeitpunkt über Korrektur- oder Abbruchmaßnahmen entscheiden zu können, zu dem noch genügend Handlungsspielräume zur Verfügung stehen, zu dem also über die Ressourcenverwendung noch einmal neu nachgedacht werden kann. Kontrolltechnisch geht man dabei so vor – wie bei der strategischen Kontrolle schon gezeigt –, dass man den Realisationszeitraum

*Meilensteine*

in einzelne Abschnitte unterteilt („Meilensteine"), und zwar derart, dass am Ende eines solchen Abschnitts eine Projektion auf das Endergebnis sinnvoll geleistet werden kann – natürlich mit zunehmender Genauigkeit und Zuverlässigkeit (bei allerdings abnehmendem Handlungsspielraum).

Eine begleitende Kontrolle in diesem Sinne ist allerdings an die Voraussetzung geknüpft, dass Pläne tatsächlich sinnvoll in einzelne Abschnitte/Phasen auflösbar sind, so dass das ermittelte Zwischenergebnis eine vertretbare Projektion auf den angestrebten Endzustand zulässt.

*Kontrollobjekte*

Im Rahmen der operativen Kontrolle gilt es zu überprüfen, ob die festgelegten Pläne sowie die daraus resultierenden kurzfristigen Handlungsprogramme der einzelnen Funktionsbereiche wie geplant durchgeführt worden sind bzw. ob die ergriffenen Maßnahmen (voraussichtlich) geeignet sind, die geplante Strategie umzusetzen.

*ROI*

**Kennzahlenbasierte Kontrolle:** Für eine kennzahlebasierte Kontrolle ist das von Du Pont de Nemours entwickelte und in der Praxis vielfach verwendete ROI-Kontrollsystem repräsentativ. Das ROI (Return on Investment)-Konzept weist die folgenden Merkmale auf (Lüder 1981: 400 ff.; Vollmuth 1999):

■ Den Beurteilungsmaßstab für den Erfolg einer organisatorischen Einheit bildet die Rentabilität:

$$R = \frac{G}{V} \cdot 100 = \frac{G}{U} \cdot \frac{U}{V} \cdot 100$$

G = Gewinn
V = eingesetztes Vermögen
U = Umsatzerlöse.

- Für jede Einheit werden die Rentabilität und einige zu ihr gehörende wichtige Bestimmungsgrößen für ein Jahr im Voraus geplant.

- In festgelegten zeitlichen Intervallen werden Soll-Ist-Vergleiche durchgeführt und eventuelle Abweichungsanalysen erstellt.

- Das Management soll das gesteckte Nominal-, genauer Rentabilitätsziel, erreichen (oder übertreffen). Wie dies sachlich – d. h. durch welche konkreten Leistungsziele – erreicht wird, ist freigestellt.

Mit der Verwendung des ROI-Konzepts werden im Wesentlichen zwei Hauptzwecke verfolgt. Zum einen soll die erzielte Rentabilität die Grundlage bilden für Investitions- und Desinvestitionsentscheidungen, und der Vergleich zwischen Soll- und Ist-Rentabilität soll der Unternehmensleitung eine Leistungsbeurteilung der verschiedenen Organisationseinheiten ermöglichen (Informationszweck). Zum anderen soll die Vorgabe einer aus dem Zielsystem der Unternehmung abgeleiteten Soll-Rentabilität das Division-Management in der Weise motivieren, dass es optimale Entscheidungen trifft (Motivationszweck).

*Informations- und Motivations- zweck*

Das ROI-Konzept kann die genannten Zwecke jedoch nur unzureichend erfüllen. Im Hinblick auf den **Informationszweck** ist zunächst problematisch, dass die Kennziffer ROI vergangenheitsorientiert ist. Für die Bestimmung zukünftiger Investitionsaktivitäten und die Einschätzung des zukünftigen Leistungspotenzials liefern jedoch historische Werte keine hinreichende Informationsgrundlage. Weitere zentrale Probleme liegen vor allem in der mangelnden Eindeutigkeit und damit Manipulierbarkeit der zugrunde liegenden Größen.

*Grenzen der ROI-Kontrolle*

Im Hinblick auf den **Motivationszweck** taucht das Problem auf, dass das Management durch Vorgabe einer Soll-Rentabilität motiviert wird, **suboptimale, nicht aber gesamtoptimale** Entscheidungen zu treffen.

Dass das ROI-Konzept trotz der genannten Nachteile eine weite Verbreitung gefunden hat, mag darauf zurückzuführen sein, dass der ROI in einer einzigen, **zusammenfassenden Größe,** nämlich der Rentabilität, alle Ereignisse wiedergibt, die das Formalziel einer Division beeinflussen. Ferner mag dazu beigetragen haben, dass die ROI-Rechnung ohne weiteres auf die Zahlen des traditionellen Rechnungswesens zurückgreifen kann und der ROI aufgrund seiner Allgemeingültigkeit und einfachen Berechnung zum Vergleich sowohl von einzelnen Divisionen als auch von Divisionen und alternativen Investitionen eingesetzt werden kann.

## Lernkontrollfragen

1. Welche Teilpläne des Realgüterprozesses können unterschieden werden?

2. Auf welchen Ebenen vollzieht sich die Planung des Wertumlaufprozesses und welche Ziele werden damit jeweils verfolgt?

3. Was versteht man unter einer Sensitivitätsanalyse und welche Funktion erfüllt eine solche Analyse?

4. Worin unterscheiden sich optimierende und prognostizierende Planungsmodelle?

5. Wie ist der sog. Sicherheitsabstand im Rahmen der Break-even-Analyse definiert?

6. Was versteht man unter „budgetary slacks"?

7. Welche Aufgabe kommt der Abweichungsanalyse im Rahmen der operativen Kontrolle zu?

8. Was versteht man unter der Feedforward-Kontrolle?

*Lösungshinweise zu den Lernkontrollfragen erhalten Sie unter www.gabler.de*

## Diskussionsfragen

1. Was versteht man unter dem Prinzip der strategischen Vorsteuerung?

2. Welche Grundüberlegung steht hinter der Idee der operativen Flexibilität?

3. Was versteht man unter der Interdependenz der Teilpläne der operativen Planung?

4. Auf welche systematischen Grenzen stößt die Idee der Simultanplanung und wie sollte die operative Planung stattdessen vorgenommen werden?

5. Welche Bedeutung hat die Nichtnegativitätsbedingung im Rahmen der Linearen Programmierung?

6. Welchen zusätzlichen Erkenntniswert liefert die umsatzbezogene Darstellung der Break-even-Analyse?

7. Warum kann es im Rahmen des Budgetierungsprozesses zum sog. Phänomen der „Verabsolutierung des Budgets" kommen?

8. Warum ist die operative Kontrolle zum wesentlichen Teil eine Durchführungskontrolle?

# Fallstudie:
# Sektkellerei Goldtröpfchen

*Die Sektkellerei Goldtröpfchen hat sich auf die Produktion von hochwertigem Sekt spezialisiert. Der meiste Umsatz wird mit einer besonders hochwertigen Flaschengärung erzielt. Die Nachfrage nach diesem besonderen Sekt ist seit der Jahrtausendwende stetig angestiegen und befand sich im Jahr 2006 mit 391.000 Flaschen nahe der Kapazitätsgrenze von 400.000 Flaschen.*

*Die Produktion der Flaschengärung findet aktuell unter Mithilfe von 42 Mitarbeitern statt. Im Jahr 2006 haben die Produktionsmitarbeiter insgesamt 52.700 Stunden gearbeitet, ihr Stundenlohn betrug im Durchschnitt 30 €. In diesem Betrag sind bereits sämtliche Zuschläge enthalten. Nach Berechnungen des Rechnungswesens der Sektkellerei sind rund 35 % dieser Arbeitskosten als fix anzusehen, während der Rest vom Produktionsvolumen proportional abhängig war.*

*Die Produktion erforderte im Jahr 2006 4.000 Hektoliter Wein, die das Unternehmen bei einem Zulieferer für 1.100.000 € eingekauft hatte. Die durchschnittlichen Kosten für Hilfsstoffe (Flaschen, Korken, Etiketten) lagen bei 0,48 € pro Flasche.*

*Zur maximalen Ausnutzung der Kapazität und damit verbunden einer von den Eigentümern geforderten Gewinnerhöhung, strebte die Unternehmensleitung eine Reorganisation des Unternehmens an, um mit diesem edlen Tropfen eine Umsatzrentabilität von mindestens 7 % (bisher 4 %) zu generieren.*

*Es sollte folglich eine Break-even-Analyse durchgeführt werden. Als erstes erfolgte eine Trennung der Kosten in fixe und variable Kosten. Hierzu nahm man die Gewinn- und Verlustrechnungen der letzten Jahre zu Hilfe. Es zeigte sich, dass die Zahlenwerte für 2006 repräsentativ waren und dass trotz starker Schwankungen im totalen Geschäftsvolumen die verschiedenen Sektsorten in jedem Jahr in einem nahezu gleichen Verhältnis zueinander verkauft worden waren. Folglich wurde die nachfolgende Analyse vorbereitet:*

| | |
|---|---|
| **Fixkosten** | |
| *35 % der Arbeitskosten* | 561.000 |
| *Produktionskosten* | 320.000 |
| *Verwaltungskosten* | 290.000 |
| *Zinsen* | 34.000 |
| *Abschreibungen* | 840.000 |
| **Summe Fixkosten** | **2.045.000** |
| | |
| **Variable Kosten** | |
| *65 % der Arbeitskosten* | 1.020.000 |
| *Rohstoffe* | 1.100.000 |
| *Hilfsstoffe* | 187.000 |
| **Summe variable Kosten** | **2.307.000** |
| | |
| *Gesamtkosten* | *4.352.000* |

*Es wurde von der Unternehmensleitung die Maximalkapazität mit 400.000 Flaschen pro Jahr angenommen. Dies würde zu gegenwärtigen Preisen einen Verkaufserlös von 4.660.000 € bedeuten. Betrachtet man die gegenwärtige Struktur der Kosten und Erlöse, würden die Gewinne aus einer Produktion von 400.000 Flaschen pro Jahr niedrig sein. Die Unternehmensleitung möchte nun einen Weg finden, die Kosten und Erlöse so zu ändern, dass sich ein Gewinn von 400.000 € ergibt, das würde bezogen auf den derzeitigen Umsatz einer Umsatzrentabilität von 8 % entsprechen.*

## Fragen zur Fallstudie:

1. Stellen Sie ein Break-even-Diagramm für die von der Unternehmensleitung geschätzte Aufteilung von fixen und variablen Kosten auf! Bestimmen Sie a) dasjenige Produktionsvolumen, bei dem die Gewinnschwelle erreicht wird, und b) geben Sie den Gewinn bei voller Kapazitätsauslastung an!

2. Zeichnen Sie drei weitere Diagramme so, dass mit einer Produktion von 400.000 Flaschen ein Gewinn von 400.000 € erzielt wird, und zwar a) ein Diagramm, in dem ein gestiegener Verkaufspreis angenommen wird, b) ein zweites Diagramm auf der Grundlage einer Fixkostensenkung, und c) ein drittes Diagramm, in dem angenommen wird, dass die variablen Kosten sinken! Welches sind die Break-even-Punkte in jeder dieser drei Situationen?

3. Zeigen Sie die Alternativen auf, die am wahrscheinlichsten einen Gewinn von 400.000 € erbringen!

## Literaturhinweise

Berens, W./Delfmann, W./Schmitting, W., Quantitative Planung. Konzeption, Methoden und Anwendungen, 4. Aufl., Stuttgart 2004.

Domschke, W./Drexl, A., Einführung in Operations Reasearch, 7. Aufl., Berlin 2007.

Horváth, P., Controlling, 11. Aufl., München 2008.

Streitferdt, L./Eberhardt, T., Budgetierung, in Schreyögg, G./v. Werder, A. (Hrsg.), Handwörterbuch Unternehmensführung und Organisation, 4. Aufl., Stuttgart 2004.

# Teil 4
# Betriebliches
# Rechnungswesen

# Grundlagen des betrieblichen Rechnungswesens

# Kapitel 4.1

Jean-Paul Thommen / Ann-Kristin Achleitner
Allgemeine Betriebswirtschaftslehre
Umfassende Einführung aus
managementorientierter Sicht
7. Auflage 2012

Entnommen aus Teil 5, Kapitel 1:
Grundlagen des betrieblichen Rechnungswesens

Kapitel 1

# Grundlagen des betrieblichen Rechnungswesens

> Das betriebliche Rechnungswesen dient der mengen- und wertmäßigen Erfassung, Verarbeitung, Abbildung und Überwachung sämtlicher Zustände und Vorgänge (Geld- und Leistungsströme), die im Zusammenhang mit dem betrieblichen Leistungsprozess auftreten.

Dabei lässt es sich – je nach seinen Aufgaben – in das externe und das interne Rechnungswesen unterteilen.

Die Ausgestaltung des **externen Rechnungswesens** wird in Deutschland in erster Linie durch das Handelsgesetzbuch (HGB) bestimmt. Die Harmonisierungsbestrebungen der EU haben jedoch dazu geführt, dass in den letzten Jahren die Bedeutung internationaler Rechnungslegungsvorschriften, v.a. der International Financial Reporting Standards (IFRS), für deutsche Unternehmen stark zugenommen hat. Diese wirken sich zunehmend auch auf die Gestaltung des HGB aus.

Das externe Rechnungswesen richtet sich vorrangig an unternehmensexterne Adressaten und unterliegt gesetzlichen Vorschriften. Die Grundidee des externen Rechnungswesens (auch Rechnungslegung) besteht darin, die Informationssymmetrie zwischen dem Rechnungslegenden und den Rechnungslegungsadressaten zu reduzieren. Das externe Rechnungswesen informiert dabei nicht nur die unmittelbaren Vertragsparteien des Unternehmens, sondern alle Bezugs-gruppen (Stakeholder), die ein Interesse an den Aktivitäten des Unternehmens haben. Dazu zählen etwa die Konkurrenz oder aufgrund des wirtschaftlichen Einflusses, den das Unternehmen auf das öffentliche Leben ausübt, die Gesell-schaft. Zu den direkten Vertragsparteien, die unmittelbare **Adressaten** der Rech-nungslegung darstellen, gehören:

- **Eigenkapitalgeber**: Die Eigenkapitalgeber sind unmittelbar am Unterneh-menserfolg beteiligt und möchten daher Informationen zur Abschätzung ihres Investitionsrisikos erlangen. Im Fall börsennotierter Gesellschaften sollen Rechnungslegungsinformationen den Aktionären eine Entscheidungsgrund-lage für Verkaufs-, Kauf- oder Halteentscheidungen bieten. Die Informatio-nen, die aus dem externen Rechnungswesen gewonnen werden, sollen dabei eine Einschätzung der aktuellen und künftigen Vermögenslage sowie der Fi-nanz- und Ertragslage ermöglichen. Sie liefern auch die Basis, um die Fähig-keit des Unternehmens, Dividenden bzw. Ausschüttungen zu generieren, be-urteilen zu können.
- **Fremdkapitalgeber**: Die Fremdkapitalgeber möchten anhand des Jahresab-schlusses insbesondere Informationen darüber erlangen, inwieweit das Unter-nehmen auch in Zukunft in der Lage sein wird, seine Zahlungsverpflichtungen zu erfüllen. Hierfür sind Informationen über den Verschuldungsgrad, bisher vergebene und potenzielle Kreditsicherheiten sowie Ausschüttungsgewohnhei-ten, Gewinnerwartungen und drohende Verluste und Risiken des Unternehmens nötig. Gläubiger wie Kreditinstitute orientieren sich bei der Festlegung der Kredithöhe, des Zinsniveaus und der möglichen Sicherheiten für eingeräumte Kredite an Größen, die über das externe Rechnungswesen ermittelt werden.
- **Lieferanten**: Lieferanten haben ähnliche Interessen wie Fremdkapitalgeber. Sie haben insbesondere bei langfristigen Verträgen Interesse daran, Informationen zu erlangen, inwiefern das Unternehmen auch künftig in der Lage sein wird, seinen Zahlungsverpflichtungen nachzukommen.
- **Mitarbeiter**: Arbeitnehmer stehen über den Arbeitsvertrag in direkter Verbin-dung mit dem Unternehmen. Für sie spielt die Sicherheit des Arbeitsplatzes eine entscheidende Rolle. Die Arbeitnehmer möchten daher in erster Linie In-formationen darüber erlangen, inwieweit das Unternehmen künftig in der Lage sein wird, seinen Zahlungsverpflichtungen, also Lohn- und Gehaltszahlungen sowie Pensionszusagen, nachzukommen und Arbeitsplätze zu erhalten bzw. zu schaffen.
- **Kunden**: Für Kunden sind wie für Lieferanten die gegenwärtige und die zukünf-tige Vermögens-, Finanz- und Ertragslage des Unternehmens von Bedeutung, um eine dauerhafte Geschäftsbeziehung mit dem Unternehmen gewährleisten und die Einhaltung von Garantien und Serviceverträgen sicherstellen zu kön-nen.

- **Staat**: Der Staat gibt durch Gesetzesbestimmungen den rechtlichen Rahmen für das externe Rechnungswesen vor und ist gleichzeitig selbst Adressat. Er verfolgt das Interesse, aus dem externen Rechnungswesen Informationen über die Steuerzahlungspflicht des Unternehmens zu erlangen. Darüber hinaus versucht der Staat, über die Gestaltung von Rechnungslegungsvorschriften auch politische Ziele zu verfolgen.

Aufgrund unterschiedlicher nationaler Gegebenheiten, die sich unter anderem in der Rechtstradition des jeweiligen Landes widerspiegeln, haben sich historisch unterschiedliche Rechnungslegungssysteme mit unterschiedlichen **Rechnungslegungszwecken** herausgebildet. Hier gilt es insbesondere, die Eigenkapitalgeber- und die Fremdkapitalgebersichtweise zu unterscheiden. Da sich die Informationsinteressen dieser Adressaten nicht vollständig decken und zum Teil divergieren können, konzentriert sich das jeweilige Rechnungslegungssystem meist auf eine bestimmte Adressatengruppe.

Der Rechnungslegungszweck des HGB ist gesetzlich nicht explizit verankert. Aus den Vorschriften des HGB lassen sich jedoch implizit die Rechnungslegungszwecke der Zahlungsbemessung, Information und Dokumentation ableiten.[1] Nach dem HGB dominiert damit die Fremdkapitalgebersichtweise. Dagegen stellen die IFRS den Eigenkapitalgeber als Adressaten in den Mittelpunkt. Sie verfolgen explizit den Zweck, entscheidungsnützliche Informationen für den Investor bereitzustellen.

Anders als das externe Rechnungswesen ist das **interne Rechnungswesen** unternehmensspezifisch gestaltbar. Zu seinen Aufgaben zählen die **Planung**, **Steuerung** und **Kontrolle** aller im Unternehmen anfallenden Geld- und Leistungsströme. Es dient der Erfolgs- sowie der Finanz- und Liquiditätskontrolle durch das Management und trägt somit zur Fundierung unternehmerischer Entscheidungen bei. Das interne Rechnungswesen richtet sich damit allein an unternehmensinterne Adressaten. Einen Vergleich zwischen externem und internem Rechnungswesen gibt ▶ Abb. 138.

<table>
<tr><td>**1.2**</td><td>**Struktur des betrieblichen Rechnungswesens**</td></tr>
</table>

▶ Abb. 139 stellt die Struktur des betrieblichen Rechnungswesens dar. Die Grundlage des externen Rechnungswesens bildet die **Finanzbuchhaltung**, deren Ergebnis in den regelmäßig zu erstellenden Jahresabschluss fließt. Die Pflicht zur Aufstellung des Jahresabschlusses ist in § 242 HGB verankert. Sie gilt für alle Kaufleute, ausgenommen Einzelkaufleute mit geringem Umsatz bzw. Gewinn. Stehen Unternehmen in einem Konzern unter der einheitlichen Leitung ei-

---

1 Zum Rechnungslegungszweck des HGB vgl. Kapitel 2, Abschnitt 2.1.1 „Grundlagen und Zweck des Jahresabschlusses".

| System / Kriterium | Externes Rechnungswesen | Internes Rechnungswesen |
|---|---|---|
| Zweck | ■ Zahlungsbemessung<br>■ Information<br>■ Dokumentation | ■ Planung<br>■ Steuerung<br>■ Kontrolle<br>■ Abbildung des Unternehmensprozesses |
| Vorschriften | Gesetzlich vorgeschrieben:<br>■ Handelsrecht (HGB)<br>■ Steuerrecht (AO, EStG, KStG)<br>■ IFRS | Unternehmensspezifisch gestaltbar |
| Rechnungsgrößen | Erfolgsgrößen, die dem externen Erfolgsnachweis dienen:<br>■ Aufwand und Ertrag | Rechnungsgrößen, die für interne Analyse- und Entscheidungsanlässe betrachtet werden:<br>■ Kosten und Leistungen<br>■ Ein- und Auszahlungen |

▲ Abb. 138 Vergleich zwischen externem und internem Rechnungswesen

ner Kapitalgesellschaft (Mutterunternehmen), die an diesen Unternehmen Beteiligungen hält, hat diese Kapitalgesellschaft zudem einen Konzernabschluss zu erstellen (§§ 290ff. HGB, § 264a HGB, §§ 1ff. PublG).

Des Weiteren gehören auch Sonderbilanzen zum externen Rechnungswesen. Sie sind fallweise bei besonderen Finanzierungsanlässen (z. B. Gesellschaftsgründungen, -umwandlungen, -fusionen, -überschuldungen, -auseinandersetzungen, -konkursen oder -vergleichen) zu erstellen.

Zudem ist das Unternehmen zur Erstellung einer **Steuerbilanz** verpflichtet. Dabei stehen Handels- und Steuerbilanz über das Maßgeblichkeitsprinzip in Verbindung. Die **Maßgeblichkeit** der Handels- für die Steuerbilanz beinhaltet, dass der handelsrechtlich ermittelte Gewinn – unter Vorbehalt einiger Ausnahmen – auch als Bemessungsgrundlage bei der Unternehmensbesteuerung zugrunde gelegt wird. Bei der Gewinnermittlung greift das Steuerrecht auch insofern auf das Handelsrecht (§ 5 Abs. 1 S. 1 EStG) zurück, als die handelsrechtlichen Grundsätze ordnungsgemäßer Buchführung[1] für die Steuerbilanz ebenfalls Gültigkeit besitzen, sofern dem keine Vorschriften des Steuerrechts entgegenstehen.

Zum internen Rechnungswesen zählen die **Kosten- und Leistungsrechnung** sowie die **Investitions- und Finanzrechnung**. Sie werden durch **sonstige Rechnungen** wie Planungs- und Vergleichsrechnungen und die Unternehmensstatistik ergänzt. Grundlage des internen Rechnungswesens bildet die **Betriebsbuchhaltung**.

---

1 Zu den Grundsätzen ordnungsgemäßer Buchführung vgl. dazu Kapitel 2, Abschnitt 2.1.2 „Grundsätze ordnungsgemäßer Buchführung".

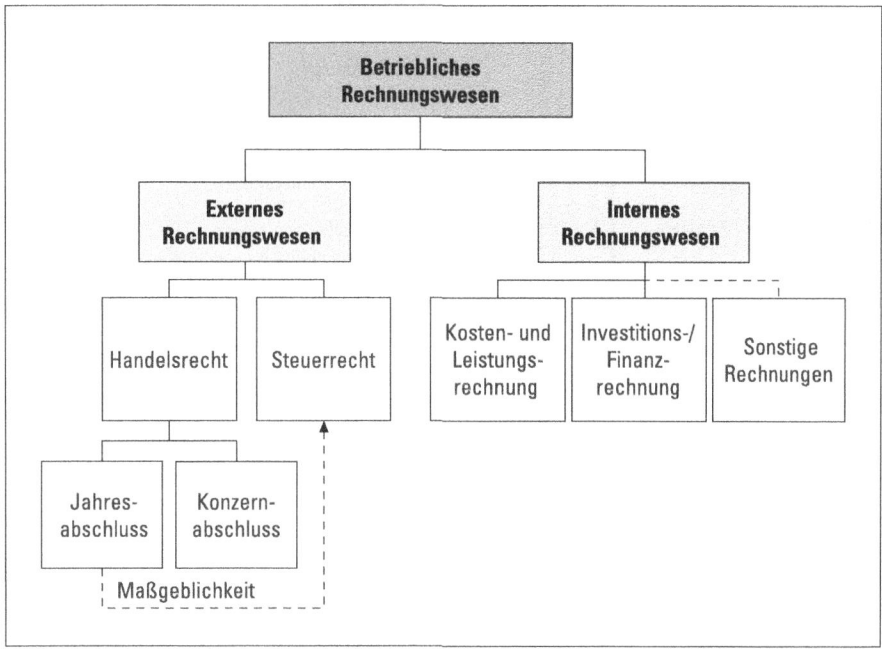

▲ Abb. 139 Struktur des betrieblichen Rechnungswesens

Internes und externes Rechnungswesen stehen eng miteinander in Verbindung. Dies kommt auch dadurch zum Ausdruck, dass im **Controlling** des Unternehmens sämtliche Informationen, die durch das interne und das externe Rechnungswesen gewonnen werden, Verwendung finden. Das Controlling dient der zielorientierten Steuerung des Unternehmens durch das Management und ist daher dem internen Rechnungswesen zuzuordnen.

## 1.3  Grundzüge der Finanzbuchhaltung

Unter der **Finanzbuchhaltung** versteht man die chronologische Erfassung aller wirtschaftlich bedeutenden Geschäftsvorfälle, die sich im Unternehmen ereignet haben und die sich auf die Zusammensetzung des Vermögens, des Kapitals und des Erfolgs des Unternehmens auswirken.

In der Finanzbuchhaltung werden die Bestände (und deren Veränderungen) an Gebäuden, Maschinen, Vorräten, Forderungen und Geldmitteln auf der einen Seite und die Verpflichtungen des Unternehmens auf der anderen Seite ausgewiesen und der Unternehmenserfolg ermittelt. Aufgrund dieser allgemeinen Charakterisierung kann der Finanzbuchhaltung insbesondere die Aufgabe der chronologischen

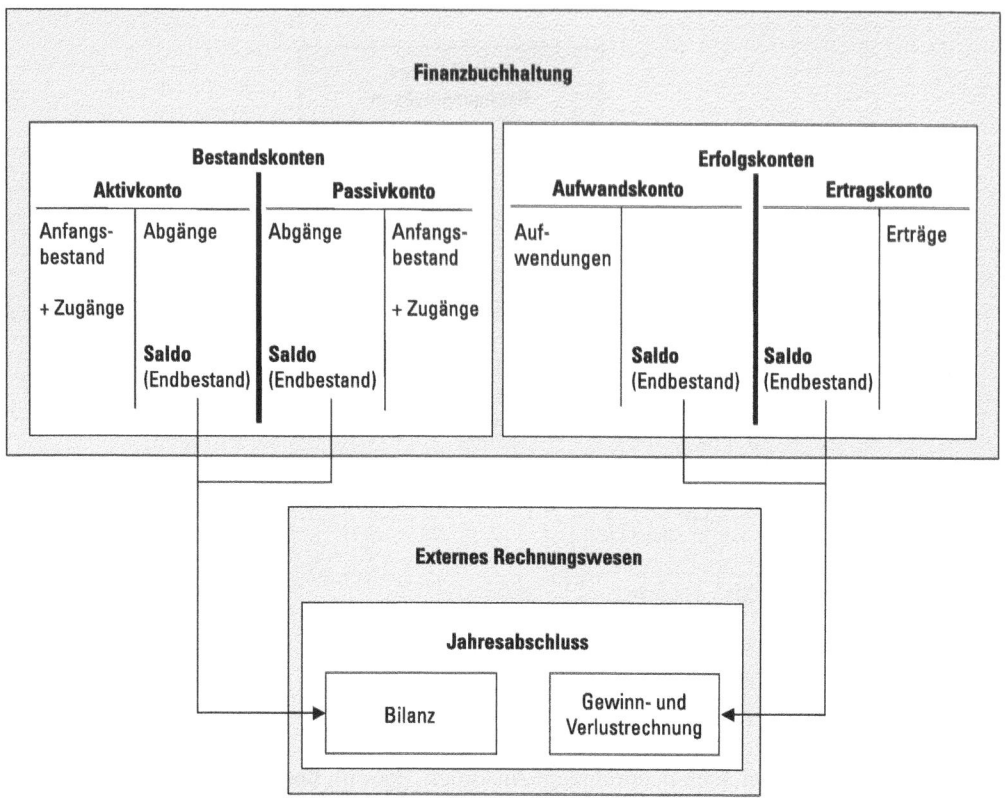

▲ Abb. 140 Schematische Darstellung der Finanzbuchhaltung

und systematischen Erfassung des laufenden Geschäftsverkehrs zugewiesen werden. Die chronologische Erfassung des laufenden Geschäftsverkehrs erfolgt im Journal, die systematische in den Konten der Buchhaltung. Bei diesen Konten sind Bestands- und Erfolgskonten zu unterscheiden (◄ Abb. 140):

- **Bestandskonten:** Diese erfassen sämtliche Anfangsbestände an Vermögensgegenständen und Kapitalbeträgen des Unternehmens sowie die in einer Periode anfallenden Zu- und Abgänge der jeweiligen Vermögens- und Kapitalpositionen. Die am Periodenende ermittelten Endbestände (Saldo aus Anfangsbestand + Zugänge – Abgänge) werden im Rahmen des Jahresabschlusses in der Bilanz ausgewiesen.

- **Erfolgskonten:** Im Gegensatz zu den Bestandskonten erfassen die Erfolgskonten sämtliche in einer Periode angefallenen Aufwendungen und Erträge. Durch Saldierung der jeweils getrennt erfassten Aufwands- und Ertragspositionen ergeben sich die Endbestände der einzelnen Aufwands- und Ertragsarten. Diese werden daraufhin im Rahmen der Jahresabschlusserstellung in der Gewinn- und Verlustrechnung ausgewiesen.

Jedes Konto umfasst einen eindeutig abgrenzbaren Inhalt, das heißt ganz bestimmte Arten von Geschäftsvorgängen (z.B. alle Vorgänge, welche Roh-, Hilfs- oder Betriebsstoffe betreffen). Je nach Anzahl der Konten müssen einzelne Konten systematisch in Klassen und Gruppen zusammengefasst werden (z.B. Anlagevermögen oder langfristiges Kapital). Eine solche systematische Ordnung der Konten bezeichnet man als **Kontenplan**. Sobald ein solcher für eine ganze Gruppe gleichartiger Unternehmen (z.B. Branche) aufgestellt wird, spricht man von einem **Kontenrahmen**. Hier ist z.B. der Industriekontenrahmen (IKR) für Gewerbe-, Industrie- und Handelsbetriebe zu nennen.

## 1.4 Größen des betrieblichen Rechnungswesens

Im betrieblichen Rechnungswesen unterscheidet man vier Begriffspaare, die zur Erfassung verschiedener Zahlungs- und Leistungsvorgänge im Unternehmen verwendet werden:

- Auszahlungen – Einzahlungen,
- Ausgaben – Einnahmen,
- Aufwand – Ertrag,
- Kosten – Leistungen.

Da das externe Rechnungswesen vor allem dem Erfolgsnachweis dient, beschäftigt es sich insbesondere mit den Größen Aufwand und Ertrag, die in der Gewinn- und Verlustrechnung (Erfolgsrechnung des externen Rechnungswesens) dargestellt sind. Im Mittelpunkt der Erfolgsrechnung des internen Rechnungswesens stehen dagegen die Kosten und Leistungen.

Nachfolgend werden Auszahlungen, Ausgaben, Aufwand und Kosten voneinander abgegrenzt (▶ Abb. 141). Diese Erläuterungen können analog auf Einzahlungen, Einnahmen, Erträge und Leistungen übertragen werden:

1. Unter **Auszahlungen** werden Geldabflüsse im Unternehmen erfasst, die zu einer Verringerung des Zahlungsmittelbestandes (Kassenbestand + Bankguthaben) führen.

2. Unter **Ausgaben** versteht man Veränderungen des Geldvermögens (Zahlungsmittelbestand + Forderungen – Verbindlichkeiten). Hierbei kann es sich neben Auszahlungen um Veränderungen bei den Forderungen und Verbindlichkeiten handeln.

3. Unter **Aufwand** sind Abflüsse des Reinvermögens (Eigenkapital) in der betreffenden Periode zu verstehen. Das Reinvermögen setzt sich aus dem Geldvermögen und dem Sachvermögen zusammen. Man unterscheidet zudem zwischen Zweckaufwand und Neutralem Aufwand:

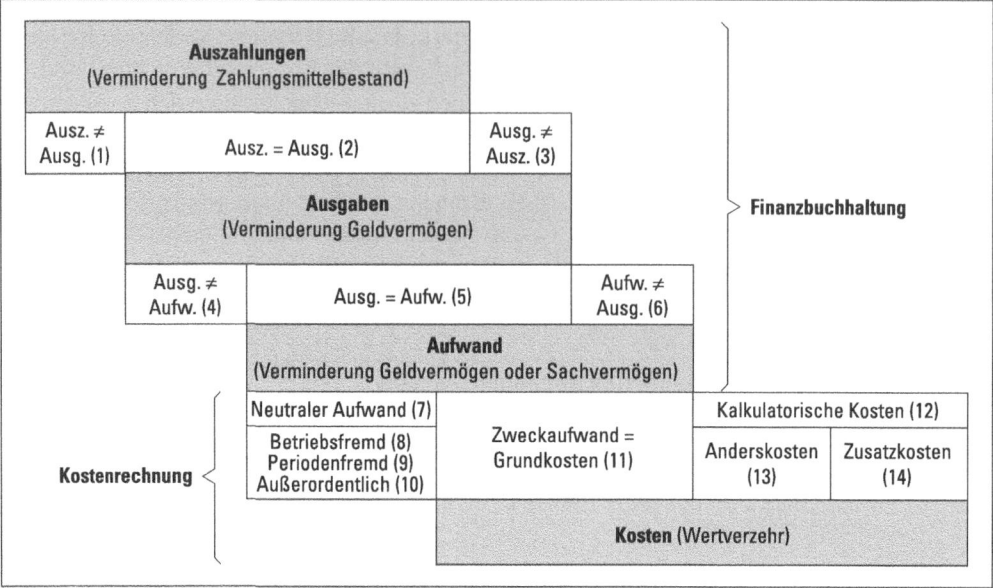

▲ Abb. 141  Abgrenzung von Auszahlungen, Ausgaben, Aufwand und Kosten (in Anlehnung an Wöhe/Döring 2010, S. 695ff.)

- Der **Zweckaufwand**, d.h. der ordentliche betriebliche Aufwand, umfasst den Aufwand, der mit der betrieblichen Leistungserstellung und -verwertung anfällt. Beispiel: Werbeaufwand.
- Der **Neutrale Aufwand (7)** wird unterteilt in:
  - **Betriebsfremder Aufwand (8):** Dieser zeichnet sich dadurch aus, dass der anfallende Aufwand nicht aus der eigentlichen betrieblichen Tätigkeit resultiert. Beispiel: Immobiliengeschäfte eines Industrieunternehmens.
  - **Periodenfremder Aufwand (9):** Dieser entsteht nicht in der Betrachtungsperiode. Beispiel: Nachzahlung von Steuern.
  - **Außerordentlicher Aufwand (10):** Dieser fällt im Betriebsprozess an, ist jedoch außergewöhnlich hoch und kann nicht dem Zweckaufwand zugeordnet werden. Beispiel: Nicht vorhersehbarer Schadensfall durch Erdbeben.

4. **Kosten** sind der Wertverzehr im betrieblichen Leistungsprozess aller Güter pro Periode. Sie bestehen aus den Grundkosten und den kalkulatorischen Kosten.
   - Als **Grundkosten (11)** bezeichnet man jenen Werteverzehr aller Güter einer Periode, der aus der betrieblichen Leistungserstellung und -verwertung resultiert. Sie entsprechen dem Zweckaufwand. Beispiel: Werbeaufwand.
   - **Kalkulatorische Kosten (12)** werden durch Bewertungsunterschiede von Güterverbräuchen einer Periode in der Erfolgsrechnung des externen und des internen Rechnungswesens definiert. In der externen Erfolgsrechnung (Gewinn- und Verlustrechnung) darf neben dem Neutralen Aufwand nur der Zweckaufwand erfasst werden. Diese Aufwandspositionen stellen die der

Periode zurechenbaren, tatsächlich angefallenen Kosten dar. Sofern z. B. Güterverbräuche vom Unternehmen aus kostenrechnerischen Gesichtspunkten höher bewertet werden als dies nach handelsrechtlichen Vorschriften erlaubt ist, werden für diese Güterverbräuche Kosten kalkuliert, die nur in die Erfolgsrechnung des internen Rechnungswesens eingehen. Folglich bezeichnen kalkulatorische Kosten solche Kosten, die vom Aufwand der laufenden Periode abweichen, weil sie aus handelsrechtlichen Gründen nicht oder zumindest nicht in gleicher Höhe angesetzt werden können. Kalkulatorische Kosten werden insbesondere bei der Ermittlung des kalkulatorischen Betriebserfolges bzw. zur Überprüfung der Wirtschaftlichkeit betrieblicher Teilbereiche berücksichtigt. Sie unterteilen sich in Anderskosten und Zusatzkosten:

□ Unter **Anderskosten (13)** wird solcher Güterverbrauch erfasst, der in anderer Weise als der Zweckaufwand auf die Perioden verteilt und/oder in anderer Höhe bewertet wird. Beispiel: Kalkulatorische Abschreibungen.

□ **Zusatzkosten (14)** werden für solche Güterverbräuche angesetzt, die nach handelsrechtlichen Vorschriften nicht als Aufwand behandelt werden können. Beispiele: Kalkulatorischer Unternehmerlohn, kalkulatorische Eigenkapitalzinsen, kalkulatorische Mieten.

Diese Begriffshierarchie wird insbesondere einsichtig, wenn man sich die möglichen Unterschiede zwischen den verschiedenen Begriffen vor Augen führt:

- **Auszahlungen, keine Ausgaben (1):** Die mit der Auszahlung verbundene Verringerung des Zahlungsmittelbestandes wird entweder durch eine Erhöhung der Forderungen oder durch eine Verringerung der Schulden ausgeglichen, sodass sich das Geldvermögen nicht verändert. Beispiel: Gewährung eines Barkredites.

- **Auszahlungen = Ausgaben (2):** Geschäftsvorfälle, die zu einer Auszahlung führen und gleichzeitig mit einer Ausgabe verbunden sind, bewirken eine Verringerung des Zahlungsmittelbestandes und des Geldvermögens. Beispiel: Barkauf von Maschinen.

- **Ausgaben, keine Auszahlungen (3):** Ausgaben, die in der Betrachtungsperiode nicht auch eine Auszahlung bewirken, resultieren aus unverändertem Zahlungsmittelbestand bei reduziertem Geldvermögen. Beispiel: Kauf von Maschinen auf Ziel.

- **Ausgaben, kein Aufwand (4):** Unter Ausgaben, die kein Aufwand sind, versteht man Verminderungen des Geldvermögens, die nicht oder erst in einer späteren Periode zu einem Aufwand werden. Dem Geldvermögensabgang steht somit eine Zunahme des Sachvermögens in gleicher Höhe gegenüber, sodass keine Senkung des Reinvermögens erfolgt. Beispiel: Mietvorauszahlung für Januar des nächsten Jahres im Dezember diesen Jahres.

- **Ausgaben = Aufwand (5):** In diesem Fall werden Ausgaben in derselben Periode zu Aufwand. Demzufolge sinkt das Geld- und das Rein- oder Nettovermögen, sodass ein Geldvermögensabgang nicht mit einem Sachvermögenszugang verbunden ist. Beispiel: Zinszahlungen ohne Zunahme des Sachvermögens.

■ **Aufwand, keine Ausgaben (6):** Sofern Geschäftsvorgänge betrachtet werden, die zu einem Abgang des Nettovermögens führen, jedoch das Geldvermögen nicht verändern, handelt es sich um Aufwand, der nicht gleichzeitig auch Ausgaben darstellt. Beispiel: Abschreibungen.

Wie bereits erläutert, sind für die Abgrenzung von Auszahlungen, Ausgaben, Aufwand und Kosten die Vermögensbegriffe Zahlungsmittelbestand, Geldvermögen und Reinvermögen von Bedeutung. Der Zusammenhang zwischen diesen Vermögensbegriffen wird durch ▶ Abb. 142 verdeutlicht.

|  | Kassenbestand |
| + | Bankguthaben |
| = | Betrieblicher Zahlungsmittelbestand |
| + | Forderungen |
| − | Verbindlichkeiten |
| = | Geldvermögen |
| + | Sachvermögen |
| = | Rein- und Nettovermögen |

▲ Abb. 142  Zusammenhang der Vermögensbegriffe

# Rechnungslegung nach HGB

# Kapitel 4.2

Jean-Paul Thommen / Ann-Kristin Achleitner
Allgemeine Betriebswirtschaftslehre
Umfassende Einführung aus
managementorientierter Sicht
7. Auflage 2012

Entnommen aus Teil 5, Kapitel 2.1:
Rechnungslegung nach HGB
Jahresabschluss

# Kapitel 2

# Rechnungslegung nach HGB

| 2.1 | **Jahresabschluss** |
|---|---|
| 2.1.1 | **Grundlagen und Zweck des Jahresabschlusses** |

Jahresabschlüsse stehen im Zusammenhang mit der Interessenregelung zwischen Unternehmen und staatlichen Instanzen und liefern wichtige Informationen für die Rechnungslegungsadressaten. Aufgrund der **Buchführungspflicht** (§ 238 HGB) ist jeder Kaufmann verpflichtet, Bücher zu führen und in diesen seine Handelsgeschäfte und die Lage seines Vermögens nach den Grundsätzen ordnungsgemäßer Buchführung ersichtlich zu machen. Ausgenommen davon sind Einzelkaufleute, die an zwei aufeinander folgenden Jahren nicht mehr als 500.000 Euro Umsatz und nicht über 50.000 Euro Gewinn erzielten. Für sie tritt an die Stelle der Buchführung eine vereinfachte Einnahmenüberschussrechnung.

Der handelsrechtliche **Jahresabschluss** setzt sich aus der Bilanz und der Gewinn- und Verlustrechnung (GuV) zusammen (§ 242 Abs. 3 HGB). Er ist von Kapitalgesellschaften um einen Anhang zu erweitern. Mittelgroße und große Kapitalgesellschaften haben zusätzlich zum Jahresabschluss einen Lagebericht zu erstellen (§ 264 Abs. 1 HGB).

Der handelsrechtliche Jahresabschluss erfüllt in erster Linie die Funktion der **Zahlungsbemessung**. Diese bezieht sich sowohl auf Dividendenzahlungen an die Anteilseigner des Unternehmens (Ausschüttungsbemessung) als auch auf Ertragssteuerzahlungen (Steuerbemessung), die das Unternehmen an den Staat zu leisten hat. Daneben dient der Jahresabschluss auch der **Dokumentation** des Unternehmensgeschehens. Der Gesetzgeber verfolgt über diese Funktionen das rechtspolitische Ziel des **Gläubigerschutzes**. Nach Moxter (1987) liegt der dominante Jahresabschlusszweck in der Ermittlung einer vorsichtigen, verlustantizipierenden und dem Unternehmen entziehbaren Gewinngröße. Da ein solcher Gewinn nicht informativ sein kann, tritt der Zweck der Information und Dokumentation im Jahresabschluss hinter dem Zweck der Zahlungsbemessung zurück. An den im Konzernabschluss ermittelten Konzerngewinn knüpfen dagegen keine Ausschüttungen oder Steuerzahlungen an. Er erfüllt ausschließlich eine **Informationsfunktion**.

Der Abschlusszweck der Dokumentation wird neben der Buchführungspflicht auch durch die Pflicht zur regelmäßigen Erfassung des **Inventars** (§ 240 Abs. 1 HGB) verdeutlicht. Danach ist jeder Kaufmann verpflichtet, zu Beginn seines Handelsgewerbes seine Grundstücke, Forderungen und Schulden, den Betrag seines baren Vermögens sowie seine sonstigen Vermögensgegenstände genau zu verzeichnen und dabei den Wert der einzelnen Vermögensgegenstände und Schulden anzugeben. Unter dem Begriff der **Inventur** wird dabei die Tätigkeit bzw. das körperliche Verfahren der Bestands- und Wertaufnahme von Vermögensgegenständen und Schulden des Unternehmens verstanden. Der Gesetzgeber verfolgt damit auch die Absicht, eine vollständige und für Dritte nachvollziehbare Aufzeichnung aller Geschäftsereignisse und Transaktionen zu erlangen, die als Basis für eine zusammenfassende Information des Unternehmensgeschehens in Form des Jahres- bzw. Konzernabschlusses dienen kann.

Die Rechtsgrundlagen des externen Rechnungswesens sind im Wesentlichen im dritten Buch des Handelsgesetzbuchs (§§ 238–342 HGB) zu finden. Einen Überblick über die Struktur des dritten Buchs liefert ▶ Abb. 143.

Die Struktur und der Inhalt des dritten Buchs HGB verdeutlichen, dass der Gesetzgeber beim Inhalt und Umfang der zu beachtenden Offenlegungsvorschriften nach bestimmten Unternehmensmerkmalen differenziert. Diese sind in erster Linie

- die Rechtsform,
- die Größe,
- die Branche,
- die Kapitalmarktorientierung und
- die Zugehörigkeit zu einem Konzernverbund.

So enthalten §§ 238–263 HGB Vorschriften für alle Kaufleute, wohingegen §§ 264–289 HGB ergänzende Vorschriften für **Kapitalgesellschaften**[1] vorsehen (Stufenkonzept). Dies ist dadurch zu begründen, dass aufgrund der Haftungsbeschränkung bei Kapitalgesellschaften ein höheres Schutzbedürfnis von gegenwärtigen und potenziellen Unternehmensbeteiligten erwächst als bei Personengesellschaften, bei denen der Eigentümer zusätzlich mit seinem Privatvermögen haftet.

---

1  Zu den Rechtsformen vgl. Teil 1, Kapitel 2, Abschnitt 2.5 „Rechtsform".

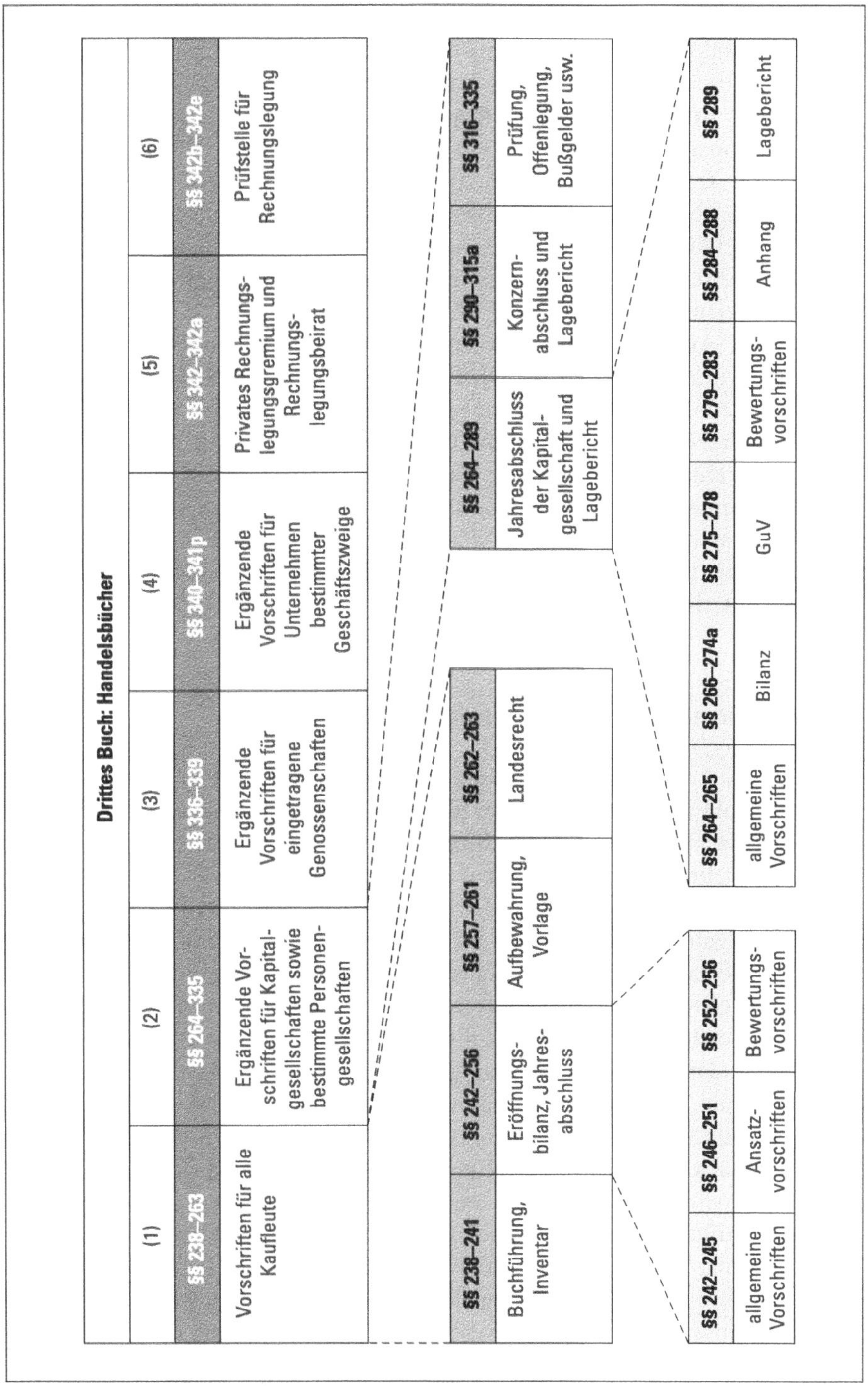

**Drittes Buch: Handelsbücher**

| (1) §§ 238–263 | (2) §§ 264–335 | (3) §§ 336–339 | (4) §§ 340–341p | (5) §§ 342–342a | (6) §§ 342b–342e |
|---|---|---|---|---|---|
| Vorschriften für alle Kaufleute | Ergänzende Vorschriften für Kapitalgesellschaften sowie bestimmte Personengesellschaften | Ergänzende Vorschriften für eingetragene Genossenschaften | Ergänzende Vorschriften für Unternehmen bestimmter Geschäftszweige | Privates Rechnungslegungsgremium und Rechnungslegungsbeirat | Prüfstelle für Rechnungslegung |

| §§ 238–241 | §§ 242–256 | §§ 257–261 | §§ 262–263 | §§ 264–289 | §§ 290–315a | §§ 316–335 |
|---|---|---|---|---|---|---|
| Buchführung, Inventar | Eröffnungsbilanz, Jahresabschluss | Aufbewahrung, Vorlage | Landesrecht | Jahresabschluss der Kapitalgesellschaft und Lagebericht | Konzernabschluss und Lagebericht | Prüfung, Offenlegung, Bußgelder usw. |

| §§ 242–245 | §§ 246–251 | §§ 252–256 | §§ 264–265 | §§ 266–274a | §§ 275–278 | §§ 279–283 | §§ 284–288 | §§ 289 |
|---|---|---|---|---|---|---|---|---|
| allgemeine Vorschriften | Ansatzvorschriften | Bewertungsvorschriften | allgemeine Vorschriften | Bilanz | GuV | Bewertungsvorschriften | Anhang | Lagebericht |

▲ Abb. 143   Überblick über den Aufbau des dritten Buchs HGB (in Anlehnung an Wöhe/Döring 2010, S. 730)

Eine ähnliche Abstufung ist im HGB hinsichtlich der **Unternehmensgröße** zu finden. So werden an manchen Stellen im HGB größenabhängige Erleichterungen gewährt. Die Größenklassen werden in § 267 HGB definiert.[1]

**Branchenspezifische Regelungen** gelten insbesondere für Kreditinstitute und Finanzdienstleister (§§ 340–341p HGB).

Eine Abstufung der Publizitätsvorschriften besteht auch bezüglich der Zugehörigkeit zu einem **Konzernverbund**. Mutterunternehmen haben einen Konzernabschluss aufzustellen, der neben Bilanz, GuV, Anhang und Lagebericht weitere Abschlusselemente, nämlich einen Eigenkapitalspiegel und eine Kapitalflussrechnung, beinhaltet.

Aufgrund der zunehmenden Internationalisierung der Rechnungslegung gewinnt im HGB auch die Differenzierung nach der **Kapitalmarktorientierung** an Bedeutung. Ein Unternehmen gilt dabei als kapitalmarktorientiert, wenn es entweder Eigen- oder Fremdkapitaltitel besitzt, die an einem organisierten Markt gehandelt werden oder dafür eine Zulassung beantragt hat. Kapitalmarktorientierte Konzerne haben ihren Konzernabschluss nach IFRS zu erstellen (§ 315a HGB). Für kapitalmarktorientierte Mutterunternehmen ist zudem die Aufstellung eines Segmentberichts verpflichtend. Nicht-kapitalmarktorientierte Unternehmen haben diesbezüglich ein Aufstellungswahlrecht.

| 2.1.2 | Grundsätze ordnungsgemäßer Buchführung |
| --- | --- |

Auf die **Grundsätze ordnungsgemäßer Buchführung** wird sowohl im HGB als auch im Einkommenssteuergesetz (EStG) Bezug genommen. Sie bilden damit das notwendige systematische Bindeglied zwischen Handelsrecht und Steuerrecht. Eine Definition der Grundsätze ordnungsgemäßer Buchführung ist jedoch weder im Handels- noch im Steuerrecht zu finden. Sie stellen damit einen unbestimmten Rechtsbegriff dar. Ziel des Gesetzgebers ist es, mithilfe der Grundsätze ordnungsgemäßer Buchführung eine zweckgerechte, vollständige und nachprüfbare handelsrechtliche Rechnungslegung zu sichern, indem ungeregelte und auslegungsbedürftige Tatbestände aufgefangen werden (Ballwieser 2005, Rz. 1f.).

Die Grundsätze ordnungsgemäßer Buchführung werden im Gesetz auch nur zum Teil explizit ausgeführt. Eine Auflistung dieser kodifizierten Grundsätze ordnungsgemäßer Buchführung enthält ▶ Abb. 144. Daneben gibt es Grundsätze ordnungsgemäßer Buchführung, die nur durch Gesetzesauslegung ableitbar sind (unkodifizierte Grundsätze ordnungsgemäßer Buchführung). Zu den unkodifizierten Grundsätzen ordnungsgemäßer Buchführung gehören der Grundsatz der Wahrheit, der Richtigkeit und Willkürfreiheit sowie das Objektivierungsprinzip. Die Grundsätze ordnungsgemäßer Buchführung stehen wechselseitig in einem engen Zusammenhang und lassen sich zum Teil verdichten. Zu den wesentlichen Grund-

---

1 Zu den Größenkriterien vgl. Teil 1, Kapitel 2, Abschnitt 2.3 „Größe".

| Grundsatz | Gesetzliche Regelung | Erläuterung |
|---|---|---|
| Klarheit und Übersichtlichkeit | § 243 Abs. 2 HGB | Klarer und übersichtlicher Aufbau des Jahresabschlusses. Geschäftsvorfälle, Bilanzpositionen und Erfolgsbestandteile sind eindeutig zu bezeichnen und zu ordnen, damit die Bücher und Abschlüsse verständlich und übersichtlich sind. |
| Vollständigkeit | § 246 Abs. 1 HGB | Erfassung sämtlicher Geschäftsvorfälle (Vermögen und Vermögensänderungen), soweit gesetzlich nichts anderes bestimmt ist (siehe z.B. § 248 HGB, Bilanzierungsverbote). |
| Verrechnungsverbot | § 246 Abs. 2 HGB | Verbot der Verrechnung von Posten der Aktivseite mit Posten der Passivseite und von Aufwand und Ertrag. |
| Bilanzidentität | § 252 Abs. 1 Nr. 1 HGB | Übereinstimmung der Wertansätze in der Eröffnungsbilanz des Geschäftsjahres mit denen der Schlussbilanz des vorhergehenden Geschäftsjahres. |
| Fortführung (Going Concern) | § 252 Abs. 1 Nr. 2 HGB | Bewertung auf der Grundlage der Weiterführung der Unternehmenstätigkeit, sofern dem nicht tatsächliche oder rechtliche Gegebenheiten entgegenstehen. |
| Einzelbewertung | § 252 Abs. 1 Nr. 3 HGB | Einzelbewertung der Vermögensgegenstände und Schulden, sofern nicht Ausnahmen (Gruppen-, Fest- und Sammelbewertung) zulässig sind. |
| Vorsicht | § 252 Abs. 1 Nr. 4 HGB | Ausdruck des Gläubigerschutzes; Ansatz- und Bewertungskonsequenzen, die durch das Realisations-, das Imparitäts-, das Höchstwert- und das Niederstwertprinzip konkretisiert werden. |
| Periodisierung | § 252 Abs. 1 Nr. 5 HGB | Berücksichtigung von Aufwand und Ertrag unabhängig vom Zeitpunkt der entsprechenden Zahlungen im Jahresabschluss, um eine periodengerechte Erfolgsermittlung zu erreichen. |
| Nominalwertprinzip/ Wertansatzprinzip | § 253 Abs. 1 HGB | Bewertung der Vermögensgegenstände höchstens mit den Anschaffungs- oder Herstellungskosten, Bewertung von Verbindlichkeiten zu ihrem Rückzahlungsbetrag. |
| Stetigkeit | § 252 Abs. 1 Nr. 6 HGB, § 265 Abs. 1 HGB | Beibehaltung der auf den vorhergehenden Jahresabschluss angewandten Bewertungsmethoden (Bewertungsstetigkeit). Beibehaltung der Bilanzgliederung und der GuV-Gliederung zum Zweck der Vergleichbarkeit (Darstellungsstetigkeit). |

▲ Abb. 144   Kodifizierte Grundsätze ordnungsmäßiger Buchführung sätzen ordnungsgemäßer Buchführung gehören das Objektivierungsprinzip, das Periodisierungsprinzip und das Vorsichtsprinzip, die im Folgenden näher erläutert werden.

Die Schutzfunktion der Rechnungslegung bedingt eine Objektivierung der Inhalte des Jahresabschlusses. Das **Objektivierungsprinzip** wird durch das Einzelbewertungsprinzip, das Vollständigkeitsprinzip und das Nominalwertprinzip konkretisiert:

- Auch das **Einzelbewertungsprinzip** (§ 252 Abs. 1 Nr. 3 HGB) dient der Objektivierung der Inhalte des Jahresabschlusses. Es beinhaltet, dass Vermögensgegenstände und Schulden als einzelne Bewertungseinheiten zu erfassen sind und grundsätzlich nicht aggregiert werden dürfen. Ausnahmen gibt es jedoch etwa bei der Bilanzierung von Vorratsvermögen.

- Nach dem **Vollständigkeitsprinzip** (§ 246 Abs. 1) hat der Jahresabschluss sämtliche Vermögensgegenstände, Schulden, Rechnungsabgrenzungsposten, latente Steuern sowie Aufwendungen und Erträge zu enthalten, soweit gesetzlich nichts anderes bestimmt ist. Hier sind die Aktivierungsverbote zu nennen. Sie gelten für Gründungsaufwendungen, Aufwendungen zur Beschaffung von Eigenkapital oder Aufwendungen, die für den Abschluss von Versicherungsverträgen getätigt wurden, sowie für Marken, Drucktitel, Verlagsrechte, Kundenlisten und vergleichbare Vermögensgegenstände des Anlagevermögens, die nicht entgeltlich erworben wurden (§ 248 Abs. 1 HGB).

- Da das externe Rechnungswesen eine vergangenheitsorientierte Betrachtungsweise zugrunde legt, erfolgt die Abbildung von Transaktionen und Ereignissen bzw. von Vermögensgegenständen und Schulden nach HGB vorwiegend über die Anschaffungs- und Herstellungskosten, da diese vergleichsweise leicht überprüfbar, d.h. objektivierbar sind. Hier gilt das **Nominalwertprinzip** (§ 253 Abs. 1 HGB). Es beinhaltet, dass die Anschaffungs- und Herstellungskosten grundsätzlich die Wertobergrenze bei der Bewertung von Vermögensgegenständen bilden.

Nach dem **Periodisierungsprinzip** (§ 252 Abs. 1 Nr. 5 HGB) wird der Gewinn nicht als Zahlungsüberschuss, sondern durch die Periodisierung von Zahlungen erfasst. Das bedeutet, dass Geschäftsvorfälle dann erfasst werden, wenn sie auftreten und nicht, wenn die Zahlung auftritt. Damit stellen periodisierte Einzahlungen Erträge und periodisierte Auszahlungen Aufwendungen dar.[1] Die Rechnungslegung dient in diesem Zusammenhang der Ermittlung des Periodengewinns als Differenz zwischen Erträgen und Aufwendungen.

Das **Vorsichtsprinzip** besitzt innerhalb der Grundsätze ordnungsgemäßer Buchführung einen besonderen Stellenwert. Dieser wird durch § 252 Abs. 1 Nr. 4 HGB verdeutlicht: „Es ist vorsichtig zu bewerten, namentlich sind alle vorhersehbaren

---

1 Zu den Vermögensbegriffen vgl. Kapitel 1, Abschnitt 1.4 „Größen des betrieblichen Rechnungswesens".

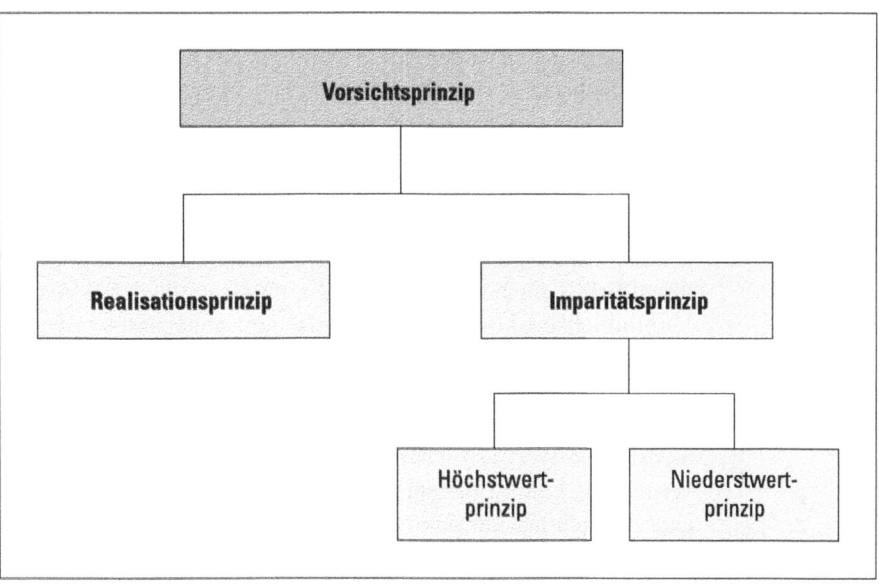

▲ Abb. 145  Konkretisierung des Vorsichtsprinzips

Risiken und Verluste, die bis zum Abschlussstichtag entstanden sind, zu berücksichtigen [...]; Gewinne sind nur zu berücksichtigen, wenn sie am Abschlussstichtag realisiert sind." Das Vorsichtsprinzip lässt sich durch das Realisationsprinzip und das Imparitätsprinzip konkretisieren (◄ Abb. 145):

- Das **Realisationsprinzip** (§ 252 Abs. 1 Nr. 4, S. 2) beinhaltet, dass Gewinne nur dann berücksichtigt werden dürfen, wenn sie am Abschlussstichtag realisiert sind. Den Realisationszeitpunkt stellt nach HGB in der Regel der Zeitpunkt des Gefahrenübergangs bzw. der Lieferung und Leistungserbringung dar. Eine besondere ökonomische Tragweite kommt dem Realisationsprinzip bei langfristigen Fertigungsaufträgen (z.B. Tiefbau, Flugzeug) zu. Langfristige Fertigungsaufträge zeichnen sich durch eine hohe Wertigkeit des jeweiligen Auftrags und eine Fertigungsdauer aus, die meist über ein Jahr hinausreicht. Die Erträge, die über mehrere Perioden erwirtschaftet werden, dürfen aber aufgrund des Realisationsprinzips erst nach Übergabe an den Auftraggeber (Lieferung und Leistung) den hohen Kosten, die durch die Fertigung entstanden sind, gegenübergestellt werden, was gewissermaßen zu einer Verzerrung der Ertragslage führt.

- Das **Imparitätsprinzip** (§ 252 Abs. 1 Nr. 4 HGB) beinhaltet die Ungleichbehandlung von (möglichen) Gewinnen und (drohenden) Verlusten bzw. von Vermögensgegenständen und Schulden. Es birgt sowohl Ansatz- als auch Bewertungskonsequenzen. Die Ansatzkonsequenzen lassen sich am Beispiel der Drohverlustrückstellungen erläutern. Danach sind drohende Verluste aus schwebenden Geschäften bilanziell zu berücksichtigen, wenn der Wert der eigenen Verpflichtung den Wert des Anspruchs auf die Gegenleistung übersteigt (§ 249 Abs. 1, S. 1 HGB). Dagegen ist der Fall, dass mögliche Gewinne aus schwebenden Geschäften anzusetzen sind, im HGB nicht vorgesehen. Die Bewertungskonsequenzen des Imparitätsprinzips werden wiederum durch das Höchstwert- und das Niederstwertprinzip konkretisiert:

- **Höchstwertprinzip** (Passivseite der Bilanz): Nach dem Höchstwertprinzip sind Schulden mit dem höheren von zwei Werten an zwei aufeinander folgenden Stichtagen anzusetzen. Verbindlichkeiten sind grundsätzlich zu ihrem Erfüllungsbetrag zu bewerten, müssen jedoch bei Veränderungen der Verbindlichkeitshöhe in der Handelsbilanz angepasst werden.
- **Niederstwertprinzip** (Aktivseite der Bilanz): Für Vermögensgegenstände des Umlaufvermögens gilt das strenge Niederstwertprinzip. Danach ist der Vermögensgegenstand bei einer Wertminderung in jedem Fall auf den niedrigeren Wert abzuschreiben. Für Vermögensgegenstände des Anlagevermögens kommt dagegen das gemilderte Niederstwertprinzip zum Tragen. Danach hat nur dann eine Abschreibung auf den niedrigeren Wert zu erfolgen, wenn es sich voraussichtlich um eine dauerhafte Wertminderung handelt.

Damit dient das Imparitätsprinzip einerseits dem Gläubigerschutz, schadet aber andererseits der Informationsfunktion, weil sich aufgrund der Ungleichbehandlung von Aktiva und Passiva bzw. von Gewinnen und Verlusten Verzerrungen in der Darstellung der Unternehmenslage ergeben.

| 2.1.3 | **Bilanz** |
|---|---|
| 2.1.3.1 | Aufbau der Bilanz |

> Die **Bilanz** ist eine Zeitpunktrechnung, die zu einem bestimmten Stichtag den Stand des Vermögens (Aktiva) sowie des Eigen- und Fremdkapitals (Passiva) eines Unternehmens darstellt (Vermögenslage). Daneben bietet sie Aufschluss über die Finanzlage des Unternehmens, da sie Anhaltspunkte liefert, anhand derer die Zahlungsfähigkeit des Unternehmens und dessen Kapitalstruktur zu diesem Stichtag beurteilt werden kann.

Mit der Aufstellung einer Bilanz wird das Ziel verfolgt, aussagefähige Informationen über die Vermögens- und Finanzlage des Unternehmens in übersichtlicher Form bereitzustellen.

Der Aufbau der Bilanz ist für Kapitalgesellschaften in § 266 HGB geregelt. Demnach ist die Bilanz in Kontenform aufzustellen und weist gemäß § 247 Abs.1 HGB das Anlage- und Umlaufvermögen des Betriebes auf der Aktivseite und das Eigenkapital und Fremdkapital auf der Passivseite aus (▶ Abb. 146). Die Passiv-

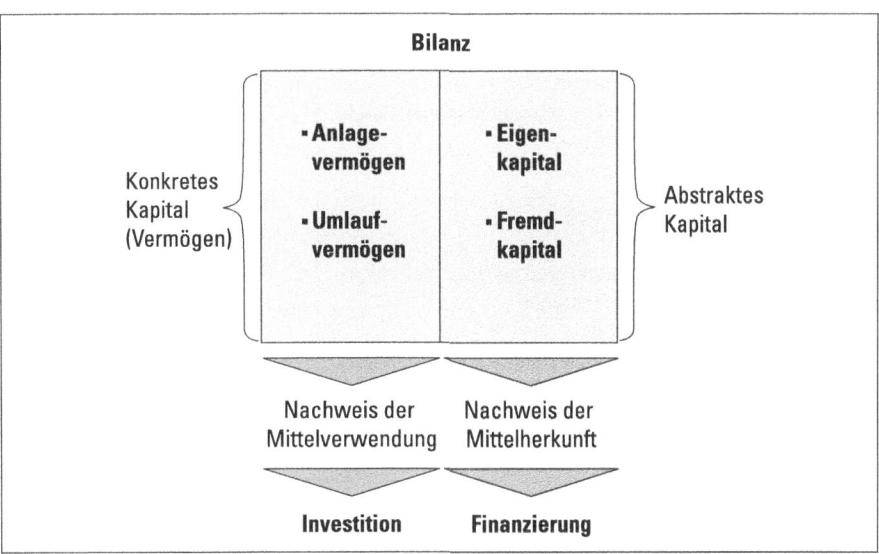

▲ Abb. 146  Struktur der Bilanz

seite gibt somit Auskunft über die Herkunft der finanziellen Mittel **(Mittelher-kunft)**, während die Aktivseite die Verwendung dieser finanziellen Mittel **(Mittel-verwendung)** zeigt. Beide Bilanzseiten müssen sich ausgleichen.

Demnach zeigt die Passivseite, wer dem Unternehmen Kapital zur Verfügung gestellt hat bzw. wer rechtliche Ansprüche auf Teile des Vermögens hat (deshalb wird die Passivseite der Bilanz auch Kapital- oder Finanzierungsseite sowie abstraktes Kapital genannt). Dagegen zeigt die Aktivseite, wie die Summe der verfügbaren Mittel verwendet wurde (Aktivseite als Investitionsseite, Vermögen oder konkretes Kapital).

Die einzelnen Bilanzpositionen sind in Abhängigkeit von der Größe des Unternehmens hinreichend aufzugliedern und auf der Aktivseite nach ihrer zunehmenden **Liquidierbarkeit** bzw. auf der Passivseite nach ihrer abnehmenden **Fälligkeit** zu ordnen. Beispiel: Während der jederzeit liquidierbare Kassenbestand eines Unternehmens am Ende der Bilanzaktivseite zu finden ist, wird das langfristig zur Verfügung stehende Eigenkapital auf der Passivseite unter Position A (▶ Abb. 147) notiert. Für Kreditinstitute und Versicherungen hingegen sind die Bilanzpositionen in umgekehrter Reihenfolge geregelt, d.h. der Kassenbestand einer Bank steht an oberster Stelle der Aktivseite und das Eigenkapital wird auf der Passivseite als letzter Bilanzposten erfasst.

| Aktiva | Passiva |
|---|---|
| A. Anlagevermögen (AV)<br>  1. Immaterielle Vermögensgegenstände<br>  2. Sachanlagen<br>  3. Finanzanlagen<br><br>B. Umlaufvermögen<br>  1. Vorräte<br>  2. Forderungen und sonstige Vermö-<br>    gensgegenstände<br>  3. Wertpapiere<br>  4. Schecks, Kassenbestand, Guthaben<br>    bei Kreditinstituten<br><br>C. Rechnungsabgrenzungsposten<br><br>D. Bilanzverlust | A. Eigenkapital (EK)<br>  1. Gezeichnetes Kapital<br>  2. Kapitalrücklage<br>  3. Gewinnrücklage<br>  4. Gewinnvortrag/Verlustvortrag<br>  5. Jahresüberschuss/Jahresfehlbetrag<br><br>B. Rückstellungen<br>  1. Rückstellungen auf Pensionen und<br>    ähnliche Verpflichtungen<br>  2. Steuerrückstellungen<br>  3. sonstige Rückstellungen<br><br>C. Verbindlichkeiten<br>  1. Anleihen, davon konvertibel<br>  2. Verbindlichkeiten gegenüber Kredit-<br>    instituten<br>  3. Verbindlichkeiten auf Lieferungen<br>    und Leistungen<br><br>D. Rechnungsabgrenzungsposten |
| Bilanzsumme | Bilanzsumme |

▲ Abb. 147  Aufbau der Bilanz

| 2.1.3.2 | Aktiva |
|---|---|
| 2.1.3.2.1 | Struktur der Aktiva |

Auf der Aktivseite ist ein Vermögensgegenstand – je nachdem, wie lange er dem Geschäftsbetrieb voraussichtlich dienen wird – dem Anlage- oder dem Umlaufvermögen zuzuordnen. Dabei weist das **Anlagevermögen** diejenigen Vermögensgegenstände aus, die dazu bestimmt sind, dem Geschäftsbetrieb dauerhaft zu dienen (langfristiger Zeithorizont).

Hierbei sind nicht nur die Eigenschaften des Vermögensgegenstandes, sondern auch die Planung zur langfristigen Nutzung im Unternehmen maßgeblich. Das Anlagevermögen lässt sich in drei Bilanzpositionen untergliedern:

1. **Immaterielle Vermögensgegenstände** sind Vermögensgegenstände ohne physische Substanz. Dazu zählen Rechte und Werte wie Konzessionen, gewerbliche Schutzrechte sowie Lizenzen an solchen Rechten und Werten. Ein bedeutender

immaterieller Vermögensgegenstand ist auch der derivative, d.h. der im Rahmen einer Transaktion erworbene Geschäfts- oder Firmenwert. Auch geleistete Anzahlungen sind den immateriellen Vermögensgegenständen zuzuordnen (§ 266 Abs. 2 HGB).

2. **Sachanlagen** umfassen Grundstücke und Gebäude sowie das Vermögen in Maschinen und Anlagen, die dem Kriterium des Anlagevermögens entsprechen.

3. **Finanzanlagen** setzen sich aus Wertpapieren, Beteiligungen und Ausleihungen zusammen, sofern diese ebenfalls dem Kriterium des Anlagevermögens entsprechen.

Zum **Umlaufvermögen** zählen alle Güter, welche zum Zweck der Veräußerung beschafft werden und damit immer wieder Geldform annehmen oder bereits in Geldform vorhanden sind. Demnach sind z. B. Grundstücke und Gebäude, die in der Regel dem Sachanlagevermögen zuzurechnen sind, im Umlaufvermögen zu buchen, wenn sie mit dem Ziel der Weiterveräußerung gekauft wurden. Das Umlaufvermögen untergliedert sich in vier Bilanzpositionen:

1. **Vorräte:** Zu den Vorräten zählen gem. § 266 Abs. 2 HGB Roh-, Hilfs- und Betriebsstoffe, unfertige Erzeugnisse, unfertige Leistungen, fertige Erzeugnisse, Waren und geleistete Anzahlungen.

2. **Forderungen und sonstige Vermögensgegenstände:** In dieser Bilanzposition werden sämtliche Forderungen des Unternehmens gegenüber Dritten erfasst, soweit sie nicht anderen Bilanzpositionen zugeordnet werden können.

3. **Wertpapiere:** Die Wertpapiere des Umlaufvermögens sind nicht dazu bestimmt, langfristig dem Unternehmen zu dienen, sondern werden nur kurzfristig als Liquiditätsreserve gehalten.

4. **Schecks, Kassenbestand, Bundesbank- und Postgiroguthaben, Guthaben bei Kreditinstituten:** Diese werden als liquide Mittel im Unternehmen zum jeweiligen Nennwert verbucht. Hierzu zählen u. a. Bargeld und Guthaben in Form täglich fälliger Gelder und Festgelder bei in- und ausländischen Kreditinstituten.

Die Bilanzierung von **Rechnungsabgrenzungsposten** ist in § 250 HGB geregelt. Die Aufgabe der Rechnungsabgrenzungsposten besteht darin, die Periodisierung von Vermögensänderungen zu erfassen, d.h. Aufwendungen und Erträge, die mit Auszahlungen/Einzahlungen in einer anderen Rechnungsperiode verbunden sind, periodengerecht abzugrenzen. Hierbei unterscheidet man zwischen transitorischen und antizipativen Rechnungsabgrenzungsposten:

1. Als **transitorische Rechnungsabgrenzungsposten** sind auf der Aktivseite Ausgaben, die vor dem Abschlussstichtag auftreten, auszuweisen, soweit sie Aufwand für eine bestimmte Zeit nach diesem Abschlussstichtag darstellen. Beispiel: Mietvorauszahlung für Januar des nächsten Jahres im Dezember diesen Jahres.

2. Als **antizipative Rechnungsabgrenzungsposten** werden sämtliche Erträge erfasst, die vor dem Abschlussstichtag erzielt wurden, jedoch erst nach diesem Abschlussstichtag zu Einnahmen führen. Beispiel: Noch nicht erhaltene Mietzahlungen für Dezember.

| 2.1.3.2.2 | Bewertung von Aktiva |
|---|---|

Bei der Erstbewertung sind entgeltlich erworbene Vermögensgegenstände zu Anschaffungskosten, selbst erstellte Vermögensgegenstände dagegen zu Herstellungskosten in der Bilanz anzusetzen.

- **Anschaffungskosten** stellen Aufwendungen dar, die geleistet werden, um einen Vermögensgegenstand zu erwerben und ihn in einen betriebsbereiten Zustand zu versetzen, soweit sie dem Vermögensgegenstand einzeln zugeordnet werden können (§ 255 Abs. 1 HGB). Sie setzen sich aus folgenden Bestandteilen zusammen:
  - **Anschaffungspreis**: Dieser stellt denjenigen Aufwand dar, der für den Erwerb des Vermögensgegenstands an sich geleistet wurde.
  - **Anschaffungspreisminderungen**: Dazu gehören etwa Preisnachlässe und Zuwendungen wie Subventionen oder Zuschüsse Dritter.
  - **Anschaffungsnebenkosten**: Darin sind diejenigen Kosten enthalten, die im Zusammenhang mit der Anschaffung nötig sind, um den Vermögensgegenstand in einen betriebsbereiten Zustand zu versetzen. Dazu gehören beispielsweise Zölle, Kosten für Gutachten, Transportversicherungen oder Provisionen.
  - **Nachträgliche Anschaffungskosten**: Diese fallen nach Abschluss der Anschaffung an. Sie dürfen nur dann angesetzt werden, wenn sie auf die Anschaffung gerichtet sind und dazu dienen, den Vermögensgegenstand in einen betriebsbereiten Zustand zu versetzen. Dazu gehören Aufwendungen, die für die Erweiterung oder die Erneuerung eines erworbenen Vermögensgegenstands getätigt werden. Entscheidend ist, dass mit diesen Aufwendungen eine Verbesserung oder Änderung in der Nutzung des Vermögensgegenstands verbunden ist. Finanzierungskosten und Folgekosten z.B. für Versicherungen stellen grundsätzlich keinen Bestandteil der Anschaffungskosten dar.

- **Herstellungskosten** fallen für selbst erstellte Vermögensgegenstände an. Die gesetzliche Grundlage zur Ermittlung der Herstellungskosten bildet § 255 Abs. 2 und 3 HGB. Angesetzt werden müssen demnach alle Einzelkosten sowie anteilige Gemeinkosten. Als **Einzelkosten** sind dabei diejenigen Kosten zu verstehen, die bei der Herstellung des jeweiligen Vermögensgegenstands direkt erfasst werden können. So müssen Material- und Fertigungseinzelkosten sowie Sondereinzelkosten der Fertigung angesetzt werden. **Gemeinkosten** stellen dagegen Kosten dar, welche der Herstellung des jeweiligen Vermögensgegenstands nur indirekt über die Kostenrechnung zugerechnet werden können. Hier müssen angemessene Teile der notwendigen Material- und Fertigungsgemeinkosten sowie angemessene Teile des Werteverzehrs des Anlagevermögens angesetzt werden. Zusammen mit den Einzelkosten bilden diese Kosten die **Wertuntergrenze** gür den Ansatz selbst erstellter Vermögensgegenstände.

| Aktivierungsregel | Aufwandsart |
|---|---|
| Aktivierungspflicht (Wertuntergrenze) | ■ Materialeinzelkosten<br>■ Fertigungseinzelkosten<br>■ Sondereinzelkosten der Fertigung<br>■ Angemessene Teile der notwendigen Materialgemeinkosten<br>■ Angemessene Teile der notwendigen Fertigungsgemeinkosten<br>■ Angemessene Teile des Werteverzehrs des AV |
| Aktivierungswahlrecht | ■ Kosten der allgemeinen Verwaltung<br>■ Aufwendungen für betriebliche Sozialeinrichtungen<br>■ Aufwendungen für freiwillige soziale Leistungen<br>■ Aufwendungen für betriebliche Altersversorgung<br>■ Produktbezogene Fremdkapitalkosten |
| Aktivierungsverbot (Wertobergrenze) | ■ Vertriebskosten<br>■ Forschungskosten |

▲ Abb. 148 Ermittlung der Herstellungskosten nach Handelsrecht

Darüber hinaus können wahlweise angemessene Teile der allgemeinen Verwaltungskosten sowie Aufwendungen für betriebliche Sozialeinrichtungen, für freiwillige soziale Leistungen oder für betriebliche Altersversorgung aktiviert werden. Zusätzlich ist der Einbezug von Fremdkapitalkosten (also Zinsaufwendungen) möglich, sofern sich diese für den Zeitraum der Herstellung einem bestimmten Vermögensgegenstand zurechnen lassen. Werden diese Kostenbestandteilen angerechnet, so ist die **Wertobergrenze** bei der Ermittlung der Herstellungskosten erreicht. Vertriebs- und Forschungskosten dürfen nicht angesetzt werden. Eine übersichtliche Darstellung gibt ◄ Abb. 148.

| 2.1.3.2.3 | Abschreibungen |
|---|---|

Mit einer **Abschreibung** erfasst man im betrieblichen Rechnungswesen planmäßige oder außerplanmäßige Wertminderungen von Vermögensgegenständen (Anlagevermögen oder Umlaufvermögen). Der Wertverlust kann dabei durch allgemeine (z.B. Alterung oder Verschleiß) oder durch spezielle Gründe (z.B. Unfallschaden oder Preisverfall) veranlasst sein. Sofern ein Wertverzehr nicht vollständig in einer Periode stattfindet (z.B. bei großen Maschinen), werden Anschaffungs- bzw. Herstellungskosten nicht in voller Höhe einer Abrechnungsperiode zugerechnet, sondern müssen auf mehrere Perioden verteilt werden. Es fragt sich dabei, wie dieser Wertverzehr gemessen werden kann. Je nach Ursache des Wertverzehrs ergeben sich verschiedene Mess- bzw. Abschreibungs-verfahren. Folgende Gründe führen zu Abschreibungen:

1. **Verbrauchsbedingte (technische) Abschreibungen**
   - Gebrauchsbedingte Abnutzung,
   - natürlicher Verschleiß (z.B. Verrostung),
   - Substanzverringerung (z.B. Steinbruch),
   - Wertverminderung infolge Katastrophen (z.B. Feuerschäden).

2. **Wirtschaftlich bedingte Abschreibungen**
   - Wertverminderung infolge technischen Fortschritts,
   - Nachfrageverschiebungen,
   - Fehlinvestitionen durch Fehleinschätzungen,
   - sinkende Wiederbeschaffungspreise,
   - fallende Absatzpreise.

3. **Zeitlich bedingte Abschreibung** (z.B. Ablauf von Patenten).

Zur Berechnung der jährlichen Abschreibungen stehen grundsätzlich die folgenden Abschreibungsverfahren zur Verfügung (▶ Abb. 149):

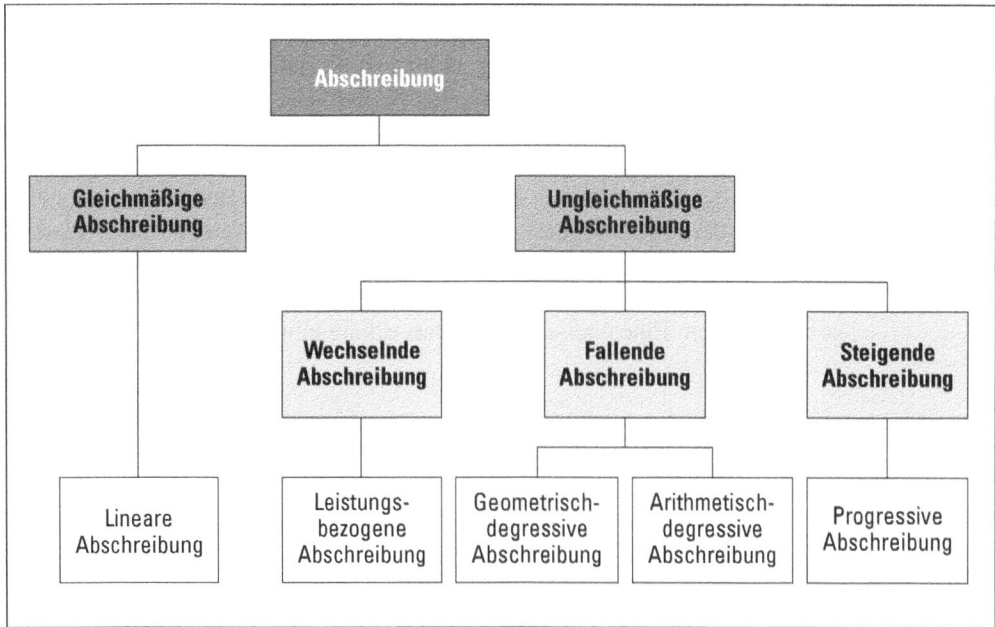

▲ Abb. 149  Abschreibungsverfahren

- Abschreibung nach der **Zeit:** Die Abschreibungen werden aufgrund der voraussichtlichen Nutzungsdauer der Betriebsmittel berechnet. Der Abschreibungsbetrag ist im Prinzip unabhängig von der erstellten Leistung der Betriebsmittel. Allerdings kann durch die Wahl eines entsprechenden Abschreibungsverfahrens der Verlauf des Wertverzehrs über die Abschreibungsperiode berücksichtigt werden. Folgende Verfahren werden unterschieden:
  - lineare Abschreibung,
  - degressive Abschreibung,
  - progressive Abschreibung.

- Abschreibung nach der **Leistungsabgabe:** Die Abschreibungen ergeben sich aus der effektiven Inanspruchnahme der Betriebsmittel, d. h. der Menge der in einer Abrechnungsperiode mit dem abzuschreibenden Wirtschaftsgut produzierten Leistungen (z. B. Stückzahl, Maschinenstunden, Km-Leistung). Sie verhalten sich proportional zur Ausbringungsmenge pro Abrechnungsperiode.

Bei der Darstellung der verschiedenen Verfahren gehen wir von folgenden Symbolen aus:

$t$ = Abschreibungsperiode, wobei $t = 1, 2, ..., n$

$n$ = gesamte Nutzungsdauer in Jahren

$L_n$ = Liquidationserlös des Betriebsmittels am Schluss der Nutzungsdauer (Restwert, Schrottwert); es gilt $L_n = I_n$

$I_t$ = Wert des Betriebsmittels in einer beliebigen Zeitperiode t

$I_0$ = Anschaffungs- oder Herstellungswert des Betriebsmittels zu Beginn der Nutzungsdauer

$A_t$ = absoluter Abschreibungsbetrag pro Zeitperiode

$a_t$ = Prozentsatz der Abschreibungen pro Zeitperiode; $a_t = \dfrac{A_t}{I_0 - L_n} \cdot 100$

$a_e$ = Abschreibungsbetrag pro Leistungseinheit; $a_e = \dfrac{I_0 - L_n}{E}$

$E$ = gesamte mögliche Leistung eines Betriebsmittels

$e_t$ = erstellte Leistung in einer bestimmten Zeitperiode

1. Bei der **linearen Abschreibung** werden die Anschaffungs- oder Herstellungskosten gleichmäßig auf die angenommene Nutzungsdauer verteilt.

$$(1) \quad A_t = \frac{I_0 - L_n}{n} = \frac{1}{n}(I_0 - L_n) \text{ und } a_t = \frac{A_t}{I_0 - L_n} \cdot 100 = \frac{100}{n}$$

ergibt sich

$$(2) \quad A_t = \frac{a_t}{100}(I_0 - L_n)$$

2. Bei der **degressiven Abschreibung** werden die Anschaffungs- oder Herstellungskosten mittels sinkender jährlicher Abschreibungsbeträge auf die geschätzte Nutzungsdauer verteilt. Somit ist die Abschreibung im ersten Jahr der Nutzungsdauer am größten, im letzten am kleinsten. Wir unterscheiden zwei Formen der degressiven Abschreibung:

a. Bei der **arithmetisch-degressiven** Abschreibung sinken die jährlichen Abschreibungsbeträge immer um den gleichen Betrag. Der Degressionsbetrag k ist

(3)   $k = A_{t-1} - A_t$

Entspricht der Abschreibungsbetrag im letzten Jahr genau dem Betrag, um den die jährlichen Abschreibungsbeträge abnehmen, so spricht man von einer **digitalen** Abschreibung. In diesem Fall ist der Degressionsbetrag $k = A_n$ und es ergibt sich

(4)    $k = \dfrac{I_0 - L_n}{1 + 2 + \ldots + n} = \dfrac{I_0 - L_n}{\dfrac{n\,(n+1)}{2}}$

und $A_t$ kann berechnet werden als

(5)   $A_t = k\,(n - [t - 1])$

b. Das **geometrisch-degressive** Abschreibungsverfahren berechnet die jährlichen Abschreibungsbeträge als festen Prozentsatz vom jeweiligen Restbuchwert. Somit ist

(6)    $A_t = \dfrac{\overline{a_t}}{100}\,(I_{t-1})$

wobei $a_1 = a_2 = \ldots = a_n$; d.h. $\overline{a_t}$ = konstant.

Der Abschreibungsprozentsatz wird durch den am Ende der Abschreibungsdauer noch erzielbaren Liquidationserlös $L_n$ bestimmt.

Da sich ferner der Liquidationserlös bzw. der Wert des Betriebsmittels am Ende der Nutzungsdauer als

(7)   $L_n = I_n = I_0 \left( 1 - \dfrac{\overline{a_t}}{100} \right)^n$

berechnen lässt, ergibt sich der Abschreibungssatz $\overline{a_t}$:

(8)   $\overline{a_t} = 100 \left( 1 - \sqrt[n]{\dfrac{I_n}{I_0}} \right)$

3. Das **progressive Abschreibungsverfahren** ist dadurch gekennzeichnet, dass die Abschreibungsbeträge von Periode zu Periode zunehmen. Der Abschreibungsbetrag im ersten Jahr ist deshalb am kleinsten, im letzten am größten. Da diese Methode dem Prinzip der kaufmännischen Vorsicht widerspricht und zudem steuerlich nicht zulässig ist, gehen wir hierauf nicht näher ein. Zudem kommt es in der betrieblichen Praxis nur für ein paar Spezialfälle infrage (z.B. bei Reben oder Obstplantagen, die mit zunehmendem Alter quantitativ und/oder qualitativ höhere Erträge bringen).

4. Bei der **Abschreibung nach der Leistung** bzw. Inanspruchnahme wird nicht von der Zeit ausgegangen, auf welche die Anschaffungs- oder Herstellkosten verteilt werden, sondern von der Abgabe der möglichen Nutzleistungen. Die Abschreibungen sind somit direkt abhängig vom Beschäftigungsgrad. Da der Abschreibungsbetrag pro Leistungseinheit

$$(9) \quad a_e = \frac{I_0 - L_n}{E}$$

ist, ergibt sich:

$$(10) \quad A_t = \frac{I_0 - L_n}{E} e_t$$

Diese Abschreibungsverfahren sollen an einem einfachen Beispiel (▶ Abb. 150) veranschaulicht werden.

---

**I. Ausgangslage**

- Anschaffungskosten der Maschine: 105.000 EUR
- voraussichtliche Nutzungsdauer: 5 Jahre
- Liquidationserlös am Ende des 5. Jahres: 5.000 EUR
- Menge, die insgesamt hergestellt werden kann: 1,8 Mio Stück
- Aufteilung der gesamten Leistungsmenge auf 5 Jahre:

| | |
|---|---|
| 1. Jahr: | 300.000 Stück |
| 2. Jahr: | 500.000 Stück |
| 3. Jahr: | 400.000 Stück |
| 4. Jahr: | 450.000 Stück |
| 5. Jahr: | 150.000 Stück |

$a_t$ = Abschreibungssatz,

$A_t$ = Abschreibungsbetrag,

$\overline{a}_t$ = konstanter Abschreibungssatz vom Restwert

---

▲ Abb. 150 Beispiel Abschreibungsverfahren

| II. Berechnungen | | | | | |
|---|---|---|---|---|---|
| **1. Lineare Abschreibung** | Jahr | $a_t$ | | $A_t$ | Zeitwert $I_t$ |
| | 0 | | | | 105.000,00 |
| | 1 | 20,00 % | | 20.000,00 | 85.000,00 |
| | 2 | 20,00 % | | 20.000,00 | 65.000,00 |
| | 3 | 20,00 % | | 20.000,00 | 45.000,00 |
| | 4 | 20,00 % | | 20.000,00 | 25.000,00 |
| | 5 | 20,00 % | | 20.000,00 | 5.000,00 |
| | $\Sigma$ | 100,00 % | | 100.000,00 | |
| **2. Arithmetisch-degressive Abschreibung (mögliche Werte)** | Jahr | $a_t$ | | $A_t$ | Zeitwert $I_t$ |
| | 0 | | | | 105.000,00 |
| | 1 | 30,00 % | | 30.000,00 | 75.000,00 |
| | 2 | 25,00 % | | 25.000,00 | 50.000,00 |
| | 3 | 20,00 % | | 20.000,00 | 30.000,00 |
| | 4 | 15,00 % | | 15.000,00 | 15.000,00 |
| | 5 | 10,00 % | | 10.000,00 | 5.000,00 |
| | $\Sigma$ | 100,00 % | | 100.000,00 | |
| **3. Arithmetisch-progressive Abschreibung (mögliche Werte)** | Jahr | $a_t$ | | $A_t$ | Zeitwert $I_t$ |
| | 0 | | | | 105.000,00 |
| | 1 | 10,00 % | | 10.000,00 | 95.000,00 |
| | 2 | 15,00 % | | 15.000,00 | 80.000,00 |
| | 3 | 20,00 % | | 20.000,00 | 60.000,00 |
| | 4 | 25,00 % | | 25.000,00 | 35.000,00 |
| | 5 | 30,00 % | | 30.000,00 | 5.000,00 |
| | $\Sigma$ | 100,00 % | | 100.000,00 | |
| **4. Digitale Abschreibung** | Jahr | $a_t$ | | $A_t$ | Zeitwert $I_t$ |
| | 0 | | | | 105.000,00 |
| | 1 | 33,33 % | | 33.333,33 | 71.666,67 |
| | 2 | 26,67 % | | 26.666,67 | 45.000,00 |
| | 3 | 20,00 % | | 20.000,00 | 25.000,00 |
| | 4 | 13,33 % | | 13.333,33 | 11.666,67 |
| | 5 | 6,67 % | | 6.666,67 | 5.000,00 |
| | $\Sigma$ | 100,00 % | | 100.000,00 | |
| **5. Geometrisch-degressive Abschreibung** | Jahr | $a_t$ | $\bar{a}_t$ | $A_t$ | Zeitwert $I_t$ |
| | 0 | | | | 105.000,00 |
| | 1 | 47,89 % | 45,6 % | 47.885,63 | 57.114,37 |
| | 2 | 26,05 % | 45,6 % | 26.047,21 | 31.067,16 |
| | 3 | 14,17 % | 45,6 % | 14.168,29 | 16.898,87 |
| | 4 | 7,70 % | 45,6 % | 7.706,79 | 9.192,08 |
| | 5 | 4,19 % | 45,6 % | 4.192,08 | 5.000,00 |
| | $\Sigma$ | 100,00 % | | 100.000,00 | |

▲ Abb. 150  Beispiel Abschreibungsverfahren (Forts.)

| 6.Abschreibung nach der Leistungsabgabe | Jahr | $a_t$ | $A_t$ | Zeitwert $I_t$ |
|---|---|---|---|---|
| | 0 | | | 105.000,00 |
| | 1 | 16,67 % | 16.666,67 | 88.333,33 |
| | 2 | 27,78 % | 27.777,78 | 60.555,55 |
| | 3 | 22,22 % | 22.222,22 | 38.333,33 |
| | 4 | 25,00 % | 25.000,00 | 13.333,33 |
| | 5 | 8,33 % | 8.333,33 | 5.000,00 |
| | Σ | 100,00 % | 100.000,00 | |

▲ Abb. 150   Beispiel Abschreibungsverfahren (Forts.)

| 2.1.3.3 | Passiva |
|---|---|
| 2.1.3.3.1 | Struktur der Passiva |

Die entscheidenden Kriterien zur Differenzierung zwischen Eigen- und Fremdkapital auf der Passivseite sind das Rechtsverhältnis zwischen Kapitalgeber und Gesellschaft, die Haftung und die Verfügbarkeit des Kapitals.

Das **Eigenkapital** ist das im Unternehmen vorhandene risikotragende Kapital. Die Bilanzierung richtet sich nach der Rechtsform des zu betrachtenden Unternehmens. Im nachfolgenden Abschnitt konzentriert sich die Behandlung des Eigenkapitals auf Vorschriften für Kapitalgesellschaften (§ 272 HGB). Das auszuweisende Eigenkapital des Unternehmens untergliedert sich in fünf Positionen:

1. **Gezeichnetes Kapital:** Unter der Position Gezeichnetes Kapital[1] wird dasjenige Kapital verstanden, auf das die Haftung der Gesellschafter für die Verbindlichkeiten der Kapitalgesellschaft gegenüber Gläubigern normalerweise beschränkt ist. Das Gezeichnete Kapital weist somit den Nennwert der ausgegebenen Kapitalanteile (z.B. Aktien) der Gesellschaft aus.

2. **Kapitalrücklage:** In die Kapitalrücklage werden die Beträge eingestellt, die bei der Ausgabe von Kapitalanteilen über den Nennwert (Agio oder Aufgeld) hinaus erzielt werden. Weiterhin umfasst die Kapitalrücklage sämtliche Beträge, die bei der Emission von Wandelschuldverschreibungen und Optionsanleihen zum Erwerb von Unternehmensanteilen erzielt werden.

3. **Gewinnrücklage:** Als Gewinnrücklage dürfen nur Beträge ausgewiesen werden, die im Geschäftsjahr oder in einem früheren Geschäftsjahr aus dem Ergebnis gebildet worden sind. Dazu gehören die aus dem Ergebnis zu bildende gesetzliche Rücklage, die Rücklage für eigene Anteile, satzungsmäßige Rücklagen und andere Gewinnrücklagen.

4. **Gewinnvortrag/Verlustvortrag:** Der Gewinnvortrag beinhaltet sämtliche einbehaltene Gewinne, die nicht den Gewinnrücklagen zugeführt wurden. Der Verlustvortrag umfasst die Summe der Jahresfehlbeträge vergangener Perioden.

---

1   Vgl. dazu Teil 6, Kapitel 3, Abschnitt 3.2.1 „Gezeichnetes Kapital der Aktiengesellschaft".

5. **Jahresüberschuss/Jahresfehlbetrag:** Der am Ende des Geschäftsjahres ermittelte Jahresüberschuss/Jahresfehlbetrag zeigt die aus der Gewinn- und Verlustrechnung resultierende Differenz aus Erträgen und Aufwendungen. Als Bilanzgewinn wird schließlich der Betrag ausgewiesen, der nach (teilweiser) Gewinnverwendung des Jahresergebnisses in Form von Rücklagen und entsprechendem Beschluss der Hauptversammlung die Basis für die Ausschüttung an die Anteilseigner bildet.

Im Gegensatz zum Eigenkapital geht das Unternehmen mit der Aufnahme von **Fremdkapital** ein Schuldverhältnis ein. Der Fremdkapitalgeber haftet prinzipiell nicht für Verluste des Unternehmens.[1]

Das bilanzielle Fremdkapital setzt sich aus den Positionen Rückstellungen, Verbindlichkeiten und passiven Rechnungsabgrenzungsposten zusammen. **Rückstellungen** stellen Schulden dar, die hinsichtlich ihres Eintretens oder ihrer Höhe nach unsicher sind. Sie stehen in der Bilanz unterhalb des Eigenkapitals und werden für solchen Aufwand gebildet, der im betrachteten Geschäftsjahr verursacht wurde, jedoch erst zu einem späteren Zeitpunkt nach dem Abschlussstichtag zu einer Auszahlung führt (§ 249 HGB).

Eine Rückstellung ist erst dann aufzulösen, wenn der Grund hierfür entfallen ist (§ 249 Abs. 3 Satz 2 HGB). Als passivierungspflichtige Rückstellungen (◄ Abb. 147) gelten u.a.:

- Rückstellungen für Pensionen und ähnliche Verpflichtungen,
- Steuerrückstellungen,
- sonstige Rückstellungen.

Sämtliche Rückstellungen können einem der folgenden übergeordneten Rückstellungsbegriffe (§ 249 Abs. 1 HGB) zugeordnet werden:

1. **Verbindlichkeitsrückstellungen:** Rückstellungen für ungewisse Verbindlichkeiten (§ 249 Abs. 1 HGB) sind auf der Passivseite zu bilanzieren, wenn es sich hierbei um genau bestimmbare Schulden des Unternehmens gegenüber Dritten handelt, die aufgrund einer rechtlichen Verpflichtung entstanden, jedoch der Höhe nach noch nicht sicher sind. Beispiele: Pensionen, drohende Bürgschaftsverpflichtungen. Des Weiteren zählen Rückstellungen für Gewährleistungen, die ohne rechtliche Verpflichtung erbracht werden, zu Verbindlichkeitsrückstellungen (Kulanzrückstellungen). Beispiel: Reparatur einer Maschine auf Kulanz.

2. **Drohverlustrückstellungen:** Von den Verbindlichkeitsrückstellungen sind Rückstellungen für drohende Verluste aus schwebenden Geschäften (§ 249 Abs. 1 HGB) abzugrenzen, die aus Verträgen zwischen dem Unternehmen und externen Vertragspartnern resultieren. Charakteristisch hierfür ist, dass das Verpflichtungsgeschäft des zweiseitig verpflichtenden Vertrages schon rechtswirk-

---

1 Vgl. dazu Teil 6, Kapitel 5, Abschnitt 5.1 „Einleitung".

sam zu Stande gekommen ist, während das Erfüllungsgeschäft noch zu erbringen ist. Beispiel: Erwartung einer Lieferung von Computerprozessoren, die bereits heute veraltet sind.

3. **Aufwandsrückstellungen:** Unter Aufwandsrückstellungen werden sämtliche Rückstellungen für im Geschäftsjahr unterlassenen Instandhaltungsaufwand erfasst, der im folgenden Geschäftsjahr innerhalb von drei Monaten nachgeholt wird (§ 249 Abs. 1 Satz 2 Nr. 1). Beispiel: Instandhaltungsaufwand für Produktionshallen des Unternehmens, die vor dem Abschlussstichtag entstanden sind und zwei Monate nach Ende des Geschäftsjahres durchgeführt werden.

**Verbindlichkeiten** sind Schulden, die sowohl der Höhe als auch dem Grunde nach feststehen. Dabei ist zu beachten, dass eine Aufrechnung von Forderungen und Verbindlichkeiten grundsätzlich nicht gestattet ist. Verbindlichkeiten lassen sich nach unterschiedlichen Kriterien (Leistung und Gegenleistung, Empfänger der Leistung) in verschiedene Posten (handelsrechtliches Gliederungsschema) gliedern. Dazu gehören Anleihen und Verbindlichkeiten gegenüber Kreditinstituten sowie Verbindlichkeiten aus Lieferungen und Leistungen.

Auf der Passivseite sind analog **transitorische Rechnungsabgrenzungsposten** (Einnahmen, die vor dem Abschlussstichtag entstehen) auszuweisen, soweit sie Ertrag für eine bestimmte Zeit nach diesem Tag sind. Beispiel: Im Voraus erhaltene Miete für Januar nächsten Jahres.

Als **antizipative Rechnungsabgrenzungsposten** der Passivseite werden solche Aufwendungen gebucht, die in der Betrachtungsperiode anfallen, jedoch erst in der Folgeperiode zu einer Auszahlung führen. Beispiel: Noch zu zahlende Miete für Dezember diesen Jahres.

| 2.1.3.3.2 | Bewertung von Passiva |
|---|---|

Bei der Bewertung von Passiva müssen insbesondere Verbindlichkeiten und Rückstellungen unterschieden werden. Die Vorschriften finden sich im Wesentlichen in § 253 HGB. Danach sind Verbindlichkeiten zu ihrem effektiven Betrag (zur Begleichung der Verbindlichkeit notwendiger Geldbetrag) und Rückstellungen in Höhe des nach vernünftiger kaufmännischer Beurteilung notwendigen Erfüllungsbetrages anzusetzen.

■ Bei **Verbindlichkeiten** besteht in denjenigen Fällen, in denen der Erfüllungsbetrag der Verbindlichkeit über dem Ausgabebetrag liegt, ein Wahlrecht: Der Differenzbetrag, das sog. **Disagio**, kann direkt als Aufwand verrechnet werden oder als Rechnungsabgrenzungsposten aktiviert und planmäßig über die Laufzeit abgeschrieben werden (§ 250 Abs. 3 HGB). Zudem sind Verbindlichkeiten in fremder Währung laut § 256a zu einem am Abschlussstichtag vom Markt abgeleiteten Kurs (Devisenkassamittelkurs) umzurechnen.

- **Rückstellungen** mit einer Restlaufzeit von über einem Jahr müssen mit dem ihrer Restlaufzeit entsprechenden durchschnittlichen Marktzinssatz der vergangenen sieben Jahre abgezinst werden. **Pensionsrückstellungen** (oder vergleichbare langfristig fällige Verpflichtungen) dürfen allerdings auch pauschal mit dem durchschnittlichen Marktzinssatz abgezinst werden, der sich bei einer angenommenen Restlaufzeit von 15 Jahren ergibt.

---

| 2.1.4 | **Gewinn- und Verlustrechnung** |
|---|---|

Die **Gewinn- und Verlustrechnung (GuV)** stellt eine Zeitraumrechnung dar. Sie informiert über die Ertragslage des Unternehmens und zeigt den Unternehmenserfolg bzw. Gewinn des Unternehmens über das Geschäftsjahr als Differenzgröße aus Erträgen und Aufwendungen. Über den Gewinn wird dabei die Vermögensänderung (Veränderung des bilanziellen Eigenkapitals) über das Geschäftsjahr abgebildet.

Die Gewinn- und Verlustrechnung verfolgt den Zweck, über die Unternehmenstätigkeit Rechenschaft abzulegen und den Periodenerfolg (Jahresüberschuss bzw. -fehlbetrag) als Differenz zwischen Ertrag und Aufwand zu ermitteln. Die enge Verbindung mit der Bilanz ergibt sich aus dem System der **doppelten Buchführung**. Demnach wird jeder Geschäftsvorfall, der sich auf Aufwand und Ertrag des Unternehmens auswirkt, in der GuV gegengebucht. Entsprechend weisen die Bilanz und die GuV einen **Jahresüberschuss** oder **Jahresfehlbetrag** bzw. Bilanzgewinn/ Bilanzverlust aus.

Die Gliederung der GuV ist in § 275 HGB festgelegt und bestimmt, dass die GuV in Staffelform aufzustellen ist. Dabei kann sie nach dem Gesamtkostenverfahren oder dem Umsatzkostenverfahren erstellt werden. Der wesentliche Unterschied zwischen diesen beiden Verfahren besteht darin, dass zur Bestimmung des Betriebserfolgs nach dem **Gesamtkostenverfahren** sämtliche produzierten Leistungen (Umsatzerlöse und Bestandsmehrungen) berücksichtigt, wohingegen beim **Umsatzkostenverfahren** nur die umgesetzten Leistungen (ohne Bestandsveränderungen) betrachtet werden.

Wie ▶ Abb. 151 zeigt, wird der Betriebserfolg beim Gesamtkostenverfahren durch die Gegenüberstellung der produzierten Leistungen auf der Ertragsseite mit dem gesamten Periodenaufwand auf der Aufwandsseite ermittelt.

Beim Umsatzkostenverfahren wird der Betriebserfolg als Differenz zwischen den Gesamtumsatzerlösen und dem Umsatzaufwand der in der Abrechnungsperiode abgesetzten Produkte errechnet (▶ Abb. 152). Der Umsatzaufwand wird kalkuliert, indem die Herstellungskosten der Bestandsmehrung vom gesamten Periodenaufwand abgezogen werden.

| | |
|---|---|
| **Ertrag** | Umsatzerlöse der Periode<br>+ Bestandsmehrung fertiger und unfertiger Erzeugnisse zu Herstellkosten<br>− Bestandsminderung fertiger und unfertiger Erzeugnisse zu Herstellkosten<br>+ andere aktivierte Eigenleistung<br>+ sonstige betriebliche Erträge |
| **− Aufwand** | − Gesamter Produktionsaufwand der Periode (betriebliche Aufwendungen Material, Personal, Abschreibungen, sonstige betriebliche Aufwendungen) |
| **= Erfolg** | = Betriebserfolg |

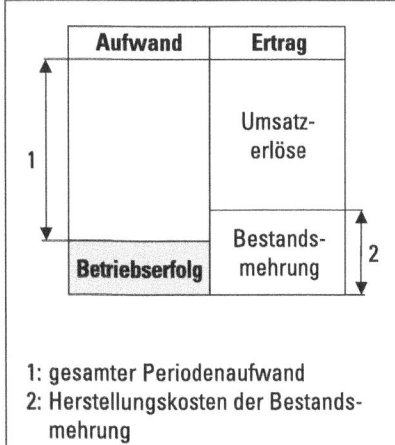

▲ Abb. 151 Ermittlung des Betriebserfolgs nach dem Gesamtkostenverfahren

| | |
|---|---|
| **Ertrag** | Umsatzerlöse der Periode<br>+ sonstige betriebliche Erträge |
| **− Aufwand** | − Umsatzaufwendungen: für abgesetzte Erzeugnisse:<br>    Gesamter Produktionsaufwand der Periode<br>+/− laufende Bestandsveränderungen fertiger und unfertiger Erzeugnisse<br>− Aufwand für aktivierte Eigenleistung<br>− Vertriebs- und allgemeine Verwaltungskosten<br>− sonstige betriebliche Aufwendungen |
| **= Erfolg** | = Betriebserfolg |

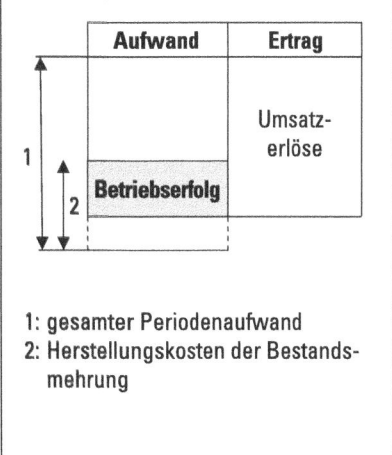

▲ Abb. 152 Ermittlung des Betriebserfolgs nach dem Umsatzkostenverfahren

## 2.1.5 | Anhang und Lagebericht

Der Jahresabschluss von Kapitalgesellschaften ist um einen **Anhang** zu erweitern, der mit der Bilanz und der Gewinn- und Verlustrechnung eine Einheit bildet. Ziel des Anhangs ist es, den Leser des Jahresabschlusses einer Gesellschaft durch ergänzende Angaben mit weiteren Informationen zu versorgen, die einen den tatsächlichen Verhältnissen entsprechenden Einblick in die Vermögens-, Finanz- und Ertragslage des Unternehmens gewährleisten. Diese Zusatzangaben umfassen unter anderem Erläuterungen zu angewandten Bilanzierungs- und Bewertungsmethoden, zu Umsatzerlösen nach Tätigkeitsbereichen und geographischen Märkten sowie zu sonstigen finanziellen Verpflichtungen, die nicht in der Bilanz ausgewiesen werden müssen. Folglich wäre ohne diese Informationen trotz einer gesetzestreuen Erstellung des Jahresabschlusses unter Beachtung der GoB keine den tatsächlichen Verhältnissen entsprechende Darstellung der Vermögens-, Finanz- und Ertragslage des Unternehmens möglich. Daher ist die Aufstellung des Anhangs von zentraler Bedeutung für das Verständnis des Jahresabschlusses und des Gesamtbildes des Unternehmens. Der Anhang übernimmt folgende Funktionen:

1. **Erläuterungsfunktion:** Der Anhang dient dem besseren Verständnis und der richtigen Interpretation des Jahresabschlusses. Demzufolge sind darin Angaben über Bilanzierungs- und Bewertungsmethoden zu machen, die auf einzelne Posten der Bilanz und GuV angewandt wurden. Außerdem sind Abweichungen von bisher angewandten Methoden zu erläutern.
2. **Entlastungsfunktion:** Der Anhang entlastet die Bilanz und die GuV, indem darin relevante Informationen anstatt in der Bilanz oder GuV erscheinen. Dadurch wird der Jahresabschluss ohne Informationsverluste insgesamt übersichtlicher und transparenter gestaltet.
3. **Korrekturfunktion:** Ergibt sich aufgrund besonderer Umstände aus der Bilanz und/oder GuV kein den tatsächlichen Verhältnissen entsprechendes Bild des Unternehmens, so ist dieses Bild durch die Bereitstellung zusätzlicher Informationen im Anhang zu korrigieren.
4. **Ergänzungsfunktion:** Der Anhang liefert weiterführende Informationen, die für die zukünftige Entwicklung des Unternehmens relevant sind.

Der Anhang setzt sich aus gesetzlich vorgeschriebenen Angaben sowie Angaben, die aufgrund von Empfehlungen privater Gremien oder auf freiwilliger Basis geleistet werden, zusammen. Die Bestandteile der gesetzlich vorgeschriebenen Angaben (allgemeine und sonstige Pflichtangaben) sind im Wesentlichen in ▶ Abb. 153 aufgeführt. Angaben, die aufgrund von Empfehlungen privater Gremien geleistet werden, stellen beispielsweise die Offenlegung sämtlicher **Corporate-Governance-Angaben** in einem eigenen Bericht (Corporate Governance Kodex) dar. Letztere erstrecken sich z.B. für nicht-kapitalmarktorientierte

| Anhangsbe-standteil | Inhalt |
|---|---|
| **Allgemeine Pflichtangaben (§ 284 HGB)** | **Angaben zu Inhalt und Aufgliederung des Abschlusses**<br>■ Angaben bei Änderungen in Darstellung oder Gliederung innerhalb des Abschlusses,<br>■ Angaben und Erläuterungen in Fällen, in denen der Betrag des Vorjahres in Bilanz und GuV nicht mit demjenigen des Berichtsjahres vergleichbar ist. |
| | **Angaben zu Bilanzierungs- und Bewertungsmethoden:**<br>■ Allgemeine Erläuterung der auf die Posten der Bilanz und der GuV angewandten Bilanzierungs- und Bewertungsmethoden (z.B. Angaben zu Abschreibungsmethoden),<br>■ Angaben zur Anwendung von Bewertungsvereinfachungsverfahren (z.B. Verbrauchsfolgeverfahren),<br>■ Angaben über die Einbeziehung von Fremdkapitalkosten bei der Ermittlung der Herstellungskosten,<br>■ Angaben zur Währungsumrechnung,<br>■ Änderungen von Bilanzierungs- und Bewertungsmethoden (Begründung der Abweichung und Quantifizierung der Auswirkung im Abschluss). |
| | **Erläuterungen zu einzelnen Posten der Bilanz und der GuV**<br>■ Dazu gehören Angaben zum Anlagevermögen (Anlagegitter, Aufgliederung der Abschreibungen), zu Disagio oder Haftungsverhältnissen. |
| **Sonstige Pflichtangaben (Auswahl, § 285 HGB)** | ■ Angaben von **Verbindlichkeiten** mit einer Laufzeit von mehr als 5 Jahren, Angabe des Gesamtbetrags gesicherter Verbindlichkeiten sowie Angaben zu sonstigen Verpflichtungen, die in der Bilanz nicht erscheinen, für die Beurteilung der Finanzlage des Unternehmens jedoch bedeutsam sind,<br>■ Aufgliederung der **Umsatzerlöse** nach Tätigkeitsbereichen und geografisch bestimmten Märkten,<br>■ durchschnittliche Anzahl der beschäftigten **Arbeitnehmer**, nach Gruppen gegliedert,<br>■ Auflistung aller **Organmitglieder** (Geschäftsführung, Aufsichtsrat, Beirat und ähnliche Einrichtungen), bei börsennotierten Gesellschaften unter zusätzlicher Angabe weiterer Mitgliedschaften in Aufsichtsräten und anderen Kontrollgremien sowie der gewährten Gesamtbezüge, Vorschüsse und Kredite,<br>■ **Beteiligungen** mit einem Anteil von mehr als zwanzig Prozent (Name der Gesellschaft, Kapitalanteil und Ergebnisbeitrag),<br>■ Gesamthonorare für die **Abschlussprüfung**,<br>■ **Finanzinstrumente**: Art und Umfang sowie Angaben zum beizulegenden Zeitwert der Finanzinstrumente,<br>■ Angaben zu **Forschungs- und Entwicklungskosten**. |

▲ Abb. 153  Bestandteile des Anhangs (Auswahl)

Unternehmen auf Angaben zu nahe stehenden Personen oder auf Angaben zu immateriellen Vermögenswerten im Einzelabschluss.

Zu den Angaben, welche auf **freiwilliger Basis** geleistet werden, gehören z.B. der Ausweis des Ergebnisses pro Aktie oder nähere Angaben zu den einzelnen wirtschaftlichen Tätigkeitsbereichen (Segmentberichterstattung). Auch Angaben zur Nachhaltigkeit sind freiwillig: Zwar ist ein Trend hin zu einer größeren Verbreitung dieser Berichterstattung erkennbar, doch hat sich noch kein Standard durchsetzen können. Somit ist die Vergleichbarkeit von Unternehmen nach wie vor stark eingeschränkt. Ein in diesem Bereich verhältnismäßig oft verwendeter Standard wird durch die **Global Reporting Initiative (GRI)** bereitgestellt.

Mittelgroße und große Kapitalgesellschaften haben zusätzlich zum Anhang einen **Lagebericht** zu erstellen (§ 264 Abs. 1 HGB). Kleine Kapitalgesellschaften sind aufgrund größenabhängiger Erleichterungen von der Erstellung des Lageberichts befreit. Der Lagebericht (§ 289 HGB) ergänzt den Jahresabschluss als eigenständiges Informationsinstrument. Er enthält neben Pflichtangaben auch freiwillige Angaben, die in einem Zusatzbericht aufgeführt werden. Die **Pflichtangaben** sind in ▶ Abb. 154 dargestellt.

**Freiwillige Angaben** im Rahmen der Lageberichterstattung beziehen sich z.B. auf Angaben von Kennzahlen in Mehrjahresübersichten, die Aufführung einer Kapitalflussrechnung im Einzelabschluss, Ziele, Strategien und Angaben zur Unternehmenssteuerung, Wertschöpfungsrechnungen oder Angaben zu Humankapital oder Kundenbeziehungen.

Sowohl der Anhang als auch der Lagebericht unterstützen somit die Aussagefähigkeit des Jahresabschlusses durch zusätzliche Angaben und Begründungen über Vorgänge, die nach dem Schluss des Geschäftsjahres aufgetreten und von besonderer Bedeutung für die Gesellschaft sind. Die Aussagefähigkeit wird weiterhin durch zusätzliche Informationen und Aufgliederungen über die voraussichtliche Entwicklung der Kapitalgesellschaft unterstützt, die nicht in der Bilanz oder GuV dargestellt werden.

| Bericht | Inhalt | Regelungsbereich |
|---------|--------|------------------|
| **Wirtschaftsbericht** | Darstellung des Geschäftsverlaufs einschließlich des Geschäftsergebnisses und der Lage der Kapitalgesellschaft sowie deren Analyse unter Einbezug von finanziellen und nicht finanziellen Leistungsindikatoren | Kern des Lageberichts § 289 Abs. 1 und 3 HGB |
| **Prognosebericht** | Voraussichtliche Entwicklung der Kapitalgesellschaft unter Angabe der wesentlichen Risiken und Chancen | |
| **Nachtragsbericht** | Besondere Ereignisse nach Ende des Geschäftsjahres | Sonstige Angaben gem. § 289 Abs. 2 |
| **Finanzrisikobericht** | Finanzwirtschaftliche Risiken und Risikomanagement in Bezug auf Finanzrisiken | |
| **F&E-Bericht** | Angaben zu Forschung und Entwicklung | |
| **Zweigniederlassungsbericht** | Angaben zu bestehenden Zweigniederlassungen der Kapitalgesellschaft | |
| **Vergütungsbericht** | Darstellung der Grundzüge des Vergütungssystems und ggf. individualisierte Vorstandsvergütungen | |
| **Bericht über die Übernahmesituation** | Angaben zur Aktionärsstruktur, zu den Rechten und Pflichten der Aktionäre sowie zu möglichen Übernahmehindernissen | § 289 Abs. 4 HGB |
| **Bericht zum Kontroll- und Risikomanagementsystem** | Beschreibung der wichtigsten Merkmale des internen Kontroll- und Risikomanagementsystems | § 289 Abs. 5 HGB (für kapitalmarktorientierte Unternehmen) |
| **Bericht über die Unternehmensführung** | Erklärung zur Unternehmensführung gemäß § 161 AktG sowie Angaben zu Unternehmensführungsprozessen, Beschreibung der Arbeitsweise von Vorstand und Aufsichtsrat und von Ausschüssen | § 289a HGB (für kapitalmarktorientierte Unternehmen) |
| **Ergänzungsbericht** | Rechtsformspezifische Angaben | AktG (für kapitalmarktorientierte Unternehmen, z.B. § 312 AktG) |

▲ Abb. 154  Pflichtbestandteile des Lageberichts (in Anlehnung an Baetge/Kirsch/Thiele 2007, S. 794)

# Teil 5
# Einführung
# in das Controlling

# Grundsachverhalte des Controlling

# Kapitel 5.1

Laurenz Lachnit / Stefan Müller
Unternehmenscontrolling
Managementunterstützung bei Erfolgs-, Finanz-,
Risiko- und Erfolgspotenzialsteuerung
2. Auflage 2013

Entnommen aus Kapitel 1 ohne 1.2.3 und 1.2.4:
Unternehmenscontrolling: eine Gegenstandsbestimmung

# 1 Unternehmenscontrolling: eine Gegenstandsbestimmung

## 1.1 Grundsachverhalte des Controllings

### 1.1.1 Wesen und Aufgabe des Controllings

Controlling als Funktion und Institution wird zunächst hauptsächlich im Zusammenhang mit erwerbswirtschaftlich orientierten Unternehmen gesehen, aber auch in der öffentlichen Verwaltung, in öffentlichen Betrieben, Krankenhäusern, Wohlfahrtsverbänden und NGOs erlangt das Controlling eine steigende Bedeutung.[1] Die Globalisierung der Unternehmenstätigkeiten, gestiegene Anforderungen der Kapitalgeber (hier vor allem auch der Banken), sowie weitreichende Veränderungen auf den Märkten führen dazu, dass der Stellenwert des Controllings in Unternehmen – nicht zuletzt auch bei mittelständischen Betrieben - weiter wachsen wird. Das **Controlling** stellt eine im Zusammenwirken von Praxis und Wissenschaft entwickelte und inzwischen auch erprobte **Konzeption zur Wirkungsintensivierung von Unternehmensführung** dar.[2] Dabei kann Controlling zunächst als eine spezielle Führungs- bzw. Managementfunktion angesehen werden, die aus der Notwendigkeit entspringt, die zu treffenden Entscheidungen im Managementprozess durch geeignete Informationen zu fundieren und an dem Zielsystem des Unternehmens auszurichten. Teile dieser Funktion können auf das Controlling ausgelagert werden, wobei dies als **Controllership** bezeichnet wird.[3] In diesem Sinn hat etwa die International Group of Controlling als praxisnahes Leitbild formuliert:

„Controller gestalten und begleiten den Management-Prozess der Zielfindung, Planung und Steuerung und tragen damit Mitverantwortung für die Zielerreichung. Das heißt:

■ Controller sorgen für Strategie-, Ergebnis-, Finanz-, Prozesstransparenz und tragen somit zu höherer Wirtschaftlichkeit bei.

■ Controller koordinieren Teilziele und Teilpläne ganzheitlich und organisieren unternehmensübergreifend das zukunftsorientierte Berichtswesen.

■ Controller moderieren und gestalten den Management-Prozess der Zielfindung, der

---

[1]   Vgl. z.B. Müller, S./Papenfuß, U./Schaefer, C.: Controlling in Kommunen, 2009.
[2]   Vgl. insbesondere Freidank, C.-C.: Controlling, 1993, S. 400; Hahn, D./Hungenberg, H.: Controllingkonzepte, 2001, S. 175-197; Hans, L./Warschburger, V.: Controlling, 1999; Horváth, P.: Controlling, 2011; Koch, G.: Controlling, 1980; Küpper, H.-U.: Controlling, 2005, Lachnit, L.: Controlling, 1992, S. 1-18; Lachnit, L.: Controlling als Instrument, 1992, S. 228-233; Lorson, P.: Controlling, 2011, S. 270-280; Serfling, K.: Controlling, 1992; Reichmann, R.: Controlling mit Kennzahlen, 2011, S. 2-3.
[3]   Vgl. z.B. Weber, J./Schäffer, U.: Controlling, 2011, S. 1.

Planung und der Steuerung so, dass jeder Entscheidungsträger zielorientiert handeln kann.

■ Controller leisten den dazu erforderlichen Service der betriebswirtschaftlichen Daten- und Informationsversorgung.

■ Controller gestalten und pflegen die Controllingsysteme."[4]

Dieses primär aus der Praxis entstandene Controllingverständnis kann aus theoretischer Sicht fundiert werden. Demnach beschäftigt sich das Controlling mit der Erfolgs-, Finanz- und Risikosteuerung des Unternehmens und wirkt koordinierend mit Blick auf die zu erreichenden Ziele innerhalb und außerhalb des Unternehmens. Damit bewirkt das Controlling eine Rationalitätssicherung im Unternehmen, da bestehende kognitive Fähig- keitsbegrenzungen der Akteure durch den Einsatz organisatorischer und methodischer Maßnahmen vermindert werden. Controlling dient zur Unterstützung und Komplettierung des Managementprozesses, indem betriebswirtschaftliches Wissen über Führungs- instrumente und Verfahren eingebracht wird. Es handelt sich somit um eine zentrale Unternehmensführungsservicefunktion. Controlling umfasst die Gesamtheit der Konzepte und Instrumente zur rechnungswesenbasierten Unterstützung der Unternehmensführung bei Lenkung des Unternehmens, wobei das Rechnungswesen in diesem Zusammenhang sehr weit zu definieren ist und alle Konzepte und Verfahren einschließt, die eine quantitative Erfassung, Dokumentation, Aufbereitung und Auswertung innerbetrieblicher Prozesse und wirtschaftlich relevanter Beziehungen des Unternehmens zu seiner Umwelt ermöglichen.[5]

Das Controlling hat vor allem die Aufgabe,

■ Instrumente und Informationen für die Unternehmensführung bereitzustellen, um unternehmerische Entscheidungsbildung und -durchsetzung zu unterstützen,

■ Planung, Steuerung und Kontrolle auf den unterschiedlichen Ebenen des Unter- nehmens zu verankern sowie

■ die Sicherung des Bestandes und die Entwicklung der Potenziale des Unternehmens zu gewährleisten.

Ein **dispositiv nutzbares Rechnungswesen** wird dabei zum zentralen Controllinginstrument. Es ist **Kernbestandteil eines umfassenden Führungssystems**, in welchem die Führungs- teilsysteme koordiniert und in einer ganzheitlichen Führungskonzeption zusammengefügt werden. Da das Controlling keinen Rechtsnormen unterliegt, kann es firmenspezifisch auf die jeweiligen Führungserfordernisse zugeschnitten werden. Die Führungsunterstützung wird durch entsprechende Ausgestaltung interner Abbildungsmodelle ermöglicht, wobei z. B. für die Funktionalbereiche der Unternehmung und auch für verschiedene Branchen eine Vielzahl von Einzellösungen entwickelt wurden.

---

4 Controller Leitbild der IGC International Group of Controlling: Aktuelle Fassung, Parma, 14.09.2002, www.controllerverein.com (11.11.11) auch Inhalt der DIN SPEC 1089:2009-04, S. 4.
5 Vgl. Eisele, W./Knobloch, A. P.: Betriebliches Rechnungswesen, 2011, S. 11.

Die vorliegende Veröffentlichung befasst sich mit dem gesamtbetrieblichen Controlling. In einem ersten Kapitel werden zur Gegenstandsbestimmung zunächst Wesen und Aufgaben, Teilgebiete und Instrumente des Controllings behandelt. In Kapitel 2 erfolgt die Beschreibung des **Erfolgscontrollings** mit den zentralen Instrumenten Kosten- und Leistungsrechnung, Absatz- und Umsatzprognose sowie Umsatzplanung, Kostenplanung und Erfolgsplanung. Begriff und Aufgaben des **Finanzcontrollings** werden in Kapitel 3 geklärt. Es wird die Analyse von Vermögen und Kapital dargestellt; des Weiteren wird hier die Liquiditätsstatusrechnung beschrieben, bevor der Finanzplanungsprozess und die originäre und derivative Einnahmen- und Ausgabenrechnung sowie der Aufbau einer Kapitalflussrechnung und deren Bedeutung für das Controlling erläutert werden. Darauf aufbauend wird das integrierte Erfolgs-, Bilanz- und Finanzplanungssystem erarbeitet, wobei nach der Darstellung von Inhalt und Struktur eines Planungs- und Kontrollsystems verdeutlicht wird, warum eine Integration der Erfolgs-, Bilanz- und Finanzgrößen für die Unternehmensführung notwendig ist und wie ein solches integriertes Planungs- und Kontrollsystem ausgestaltet werden kann.

In Kapitel 4 werden Kalküle des **Risikocontrollings** sowie Prozess und Grundkonzept eines Risikomanagementsystems (RMS) beschrieben, bevor das Konzept eines integrierten Erfolgs-, Finanz- und Risikomanagementsystems vorgestellt wird. Dabei wird aufgezeigt, wie Risiken in Erfolgs- und Finanzinformationen transformiert und in das Gesamtsystem zu einem integrierten Erfolgs-, Finanz- und Risikomanagementsystem überführt werden können.

In Kapitel 5 wird auf die Steuerung von **Erfolgspotenzialen** als Herausforderung an das Controlling eingegangen, wobei zunächst aufgezeigt wird, warum das monetäre Abbildungssystem alleine noch nicht für eine zieloptimale Steuerung des Unternehmens geeignet ist. Die Herangehensweise an das Erfolgspotenzialcontrolling erfolgt dabei über unterschiedliche Ansätze. Diese sind das Wertorientierte Controlling, das Immaterial-Controlling, das Erfolgsfaktoren-Controlling sowie das Strategische Controlling. In jedem dieser Bereiche kommen spezifische Instrumenten und Techniken zum Einsatz, die insbesondere die Identifizierung und Messung von Erfolgsfaktoren sowie die Integration der dabei gewonnenen Informationen in das Controlling zur Aufgabe haben und daher letztlich auch nicht überschneidungsfrei sind.

Schließlich werden in Kapitel 6 **Kennzahlen und Kennzahlensysteme** als Controllinginstrument erläutert. Hierbei werden das Return-on-Investment- und das Rentabilitäts-Liquiditäts-Kennzahlensystem dargestellt, ihre Zusammenhänge aufgezeigt und ihre Aussagekraft erörtert. Im Anschluss daran wird die Balanced Scorecard als Führungskennzahlensystem hinsichtlich Aufbau und Arbeitsweise umrissen. Abschließende werden die Erkenntnismöglichkeiten an einer umfangreicheren Fallstudie aufgezeigt.

Controlling hat in der Wirtschaftspraxis als Funktion wie auch Institution weite Verbreitung gefunden, und auch in der Betriebswirtschaftslehre ist Controlling inzwischen ein fester Bestandteil. Dennoch bestehen über Wesen und Inhalt noch recht unscharfe und teils nicht unerheblich differierende Vorstellungen. Zur **Wesensbestimmung des Controllings** kann zweckmäßigerweise vom Begriff "to control" ausgegangen werden, der die Tätigkeiten des Lenkens, Regelns, Steuerns bezeichnet.[6] So verstanden stellt Controlling als Funktion einen Bestandteil des Managementprozesses dar. Das Controlling, verstanden als Institution, übernimmt diese Führungsaufgaben aber nicht unmittelbar, sondern assistiert der Unternehmensleitung durch die Übernahme der abgespalteten Informationsfunktion aus der Willensbildungs- und Willensdurchsetzung. Es wird als Controllership bezeichnet. Somit ist **Controlling als eine Unternehmensführungs-Servicefunktion** darauf gerichtet, der Unternehmensführung bei der zielorientierten Lenkung des komplexen Gebildes Unternehmung auf konzeptioneller, instrumenteller und informatorischer Basis behilflich zu sein.

Controlling verkörpert ein Konzept zur **Wirkungsverbesserung der Unternehmensführung**, in dessen Mittelpunkt die Unterstützung bei Zielbildung, Planung, Kontrolle, Information, Koordination, und Rationalitätssicherung steht. Eine Erhöhung der Führungseffizienz ist z.B. zu erreichen durch verbesserte entscheidungsbezogene Auswertung der Daten des betrieblichen Rechnungswesens sowie durch Beschaffung und Auswertung führungsrelevanter außerbetrieblicher Informationen. Für das Controlling entsteht damit die Verantwortung, eine auf die Zwecke der Unternehmensführung zugeschnittene **betriebliche Informationswirtschaft** zu realisieren.

Ein weiterer Ansatzpunkt für eine Steigerung der Unternehmensführungs-Effizienz besteht darin, eine methodisch ausgeschliffene, als Gesamtsystem ausgelegte **Planung, Steuerung und Kontrolle im Unternehmen** einzurichten, damit die Aktivitäten aller betrieblichen Handlungsträger im arbeitsteiligen Zusammenwirken deutlicher auf die maßgeblichen Unternehmensziele ausgerichtet werden. Die Schaffung eines solchen **Lenkungsgefüges** verlangt sehr weit reichende Spezialkenntnisse, so dass diese Aufgabe häufig nicht von der Unternehmensführung selbst, sondern vom institutionalisierten Controlling übernommen wird.

Ein dritter Ansatzpunkt zur Verbesserung der Führungseffizienz besteht z.B. darin, die verschiedenen Management-Teilsysteme, die häufig relativ unabgestimmt nebeneinander existieren, in methodischer und inhaltlicher Hinsicht aufeinander abzustimmen und systematisch zu koordinieren. Diese **Koordination** ist durch das Controlling zu leisten, wobei die Voraussetzungen für ein wirkungsvolles Schnittstellenmanagement unter Beachtung vielfältiger Interdependenzen geschaffen werden müssen, um Reibungsverluste zwischen den Führungs-Teilsystemen abzubauen und Synergieeffekte zu mobilisieren.

Als vierter Aspekt der Effizienzsteigerung – nach Informationsversorgung, Planung und Kontrolle sowie Koordination auch die derzeit letzte Stufe der in der Theorie entwickelten Controllingverständnisse –, wird die **Rationalitätssicherung der Führung** diskutiert.[7] Dabei wird der Controller zum Sparringspartner des Managements, der – gemeinsam mit diesem

---

[6]   Vgl. zur Sematik Horváth, P.: Controlling, 2011, S. 16-18 oder Weber, J./Schäffer, U.: Controlling, 2011, S. 1-26.
[7]   Vgl. Weber, J./Schäffer, U.: Thesen zum Controlling, 2004, S. 459-466.

sowie mit anderen Partnern, wie etwa Wirtschaftsprüfern, Aufsichtsrat oder anderen Akteuren im Kontext der Corporate Governance – für eine sachliche Fundierung von Entscheidungen sorgt, Entscheidungen kritisch hinterfragt und so ggf. vorhandene Defizite im Management auszugleichen versucht. Dies bedingt jedoch der Bereitschaft aller Beteiligten, sich dieser Sicherungsaufgabe zu stellen und einen offenen Dialog zu führen. Letztlich ist der Controller kein besserer Manager und kann daher nur Vorschläge unterbreiten und Anregungen liefern, die letzte Verantwortung liegt stets beim Management.

Die Übertragung dieser das Management unterstützenden Aktivitäten auf ein dafür spezialisiertes Controlling kann eine beträchtliche **Effizienzsteigerung der Unternehmensführung** bewirken, was höchst wünschenswert erscheint, da eine Vielzahl von ökonomischen und außerökonomischen Rahmenbedingungen der Unternehmenstätigkeit komplexer geworden sind. Als Beispiele seien hier neben der Subprime- und Staatsschuldenkrise nur erwähnt der Wertewandel im gesellschaftlichen Umfeld, die starke Globalisierung bei gleichzeitig weit reichenden weltwirtschaftlichen und weltpolitischen Veränderungen, eine zunehmende Tendenz zu politischen Eingriffen in Wirtschaftszusammenhänge, hohe Dynamik der Märkte, starker technischer Fortschritt mit deutlicher Verkürzung der Innovationszeiten und Lebenszyklen von Produkten, hohe Fix- und Sozialkostenbelastung sowie eine relativ niedrige Eigenkapitalausstattung der Unternehmen. Controlling erweist sich vor diesem Hintergrund als Möglichkeit, durch Fachspezialisten gezielt Managementunterstützung insbesondere in den Aufgabenfeldern Planung, Kontrolle, Information, Koordination und Rationalitätssicherung zu bieten, wobei die so erreichte Wirkungsverbesserung bei der Unternehmensführung Freiräume schafft, um den gestiegenen Managementanforderungen besser begegnen zu können.

Das Controlling als Konzept zur methodischen Führungsverbesserung tritt neben die häufig anzutreffende **intuitive Unternehmensführung**.[8] Controlling bedeutet nicht eine Abkehr von der intuitiven, auf „unternehmerischem Gespür" basierenden Führung, sondern soll die spezifischen Vorteile beider Wege kombinieren. Die Controllinginstrumente und –methoden kompensieren die Nachteile intuitiv erdachter Lösungen, wie insbesondere die mangelnde Begründbarkeit, durch die Überprüfung ihrer Plausibilität. Nicht vergessen werden soll auch, dass insbesondere strategische Controllinginstrumente ein hohes Maß an Intuition und Kreativität benötigen, was diese sinnvolle Ergänzung untermauert.

Als fundamentale Grundsätze für das institutionalisierte Controlling sind nach DIN SPEC 1086 anzusehen:[9]

■ Transparenz – z.B. bezüglich der Wahl der getroffenen Annahmen, des Realisierungsgrads der Zielerreichung, der Vergleichbarkeit von Daten oder der Systematik von Überprüfungen und Bewertungen. Erstellung von entscheidungsrelevanten Informationen für das Management.

---

8  Vgl. Schneider, D./Bäumler, M.: Unternehmertum, 1994, S. 371.
9  DIN SPEC 1086, 2009, S. 3.

- Wahrhaftigkeit – z.B. Authentizität und Zuverlässigkeit von Analysen oder angewandten Methoden und Kennzahlen. Das Controlling ist Partner des Managements und hat daher die Tätigkeit so zu gestalten, dass das Management erreicht wird um in vertrauensvoller Zusammenarbeit Einvernehmen herzustellen.

- Plausibilität – z.B. der Nachvollziehbarkeit und Konsistenz von Reporting, Planungsdaten und Potenzialen sowie bezüglich des erkennbaren Zusammenhangs zwischen Ergebnissen, Annahmen und zufälligen Einflüssen.

- Konsequenz – z.B. bezüglich der Kontinuität in der strategischen Ausrichtung oder der Zielstrebigkeit bei der Umsetzung von Verbesserungspotenzial oder Lerneffekten. Dazu erkennt das Controlling selbständig Probleme bezüglich der operativen Exzellenz in der Umsetzung strategischer und operativer Ziele.

Als fachliche Grundsätze fordert DIM SPEC 1086[10]

- die Verzahnung aller Führungsstufen von der unternehmenspolitischen Festlegung bis zur dispositiven Steuerung,

- eine integrierte und bereicheübergreifende Planung,

- eine klare Adressierung von Führungsverantwortung, die vom Controlling durch geeignete Instrumente zu unterstützen ist,

- die Ausgestaltung und Darstellung von den im Controlling generierten Informationen in verständlicher, handhabbarer Form, die für die konkrete Entscheidung auch bedeutsam sind sowie

- die zeitnahe Verfügbarkeit von für die Führung relevanten Daten in konsistenter Form.

## 1.1.2 Controllingentwicklung und Controllingphilosophien

Nach frühen rudimentären Ansätzen hat das Controlling in den USA insbesondere in den zwanziger Jahren Gestalt angenommen. Zunächst lag der Schwerpunkt der Controllingtätigkeiten auf **Finanzwirtschafts- und Revisionsaufgaben**, später kamen **Planungs-, Budget- und Berichtswesenaufgaben** hinzu.[11] In Deutschland, wo zu dieser Zeit die Kostenrechnung fulminant durch die Erweiterung des bis dahin vorherrschenden Kalkulationszweckes um die Zwecke Wirtschaftlichkeits- und Erfolgskontrolle sowie Unterstützung der Unternehmensführung weiterentwickelt wurde,[12] tritt das Controlling erst Anfang der siebziger Jahre spürbar in Erscheinung, wobei, abweichend von der Ausprägung in den USA, die Akzente von Anfang an auf der **managementgemäßen Gestaltung** und Auswertung von Kostenrechnung, Finanzbuchhaltung, Berichtswesen, auf Planung und Budgetierung sowie Kontrolle und Unternehmensanalyse liegen.

---

[10]  DIN SPEC 1086, 2009, S. 4.
[11]  Vgl. Lingnau, V.: Geschichte, 1998, S. 276.
[12]  Vgl. Schweitzer, M./Wagener, K.: Geschichte, 1998, S. 442.

Die Vorstellungen über Zweck und Inhalt von Controlling haben beträchtliche Veränderungen erfahren bzw. weisen beträchtliche Akzentunterschiede auf. Man kann diese Unterschiede als Entwicklungsstufen des Controllings oder als verschiedenartige Controllingphilosophien verstehen.[13] In der Tendenz lassen sich folgende **Controllingausprägungen** unterscheiden:[14]

- Historisch- und buchhaltungsorientiertes, basisinformationsgenerierendes Controlling

  In den Grundzügen ist das historisch- und buchhaltungsorientierte Controlling geprägt durch das Bemühen, ein ordnungsgemäßes retrospektives Rechnungswesen zu realisieren und die Daten von Finanzbuchhaltung und Kostenrechnung für Zwecke der Unternehmensübersicht nutzbar zu machen. Das historisch- und buchhaltungsorientierte Controlling ist erfassend und dokumentierend ausgerichtet, die Akzente liegen auf Verdichtung, Übersichtsvermittlung und Information im Sinne von Bericht und Rechenschaftslegung.

- Zukunfts- und aktionsorientiertes, planungs- und kontrollorientiertes Controlling

  Eine beträchtliche Veränderung im Controllingverständnis bedeutet der Übergang auf ein betriebswirtschaftlich aktiv wirkendes Controlling. Das Rechnungswesen wird jetzt als Informationsquelle und Datenbank gesehen, wobei sachgemäße Erfassung und Dokumentation als gegeben unterstellt werden und sich das Schwergewicht der Aktivitäten auf die Analyse mit Hilfe des betrieblichen Rechnungswesens und Erarbeitung von Korrekturvorschlägen verlagert. Schwerpunkte der Controllingtätigkeit sind nun die Untersuchung von Betriebsabläufen, das Aufdecken von Schwachstellen, die Einführung von und Unterstützung bei der Anwendung von Planungs- und Kontrollsystemen, die Durchführung von Soll-Ist-Vergleichen und Abweichungsanalysen sowie die Erarbeitung von betrieblichen Anpassungs- und Verbesserungsmaßnahmen.

- Managementsystemorientiertes, koordinierendes Controlling

  Eine weitere Entwicklungsstufe liegt im Übergang vom analysierenden Controlling auf Basis gegebener Führungssysteme zu einem aktiv die Managementsysteme gestaltenden Controlling. Dem Controlling fällt nun die Aufgabe zu, die Unternehmensführung konsequent zu entlasten, indem Gestaltung, Implementierung und Weiterentwicklung insbesondere der Führungssysteme zu Planung und Kontrolle sowie Informationsversorgung übernommen werden. Die Aufgabenstellung des Controllers wird jetzt über die analytische Rolle hinaus kreativ-strukturgebend. Der Controller wird zum Gestaltungsträger und Innovator, indem er Konzeptionen zur wirkungsvolleren Unternehmensführung entwirft. Dies verlangt umfassende Kenntnisse in betriebswirtschaftlichen Techniken, wie Prognose, Planung, Kontrolle, Unternehmens- sowie Umweltanalyse oder Informations- und Wissensverarbeitung, ebenso wie über

---

[13] Vgl. zu den verschiedenen Controlling-Konzeptionen beispielsweise, Hahn, D./Hungenberg, H.: Controllingkonzepte, 2001, S. 276.

[14] Vgl. zu den ersten drei Ausprägungen grundsätzlich z. B. bereits Henzler, H.: Januskopf, 1974, S. 60-63

Organisation und zu Managementsystemen. Der Controller entwickelt die Strukturen des betrieblichen Führungssystems, um mit Hilfe dieses Instrumentariums der Unternehmensführung eine wirkungsvolle Lenkung des gesamten Unternehmens zu ermöglichen. Anstatt vergangenheitsbezogener Analyse dominieren planerische und gestalterische Komponenten, wobei gezielt novative betriebswirtschaftliche Erkenntnisse und informationstechnologische Fortschritte in die Entwicklung einbezogen werden.

■ Rationalitätssicherndes Controlling

Zusätzlich zu den zuvor dargestellten Controllingausprägungen kommt nach Meinung von *Weber/Schäffer* als wesensprägender Kern des Controllings die personelle Rolle des Controllers als Partner des Managements zur Sicherung der Rationalität der Managementhandlungen im Unternehmen hinzu.[15] Hier hat der Controller aktiv die bestehenden Defizite des Managements zu analysieren und möglichst durch geeignete Maßnahmen auszugleichen, womit der Controller ein Baustein der Corporate Governance wird.

Die in Unternehmen konkret anzutreffende Controlling-Ausprägung hängt allerdings nicht nur vom entwicklungshistorischen Stand des Controllings ab, sondern von weiteren Kontextfaktoren, wie z.B. dem Niveau des Führungssystems im jeweiligen Unternehmen oder auch von den Umweltzuständen. Allgemein aber lässt sich das **Aufgabengebiet des Controllers** nach gegenwärtigem Entwicklungsstand wie im zu Anfang von Kapitel 1.1 bereits dargestellten Controller Leitbild beschreiben.[16] Etwas systematischer erschließen sich die Aufgaben bei deduktivem Vorgehen, indem man von Controlling als einer **Unternehmensführungsservicefunktion** ausgeht. Als zentrale Merkmale von Unternehmensführung werden Entscheidungsbildung und -durchsetzung angesehen, wobei zur Umsetzung dieser Aktivitäten ein komplexes Führungsinstrumentarium, das so genannte Unternehmensführungs- oder Managementsystem, benötigt wird. Unter einem **Führungs- oder Managementsystem** ist die Gesamtheit der Instrumente, Regeln, Institutionen und Prozesse zu verstehen, mit denen Führungsaufgaben(-funktionen) in einem sozialen System erfüllt werden.[17] Ein solches Führungssystem besteht aus Teilsystemen, die der Erfüllung einzelner Teilfunktionen der Führung dienen.

Als wichtigste **Führungs-Teilsysteme** sind zu nennen

■ Zielsystem,

■ Planungssystem,

■ Kontrollsystem,

■ Informationssystem,

■ Organisationssystem und

■ Personalführungssystem.

---

[15] Vgl. Weber, J./Schäffer, U.: Controlling, 2011, S. 43-52.

[16] Controller Leitbild der IGC International Group of Controlling: Aktuelle Fassung, Parma, 14.09.2002, www.controllerverein.com (11.11.11)

[17] Vgl. z.B. Hahn, D./Hungenberg, H.: Controllingkonzepte, 2001, S. 7-10.

Dem Controlling fällt in diesem Zusammenhang die Aufgabe zu, die Unternehmensführung durch **Funktionssicherung des Managementsystems** zu unterstützen, wobei gegenwärtig folgende Aktivitäten im Vordergrund stehen:

- Koordination der Unternehmensführungs-Teilsysteme;

- Funktionssicherung des Planungs- und Kontrollsystems;

- Funktionssicherung des betrieblichen Informationssystems;

- Sicherstellung der Rationalität der Unternehmenshandlungen vor dem Hintergrund der Unternehmensziele.

Die Koordinationsaufgabe bezieht sich auf Interdependenzen zwischen den Führungs-Teilsystemen. Hinsichtlich der Funktionssicherung einzelner Führungs-Teilsysteme liegen dem Controlling wegen der starken Rechnungswesenprägung insbesondere die Teilsysteme Planung und Kontrolle sowie Informationswesen nahe. Eine Befassung mit dem Zielbildungs-, Organisations- und Personalführungssystem erfolgt durch das Controlling nur insoweit, als es um deren Planungs-, Kontroll- und Informationsaspekte geht. Die Funktionssicherung des Planungs- und Kontroll- sowie des Informationssystems erfolgt über Konzipierung, Entwicklung, Implementierung und Betreuung der Systeme und Systembausteine. Mit diesen Aufgaben unterstützt das Controlling letztlich die Rationalität der Unternehmensführungsentscheidungen im Hinblick auf die Unternehmensziele.

Je nach Anwendungs- und Gegenstandsbereich der Systeme lassen sich **Controllingteilgebiete** definieren. Es ergeben sich dann z.B.

- gesamtbetriebliches und teilbetriebliches Controlling,

- Erfolgs-, Finanz- und Risikocontrolling,

- operatives und strategisches Controlling,

- Funktionalbereiche-Controlling, wie etwa Absatz-, Produktions-, Beschaffungs-, Logistik- und Verwaltungscontrolling, oder

- Faktorcontrolling, wie etwa Anlagen-, Material- oder Personalcontrolling.

## 1.1.3 Koordination der Unternehmensführungs-Teilsysteme als Controllingaufgabe

Das Unternehmensgeschehen ist ein durch die Unternehmensführung gelenkter, multidimensionaler arbeitsteiliger Prozess. Auf der Ausführungsebene vollzieht sich der Prozess der Leistungserstellung und -verwertung in Gestalt von Güter- und Geldströmen. Dieser Leistungsprozess verläuft nicht von allein in sinnvoller Weise, sondern bedarf der zielorientierten Gestaltung durch die Führungsebene. Als Instrumentarium wird dazu das Führungssystem eingesetzt, welches gemäß Aufgabenart insbesondere in die Teilsysteme für Zielbildung, Planung, Kontrolle, Information, Organisation und Personalführung unterteilt werden kann.

Diese Teilsysteme sind funktional getrennt zu sehen, gleichwohl bestehen zwischen ihnen vielfältige Zusammenhänge. Eine optimale Gesamtwirkung des Führungssystems ist nur zu erwarten, wenn die Teilsysteme so aufeinander abgestimmt sind, dass sich maximale Synergie- und minimale Reibungseffekte ergeben. Die **Koordination zwischen den verschiedenen Teilgebieten** kann wegen des systemübergreifenden Zusammenhanges nicht von einem der zu koordinierenden Führungsteilsysteme übernommen werden, sondern ist von einem speziellen Funktionsträger, dem institutionalisierten Controlling, zu leisten. **Abbildung 1.1** verdeutlicht diese Stellung des Controllings:[18]

**Abbildung 1.1    Controlling im Systemzusammenhang der Unternehmung**

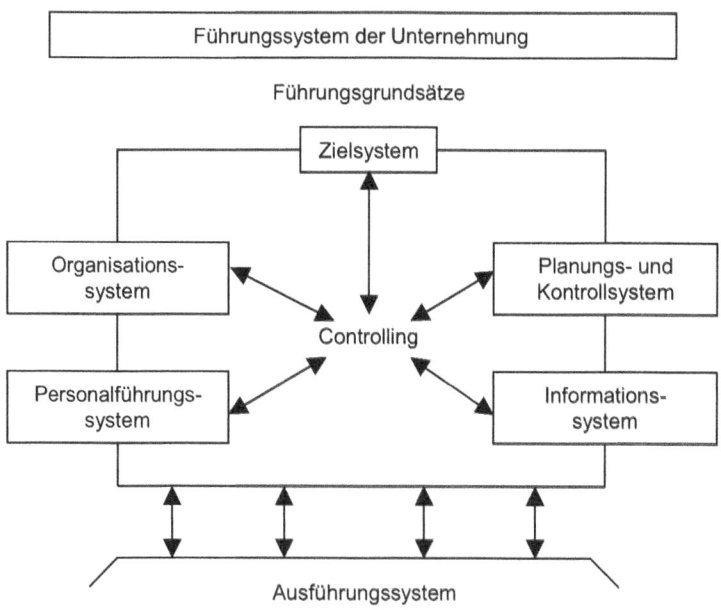

Die **Koordination der Führungsteilsysteme** verkörpert eine zentrale Controllingaufgabe[19] und verlangt vom Controlling weitreichende Antworten sowie umfangreiche **konzeptionelle und instrumentelle Lösungen.** So sind z.B. durch fundierte Interdependenzanalysen die vielfältigen Abhängigkeiten zwischen den Teilsystemen zu klären, was bisher nur ansatzweise gelungen, für ein effizientes Schnittstellenmanagement aber Voraussetzung ist. Des Weiteren sind Koordinationskonzepte zu strukturieren, wobei grundsätzlich zwischen systembildender und systemkoppelnder Koordination unterschieden werden kann. Bei systembildender Koordination wird die Gebilde- und Prozess-

---

[18]   Entnommen aus Lachnit, L.: Controlling, 1992, S. 7. In Anlehnung an Küpper, H.-U.: Konzeption, 1987, S. 99.
[19]   Vgl. z. B. Küpper, H.-U.: Controlling, 2005; Weber, J./Schäffer, U.: Controlling, 2011.

struktur, die zur Abstimmung beiträgt, eigens geschaffen. Unter systemkoppelnder Koordination versteht man dagegen solche Aktivitäten, die auf die Herstellung oder Aufrechterhaltung von Verbindungen zwischen bereits bestehenden Teilsystemen gerichtet sind.[20]

Die Koordinationskonzepte müssen schließlich in instrumenteller Gestalt konkretisiert werden. Im Einzelnen sind vielfältige **Instrumente für Koordinationszwecke** zu nutzen,[21] so z.B. Führungsgrundsätze, Organigramme, Aufgaben- und Kompetenzverteilungen, Kommunikationsregelungen, Zielvorgaben, Verhaltensprogramme, Informations-Bedarfsanalysen und Informations-Flussdiagramme, Unternehmensdatenmodelle, Rechnungswesenkalküle, Kennzahlensysteme, Planungsmodelle, Kontrolltechniken und - last but not least - Techniken der elektronischen Daten-, Informations- und Wissensverarbeitung.[22] Der Zusammenbau dieser Instrumente zu leistungsfähigen Lösungen für die Partial- und Gesamtkoordination der Führungsteilsysteme verlangt vom Controlling umfassende Fähigkeiten und Fachkenntnisse, wobei die Qualität dieser Koordinationslösungen großen Einfluss auf die Leistungsfähigkeit der Unternehmensführung hat.

## 1.1.4 Gestaltung des Planungs- und Kontrollsystems als Controllingaufgabe

Eine zielorientierte Unternehmensentwicklung setzt Planung und Kontrolle der Ziele und Realisierungsgegebenheiten voraus. Planung und Kontrolle sind Führungsaufgaben. Die systematische gedankliche Vorwegnahme zukünftiger Sachverhalte und die Beschlussfassung über zukünftige Ziele, Potenziale, Programme und Aktivitäten unter Berücksichtigung alternativer Situationen wird als **Planung** bezeichnet.[23] Der Planungsbegriff impliziert im Gegensatz zum Prognosebegriff zusätzlich zur Information auch die Entscheidungen zur Ausgestaltung der Zukunft.[24] Die Kontrolle dient zur Feststellung der Zielerreichung bzw. Zielverfehlung durch Gegenüberstellung von Ist und Soll sowie zur Klärung der Abweichungsursachen. Sie dient letztlich zur Realisierungsabsicherung und Erkenntnisgewinnung für Neuplanungen. Die Einordnung von **Planung und Kontrolle in den Führungsprozesses** verdeutlicht **Abbildung 1.2**.[25]

---

[20] Vgl. Horváth, P.: Controlling, 2011, S. 107.
[21] Vgl. Horváth, P.: Controlling, 2011, S. 109-122.
[22] Vgl. Lachnit, L.: Controlling, 1992, S. 8.
[23] Vgl. Hammer, R. M.: Unternehmensplanung, 1995, S. 45-47; Horváth, P.: Controlling, 2011, S. 146; Lachnit, L.: Unternehmensführung, 1989, S. 11.
[24] Vgl. Serven, L. B. M.: Value Planning, 2001, S. 13-14.
[25] Vgl. z. B. Hahn, D./Hungenberg, H.: Controllingkonzepte, 2001, S. 46.

**Abbildung 1.2**    Struktur des Führungsprozesses

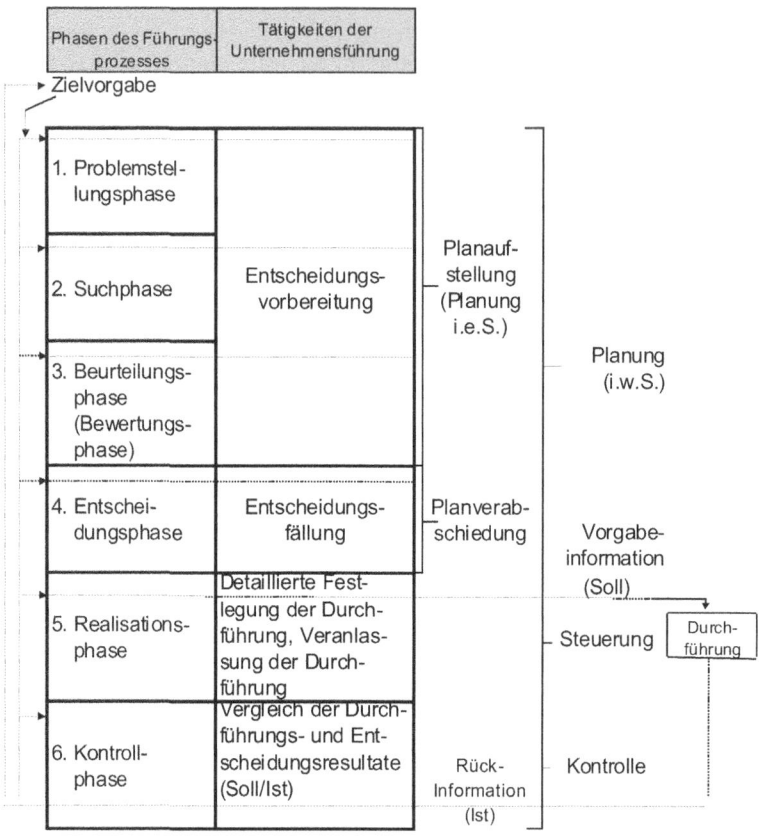

Die Teilaktivitäten des Planungs- und Kontrollprozesses liefern erste Hinweise darauf, welche Module in einem Planungs- und Kontrollsystem enthalten sein müssen. Das **Planungssystem** ist in der systemtheoretischen Sichtweise ein Teilsystem der Unternehmensführung. Das als die Gesamtheit aller Instrumente, Regeln, Prozesse und Institutionen zur Erfüllung von Führungsaufgaben innerhalb eines sozialen Systems definierte Unternehmensführungssystem umfasst weiterhin die Teilsysteme Zielsystem, Kontrollsystem, Informationssystem, Organisationssystem und Personalführungssystem. Das Controlling hat als Unternehmensführungsservicefunktion die Aufgabe, durch die Funktionssicherung des Planungs- und Kontrollsystems die Unternehmensführung bei der Entscheidungsbildung und -durchsetzung zu unterstützen. Das Planungssystem wird hierarchisch-funktional in die Ebenen der strategischen und operativen Planung gegliedert.

Auf der **strategischen Ebene** erfolgt eine Planung mit längerfristigem Planungshorizont, oft mit qualitativen Zielgrößen und hohem Abstraktionsniveau sowie in erster Linie mit einer Ausrichtung auf das gesamte Unternehmen oder Segmente (langfristige Rahmenplanung). Im Mittelpunkt der Betrachtung stehen dabei Erfolgspotenziale. Auf der **operativen Ebene** wird dagegen eine kurzfristige Planung mit einem Horizont von einem Jahr bis zu fünf Jahren mit hoher Detailliertheit durchgeführt, die für einzelne Teilbereiche konkrete Ausstattungen, Prozesse und Richtwerte festlegt.[26] Bei dieser Unterteilung ist sicherzustellen, dass die jeweiligen Interdependenzen beachtet werden. Somit können die operativen Pläne auch als Teilpläne verstanden werden, die zusammengenommen als Zielsetzung des Unternehmens den Gesamtplan ergeben. Die **Verzahnung der Teilpläne** mit dem Gesamtplan ist dabei auf der **sachlichen Ebene** durch Verknüpfung der Mittel-Zweck-Zusammenhänge, auf **zeitlicher Ebene** durch Anbindung der operativen an die strategische Planung und **organisatorisch** im Arbeitsteilungs- und Hierarchiegefüge zu realisieren. Der Gesamtplan umfasst dabei sowohl alle Funktionsbereiche, wie z.B. Beschaffung, Produktion und Absatz, der Unternehmung als auch übergreifend die Kosten- und Erlös- sowie die Finanzplanung auf strategischer und operativer Ebene. Alle Pläne müssen somit verzahnt betrachtet werden, wobei sich Programme und Maßnahmen aus übergeordneten Strategien ergeben müssen.

Unter einem **Planungssystem** ist eine geordnete und integrierte Gesamtheit verschiedener Teilplanungen und deren Elemente sowie ihrer Beziehungen zu verstehen, die zwecks Erfüllung bestimmter Funktionen nach einheitlichen Prinzipien aufgebaut und miteinander verknüpft sind. Als Grundelemente von Planungssystemen sind Planungsinhalte, Planungs- und Kontrollfunktionen sowie -prozesse, Planarten, Informationsbasis, Struktur, Regelungen sowie Verfahren und Instrumente zu nennen. Im Zusammenspiel mit Planung und Realisation spielt die **Kontrolle** eine wichtige Rolle. Aus der Gegenüberstellung von geplanten Soll- und tatsächlich eingetretenen Istwerten werden Abweichungsinformationen generiert, die das Ausmaß der Zielerreichung bzw. –verfehlung verdeutlichen und nötig sind, um sinnvolle Anpassungen bzw. Korrekturen zu ermöglichen. Hierauf abgestimmt bedarf es eines Kontrollsystems, das termingerechte und flächendeckende Kontrollen in allen Unternehmensbereichen sicherstellt und koordiniert. Analog zur Einheit zwischen Planung und Kontrolle kann ein Planungssystem seine Funktionsfähigkeit nur in Verbindung mit einem Kontrollsystem erhalten. Ein strukturiertes Planungs- und Kontrollsystem soll Problempunkte im Hinblick auf unvollständige Planung und Kontrolle durch Insellösungen sowie fehlende sachliche und zeitliche Abstimmung von Planungsgrößen vermeiden. Dies erfordert eine **Integration in sachlicher, zeitlicher und organisatorischer Hinsicht**.[27] Ein Planungs- und Kontrollsystem kann Mengen-, Zeit- und Wertangaben in vergangenheits- und zukunftsorientierter Ausprägung beinhalten. Vor allem der monetären Inhaltgebung des Planungs- und Kontrollsystems in erfolgs- und liquiditätsorientierter Hinsicht, die zu den zentralen Aufgaben der **Erfolgs- und Finanzlenkung** einer jeden Unternehmensführung gehört und somit auch als Kernpunkt langfristiger Existenz-

---

[26] Vgl. Küpper, H.-U.: Controlling, 2005, S. 86-87.
[27] Vgl. Bleicher, K.: Integriertes Management, 1999, S. 366.

sicherung betrachtet werden muss, gebührt besondere Aufmerksamkeit.[28] Bezogen auf die Erfolgs- und Finanzplanung ist es daher sinnvoll, vorhandene Denk- und Rechnungswesengegebenheiten im Unternehmen sowie die Belange des Unternehmensumfeldes aus Gründen der Systemakzeptanz aufzugreifen. Darum sollten zweckmäßigerweise als zentrale Lenkungskalküle möglichst konvergent ausgestaltete Rechnungen, wie GuV, Bilanz und Kapitalflussrechnung dienen,[29] aus denen dann auch wertorientierte Führungskennzahlen ableitbar sind.

Das **Planungs- und Kontrollsystem** besteht aus einer Anzahl von Betrachtungsfeldern (Modulen), die nach Inhalt der zu planenden Größen, nach Funktionalbereichen, nach Fristigkeiten oder nach Hierarchiestufen der Pläne unterteilt sind, wobei insgesamt ein System wie in **Abbildung 1.3** dargestellt entsteht.[30]

**Abbildung 1.3**    Inhaltliche Struktur eines Planungs- und Kontrollsystems

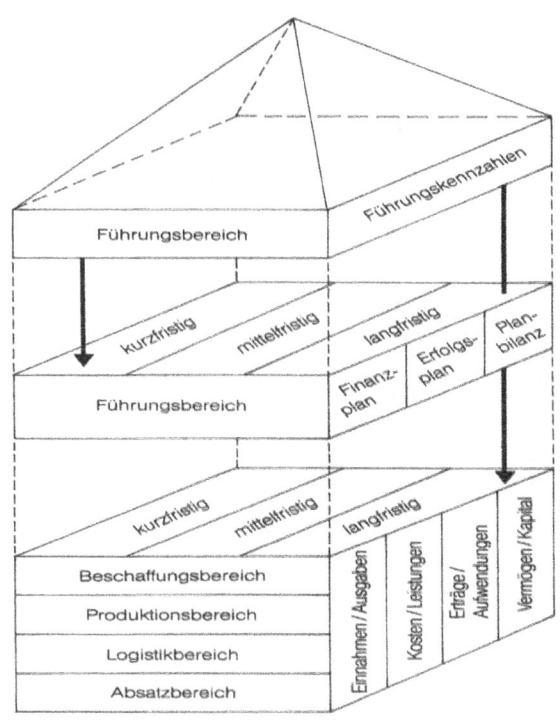

---

28    Vgl. Hahn, D./Hungenberg, H.: Controllingkonzepte, 2001, S. 56.
29    Vgl. Lachnit, L.: Unternehmensführung, 1989, S. 46.
30    Entnommen aus Reichmann, T.: Controlling mit Kennzahlen, 2. Aufl., 1990, S. 10.

Aufgabe des Controllings ist es, die Lenkung des heterogenen Gesamtsystems Unternehmung durch die Unternehmensführung in der vernetzten Arbeitsteilung verschiedenster Funktionalbereiche und Hierarchieinstanzen mit Hilfe eines strukturierten Planungs- und Kontrollsystems zu unterstützen und so die Unternehmensführung in die Lage zu versetzen, eine gesamtzielgemäße effiziente Lenkung zu verwirklichen. Die Unterstützung besteht nicht in unmittelbarer Durchführung von Planung und Kontrolle durch das Controlling, sondern in Konzipierung, Implementierung, Betreuung und Rationalitätssicherung des Planungs- und Kontrollsystems. Die **Elemente des Planungs- und Kontrollsystems** ergeben sich letztlich aus den Teilschritten des Prozesses zur Verwirklichung der Unternehmensziele, nämlich:

- Herunterbrechen der obersten Unternehmensziele auf die Bereiche und Stellen;

- Abstimmen der Ziele und Aktivitäten in horizontaler Hinsicht (funktionale Arbeitsteilung);

- Abstimmen der Ziele und Aktivitäten in vertikaler Hinsicht (hierarchische Arbeitsteilung);

- Einbeziehung informatorischer und mitwirkender Regelkreise als Planungs- und Kontrollinstrument;

- endgültiges Umsetzen der Unternehmensziele in ein abgestimmtes, vorgabefähiges Zielgefüge der gesamten Unternehmung, unterteilt nach Funktionalbereichen, Verantwortungsfeldern und Hierarchiestufen;

- Ermittlung der Istwerte und mitlaufende Selbstkontrolle der ausführenden Stellen;

- nachträgliche Soll-Ist-Vergleiche, Abweichungsanalyse und Konsequenzenfestlegung;

- Neuplanung unter Berücksichtigung der Soll-Ist-Abweichungserkenntnisse.

In formaler Hinsicht kann man sich die **Struktur** eines solchen Planungs- und Kontrollsystems wie in **Abbildung 1.4** dargestellt vorstellen:[31]

---

[31]  Vgl. Lachnit, L.: Controllingkonzeption für Unternehmen mit Projektleistungstätigkeit, 1994, S. 12.

**Abbildung 1.4**     Formale Struktur eines Planungs- und Kontrollsystems

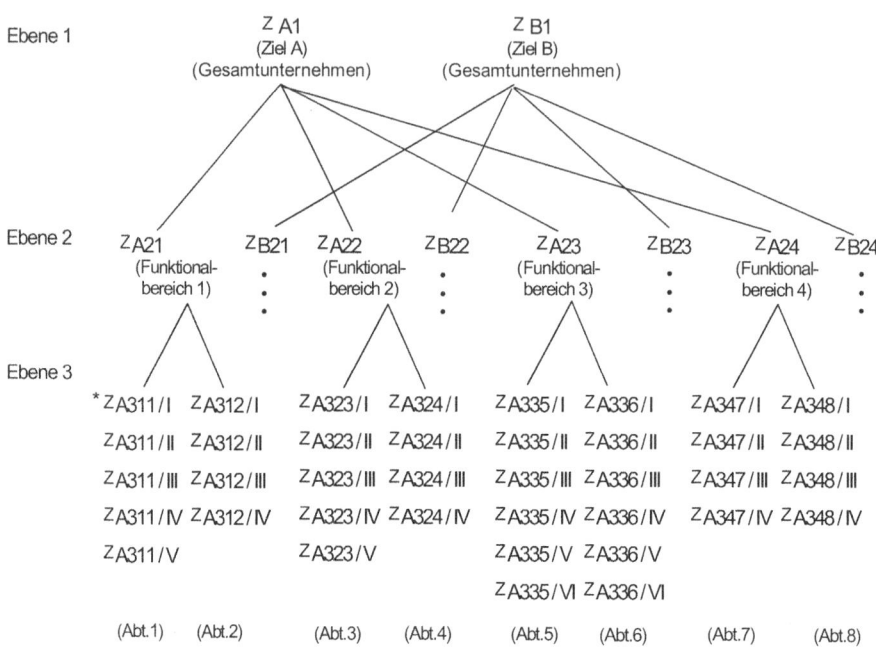

*Legende: Gesamtunternehmensziel A/Hierarchie-Ebene 3/Funktionalbereich 1/ Abteilung 1/
Konkretes Teilziel I der Abt. 1

Das Planungs- und Kontrollsystem arbeitet auf der Grundlage von Informationen. In der Vertikalen handelt es sich vor allem um Ziel-, Vorgabe- und Kontrollinformationen, in der Horizontalen um Unterrichtungs- und Abstimmungsinformationen. Die Aufgabe des Controllings besteht darin, die Grundstrukturen für ein in dieser Weise gestaltetes Planungs- und Kontrollsystem zu entwickeln sowie das System zu implementieren und beim Einsatz zu betreuen. Darüber hinaus hat das Controlling konzeptionelle und instrumentelle Beratung für die Benutzer des Systems zu leisten.

Zudem verlangen Entwicklungen der externen Rechnungslegungssysteme zunehmend fundierte Unternehmensplanungen. So sind etwa seit dem Geschäftsjahr 2010 mit dem Bilanzrechtsmodernisierungsgesetz Ergebnis- und Steuerplanungen mit dem Zeithorizont von fünf Jahren notwendig, um Verlustvorträge als aktive latente Steuern ansetzen zu können, für die Bewertung von Rückstellungen müssen Vorstellungen über zukünftige Mengen- und Wertstrukturen vorliegen, um Erfüllungsbeträge zu bestimmen und schon bislang sind für die Ermittlung von außerplanmäßigen Abschreibungen bzw. Wertminderungen nach HGB und IFRS aus zukünftigen Planungen Nutzwerte für einzelne

Vermögensgegenstände bzw. eine Gruppe von Vermögenswerten (zahlungsmittel-generierende Einheiten, IAS 36) zu ermitteln. Das Fundament jeden Abschlusses ist zudem die Prüfung, ob die Unternehmensfortführung gesichert ist, da ansonsten eine Anwendung der handelsrechtlichen Normen bzw. der IFRS-Normen ausgeschlossen ist. Auch im Lage-bericht sind Aussagen über Chancen und Risiken zu machen, was Planungssysteme er-fordert. Somit sind Planungssysteme nicht mehr freiwillig bzw. aus den Anforderungen an die ordnungsmäßige Geschäftsführung rein intern zu erstellen, sondern zwingend not-wendig zur Erfüllung der externen Rechnungslegungspflichten.

Da Jahresabschluss und Lagebericht von mittelgroßen und großen Kapitalgesellschaften bzw. denen gleichgestellten Personenhandelsgesellschaften ohne eine natürliche Person als Vollhafter (§ 264a HGB) nach § 316 HGB von Wirtschaftsprüfern zu prüfen sind, sieht sich der Controller zunehmend der Notwendigkeit gegenüber, bei seiner Arbeit externen Dokumentations- und Sorgfaltsvorgaben zu genügen und seine Arbeit ebenfalls prüfen zu lassen.[32]

## 1.1.5 Gestaltung des betrieblichen Informationssystems als Controllingaufgabe

Das gesamte Unternehmensgeschehen wird durch **Informationsströme** begleitet. Dabei ist zu unterscheiden zwischen Führungsinformationen für Zielbildung sowie Planung und Kontrolle und Ausführungsinformationen zur Unterstützung der Realisationstätigkeiten. **Abbildung 1.5** verdeutlicht diese Aspekte.[33]

Die Informationswirtschaft einer Unternehmung ist ein mehrdimensionales Nervensystem, das die Verknüpfung betrieblicher Teilbereiche und Funktionen gewährleisten soll. Es findet seine Notwendigkeit in der Tatsache, dass Informationsentstehung und -verwen-dung in zeitlicher, sachlicher sowie organisatorischer Hinsicht auseinander fallen.[34] Im Rahmen einer organisatorisch gegliederten Unternehmung ist daher ein **eigenständiger Teilbereich Informationswirtschaft notwendig**, der für alle anderen Teilbereiche Informationen zur Verfügung zu stellen hat. Informationssysteme haben die grundsätzliche Aufgabe, dem Management entscheidungsrelevante, aktuelle und konsistente Führungs-informationen bereitzustellen. Sie schaffen somit eine Abbildung zum einen der innerhalb des Unternehmens ablaufenden Prozesse und der ihnen zugrunde liegenden Strukturen und zum anderen der außerhalb des Unternehmens liegenden Umweltprozesse.[35] **Betrieb-liche Informationssysteme** können als geordnete Beziehungsgefüge aus den Informationen selbst, den Informationsprozessen, den Aktionsträgern der Prozesse sowie den konkreten Aufgabenstellungen bzw. Zwecksetzungen und den jeweiligen Elementen untereinander angesehen werden.

---

[32] Vgl. insb. ICV-Facharbeitskreis „Controlling und IFRS" (Hrsg.): BilMoG und Controlling, 2009.
[33] Vgl. z. B. Zahn, E./Kemper, H.-G./Lasi, H. : Informationsmanagement,: Führung, 2011, S. 448.
[34] Vgl. Lachnit, L.: Unternehmensführung, 1989, S. 52.
[35] Vgl. Bleicher, K.: Integriertes Management, 1999, S. 349.

**Abbildung 1.5**    Informations-Entscheidungs-Aktions-System der Unternehmung

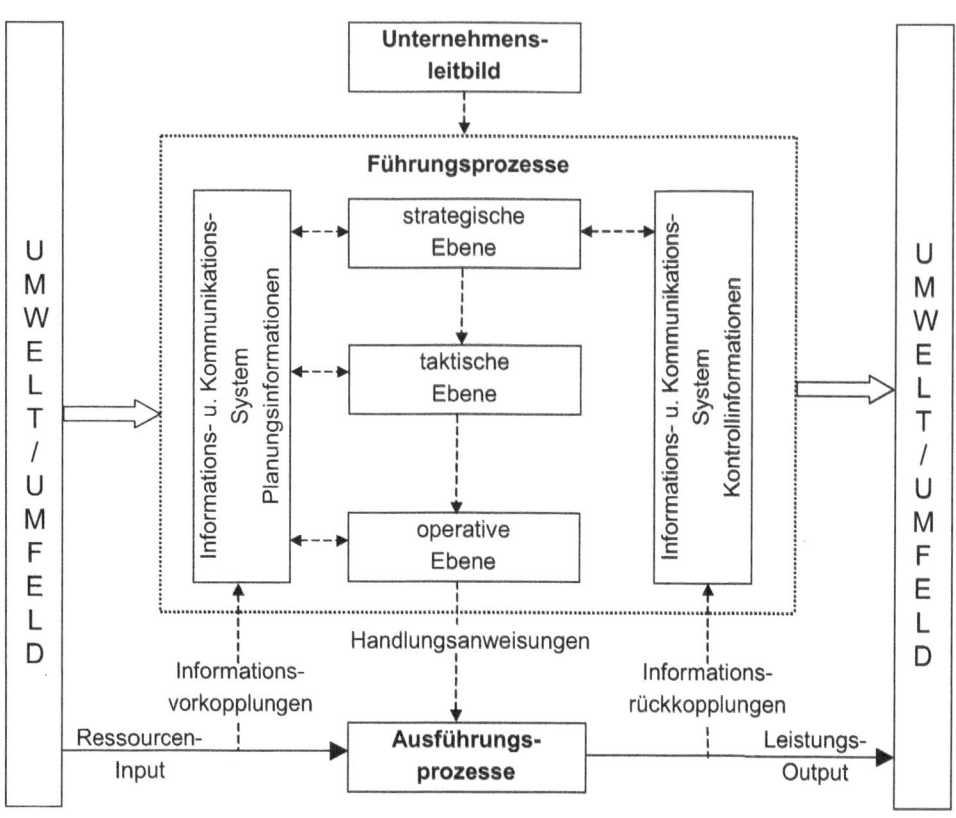

Bei der Gestaltung des betrieblichen Informationssystems sind Lösungen zu schaffen für die grundsätzlich anfallenden informationswirtschaftlichen Teilaufgaben der Informationsbedarfsermittlung, -beschaffung, -speicherung und -übermittlung.[36] Dabei sind bezogen auf die Führungsentscheidungen vor allem folgende **Informationsprobleme** zu lösen:[37]

- Quantitätsproblem: Der erforderliche Informationsumfang ist vor dem Hintergrund einer angemessenen Auswahl, Verknüpfung und Verdichtung von Informationen zu fixieren.

- Qualitätsproblem: Es ist zu entscheiden, welche Informationen für welche Zwecke geeignet sind und wie sie beurteilt und gewichtet werden sollen.

- Zeitproblem: Informationen müssen rechtzeitig bereitgestellt werden.

---

[36]    Vgl. z. B. Kraege, T.: Informationssysteme, 1998, S. 57-67.
[37]    Vgl. z. B. Schierenbeck, H./Lister, M.: Value Controlling, 2001, S. 69.

■ Kommunikationsproblem: Informationen sind adäquat zu verteilen und zu präzisieren.

■ Wirtschaftlichkeitsproblem: Dem Grenznutzen der Informationen stehen steigende Kosten für die Informationsgewinnung und -auswertung gegenüber.

Eine exakte Lösung kann es dabei nicht geben, da der Wert einer Information durch ihren Nutzen determiniert ist. Dieser Nutzen kann jedoch erst bewertet werden, wenn der Inhalt der Information bekannt ist, was letztlich zu einem Zirkelproblem führt.[38] Die näherungsweise Lösung dieses Informationsbeschaffungsproblems ist vom **Controlling** anzustreben, dessen **Verantwortung für das betriebliche Informationssystem** der Tatsache entspringt, dass der Produktionsfaktor Information in seiner Wichtigkeit erkannt worden ist, aber in der üblichen Organisation der Unternehmen kein unmittelbarer, für seine Optimierung zuständiger Verantwortungsträger existiert. Die Unternehmensführung kann sich mit der Optimierung des Informationssystems aus fachlichen und zeitlichen Gründen nicht hinreichend qualifiziert befassen, die Funktionalbereiche sind nicht in der Lage, einen gesamtbetrieblichen Konzeptionsrahmen zur Gestaltung einer führungsgemäßen Informationswirtschaft zu entwickeln, so dass dieses Aufgabenfeld fast natürlicherweise in die Verantwortung des Controllings gelangt.

Die **Gestaltung eines führungsgemäßen betrieblichen Informationssystems** kann auch nicht dem betrieblichen Rechnungswesen übertragen werden. Zum einen arbeiten Führungs-Informationssysteme nicht nur mit quantitativen Informationen (z.B. Berichtswesen oder strategische Informationssysteme), d.h. Teile der Informationen treten in kaum formalisierbarer Form auf, sie sind mit Unsicherheiten behaftet oder mehrdeutig und führen im Informationsprozess u. U. zu der Gefahr von dysfunktionalen Formalisierungseffekten. Zum anderen sind Kommunikationsstrukturen sowie Methoden- und Modellbanken zu gestalten, die weit über den Rahmen des betrieblichen Rechnungswesens hinausgreifen und ein managementgemäß ausgestaltetes Rechnungswesen bedingen.[39] Verallgemeinernd kann die **Architektur von Führungs-Informationssystemen** in folgende Komponenten unterteilt werden:

■ Datenbasis,

■ Modell-/Methodenbank,

■ Ablaufsteuerung und

■ Benutzerschnittstelle.[40]

Die **Datenbasis** stellt die vom Management benötigten Daten bereit. Dabei kann es sich sowohl um unternehmensinterne, i.d.R. vom Rechnungswesen gelieferte, als auch um unternehmensexterne Daten, z.B. von Marktforschungsinstituten, aus volkswirtschaftlichen Statistiken, aus Wirtschaftsdatenbanken sowie dem World-Wide-Web, handeln. Als Daten-

---

[38] Vgl. Schneider, D.: Entscheidungstheorie, 1995, S. 165.
[39] Vgl. Müller, S.: Management-Rechnungswesen, 2003.
[40] Vgl. z. B. Krcmar, H.: Entscheidungsunterstützungssysteme, 1990, S. 408-412; Werner, L.: Entscheidungsunterstützungssysteme, 1992, S. 46.

pool hat sich in der Praxis dabei das Data-Warehouse-Konzept mit einer relationalen Datenbank durchgesetzt. Hierbei werden die Daten themenorientiert, vereinheitlicht, zeitorientiert und beständig bereitgestellt.[41] Die **Modell-/Methodenbank** beinhaltet die für die Datenauswertung erforderlichen Verfahren sowie Generatoren für die Schaffung neuer Informationen. Beispiele hierfür können die unter dem Schlagwort Data-Mining zusammengefassten Verfahren der mathematischen Statistik und Algorithmen des maschinellen Lernens aus dem Gebiet der Künstlichen Intelligenz sowie betriebliche Frühwarnsysteme sein.[42] Aufgabe der **Ablaufsteuerung** ist es, Datenbasis, Modell-/Methodenbank und Benutzerschnittstelle miteinander zu verbinden. Die **Benutzerschnittstelle** schließlich ermöglicht die Interaktion zwischen dem Benutzer und dem System. Charakteristischerweise ist sie in Führungs-Informationssystemen besonders anwenderfreundlich gestaltet.

Ein auf die Zwecke der Unternehmensführung zugeschnittenes **gesamtheitliches Informationssystem** entsteht durch Integration unterschiedlicher Module, die in sachlichem Zusammenhang stehen und in denen durch zunehmende Verdichtung die Umwandlung von Ausführungs- in Führungsinformationen und umgekehrt durch Auflösung die Umsetzung von Führungs- in Ausführungsinformationen geschieht, wie **Abbildung 1.6** zeigt.[43]

---

[41]  Vgl. Gabriel, R./Chamoni, P./Gluchowski, P: Data Warehouse, 2000, S. 76-78.
[42]  Vgl. Lachnit, L.: Frühwarnsysteme, 1997, S. 169.
[43]  Vgl. z. B. Lachnit, L. : Controllingkonzeption für Unternehmen mit Projektleistungstätigkeit, 1994, S. 15.

**Abbildung 1.6**     Systeme der betrieblichen Informationswirtschaft

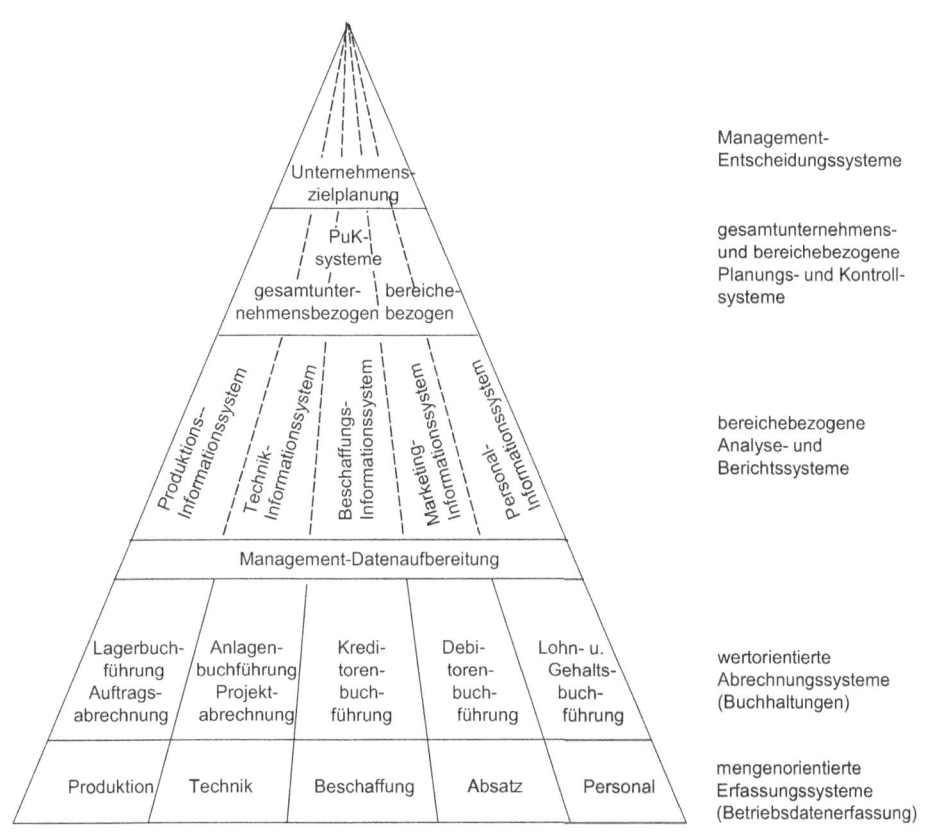

Die Gestaltung des Funktionsbereiches Informationswirtschaft richtet sich auf eine optimale Versorgung aller Stellen im Unternehmen mit den benötigten Informationen in der erforderlichen Breite, Tiefe, Vollständigkeit, Komprimiertheit und Aktualität. Eine zentrale **Aufgabe des Controllings** besteht dabei in der Koordination von Informationsbedarf, Informationserzeugung und Informationsbereitstellung. Von besonderer Bedeutung ist dabei die Informationsversorgung des Planungs- und Kontrollsystems der Unternehmung.

Die Verantwortung des Controllings für die Gestaltung des Funktionsbereiches Informationswirtschaft umfasst zum einen die Anforderung, ein Management-Informationssystem zur Unterstützung der Unternehmensführung einzurichten, zum anderen ist bei der Optimierung des Funktionsbereiches Informationswirtschaft durch das Controlling auch die Informationsversorgung der übrigen Instanzen des Unternehmens in einem gesamtbetrieblich abgestimmten Konzept zu gestalten. Die Erfüllung dieser Aufgabe hat auf der Grundlage neuesten betriebswirtschaftlichen Methodenwissens unter Einbeziehung von moderner Datenverarbeitungs- und Kommunikationstechnologie zu erfolgen. Aufgrund der durch die Verwendung von Datenverarbeitungsverfahren zunehmenden Bestände an unverdichteten Daten stellt die Verdichtung und damit die Aggregation von Informationen ein Hauptproblem dar. Dies bedeutet, dass eine Vermeidung von Redundanzen sowie eine managementorientierte Informationsverdichtung, beispielsweise durch die Generierung und Aufbereitung von aussagefähigen Kennzahlen,[44] vorgenommen werden muss.

## 1.1.6 Unterstützung der Rationalitätssicherung als Controllingaufgabe

Das Controlling ist mit diesen zuvor dargestellten Aufgaben auch als zentraler Baustein einer **Corporate Governance** zu verstehen. Mit Corporate Governance ist allgemein der Ordnungs- und Strukturrahmen für die Unternehmensführung und –überwachung gemeint. Dieser ergibt sich primär aus Gesetzen und deren Auslegung in Rechtsprechung und Literatur. Mit dem für deutsche börsennotierte Unternehmen relevanten Deutschen Corporate Governance Kodex (DCGK)[45] sind die in Deutschland geltenden Regeln für Unternehmensführung und -überwachung für nationale wie internationale Investoren transparent gemacht worden, wobei es das primäre Ziel war, das Vertrauen in die Unternehmensführung deutscher Gesellschaften zu stärken. Dieser Kodex besteht einerseits in der Wiedergabe der gesetzlichen Regelungen, die von der Unternehmensführung pflichtgemäß zu beachten sind, und andererseits in über die gesetzlichen Vorschriften hinausgehenden Empfehlungen. Betroffene Aktiengesellschaften haben gem. § 161 AktG anzugeben, inwieweit sie den Empfehlungen folgen, wobei Abweichungen anzugeben und zu begründen sind. In den jeweiligen Anhängen zum Einzel- und Konzernabschluss muss auf diese Erklärung verwiesen werden. Inhaltlich werden erstens das Verhältnis der Gesellschaft zu den Aktionären sowie zweitens das von Vorstand und Aufsichtsrat einschließlich deren jeweilige Pflichten konkretisiert. Bezüglich der Aufgaben des Vorstands wird explizit die Einführung eines Risikomanagements und -controllings verlangt (DCGK 4.1.4).

Unabhängig von dem primär auf die Investoren zielenden Corporate Governance Kodex haben auch nichtbörsennotierte Gesellschaften führungsrelevante Ordnungsregeln zu beachten. So hat der Vorstand einer AG gem. § 93 Abs. 1 S. 1 AktG bei der Geschäftsführung die Sorgfalt eines ordentlichen und gewissenhaften Geschäftsleiters anzuwenden. Über Verweis gilt diese Vorschrift auch für die Geschäftsführer einer GmbH bzw. anderer Rechtsformen. In Satz 2 von § 93 Abs. 1 AktG wird dann festgestellt, dass keine Pflichtverletzung vorliegt, wenn der Vorstand **vernünftigerweise** annehmen durfte, auf der Grundlage angemessener Information zum Wohle der Gesellschaft zu handeln. Diese sog. „Business Judgement Rule" wird im Deutschen Corporate Governance Kodex in der Tz. 3.8

---

[44]  Vgl. beispielsweise Reichmann, T.: Controlling mit Kennzahlen, 2011; Reichmann, T./Lachnit, L.: Planung, Steuerung und Kontrolle, 1976, S. 705-723.
[45]  Zu Inhalt und Erläuterungen siehe http://corporate-governance-code.de/ (14.11.2011)

als Generalnorm für die Unternehmensführung aufgegriffen und bedeutet nichts anderes, als dass die Rationalität (=Vernunft) bei unternehmerischen Entscheidungen zu sichern ist, will die Geschäftsführung keine Pflichtverletzung begehen. Auch der Passus „auf der Grundlage angemessener Informationen" verdeutlicht die Relevanz eines Controllings. Somit hat sich der Controller nicht nur als interner Aufgabenerfüller zu verstehen, sondern er ist eingebunden in den Ordnungs- und Strukturrahmen des Unternehmens. Dabei ist seine Aufgabe in diesem Kontext die (interne) Transparenzschaffung durch die geeignete Generierung und Aufbereitung von Informationen sowie die Sicherstellung der Rationalität der Führungsentscheidungen vor dem Hintergrund der Unternehmensziele. Hierbei bleibt er aber stets dem Management untergeordnet, so dass der Controller nur im Zusammen-wirken mit dem Management diese Aufgaben ausführen kann. Er hat somit nicht die Machtbefugnisse eines Aufsichtsrats und kann daher letztlich dem Management nur Vor-schläge unterbreiten und dieses auf Missstände hinweisen. Eine eigenständige Kontaktauf-nahme zum Aufsichtsrat oder anderen Überwachungsorganen ist – anders als beim Wirt-schaftsprüfer – nicht vorgesehen und daher höchst problematisch. Umgekehrt kann der Aufsichtsrat jedoch ggf. in Absprache mit dem Vorstand auf das Controlling zukommen und für die Arbeit notwendige Informationen erfragen.

Die Sicherung der Führungsrationalität bedeutet eine enge Zusammenarbeit mit dem Management. Konkret sind Entscheidungen und der Weg dorthin zu hinterfragen. In Bezug auf die Auswahl und Anwendung eines Planungsmodells sollen die verschiedenen Möglichkeiten der Rationalitätssicherung exemplarisch veranschaulicht werden:[46]

- Prüfung des Modells vor seiner Anwendung (Inputrationalität)

  - Vermeidung von mangelnder Modelleignung (Modell adäquat für das zu lösende Problem? Sind die Anwendungsprämissen des Modells hinreichend gegeben?)

  - Vermeidung von Könnensdefiziten (Modell und dessen Prämissen den beteiligten Akteuren bekannt?)

  - Vermeidung von Wollensdefiziten (Modell und dessen Prämissen hinreichend vor Opportunismus der beteiligten Akteure geschützt?)

- Prüfung des Modells in seiner Anwendung (Prozessrationalität)

  - Prüfung des einzusetzenden Wissens

  - Vermeidung von Defiziten in der Wissens- und Informationsverarbeitung im Modell

  - Prüfung, ob der Modellanwendungsprozess dem Soll-Ablauf entspricht

- Prüfung der Modellergebnisse (Outputrationalität)

  - Vermeidung von Abweichungen der Modellergebnisse von den Anforderungen, z.B. hinsichtlich Genauigkeit

  - Durchführung von Plausibilitätschecks

---

[46]  Vgl. Weber, J./Schäffer, U.: Controlling, 2011, 47-50.

Die Umsetzung der Rationalitätssicherung bedeutet für das Controlling, die Unternehmensführung mit kritischer Distanz bei ihren Entscheidungen zu begleiten und ggf. Korrekturvorschläge einzubringen. Naturgemäß stark ist das Controlling in allen Bereichen der Unterstützung mit geeigneten Instrumenten und Methoden der Informationsgenerierung, der Planung und Kontrolle sowie der Koordination der Führungsteilsysteme. In anderen Feldern, wie etwa bei naturwissenschaftlichen technischen Abläufen oder hinsichtlich der Personalführung, kann der Controller lediglich auf die Einbindung entsprechender interner oder externer Expertise drängen.

## 1.2    Teilgebiete des Controllings

Zu den zentralen Aufgaben einer jeden **Unternehmensführung** gehört die nachhaltige Optimierung von Erfolg und Finanzen des Unternehmens. Unter einer **nachhaltigen Optimierung** wird hier eine Optimierung verstanden, die berechtigte Interessen aller Stakeholder berücksichtigt. Dies werden über die wirschaftlichen Ziele hinaus insbesondere Umweltschutz-, Sozial- und/oder Ethikziele sein. Bezüglich der Berücksichtigung ist jedoch zu unterscheiden. Geht die Berücksichtigung der Ziele konform mit der Optimierung von Erfolg und Finanzen, da etwa eine Umweltverschmutzung mit einer hohen Strafzahlung geahndet wird oder beim Verstoß gegen ethische Grundsätze (z.B. Kinderarbeit) negative Effekte auf den Umsatz aufgrund von Verbraucherboykotten drohen, ist dies im Zielsystem bereits berücksichtigt, da eine Einhaltung der Ziele im ureigenen Interesse des Unternehmens liegt. Wenn dagegen mehr gefordert wird als die Einhaltung aktueller gesetzlicher oder gesellschaftlicher Normen, d.h. ein Verstoß gegen diese Ziele hätte keine (unmittelbaren) negativen Auswirkungen auf die Erfolgs- und Finanzlage, so ist eine gesonderte Berücksichtigung als Ziel oder Nebenbedingung im Optimierungssystem notwendig.

Da das Wirtschaftsgeschehen unter Unsicherheit verläuft, gehört das Management von Risiken ebenfalls zu den Kernaufgaben der Unternehmensführung. Diese drei Problemfelder sind der menschlichen Wahrnehmung nicht unmittelbar zugänglich, sondern müssen mittels Quantifizierung über Kalküle und Kennzahlen darstellbar und führbar gemacht werden. Das Controlling hat die entsprechenden Führungsinformationssysteme zu entwickeln und zu betreuen.

Die **Erfolgs-, Finanz- und Risikogegebenheiten** des Unternehmens müssen zum einen aggregiert für das Gesamtunternehmen erfasst, analysiert und geführt werden, zum anderen sind die relevanten Erfolgs-, Finanz- und Risikoelemente auf teilbetrieblicher Basis zu betrachten, da nur so eine wirkungsvolle Führung dieser Sachverhalte im arbeitsteiligen Gesamtsystem Unternehmung möglich wird. Die **teilbetriebliche Auflösung** der Erfolgs-, Finanz- und Risikoelemente kann z.B. erfolgen nach Funktionalbereichen, Produktivfaktoren, Produktgruppen (Segmente, Profitcenter) und gegebenenfalls Projekten.

Außer in der organisatorischen Unterteilung nach Gesamtunternehmen und Unternehmensteilbereichen müssen die Erfolgs-, Finanz- und Risikoinformationen auch in **zeit-**

**licher Unterteilung** nach operativem und strategischem Führungshorizont vorliegen. Die operative Führung bezieht sich auf einen relativ zeitnahen Horizont, die Betrachtungsgegenstände sind sehr konkret und durch Rechnungswesendaten hinterlegt, die strategische Führung beruht dagegen auf längerfristigen Sichtweisen, wobei die Betrachtung auf so genannte Potenziale gerichtet ist und durch eigenständige strategische Informationsinstrumente, wie z.B. Portfolio- oder Stärken-Schwächen-Analysen, gestützt wird.

Zusammengefasst ergibt sich demnach die in **Abbildung 1.7** dargestellte **grundsätzliche Struktur eines Führungsinformationssystems.**

**Abbildung 1.7**    Strukturdimensionen eines Führungsinformationssystems

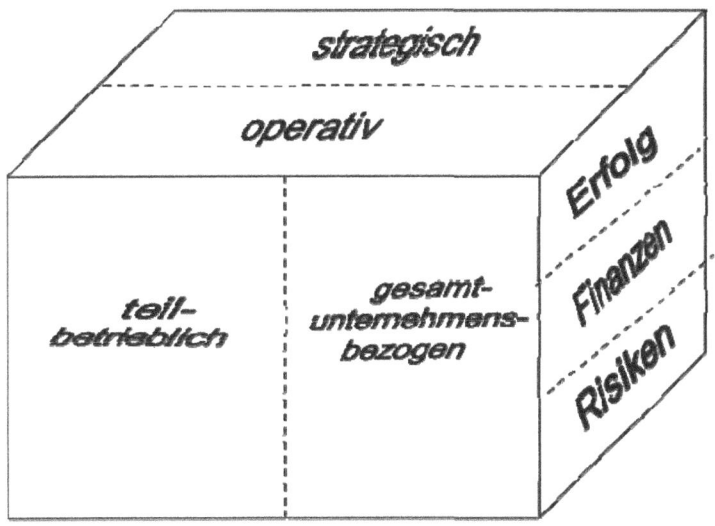

Die Abdeckung dieser Informationsanforderungen muss durch das Controlling geschehen, indem die entsprechenden Konzepte und Methoden entwickelt und führungsgemäß bereitgestellt werden.

## 1.2.1    Controllingteilgebiete nach Aufgabenaspekt

Gemäß der inhaltlichen Führungsaufgabe lassen sich die **Controllingteilgebiete**

- Erfolgscontrolling,
- Finanzcontrolling und
- Risikocontrolling

unterscheiden.

Der Niederschlag dieser Sachverhalt ist in Kennzahlen und dahinterliegenden Kalkülen wie folgt vorstellbar:

- Die **Erfolgslage** des Unternehmens konkretisiert sich z.B. in Größen wie Jahresergebnis, ordentliches Jahresergebnis, ordentliches Betriebsergebnis, Segmentergebnissen, Rentabilitäten, Wirtschaftlichkeiten oder Cashflow und in entsprechenden Kalkülen, wie z.B. GuV, Kosten- und Leistungsrechnung, Umsatz-, Kosten- und Betriebsergebnisplanung oder Cashflow-Planung.

- Die **Finanzlage** des Unternehmens konkretisiert sich z.B. in Kennzahlen zur Finanzstruktur, vor allem beständebezogene Bilanzkennzahlen, und zur Finanzkraft, wie z.B. Cashflow-Kennzahlen und Finanzfluss-Kennzahlen, sowie in Kalkülen, wie z.B. Cashflow-Statement oder kurz- und langfristigen Finanzplänen.

- Die **Risikolage** des Unternehmens konkretisiert sich in Ausmaß und Wahrscheinlichkeit der negativen Abweichung in betriebswirtschaftlich relevanten Sachverhalten, z.B. gesamtunternehmensbezogen als Überschuldungsgefahr in der denkbaren Verlusthöhe in Relation zum Eigenkapital, als Illiquiditätsgefahr im denkbaren Cashflow-Defizit in Relation zu Finanzreserven und als Kreditwürdigkeitsgefährdung in denkbaren Bilanzstrukturentwicklungen.

Das Controlling hat die Aufgabe, zur Abdeckung dieser Problembereiche die entsprechenden Führungsinformationen zu organisieren. Im Zusammenhang mit dem **Erfolgscontrolling** steht im Zentrum die Führung des Betriebsergebnisses gestützt durch Umsatz- und Kostenplanung bzw. dispositive Kosten- und Leistungsrechnung. Des Weiteren muss das Erfolgscontrolling die Führung von Finanzergebnis, ordentlichem Jahresergebnis und bilanziellem Jahresergebnis sowie von Rentabilitäten und wertorientierten Erfolgszahlen instrumentell unterstützen.

Die Aufgabe des **Finanzcontrollings** besteht darin, die informatorischen Instrumente für die Unternehmensführung bei der Optimierung der Finanzlage des Unternehmens bereitzustellen. Im Zentrum steht hierbei die kurz- und langfristige Sicherung der Liquidität. Als Instrumente des Finanzcontrollings werden dabei beständebezogene Finanzstrukturkennzahlen, bewegungsbezogene Finanzkraftkennzahlen und kurz- und langfristige Finanzpläne eingesetzt. Beständebezogene Finanzstrukturkennzahlen, wie z.B. Eigenkapitalanteil, Langfristkapitalanteil, Liquiditätsanteil oder Anlagedeckungsgrad, verdeutlichen im Aufbau von Vermögen und Kapital des Unternehmens vorhandene finanzielle Vorbegünstigungen oder Vorbelastungen künftiger Perioden und sind insbesondere im überbetrieblichen Vergleich hilfreiche Signale. Bewegungsbezogene Finanzzahlen, wie z.B. Cashflow zu Umsatz oder Cashflow zu Verbindlichkeiten, verdeutlichen die Finanzkraft des Unternehmens, eine Schichtung der gesamten Einnahmen und Ausgaben des Unternehmens nach Herkunft und Verwendung verdeutlicht die Ausgewogenheit in der Finanzpolitik der Periode. Finanzpläne sind schließlich das Instrument, um die finanzielle Entwicklung der Zukunft zu verdeutlichen.

Die Aufgabe des **Risikocontrollings** besteht darin, die Systeme zur Information über die Risiken des Unternehmens zu entwickeln sowie die Reaktions- und Gestaltungsfähigkeit der Unternehmensführung in Bezug auf die Risikosituation zu optimieren.[47] Im Einzelnen erfordert dies Instrumente auf den verschiedenen Stufen im Risikomanagementprozess, nämlich zu

- Risikoidentifikation und Risikoinventur,
- Risikoanalyse, Risikobewertung sowie Erfolgs- und Finanztransformation der Risiken,
- Risikopolitik und Risikosteuerung sowie
- Risikoüberwachung und Risikobericht.

Aus Sicht des Controllings sind neben der formalen und organisatorischen Ausgestaltung des Risikomanagements insbesondere die Aspekte der Identifikation, Bewertung, Aggregation und Berichterstattung von Risiken von Interesses. Zudem sind stets auch die Chancen gleichwertig zu berücksichtigen. Verlustmöglichkeiten werden immer nur dann hingenommen, wenn auch entsprechende Gewinnmöglichkeiten (Chancen) existieren.[48] Jedem Risiko steht i.d.R. eine Chance gegenüber. Um eine endgültige Aussage über Analyse und Bewertung von Risiken treffen zu können, muss deshalb eine Gegenüberstellung von Risiken und Chancen erfolgen,[49] auf was in Kapitel 4 vertieft eingegangen wird.

## 1.2.2 Controllingteilgebiete nach Zeitaspekt

Führungsentscheidungen und -prozesse können im Hinblick auf ihre zeitliche Reichweite und gegenstandsmäßige Bestimmtheit in strategische und operative Aufgaben unterschieden werden, und entsprechend ist bei der Unterstützung der Unternehmensführung durch Controlling zwischen strategischem und operativem Controlling zu unterscheiden.

Das **strategische Controlling** hat das Ziel der dauerhaften Existenzsicherung des Unternehmens unter Einbezug der sich ändernden Umweltbedingungen, was bedeutet, dass die künftigen Chancen und Risiken erkannt und beachtet werden müssen. In einer sich schnell verändernden Unternehmensumwelt hängen insbesondere strategische Unternehmensentscheidungen, wie beispielsweise die Entscheidung über langfristige Anlageinvestitionen oder die Einschätzung zukünftiger Nachfragetrends, von der Informationsgrundlage und deren subjektiver Bewertung sowie der Intuition und Vision des Entscheidungsträgers ab. Daher hat das führungsorientierte Rechnungswesen die Aufgabe, die hierfür notwendigen Prognosen, Planungen, Durchführungen und Kontrollen zu unterstützen. Zentrale Größen sind dabei strategische Erfolgsfaktoren, wie Marktanteil und Marktwachstum, die über verschiedene qualitative und quantitative Instrumente unter Beachtung von Trends, vorhandenen oder aufbaubaren Kompetenzen und Potenzialen, Strategien sowie Szenarien betrachtet werden können.[50]

---

47  Vgl. z. B. Lück , W.: Überwachungssystem, 1998, S. 84.
48  Vgl. Kromschröder, B./Lück W.: Unternehmensüberwachung, 1998, S. 1574.
49  Vgl. Dowd, K.: Value-at-Risk, 1998, S. 163.
50  Vgl. z. B. Scheffler, E.: Strategisches Management, 1989, S. 27-33; Wirtz, B. W.: Vision Management, 1996, S. 257-260.

Das **operative Controlling** arbeitet vorzugsweise mit gegenwarts- oder vergangenheitsorientierten Daten, die für einen kurz- bis mittelfristigen Planungshorizont fortgeschrieben werden. Diese Planungen beziehen sich auf die Realisation der aufgestellten und abgesteckten kurz- und mittelfristigen Ziele der Unternehmung, wobei Gewinn-, Rentabilitäts- sowie Liquiditätsgrößen im Vordergrund stehen. Dabei baut das operative Controlling weitgehend auf internen Informationsquellen auf und orientiert sich an wohldefinierten und wohlstrukturierten Problemen, weshalb standardisierte Instrumente, wie Planungs- und Kontrollsysteme, Budgetierungssysteme und Informationssysteme, eingesetzt werden können.[51] Wegen der Ausführungsnähe in den Betrachtungsgegenständen muss das operative Controlling sehr konkret und detailliert ausgestaltet sein.

Aufgrund der wenig differenzierten und schlecht strukturierten Problemstellungen wird eine Delegation von strategischen Controllingaufgaben im Gegensatz zum operativen Controlling in einem deutlich geringerem Maße möglich sein, so dass es überwiegend von der obersten Führungsebene vorgenommen werden muss.[52] Beide Controllingausrichtungen dürfen aber nicht isoliert voneinander betrachtet werden. „Die strategische Ausrichtung eines Unternehmens muß am 'hier und heute' anknüpfen (...) und die Strategie muß im Tagesgeschäft umgesetzt werden."[53] Dies macht eine Verbindung der operationalen mit der strategischen Controllingausrichtung notwendig, was seinen Ausdruck in der Entwicklungstendenz hin zu einem integrierten Controlling findet.[54]

Hinter der Unterscheidung von operativem und strategischem Controlling liegen die verschiedenartigen Erfordernisse und **Merkmale von operativer und strategischer Unternehmensführung. Abbildung 1.8** verdeutlicht zentrale Aspekte der Abgrenzung.

Die Aufgabe des Controllings besteht nun darin, für die strategische und die operative Unternehmensführung die entsprechende Unterstützung auf konzeptioneller, instrumenteller und informatorischer Basis zu bieten. Im Einzelnen bedingt das die Einrichtung und Funktionssicherung entsprechend zugeschnittener

- Informationssysteme sowie

- Planungs- und Kontrollsysteme.

Hinter der **Gestaltung der Informationssysteme** stehen die Teilprobleme der Informationsbedarfsanalyse, -beschaffung, -speicherung, -verarbeitung und -übermittlung jeweils mit Bezug auf die strategisch bzw. operativ relevanten Aspekte, also **strategisch** vor allem mit Bezug auf langfristige Erfolgs- und Finanzpotenziale unter Einbezug der Risikolage sowie Stärken und Schwächen des Unternehmens, **operativ** vor allem beinhaltend konkrete monetäre Daten zu Aufwand, Ertrag, Gewinn, Kosten, Leistung, Betriebsergebnis, Einnahmen und Ausgaben, Cashflow sowie Vermögen, Kapital und Bilanzrelationen. Das

---

[51]   Vgl. Kraus, H.: Operatives Controlling, 1990, S. 123.
[52]   Vgl. Krystek, H./Müller-Stewens, G.: Frühaufklärung, 1993, S. 173; Liessmann, K.: Strategisches Controlling, 1990, S. 343-364.
[53]   Dürr, H.: Controlling als Instrument, 1990, S. 61.
[54]   Vgl. Hahn, D.: Unternehmensziele, 1995, S. 337.

Spektrum der für die Gestaltung des Informationssystems relevanten Punkte reicht dabei von spezifisch gestalteten Datenbanken über Analyse-, Kreativitäts- und Koordinationstechniken bis zu Kommunikationssystemen und betrieblichem Berichtswesen.

**Abbildung 1.8**  Abgrenzung von operativer und strategischer Unternehmensführung

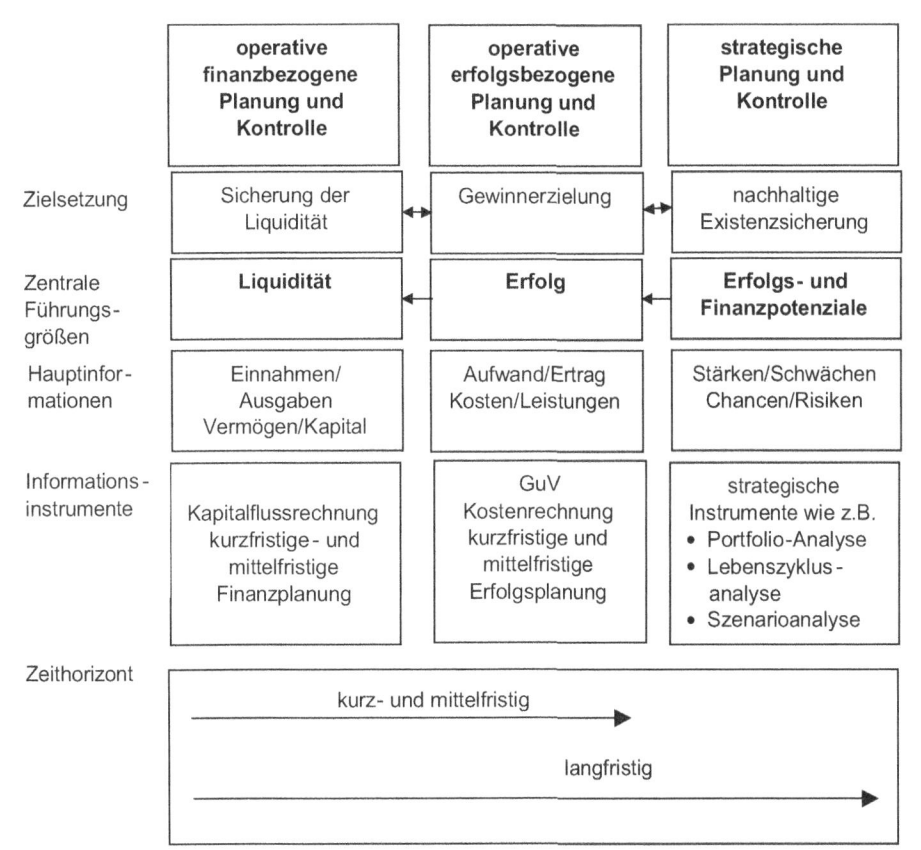

Die **Gestaltung der Planungs- und Kontrollsysteme** umfasst Entwicklung und Funktionssicherung eines systematischen Gesamtgebäudes der Planung, Steuerung und Kontrolle, wobei ausgehend von den gesamtunternehmensbezogenen Erfolgs-, Finanz-, Leistungs- und Sozialzielen auch die Auflösung dieser Unternehmensgesamtziele in Subzielen, z.B. nach Organisationseinheiten, Produktgruppen oder Regionen, abgedeckt werden muss. Diese Ziele sind zudem nach zeitlich-perspektivischem Aspekt in langfristig/strategische und kurzfristig/operative Dimensionen aufzulösen, wobei das Planungs- und Kontrollsystem die Module für die Planung, Steuerung und Kontrolle im strategischen und operativen Bereich getrennt vorhalten muss.

Im Zusammenhang mit der Planungsaufgabe umfasst das **Methodenspektrum** vielfältige Teile, wie z.B. Prognoseverfahren, Frühwarnsysteme, Analysetechniken, Planungstechniken, Optimierungsverfahren, Budgetierungsmodelle oder Vorgabekonzepte. Zur Kontrolle sind entsprechend realisierungsbegleitende und ex post-Kontrollen zu unterschieden, die wiederum auf Basis vielfältiger Methodendurchgeführt werden können. Zu beachten ist dabei, dass zwischen strategischer und operativer Methodenbasis der Planung und Kontrolle gravierende Unterschiede bestehen.

Die **Ansätze der strategischen Planung** sind relativ global, beruhen häufig auf Skalierung und subjektiver Wertung und haben Potenziale, d.h. potenzielle Wirkungsmöglichkeiten des Unternehmens, zum Gegenstand. Konkret sind die integrierte Produktprogramm und Potenzialplanung, die Potenzialstrukturplanung und die Führungsinformationssystemplanung zu unterstützen.[55]

In der integrierten **Produktprogramm- und Potenzialplanung** sind simultan die Produktarten, die daraus resultierenden Produktprogramme und die für dessen Realisierung notwendigen Potenziale zu bestimmen. Ausgangspunkt der Planung sollte der optimierte Einsatz der strategischen Vorteile des Unternehmens und damit die Erfolgsfaktorenanalyse sein, die im Rahmen der strategischen Geschäftsfeldplanung auf die Unternehmensteilbereich- bzw. Geschäftsfeldebene heruntergebrochen wird.[56] In Abhängigkeit von der Organisationsform sind auf dieser Ebene dann das Produktprogramm und die dafür notwendigen Potenziale zu planen. Zentrale Gegenstände sind somit Merger- and Akquisition-Vorhaben, Investitions- und Desinvestitionsentscheidungen sowie Personaleinstellungs- und -abbaumaßnahmen, wobei diese Teilplanungen wieder zu einer Unternehmens- oder Konzerngesamtplanung integriert werden müssen.

Die **Potenzialstrukturplanung** hat Fragen der Organisation, Rechtsform und Konzerngestaltung zum Inhalt, die insbesondere nach größeren Wachstums-, Schrumpfungs- oder Umstrukturierungsprozessen Gegenstand intensiverer Betrachtungen sein sollten. Diese Rahmenbedingungen des unternehmerischen Handelns sind größenorientiert, aber auch geschäftsfeldabhängig anzupassen. Daher ist eine integrative Verknüpfung mit der Produktionsprogramm- und Potenzialplanung sowie zur **führungspotenzialorientierten Planung** sicherzustellen. Letztere umfasst sowohl die personelle Orientierung auf die Führungskräfte und deren Motivationsmöglichkeiten, wie z.B. über Managementanreizsysteme,[57] als auch die sachliche Ausgestaltung der Führungsunterstützung mit der Führungsinformationssystemplanung, welche auch die Einbindung von Controlling sowie Management-Rechnungswesen beinhaltet.[58]

Beispiele für strategische Analyse- und Planungsverfahren sind z.B. Portfoliotechniken, Stärken-Schwächen-Profile, Lebenszyklusanalysen, Szenariotechniken und strategische Bilanzen.

---

[55] Vgl. Hahn, D./Hungenberg, H.: Controllingkonzepte, 2001, S. 359-460.
[56] Vgl. Hans, L./Warschburger, V.: Controlling, 1999, S. 54.
[57] Vgl. z.B. den Überblick bei Klingebiel, N.: Performance Measurement, 1999, S. 141-159.
[58] Vgl. Hahn, D./Hungenberg, H.: Controllingkonzepte, 2001, S. 459-460.

Die Aufgabe des strategischen Controllings ist es, die Unternehmensführung dabei zu unterstützen, einerseits die Erfolgspotenziale unter Berücksichtigung bestehender Chancen und Risiken aufzubauen, zu verteidigen und auszubauen sowie andererseits die vorhandenen oder bereitzustellenden Produktivfaktoren unternehmenszielorientiert zu optimieren.

Die **Planungen im operativen Zeithorizont** zielen dagegen auf den unternehmenszielgemäß optimierten Einsatz der vorgegebenen Potenziale. Dazu sind integrierte Produktprogramm- und funktionsbereichsbezogene Aktionsplanungen nötig, die soweit zu operationalisieren sind, dass die Ergebnisse als konkrete Vorgaben in das Ausführungssystem gegeben werden können.[59] Die Planung fußt dabei auf dem internen Abbildungsmodell der Kosten- und Leistungsrechnung und ist für Steuerungs- und Kontrollzwecke auch in dieser Struktur als Plankostenrechnung zu erstellen.[60] Wie bereits ausgeführt, ist das Abbildungsmodell jedoch auch um die Kalküle Vermögen und Kapital sowie Ein- und Auszahlungen zu erweitern bzw. in die extern orientierten Kalküle Aufwand und Ertrag zu transformieren.

Die Durchführung der operativen Planung erfolgt zwar generell in Abhängigkeit von der Unternehmensorganisation, wird aber tendenziell aufgrund des hohen Detaillierungsgrades in den Unternehmensteilbereichen durchgeführt werden. Die **Produktprogrammplanung** bestimmt Art und Menge der in einer festgelegten Periode zu produzierenden und abzusetzenden Produkte samt den bei angenommenen Preisen und Prozessen daraus resultierenden Kosten, Erlösen, Deckungsbeiträgen und Ergebnissen.[61] Durch die Verwendung von kalkulatorischen Eigenkapitalzinsen können bereits auf der Ebene der Produkte Entscheidungsalternativen wertorientiert optimiert ausgewählt werden, wobei jedoch stets die Abbildungsprämissen beachtet werden müssen.

Zum einen erfolgt die Planung mit monetären Größen. Um den Gesamtplan des Unternehmens zu erhalten, muss die **Funktionsbereicheplanung,** etwa mit den Teilplänen Absatz, Produktion, Beschaffung, Forschung und Entwicklung sowie Verwaltung, simultan durchgeführt werden. Die Teilpläne umfassen jeweils detaillierte kostenstellenbezogene Planungen, aus denen gleichzeitig Steuerungsinformationen, wie z.B. Budgetvorgaben, zu generieren sind, die in späteren Perioden Grundlage für Kontrollen und Abweichungsanalysen sein müssen.[62] Zum anderen beinhaltet die operative Funktionsbereicheplanung neben den monetären Werten aber auch weitere quantitative Sachverhalte, wie z.B. Mengen- und Zeitangaben oder Qualitätsanforderungen in Form von einzuhaltenden Toleranzwerten.

Die operative Planung hat im Kern konkrete, betriebswirtschaftlich klar definierte, primär monetäre Sachverhalte zum Gegenstand und beruht auf durch das Rechnungswesen detailliert unterstützten Verfahren, wie z.B.

---

59  Vgl. Hans, L./Warschburger, V.: Controlling, 1999, S. 104.
60  Vgl. Freidank, C.-C.: Systeme der Kostenrechnung, 2000, S. 15-17.
61  Vgl. Hahn, D./Hungenberg, H.: Controllingkonzepte, 2001, S. 464.
62  Vgl. Hahn, D./Hungenberg, H.: Controllingkonzepte, 2001, S. 505-507.

- Erfolgsplanung (Kosten-, Leistungs-, Betriebsergebnisplanung, Gesamtergebnisplanung)

- Finanzplanung (Einnahmen-, Ausgaben-, Liquiditätsbestandsplanung)

- Bilanzplanung (Vermögen- und Kapitalplanung)

- Budgetierung (nach Segmenten, Funktionalbereichen, Profitcentern usw.).

Zur **Integration** der operativen und strategischen sowie der Teil- und Gesamt-Planungen bietet sich eine Ausrichtung an den zentralen Unternehmenszielen an, die in der Wertorientierung oder allgemeiner in der Erfolgs- und Finanzoptimierung ggf. unter Einbezug konkreter Nachhaltigkeitsziele und Risikoparametrisierungen gesehen werden können.

Zusammenfassend kann man also die nach Zeitaspekt abzugrenzenden Controllingteilgebiete des strategischen und operativen Controllings wie folgt kennzeichnen:

- Das **strategische Controlling** bezieht sich auf die langfristig-globalen Aspekte der Entwicklung von Erfolgs-, Finanz- und Risikolage des Unternehmens. Die Betrachtungsgegenstände sind Potenziale, die Abbildung geschieht mit globalen quantitativen Schätzungen oder mit Methoden der empirischen Sozialforschung, wie z.B. Skalierungen und subjektiven Bewertungen. Die Anbindung dieser Abbildungen an die konkret-monetären Gegenstände des operativen Controllings, wie z.B. Aufwand, Ertrag, Gewinn, Einnahmen, Ausgaben, Cashflow oder Vermögen und Kapital, bereitet dabei große Schwierigkeiten.

- Das **operative Controlling** richtet sich auf die kurzfristige, konkret-detaillierte Planung, Steuerung und Kontrolle der relevanten Erfolgs-, Finanz- und Risikogrößen des Gesamtunternehmens einschließlich ihrer Auflösung im organisatorischen Strukturbau des Unternehmens, z.B. nach Funktionalbereichen, Segmenten oder Regionen. Die Betrachtungsgegenstände sind vor allem monetäre Größen, die Methoden sind primär quantitativer, rechnungswesenbasierter Natur.

# 1.3 Instrumente des Controllings

Die **Controllinginstrumente** lassen sich entsprechend ihrer Struktur in dispositive Einzeltechniken sowie Kalküle des entscheidungsbezogenen Rechnungswesens einteilen. Während dispositive Einzeltechniken methodische Teilstücke darstellen, die bislang recht aleatorisch ohne festen Platz in Rechnungswesen oder betrieblichen Informationssystemen angeboten werden, handelt es sich bei den Kalkülen des entscheidungsbezogenen Rechnungswesens um managementgemäß ausgestaltete Ergebnis- und Finanzrechnungen unter Berücksichtigung der Risikolage, die in die Arbeit des Controllings systematisch eingebracht werden können.

Die **dispositiven Einzeltechniken** (**Abbildung 1.9**) lassen sich in Analyse-, Prognose- und Planungs- sowie Kontrolltechniken unterteilen, wobei die Zuordnung der Techniken auf die einzelnen Anwendungsfelder nicht überschneidungsfrei möglich ist. Sie wird nachstehend unter dem Gesichtspunkt vorgenommen, wo das jeweilige Instrument hauptsächlich zum Einsatz kommt.

**Abbildung 1.9**     Einteilung von dispositiven Controlling-Einzeltechniken

| Operative Analysetechniken | Strategische Analysetechniken |
|---|---|
| ▨ ABC-Analyse | ▨ Stärken-Schwächen-Analyse |
| ▨ Wertanalyse | ▨ Lebenszyklus-Analyse |
| ▨ Kosten-Nutzen-Analys | ▨ Portfolio-Analyse |
| ▨ Break-Even-Analyse | ▨ Gap-Analyse |
| ▨ Gemeinkostenanalyse | ▨ Szenario-Technik |
| ▨ Kennzahlen und Kennzahlen-<br>systeme | ▨ ... |
| ▨ ... | |

Prognose- und Planungstechniken
- ▨ Qualitative Prognoseverfahren, wie z.B. Delphi-Methode
- ▨ Quantitative Prognoseverfahren, wie z. B. Zeitreihenverfahren, kausale Prognoseverfahren, Simulationsmodelle, OR-Prognosemodelle
- ▨ EDV-gestützte Planungs- und Simulationssysteme
- ▨ Budgetierungstechniken
- ▨ Netzplantechnik
- ▨ Entscheidungsbaumverfahren
- ▨ ...

Kontrolltechniken
- ▨ mitlaufende und nachträgliche Kontrolle
- ▨ Eigen- und Fremdkontrolle
- ▨ direkte und indirekte Kontrolle
- ▨ interne und externe Kontrolle
- ▨ Vollkontrolle oder Stichprobenkontrolle
- ▨ ....

Als Ausstattung eines Controllinginstrumentariums mit relativ pragmatischem Zuschnitt definiert die DIN SPEC 1086 folgende Positionen:

- „Anforderungen und Format einer Unternehmensplanung/strategischen Planung,

- Planstruktur mit festen Planungszyklus und Verantwortlichkeiten sowie definierten Planungselementen, Genehmigungsverfahren, Planungs- und Budgetierungsperioden, Vergleichsperioden und Zeit- und Ablaufschemata,

- Erforderliche Detaillierung der Planung und der Ist-Erfassung bezüglich Erlösen, Leistungen, Kosten, Investitionen, Personal und sonstigen Kennzahlen,

- Struktur des Kontenrahmens mit Kontenschlüsseln,

- Kostenstellenstruktur mit festgelegten Kostenverantwortlichen,

- Festlegung der betriebswirtschaftlichen Anforderungen an Arbeitspläne und Stücklisten bzw. Stufennormen, sofern der spezifische Geschäftsbetrieb es erfordert,

- Kalkulationsverfahren,

- Erarbeitung von Prinzipien der innerbetrieblichen Leistungsverrechnung,

- Definition von Verrechnungspreisrichtlinien zwischen Konzerngesellschaften,

- Abrechnungsperioden mit letztem Tag der Periode als Buchungstag,

- Liste der zu erstellenden Berichte mit Turnus, Verantwortlichkeiten und Empfängerkreis,

- Vorgehensweise und Detaillierung der Erstellung von Erwartungsrechnungen / Forecasts,

- Definition von Kennzahlen mit ihren Berechnungsregeln und Messmethoden sowie von betriebswirtschaftlichen Begriffen." [73]

Während bei der Anwendung der genannten Controlling-Einzeltechniken die Fundierung unternehmerischer Entscheidungen im Zusammenhang mit eng umrissenen Teilaufgaben erreicht werden soll, liegt die Funktion von Controllingkalkülen des entscheidungsorientierten Rechnungswesens in Lenkungsaufgaben, die sich auf die gesamte Unternehmung bzw. auf organisatorische Teilbereiche erstrecken. Als Kern für ein Führungs-Informationssystem stehen insbesondere die Angaben aus dem betrieblichen Rechnungswesen, also vor allem aus Finanz- und Betriebsbuchhaltung, Jahresabschluss, Kostenrechnung, betriebswirtschaftlicher Statistik und Planungsrechnung zur Verfügung.

Sobald diese Instrumente führungsunterstützenden Charakter haben, sind sie als Teile des **Management-Rechnungswesens** zu verstehen.[74] **Abbildung 1.10** zeigt die Instrumente des Management-Rechnungswesens, unterteilt in den externen und internen Bereich.

Diese insbesondere in Deutschland gewachsene Trennung von internem und externem Rechnungswesen wird jedoch vor dem Hintergrund einer möglichen **Konvergenz** der beiden Bereiche intensiv diskutiert, wobei als ursächlich hierfür vorrangig die fortschreitende Internationalisierung der Rechnungslegung gilt.[75] Im Vergleich zur am Gläubigerschutz orientierten HGB-Rechnungslegung wird die internationale Rechnungslegung als für interne Steuerungszwecke geeigneter angesehen, da sie weniger stark durch das Vorsichts- und das Imparitätsprinzip geprägt ist. Lange Zeit wurde daher in Schrifttum und Praxis die Harmonisierung von internem und externem Rechnungswesen überwiegend vor dem Hintergrund diskutiert, dass die Unternehmensleitung bzw. stellvertretend das Controlling Instrumente und Ermittlungsansätze des externen Rechnungswesens in das interne Rechnungswesen übernimmt (sog. externe Dominanz der Harmonisierung).

73 Vgl. DIN SPEC 1086:2009-04, S. 8.
74 Vgl. Müller, S.: Management-Rechnungswesen, 2003, S. 127-130.
75 Vgl. stellvertretend Müller, S.: Management-Rechnungswesen, 2003, S. 90-91;

**Abbildung 1.10** Bestandteile des Management-Rechnungswesens

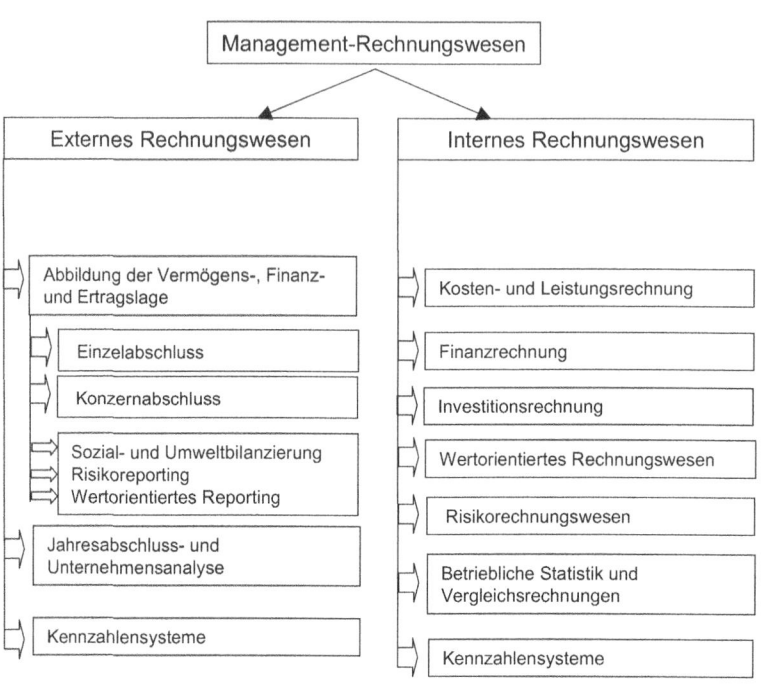

Die **Harmonisierung von externem und internem Rechnungswesen** kann jedoch grundsätzlich aus beiden Richtungen erfolgen. Im Bereich der Cashflow-Rechnungen und Liquiditätsbetrachtungen existiert alleine von der Grundlage der Rechnung her vollständige Konvergenz, da Geld intern wie extern nicht anders bewertet oder erfasst werden muss. Eine interne Dominanz der Harmonisierung liegt dabei vor, wenn der Gesetzgeber bzw. der Standardsetter bei der Ausgestaltung von Rechnungslegungsvorschriften auf das interne Steuerungs- und Berichtssystem zurückgreift. Dies ist seit kurzem verstärkt in der HGB- oder IFRS-Rechnungslegung zu beobachten. So verlangen beide Rechnungslegungssysteme die Bewertung von Rückstellungen zum (abgezinsten) Erfüllungsbetrag, für Abwertungen müssen zukünftige Nutzwerte ermittelt werden und auch die Aktivierung von latenten Steuern aus Verlustvorträgen erfordert jeweils die Betrachtung der zukünftigen Realisierbarkeit.

Die derzeit weitestgehende Übernahme von internen Werten in die Rechnungslegung erfolgt bei der **Segmentberichterstattung** nach IFRS 8, der fast wortgleich der entsprechenden Regelung nach US-GAAP entspricht. Bei diesem als Management Approach bezeichneten Ansatz muss den Abschlussadressaten eine Betrachtung des Unternehmens

„through the management's eyes"[76] ermöglicht werden. Dabei sind die zu veröffentlichten Informationen unmittelbar vom internen Rechnungswesen zu übernehmen, eine Anpassung an die IFRS erfolgt erst in der Überleitungsrechnung zu den jeweiligen Gesamtkonzerndaten, die der IFRS-Rechnungslegungsnorm zu entsprechen haben. Empirische Studien zeigen, dass die im DAX, MDAX und SDAX notierten Unternehmen in ihren Segmentberichterstattungen kaum Anpassungen vornehmen.[77] Daher ist davon auszugehen, dass diese Großkonzerne zumindest auf Segmentebene bereits intern mit IFRS-Daten steuern und somit die Konvergenz im Rechnungswesen hier weit fortgeschritten ist.

Somit wird das Controlling einerseits Informationslieferant für die externe Rechnungslegung und steht daher auch mit seinen diesbezüglichen Handlungen unter der Kontrolle der Wirtschaftsprüfung und des Aufsichtsrats, gleichzeitig bietet der Jahresabschluss aber auch einen sehr guten Informationspool, den das Controlling für seine managementunterstützende Tätigkeit auszuwerten hat.[78] Schließlich ist der Jahresabschluss – oft als Visitenkarte des Unternehmens bezeichnet – auch der Ausgangspunkt z.B. für Kapitalvergabeentscheidungen externer Investoren und Kreditinstitute. Letztere sind nach § 18 KWG zur Analyse des Jahresabschlusses vor der Vergabe von Kredit ab einem bestimmten Volumen verpflichtet und haben je nach dem primär auch aus diesen Zahlen ermittelten Risiko eine begründete Entscheidung über die Kreditvergabe zu treffen und ggf. die Zinsen risikoadäquat zu berechnen.[79] Daher hat sich das Controlling intensiv auch mit der Rechnungslegung und den dort verwendeten Normen zu befassen[80] und muss die Auswirkungen des Jahresabschlusses auf die Adressaten abschätzen und ggf. durch begleitende Erläuterungen korrigieren können.

Ein verantwortungsvolles Management muss die Entwicklung von Erfolg, Finanzen und Risiken des Unternehmens systematisch lenken. Mithin sind die Instrumente des Management-Rechnungswesens systematisch zu gegenstandsspezifischen Instrumentenkästen zusammenzufügen. Als Kalküle des **Erfolgscontrollings** sind z.B. dispositive Kostenrechnungsverfahren, Absatz- und Umsatzprognoseverfahren, systematische Umsatz-, Kosten- und Ergebnisplanung sowie die kurzfristige Erfolgsrechnung zu nennen. Die Kalküle des **Finanzcontrollings** umfassen dagegen bestände- und bewegungsbezogene Finanzrechnungen, wie z.B. Bilanzkennzahlen oder Cashflow-Statements, sowie integrierte Erfolgs-, Bilanz- und Finanzplanungssysteme. Als Kalküle des **Risikocontrollings** sind schließlich zu nennen systematische Risikoinventurkalküle, Kalküle zu Risikobewertung, Risikoaggregation und Risikotransformation in Erfolgs- und Finanzdaten unter Feststellung des Gesamtrisikoeffekts in Hinblick auf Illiquidität, Überschuldung sowie Bilanzstruktur.

---

76   IASB (Hrsg.): Convergence Standard, 2006.
77   Vgl. Blase, S./Müller, S.: IFRS-8-Erstanwendung, 2009, S. 537-544.
78   Vgl. z.B. Lorson, P.: Controlling, 2011, S. 313-314.
79   Vgl. Müller, S./Brackschulze, K./Mayer-Fiedrich, M. D.: Basel III, 2011, S. 6-20.
80   Vgl. z.B. Engelbrechtsmüller, C./Losbichler, H. (Hrsg.): CFO Schlüssel-Know-how IFRS, 2010; FAK IFRS des ICV: Controllerstatement IFRS, 2011.

# Controlling-Kennzahlensysteme

## Kapitel 5.2

Laurenz Lachnit / Stefan Müller
Unternehmenscontrolling
Managementunterstützung bei Erfolgs-, Finanz-,
Risiko- und Erfolgspotenzialsteuerung
2. Auflage 2013

Entnommen aus Kapitel 6.1-6.2:
Notwendigkeit von Controlling-
Kennzahlensystemen
Return on Investment (ROI)-Kennzahlensystem

# 6 Controlling-Kennzahlensysteme

## 6.1 Notwendigkeit von Controlling-Kennzahlensystemen

Die Wirkungskraft des Controllingsystems der Unternehmung hängt nicht unwesentlich davon ab, dass die führungsrelevanten Sachverhalte hinreichend klar erfasst, geplant, vorgegeben und kontrolliert werden. Dies setzt eine zahlenmäßige Konkretisierung voraus. Als Zahlenmaterial stehen zunächst die Angaben aus dem betrieblichen Rechnungswesen zur Verfügung. Diese Angaben sind jedoch nur zu einem geringen Teil als Führungsinformationen geeignet, da sie wegen vielfältiger Detaillierungsanforderungen und umfangreichen Dokumentationspflichten nicht den nötigen Überblick zulassen. Daher ist es erforderlich, für die Unternehmensleitung ein gesondertes Informationssystem, sozusagen ein **Management-Armaturenbrett,** einzurichten, welches in konzentrierter Form über die für die Unternehmensführung wichtigen Sachverhalte, wie z.B. Rentabilität, Liquidität, Erfolgsquellen oder Unternehmensstruktur, berichtet.

Wegen der nötigen komprimierten und akzentsetzenden Aussage eignen sich für ein solches Informationssystem in besonderer Weise betriebswirtschaftliche **Kennzahlen.** Es handelt sich dabei um Verhältniszahlen und absolute Zahlen, die in konzentrierter Form über quantifizierbare betriebswirtschaftlich interessierende Sachverhalte einer gewissen Mindestbedeutung informieren.[545] Das Spezifische an Kennzahlen ist die konzentrierte und präzise Berichterstattung. Die Darstellung eines Sachverhaltes in einer einzigen Zahl entspricht wohl dem Erfordernis gezielter, selten aber dem ausgewogener Informationen. Um eine ausgewogene und zugleich konzentrierte Information zu gewährleisten, muss statt isolierter Einzelkennzahlen ein **Kennzahlensystem** benutzt werden, in welchem die einzelnen Kennzahlen in einer sachlich sinnvollen Beziehung zueinander stehen, einander ergänzen oder erklären und insgesamt auf den gemeinsamen übergeordneten Sachverhalt ausgerichtet sind.[546]

Die Zusammenstellung der Kennzahlen muss entscheidungsorientiert erfolgen, wobei die Auswahl der Zahlen und die Strukturierung des Zahlenwerks sich im Einzelnen nach dem Zweck richten, dem das System dienen soll. Zur Erfolgsführung eignet sich zunächst ein **Rentabilitäts-Kennzahlensystem,**[547] in welchem ausgehend von der Spitzenkennzahl ROI (Return on Investment) in systematischer Auflösung wesentliche Determinanten der Erfolgslage des Unternehmens dargestellt werden. In Anbetracht der Tatsache, dass neben der Erfolgs- auch die Liquiditätslage des Unternehmens gezielte Führung erfordert, liegt es nahe,

---

[545] Vgl. z.B. Küting, K./Weber, C.-P.: Bilanzanalyse, 2009, S. 24-26; Lachnit, L.: Bilanzanalyse, 2004, S. 39-42; Lachnit, L.: Jahresabschlußanalyse, 1979, S. 15-18; Reichmann, T.: Controlling mit Kennzahlen, 2011, S. 23-26.

[546] Vgl. z.B. Lachnit, L.: Bilanzanalyse, 2004, S. 42-50.

[547] Vgl. z.B. Lachnit, L.: Bilanzanalyse, 2004, S. 214-227.

das ROI-System zu einem integrierten **Rentabilitäts-Liquiditäts-(RL-)Kennzahlensystem**[548] auszubauen, in welchem flankierend auch Nachhaltigkeits-, Risiko- und wertorientierte Kennzahlen enthalten sind. Einen weiteren Schritt in der Entwicklung von Kennzahlensystemen stellt schließlich die **Balanced Scorecard** dar, die neben der finanzwirtschaftlichen Lenkung mittels Erfolgs- und Finanzkennzahlen auch Kennzahlen aus weiteren Bereichen, wie z.B. Absatzmarkt, Betriebsprozesse oder Mitarbeiterpotenzial und zum Teil auch in Gestalt von Indikatoren für qualitative Sachverhalte, benutzt und dieses Kennzahlengebäude in strategisch-operativer Verzahnung ausgestaltet.

# 6.2 Return on Investment (ROI)-Kennzahlensystem

Das **ROI-System** ist als mathematisch verknüpfte Kennzahlenpyramide gebaut. Die Kennzahlen-Pyramide beginnt mit der in oberster Ebene befindlichen Spitzenkennzahl Return on Investment (ROI). Die Kennzahl ROI gibt die Investivrendite des Unternehmens oder von Geschäftsbereichen an und stellt so eine typische Globalkennzahl zur Beurteilung der Erfolgslage von gesamten Unternehmen oder Segmenten dar.[549] Sie errechnet sich aus zwei weiteren Kennzahlen, der Kapital (Vermögens-)umschlagshäufigkeit multipliziert mit der Umsatzrentabilität. Die **Umschlagshäufigkeit** entsteht als Quotient aus den auf einer tieferen Ebene befindlichen beiden Kennzahlen Umsatz und Kapital bzw. Vermögen, die **Umsatzrentabilität** aus Gewinn und Umsatz. Bei diesem Ansatz wird die Rentabilität des Gesamtunternehmens als oberstes Unternehmensziel angesehen.

Insgesamt ergibt sich die in **Abbildung 6.1** wiedergegebene Grundstruktur eines ROI-Systems, welches vom Jahresergebnis nach Einkommen- und Ertragsteuern (Jahresergebnis n. EE-Steuern) ausgeht.[550]

Durch Erweiterung des **Gesamtkapital-ROI** mit dem Umsatz erhält man die Kennzahlen[551]

■ Umsatzrentabilität (Jahresergebnis : Umsatz)

und

■ Kapitalumschlagshäufigkeit (Umsatz : Gesamtkapital).

---

[548]   Vgl. z.B. Lachnit, L.: RL-Kennzahlensystem, 1998, S. 24-40.
[549]   Vgl. z.B. Küting, K./Weber, C.-P.: Bilanzanalyse, 2009, S. 33; Lachnit, L.: Bilanzanalyse, 2004, S. 215-217; Reichmann, T.: Controlling, 2011, S. 92.
[550]   Vgl. Lachnit, L.: Bilanzanalyse, 2004, S. 46.
[551]   Vgl. z.B. Gräfer, H.: Bilanzanalyse, 2005, S. 96-100; Küting, K./Weber, C.-P.: Bilanzanalyse, 2001, S. 298-304.; Lachnit, L.: Bilanzanalyse, 2004, S. 217.

**Abbildung 6.1**  Grundstruktur eines ROI-Kennzahlensystems

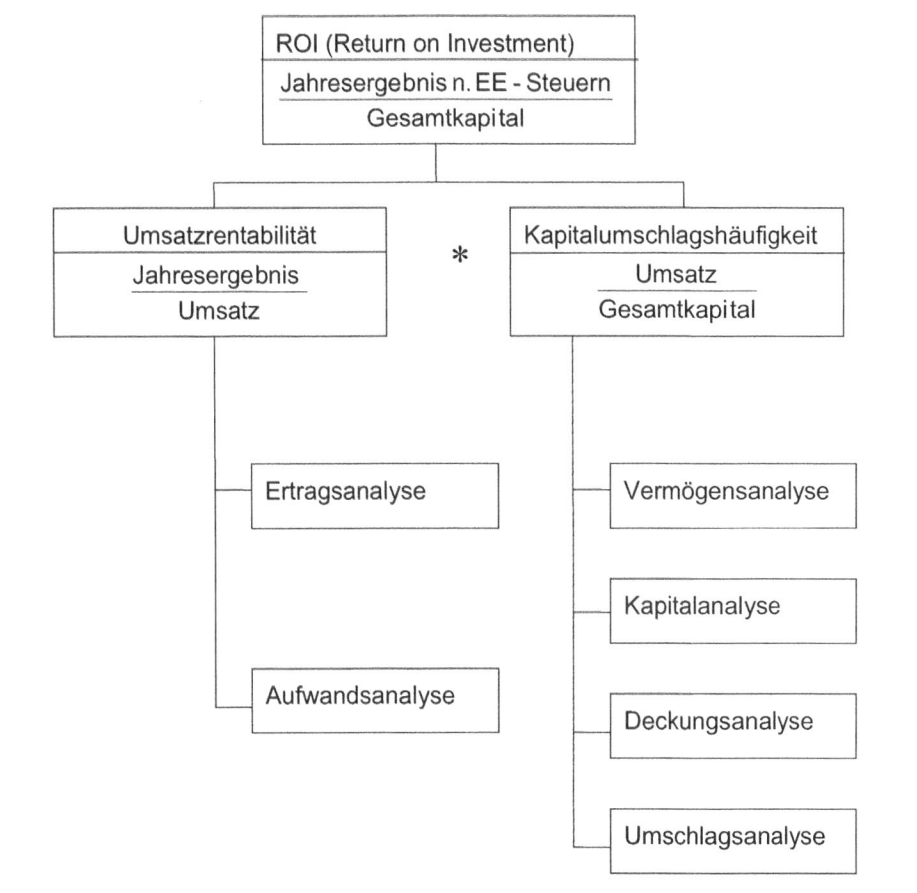

Die beiden Kennzahlen Umsatzrentabilität und Kapitalumschlagshäufigkeit werden recht häufig benutzt, sind aber in der obigen undifferenzierten Form höchst problematisch.[552] Zum einen enthält das Jahresergebnis nach Steuern eine Reihe von Komponenten, die nicht mit dem Umsatz zusammenhängen, wie z.B. Finanzergebnis, unregelmäßiges und außerordentliches Ergebnis, und wird außerdem durch die gewinnabhängigen Steuern verzerrt, so dass die Relation von Jahresergebnis zu Umsatz keine sinnvolle Funktionalität abbildet. Zum anderen wird bei der Ermittlung der Kapitalumschlagshäufigkeit das Gesamtkapital (Gesamtvermögen) zum Umsatz in Beziehung gesetzt, was problematisch ist, denn im Gesamtvermögen ist auch das Finanzvermögen enthalten, welches nicht durch den Umsatz umgeschlagen wird und insoweit also je nach Höhe dieses Vermögensteils die Kapitalumschlagshäufigkeit verfälscht.

---

[552] Vgl. Lachnit, L.: Bilanzanalyse, 2004, S. 219-221.

Um die Rentabilitätszusammenhänge des Unternehmens mit einem ROI-Kennzahlensystem sachgemäß planen, steuern und kontrollieren zu können, sind etliche **Ausdifferenzierungen bezüglich Inhalt der Kennzahlen und Baustruktur des Systems** nötig. Zu nennen sind vor allem folgende Punkte:[553]

- Benutzung eines Ergebnisses vor Abzug von Gewinnsteuern, um Verzerrungen der Ergebnisgröße durch Steuersystemunterschiede oder Verlustvorträge zu vermeiden, da diese Sachverhalte nicht Ausdruck der investiven Effizienz des Unternehmens sind.

- Benutzung des ordentlichen Ergebnisses, d.h. Ausschluss von unregelmäßigen, periodenfremden, bilanzpolitischen und außerordentlichen Ergebniskomponenten, da diese Sachverhalte nicht erwirtschaftete Rendite, d.h. ebenfalls nicht Ausdruck der investiven Effizienz des Unternehmens sind.

- Die Kennzahl Umsatzrentabilität darf im Zähler nicht das gesamte ordentliche Jahresergebnis, sondern nur das ordentliche Betriebsergebnis enthalten, denn nur dieses Ergebnis stammt aus dem Umsatz- bzw. Leistungsprozess.

- Im Nenner der Kennzahl Umsatzrentabilität muss statt des Umsatzes gegebenenfalls die Gesamt- oder Betriebsleistung stehen, wenn große Bestandsänderungen bei unfertigen und fertigen Erzeugnissen und nicht abgerechneten Leistungen vorliegen, denn in diesem Fall liefert der Umsatz kein sinnvolles Bezugsmaß.

- Die Kennzahl Umschlagshäufigkeit darf nicht mit Bezug auf Gesamtkapital bzw. Gesamtvermögen ermittelt werden, sondern nur mit Bezug auf das Betriebsvermögen. In Gesamtvermögen bzw. Gesamtkapital ist auch das Finanzvermögen enthalten, welches sich im Leistungsprozess nicht umschlägt.

- Die Wertansätze für Vermögen bzw. Kapital sind in einem Controllingsystem für Zwecke der Rentabilitätsführung nicht zwingend identisch mit denen in der handelsrechtlichen Bilanz. Zur Beurteilung der wirtschaftlichen Effizienz des Werteeinsatzes sind zeitnahe und vollständige Werteabbildungen nötig. So stellt sich z.B. die Frage der Berücksichtigung von stillen Reserven oder der Nachaktivierung von Vermögen, welches handelsrechtlich nicht angesetzt werden darf, wie z.B. originäres immaterielles Anlagevermögen, oder nicht angesetzt worden ist, wie z.B. derivative Geschäfts- oder Firmenwerte aus früheren Unternehmenskäufen bei neutraler Verrechnung mit den Rücklagen.

- Aufspaltung des ROI-Kennzahlensystems in zwei Teilsysteme, nämlich Betriebsvermögens-ROI-System und Finanzvermögens-ROI-System. Die Einzelheiten werden im Kapitel 6.3.2.1 dargestellt.

---

[553] Vgl. Lachnit, L.: Bilanzanalyse, 2004, S. 220-221.

# Balanced Scorecard

# Kapitel 5.3

Jean-Paul Thommen / Ann-Kristin Achleitner
Allgemeine Betriebswirtschaftslehre
Umfassende Einführung aus
managementorientierter Sicht
7. Auflage 2012

Entnommen aus Kapitel 4.4.3:
Balanced Scorecard

| 4.4.3 | **Balanced Scorecard** |

Die **Balanced Scorecard** ist ein umfassendes Managementinformationssystem, das sowohl finanzielle als auch nichtfinanzielle Kennzahlen zu einem umfassenden System zusammenführt.

Das Wort „Balance" weist auf die Bedeutung der Ausgewogenheit hin zwischen

- kurzfristigen und langfristigen Zielen,
- monetären und nichtmonetären Kennzahlen,
- Spätindikatoren und Frühindikatoren,
- externen und internen Leistungsperspektiven.

Die Balanced Scorecard übersetzt die Vision und die daraus abgeleitete Unternehmungsstrategie in Ziele und Kennzahlen aus vier Bereichen (▶ Abb. 349):

1. Die **finanzwirtschaftliche Perspektive,** die immer mit der Rentabilität verbunden ist, manchmal auch mit Umsatz- und Cashflow-Wachstumskennzahlen.
2. Die **Kundenperspektive,** die Kennzahlen enthält wie Kundenzufriedenheit, Kundentreue, Kundenakquisition, Kundenrentabilität, Gewinn- und Marktanteile, kurze Durchlaufzeiten.
3. Die **interne Prozessperspektive,** die den Schwerpunkt legt auf die Identifizierung neuer Prozesse, die ein Unternehmen zur Erreichung optimaler Kundenzufriedenheit schaffen muss. Sie befasst sich mit der Integration von Innovationsprozessen.
4. Die **Lern- und Entwicklungsperspektive,** die jene Infrastruktur identifiziert, die ein Unternehmen schaffen muss, um ein langfristiges Wachstum und eine kontinuierliche Verbesserung zu sichern.

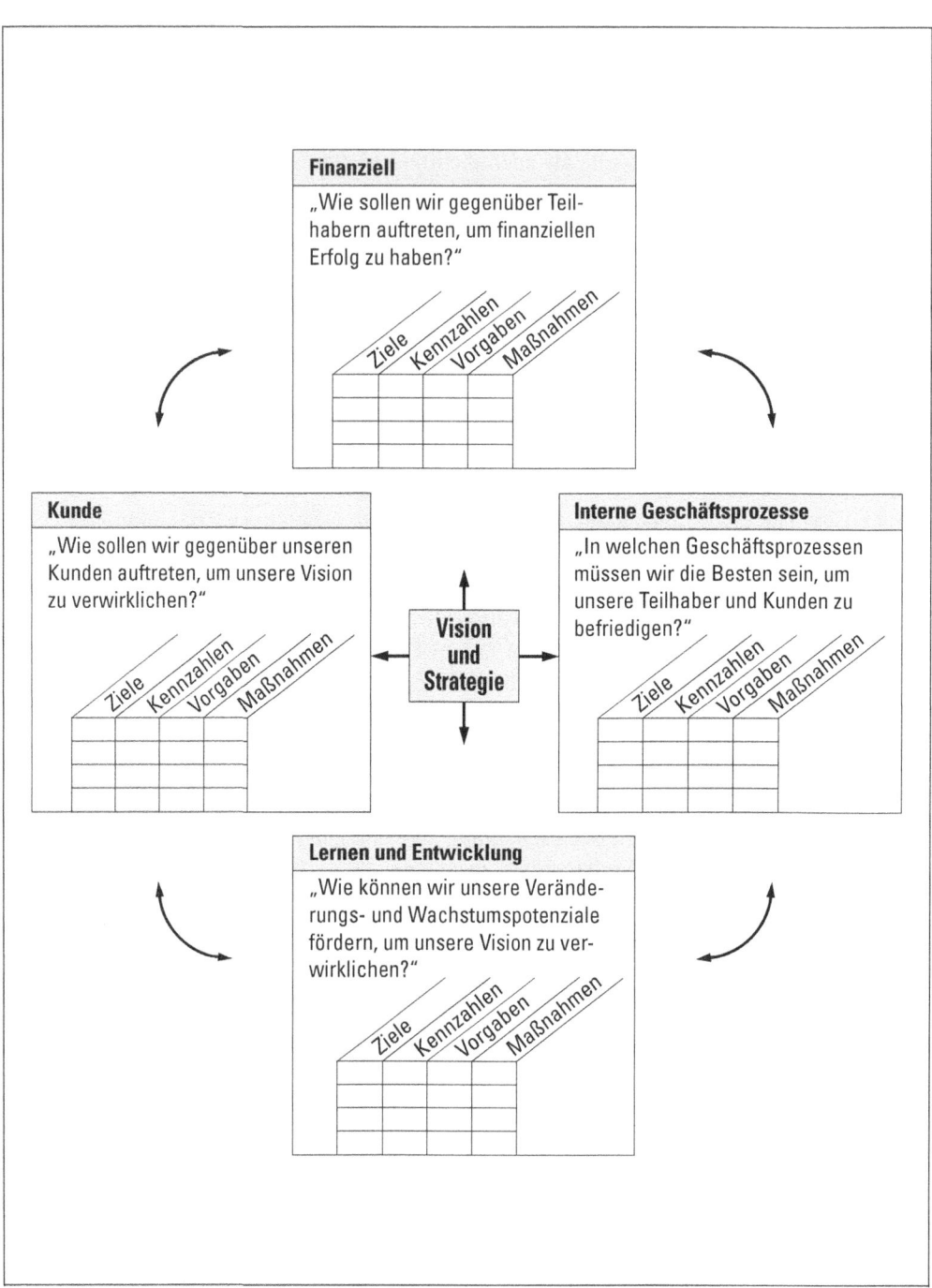

▲ Abb. 349  Balanced Scorecard (Kaplan/Norton 1997, S. 9)

Die Balanced Scorecard dient aber nicht nur der Erfassung und Verknüpfung der Ziele und Kennzahlen unterschiedlicher Unternehmensbereiche und -aktivitäten, sondern ist auch ein Instrument der Strategieumsetzung, d.h. der Umsetzung der Vision und Strategie in zielführende Aktivitäten sowie der Strategieevaluation durch ein Feedbacksystem (▶ Abb. 350).

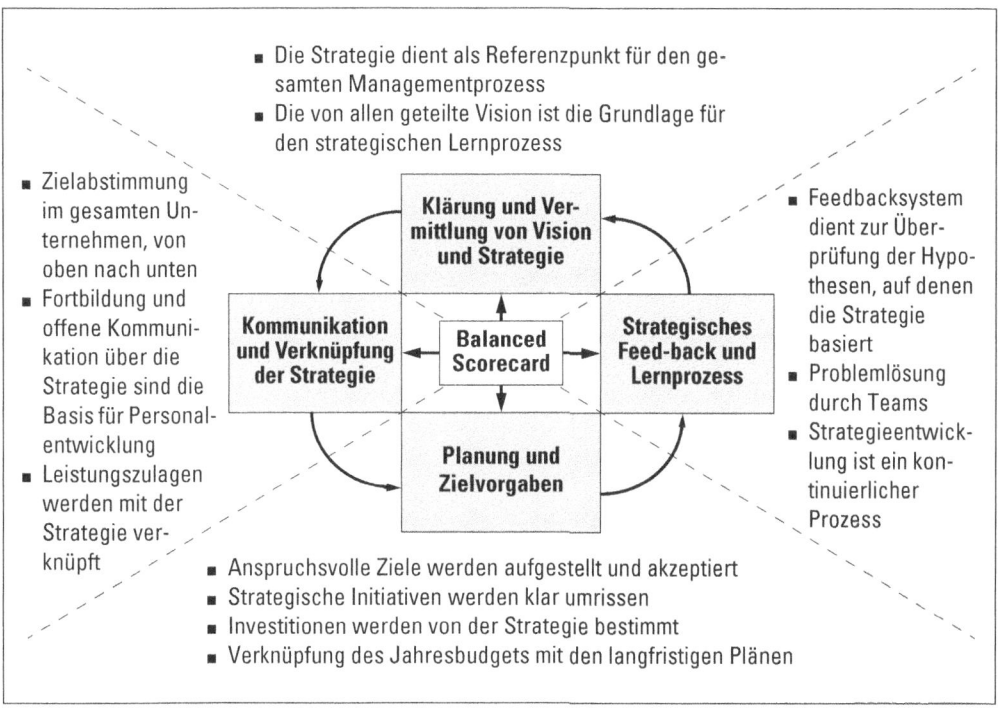

▲ Abb. 350   Strategieumsetzung mit BSC (Kaplan/Norton 1997, S. 191)

The manufacturer's authorised representative in the EU is Springer
Nature Customer Service Centre GmbH, Europaplatz 3, 69115 Heidelberg,
Germany. If you have any concerns regarding our products, please
contact ProductSafety@springernature.com

Printed and bound by CPI Group (UK) Ltd, Croydon, CR0 4YY
23/04/2026
02095648-0015